U0224765

国家出版基金项目
NATIONAL PUBLICATION FOUNDATION

"十二五"
国家重点图书
出版规划项目

工程机械手册

HANDBOOK OF CONSTRUCTION MACHINERY

CONCRETE MACHINERY
AND MORTAR MACHINERY

混凝土机械与砂浆机械

主编 龙国键

副主编 吴斌兴 周日平 张剑敏

清华大学出版社
北 京

内 容 简 介

　　本书分为 3 篇、共 17 章,内容涵盖混凝土机械与砂浆机械 14 余种产品,以及混凝土机械成套设备选型和混凝土(砂浆)管理信息系统等内容。本书针对广大建筑工程专业工作者对混凝土机械与砂浆机械设备选型、应用和维护管理的需要,重点阐述产品的基本结构与工作原理、主要技术性能参数、选型计算与应用案例、安全规范与故障排除方法等内容。

　　本书内容与相关的混凝土机械和砂浆机械产品设计手册、设计规范等书籍有一定的互补性,可为广大建筑工程设备用户全面了解和正确选用混凝土机械与砂浆机械设备提供技术指导,为各类建筑工程设备经营投资者提供有效帮助,也可以供从事建筑工程机械规划设计、工艺设计、产品设计、使用与维护等专业的技术人员和相关大专院校师生学习、参考使用。

图书在版编目(CIP)数据

　　工程机械手册. 混凝土机械与砂浆机械/龙国键主编. —北京:清华大学出版社,2017
　　ISBN 978-7-302-47470-8

　　Ⅰ.①工… Ⅱ.①龙… Ⅲ.①工程机械—技术手册 ②混凝土机械—技术手册 Ⅳ.①TH2-62 ②TU64-62

　　中国版本图书馆 CIP 数据核字(2017)第 133577 号

责任编辑:许　龙　刘远星
封面设计:傅瑞学
责任校对:赵丽敏
责任印制:李红英

出版发行:清华大学出版社
　　网　　　址:http://www.tup.com.cn,http://www.wqbook.com
　　地　　　址:北京清华大学学研大厦 A 座　　　　　　　邮　　编:100084
　　社 总 机:010-62770175　　　　　　　　　　　　　　邮　　购:010-62786544
　　投稿与读者服务:010-62776969,c-service@tup.tsinghua.edu.cn
　　质量反馈:010-62772015,zhiliang@tup.tsinghua.edu.cn

印 装 者:北京雅昌艺术印刷有限公司
经　　销:全国新华书店
开　　本:185mm×260mm　　印　张:27　　插　页:12　　字　　数:709 千字
版　　次:2017 年 12 月第 1 版　　　　　　　　　　　　印　　次:2017 年 12 月第 1 次印刷
定　　价:198.00 元

产品编号:056959-01

《工程机械手册》编写委员会名单

《工程机械手册——混凝土机械与砂浆机械》编委会

总序

PREFACE

土石方工程、流动起重装卸工程、人货升降输送工程和各种建筑工程综合机械化施工，以及同上述相关的工业生产过程的机械化作业所需的机械设备统称工程机械。

工程机械的应用范围极广，大致涉及如下领域：

（1）交通运输（包括公路、铁路、桥梁、港口、机场）基础设施建设；

（2）能源领域（包括煤炭、石油、天然气、火电、水电、核电、输气管线）工程建设；

（3）原材料领域（包括黑色金属矿山、有色金属矿山、建材矿山、化工原料矿山）工程建设；

（4）农林基础设施（包括农田土壤改良、农田水利、农村筑养路、新农村建设与改造、林木采育与集材）建设；

（5）水利工程（包括江河堤坝建筑、湖河改造、防洪工程、河道清淤）建设；

（6）城市工程（包括城市道路、地铁工程、楼宇建设、工业和商业设施）建设；

（7）环境保护工程（包括园林绿化、垃圾清扫、储运与处理、污水收集及处理、大气污染防治）建设；

（8）大型工业运输车辆；

（9）建筑用电梯、扶梯及工业用货梯；

（10）国防工程建设等。

工程机械行业的发展历程大致可分为5个阶段。

第1阶段：萌芽时期（1949年以前）。工程机械最早应用于抗日战争时期滇缅公路建设。

第2阶段：工程机械创业时期（1949—1960年）。我国实施第一个和第二个五年计划

156项工程建设，需要大量工程机械，国内筹建了一批以维修为主、少量生产的工程机械中小型企业，但未形成独立的行业，没有建立专业化的工程机械制造厂，没有统一管理和规划，高等学校也未设立真正意义上的工程机械专业或学科，未建立研发的科研机构，各主管部委虽然建立了一些管理机构，但分散且规模很小。全行业此期间职工人数仅21772人，总产值2.8亿元人民币，生产企业仅20余家。

第3阶段：工程机械行业形成时期（1961—1978年）。成立了全国统一的工程机械行业管理机构：国务院和中央军委决定在第一机械工业部成立工程机械工业局（五局），并于1961年4月24日正式成立，由此对工程机械行业的发展进行统一规划，形成了独立的制造体系；建立了一批专业生产厂；高等学校建立了工程机械专业，培养相应的人才；建立了独立的研究所，制定全行业的标准化和技术情报交流体系。此时全国工程机械专业厂和兼并厂达380多个，固定资产35亿元人民币，工业总产值18.8亿元人民币，毛利润4.6亿元人民币，职工人数达34万人。

第4阶段：全面发展时期（1979—1997年）。这一时期，工程机械管理机构经过几次大变动，主要生产厂下放至各省、市、地区管理，全行业固定资产总额210亿元人民币，净值140亿元人民币。全行业有1008个厂家，销售总额350亿元人民币，其中1000万元销售额以上的厂家301家，总产值311.6亿元人民币，销售额331亿元人民币，利润14亿元人民币，税收31.3亿元人民币。

第5阶段：快速发展时期（1999—2012

年)。此阶段工程机械行业发展很快,成绩显著。全国有1400多家厂商,主机厂710家,11个企业进入世界工程机械50强,30多家企业上市A股和H股;销售总额已超过美国、德国、日本,位居世界第一。产值从1999年的389亿元人民币发展到2010年的4367亿元人民币,2012年总产值近5000亿元人民币。进出口贸易有了很大进展,进出口贸易总额由2001年的22.39亿美元上升到2010年的187.4亿美元,增长8.37倍。其中,进口总额由15.5亿美元上升至84亿美元,增长5.42倍;出口总额由6.89亿美元增长到103.4亿美元,增长15倍。尽管由于我国经济结构的调整,近几年总产值有所下降,但出口仍然大幅度上升,2015年达到近200亿美元。我国工程机械出口至全世界200多个国家和地区,成为世界上工程机械生产大国。这期间工程机械的科技进步得到加强,工程机械的重型装备已经能够自主研发,如1200~1600t级全地面起重机、3600t级履带式起重机、12t级装载机、46t级内燃机平衡重叉车、540马力的推土机、直径15m地铁建设用的盾构机、900t高铁建设用的提梁机、运梁车、架桥机先后问世。获奖增多,2010年获机械工业科技进步奖24项,2011年获机械工业科技进步奖21项;不少项目和产品获得国家科技进步奖,如静力压桩机、混凝土泵送技术、G50装载机、1200t全地面起重机、3600t级履带起重机、隧道施工中盾构机、喷浆机器人、液压顶升装置、1200t桥式起重机等都先后获得国家奖。国家也很重视工程机械研发机构的创立和建设,先后建立了国家技术中心18家,国家重点实验室4个,多项大型工程机械列入国家重大装备制造发展领域,智能化工程机械列入国家科技规划先进制造领域。当然,我国只是工程机械产业大国,还不是强国,还需加倍努力,变"大"为"强"。

由于工程机械行业前些年的快速发展,一方面使我国工程机械自给率由2010年的82.7%提升到2015年的92.6%,另一方面也使我国工程机械的现存保有量大幅增加。为使现有工程机械处于良好运转状态,发挥其效益,我们针对用户,组织编写了一套10卷《工程机械手册》,以便工程机械用户合理选购工程机械、安全高效使用工程机械。各卷《工程机械手册》均按统一格式撰写,每种工程机械均按概述,分类,典型产品结构、组成和工作原理,常用产品的技术性能表,选用原则和选用计算,安全使用,维护保养,常见故障和排除方法等六大部分撰写。

本次10卷分别是:桩工机械、混凝土机械与砂浆机械、港口机械、工程起重机械、挖掘机械、铲土运输机械、隧道机械、环卫与环保机械、路面与压实机械以及基础件。由于工程机械快速发展,已经形成了18大类、122个组别、569个品种、3000多个基本型号的产品,在完成本次10卷的撰写工作后,将再次组织其他机种的后续撰写工作。

由于工程机械新产品的更新换代很快,新品种不断涌现,加之我们技术水平和业务水平有限,将不可避免地出现遗漏、不足乃至错误,敬请读者在使用中给我们提出补充和修改意见,我们将会在修订中逐步完善。

《工程机械手册》编委会
2017.2.28

前　言

FOREWORD

混凝土机械与砂浆机械是建筑工程业中使用最广泛、用量最大的施工设备之一。中国是世界上水泥产量最大的国家，2015年产量约23亿吨，占世界水泥总产量的50％以上，这就决定了中国混凝土机械与砂浆机械在世界工程建设中的地位。混凝土机械与砂浆机械因为具备显著的社会经济效应，已经成为现代化建筑施工的重要装备。如今混凝土施工机械与砂浆机械正朝着低碳绿色、高效安全、高可靠性的方向发展，同时随着电子信息技术的进步，混凝土机械与砂浆机械操作和管理变得更加智能化和人性化。

进入21世纪以来，在巨大的国家基础设施投资驱动下，混凝土机械与砂浆机械迎来快速发展期，市场需求量巨大，产品技术日趋成熟，已达到世界一流水平。当前国家实施"一带一路"战略，混凝土机械与砂浆机械迎来"走出去"战略历史机遇，为了进一步提升中国混凝土机械与砂浆机械的品牌影响力，从中国及世界建筑施工发展的实际需要出发，有必要对我国近年来自主开发的混凝土机械与砂浆机械各类产品和积累的相关技术成果、使用经验进行全面的梳理和汇总，将其编撰成书，使之成为帮助广大混凝土机械与砂浆机械专业工作者进行基本知识理解、产品选型和建筑施工应用的工具书，同时也作为改革开放以来中国混凝土机械与砂浆机械制造业探索前行、创新发展的见证。

本书为中国工程机械学会组织编撰的"'十二五'国家重点图书出版规划项目"《工程

机械手册》中的一本，按内容划分为混凝土机械、砂浆机械、管理信息系统三篇。根据《工程机械手册》编写工作的总体布置要求，本书的编写组织工作由中国工程机械学会混凝土机械分会全权负责。混凝土机械分会于2013年年底成立了《混凝土机械与砂浆机械》手册编辑委员会，由中国工程机械学会副理事长龙国键任编委会主任和主编，国家混凝土机械工程技术研究中心主任吴斌兴、中联重科股份有限公司首席研究员周日平、中联重科股份有限公司高级工程师张剑敏担任副主编，中联重科股份有限公司、国家混凝土机械工程技术研究中心、珠海仕高玛机械公司、佛山云雀振动器公司等单位共同编写。为了有效推进工作，中国工程机械学会混凝土机械分会专门成立了编写办公室，设多名专职人员具体负责本书的编撰组织与协调工作。本书由清华大学出版社负责出版。

本书的编撰工作从2013年5月启动至今已历时三年多。整个工作过程始终受到清华大学出版社和中国工程机械学会的悉心指导，以及《混凝土机械与砂浆机械》手册编辑委员会的关心与大力支持，在全体参编单位和作者的大力配合与共同努力下，才得以与广大读者见面。在此，中国工程机械学会混凝土机械分会谨向全体关心、支持本书出版的单位及领导致以崇高的敬意，向全体作者为编撰本书所付出的辛勤劳动表示衷心的感谢。

由于我们的水平有限，编写时间仓促，混

凝土、砂浆生产与施工机械的种类繁多，编写时间较短，编写难度较大，因此本书主要介绍水泥混凝土、砂浆生产与施工机械，且不一定能够全面反映混凝土、砂浆生产与施工机械，加之各类新产品更新迅速，难免有许多不足之处，衷心地希望读者给予批评指正。

编 者

2016 年 7 月

目 录

CONTENTS

第1篇　混凝土机械

第1章　混凝土基础知识 ……………… 3

1.1　混凝土概述 …………………… 3
1.1.1　混凝土的发展历程 ……… 3
1.1.2　混凝土的发展趋势 ……… 4
1.2　混凝土术语定义 ……………… 4
1.3　混凝土分类 …………………… 4
1.4　混凝土的生产、运输和施工 …… 5
1.4.1　混凝土的生产 …………… 5
1.4.2　混凝土的运输 …………… 7
1.4.3　混凝土的施工 …………… 7

第2章　混凝土搅拌机 ……………… 11

2.1　概述 ………………………… 11
2.1.1　发展历程与现状 ………… 11
2.1.2　发展趋势 ………………… 13
2.2　分类 ………………………… 13
2.2.1　按工作性质分类 ………… 13
2.2.2　按搅拌方式分类 ………… 14
2.2.3　按安装方式分类 ………… 14
2.2.4　按出料方式分类 ………… 16
2.3　典型产品结构与工作原理 …… 17
2.3.1　强制式双卧轴混凝土
搅拌机 …………………… 17
2.3.2　强制式单卧轴混凝土
搅拌机 …………………… 20
2.3.3　强制式立轴混凝土
搅拌机 …………………… 23
2.3.4　自落式混凝土搅拌机 …… 27
2.3.5　连续式混凝土搅拌机 …… 28

2.4　技术规格及主要技术参数 …… 28
2.4.1　技术规格 ………………… 28
2.4.2　主要技术参数 …………… 29
2.5　选型及应用 …………………… 35
2.5.1　选型原则 ………………… 35
2.5.2　选型案例 ………………… 37
2.6　设备使用及安全规范 ………… 37
2.6.1　设备使用 ………………… 37
2.6.2　安全规范 ………………… 38
2.7　常见故障及排除方法 ………… 39
2.7.1　整机部分 ………………… 39
2.7.2　卸料门 …………………… 39
2.7.3　耐磨件 …………………… 39
2.7.4　传动装置 ………………… 41
2.7.5　轴端及润滑装置 ………… 41

第3章　混凝土搅拌站(楼) ………… 43

3.1　概述 ………………………… 43
3.1.1　发展概况 ………………… 43
3.1.2　发展趋势 ………………… 45
3.2　分类 ………………………… 45
3.2.1　按骨料计量装置相对于
搅拌机的位置分类 ……… 45
3.2.2　按安装固定形式分类 …… 45
3.2.3　按工程特性分类 ………… 47
3.2.4　按搅拌机工作方式分类 … 47
3.3　典型产品组成与工作原理 …… 47
3.3.1　产品组成及工作原理 …… 47
3.3.2　主要部件组成及工作原理 … 50
3.3.3　混凝土搅拌站(楼)
环保措施 ………………… 61
3.4　技术规格及主要技术参数 …… 66

3.4.1 技术规格 ……………… 66
3.4.2 主要技术参数 ………… 68
3.5 选型及应用 ………………… 69
3.5.1 选型原则 ………………… 69
3.5.2 选型案例 ………………… 77
3.6 设备使用及安全规范 …… 78
3.6.1 设备使用 ………………… 78
3.6.2 安全规范 ………………… 81
3.6.3 维护和保养 ……………… 82
3.7 常见故障及排除方法 …… 83
3.7.1 搅拌机 …………………… 83
3.7.2 配料机 …………………… 83
3.7.3 斜皮带机 ………………… 83
3.7.4 供气系统 ………………… 83
3.7.5 螺旋输送机 ……………… 83
3.7.6 其他常见故障 …………… 83

第4章 混凝土搅拌运输车 …… 87
4.1 概述 ………………………… 87
4.1.1 国内外搅拌车现状 …… 87
4.1.2 国内外搅拌车发展趋势 … 89
4.2 分类 ………………………… 90
4.3 典型产品组成和工作原理 … 91
4.3.1 产品组成 ………………… 91
4.3.2 工作原理 ………………… 95
4.4 技术规格及主要技术参数 … 97
4.4.1 技术规格 ………………… 97
4.4.2 主要技术参数 …………… 97
4.5 应用范围及选型 ………… 99
4.5.1 应用范围 ………………… 99
4.5.2 选型原则 ………………… 99
4.5.3 选型计算 ………………… 100
4.6 产品使用及安全规范 …… 100
4.6.1 产品使用 ………………… 100
4.6.2 安全规范 ………………… 101
4.6.3 维护和保养 ……………… 102
4.7 常见故障及排除方法 …… 104
4.7.1 液压系统故障及排除 …… 104
4.7.2 传动件故障及排除 …… 104
4.7.3 结构件故障及排除 …… 105

第5章 混凝土泵和车载泵 ……… 107
5.1 概述 ………………………… 107
5.1.1 混凝土泵和车载泵
发展历程与现状 …… 107
5.1.2 混凝土泵和车载泵
发展趋势 …………… 109
5.2 分类 ………………………… 110
5.2.1 按安装形式分 …………… 110
5.2.2 按分配阀形式分 ………… 110
5.2.3 按主动力类型分 ………… 112
5.2.4 按泵送液压系统特征分 …… 112
5.2.5 按泵送方量分 …………… 113
5.2.6 按出口压力分 …………… 113
5.3 典型产品结构与工作原理 …… 113
5.3.1 典型产品结构 …………… 113
5.3.2 工作原理 ………………… 119
5.4 技术规格及主要技术参数 …… 125
5.4.1 技术规格 ………………… 125
5.4.2 主要技术参数 …………… 128
5.5 选型及应用 ………………… 129
5.5.1 选型原则和选型计算 …… 129
5.5.2 管道选用 ………………… 132
5.5.3 应用实例 ………………… 137
5.6 安全使用规范 ……………… 142
5.6.1 设备使用 ………………… 142
5.6.2 安全规范 ………………… 143
5.6.3 维护和保养 ……………… 144
5.7 常见故障及排除方法 …… 147
5.7.1 泵送系统 ………………… 147
5.7.2 分配阀(S管)总成 …… 148
5.7.3 搅拌机构 ………………… 148
5.7.4 清洗系统 ………………… 148
5.7.5 润滑系统 ………………… 148

第6章 混凝土泵车 ……………… 150
6.1 概述 ………………………… 150
6.1.1 混凝土泵车发展历程
与现状 ……………… 150
6.1.2 混凝土泵车发展趋势 …… 151
6.2 分类 ………………………… 151

6.2.1 按臂架布料高度分类 ……… 151
6.2.2 按臂架折叠方式分类 ……… 152
6.2.3 按支腿展开形式分类 ……… 153
6.2.4 按分配阀形式分类 ……… 153
6.3 典型产品组成与工作原理 ……… 155
6.3.1 产品组成 ……… 155
6.3.2 工作原理 ……… 160
6.4 技术规格及主要技术参数 ……… 164
6.4.1 技术规格 ……… 164
6.4.2 主要技术参数 ……… 166
6.5 选型及应用 ……… 170
6.5.1 选型原则和选型计算 ……… 170
6.5.2 选型应用实例 ……… 173
6.6 设备使用及安全规范 ……… 175
6.6.1 设备使用 ……… 175
6.6.2 安全规范 ……… 177
6.6.3 维护和保养 ……… 181
6.7 常见故障及排除方法 ……… 184
6.7.1 泵送机构 ……… 184
6.7.2 分配阀总成 ……… 185
6.7.3 搅拌机构 ……… 185
6.7.4 回转机构 ……… 185
6.7.5 分动箱 ……… 186
6.7.6 润滑系统 ……… 186
6.7.7 清洗系统 ……… 187
6.7.8 上装结构件 ……… 187

第7章 混凝土布料机械 ……… 189
7.1 概述 ……… 189
7.1.1 混凝土布料机械现状 ……… 189
7.1.2 混凝土布料机械发展
趋势 ……… 190
7.2 分类 ……… 190
7.2.1 混凝土布料机分类 ……… 190
7.2.2 混凝土皮带布料机分类 ……… 194
7.3 典型产品组成与工作原理 ……… 194
7.3.1 产品组成与工作原理 ……… 194
7.3.2 主要部件组成与工作
原理 ……… 195
7.4 技术规格及主要技术参数 ……… 201
7.4.1 技术规格 ……… 201

7.4.2 主要技术参数 ……… 203
7.5 选型及应用 ……… 205
7.5.1 选型原则 ……… 205
7.5.2 选型计算 ……… 205
7.5.3 选型流程 ……… 207
7.5.4 选型案例 ……… 208
7.6 设备使用及安全规范 ……… 212
7.6.1 设备使用 ……… 212
7.6.2 安全规范 ……… 213
7.6.3 维护和保养 ……… 213
7.7 常见故障及排除方法 ……… 215
7.7.1 上装部分 ……… 215
7.7.2 电气部分 ……… 216
7.7.3 其他常见故障 ……… 217

第8章 混凝土喷射机 ……… 218
8.1 概述 ……… 218
8.1.1 发展历程和现状 ……… 218
8.1.2 发展趋势和前景 ……… 218
8.2 分类 ……… 219
8.2.1 按施工工艺分类 ……… 219
8.2.2 按安装方式分类 ……… 222
8.2.3 按动力来源分类 ……… 224
8.3 典型产品组成与工作原理 ……… 224
8.3.1 干喷机组成与工作原理 ……… 224
8.3.2 湿喷机组成与工作原理 ……… 225
8.4 技术规格及主要技术参数 ……… 230
8.4.1 技术规格 ……… 230
8.4.2 主要技术参数 ……… 230
8.4.3 典型产品的技术参数 ……… 232
8.5 选型及应用 ……… 236
8.5.1 应用范围 ……… 236
8.5.2 选型计算 ……… 237
8.5.3 选型要素 ……… 237
8.6 使用及安全规范 ……… 240
8.6.1 设备使用 ……… 240
8.6.2 添加剂的使用 ……… 242
8.6.3 安全规范 ……… 242
8.6.4 维护和保养 ……… 243
8.7 常见故障及排除方法 ……… 245
8.7.1 分配阀摆不动 ……… 245

8.7.2 空气压缩机无法启动及
运行过程中自动停止 ……… 246
8.7.3 臂架与喷头无动作 ……… 246
8.7.4 电气系统故障 ………… 246
8.7.5 油门故障 …………… 247
8.7.6 润滑系统故障 ………… 247
8.7.7 清洗系统故障 ………… 247
8.7.8 发动机无法启动 ……… 248
8.7.9 液压泵不运转 ………… 248
8.7.10 监控警示故障 ……… 248

第9章 混凝土振动器 ……… 249
9.1 概述 ………………… 249
9.1.1 混凝土振动器的现状 … 249
9.1.2 混凝土振动器发展趋势 … 250
9.2 分类 ………………… 251
9.2.1 内部振动器 ………… 251
9.2.2 外部振动器 ………… 251
9.3 组成与工作原理 ……… 252
9.3.1 混凝土振动器组成 …… 252
9.3.2 混凝土振动器的工作
原理 ……………… 257
9.4 技术规格及主要技术参数 … 259
9.4.1 技术规格 …………… 259
9.4.2 主要技术参数 ………… 260
9.5 选型及应用 …………… 262
9.5.1 混凝土振动器的选用
原则 ……………… 262
9.5.2 混凝土振动器的选型
计算 ……………… 263
9.5.3 混凝土振动器的选型
要素 ……………… 264
9.6 使用及安全规范 ……… 264
9.6.1 产品使用 …………… 264
9.6.2 安全规范 …………… 266
9.6.3 维护保养项目 ………… 268
9.7 常见故障及排除方法 …… 268
9.7.1 内部振动器 ………… 269
9.7.2 外部振动器 ………… 270

第10章 混凝土成套设备选型 ……… 271
10.1 概述 ………………… 271
10.2 定义与用户类型分析 …… 271
10.2.1 定义 ……………… 271
10.2.2 用户类型 …………… 271
10.3 选型原则 …………… 272
10.3.1 生产适用 …………… 272
10.3.2 技术先进 …………… 273
10.3.3 经济合理 …………… 273
10.3.4 其他方面 …………… 274
10.4 选型基础知识 ………… 275
10.4.1 混凝土搅拌类设备 …… 275
10.4.2 混凝土运输类设备 …… 278
10.4.3 混凝土泵送类设备 …… 278
10.4.4 其他类产品 ………… 282
10.5 选型技术分析 ………… 283
10.5.1 混凝土设备与混凝土
特性相适应 ……… 283
10.5.2 混凝土设备之间工作
匹配 ……………… 284
10.5.3 成套设备主要技术参数
选择及匹配分析 …… 286
10.6 选型经济性分析 ……… 290
10.6.1 搅拌类设备选型经济性
分析 ……………… 290
10.6.2 运输类设备选型经济性
分析 ……………… 291
10.6.3 泵送类设备选型经济性
分析 ……………… 291
10.7 选型案例 …………… 292
10.7.1 拟设企业的基本情况 … 292
10.7.2 选型分析 …………… 292
10.7.3 结论 ……………… 294

参考文献 ……………………… 295

第2篇 砂浆机械

第11章 砂浆基础知识 ………… 299
11.1 概述 ………………… 299

11.1.1 预拌砂浆的发展历程 …… 299
11.1.2 预拌砂浆的发展趋势 …… 299
11.2 术语定义 …………………… 299
11.3 分类及组成 …………………… 300
11.3.1 预拌砂浆的分类 ………… 300
11.3.2 预拌砂浆的特点 ………… 300
11.3.3 预拌砂浆的基本组成 …… 301
11.4 干混砂浆的生产、运输和
施工 …………………………… 305
11.4.1 干混砂浆的生产 ………… 305
11.4.2 干混砂浆的运输 ………… 306
11.4.3 干混砂浆的施工 ………… 306
11.5 湿拌砂浆的生产、运输和
施工 …………………………… 307

第12章 干混砂浆生产成套设备 …… 308
12.1 概述 …………………………… 308
12.1.1 干混砂浆发展历程和
现状 ………………………… 308
12.1.2 干混砂浆生产的
发展趋势 …………………… 309
12.2 分类 …………………………… 309
12.2.1 塔式干混砂浆生产线 …… 309
12.2.2 阶梯式干混砂浆生产线 … 310
12.2.3 站式干混砂浆生产线 …… 310
12.3 典型产品工艺流程及主要
结构组成 …………………… 310
12.3.1 工艺流程 ………………… 311
12.3.2 主要结构组成 …………… 314
12.4 技术规格及主要技术参数 … 323
12.4.1 技术规格 ………………… 323
12.4.2 主要技术参数 …………… 324
12.5 选型及应用 …………………… 325
12.5.1 生产规模 ………………… 325
12.5.2 砂浆品种及数量 ………… 325
12.5.3 生产线形式 ……………… 325
12.5.4 砂源及热源的选择 ……… 326
12.5.5 其他需要考虑的方面 …… 326
12.6 使用及安全规范 ……………… 326
12.6.1 设备使用 ………………… 326
12.6.2 安全规范 ………………… 327

12.7 常见故障及排除方法 ………… 328
12.7.1 干燥系统 ………………… 328
12.7.2 斗式提升机 ……………… 328
12.7.3 筛分系统 ………………… 329
12.7.4 配料装置 ………………… 329
12.7.5 搅拌系统 ………………… 330
12.7.6 散装及包装系统 ………… 331
12.7.7 气路系统 ………………… 332

第13章 散装干混砂浆运输车 …… 334
13.1 概述 …………………………… 334
13.1.1 干混运输车现状 ………… 334
13.1.2 干混运输车发展趋势 …… 335
13.2 分类 …………………………… 335
13.2.1 卧式干混运输车 ………… 335
13.2.2 举升式干混运输车 ……… 335
13.3 组成与工作原理 ……………… 335
13.3.1 产品组成 ………………… 335
13.3.2 工作原理 ………………… 338
13.4 技术规格及主要技术参数 … 338
13.4.1 主要技术参数 …………… 338
13.4.2 型号与技术规格 ………… 338
13.5 选型及应用 …………………… 339
13.5.1 应用范围 ………………… 339
13.5.2 选型计算 ………………… 339
13.6 使用及安全规范 ……………… 340
13.6.1 干混运输车使用 ………… 340
13.6.2 安全规范 ………………… 341
13.6.3 维护和保养 ……………… 342
13.7 常见故障及排除方法 ………… 343

第14章 背罐车 ………………………… 344
14.1 概述 …………………………… 344
14.1.1 发展历程和现状 ………… 344
14.1.2 发展趋势 ………………… 345
14.2 分类 …………………………… 345
14.2.1 轻型背罐车 ……………… 345
14.2.2 重型背罐车 ……………… 345
14.3 典型背罐车的组成与工作
原理 …………………………… 346
14.3.1 基本组成 ………………… 346

14.3.2 工作原理 ……………… 348

14.4 技术规格及主要技术参数 …… 349

14.4.1 技术规格 ……………… 349

14.4.2 主要技术参数 …………… 349

14.5 选型及应用 ………………… 350

14.5.1 应用范围 ……………… 350

14.5.2 选型要素 ……………… 350

14.5.3 选型计算 ……………… 350

14.6 使用及安全规范 …………… 351

14.6.1 背罐车使用 …………… 351

14.6.2 安全规范 ……………… 352

14.6.3 维护与保养 …………… 353

14.7 常见故障及排除方法 ……… 354

第15章 干混砂浆移动筒仓 …… 356

15.1 概述 ………………………… 356

15.1.1 移动筒仓概述 ………… 356

15.1.2 移动筒仓发展趋势 …… 356

15.2 分类 ………………………… 356

15.3 典型干混砂浆移动筒仓组成

与工作原理 ………………… 357

15.3.1 产品组成 ……………… 357

15.3.2 工作原理 ……………… 358

15.4 技术规格及主要技术参数 …… 361

15.4.1 技术规格 ……………… 361

15.4.2 主要技术参数 ………… 361

15.4.3 性能要求 ……………… 361

15.5 选型及应用 ………………… 362

15.5.1 选型原则 ……………… 362

15.5.2 应用案例 ……………… 362

15.6 使用及安全规范 …………… 363

15.6.1 干混砂浆移动筒仓使用 …… 363

15.6.2 安全规范 ……………… 364

15.6.3 维护和保养 …………… 364

15.7 常见故障及排除方法 ……… 364

第16章 砂浆施工设备 …………… 366

16.1 概述 ………………………… 366

16.1.1 砂浆施工机械发展历程

及现状 …………………… 366

16.1.2 砂浆施工机械发展趋势 … 367

16.2 分类 ………………………… 368

16.2.1 按输送介质状态分类 …… 368

16.2.2 按结构原理分类 ……… 369

16.2.3 按驱动类型分类 ……… 370

16.3 典型砂浆施工设备结构及

工作原理 …………………… 370

16.3.1 产品结构 ……………… 370

16.3.2 工作原理 ……………… 374

16.4 技术规格及主要技术参数 …… 376

16.4.1 技术规格 ……………… 376

16.4.2 型号代号 ……………… 376

16.4.3 主要技术参数 ………… 377

16.5 设备选型及应用 …………… 378

16.5.1 设备选型 ……………… 378

16.5.2 管路选型 ……………… 381

16.6 产品使用及安全规范 ……… 383

16.6.1 产品使用 ……………… 383

16.6.2 安全规范 ……………… 386

16.6.3 维护和保养 …………… 387

16.7 常见故障及排除方法 ……… 387

16.7.1 螺杆式砂浆泵常见故障

及排除方法 …………… 387

16.7.2 连续搅拌机常见故障

及排除方法 …………… 388

16.7.3 柱塞式砂浆泵常见故障

及排除方法 …………… 388

参考文献 ……………………………… 389

第3篇 管理信息系统

第17章 混凝土(砂浆)管理信息系统 … 393

17.1 概述 ………………………… 393

17.1.1 企业管理信息系统概述 … 393

17.1.2 管理信息系统定义 …… 393

17.2 国内外现状与发展趋势 …… 394

17.2.1 国内现状 ……………… 394

17.2.2 国外现状 ……………… 394

17.2.3 发展趋势 ……………… 395

17.3 分类 ………………………… 398

17.3.1 系统架构 ……………… 398

17.3.2 业务类型 …………… 398
17.3.3 企业规模 …………… 401
17.3.4 企业需求 …………… 401
17.4 组成与结构 …………… 403
17.4.1 概念结构 …………… 403
17.4.2 功能结构 …………… 404
17.4.3 层次结构 …………… 404
17.5 选型及应用 …………… 405

17.5.1 产品选型 …………… 405
17.5.2 人员配备 …………… 407
17.5.3 具体实施 …………… 409

参考文献 …………… 411

附录A 混凝土机械与砂浆机械
典型产品 …………… 413

第1篇

混凝土机械

第1章

混凝土基础知识

1.1 混凝土概述

水泥混凝土(以下简称混凝土)是土木建筑工程中最重要的材料,具有成本低、使用广、性能良好、健康无害的特点,属于环境友好型大宗建筑材料,符合可持续发展的原则要求。

自1824年波特兰水泥发明开始,混凝土至今已有100多年的历史。在过去的100多年中,混凝土是人类与自然界进行物质与能量交换活动中消费量最大的一种建筑材料。据不完全统计,全球2013年水泥年产量已超过40亿t。与其他常用建筑材料(如钢铁、木材、塑料等)相比,混凝土生产能耗低,原料来源广,工艺简便,因而生产成本低;它还具有耐久、防火、适应性强、应用方便等特点。因此,在今后相当长的时间内,混凝土仍将是建筑、铁路、公路、水运、水利、港口等行业应用最广、用量最大的建筑材料。这种广泛应用的人造建材,使用过程中在原材料、配制技术、施工技术、综合性能、能源、资源及环保要求等方面经历了许多重大的变革。

1.1.1 混凝土的发展历程

混凝土材料在发展初期,科学水平与技术水平均较低,只能人工拌合和插捣,无机械设备,这时的混凝土只能是大流动性混凝土,便于当时条件下的浇筑和施工,但质量很差。1867年发明了钢筋混凝土之后,由于构件截面小、钢筋密,当时又缺乏捣实机械,所以采用塑性易成型的混凝土,这样的混凝土强度和耐久性都不稳定。20世纪50年代后期,德国发明了三聚氰胺系减水剂,发明了流态混凝土,使混凝土由原来的人工浇筑或吊罐浇筑,发展到泵送施工,节省了人力,提高了工效,保证了质量,使混凝土技术水平与施工水平有了极大的飞跃。接着日本研制与开发了萘系高效减水剂,美国研制和开发了改性木质素磺酸盐,也属高效减水剂,泵送混凝土在一些发达国家逐步发展和应用起来。20世纪70年代,硅粉的开发与应用及矿物质超细粉的应用,使混凝土技术水平又有了进一步提高,高性能混凝土成为世界瞩目的重大课题。进入21世纪,混凝土由过去的以强度为中心,发展成为以耐久性为中心。大功率、强力搅拌设备和超高压泵送设备的研制成功,实现了超高强超高性能混凝土的超高泵送。典型案例是2008年广州西塔项目的C100及2011年深圳京基项目的C120超高强超高性能混凝土泵送至400m以上高度。从上述的历史回顾中可见,混凝土材料的发展与提高,取决于其组成材料的质量与提高,也取决于机械设备的发展。

1.1.2　混凝土的发展趋势

由于混凝土的应用越来越广泛,因而对混凝土各方面的性能要求也呈现出多样化,目前混凝土主要朝以下几个方向发展。

1. 向高强高性能、绿色节能环保方向发展

随着高活性掺合料和外加剂的开发与应用及混凝土机械设备的发展,高强高性能、绿色混凝土的制备技术进入了一个崭新的阶段,采用普通的混凝土施工工艺,已能较容易配置出具有更高强度和耐久性的混凝土,并在国内一些标志性工程中得到应用,如广州西塔项目的C100及深圳京基项目的C120混凝土。

2. 新骨料混凝土成为发展趋势

随着天然砂石逐年减少和机制砂设备的发展,机制砂石得到广泛应用,可大批量生产出级配合理、粒型较好的机制砂石,骨料的最佳级配和粒型,可减少混凝土内部缺陷,增加体积稳定性,提高混凝土耐久性;利用一些天然材料或工业废渣、城市垃圾、下水道污泥为原材料制得的人造骨料,如粉煤灰陶粒、黏土页岩陶粒等人造轻骨料混凝土材料,可减轻结构物的自重,提高建筑物的保温隔热性能,减少建筑能耗。

3. 轻质混凝土将得到广泛应用

传统的混凝土密度大,一般为 $2500kg/m^3$ 左右,目前研制的轻混凝土密度为 $800\sim1950kg/m^3$。与普通混凝土比较,它具有密度低,相对强度高,保温隔热性好,耐火、抗震、抗冻性好,有利于节约能源等优点,将广泛应用于屋面保温、节能墙体及地面基础工程中。

1.2　混凝土术语定义

普通混凝土:干密度为 $1950\sim2500kg/m^3$ 的水泥混凝土。

干硬性混凝土:混凝土拌合物的坍落度小于10mm,且须用维勃稠度(s)表示其稠度的混凝土。

塑性混凝土:混凝土拌合物坍落度为 $10\sim90mm$ 的混凝土。

流动性混凝土:混凝土拌合物坍落度为 $100\sim150mm$ 的混凝土。

大流动性混凝土:混凝土拌合物坍落度等于或大于160mm的混凝土。

泵送混凝土:混凝土拌合物的坍落度不低于80mm,并用泵送施工的混凝土。

预拌混凝土:水泥、骨料、水以及根据需要掺入的外加剂、矿物掺合料等组分按一定比例,在搅拌站经计量、拌制后出售,在规定时间内运至使用地点的混凝土拌合物。

喷射混凝土:借助喷射机械,利用压缩空气或其他动力,将按一定比例配合的拌合料,通过管道输送,并以高速喷射到受喷面上凝结硬化而成的混凝土。

1.3　混凝土分类

混凝土是指用胶凝材料将粗细骨料胶结成整体的复合固体材料的总称。

预拌混凝土的标记如下:

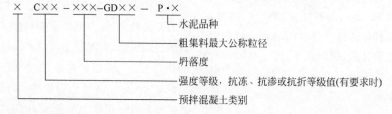

混凝土的种类很多,分类方法也很多。

1. 按表观密度分类

重混凝土:表观密度大于 $2500kg/m^3$ 的混凝土。用特别密实和特别重的骨料制成。如重晶石混凝土、钢屑混凝土等,它们具有不透X射线和 γ 射线的性能。

普通混凝土：表观密度为 1950～2500kg/m³ 的水泥混凝土。主要以砂、石子和水泥配制而成,是土木工程中最常用的混凝土品种。

轻质混凝土：表观密度不大于 1950kg/m³ 的混凝土。包括轻骨料混凝土、多孔混凝土和大孔混凝土等。

2. 按胶凝材料的品种分类

无机胶凝材料混凝土：包括石灰硅质胶凝材料混凝土(如硅酸盐混凝土)、硅酸盐水泥系混凝土(如硅酸盐水泥、普通水泥、矿渣水泥、粉煤灰水泥、火山灰质水泥、早强水泥混凝土等)、钙铝水泥系混凝土(如高铝水泥、纯铝酸盐水泥、喷射水泥、超速硬水泥混凝土等)、石膏混凝土、镁质水泥混凝土、硫磺混凝土、水玻璃氟硅酸钠混凝土、金属混凝土(用金属代替水泥作胶结材料)等。

有机胶凝料混凝土：主要有沥青混凝土和聚合物水泥混凝土、树脂混凝土等。

3. 按使用功能和特性分类

按使用部位、功能和特性通常可分为：结构混凝土、道路混凝土、保温混凝土、装饰混凝土、水工混凝土、海工混凝土、耐热混凝土、耐酸混凝土、防辐射混凝土、补偿收缩混凝土、防水混凝土、泵送混凝土、自密实混凝土、纤维混凝土、聚合物混凝土、高强混凝土、高性能混凝土等。

4. 按施工工艺分类

按施工工艺可分为离心混凝土、真空混凝土、灌浆混凝土、喷射混凝土、碾压混凝土、挤压混凝土、泵送混凝土等。

5. 按混凝土拌合物的坍落度分类

塑性混凝土：坍落度为 10～90mm 的混凝土。

流动性混凝土：坍落度为 100～150mm 的混凝土。

大流动性混凝土：坍落度大于或等于 160mm 的混凝土。

6. 按混凝土拌合物的维勃稠度分类

超干硬性混凝土：维勃稠度大于或等于 31s。

特干硬性混凝土：维勃稠度为 21～30s。

干硬性混凝土：维勃稠度为 11～20s。

半干硬性混凝土：维勃稠度为 5～10s。

7. 按配筋方式分类

素(即无筋)混凝土、钢筋混凝土、纤维混凝土、预应力混凝土等。

1.4　混凝土的生产、运输和施工

经过几十年的发展,我国混凝土机械已经成为工程建设的重要组成部分,在整个工程机械行业中占有相当大的比重,涵盖了混凝土在生产、运输及施工等工艺过程中所需的各种机械,主要分为混凝土搅拌、运输、输送、浇筑、成型等设备,品种很多。本节仅介绍主要设备的工作要求,主要设备详细内容将在后续相关章节中进行介绍。

1.4.1　混凝土的生产

在混凝土生产过程中,为确保混凝土质量,必须从混凝土原材料、配制技术、生产工艺和施工工艺等各环节,严格管理。

1. 混凝土原材料

优质的混凝土要有良好的原材料作保证。组成商品混凝土的原材料包括：粗骨料、细骨料、水泥、水、掺合料和外加剂等,它们的质量要求在国家标准上都有明文规定。

1) 粗骨料

石子应连续级配。当石子的自然级配不能满足要求时,应进行人工调整来改变自然级配,以保证混凝土的质量指标和满足工程结构的要求。颗粒级配、针/片状颗粒含量、含泥量、泥块含量、强度、坚固性、有害物质含量、碱活性等指标应符合《普通混凝土用砂、石质量及检验方法标准》(JGJ 52—2012)。

2) 细骨料

对于细骨料,尽可能采用粒型圆滑、级配合理的砂子。颗粒级配、含泥量、泥块含量、人工砂或混合砂中石粉含量、坚固性、有害物质含量、碱活性、氯离子含量、海砂中贝壳含量等指标应符合《普通混凝土用砂、石质量及检验方法标准》(JGJ 52—2012)。

3）水泥

水泥的品种很多，按大类可分为通用水泥、特种水泥和专用水泥三类。普通混凝土常用的是通用水泥，主要有五种，即硅酸盐水泥、普通硅酸盐水泥、矿渣硅酸盐水泥、火山灰质硅酸盐水泥及粉煤灰硅酸盐水泥。其技术要求需符合国家标准 GB 175—2007 的规定。

4）水

拌制各种混凝土的用水应符合现行国家标准《混凝土用水标准》的规定。不得使用海水拌制钢筋混凝土和预应力混凝土，不宜用海水拌制有饰面要求的素混凝土。

5）掺合料

用于混凝土中的掺合料，应符合现行国家标准《用于水泥和混凝土中的粉煤灰》（GB/T 1596—2005）、《用于水泥和混凝土中的粒化高炉矿渣粉》（GB/T 18046—2008）和《砂浆和混凝土用硅灰》（GB/T 27690—2011）的规定。当采用其他品种的掺合料时，其烧失量及有害物质含量等质量指标应通过试验，确认符合混凝土质量要求时，方可使用。

6）外加剂

混凝土外加剂的选择对混凝土配合比的经济性和优良的施工性能起决定性的作用。混凝土外加剂的质量应符合现行国家标准《混凝土外加剂》的规定。选用外加剂时，应根据混凝土的性能要求、施工工艺及气候条件，结合混凝土的原材料性能、配合比以及对水泥的适应性等因素，通过试验确定其品种和掺量。

严禁使用对人体产生危害、对环境产生污染的外加剂。

2．配合比的设计和优化

混凝土配合比直接决定着产品成本，对混凝土配合比进行优化和选择是极其重要的工作。在混凝土配制过程中，经常遇到的两个问题是混凝土的坍落度损失过大和混凝土的泌水性问题。

对解决坍落度损失过大问题的处理办法有：

（1）尽可能不要用带棱角、需水量大的山砂和人工砂，试验证明，相同条件下，用此类砂混凝土坍损大，因为这类砂对水的吸附较大。

（2）寻求用不同的缓凝剂复合不同类别的减水剂来解决。

（3）坍损大的混凝土一般不会泌水，可通过适当增加缓凝减水剂掺量来减少坍损，但不得使混凝土凝结时间太长。

（4）调整混凝土配比，适当降低砂率，提高单方用水量及水泥量来提高混凝土初始坍落度，此时允许混凝土有适当的离析，因为经过一段时间的流动度损失，混凝土和易性会变好。但这种方法会使单方混凝土的成本增加。

（5）当出现水泥和外加剂特别不适应所造成的坍损时，可更换水泥或外加剂品种。

（6）夏季高温季节，有条件时可采用冷冰水来拌制混凝土，出磨机的水泥最好先储存降温后再使用。

对解决新拌混凝土泌水问题的办法有：

（1）适当减少外加剂的掺量。

（2）外加剂中加引气保水增稠组分。

（3）适当提高砂率。

（4）单方混凝土用水量不宜超过 180kg/m³，因为水量多有加速混凝土后期泌水的趋势。

（5）混凝土中掺加粉煤灰并用超量法。

（6）综合以上几点的办法。

3．生产工艺过程控制

（1）计量：计量是关键环节，除设备可靠、定期检定外，操作与质检人员应加强监视、分析打印报表，发现误差超出允许范围，或虽在允许范围内，但连续或稳定负（正）偏时，均应查找原因及时排除。

（2）搅拌：不同搅拌机型的最小搅拌的时间不同。为保证拌合物坍落度的稳定，要严格按搅拌机所需的搅拌时间及使用原材料所需搅拌时间进行搅拌，不得只求速度，降低搅拌时间，造成质量隐患。另外采用了砂含水率自动检测补偿，实际含水状况的波动还会有一些，加上正常的计量误差及外加剂对水量的敏感等因素，拌合物坍落度的波动在所难免，因此采用坍落度监控设备及相应软件，就成为保证拌合物坍落度稳定的有效手段。

1.4.2　混凝土的运输

混凝土的运输是保证混凝土泵送施工顺利进行的前提。混凝土的运输所采用的方法和设备,应根据混凝土的拌制方式、总输送量和建筑物结构(如是框架还是设备基础)等选择,所选用的运输机具和方法要保证在运输过程中不使混凝土产生离析。

搅拌运输车的主要用途是运输预拌混凝土。在混凝土搅拌站(楼)集中生产的预拌混凝土,由于采用先进的生产工艺和设备,称量准确,搅拌均匀,使预拌混凝土的质量较高。在搅拌运输车运输途中,搅拌筒以 1～3r/min 的缓慢速度转动,不断搅拌混凝土拌合物,以防止其产生离析。

1. 混凝土运输的工作要求

(1) 在运输过程中应保持混凝土的均匀性,不产生严重的离析现象,否则浇筑后就容易形成蜂窝或麻面。

(2) 混凝土运输到浇筑地点开始浇筑时,应具有设计配合比所规定的流动性(坍落度)。

(3) 运输时间应保证混凝土在初凝之前浇筑入模板内并捣实完毕。

(4) 当混凝土在运输过程中发生离析时应进行二次搅拌。

2. 搅拌运输车运送泵送混凝土的注意事项

(1) 搅拌运输车在运送混凝土过程中,需防止混凝土的离析和分层,通常的搅动转速为 1～3r/min。

(2) 从搅拌运输车卸出的混凝土中在 1/7、1/4 和 3/4 处之间分别取样,从第一次取样到最后一次取样不宜超过 15min,然后人工搅拌均匀。

(3) 混凝土必须能在最短的时间内均匀无离析地排出,出料干净、方便,能满足施工的要求。与混凝土泵联合输送时,其排料速度应能相匹配。

(4) 用混凝土搅拌运输车进行运输,在装料前必须将搅拌筒内积水卸净,否则会改变混凝土的设计配合比,使混凝土质量得不到保

证。出于同样的原因,混凝土搅拌运输车在行驶过程中、给混凝土泵喂料前和喂料过程中都不得随意往搅拌筒内加水。

3. 混凝土搅拌运输车喂料要求

(1) 喂料前,应用中、高速旋转搅拌筒,使混凝土拌合均匀,避免卸出的混凝土分层、离析。严禁质量不符合泵送要求的混凝土拌合物入泵。

(2) 喂料时,搅拌筒反转卸料应配合泵送均匀进行,且应使混凝土拌合物保持在料斗内高度标志线以下。

(3) 如果搅拌筒中断喂料,应以低转速搅拌混凝土拌合物。

(4) 为筛除粒径过大的骨料或异物,防止其进入混凝土泵产生堵塞,在混凝土泵进料斗上应设置内筛,并设专人监视喂料。

(5) 喂料完毕,应及时清洗搅拌筒,并将积水排尽,排入指定的废水处理设备中。

1.4.3　混凝土的施工

1. 混凝土泵送

混凝土泵送设备启动后,应先泵送适量的水以湿润混凝土泵送设备的料斗、混凝土缸及输送管内壁等直接与混凝土拌合物接触的部位。

经泵水检查,确认混凝土泵送设备和输送管中无异物后,应采用下列方法之一或组合方法进行混凝土泵送设备和输送管的内部润滑。

(1) 泵送水泥浆。

(2) 泵送 1∶2 水泥砂浆。

(3) 泵送与混凝土内除粗骨料外的其他成分相同配合比的水泥砂浆。

开始泵送时,要注意观察泵的压力和各部分工作的情况,开始时混凝土泵应处于慢速、匀速并随时可反泵的状态,待各方面情况正常后再转入正常泵送。

正常泵送时,应尽量不停顿地进行连续泵送,遇到运转不正常的情况时,可放慢泵送速度。当混凝土供应不及时,宁可降低泵送速度,也要保持连续泵送,但慢速泵送的时间不能超过从搅拌到浇筑的允许延续时间。不得

已停泵时,料斗中应保留足够的混凝土,作为间隔推动管路内混凝土之用。

短时间停泵,再运转时要注意观察压力表,逐渐地过渡到正常泵送。

长时间停泵,应每隔 4~5min 开泵一次,使泵正转和反转各两个行程。同时开动料斗中的搅拌器,使之搅拌 3~4 转,以防止混凝土离析(长时间停泵,搅拌不宜连续进行,防止引起骨料下沉)。

泵送即将结束时,要估计残留在输送管路中的混凝土量,因为这些混凝土经水洗或压缩空气冲洗之后尚能使用。对泵送过程中废弃的和泵送终止时多余的混凝土拌合物,应按预先确定的场所和处理方法及时进行妥善处理。

泵送结束时,应及时清洁混凝土泵和输送管。清洗混凝土输送管的方法有两种,即水洗和气洗,分别用压力水或压缩空气推送海绵球或塑料球进行。实际施工中,混凝土输送管的清洗多用水洗,因为操作较为简便,且危险性比气洗要小。

2. 混凝土浇筑

混凝土的浇筑,应预先根据工程结构特点、平面形状和几何尺寸、混凝土制备和运输设备的供应能力、泵送设备的泵送能力、劳动力和管理能力以及周围场地大小、运输道路情况等条件,划分混凝土浇筑区域,并明确设备和人员的分工,以保证结构浇筑的整体性和按计划进行浇筑。

混凝土的浇筑应按以下顺序进行:在采用混凝土输送管输送混凝土时,应由远而近浇筑,在同一区域的混凝土,应按先竖向结构后水平结构的顺序,分层连续浇筑;当不允许留施工缝时,区域之间、上下层之间的混凝土浇筑时间,不得超过混凝土的初凝时间。

3. 混凝土布料

用混凝土泵输送混凝土时,由于单位时间内输送量大,而且是连续供料,因而布料是很重要的问题。在泵送混凝土的施工中,布料杆是最为常用的一种布料装置。

除布料杆外,泵送混凝土还采用软管、手推车驳运、简易布料车和溜槽等装置来布料。

在浇筑竖向结构混凝土时,布料设备的出口离模板内侧面不应小于50mm,并且不向模板内侧面直冲布料,也不得直冲钢筋骨架。竖直方向振捣采用振动器,并距模板50mm。

在浇筑水平结构混凝土时,布料设备不得在同一处连续布料,应在 2~3m 范围内水平移动布料,且垂直于模板。

4. 混凝土的振捣

对混凝土进行振捣是把混凝土内部的空气排挤出去,让砂子充满石子的空隙、水泥浆充满砂子之间的空隙,以达到混凝土的密实度要求。

主要的振捣方法有:垂直振捣,即振动棒与混凝土表面垂直;斜面振捣,即振动棒与混凝土表面成一角度,约 40°~50°,棒体插入混凝土的深度不应超过棒长的 2/3~3/4。

在振捣时,先振周围后振中间,以便把气泡尽量往中间赶出,避免聚集在模板处。振捣时插点要均匀,排列可采用"行列式"或"交错式"的次序移动,每次转动的距离不大于振动棒作用半径的 1.5 倍(一般振动棒作用半径为 300~400mm)。振捣时振动棒不要碰撞钢筋、模板、预埋件等。在钢筋密集处,可采用带刀片的振动棒进行振捣。振捣棒要及时上下抽动,分层均匀,振捣密实。振动棒操作时应"快插慢拔",快插是防止先将上层混凝土振实,而下层混凝土发生离析现象;慢拔是为了使混凝土能填满振动棒抽出时所造成的空洞,并上下抽动以保证振捣均匀。振捣需严格控制振捣时间,做到不欠振和不过振。合适的振捣时间可由下列现象判断:混凝土不再显著下沉,不再出现气泡,混凝土表面出浆呈水平状态,并将模板边角填满充实,一般振捣的时间为 20~30s。

5. 混凝土的喷射

喷射混凝土按喷射工艺可分为干式、潮式、湿式和水泥裹砂喷射混凝土。

随着湿喷设备及工艺的日趋完善及施工要求的不断提高,湿喷技术已成为世界各国喷射技术的发展主流。混凝土喷射作业的好坏对混凝土强度、回弹率、生产效率等均有影响,为确保混凝土的喷射质量,混凝土喷射施工应注意如下要求。

1)技术操作

使用技术水平高的喷射工,要求配置两人以上且固定专人,不得随意更换人员。其主要程序为:打开速凝剂辅助风→缓慢打开主风阀→启动速凝剂计量泵、主电动机、振动器→向料斗加混凝土。特别注意启动喷射机时,送风之前先打开计量泵,且喷嘴应朝下,以免速凝剂流入输送管内而导致高压混凝土拌合物堵塞速凝剂喷射孔。喷射机在运转过程中,进料工应时刻注意剔出超粒径骨料,且观察压力表使用状况。

2)喷射次序控制

喷射作业应分段分片依次进行,分段长度不宜超过 6m,分块大小为 2m×2m,喷射顺序均应先墙后拱,自下而上,如岩面凹凸不平时,应先喷凹处找平,然后向上喷射。喷射路线呈小螺旋形绕圈运动,绕圈直径 300mm 左右为宜。后一圈压前一圈的 1/3~1/2,喷射路线呈 S 形运动,每次 S 形运动长度为 3~4m。喷射纵向第二行时,要依顺序从第一行的起点处开始,行与行间需搭接 20~30mm。料束旋转速度,原则上要均匀,不宜太慢或太快。喷射混凝土分段施工时,上次喷混凝土应预留斜面,斜面宽度为 200~300mm,斜面上需用压力水冲洗润湿后再喷射混凝土。分片喷射要自下而上进行,并先喷钢架与壁面间混凝土,再喷两钢架之间混凝土。边墙喷混凝土应从墙脚开始向上喷射,使回弹不致裹入最后喷层。

3)喷头与受喷面角度、间距控制

喷射混凝土具有一定的冲击速度,当喷射角度与受喷面垂直时,容易获得最大压实和最小回弹。若受喷面被钢架、钢筋网覆盖,可将喷嘴稍加偏斜,但不宜小于 70°。如果喷嘴与受喷面的角度太小,会形成混凝土物料在受喷面上的滚动,产生出凹凸不平的波形喷面,增加回弹量,影响喷混凝土的质量。喷射时,喷嘴与受喷面间距可根据混凝土冲击速度和混凝土附着性进行调整,一般宜为 1.5~1.8m,尽量保持间距等距以获得均匀密实的混凝土

层面。

4)一次喷射厚度、时间控制

喷射作业应分层进行。一次喷混凝土的厚度应以喷混凝土不滑移、不坠落为度。若厚度太厚会使混凝土颗粒间的凝聚力减弱,同时会引起大片坍落或形成喷混凝土与岩面脱离,形成空隙;若厚度太薄,则会引起大部分骨料回弹,喷层仅留砂浆,而影响喷射效果和质量。一次喷射厚度不宜超过 100mm,边墙一次喷射混凝土厚度控制在 70~100mm,拱部控制在 50~60mm,并保持喷层厚度均匀。

分层喷射时,后一层喷混凝土应在前一层喷混凝土终凝后进行,时间间隔一般为 15~20min,若终凝 1h 后再进行喷射,应先用风水清洗喷层表面,且复喷时应将凹处进一步找平。顶部喷射混凝土时,为避免产生堕落现象,两次间隔时间宜为 2~2.5h。

5)喷射风压、水压、水灰比控制

混凝土喷射速度,即喷头出口处的工作风压是影响喷射混凝土质量和回弹的重要因素之一。当喷头风压过大时,喷射速度快,回弹增加,同时粉尘浓度增大;风压过小,喷射速度慢,粗骨料不容易嵌入新鲜混凝土中,压实力小,影响喷混凝土强度。因此在开机后要注意观察风压,起始风压达到 0.5MPa 后,才能开始操作,并据喷嘴出料情况调整风压。一般工作风压为:边墙 0.3~0.5MPa,拱部 0.4~0.65MPa。根据喷射机性能要求,以水压较高于风压 0.05~0.1MPa 控制,其目的为保证高压水从喷头内壁小孔高速喷出,把拌合料迅速拌合均匀。

湿喷混凝土施工,采用自动计量拌合站能够控制混凝土的配合比,而水灰比的控制及混凝土坍落度的变化影响混凝土的流动性和黏聚性。当坍落度过大时,喷射顺畅,但是混凝土终凝后容易出现裂缝,影响质量;当坍落度过小时,混凝土容易堵塞喷嘴,出现分层不匀现象。坍落度宜控制在 90~100mm 间,喷射效果良好。

6)喷射厚度控制

喷射混凝土厚度的检查除采用埋钉法外,

可在喷射混凝土 8h 后用钢钎凿孔。当混凝土与围岩的颜色相近不易区别时,可用酚酞试液涂抹孔壁,呈现红色者为混凝土。也可用地质雷达无损检测,要求每一个作业循环检查一个断面,每个断面应从拱顶起,每间隔 2m 布设一个检查点检查混凝土的厚度,要求混凝土平均厚度应大于设计厚度,当有空鼓、脱壳时,应及时凿除,冲洗干净进行重喷,或采用压浆法充填补强。

第2章

混凝土搅拌机

2.1 概述

混凝土搅拌机是将胶凝材料(如水泥、粉煤灰等)、细骨料(砂)、粗骨料(石)、水及需要加入的化学外加剂和矿物掺合料混合搅拌成混凝土的专用机械。与人工搅拌混凝土相比,使用混凝土搅拌机既能提高生产率,加快工程进度,又能减轻工人的劳动强度和提高混凝土的质量。

不同类型混凝土搅拌机适用于不同种类混凝土的搅拌,其中包括搅拌结构混凝土、道路混凝土、高性能混凝土、水工混凝土等。为适应各种混凝土的搅拌要求,搅拌机在结构和性能上各有其特点。

2.1.1 发展历程与现状

混凝土搅拌机的发展历程与现状见表2-1。

表 2-1　混凝土搅拌机的发展历程与现状

1	19世纪40年代,在德、美、俄等国家出现了以蒸汽机为动力源的自落式搅拌机。从1943年美国开始大量生产预拌混凝土到1950年日本开始用搅拌机生产预拌混凝土期间,以各种有叶片或无叶片的自落式搅拌机的发明与应用为主
2	20世纪40年代后期,德国ELBA公司率先发明了强制式单卧轴搅拌机,德国的桑索霍芬机械与矿业公司(简称BHS公司)推出了强制式双卧轴搅拌机。但当时的卧轴式搅拌机因轴端密封技术未完全成熟,其发展基本处于停顿状态
3	我国在1952年,天津工程机械厂和上海建筑机械厂各试制出国产第一台进料容积为400L和1000L的混凝土搅拌机,当时的400L即后来定型的JG250。这两种型号搅拌机都属自落式搅拌,搅拌时,搅拌筒绕水平轴回转;卸料时,搅拌筒出料口向下倾斜,但搅拌筒旋转方向不变
4	1958年,为了修建武汉长江大桥,郑州第二柴油机厂自行设计和制造了800L搅拌机,这种搅拌机是400L搅拌机的放大版,但没有料斗和提升机构,仅有搅拌装置和供水系统。搅拌筒采用链传动,在筒身上安装有分段制作的链齿条。由于这种搅拌机重量大、能耗高,1984年以后停止了生产,由JZM750和JZC750所取代
5	据有关资料统计,1955年国内混凝土搅拌机生产厂家为2家,年产搅拌机105台,到1963年,混凝土机械生产厂家为21家,其中搅拌机年产量为274台。这个时期生产的搅拌机一共有5个型号,即JG150、JGR150、JG250、JGR250和JG750,它们都是鼓筒型,属于自落式搅拌机

续表

6	1964—1965 年,天津搅拌机厂和华东建筑机械厂先后在测绘国外样机的基础上,研制出 JW250 型(原 375L)和 JW1000 型(原 1500L)立轴涡桨式搅拌机,开始了我国强制式搅拌机生产的新篇章
7	1965 年前后,长沙建筑机械研究所与天津搅拌机厂合作,在吸收法国和保加利亚两台进口样机的基础上,自行研制成功 JZM350(原 500L)锥形反转出料搅拌机。1975 年混凝土搅拌机行业组织联合设计,长沙建筑机械研究所、天津搅拌机厂、华东建筑机械厂、湖南省建材机械厂、北京建筑机械厂等单位派员参加,对 JZM350 型搅拌机进行了设计改进,为混凝土搅拌机的升级换代做了前期准备
8	20 世纪 50—60 年代,郑州水工机械厂与上海水电勘测设计院等单位先后研制出 3×1000L、4×1500L、4×3000L 等大型水电大坝用的混凝土搅拌楼。其中搅拌机型号为 JF1000、JF1500、JF3000,都属锥形倾翻出料式
9	20 世纪 70 年代初,卧轴式搅拌机的轴端密封技术得到突破,这种类型的搅拌机在德国的 BHS 公司、意大利的 SICOMA 公司、美国的 JOHNSNO 公司、日本的日工株式会社和光洋株式会社等企业又重新发展起来。在此期间,除了强制式卧轴搅拌机外,立轴涡桨式、立轴行星式等强制式搅拌机也先后面世
10	1980 年,长沙建筑机械研究所与吉林市工程机械厂联合研制成功 JS500 型双卧轴强制式混凝土搅拌机。之后,华东建筑机械厂研制成功 JD250 型单卧轴混凝土搅拌机,中国建筑科学研究院机械化研究所与山东省建筑机械厂合作研制成功 JD150、JD350 型单卧轴混凝土搅拌机。卧轴式搅拌机形成一种蓬勃之势
11	针对鼓筒式搅拌机搅拌质量差、能耗高的弊端,1983 年城乡建设环境保护部机械管理局在杭州全国建筑机械工作会议上提出采用新机型淘汰已生产 30 多年的老式鼓筒型搅拌机。在不到一年的时间内,国内研制出各种规格、型号的新型搅拌机 39 台,并于 1983 年在长沙建筑机械研究所进行全国新型搅拌机评选试验,为我国混凝土搅拌机升级换代拉开了序幕
12	1986 年 9—12 月,长沙建筑机械研究所和中国建筑科学研究院机械化研究所牵头,组织人员,联合设计 JZ、JD、JS 等三个系列十种规格型号的新型搅拌机。国家经济贸易委员会、城乡建设环境保护部等 6 个部委于 1986 年联合下文,宣布从 1988 年 1 月 1 日起停止生产、销售鼓筒式搅拌机。鼓筒式搅拌机的淘汰和新系列搅拌机的投产升级换代,在提高混凝土搅拌质量、降低制造材料消耗和成本,降低能耗、噪声、粉尘,减轻劳动者劳动强度等方面显示了它的优越性
13	1986—1992 年间,长沙建筑机械研究所分别与郑州水工机械厂、山东省建筑机械厂、华东建筑机械厂、韶关挖掘机厂等合作研制了以双卧轴搅拌机为主机的悬臂拉铲式搅拌站后,国产搅拌站开始初露锋芒,双卧轴搅拌机在建筑混凝土的施工中得到推广应用
14	进入 21 世纪以来,随着商品混凝土技术的应用推广及国家环保政策的强力推行,我国混凝土搅拌机发展非常迅速,以中联重科、珠海仕高玛为代表的混凝土搅拌机已经达到世界先进水平,引领国内混凝土搅拌机行业走上依靠技术创新的发展之路。珠海仕高玛公司首先于 2000 年引进意大利 SICOMA 双卧轴混凝土搅拌机技术,在十多年时间内发展了 MSO、MEO、MAO、MAW 等系列产品,产品出料容量为 0.5~6m³;并于 2006 年推出 MPJ、MPC 系列立轴行星式搅拌机,产品出料容量为 0.5~2.0m³;2014 年,仕高玛成功开发新型环保低能耗智能化双卧轴混凝土搅拌机,该机型符合市场对“节能环保”方面的要求,引领混凝土搅拌机行业向节能环保方向发展
15	2009 年,中联重科成功研制高效、节能的双卧轴复合螺带式混凝土搅拌机,并于 2011 年完成全系列开发。2013 年 10 月成功研制全球最大的 JS10000 型混凝土搅拌机,该搅拌机单罐次可生产普通商品混凝土 10000L 或水工常态混凝土(4 级配)8000L,各项参数值均达到了全球之最。中联重科 JS10000 型混凝土搅拌机的试验成功,标志着我国已经掌握了水工混凝搅拌机的核心技术,使我国成为少数几个掌握超大方量混凝土搅拌技术的国家

2.1.2 发展趋势

我国混凝土年产量已连续多年超过世界混凝土年产量的50%,混凝土工程规模及从业人数均居世界首位,混凝土搅拌机的年产量也居世界首位,因此,建筑市场对混凝土的品质指标和经济指标提出了更高的要求。同时各国数据表明,水泥和混凝土的碳排放占人类社会总排放量的5%左右,这将促使现代混凝土材料向着高强度、高流态和高耐久等绿色高性能方向发展。因此,能否生产出满足各种工程结构技术要求的混凝土,并在混凝土的生产过程中满足节能环保、智能化、循环发展,这是行业、社会对混凝土搅拌机提出的要求,也是混凝土搅拌机发展的方向。

(1) 搅拌机性能向环保型发展。一是提高搅拌机性能、质量,使用最少的胶凝材料,通过高质量的搅拌来实现混凝土的高性能;二是搅拌效率要高,消耗最少的能源达到最好的搅拌质量;三是搅拌机的维护性要好,且维护费用

要低,包括搅拌机内的残余物料清理,润滑油的消耗等都应尽量减少。

(2) 搅拌机类型向多元化发展。现在专业化分工越来越精细,且当代建筑对混凝土的种类和搅拌质量要求越来越高,在市场的不断变化下,搅拌机需向多元化方向发展。如上料、搅拌、泵送几种功能组合在一起的一体机,搅拌过程中同时加入振动机理的振动搅拌机等,都是因市场的需求应运而生的。

(3) 搅拌机控制向智能化发展。通过智能化监测手段,达到对搅拌机各运行部件的在线监控、故障诊断:一是对部件运行的可靠性进行预测,预防事故的发生;二是通过监测对搅拌性能、搅拌时间等进行优化,以实现高效、节能。

2.2 分类

混凝土搅拌机可以从不同角度进行分类,如图2-1所示。

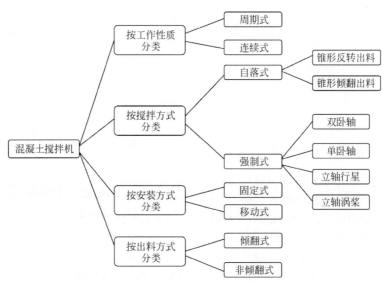

图 2-1 混凝土搅拌机分类方式

2.2.1 按工作性质分类

混凝土搅拌机按工作性质可以分为周期式和连续式。周期式混凝土搅拌机是周期地

进行装料、搅拌、出料的,结构简单可靠,容易控制配合比及搅拌质量。目前市场上广泛使用的双卧轴混凝土搅拌机和立轴行星混凝土搅拌机等都属于周期式混凝土搅拌机。连续

式混凝土搅拌机一般为双卧轴形式,各种材料分别按配合比经连续称量后送入搅拌机的进料端,搅拌好的混凝土从搅拌机的卸料端连续向外卸出。连续式混凝土搅拌机生产率高,但

搅拌质量较差,目前市场上较少使用。

按工作性质分类的混凝土搅拌机的示意图及特点见表2-2。

表 2-2　按工作性质分类

形 式	示 意 图	特 点
周期式		装料、搅拌、出料按周期进行循环作业,一批料拌好卸出后,再进行下一批料的装料和搅拌。周期式混凝土搅拌机结构可靠,容易控制配合比及拌合质量,通常与搅拌站等配套使用,是当前商品混凝土搅拌行业应用最广泛的类型
连续式		连续进行装料、搅拌、出料,生产效率高,但混凝土的拌合质量较差,适用于搅拌低标号且对匀质性要求不高的混凝土

2.2.2　按搅拌方式分类

混凝土搅拌机按搅拌方式可以分为自落式和强制式。自落式混凝土搅拌机的工作原理是随着搅拌筒的旋转,内壁固定的叶片将物料提升到一定的高度,然后靠重力下落,周而复始,使其达到匀质状态,最适宜搅拌塑性或半塑性混凝土。强制式混凝土搅拌机的主要特征是搅拌轴旋转,依靠轴上的搅拌叶片对物料实施强制搅拌,搅拌时间短、生产效率高,适用于各种混凝土的搅拌。强制式搅拌机又可分为单卧轴式、双卧轴式、立轴行星式和立轴涡桨式。

按搅拌方式分类的混凝土搅拌机的示意图及特点见表2-3。

2.2.3　按安装方式分类

混凝土搅拌机按安装方式可以分为固定式和移动式。固定式混凝土搅拌机通过螺栓与机架或通过地脚螺栓与基础固定,多安装在混凝土搅拌楼或搅拌站上使用。移动式混凝土搅拌机装有行走机构,可随时拖运转移,应用于中小型临时工程。

按安装方式分类的混凝土搅拌机的示意图及特点见表2-4。

表2-3　按搅拌方式分类

形式		示　意　图	特　点
自落式	一		自落式搅拌机结构简单,磨损程度低,对骨料粒径有较好的适应性,使用维护简单。但搅拌强度低,搅拌质量一般,而且转速和容量受到限制,生产效率较低,一般只适用于搅拌低标号且对匀质性要求不高的混凝土
强制式	单卧轴式		由分布在单条水平搅拌轴上的搅拌臂和搅拌叶片推动物料进行强制搅拌,使混凝土达到匀质状态。单卧轴搅拌机容积一般较小,目前在混凝土搅拌领域应用较少
	双卧轴式		由两条平行的搅拌轴及搅拌臂和搅拌叶片构成搅拌单元,搅拌能力强,生产效率高,搅拌容积大,普遍应用于各种混凝土的搅拌
	立轴行星式	 定盘式	搅拌筒为水平放置的圆盘,圆盘中有若干根竖立转轴,分别带动若干个搅拌叶片,转轴除自转外,还绕圆盘的中心公转。此类搅拌机搅拌剧烈,搅拌质量高,适合搅拌干硬性、高强和轻质混凝土,但容积普遍不大,一般不超过3000L
		 转盘式	转盘式与定盘式不同之处在于,两根转轴只做自转,不做公转,而是整个圆盘与转轴回转方向做相反的转动。此类搅拌机搅拌效率更高,但能量消耗较大,结构也不够理想,目前基本已被定盘式取代
	立轴涡桨式		搅拌筒为水平放置的圆盘,中央有一根竖立转轴,轴上装有若干组搅拌叶片。该类型搅拌机具有结构紧凑、体积小、密封性能好等优点,但搅拌效率一般,容积较小,一般为250~3000L

表 2-4　按安装方式分类

形 式	示 意 图	特 点
固定式	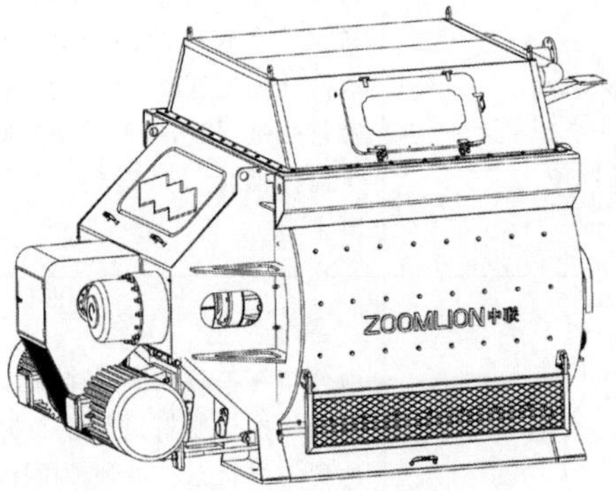	通过螺栓与机架或通过地脚螺栓与基础固定,多装在搅拌楼或搅拌站上使用
移动式	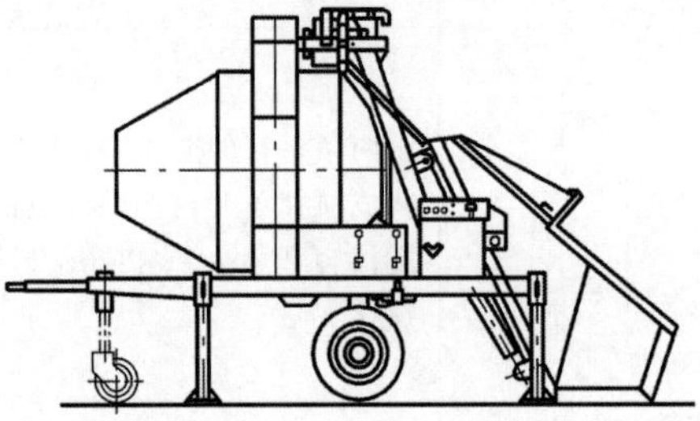	装有行走机构,可随时拖运转移,应用于中小型临时工程

2.2.4　按出料方式分类

混凝土搅拌机按出料方式可以分为倾翻式和非倾翻式。倾翻式混凝土搅拌机通过搅拌筒倾翻出料。非倾翻式搅拌机多通过打开搅拌机底部的卸料门出料;自落式搅拌机中,不少机型通过反转搅拌筒出料。

按出料方式分类的混凝土搅拌机的示意图及特点见表 2-5。

表 2-5　按出料方式分类

形 式		示 意 图	特 点
倾翻式	锥形倾翻出料	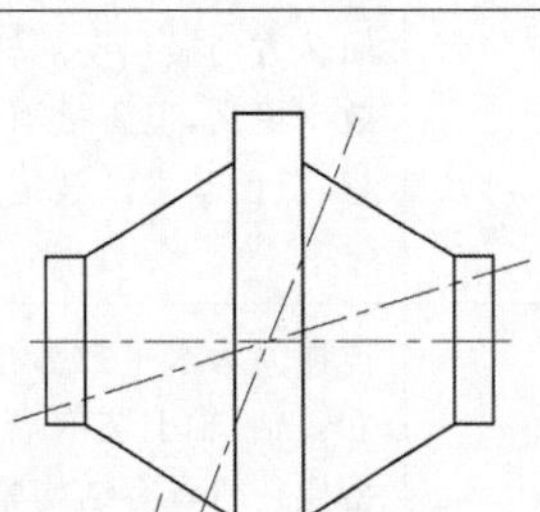	锥形倾翻出料混凝土搅拌机在搅拌过程中,搅拌机中心轴保持水平状态;当搅拌完毕需要出料时,搅拌筒在油缸或其他机械力的驱动下,呈倾翻状态,出料口向下卸料

续表

形 式		示 意 图	特 点
非倾翻式	锥形反转出料		锥形反转出料混凝土搅拌机在搅拌和卸料过程中,搅拌机中心轴都保持水平状态;搅拌筒绕中心轴旋转,正转搅拌,反转出料
	底部出料		通过搅拌机底部卸料门的开、合实现卸料,同时搅拌装置的不停转动,有助于提升出料速度,并且不会造成积料,广泛应用于各种强制式搅拌机

2.3 典型产品结构与工作原理

2.3.1 强制式双卧轴混凝土搅拌机

双卧轴混凝土搅拌机搅拌能力强、搅拌和易性好、生产率高,对于干硬性、半干硬性、塑性及各种配比的混凝土适应性好,在商品混凝土、水工混凝土、预制件混凝土、乳化沥青、煤炭、工精陶瓷等行业均可使用。

双卧轴混凝土搅拌机主要由搅拌机壳体、卸料系统、轴端密封润滑系统、搅拌系统、传动系统、电气控制系统等组成,如图 2-2 所示。

1. 搅拌机壳体

搅拌机壳体主要由宽厚钢板弯制而成的 ω 形搅拌筒、左右端板组件及踏板装置组成,如图 2-3 所示。ω 形搅拌筒用于承载、容纳搅拌物;端板组件用于支承 ω 形搅拌筒,其底部有安装底脚,用于固定搅拌机;踏板装置是由钢板网与框架构成的作业平台,可根据需要收放和支承,以方便作业与维修。

2. 卸料系统

卸料系统主要由液压胶管、液压动力单元、卸料门体、轴承座和油缸组成,如图 2-4 所示。

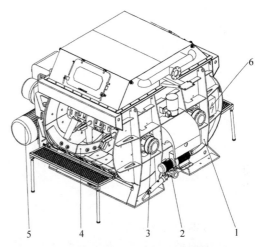

图 2-2 双卧轴混凝土搅拌机的结构组成
1—搅拌机壳体;2—卸料系统;3—轴端密封润滑系统;
4—搅拌系统;5—传动系统;6—电气控制系统

油缸在液压动力单元的驱动下进行往复运动,实现卸料门全开、半开、关闭,达到卸料的目的。卸料系统液压原理如图 2-5 所示,液压泵一般为恒定流量的齿轮泵,电磁阀中位时液压油直接返回油箱,油压表可以显示液压系统内部压力,当系统压力超过限制压力值时,液压油通过溢流阀返回油箱。一般同时配备手动泵,在

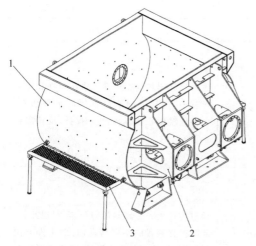

图 2-3　搅拌机壳体

1—ω形搅拌筒；2—端板组件；3—踏板装置

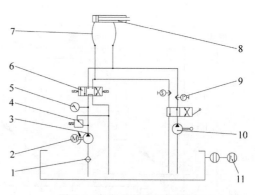

图 2-5　卸料系统液压原理图

1—过滤器；2—电动机；3—齿轮泵；4—溢流阀；
5—油压表；6—电磁换向阀；7—油管；8—油缸；
9—手动截止阀；10—手动泵；11—油位油温感
应器

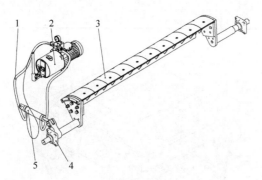

图 2-4　卸料系统

1—液压胶管；2—液压动力单元；3—卸料门体；
4—轴承座；5—油缸

突发情况下，可以通过手动打开或关闭卸料门。

3. 轴端密封润滑系统

　　轴端密封润滑系统是双卧轴混凝土搅拌
机的核心部件之一，主要由密封组件、润滑装
置、油管、搅拌轴等组成，如图2-6所示。密封
组件安装在搅拌轴上，处于搅拌机壳体和搅拌
轴支承座之间，主要作用是在搅拌机工作时，
将混凝土隔离在搅拌机壳体内，防止混凝土中
的灰浆由定动隙（固定在壳体上的元件与旋转
元件之间的间隙）向壳体外渗出，进而侵蚀轴
承座，也就是常说的"轴端漏浆"的发生。润滑
装置，通常采用电动供油泵或手动供油对轴头
密封组件进行持续润滑。

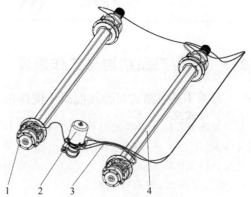

图 2-6　轴端密封润滑系统

1—密封组件；2—润滑装置；3—油管；4—搅拌轴

4. 搅拌系统

　　搅拌系统由搅拌臂、搅拌叶片与衬板构
成，如图2-7所示。搅拌臂一般通过螺栓紧固
安装在搅拌轴上，搅拌叶片安装在搅拌臂上。
搅拌臂及搅拌叶片随搅拌轴旋转，其旋转方向
为：在任一端观察，右侧轴均为顺时针，左侧轴
均为逆时针，搅拌叶片对物料进行强力的径向
剪切和轴向推动，达到搅拌均匀的目的。衬板
安装在搅拌机壳体内壁，防止混凝土直接接
触、冲击、磨损壳体，对搅拌机壳体起保护
作用。

　　目前行业内搅拌系统主要存在铲片式、螺

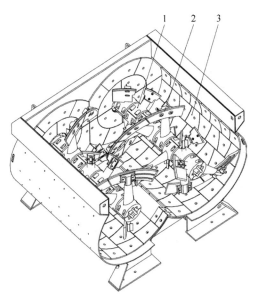

图 2-7　搅拌系统

1—搅拌臂；2—搅拌叶片；3—衬板

带式、复合螺带式和振动式四种结构形式，下面做简单介绍。

1）铲片式

铲片式搅拌系统的主要特征是搅拌叶片为"铲"状结构，各铲片在搅拌轴上呈间断螺旋排列，如图 2-8 所示。铲片式搅拌系统结构简单，搅拌效率较高，针对常规商品混凝土，一般需要 30s 即可搅匀。

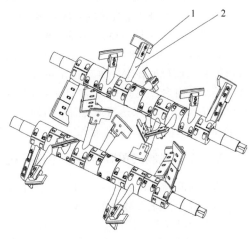

图 2-8　铲片式搅拌机系统

1—铲片；2—搅拌臂

2）螺带式

螺带式搅拌系统有单螺带和双螺带两种类型，单螺带搅拌系统外圈为连续的螺带叶片，主要结构如图 2-9 所示。双螺带搅拌系统的内、外圈均有连续的螺带叶片。螺带式搅拌系统对物料有很强的轴向推动力，搅拌效率高，针对常规商品混凝土，一般需要 20～25s 即可搅匀。

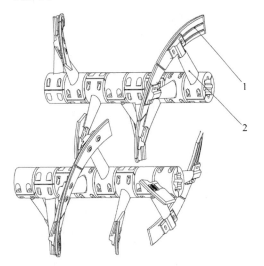

图 2-9　螺带式搅拌系统

1—螺带叶片；2—搅拌臂

3）复合螺带式

复合螺带式搅拌系统的外圈是连续式螺带叶片，内圈为断续铲片，如图 2-10 所示。外圈螺带叶片具有螺旋曲面，最大限度地降低了砂石料对叶片的摩擦和冲击，因此在连续推进实现物料整体高速环形流动的同时，保证搅拌机工作平稳；内圈的断续铲片是回转小半径区域的主要搅拌力量，能对料流进行强力的径向剪切；内外两者的组合实现了对物料的三维沸腾式高效搅拌，针对常规商品混凝土，搅拌时间小于 20s。

4）振动式

双卧轴振动式搅拌系统的主要结构与工作原理如图 2-11 所示。

搅拌驱动机构通过同步齿轮，驱动两根搅拌轴和其上安装的搅拌叶片同步反向旋转，不

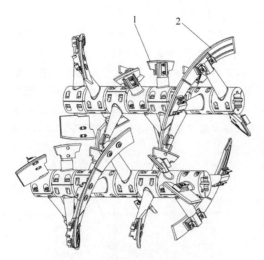

图 2-10　复合螺带式搅拌系统

1—铲片；2—螺带叶片

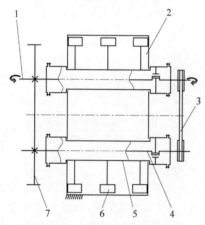

图 2-11　双卧轴振动式搅拌系统

1—搅拌驱动机构；2—搅拌筒；3—振动驱动机构；4—振动轴；5—搅拌轴；6—搅拌叶片；7—同步齿轮

断地推动物料在拌筒内作轴向和轴间的循环流动。同时，振动驱动机构通过带传动，在搅拌机的另一端，驱动两根安装在搅拌轴内部的振动轴高速旋转，高速转动的振动轴产生的激振力导致搅拌轴和搅拌叶片产生振动。于是在搅拌机构的强制搅拌合振动的共同作用下，搅拌筒内的物料颗粒运动速度增大，有效碰撞次数增加，黏性和内摩擦力显著降低，物料各组分在宏观和微观上的循环流动和扩散分布

都得到了强化，从而很快实现了均匀拌合。

5. 传动系统

传动系统主要由减速机带轮、同步联轴器、三角皮带、减速机、电动机、电动机皮带轮组成，如图 2-12 所示。搅拌过程中，电动机所产生的动能经三角皮带传递给减速机皮带轮，再经减速机降速增矩，驱动两搅拌轴进行搅拌。两减速机皮带轮之间装有同步联轴器，保证左右搅拌轴转动同步，防止两轴上的搅拌叶片及搅拌臂发生干涉。

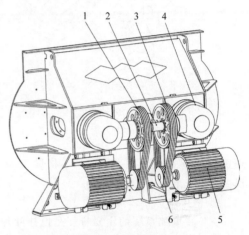

图 2-12　传动系统

1—减速机皮带轮；2—同步联轴器；3—三角皮带；4—减速机；5—电动机；6—电动机皮带轮

6. 电气控制系统

图 2-13 为搅拌机电气控制系统示例，主要包括搅拌电动机控制、卸料门控制、电动供油泵控制、卸料门液压动力单元油温油位监控、减速箱油温油位监控等。电气控制系统可实现在操作室内启停搅拌机、开关卸料门，并且可以远程监控，检测减速箱油量、温度，卸料泵油量、油温，润滑油量及油压分配信号。

2.3.2　强制式单卧轴混凝土搅拌机

单卧轴混凝土搅拌机主要用于轻质混凝土、砂浆、石灰、石膏等物料的搅拌。

单卧轴混凝土搅拌机主要由搅拌机壳体、卸料系统、搅拌系统、轴端密封润滑系统、电气控制系统、传动系统等组成，如图 2-14 所示。

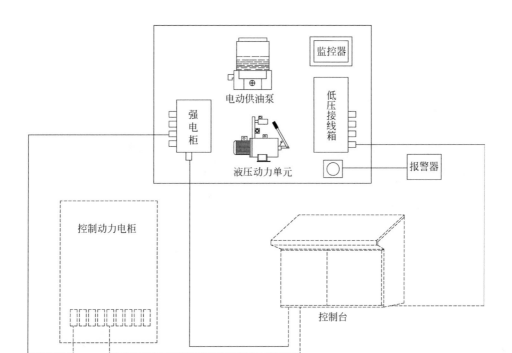

图 2-13　电气控制系统

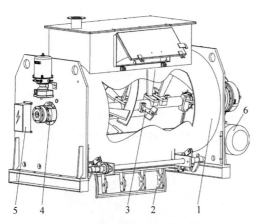

图 2-14　单卧轴混凝土搅拌机的结构组成

1—搅拌机壳体；2—卸料系统；3—搅拌系统；4—轴端
密封润滑系统；5—电气控制系统；6—传动系统

1. 搅拌机壳体

搅拌机壳体主要由宽厚钢板弯制而成的
圆形搅拌筒、左右端板组件等组成，如图 2-15
所示。搅拌筒用于承载、容纳搅拌物；端板组
件用于支承圆形搅拌筒，其底部安装有底脚，
用于固定搅拌机。

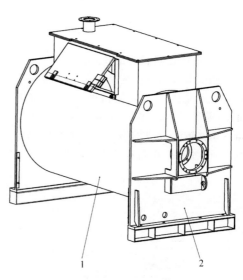

图 2-15　搅拌机壳体

1—圆形搅拌筒；2—端板组件

2. 卸料系统

卸料系统主要由气缸、卸料门体、轴承座
等组成，如图 2-16 所示。卸料门在气缸的驱动
下进行开关动作，实现卸料的目的。

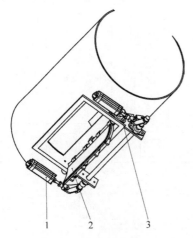

图 2-16　卸料系统

1—气缸；2—卸料门体；3—轴承座

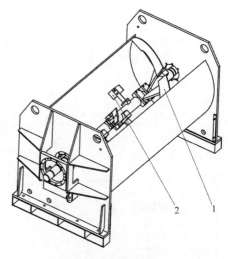

图 2-17　搅拌系统

1—螺带叶片；2—铲片

3．搅拌系统

搅拌系统由螺带叶片、铲片、搅拌臂等部件组成，如图 2-17 所示。搅拌臂一般通过螺栓紧固安装在搅拌轴上，搅拌叶片安装在搅拌臂上。搅拌臂及搅拌叶片随搅拌轴旋转，螺带叶片使搅拌物料实现双向对流，并与铲片配合实现对物料的高效搅拌。

4．轴端密封润滑系统

轴端密封润滑系统是单卧轴混凝土搅拌机的核心部件之一，主要由密封组件、润滑装置、油管等组成，如图 2-18 所示。密封组件安装在搅拌轴上，处于搅拌机壳体和搅拌轴支承座之间，主要作用是在搅拌机工作时，将混凝土隔离在搅拌机壳体内，防止混凝土中的灰浆由定动隙（固定在壳体上的元件与旋转元件之间的间隙）向壳体外渗出，进而侵蚀轴承座，也就是常说的"轴端漏浆"的发生。润滑装置，通常采用电动供油泵或手动供油对轴头密封组件进行持续润滑。

5．电气控制系统

搅拌机电气控制系统，主要包括搅拌电动机控制、卸料门控制、电动供油泵控制等。电气控制系统可实现在操作室内启停搅拌机、开关卸料门、远程监控、检测减速箱油量和温度等。

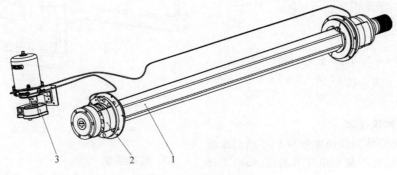

图 2-18　轴端密封润滑系统

1—搅拌轴；2—密封组件；3—润滑装置

6．传动系统

传动系统主要由电动机、V 带、减速机等传动件组成，如图 2-19 所示。搅拌过程中，电动机所产生的动能经 V 带传递给减速机皮带轮，再经减速机降速增矩，驱动搅拌轴进行搅拌。

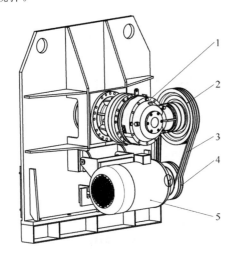

图 2-19 传动系统

1—减速机；2—减速机皮带轮；3—V 带；
4—电动机皮带轮；5—电动机

2.3.3 强制式立轴混凝土搅拌机

目前市场上强制式立轴混凝土搅拌机主要有两种：立轴行星式和立轴涡浆式。

1．立轴行星式混凝土搅拌机

立轴行星式混凝土搅拌机有定盘式和转盘式两种。定盘式立轴行星搅拌机的搅拌筒为水平放置的圆盘，圆盘顶部有机盖，机盖与圆盘固定在一起，机盖向下伸出 2～3 根竖直转轴，分别带动几个搅拌铲；搅拌铲除绕本身轴线自转外，转轴还绕圆盘的中心公转。此类型搅拌机搅拌性能好，搅拌质量高，适合搅拌干硬性、半干硬性、高强度和轻质混凝土，但容积普遍不大，一般不超过 3000L。转盘式与定盘式不同之处在于，顶部机盖与圆盘分离，机盖向下伸出的转轴只做自转，不做公转，整个圆盘做与转轴回转方向相反的转动。此类型搅拌机能量消耗较大，结构也不够理想，目前基本已被定盘式取代。根据市场上的应用情况，本小节只介绍定盘式立轴行星式搅拌机（以下所述均指此类）。

1）组成

立轴行星式混凝土搅拌机分单行星混凝土搅拌机（图 2-20）和双行星混凝土搅拌机（图 2-21）两种，按功能主要分为壳体结构系统、传动及搅拌系统、卸料门系统、电气控制系统四部分。

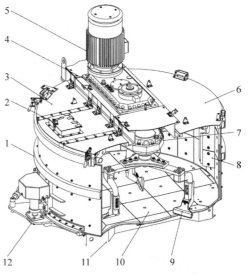

图 2-20 单行星混凝土搅拌机结构图

1—搅拌筒；2—上盖观察窗；3—检修门；4—主减速箱体；5—电动机；6—固定上盖；7—行星减速箱；8—侧搅拌叶片；9—底搅拌叶片；10—衬板；11—底架平台；12—卸料门系统

（1）壳体结构系统。壳体是由宽厚钢板卷弯制成的 O 形圆柱筒，上盖由主体、检修门、观察窗、安全开关等构成。大机型的搅拌筒可分离拆卸，解决了搅拌机外形过大、运输困难等问题，方便现场安装和维修，如图 2-22 所示。

（2）传动及搅拌系统。传动及搅拌系统由电动机、减速箱、搅拌臂、搅拌叶片与衬板等构成，如图 2-23 所示。减速箱采用两个行星式减速单元组合而成。壳体内衬板由底衬板和侧衬板组成，材料一般选用高铬耐磨铸铁或耐磨钢等材料。搅拌臂、搅拌叶片可根据搅拌物料的不同特性配置相应的形式，搅拌臂的材质一

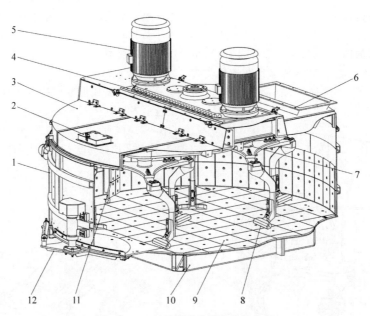

图 2-21 双行星混凝土搅拌机结构图

1—搅拌筒；2—上盖观察窗；3—检修门；4—主减速箱体；5—电动机；6—固定上盖进料口；7—行星减速箱；8—底搅拌叶片；9—衬板；10—底架平台；11—侧搅拌叶片；12—卸料门系统

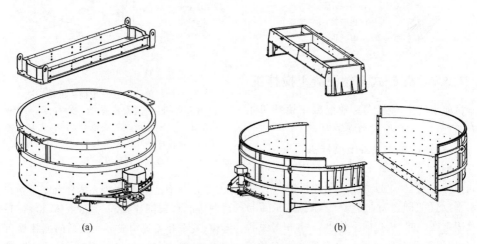

(a)   (b)

图 2-22 壳体结构系统

(a) 小型机搅拌筒；(b) 大型机搅拌筒

般为铸钢或合金钢，叶片一般为高铬耐磨铸铁或耐磨钢。

（3）卸料门系统。卸料门系统由卸料门主体、液压缸、液压动力单元、限位开关组成。自动运行时，一般设置全开、全关两种状态，如图 2-24 所示。

（4）电气控制系统。电气控制系统包括搅拌电动机控制、卸料门控制、卸料门液压动力单元油温油位控制等。

2）工作原理

行星混凝土搅拌机的主要工作装置是侧搅拌单元和底搅拌单元。侧搅拌单元安装在

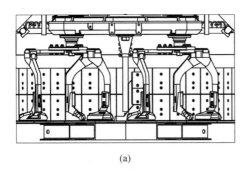
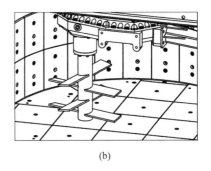

(a) 　　　　　　　　　　　　　(b)

图 2-23　传动及搅拌系统

(a) 适用于混凝土搅拌；(b) 适用于湿拌砂浆搅拌

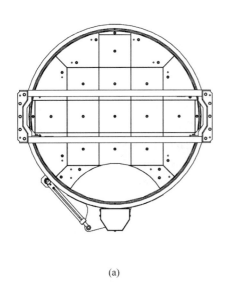
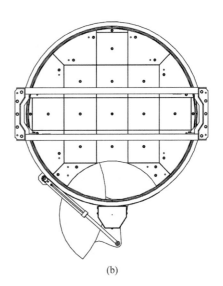

(a) 　　　　　　　　　　　　　(b)

图 2-24　卸料门系统

(a) 卸料门全关状态；(b) 卸料门全开状态

行星减速箱侧面,随行星减速箱转动,运动轨迹的中心为搅拌筒轴线。侧搅拌叶片紧贴着搅拌筒壁不断地刮拭、搅拌,使搅拌筒周边无滞留料、无死角。底搅拌单元安装在行星减速箱下方,行星减速箱转动时,带动底搅拌单元围绕搅拌筒中心公转的同时高速自转,产生复杂的运动曲线,从而使物料在搅拌筒中不断翻滚、碰撞、被剪切、被挤压,达到快速分散和充分混合的目的,能在短时间内完成搅拌工作,搅拌机理如图 2-25 所示。

2. 立轴涡桨式混凝土搅拌机

立轴涡桨式混凝土搅拌机主要用于混凝土预制构件厂和小型建筑工程施工,搅拌二级配混凝土。

1) 组成

立轴涡桨式混凝土搅拌机由搅拌筒、传动及搅拌系统、卸料门和电气控制系统等组成,如图 2-26 所示。立轴涡桨式混凝土搅拌机的搅拌筒是一个圆形的缸体,缸体中央有一个中心转盘,按出料方量的要求安装不同数量的搅拌臂。搅拌叶片的方向经适当布局后,能将物料沿缸体内形成的"走廊"交替往外和往内推动、搅拌,达到匀质状态。中心转盘的运行由位于圆柱中央的减速机带动,后者又通过一个万向接头或者皮带轮同外部电动机连接。

(1) 搅拌筒。搅拌筒主要由宽厚钢板卷

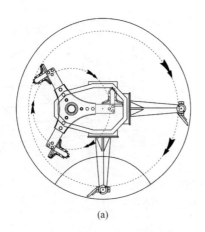

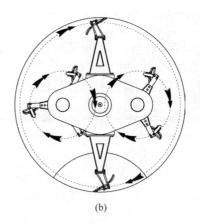

(a)   (b)

图 2-25　搅拌机理

(a) 单行星搅拌机；(b) 双行星搅拌机

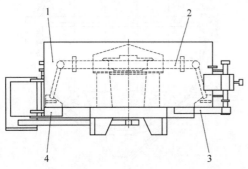

图 2-27　搅拌筒

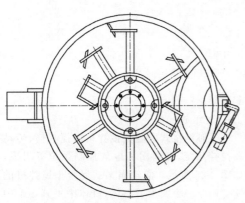

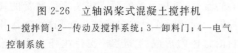

图 2-26　立轴涡桨式混凝土搅拌机

1—搅拌筒；2—传动及搅拌系统；3—卸料门；4—电气控制系统

弯制成的 O 形圆柱筒和正方形底架组成，如图 2-27 所示。搅拌筒是传动及搅拌系统、卸料门等其他系统的主要载体。

（2）传动及搅拌系统。传动及搅拌系统由电动机、减速箱、中心转盘、搅拌臂、搅拌叶片与衬板等构成，大型机配置一定数量的行星搅拌器，如图 2-28 所示。减速箱一般采用行星式齿轮箱。衬板由底衬板和侧衬板组成，一般选用高铬耐磨铸铁或耐磨钢等材料。整条搅拌臂通过锁紧座连接在中心转盘上，尾端带有可调节的反应弹簧，能吸收搅拌臂所受到的冲击和扭曲力，并很快复位。搅拌叶片由底叶片、中叶片和侧刮板组成，材料一般为高铬耐磨铸铁或耐磨钢。

（3）卸料门系统。卸料门系统由卸料门主体、液压缸、液压动力单元、限位开关等组成，如图 2-29 所示。根据客户实际需求，卸料门装置一般可配置 1～4 个。搅拌机自动运行时，一般设置全开、全关两种状态。液压动力单元带手动泵，紧急情况下（如停电）使用。

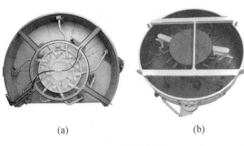

(a)　　　　　　　(b)

图 2-28　搅拌系统

(a) 无行星搅拌器的搅拌系统；

(b) 有行星搅拌器的搅拌系统

(a)　　　　　　　(b)

图 2-29　卸料门系统

(a) 卸料门驱动机构；(b) 卸料门在筒体的内部结构

（4）电气控制系统。电气控制系统包括搅拌电动机控制、卸料门控制、卸料门液压动力单元、油温油位控制等。

2）工作原理

进入到搅拌筒内的物料,在绕搅拌筒轴线旋转着的底叶片、中叶片、侧刮板以及小型行星搅拌器的强制作用下,沿筒体内的"走廊"交替往外和往内翻动,达到匀质状态,如图 2-30 所示。

2.3.4　自落式混凝土搅拌机

自落式混凝土搅拌机主要以锥形倾翻出料式和锥形反转出料式为主。自落式混凝土搅拌机结构相对简单,对骨料粒径有较好的适应性,使用维护简单;但搅拌强度低,搅拌质量一般,生产效率较低,一般适用于搅拌低标号且对匀质性要求不高的混凝土。

1. 锥形倾翻出料式混凝土搅拌机

锥形倾翻出料式混凝土搅拌机主要由叉架、驱动装置、搅拌筒、机架、倾翻机构等组成,如图 2-31 所示。

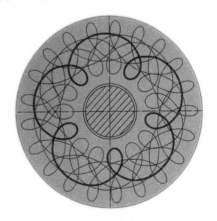

图 2-30　搅拌机理

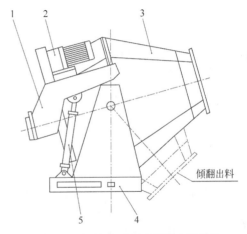

图 2-31　锥形倾翻出料式混凝土搅拌机

1—叉架；2—驱动装置；3—搅拌筒；

4—机架；5—倾翻机构

锥形倾翻出料式混凝土搅拌机在进料和搅拌时搅拌筒轴线保持水平或出料端向上倾斜一定角度,随着搅拌筒的旋转,内壁固定的叶片将物料提升到一定的高度,然后靠重力下落,周而复始,实现对物料的混合;当需进行出料时,搅拌筒在倾翻机构的驱动下,出料端下摆至与水平成 $50°\sim60°$,将混凝土彻底卸出。

2. 锥形反转出料式混凝土搅拌机

锥形反转出料式混凝土搅拌机由搅拌筒、

上料斗、供水系统、底盘和电气系统等几个部分组成,如图 2-32 所示。

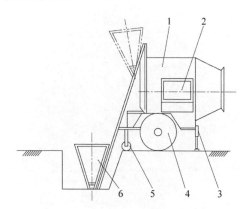

图 2-32　锥形反转出料式混凝土搅拌机
1—搅拌筒;2—电气及传动系统;3—底盘总成;
4—行走轮;5—支承轮;6—上料斗

搅拌筒由进料锥、筒体、大齿圈、高叶片、低叶片、滚道、出料锥以及出料叶片等几个部分组成,如图 2-33 所示。

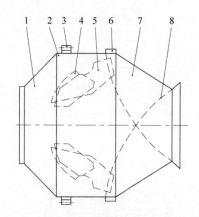

图 2-33　搅拌机构示意图
1—进料锥;2—筒体;3—大齿圈;4—高叶片;
5—低叶片;6—滚道;7—出料锥;8—出料叶片

锥形反转出料式混凝土搅拌机属小容量混凝土搅拌机,而且以移动式为主。它属于自落式搅拌,正转搅拌、反转出料。搅拌时,双锥形搅拌筒旋转,叶片使物料提升、下落运动的同时,还带动物料作轴向运动,实现物料的均匀搅拌。

2.3.5　连续式混凝土搅拌机

1. 组成

连续式混凝土搅拌机主要由传动系统、进料斗、搅拌装置、衬板装置、搅拌槽、出料斗等部分组成,如图 2-34 所示。进料斗布置在搅拌机一端盖板的上部,卸料口设置在另一端的下部或端部。搅拌装置由若干组搅拌臂和搅拌叶片组成,搅拌装置安装在搅拌轴上,主要搅拌叶片的推进方向与进出料方向一致。

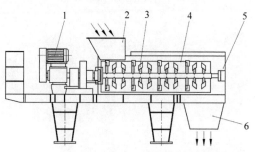

图 2-34　连续式混凝土搅拌机
1—传动系统;2—进料斗;3—搅拌装置;
4—衬板装置;5—搅拌槽;6—出料斗

2. 工作原理

连续式混凝土搅拌机的工作原理是在任何单位工作时间内,各种物料分别按配合比通过质量减量法进行程序计算并由变频器控制进行连续称量、配料,然后经进料斗进入搅拌机内部,在搅拌装置的推动搅拌下,料流从进料端运动到出料端,达到匀质状态,最后从出料斗卸出,即可实现对混凝土的连续生产。

2.4　技术规格及主要技术参数

2.4.1　技术规格

根据国家标准 GB/T 9142—2000,混凝土搅拌机的规格型号由组代号、型代号、特性代号、主参数代号和更新变型代号等组成,详细说明如下:

1. 形式和规格代号

混凝土搅拌机的形式和规格代号见表 2-6。

表 2-6　混凝土搅拌机的形式和规格代号

搅拌方式	组		型		特性	产品		主参数代号		
代号	代号	名称	代号	名称	代号	名称	代号	名称	单位	表示法
自落式	J（搅）	搅拌机	Z（锥）	锥形反转出料式	C（齿）	齿圈传动锥形反转出料混凝土搅拌机	JZC	公称容量	L	主参数
					M（摩）	摩擦传动锥形反转出料混凝土搅拌机	JZM			
					R（内）	内燃机驱动锥形反转出料混凝土搅拌机	JZR			
					Y（液）	液压上料锥形反转出料混凝土搅拌机	JZY			
			F（翻）	锥形倾翻出料式	C（齿）	齿圈传动锥形倾翻出料混凝土搅拌机	JFC			
					M（摩）	摩擦传动锥形倾翻出料混凝土搅拌机	JFM			
强制式			W（涡）	涡桨式	—	涡桨式混凝土搅拌机	JW	公称容量	L	主参数
			N（行）	行星式	—	行星式混凝土搅拌机	JN			
			D（单）	单卧轴式	—	单卧轴式机械上料混凝土搅拌机	JD			
					Y（液）	单卧轴式液压上料混凝土搅拌机	JDY			
			S（双）	双卧轴式	—	双卧轴式机械上料混凝土搅拌机	JS			
					Y（液）	双卧轴式液压上料混凝土搅拌机	JSY			

2．编制方法

混凝土搅拌机的规格型号的编制方法如下：

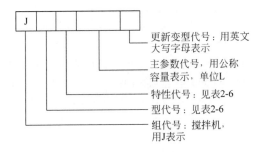

更新变型代号：用英文大写字母表示

主参数代号，用公称容量表示，单位L

特性代号：见表2-6

型代号：见表2-6

组代号：搅拌机，用J表示

3．标记示例

（1）公称容量为3000L、电动机驱动、双卧轴式机械上料混凝土搅拌机：

混凝土搅拌机　JS3000　GB/T 9142

（2）公称容量为500L、电动机驱动、单卧轴机械上料的混凝土搅拌机：

混凝土搅拌机　JD500　GB/T 9142

2.4.2　主要技术参数

1．技术参数术语与定义

1）工作时间

搅拌机的工作时间主要是对周期式混凝土搅拌机而言的，单位用 s 表示，内容及其概念如下：

进料时间——从第一种原材料投入搅拌筒开始计时，到最后一种物料投入搅拌筒所用的时间。

出料时间——在标准测试工况下，从搅拌筒内卸出混凝土拌合物所用的时间。

搅拌时间——从混凝土原材料中最后一种物料投入搅拌筒开始，到搅拌机将混合料搅拌成匀质混凝土所用的时间。

搅拌时间是搅拌机的最主要的参数，它取决于混凝土以及原材料的种类、配合比以及搅拌机的机械构造等。它既关系着混凝土搅拌机生产效率的高低，又影响着混凝土成品料质量的优劣。每一种混凝土搅拌机在一定的条件下,都有其合理的搅拌时间。若搅拌时间太短,物料得不到均匀的搅拌;搅拌时间过长,不但降低生产率,而且会因骨料被击碎和水分挥发导致搅拌的混凝土质量受到影响。

2)公称容量

在标准测试工况下,混凝土搅拌机每生产一罐次混凝土出料后经捣实的体积称为公称容量,即出料容量。

3)进料容量

在标准测试工况下,装进搅拌机内未经搅拌的干料体积称为进料容量。

4)工作循环周期

混凝土搅拌机完成供料、配料、投料、搅拌、出料等工作循环所需要的最长时间称为工作循环周期,即连续两次出料的间隔时间。

5)额定生产率

在标准测试工况下,每小时生产匀质性合格的混凝土的方量(按捣实后的体积计)称为额定生产率。

6)粗骨料

粗骨料指粒径不小于5mm的骨料。

7)匀质混凝土

混凝土中砂浆密度的相对误差不大于0.8%,单位体积混凝土中粗骨料质量的相对误差不大于5%的混凝土称为匀质混凝土。

2．典型厂家的产品规格和技术参数

这里主要以中联重科和珠海仕高玛两个典型厂家的产品为例,介绍混凝土搅拌机的产品规格和技术参数。

1)中联重科混凝土搅拌机的产品规格和技术参数(见表2-7)

表 2-7　中联重科混凝土搅拌机的产品规格和技术参数

规格型号	公称容量/L	进料容量/L	搅拌时间/s	工作循环周期/s	电动机功率/kW	骨料粒径/mm	质量/t	搅拌叶片数量	搅拌形式
JS1000	1000	1600	≤20	≤60	2×22	≤80	5.3	16	复合螺带式
JS1500	1500	2400	≤20	≤60	2×30	≤80	6.6	22	
JS2000	2000	3200	≤20	≤60	2×30	≤80	8.7	32	
JS2500	2500	4000	≤20	≤60	2×37	≤80	9.6	40	
JS3000	3000	4800	≤20	≤60	2×45	≤80	11	48	
JS3300	3300	5300	≤20	≤60	2×45	≤80	11.2	48	
JS4000	4000	6400	≤20	≤60	2×55	≤80	12.5	40	
JS4500	4500	7200	≤20	≤60	2×55	≤80	13.2	44	
JS5000	5000	8000	≤20	≤60	2×65	≤80	13.8	48	
JS10000	10000	16000	≤45	≤80	4×90	≤180	40.6	24	铲片式

2)珠海仕高玛混凝土搅拌机的产品规格和技术参数

珠海仕高玛混凝土搅拌机的规格型号的

珠海仕高玛混凝土搅拌机代号及特性见表2-8。

编制方法与混凝土搅拌机的国家标准 GB/T 9142—2000 中相关的规定略有不同,具体如下:

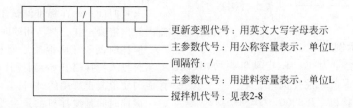

— 更新变型代号:用英文大写字母表示
— 主参数代号:用公称容量表示,单位L
— 间隔符:/
— 主参数代号:用进料容量表示,单位L
— 搅拌机代号:见表2-8

(1)珠海仕高玛双卧轴混凝土搅拌机的产品规格和技术参数见表2-9和表2-10。

表 2-8　珠海仕高玛混凝土搅拌机代号及特性

形式	代号	名　称	特　性
双卧轴式	MAO	标准型双卧轴混凝土搅拌机	公称容量为 1500～6000L,主要用于普通商品混凝土的搅拌
	MSO	小型双卧轴混凝土搅拌机	壳体结构类同于 MAO 类型,公称容量小于 1500L,主要适用于临时搅拌站、移动式搅拌站、小方量需求的搅拌站
	MEO	经济型双卧轴混凝土搅拌机	该机型结构简洁,成本较低,主要适用于临时搅拌站、移动式搅拌站、小方量需求的搅拌站
	MAW	水工型双卧轴混凝土搅拌机	公称容量为 1000～5000L,主要用于水工混凝土的搅拌
	HDM	双组双速双卧轴混凝土搅拌机	公称容量为 1000～5000L,主要用于含纤维、木屑材质的新型板材混凝土和高韧性、高强度混凝土搅拌
单卧轴式	MLO	轻骨料混凝土搅拌机	公称容量为 1000～2000L,主要用于轻骨料混凝土的搅拌
	HSM	单组双速单卧轴混凝土搅拌机	公称容量为 500～2500L,主要用于含纤维、木屑材质的新型板材混凝土搅拌
行星式	MPC	行星式混凝土搅拌机	公称容量为 500～3000L,主要用于干硬性、高强和轻质混凝土的搅拌
涡浆式	MT	涡浆式混凝土搅拌机	公称容量为 500～3000L,主要用于塑性、普通商品混凝土的搅拌

表 2-9　珠海仕高玛常规双卧轴混凝土搅拌机的产品规格和技术参数

规格型号	公称容量/L	进料容量/L	搅拌时间/s	工作循环周期/s	电动机功率/kW	骨料粒径/mm	质量/t	搅拌叶片数量	搅拌形式
MAO2250/1500	1500	2250	≤30	≤65	2×30	≤120	6.5	12	铲片式
MAO3000/2000	2000	3000	≤30	≤65	2×37	≤120	7.5	14	
MAO3750/2500	2500	3750	≤30	≤65	2×45	≤120	8.4	16	
MAO4500/3000	3000	4500	≤30	≤65	2×55	≤120	9.2	16	
MAO5250/3500	3500	5250	≤30	≤65	2×55	≤120	9.7	18	
MAO6000/4000	4000	6000	≤30	≤65	2×75	≤120	11.8	20	
MAO6750/4500	4500	6750	≤30	≤65	2×75	≤120	12.2	22	
MAO7500/5000	5000	7500	≤30	≤65	2×90	≤120	15	20	
MSO1500/1000	1000	1500	≤30	≤65	2×22	≤80	5.0	12	
MSO1750/1250	1250	1750	≤30	≤65	2×22	≤80	5.1	12	
MSO2250/1500	1500	2250	≤30	≤65	2×30	≤80	5.6	14	
MEO1250/750	750	1250	≤30	≤65	2×22	≤80	4.3	10	
MEO1500/1000	1000	1500	≤30	≤65	2×22	≤80	4.4	10	
MEO3000/2000	2000	3000	≤30	≤65	2×37	≤100	6.9	14	
MAW2250/1500	1500	2250	≤30	≤65	2×30	≤180	6.5	12	
MAW3000/2000	2000	3000	≤30	≤65	2×37	≤180	7.5	14	
MAW3750/2500	2500	3750	≤30	≤65	2×45	≤180	8.4	16	
MAW4500/3000	3000	4500	≤30	≤65	2×55	≤180	9.2	16	
MAW5250/3500	3500	5250	≤30	≤65	2×55	≤180	9.7	18	
MAW6000/4000	4000	6000	≤30	≤65	2×75	≤180	11.8	20	
MAW6750/4500	4500	6750	≤30	≤65	2×75	≤180	12.2	22	
MAW7500/5000	5000	7500	≤30	≤65	2×90	≤180	15	20	
MAW9000/6000	6000	9000	≤30	≤65	4×90	≤180	19	24	

表2-10 珠海仕高玛双组双速双卧轴混凝土搅拌机的产品规格和技术参数

规格 型号	公称容量 /L	进料容量 /L	搅拌时间 /s	工作循环 周期/s	主电动机 功率 /kW	高速转子 功率 /kW	质量 /t
HDM 1000	1000	1500	≤300	≤360	2×11	2×30	5.5
HDM 2000	2000	3000	≤300	≤360	2×22	2×45	8.6
HDM 5000	5000	7500	≤300	≤360	2×45	2×75	14

（2）珠海仕高玛单卧轴混凝土搅拌机的产品规格和技术参数见表2-11和表2-12。

（3）珠海仕高玛行星式混凝土搅拌机的产品规格和技术参数见表2-13。

（4）珠海仕高玛涡浆式混凝土搅拌机的产品规格和技术参数见表2-14。

表2-11 珠海仕高玛单卧轴轻质骨料混凝土搅拌机的产品规格和技术参数

规格 型号	公称容量 /L	进料容量 /L	搅拌时间 /s	工作循环 周期 /s	电动机 功率 /kW	骨料 粒径 /mm	质量 /t	搅拌叶 片数量
MLO 1000	1000	1350	≤240	≤270	11	≤5	2.5	6+4
MLO 1500	1500	2000	≤240	≤270	15	≤5	3.0	6+4
MLO 2000	2000	2650	≤240	≤270	22	≤5	4.5	6+4

表2-12 珠海仕高玛单组双速单卧轴混凝土搅拌机的产品规格和技术参数

规格型号	公称容量 /L	进料容量 /L	搅拌时间 /s	工作循环 周期/s	主电动机 功率 /kW	高速转子 功率 /kW	质量/t
HSM 500	500	750	≤300	≤360	11	30	2.6
HSM 1000	1000	1500	≤300	≤360	22	45	4.1
HSM 2500	2500	3750	≤300	≤360	45	75	6.5

表2-13 珠海仕高玛行星式混凝土搅拌机的产品规格和技术参数

规格型号	公称 容量 /L	进料 容量 /L	电动机 功率 /kW	行星轮 （单/双）	公转臂 数量	公转 转速 /(r/min)	行星轮 数量	自转 转速 /(r/min)	质量 /kg
MPC375/250	250	375	7.5	单	1	19	3	39	900
MPC565/375	375	565	11	单	1	19	3	40	1400
MPC750/500	500	750	22	单	2	21	3	44	2000
MPC1125/750	750	1125	37	单	2	20	3	41	2700
MPC1500/1000	1000	1500	45	单	2	21	3	44	3700
MPC1875/1250	1250	1875	45	双	2	15	6	43+43	4700
MPC2250/1500	1500	2250	2×37	双	2	15	6	30+30	6300
MPC3000/2000	2000	3000	2×45	双	2	14	6	31+31	8500
MPC3750/2500	2500	3750	2×55	双	2	14	6	31+31	8500
MPC4500/3000	3000	4500	3×45	三	3	12	9	32+32+32	16000

表 2-14　珠海仕高玛涡桨式混凝土搅拌机的产品规格和技术参数

规格型号	公称容量/L	进料容量/L	电动机功率/kW	转盘转速/(r/min)	缸内直径/mm	搅拌臂数量	外刮刀	内刮刀	质量/kg
MT750/500	500	750	18.5	26.5	2200	5	1	1	2670
MT1500/1000	1000	1500	37	21	2430	7	1	1	3800
MT2250/1500	1500	2250	55	21	2950	8	1	1	4800
MT3000/2000	2000	3000	75	17	3250	11	1	1	6800
MT4500/3000	3000	4500	110	15	3950	14	1	1	10000

3）其他厂家的混凝土搅拌机的产品规格和技术参数

（1）强制式单、双卧轴混凝土搅拌机的产品规格和技术参数见表 2-15。

（2）涡桨式、行星式混凝土搅拌机的产品规格和技术参数见表 2-16。

（3）自落式锥形倾翻出料混凝土搅拌机的产品规格和技术参数见表 2-17。

（4）自落式锥形反转出料混凝土搅拌机的产品规格和技术参数见表 2-18。

表 2-15　强制式单、双卧轴混凝土搅拌机的产品规格和技术参数

规格型号	公称容量/L	进料容量/L	搅拌时间/s	工作循环周期/s	电动机功率/kW	骨料粒径/mm
JD50	50	80	≤30	—	≤2.2	≤40
JD100	100	160	≤30	—	≤4.0	≤40
JD150	150	240	≤30	≤72	≤5.5	≤40
JD200	200	320	≤30	≤72	≤7.5	≤40
JD250	250	400	≤30	≤72	≤11.0	≤40
JD350	350	560	≤30	≤72	≤15.0	≤40
JS350						
JD500	500	800	≤30	≤72	≤18.5	≤60
JS500						
JD750	750	1200	≤30	≤80	≤22.0	≤60
JS750						
JD1000	1000	1600	≤30	≤80	≤37.0	≤80
JS1000						
JD1250	250	2400	≤30	≤80	≤45.0	≤80
JS1250						
JD1500	500	2400	≤30	≤80	≤45.0	≤100
JS1500						
JD2000	2000	3200	≤30	≤80	≤60.0	≤100
JS2000					≤75.0	≤120
JD2500	2500	4000	≤30	≤80	≤75.0	≤100
JS2500					≤90.0	≤150
JD3000	3000	4800	≤30	≤86	≤90.0	≤100
JS3000					≤110.0	≤150

续表

规格型号	公称容量/L	进料容量/L	搅拌时间/s	工作循环周期/s	电动机功率/kW	骨料粒径/mm
JD3500	3500	5600	≤35	≤86	≤110.0	≤100
JS3500					≤132.0	≤150
JD4000	4000	6400	≤35	≤90	≤132.0	≤100
JD4000					≤150.0	≤150
JS4500	4500	7200	≤40	≤90	≤150.0	≤100
						≤150
JS6000	6000	9600	≤50	≤90	≤150.0	≤100
					≤180.0	≤180

注：代表厂家为山东米科思、南方路机、西安德通、韶关新宇、三一重工、山东方圆、山东鸿达、上海华建。

表 2-16 涡桨、行星混凝土搅拌机的产品规格和技术参数

规格型号	公称容量/L	进料容量/L	搅拌时间/s	工作循环周期/s	电动机功率/kW	骨料粒径/mm
JW50	50	80	≤35	—	≤4.0	≤40
JW100	100	160	≤35	—	≤4.0	≤40
JW150	150	240	≤35	≤72	≤5.5	≤40
JW200	200	320	≤35	≤72	≤7.5	≤40
JW250	250	400	≤35	≤72	≤11.0	≤40
JW350 / JN350	350	560	≤35	≤72	≤15.0	≤40
JW500 / JN500	500	800	≤35	≤72	≤18.5	≤60
JW750 / JN750	750	1200	≤40	≤80	≤22.0	≤60
JW1000 / JN1000	1000	1600	≤40	≤80	≤37.0	≤80
JW1250 / JN1250	1250	2400	≤45	≤80	≤45.0	≤80
JW1500 / JN1500	1500	2400	≤45	≤80	≤45.0	≤100
JW2000 / JN2000	2000	3200	≤45	≤80	≤60.0	≤100
					≤75.0	≤120
JW2500 / JN2500	2500	4000	≤45	≤80	≤75.0	≤100
					≤90.0	≤150
JW3000 / JN3000	3000	4800	≤45	≤86	≤90.0	≤100
					≤110.0	≤150
JW3500 / JN3500	3500	5600	≤45	≤86	≤110.0	≤100
					≤132.0	≤150

注：代表厂家为青岛迪凯、南方路机、青岛科尼乐、四川现代。

表 2-17　自落式锥形倾翻出料混凝土搅拌机的产品规格和技术参数

规格型号	公称容量 /L	进料容量 /L	搅拌时间 /s	工作循环 周期/s	电动机 功率/kW	骨料粒径 /mm
JF50	50	80	≤45	—	≤1.5	≤40
JF100	100	160	≤45	—	≤2.2	≤60
JF150	150	240	≤45	≤120	≤3.0	≤60
JF250	250	400	≤45	≤120	≤4.0	≤60
JF350	350	500	≤45	≤120	≤5.5	≤80
JF500	500	800	≤45	≤120	≤7.5	≤80
JF750	750	1200	≤60	≤120	≤11.0	≤120
JF1000	1000	1600	≤60	≤144	≤15.0	≤120
JF1500	1500	2400	≤80	≤144	≤22.0	≤150
JF3000	3000	4800	≤100	≤180	≤45.0	≤180
JF4500	4500	7200	≤100	≤180	≤60.0	≤180
JF6000	6000	9600	≤100	≤180	≤75.0	≤180

注：代表厂家为郑州水工、上海华建。

表 2-18　自落式锥形反转出料混凝土搅拌机的产品规格和技术参数

规格型号	公称容量 /L	进料容量 /L	搅拌时间 /s	工作循环 周期/s	电动机 功率/kW	骨料粒径 /mm
JZ150	150	240	≤45	≤120	≤3.0	≤60
JZ200	200	320	≤45	≤120	≤4.0	≤60
JZ250	250	400	≤45	≤120	≤4.0	≤60
JZ350	350	560	≤45	≤120	≤5.5	≤60
JZ500	500	800	≤45	≤120	≤11.0	≤80
JZ750	750	1200	≤60	≤120	≤15.0	≤80
JZ1000	1000	1600	≤60	≤120	≤22.0	≤100

注：代表厂家为郑州水工、上海华建。

2.5　选型及应用

2.5.1　选型原则

混凝土搅拌机的选型是否合理妥当，直接影响到工程的造价、进度和质量。因此，必须在符合国家相关政策法规（如禁止在城市城区现场搅拌混凝土）的前提下，根据工程量的大小、混凝土搅拌机的使用期限、施工条件以及混凝土原材料的特性（如骨料的最大粒径等）、坍落度大小、强度等级等具体情况，来正确选择。

1. 按国家、地方政策法规选型

2003 年 11 月 6 日，国家商务部、公安部、建设部、交通部联合下发了《关于限期禁止在城市城区现场搅拌混凝土的通知》，通知中规定北京等 124 个城市城区从 2003 年 12 月 31 日起禁止现场搅拌混凝土，其他省、自治区、直辖市从 2005 年 12 月 31 日起禁止现场搅拌混凝土；通知中还要求"按规定应当使用预拌混凝土的建设工程未经批准擅自现场搅拌的，有关城市建设行政主管部门要责令其停工并限期改正"。

所以,搅拌机选型的首要考虑因素是国家以及地方的政策法规以及工程需要。如果当地政策法规是明确"禁现"的,或建设工程明确规定了要用预拌混凝土,则必须选用配置固定式混凝土搅拌机的预拌混凝土搅拌站(楼)。随着国家、地方对预拌混凝土绿色生产和产业升级的进一步推进,预拌商品混凝土行业逐渐向集约化、环保型方向发展,建议优先选用环保型混凝土搅拌站(楼)。配置固定式混凝土搅拌机的混凝土搅拌站(楼)以及环保型混凝土搅拌站(楼)的选型原则见 3.5.1 节。

2.按工程量和工期选型

若混凝土工程量大且工期长,宜选用中型和大型固定式混凝土搅拌机,配置在混凝土搅拌站(楼)上使用。若混凝土工程量不大(如 10 万~40 万 m^3),工期不太长(如 1~2 年),则宜选用中小型固定式混凝土搅拌机配固定式或移动式混凝土搅拌站使用。若混凝土需求比较零散且量较少,则应选用小型的固定式混凝土搅拌机配站(固定式或移动式混凝土搅拌站)使用或选用移动式混凝土搅拌机为宜。混凝土实验室常选用小型的混凝土搅拌实验机。

3.按动力方面选型

若施工场地电源充足,应选用电力驱动的混凝土搅拌机。在电源供给不足或缺乏电源的地区,应选用以汽油或柴油机等内燃机为原动机的混凝土搅拌机。

4.按混凝土以及原材料的特性选型

根据混凝土以及原材料的物理性能和用途,相应有不同类型的混凝土搅拌机供用户选用,见表 2-19。

表 2-19　混凝土搅拌机对各种混凝土以及原材料的适应性

项目	混凝土主要技术特征	典型混凝土名称	双卧轴式		立轴行星式	立轴涡浆式	锥形反转出料式	锥形倾翻出料式
			螺带式	铲片式				
重混凝土	表观密度 >2500kg/m³	重晶石混凝土	●	◎	◎	◎	◎	◎
		核工混凝土	△	★	△	△	◎	◎
普通混凝土	表观密度 1950~2500 kg/m³	商品混凝土	★	●	◎	◎	△	△
		结构混凝土	★	●	◎	◎	△	△
轻质混凝土	表观密度 ≤1950kg/m³	轻骨料混凝土	★	●	★	◎	◎	◎
		多孔混凝土	★	●	★	◎	◎	◎
干硬性混凝土	坍落度 ≤10mm	碾压混凝土	△	★	◎	◎	◎	◎
		道路混凝土	●	●	◎	◎	◎	◎
塑性混凝土	坍落度为 10~90mm	管桩混凝土	●	◎	★	◎	△	△
		预应力构件混凝土	●	◎	★	◎	△	△
流动性混凝土	坍落度 >90mm	泵送混凝土	★	●	◎	◎	◎	◎
		PC构件混凝土	★	◎	★	◎	◎	◎
		自密实混凝土	★	●	◎	◎	◎	◎
强度等级	≤C55	普通混凝土	★	●	◎	◎	◎	◎
	>C60	高强混凝土	★	◎	●	◎	△	△
最大骨料粒径	≤80mm	商品混凝土	★	●	◎	◎	◎	◎
	>80mm	水工混凝土	△	★	△	△	△	△
其他要求：如对搅拌质量要求较高			★	●	★	◎	△	△

注：适应性由高到低为 ★→●→◎→△。

当搅拌机用来生产水工混凝土以及其他含大骨料和超大骨料的混凝土时,其有效容积要适当减少,一般需要乘0.75的系数,特别是小方量的搅拌机。

综合各方面因素,双卧轴搅拌机成为应用最广泛的混凝土搅拌机,是商品混凝土搅拌站(楼)的首选。

5．按转场的方便性选型

如果混凝土搅拌机在完成相应的工程后需要搬迁,如道路、隧道等延伸性工程,建议选用移动式混凝土搅拌机或配置固定式搅拌机的移动式搅拌站。

6．按技术先进性选型

混凝土搅拌机应当具备工作原理先进、搅拌效率高、易损件耐久性好和环保性能好的特点。自落式搅拌机因其搅拌时间长、效率低、搅拌质量相对较差等原因,已被商品混凝土市场逐渐淘汰,所以商品混凝土搅拌机的选型,建议首选强制式双卧轴混凝土搅拌机。

7．按已有配套设备选型

混凝土搅拌机的选型应同时兼顾用户已有的配套设备,如搅拌机的出料容积应该与搅拌运输车的装载能力相匹配,否则会影响整站生产效率。

8．按设备制造商品牌选型

选择混凝土搅拌机的品牌时应优先考虑设备制造商在行业内的专业程度和知名度,应该从技术人员配置、生产工艺能力、质量保障能力、安装调试水平、技术指导与培训是否到位、售后服务是否及时、备件是否充分等多个维度综合衡量,切忌贪图便宜,购买三无产品或不正规厂家的产品。

2.5.2　选型案例

某工程需要混凝土800000m³左右,主要以普通和高强泵送混凝土为主,预计所需混凝土供应周期为2年,场地足够大,电源充足,选择什么型号的搅拌机比较合适?

根据工程量和工期,初定固定式混凝土搅拌机。

设混凝土总方量(单位为m³)为F,混凝土浇筑天数为D,每天工作小时数为H,利用系数为K,则所需搅拌机的每小时总产量为$E=F/(D \times H \times K)$,其中,K为0.8。

通常1年有效工作日按照300天,每天按8h计算,利用系数取0.8,则$E=F/(D \times H \times K)=800000/(2 \times 300 \times 8 \times 0.8)\text{m}^3/\text{h}=208\text{m}^3/\text{h}$,即所需混凝土搅拌机的生产率为208m³/h。考虑到单台搅拌机可能出现故障或更换易损件,如轴端维修时间一般需要2天以上,而重要施工阶段混凝土供应不能中断,所以应该选2台搅拌机,每台搅拌机的每小时产量M为104m³/h。

设混凝土搅拌机每罐次出料(单位为L)为Y,搅拌机生产周期(单位为s)为T,以中联重科的混凝土搅拌机型谱为例,见表2-7,T=60,则搅拌机每罐次出料$Y=(M \times 1000 \times T)/3600=[(104 \times 1000 \times 60)/3600]\text{L}=1733\text{L}$,应选JS2000型。

综上所述,建议选择配置2台JS2000型混凝土搅拌机的固定式混凝土搅拌站。

2.6　设备使用及安全规范

2.6.1　设备使用

1．混凝土搅拌机的使用环境条件

(1)作业温度:1~40℃。

(2)相对湿度:不大于90%。

(3)作业海拔高度:≤2000m。

2．混凝土搅拌机的操作人员要求

(1)混凝土搅拌机的操作员必须是经过培训、考试合格的持证上岗熟练工人,要求身体健康,智力正常,头脑清醒,责任心强,年龄最好在20~55岁之间。

(2)操作、维护人员应严格遵守搅拌机上标明的所有安全和危险提示,并注意保持安全提示的清洁和内容的清晰可辨。

(3)操作、维护人员应按作业需求认真穿着劳保制服或者正确使用保护装备。

(4)操作、维护人员应将长发束紧扎好,衣服扣紧束牢,不得佩戴首饰(包括戒指),否则有造成人身伤害的危险。

（5）操作和维护搅拌机,应使用合适的操作工具和装备。

（6）操作、维护人员应熟悉设备的工作原理。

3．混凝土搅拌机开机前的检查

（1）针对自带上料机构的混凝土搅拌机,上料斗地坑口周围应垫高夯实,应防止地面水流入坑内。上料轨道架的底端支承面应夯实或铺砖,轨道架的后面应采用木料加以支承,应防止作业时轨道变形。

（2）混凝土搅拌机的操纵台,应使操作人员能看到各部分工作情况。电动搅拌机的操纵台,应垫上橡胶板或干燥木板。

（3）料斗放到最低位置时,在料斗与地面之间,应加一层缓冲垫木。

（4）电源电压升降幅度不超过额定值的 5%。

（5）检查电源、水源,确定电源、水源能否满足正常工作,并确认电气、液压、机械等系统准确无误。

（6）各传动机构、工作装置、制动器等均紧固可靠,开式齿轮、带轮等均有防护罩。

（7）确认齿轮箱的油品、油量应符合规定,确认各转动部位是否注油。

（8）搅拌机启动前必须先对机器周围进行检查,保证搅拌机的启动不会导致人员伤亡。

（9）作业前,应进行料斗提升试验,应观察并确认离合器、制动器灵活可靠,钢丝绳无断丝、锈蚀情况。

（10）每次倒班过程中,对搅拌机至少进行一次外观上的仔细检查,及时发现并向负责主管报告设备上出现的损伤和缺陷。如果情况严重,应该立即关闭机器设备,并锁上总开关。

4．混凝土搅拌机的操作流程

混凝土搅拌机的操作流程大致可分为以下几步:
（1）关闭卸料门。
（2）启动搅拌机。
（3）投料。
（4）搅拌。

（5）混凝土经卸料门排出。

（6）排出完毕,关闭卸料门。

（7）定期清洁搅拌机。

5．日常维护保养

（1）搅拌时,严禁中途停机,如中途发生停电事故,须立即扳动液压泵上的手动开关,使液压缸动作,打开卸料门,放尽拌筒内的拌料,并用水冲洗干净搅拌机内部,防止残留混凝土凝固。

（2）新机工作或者更换、调整搅拌臂、叶片以及衬板等零配件五个搅拌周期后,应用扭力扳手检查各紧固螺栓有无松动。

（3）新机应经常检查皮带的松紧度及磨损度。

（4）应经常检查操纵台各主令开关、按钮、指示灯的准确性和可靠性。

（5）按规定定期对各润滑点加注润滑油、脂,特别注意搅拌机轴端密封处的供油情况。

（6）经常检查各衬板等易损件的磨损情况,根据需要及时更换。

（7）经常检查上料机构的运动部件的磨损情况,根据需要及时更换。

（8）搅拌机应每工作日完成后派专人进行维护和清洗,以防止发生粉料抱轴,卸料门损坏和管口堵塞。

2.6.2 安全规范

1．重要安全提示

（1）设备维修时应彻底断开电源,然后挂上"禁止合闸"的标志牌,并派专人看护。

（2）严禁踩踏带轮防护罩和液压站防护罩。

（3）当搅拌机运行时,禁止身体任何部分触及机械运动件,不允许进行任何设备维修工作,以防发生危险。例如在搅拌机运行时不能将手触及电动机散热风扇、带轮、V带、联轴器、卸料门油缸等。

（4）严禁在装载、卸料区域停留。

（5）每次启动搅拌机前,应按电铃三次,每次间隔时间为 10s。第三次电铃响过 5s 后派人巡查,确定安全后方可启动设备。

（6）严禁与生产无关人员进入工作区域和

操作搅拌机。

（7）对电气设备的检修和维护，应做到持证上岗，遵守和执行电力部门的有关规定。

（8）如搅拌机安装后高于周围的建筑或设备，应加设避雷设施。

（9）其他安全注意事项，应遵照国家和行业的相关安全运行规定。

2．防护装备应用范围

（1）操作、维护人员和搅拌机附近的任何人都应佩戴必要的防护用品，如安全帽、防护眼镜、手套等，并应穿着防滑性能良好的工作鞋。

（2）在搅拌机使用地点，若噪声超过当地的规定要求，则必须戴好耳塞。

（3）搅拌机使用时，不可避免地会产生混凝土颗粒，为保证健康，应戴好口罩。

（4）若需高空作业，应使用安全绳索防止操作者跌落。

（5）液压油功能性液体可能伤及人体皮肤，使用时应读懂功能性液体的使用说明书，戴好安全帽，穿好工作服。

（6）其他未注用途请参见相关行业、国家标准和规定。

3．操作维护及安全注意事项

（1）进料时，严禁将头或手伸入料斗与机架之间。运转中，严禁用手或工具伸入搅拌筒内扒料、出料。

（2）搅拌机作业中，当料斗升起时，严禁任何人在料斗下停留或通过；当需要在料斗下检修或清理料坑时，应将料斗提升后用铁链或插销锁住。

（3）向搅拌筒内加料应在运转中进行，添加新料应先将搅拌筒内原有的混凝土全部卸出后方可进行。

（4）应检查骨料规格并应与搅拌机性能相符，超出许可范围的不得使用。

（5）按规定向料斗内加入混合物，启动搅拌机，应使搅拌筒达到正常转速后进行上料。

（6）作业中，应观察机械运转情况，当有异常或轴承温升过高等现象时，应停机检查。当

需检修时，应将搅拌筒内的混凝土清除干净，然后再进行检修。

（7）作业中，操作人员必须坚守岗位，如发现异常动作和声音，要及时切断电源进行检查，以防事故的发生。

（8）作业后，应将料斗降落到坑底，当需升起时，应用链条或插销扣牢。

（9）维护前检查安全装置、紧急停止装置的可靠性。

（10）作业后，应对搅拌机进行全面清理；当操作人员需进入筒内时，必须切断电源或卸下熔断器，锁好开关箱，挂上"禁止合闸"标牌，并应有专人在外监护。

（11）强制式搅拌机的搅拌叶片与搅拌筒底及侧壁的间隙，应经常检查并确认符合规定，当间隙超过标准时，应及时调整；当搅拌叶片磨损超过标准时，应及时修补或更换。

（12）冬季作业后，将水泵、放水开关、量水器中的积水排尽。

（13）搅拌机在场内移动或远距离运输时，应将进料斗提升到上止点，用保险铁链或插销锁住。

2.7　常见故障及排除方法

混凝土搅拌机的常见故障按功能模块可以划分为整机、卸料门、耐磨件、传动装置及轴端和润滑装置等几大部分，具体故障原因及排除方法如下。

2.7.1　整机部分

混凝土搅拌机整机部分的常见故障及排除方法见表2-20。

2.7.2　卸料门

混凝土搅拌机卸料门的常见故障及排除方法见表2-21。

2.7.3　耐磨件

混凝土搅拌机耐磨件的常见故障及排除方法见表2-22。

表 2-20　混凝土搅拌机整机部分的常见故障及排除方法

故障特征	原　因	排　除　方　法
空载状态下无法启动	主电动机接线错误	正确接驳电动机电源(针对双卧轴搅拌机,正确的搅拌轴转动方向为左轴逆时针,右轴顺时针)
	有机械卡阻	1. 检查叶片与相邻衬板是否干涉 2. 检查两轴叶片、搅拌臂是否干涉 3. 检查叶片是否被底部残余混凝土卡住,如是,需清理
搅拌机盖漏水、漏灰	密封条损坏	更换密封条或打密封胶
	观察门关不严	更换观察门密封条,处理压平
	观察窗关不上	更换观察窗或密封条或压紧装置
搅拌机异响	搅拌叶片与衬板发生摩擦	调整搅拌叶片与衬板间隙
	搅拌叶片变形、损坏	拆除清理变形或断裂搅拌叶片,重新更换
	配料超标	排查配料方面部件故障
	润滑不及时造成的轴头异响或轴承损坏	维修轴端密封或更换损坏的轴承
	电动机异响	检查电动机保护罩有无松动,轴承有无问题
	三角皮带异响	三角皮带太松或磨损严重,应及时张紧或成组更换三角皮带

表 2-21　混凝土搅拌机卸料门的常见故障及排除方法

故障特征	原　因	排　除　方　法
卸料门漏浆	门衬板磨损	更换门衬板
	卸料门密封条磨损	更换密封条
卸料门运行不畅	液压动力单元电磁阀不工作,阀芯卡在中位不能换向	1. 检查线路是否接好以及供电是否正常 2. 检修电磁阀阀芯是否有卡滞、拉伤,如是,更换电磁阀
	油缸不动,压力表显示很高压力	1. 卸料门被卡住,应及时清理卸料门,排除卡在卸料门上的结块 2. 油缸被卡住,应调节油缸前后座的直线度 3. 电磁阀不工作,参考"卸料门运行不畅"第一条排除解决 4. 转换阀没有调到位,按照操作说明调整到位
	液压系统故障,压力偏小	1. 安全阀失灵,应及时更换或清洗安全阀 2. 油箱内的滤油器堵塞,应清洗滤油器并更换液压油 3. 齿轮泵损坏,应更换齿轮泵 4. 油缸内串油,应维修或更换油缸 5. 电磁阀串油,应更换电磁阀
	液压系统故障,没有压力	1. 电磁阀不工作,参考"卸料门运行不畅"第一条排除解决 2. 油缸内串油,维修或更换油缸 3. 油位过低,加注液压油至油镜1/2处
	液压动力单元电动机不工作	1. 电动机故障,应维修或更换 2. 电源缺相、控制线路短路、三相反接,应修复
	接近开关损坏	更换接近开关
	相关机械连接断裂	更换或补焊
	轴承损坏	更换轴承
液压动力单元手动泵失效	手动泵推不动	1. 转换阀没有调到位,按照操作说明调整到位 2. 手动泵单向阀失效,则应检修单向阀
	手动泵推得动,但油缸不动	1. 油缸内串油,应维修或更换油缸 2. 油箱内的手动泵滤油器堵塞,应清洗或更换液压油 3. 手动泵单向阀失效,应检修单向阀

表 2-22　混凝土搅拌机耐磨件的常见故障及排除方法

故障特征	原　因	排　除　方　法
衬板断裂	衬板自身尺寸、材质不达标,存在微裂纹及其他铸造缺陷	更换损坏衬板
	壳体弧板尺寸不达标,与衬板贴合不良,导致应力集中	在安装面增加调整垫,保证贴合良好
	衬板螺栓锁太紧,拉断衬板	按照规定扭矩锁紧衬板螺栓
叶片断裂	叶片自身尺寸、材质不达标,存在微裂纹及其他铸造缺陷	更换损坏叶片
	搅拌臂安装面尺寸不达标,与叶片贴合不良	1. 在安装面增加调整垫,保证贴合良好 2. 更换搅拌臂
	叶片螺栓锁太紧	按照规定扭矩锁紧叶片螺栓
	两轴相位错误,打断叶片	按照规定调整两轴相位
衬板和叶片的磨损过快	搅拌时间太长	针对不同混凝土,按搅拌机的说明书,设置搅拌时间
	叶片与衬板之间的间隙太大	重新调整叶片的位置,尽量保证间隙小于5mm
	衬板、叶片材质及热处理问题,导致硬度不足	磨损后请及时更换衬板、叶片
	骨料硬度太高,如含较多石英石、花岗岩、玄武岩等	如有条件,更换为石灰石类骨料

2.7.4　传动装置

混凝土搅拌机传动装置的常见故障及排除方法见表 2-23。

2.7.5　轴端及润滑装置

混凝土搅拌机轴端及润滑装置的常见故障及排除方法见表 2-24。

表 2-23　混凝土搅拌机传动装置的常见故障及排除方法

故障特征	原　因	排　除　方　法
主电动机跳闸	电动机损坏	维修或者更换电动机
	控制回路故障	检修控制回路
	检视门限位开关故障	更换限位开关
	三角皮带变松、磨损	及时张紧三角皮带,如磨损严重,应成组更换
	叶片与衬板之间间隙太大,造成石块卡在间隙之间	重新调整叶片的位置,尽量保证间隙小于5mm
	搅拌主机超载	排查配料、输送系统,看是否重复进料
	操作人员的误操作,如频繁启动	加强培训,避免误操作
	减速机损坏	维修或者更换减速机
	轴承损坏	更换轴承
两电动机电流值偏差过大	三角皮带变松、磨损	及时张紧三角皮带,如磨损严重,应成组更换
	电动机皮带轮和减速机皮带轮错位	调整两皮带轮,确保电动机皮带轮和减速机皮带轮平面相差不大于1mm
	电动机故障	更换电动机

表 2-24　混凝土搅拌机轴端及润滑装置的常见故障及排除方法

故 障 特 征	原　　因	排 除 方 法
轴端漏浆	供油问题导致轴端密封损坏	更换轴端密封装置,检修润滑油泵并按规范用油
物料在搅拌轴、搅拌装置或主机盖上黏结严重	每次工作停机 0.5h 以上未清洗搅拌装置	停机时间超过 0.5h,必须及时清理搅拌机
	投料顺序不合理	粉料需延迟投料
	粉料的进料管未安装软连接	安装软连接
润滑油泵不工作	机械损坏,如马达故障	更换马达或者泵体
	电气连接故障	检修电气线路
润滑油泵工作,但不出油	油罐中油量不足	按规范加注润滑油
	油脂中有空气	润滑泵工作 10min 左右,即可正常出油
	泵芯失效	更换泵芯
润滑油泵安全阀溢流	系统压力超过安全阀设定值	1. 检查并疏通管路或更换分配器 2. 按规范用油,环境温度低于 10℃,需用 1♯锂基脂
	阀损坏或被污染	更换安全阀

第3章

混凝土搅拌站(楼)

3.1 概述

混凝土搅拌站(楼)是将水泥、骨料、水、外加剂、掺合料等物料按照混凝土配比要求进行计量,然后经搅拌机搅拌成合格混凝土的搅拌设备。

混凝土搅拌站(楼)是混凝土搅拌站和混凝土搅拌楼的统称,其中,骨料计量装置位于搅拌机侧面,骨料经称量配料集中后再提升进入搅拌机的,称为混凝土搅拌站;骨料计量装置位于搅拌机正上方的称为混凝土搅拌楼。

混凝土搅拌站(楼)主要用于公路、铁路、桥梁工程、隧道、机场建设、水利水电工程、矿山、工业与民用建筑施工以及混凝土制品厂和商品混凝土生产工厂。

3.1.1 发展概况

1. 国外混凝土搅拌站(楼)发展概况

自从 1796 年英国人派克(J. Parker)发明了"黏土质石灰岩"组分的"罗马水泥"、英国阿斯谱丁(J. Aspdin)发明了"硅酸盐"组分的"波特兰水泥"之后,混凝土搅拌站就随之诞生和发展。早期的混凝土搅拌站采用单机搅拌的形式,真正进入集中搅拌是从商品混凝土的应用后开始的。欧洲是商品混凝土的发源地,将新鲜混凝土以商品的形式提供给用户的想法最早产生于英国,但最早使用商品混凝土的是

德国。德国于 1903 年在施塔思贝尔建立世界第一台商品混凝土搅拌站。1913 年,美国在梅利兰特洲的巴鲁奇毛亚市建成了美国的第一个商品混凝土搅拌站。建站初期都是用机动翻斗车或自卸卡车运送混凝土,质量很难满足用户要求,因此发展速度极其缓慢。20 世纪初到 50 年代末,商品混凝土并不普及,截至 1925 年美国共建立了 25 个搅拌站,法国在 1933 年建立第一个商品混凝土搅拌站,日本到 1949 年 11 月在东京建立了第一个商品混凝土搅拌站。20 世纪 60—70 年代,由于第二次世界大战后的大规模经济建设,世界各国经济发展都较快,促使商品混凝土迅猛发展,到 1973 年,美国的混凝土搅拌站(楼)达到 10000 个,商品混凝土年产量达 $1.773 \times 10^8 \mathrm{m}^3$,日本的商品混凝土搅拌站(楼)达 3533 个,商品混凝土年产量为 $1.4954 \times 10^8 \mathrm{m}^3$。20 世纪 80 年代到 90 年代,商品混凝土趋于饱和状态。目前,德国、意大利、日本等国家生产混凝土搅拌站(楼)在技术水平和可靠性方面处于领先地位,商品混凝土已全面推广,商品混凝土所占比例一般在 60%～70%,多的达 90% 以上。

国外有代表性的混凝土搅拌站(楼)生产厂商有:德国的利勃海尔公司(Liebherr)、施维英(Schwing)、埃尔巴公司(Elba);意大利的希法公司(CIFA);日本的石川岛、日工等。近 30 多年来,德国、意大利、日本等国家的厂商对混凝土搅拌站(楼)做了许多研究工作,采用了大

量新技术、新工艺和新材料,推动了混凝土机械的发展。

国外混凝土搅拌站(楼)的特点如下。

(1) 注重环保问题。大多数欧洲国家都对商品混凝土生产所产生的粉尘、污水、噪声等制定了环保指标,用以保证预拌混凝土的绿色生产。其中,德国对污染项目指标控制最为严格,厂区粉尘含量不高于 5mg/m³,污水零排放,厂区噪声不高于 55dB(A)。

(2) 强化质量控制。为保证商品混凝土的质量,各国都采用强制检测措施,其中日本采用如下三种措施:

① 根据日本工业标准对混凝土搅拌站(楼)进行监测;

② 除常规检测外,需现场检测新拌混凝土中的氯离子含量和水分的含量;

③ 在全国建立统一的预拌混凝土质量控制的检测系统,该系统每年对预拌混凝土搅拌站(楼)的管理和质量控制情况进行核查。

2. 国内混凝土搅拌站(楼)发展概况

我国的混凝土搅拌站起步较晚,20 世纪 50 年代开始研制生产混凝土搅拌站,70 年代批量生产小型混凝土搅拌站,80—90 年代飞速发展。20 世纪 50 年代初,华东建筑机械厂研制了 4×1000L 搅拌楼,用于浙江黄坛口水电站,采用卷扬机上料,人工手动配料;50 年代中,电力部北京水电勘测设计院设计了 4×1200L 双组式配料楼,用于四川狮子滩水电工程;1959 年电力部水电总局上海机械设计室(杭州机械设计研究所前身)设计了 4×2400L 搅拌楼,用于刘家峡、丹江口水电站工程;1971 年华东建筑机械厂与长沙建筑机械研究所(中联重科前身)合作,研制了 HZZ15 型搅拌站,用 0.5m³ 反转出料式搅拌机为主机,1978 年鉴定后批量投产。1975 年以水电部郑州施工机械设计室(杭州机械设计研究所前身)为主,联合研制了 4×3000L 搅拌楼,用于葛洲坝水电站;80 年代中,随着国民经济的迅速发展,为了适应和满足大规模建设的需要,混凝土搅拌站得到快速发展,搅拌机主要以单、双卧轴为主;称量以机械电子秤和电子秤为主,

上料方式有悬臂拉铲、皮带机上料、提升斗上料等多种方式;控制系统有单片机、工控机等形式。

随着我国的城市化进程不断向前推进,商品混凝土在全国大中城市得到了迅速发展和推广应用,混凝土搅拌站(楼)也随之得到了高速发展。截至 2015 年,我国主要生产 60～300m³/h 的搅拌站。国内的主要生产厂家(如中联重科、南方路机、三一重工等)的许多混凝土搅拌站技术已经超过进口混凝土搅拌站的水平。

我国混凝土搅拌站(楼)具有如下特点:

(1) 可靠性较高。混凝土搅拌站的关键部件如搅拌机、螺旋输送机、主要电气控制元件和气动元件的性能已相当稳定,可靠性及使用寿命明显提高。

(2) 自动化控制程度较高。控制系统目前大都相对先进和稳定,自动化程度普遍较高,采用工业计算机控制,既可自动控制也可手动操作,操作简单方便;尤其近几年 ERP 系统广泛应用,可实时监控整个搅拌站的运行情况,大大提高了客户生产、经营的管理水平。

(3) 生产能力较高。双机站和多机站的出现提高了混凝土设备的生产能力,促进了混凝土公司的发展。

(4) 计量精度较高。骨料的精度可控制在 ±2% 之内,水泥(或掺合料)、水、外加剂的精度可控制在 ±1% 之内。

(5) 搅拌质量好,效率高。广泛采用强制式搅拌机,强制式搅拌机主要通过搅拌筒内的叶片绕回转轴旋转,对物料施加剪切、挤压、翻滚和抛出等强制作用力,使各种物料在剧烈的相对运动中达到匀质状态。该类型搅拌机搅拌作用强烈,具有生产效率高、搅拌质量好等特点。

(6) 搅拌机已完全实现国产化。近年来,我国多家搅拌站生产厂家通过吸收国外搅拌机技术相继开发了多个品牌的搅拌机,如中联 CIFA 搅拌机、珠海仕高玛搅拌机、南方路机搅拌机等,使搅拌站的成本大幅降低。

3.1.2　发展趋势

混凝土搅拌站(楼)近年来得到快速发展，整机效率、介质适应性等达到了国际领先水平，未来重点向智能、环保、能效、新材料应用、可靠性等方面发展，将表现出如下特点：

（1）智能化(ERP 管理系统、GPS 调度系统、混凝土搅拌站控制系统一体化)程度越来越高。

（2）环保性能越来越好。混凝土搅拌站(楼)将向环保方向发展，环保技术主要包括噪声、粉尘处理、残余混凝土和废水回收利用及处理等。

（3）高效率、节能型混凝土搅拌站(楼)具备良好的发展前景。

（4）新材料、新技术、新工艺、新能源等技术将逐步应用于混凝土搅拌站(楼)。

（5）可靠性越来越高。随着新材料、新技术、新工艺的推广应用，零部件、易损件的使用寿命将提高，维护保养的周期将延长。

3.2　分类

混凝土搅拌站(楼)的分类方法很多，最常见的分类方式是按骨料计量装置相对于搅拌机的位置分类，还可按设备安装固定形式、工程特性及搅拌机工作方式分类。

3.2.1　按骨料计量装置相对于搅拌机的位置分类

混凝土搅拌站(楼)按骨料计量装置相对于搅拌机的位置可分为混凝土搅拌站和混凝土搅拌楼。

1. 混凝土搅拌站

骨料计量装置位于搅拌机侧面，骨料经计量、配料集中后再提升进入搅拌机，称为混凝土搅拌站，如图 3-1 所示。混凝土搅拌站整套设备相对混凝土搅拌楼结构简单、投资少、建设快，但因骨料配料集中后要二次提升，生产效率相对搅拌楼要低。

2. 混凝土搅拌楼

骨料计量装置位于搅拌机正上方，骨料经

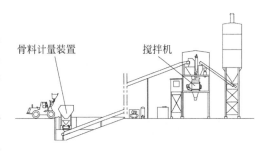

图 3-1　混凝土搅拌站

一次提升进入储料仓，然后靠自重下落完成配料并投入搅拌机，称为混凝土搅拌楼，如图 3-2 所示。由于储料仓预先储存骨料且具有较短的下落距离，因此混凝土搅拌楼的生产效率较混凝土搅拌站大幅提高。

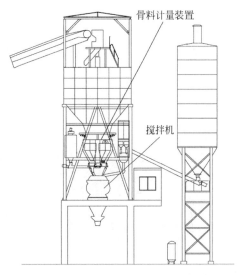

图 3-2　混凝土搅拌楼

3.2.2　按安装固定形式分类

混凝土搅拌站(楼)安装固定形式多样，按固定形式可分为固定式搅拌站(楼)、移动式搅拌站、快搬式搅拌站、船载式搅拌站等。

1. 固定式搅拌站(楼)

固定式搅拌站(楼)通过焊接或螺栓连接等方式固定在设备基础上，一般生产能力较大，主要用在商品混凝土工厂、大型预制构件厂和水利工程工地，如图 3-3 所示。

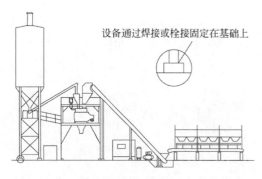

设备通过焊接或栓接固定在基础上

图 3-3　固定式搅拌站

2. 移动式搅拌站

移动式搅拌站通常有行走装置,可随时移动,机动性好,适用于各种施工周期短、混凝土用量不大的工地,如图 3-4 所示。

3. 快搬式搅拌站

快搬式搅拌站固定在安装底架上,安装底架与设备所在的场地基础无连接,基础施工量小,设备安装、拆卸、搬迁速度快,如图 3-5 所示。

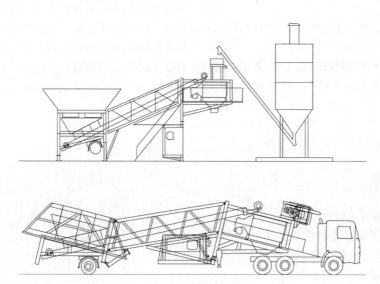

图 3-4　移动式搅拌站

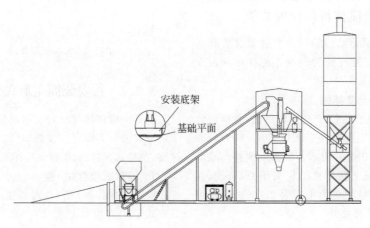

安装底架

基础平面

图 3-5　快搬式搅拌站

4. 船载式搅拌站

船载式搅拌站固定在工程驳船上,一般用于大跨度的跨海、跨江大桥修筑等,主要优势是搅拌设备可在施工水域随驳船移动,适用于远离陆地的宽阔水域混凝土施工,可搅拌各种类型的混凝土,如图3-6所示。

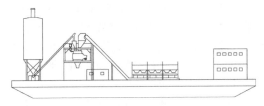

图 3-6　船载式搅拌站

3.2.3　按工程特性分类

按生产混凝土的特性及用途,混凝土搅拌站(楼)可分为商混搅拌站(楼)、核电搅拌站(楼)、水工搅拌站(楼)、高铁搅拌站(楼)、工程搅拌站。

1. 商混搅拌站(楼)

商混站(楼)用于生产普通商品混凝土,在搅拌设备中最常见,使用范围最广。

2. 核电搅拌站(楼)

核电搅拌站(楼)用于生产核电站建设的混凝土,用于核电站建设的混凝土应用工况分为核岛和常规岛两大类,核岛所需混凝土为高强高性能混凝土,且混凝土浇筑量大而厚实,因此对混凝土的搅拌工艺和出料温度都有特殊要求,通常要配备制冰系统。

3. 水工搅拌站(楼)

水工搅拌站(楼)是指生产大坝混凝土的搅拌设备。大坝混凝土通常为碾压混凝土(RCC),用水量少,级配通常为三级配或四级配。混凝土的入模温度也有要求,因此通常配置制冷或加热设施,搅拌机采用自落式搅拌机或强制式双卧轴搅拌机。

4. 高铁搅拌站(楼)

高铁搅拌站(楼)主要生产高速铁路施工用的高性能混凝土,高铁搅拌站(楼)生产的混凝土需满足高铁施工工艺的要求,各种物料计量精度要求高,都需单独计量,搅拌周期长,是普通商混站的2~3倍,因此搅拌效率相对较低,只有普通商混站的1/3~1/2。

5. 工程搅拌站

工程搅拌站是指专门为某一工程如普通道路、桥梁、小型建筑建设、农村施工等而临时建在施工场地旁边的搅拌站,满足工程所需混凝土的生产要求即可。工程站占地面积小、结构简单、布局灵活,可快速建站、快速搬迁,对小型工程建设的适应性极强。在实际工程案例尤其是农村施工建设中得到了广泛的应用,是一类常见且非常重要的混凝土搅拌设备,基本都采用搅拌站形式,不采用搅拌楼形式。

3.2.4　按搅拌机工作方式分类

混凝土搅拌站(楼)除了上述常见的三种分类方法,还可按搅拌机工作方式分类,分为连续式搅拌站和周期式搅拌站。连续式搅拌站的连续配料、连续计量、连续搅拌都是同时进行的,适用于产量大、品种单一、需要连续供料的混凝土生产;周期式搅拌站是在一个工作循环之内要顺序完成配料、计量、搅拌及卸料,适用于多品种混凝土生产,目前我国绝大多数搅拌站(楼)都为周期式搅拌站(楼)。

3.3　典型产品组成与工作原理

3.3.1　产品组成及工作原理

1. 混凝土搅拌站(楼)组成

混凝土搅拌站(楼)主要由搅拌机、物料储存系统、物料计量系统、物料输送系统、除尘系统、供气系统及电控系统组成。搅拌机在本书第2章中已经详细阐述,相关内容详见第2章。物料储存系统由骨料储存装置、粉料储存装置、液态料储存装置组成;物料计量系统由骨料计量装置、粉料计量装置、液态料计量装置组成,其中混凝土搅拌站的骨料计量装置位于搅拌机侧面,混凝土搅拌楼的骨料计量装置位于搅拌机正上方;物料输送系统由骨料输送装置、粉料输送装置、液态料输送装置组成;除尘系统由主机、粉仓等主要扬尘点的除尘装置组成；供气系统由空气压缩机、储气罐、三联件、阀、气缸、管路等组成。图3-7和图3-8分别为常见的混凝土搅拌站和混凝土搅拌楼组成结构图。

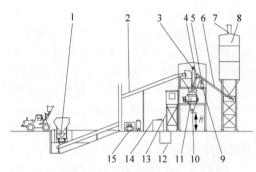

图 3-7　混凝土搅拌站组成结构图

1—骨料计量装置；2—骨料输送装置；3—主机除尘装置；4—粉料计量装置；5—外加剂计量装置；6—粉料输送装置；7—粉仓除尘装置；8—粉料储存装置（粉仓）；9—水计量装置；10—卸料装置；11—搅拌机；12—水池；13—控制室；14—外加剂罐；15—供气系统

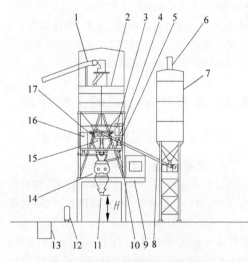

图 3-8　混凝土搅拌楼组成结构图

1—骨料输送装置；2—骨料存储装置；3—水箱；4—外加剂存储箱；5—外加剂计量装置；6—粉仓除尘装置；7—粉料储存装置（粉仓）；8—粉料输送装置；9—控制室；10—水计量装置；11—卸料装置；12—供气系统；13—水池；14—搅拌机；15—粉料计量装置；16—主机除尘器；17—骨料计量装置

2. 混凝土搅拌站工作原理

图3-9为混凝土搅拌站的工作原理图。混凝土搅拌站工作原理如下：粉料从粉仓1经粉料上料螺旋3输送到粉料计量装置2，按配合比计量后投入搅拌机5；骨料从配料机8配料计量后，通过骨料上料装置12输送到骨料中间仓13暂存，然后投入搅拌机5；水从清水池7通过供水管路进入水计量装置11，按配合比计量后投入搅拌机5；外加剂从外加剂箱9通过管路输送到外加剂计量装置10，按配合比计量后进入水计量装置11，与水一起投入搅拌机5或直接投入搅拌机5；所有物料通过搅拌机5搅拌成符合要求的新鲜混凝土后，通过卸料装置6进入搅拌车；搅拌机工作过程中，由主机除尘器4对搅拌机进行除尘；粉仓1进料时，由仓顶的粉仓除尘器14对粉仓1进行除尘。以上所有工作过程均由搅拌站控制系统控制自动完成，其特点是骨料需经过二次提升，即计量完毕后，再经皮带机或提升斗提升到搅拌机进行搅拌。搅拌站的优点是结构紧凑、一次性投资小，缺点是生产效率不如搅拌楼。

3. 混凝土搅拌楼工作原理

混凝土搅拌楼工作原理（见图3-10）如下：粉料从粉仓1经粉料上料螺旋14输送到粉料计量装置2，按配合比计量后投入搅拌机5；骨料从骨料储料站8通过骨料上料及分料机构13输送到骨料储料仓12，在生产混凝土时进入骨料计量装置4，按配合比计量后投入搅拌机5；水从清水池7通过供水管路进入水计量装置11，按配合比计量后投入搅拌机5；外加剂从外加剂箱9通过管路输送到外加剂计量装置10，按配合比计量后进入水计量装置11，与水一起投入搅拌机5或直接投入搅拌机5；所有物料通过搅拌机5搅拌成符合要求的新鲜混凝土后，通过卸料装置6进入搅拌车；搅拌机工作过程中，由主机除尘器3对搅拌机进行除尘；粉仓1进料时，由仓顶的粉仓除尘器15对粉仓1进行除尘。以上所有工作过程均由搅拌楼控制系统控制自动完成。搅拌楼工作特点是骨料经一次提升到搅拌机上方的储料仓，然后靠

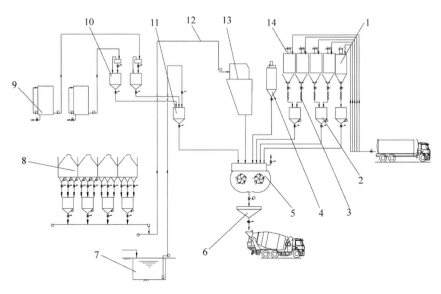

图 3-9　混凝土搅拌站工作原理图

1—粉仓；2—粉料计量装置；3—粉料上料螺旋；4—主机除尘器；5—搅拌机；6—卸料装置；7—清水池；8—骨料配料机；9—外加剂箱；10—外加剂计量装置；11—水计量装置；12—骨料上料装置；13—骨料中间仓；14—粉仓除尘器

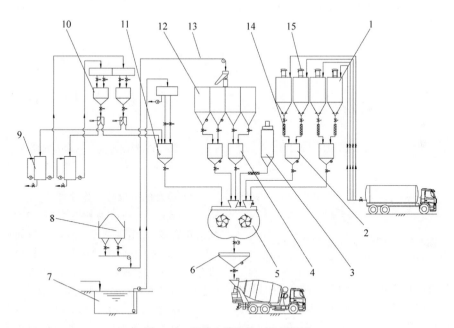

图 3-10　混凝土搅拌楼工作原理图

1—粉仓；2—粉料计量装置；3—主机除尘器；4—骨料计量装置；5—搅拌机；6—卸料装置；7—清水池；8—骨料储料站；9—外加剂箱；10—外加剂计量装置；11—水计量装置；12—骨料储料仓；13—骨料上料及分料机构；14—粉料上料螺旋；15—粉仓除尘器

自重下落进入称料斗而完成计量并进入搅拌机搅拌。搅拌楼的优点是：生产时环保性能好，生产效率高；能采用裹浆法等先进的混凝土生产工艺；由于空间大，设备布置方便，维修性好，因此可靠性高。缺点是：占地面积大，一次性投资大。混凝土搅拌楼一般适用于固定场合，如商品混凝土厂及预制厂等，也适用于大型工程。

3.3.2　主要部件组成及工作原理

1. 物料储存系统

物料储存系统由骨料储存装置、粉料储存装置及液态料储存装置组成。

1）骨料储存装置的组成与工作原理

骨料储存装置包括混凝土搅拌楼的骨料储存仓及混凝土搅拌站的骨料上料储料仓，上料储料仓又有钢结构和地仓式两种形式。

混凝土搅拌楼骨料储存仓由仓体、振动器、气缸、卸料门等组成，如图3-11所示。根据用户的配合比对骨料级配的要求，骨料储存仓一般划分为四个隔仓，也可分为五个或六个隔仓。

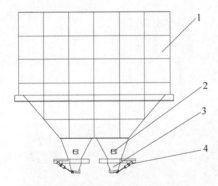

图3-11　混凝土搅拌楼骨料储存仓
1—仓体；2—振动器；3—卸料门；4—气缸

骨料储存仓的工作原理是砂石骨料通过提升机或皮带机运输至搅拌楼储存仓上方，经分料机构分料后进入骨料储存仓，在生产混凝土需要骨料配料时，打开卸料门使骨料进入搅拌楼的骨料计量装置。

混凝土搅拌站的骨料储料仓一般位于骨料上料装置的尾部靠近砂石料场的位置，分为

钢结构式和地仓式两种。

钢结构储料仓由钢结构仓体、气缸、卸料门组成，如图3-12所示；地仓式储料仓仓体由三面混凝土墙或砖墙围成，同时还包括气缸、卸料门及卸料仓，如图3-13所示。根据混凝土的配合比对骨料级配的要求，一般为四个储存仓，也可分为五个或六个储存仓。

骨料储料仓的工作原理是砂石骨料通过装载机或皮带机运输储存至骨料储料仓中，在生产混凝土需要骨料配料时，打开卸料门使骨料进入骨料计量装置。

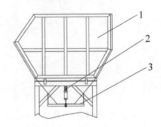

图3-12　混凝土搅拌站钢结构储料仓
1—仓体；2—气缸；3—卸料门

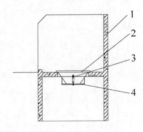

图3-13　混凝土搅拌站地仓式储料仓
1—仓体；2—卸料仓；3—气缸；4—卸料门

2）粉仓的组成与工作原理

混凝土搅拌站（楼）粉料存储在粉仓中，粉仓由粉仓体、粉仓架及除尘器、仓顶卸压装置（压力安全阀）等附属结构组成。粉仓按结构可分为焊接式粉仓（见图3-14）和拆装式粉仓（见图3-15）两种：焊接式粉仓一般在安装工地现场制作，拆装式粉仓一般在工厂按片生产好后到安装工地现场组装。目前行业内常用的粉仓规格为50～500t，根据混凝土搅拌站不同的生产能力配合使用。

其工作原理是散装水泥车或散装水泥船运输过来的粉料通过气力输送装置输送进粉

仓,按粉料的种类分别进行存储,存储量应能满足混凝土搅拌站至少 2h 的生产需要,且满足在仓内压力不超过 4900Pa 的情况下安全使用。在生产混凝土需粉料时,由螺旋输送机或空气输送斜槽将粉仓中的粉料输送到粉料计量装置进行计量。

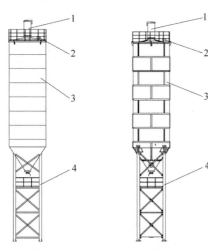

图 3-14 焊接式粉仓
1—除尘器;2—压力安全阀;3—粉仓体;4—粉仓架

图 3-15 拆装式粉仓
1—除尘器;2—压力安全阀;3—粉仓体;4—粉仓架

3) 液态料储存装置的组成与工作原理

液态料储存装置由水和外加剂的储存装置组成。

(1) 水储存装置。混凝土搅拌站(楼)常用的水储存装置有水池和水箱两种。

水池是用户在搅拌主楼附近修建的混凝土结构储水装置,为了充分利用场地,很多用户把水池设在粉仓底下,在做粉仓基础时就把水池做好。水池的优点是可根据场地实际情况,因地制宜,确定水池的大小和形状;缺点是位置固定,不可移动。水箱一般采用钢结构,可置于搅拌主楼下,也可置于搅拌主楼计量层之上。水箱的优点是结构紧凑,方便搅拌站的转场和移动;缺点是容量受到限制,成本相对较高。

水储存装置的工作原理是混凝土搅拌站(楼)用水先从水源抽入水储存装置储存,在生

产混凝土需要水时,由水泵及管路将水从储存装置输送至搅拌主楼内的水秤进行计量。

(2) 外加剂储存装置。外加剂储存装置一般采用储液池和储液罐两种形式。

用户在混凝土搅拌站的主楼后面或粉仓下面挖地下储液池,用于存放液体外加剂。地下储液池一定要设有高于地面的顶盖,防止雨水浸入影响外加剂的质量。外加剂储液罐如图 3-16 所示,一般由混凝土搅拌站生产厂家或外加剂生产厂家提供,罐体容积一般不少于 $10m^3$,可放于地面或混凝土搅拌站(楼)主楼内,大部分情况将外加剂储液罐放于地面。外加剂容易结晶或沉淀,外加剂储液罐(池)应具备搅拌功能,防止外加剂结晶或沉淀,搅拌装置一般为机械叶片搅拌;外加剂储液罐(池)还可配加热装置,防止外加剂在冬季气温较低地区结晶。

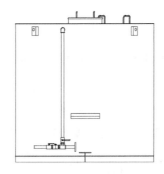

图 3-16 外加剂储液罐

外加剂储存装置的工作原理是混凝土搅拌站所需外加剂存储进外加剂储存装置,在生产混凝土需要外加剂时,由外加剂泵及管路将外加剂从储存装置中输送至搅拌主楼内的外加剂秤进行计量。

2. 物料计量系统

1) 物料计量系统的组成

物料计量系统是影响混凝土质量和生产成本的关键系统,其主要功能是将各种物料按混凝土配比的要求完成准确配料,从而保证混凝土搅拌站(楼)生产出的混凝土满足质量需求。按组成结构形式的不同,可分为料斗式计量秤和皮带式计量秤。

（1）料斗式计量秤。料斗式计量秤主要由计量斗、支架、气动阀门、称重传感器、接线盒、信号电缆和称重显示器等组成。根据计量物料形态的不同，有骨料计量秤、粉料计量秤、水及液态外加剂计量秤。

骨料计量秤一般分为电子秤和杠杆秤两种形式。图 3-17 为常见的电子骨料计量秤，由斗体、传感器、气缸、卸料门组成。计量完毕后，由气缸拉动扇形门将料卸出到搅拌机或上料装置中。

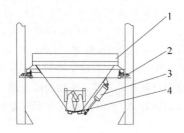

图 3-17　骨料计量秤
1—斗体；2—传感器；3—气缸；4—卸料门

粉料计量秤用于计量水泥、粉煤灰、粉状外加剂等，一般由斗体、传感器、振动器、气动蝶阀等组成，如图 3-18 所示，其中，斗体有粉料进料口及通气口，粉料进料口与螺旋输送机或空气输送气槽相接，通气口与除尘装置相连通。

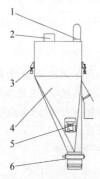

图 3-18　粉料计量秤
1—通气口；2—进料口；3—传感器；
4—斗体；5—振动器；6—气动蝶阀

液态物料的计量一般有重力计量、容积计量、流量计量。图 3-19 是搅拌设备上应用最广泛的重力计量秤，由斗体、传感器及卸料门组成，图中卸料门为气动蝶阀。水计量秤与外加剂计量秤的形式基本相同，但水计量斗一般采用 3 个传感器悬挂，而外加剂一般用一个传感器悬挂。

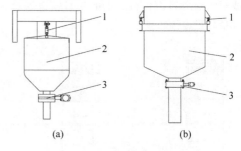

图 3-19　液态物料重力计量秤
（a）外加剂计量秤；（b）水计量秤
1—传感器；2—斗体；3—蝶阀

（2）皮带式计量秤。图 3-20 是一种常见的皮带式计量秤，可采用电子秤或杠杆电子秤，由斗体、传感器、皮带机组成，斗体与皮带机连为一体，当物料计量完毕后，皮带机启动，将骨料卸到上料装置中，这种计量方式在混凝土搅拌站的配料机中得到广泛使用。

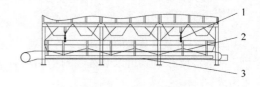

图 3-20　皮带式计量秤
1—传感器；2—斗体；3—皮带机

2）物料计量系统的工作原理

（1）计量系统基本工作原理。从原理上，按秤的具体传力方式可分为杠杆秤、杠杆电子秤和电子秤三种计量方式。杠杆秤一般由多级杠杆和圆盘表头组成，电信号是由表头内的高精度电位器发出；杠杆电子秤一般由一级杠杆及一个传感器组成；电子秤是由多个传感器直接悬挂计量斗，目前绝大部分搅拌站（楼）采用电子秤，本节对其基本工作原理进行介绍。

① 称重传感器的测量原理。混凝土搅拌站（楼）通常选用电阻应变式称重传感器，通过重力变化引起输出电阻的变化，范围一般为

$5 \times 10^{-4} \sim 1 \times 10^{-1} \Omega$，通过桥式测量电路测出电阻变化，从而对照得出混凝土搅拌站(楼)称量给料的变化。

② 计量系统的基本工作原理。传感器输出信号经放大器放大后，输入 V/F 转换器进行 A/D 转换，转换成的频率信号直接送入微处理器中，其数字量由计算机进行处理。计算机在显示瞬时物重的同时，还根据设定值与测量值进行定值判断，通过测量值与给定值进行比较，取差值提供 PID 运算，当重力不足，则开启给料弧门或螺旋输送机(分粗称和精称两个阶段)继续送料和显示测量值。一旦重力相等或大于给定值，控制接口输出控制信号，关闭给料弧门或螺旋输送机，显示测量终值，超称部分计算机下一步会进行扣秤等称重定值控制，同时计算显示计量动态相对误差。

（2）不同工作方式计量系统的工作原理。物料计量系统有多种工作方式，对应不同的工作原理。按计量实现方式分为加法计量和减法计量；按计量作业方式分为周期式计量和连续式计量，周期式计量适用于周期式搅拌装置，而连续式计量适用于连续式搅拌装置。

① 加法计量和减法计量。混凝土搅拌站在计量时，其秤上的显示数值是由小到大变化的，此计量过程称为加法计量。混凝土搅拌站的物料流向顺序为料仓、秤斗。其计量过程为：计量初始时，秤的显示值为零，输入计量"开始"信号后，料仓门打开，物料落入秤斗中。秤的显示值随着物料的不断落入而由零逐渐加大，当达到设定的显示值时，计量系统即判定秤斗中的物料实际质量等于设定的质量，系统输入计量"结束"信号后，料仓门关闭，计量结束。

减法计量则是在秤斗中加入超过搅拌时所需质量的物料，计量开始，输入计量"开始"信号，秤斗门即打开，物料从秤斗门中不断地流入搅拌机或上料装置，秤的显示开始逐渐减小，直至秤的减少值达到设定值，秤斗门关闭，计量结束。两种计量方式原理示意如图 3-21 所示。

② 周期式配料秤与连续式配料秤。周期式配料秤和连续式配料秤卸料方式不同：周期

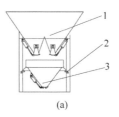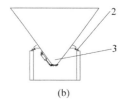

图 3-21 加法计量结构与减法计量结构
(a) 加法计量结构；(b) 减法计量结构
1—料仓；2—传感器；3—秤斗

式配料秤在计量完成后，由配料控制器启动卸料机构开始卸料，卸料完成后，关闭卸料机构，启动下一次配料；连续式配料秤则是不间断的配料方式。目前，我国连续式搅拌设备均采用容积法或皮带秤、螺旋秤两类来计量，20 世纪 70 年代从欧洲引进开发连续搅拌工艺至今，一直如此，始终未有突破。事实上，这两种计量方法在欧洲使用能够做到高精度，例如德国申克(Schenck)的皮带配料秤，动态配料精度达到 2%。而在中国却达不到，原因在于受到我国机械制造及材料等基础工业的制约。目前我国用于公路行业的皮带秤计量精度一般只能达到 5% 左右，与容积计量相差无几，长期稳定性较差。

3. 物料输送系统

混凝土搅拌站(楼)物料输送系统主要是将各种物料由储存系统输送到计量系统或搅拌机，包括骨料输送装置、粉料输送装置、液态物料输送装置。

1）骨料输送装置组成与工作原理

混凝土搅拌站(楼)的骨料输送主要有皮带输送、提升机、提升斗等方式。皮带输送的特点是输送距离远、运行平稳、效率高、故障率低，皮带输送主要适用于有骨料暂存仓的混凝土搅拌站，从而提高混凝土搅拌站的生产率。提升机、提升斗结构紧凑，占地面积小，但维修费用高，可靠性差，生产效率不高。

（1）皮带机组成与工作原理。皮带机是一种靠摩擦驱动物料、以连续方式运输物料的运输机械，主要由机架、输送带、托辊、滚筒、张紧装置、驱动装置等组成。根据输送带的结构不

同,可分为槽形皮带输送机和平板型皮带输送机,两种不同输送带形式的皮带机工况适应性详见3.5节相关内容。机架支承整个皮带机的其他结构,输送带用于输送物料,托辊直接支承皮带及皮带上方的物料,不使皮带下垂。由于皮带返回段上没有承载物料,通常都间隔采用托辊支承。带动输送带转动的滚筒称为驱动滚筒,另一个仅在于改变输送带运动方向的滚筒称为改向滚筒。张紧装置使输送带具有足够的张力,保证输送带和传动滚筒间产生摩擦力使输送带不打滑,同时可调整输送带长度变化所带来的影响。防雨罩主要起防尘、防雨作用,检修平台则方便皮带机的检修,急停开关作为安全防护装置,设在皮带机头部和尾部,在输送带发生故障或事故时,可紧急停止皮带运行。

皮带机的工作原理如下:驱动滚筒由电动机通过减速器驱动,输送带依靠驱动滚筒与输送带之间的摩擦力拖动,而输送带上的物料则依靠与输送带之间的摩擦力一起随输送带运动,从而实现物料的输送。驱动滚筒一般都装在卸料端,以增大牵引力,有利于拖动。物料由喂料端喂入,落在转动的输送带上,依靠输送带摩擦带动运送到卸料端卸出。图3-22、图3-23为混凝土搅拌站(楼)最常用的皮带机形式。

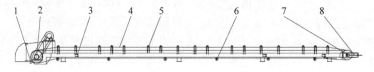

图 3-22　平皮带机

1—清扫器;2—驱动装置;3—机架;4—输送带;5—槽型托辊;6—平行下托辊;
7—改向滚筒;8—调节螺杆

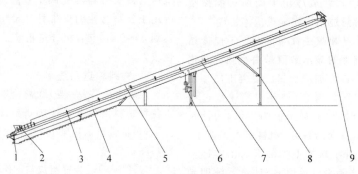

图 3-23　斜皮带机

1—改向滚筒;2—接料斗;3—托辊;4—机架;5—防雨罩;6—张紧装置;7—输
送带;8—支腿;9—驱动装置

(2) 斗式提升机组成与工作原理。斗式提升机主要组成包括出料口、驱动装置、链条、料斗、进料口等,如图3-24所示。

斗式提升机是一种在带或链等挠性牵引构件上,每隔一定间隔安装若干个钢制料斗,通过料斗连续向上输送物料的一种机械。斗式提升机具有占地面积小、输送能力大、输送高度高、密封性较好等特点,所以斗式提升机是混凝土搅拌站(楼)设备中垂直输送骨料的理想设备。经过一段时间的使用,牵引胶带(链)可能会伸长,影响正常工作,这时必须调整张紧轮,使得牵引胶带(链)保持正常张紧。

(3) 提升斗组成与工作原理。提升斗由带滚轮的提升斗、驱动装置、提升导轨及滑轮、钢丝绳等组成,图3-25是混凝土搅拌站中使用得最多的一种提升斗。

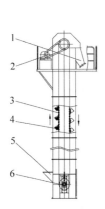

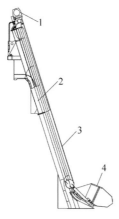

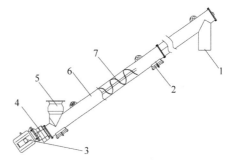

图 3-26　螺旋输送机

1—出料口；2—观察口；3—电动机；4—减速机；
5—进料口；6—螺旋管；7—螺旋叶片

图 3-24　斗式提升机

1—出料口；2—驱动
装置；3—链条；4—料
斗；5—进料口；6—张
紧轮

图 3-25　提升斗

1—驱动装置；2—提
升导轨；3—钢丝绳；
4—提升斗

（2）空气输送斜槽组成及工作原理。空气输送斜槽由进料口、槽体、精出料口、粗出料口及观察口组成，如图 3-27 所示。

空气输送斜槽可用于水泥、粉煤灰等易流态化粉状物料的输送，通过汽化粉料使密闭输送斜槽中的物料保持流态化状态向倾斜一端流动，该设备主体部分无传动装置，密封操作管理方便，设备重量轻，耗电低，输送力大，易改变输送方向。空气输送斜槽有吸送式、压送式和混合式三种，其工作原理均是利用气流的动能使散粒物料呈悬浮状态，随气流沿管道输送。目前混凝土搅拌站（楼）使用得最多的是压送式空气斜槽，为瘦高型结构，用气孔板分隔成上、下两个槽体。粉状物料进入斜槽的上部槽体，由下部槽体正压吹入的空气经气孔板均匀进入上部槽体，使粉状物料靠自身重力作用，克服粉状物料的自然休止角，达到输送目的。

提升斗工作原理如下：当料斗在底部原始位置时，由人工或其他方式给料斗加满物料，料斗充满后，传动装置的钢丝绳牵引料斗缓缓上升，料斗沿着导轨上升到指定高度的运料层后，斗体倾翻而卸出物料。在此同时，料斗碰触到限位开关，传动装置随即停止工作。确保物料卸清后，料斗再返回。当料斗自上而下返回到进料处时，碰到底部限位开关，传动装置停止工作，如此上下升降达到提升、输送物料的目的。

2）粉料输送装置组成与工作原理

混凝土可用的粉料主要是水泥和掺合料。普遍采用的粉料输送方式是螺旋输送机输送，也有采用空气输送斜槽输送的。

（1）螺旋输送机组成与工作原理。螺旋输送机由出料口、观察口、电动机、减速机、进料口、螺旋管及螺旋叶片组成，如图 3-26 所示。

螺旋输送机是借助旋转的螺旋叶片来输送物料的输送机，其工作原理是将混凝土搅拌站中使用的粉料物料，通过电动机控制螺旋叶片的旋转、停止，达到对粉状物料上料的控制。其输送必须在完全密封的腔体内进行，以免污染环境和输送物料受潮而结块，一般采用管式螺旋输送机来输送水泥及掺合料。

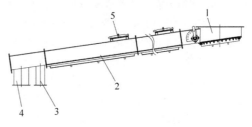

图 3-27　空气输送斜槽

1—进料口；2—槽体；3—精出料口；
4—粗出料口；5—观察口

3）液态料输送装置组成与工作原理

混凝土搅拌站（楼）所需液态料主要指水和液体外加剂，故液态料输送装置有水输送装置和外加剂输送装置。

（1）水输送装置组成与工作原理。混凝土搅拌站（楼）的水输送装置主要由水泵、阀门、管路组成，如图 3-28 所示。水泵的型号繁多，性能各异，水泵的两个重要参数是扬程和流量，目前混凝土搅拌站（楼）中常用的水泵主要有三种，即 IS 型单级单吸卧式离心泵、ISG 型单级单吸立式管道离心泵、QW 型潜水泵。对于冬季气温较低的地区，需对水输送管路采取保温措施。

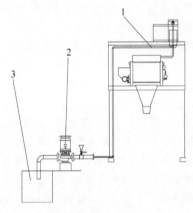

图 3-28　水输送装置
1—管路；2—泵；3—水池

水输送装置工作原理是在混凝土搅拌站（楼）电控系统的控制下，把储存系统的水经水泵加压，通过管路输送到水秤进行计量。

（2）外加剂输送装置组成与工作原理。和水输送装置一样，混凝土搅拌站（楼）的外加剂输送系统也主要由外加剂泵、阀门、管路组成，如图 3-29 所示。外加剂采用地下池储存时，泵可分为潜水泵或管道泵两种。潜水泵的优点是首次启动时不需加引水，且管路可不设底阀。潜水泵的缺点是泵容易损坏，且难以修复。管道泵的优点是维修方便，容易更换易损件。管道泵的缺点是首次使用需加引水，用管道泵一定要加底阀。对于冬季气温较低的地区，可对外加剂输送管路采取保温措施。

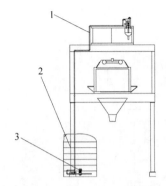

图 3-29　外加剂输送装置
1—管路；2—外加剂罐；3—外加剂泵

外加剂输送装置的工作原理是在混凝土搅拌站（楼）电控系统的控制下，把储存系统中的外加剂经外加剂泵加压，通过管路送到外加剂秤进行计量。

4．除尘系统

混凝土搅拌站（楼）除尘系统的主要作用是处理主机楼、粉仓等扬尘点的粉尘，保证设备的环保性能满足国家相关法规要求。主机楼及粉仓处一般采用除尘器除尘，当粉仓进料和搅拌机进料时，都有大量的含尘气体被排出，通过对含尘气体进行过滤，使得排出气体含尘量大为减少，从而达到除尘的目的。衡量除尘器除尘性能的主要指标是除尘器的处理风量及处理效率。从除尘方式分，混凝土搅拌站（楼）常见的除尘器有主动式除尘器和被动式除尘器：主动式除尘器常见的有脉冲反吹式除尘器（一般用在混凝土搅拌站主机除尘和对除尘性能要求较高的粉仓除尘）；被动式除尘器有袋式除尘器（一般用在搅拌站主机除尘处，目前已很少有设备厂家采用袋式除尘器）和振动式除尘器（目前在粉仓仓顶除尘应用比较广泛）。本节对常用的振动式除尘器及脉冲反吹式除尘器进行介绍。

1）振动式除尘器组成与工作原理

振动式除尘器由防水顶盖、滤芯、筒体、滤芯安装板、振动器安装底座及振动器组成，如图 3-30 所示。

目前行业内粉仓仓顶除尘器大多数情况下都采用振动式除尘器，一般振动式除尘器的滤尘是通过滤芯进行的,滤芯材料为一般玻纤,当含尘气体通过时,即可有效地使固相与气相分离开来;玻纤的滤芯是一种多孔性的滤尘材料,当气流通过时,气流中的微粒吸附在滤芯上或沉降下来,净化后的空气即可排出,为了清除附着和沉入滤芯的灰尘,每隔一段时间顺序振动除尘器。

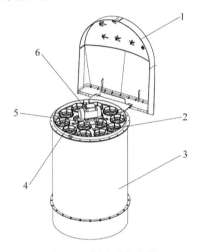

图 3-30　振动式除尘器

1—防水顶盖;2—滤芯;3—筒体;
4—滤芯安装板;5—振动器安装
底座;6—振动器

2)脉冲反吹式除尘器组成与工作原理

振动式除尘器若不经常清理,滤芯很容易堵塞,影响除尘效率,随着混凝土预拌生产行业对环保要求的提高,越来越多的用户都选择采用脉冲反吹式除尘器来除尘。常见的脉冲反吹式除尘器由检修门、风机、箱体、检查门、滤袋、脉冲控制板、脉冲电磁阀、储气包、喷气管等组成,如图3-31所示。

脉冲反吹式除尘器的工作原理如下:正常工作时,在风机的作用下,含尘气体吸入进气总管,通过各进气支管均匀地分配到各进气室,然后涌入滤袋,大量粉尘被截留在滤袋上,而气流则透过滤袋达到净化。净化后的气流通过袋室沿排气口排入大气。除尘器随着滤袋织物表面附着粉尘的增厚,除尘器的阻力不断上升,这就需要定期进行清灰,使阻力下降到所规定的下限以下,除尘器才能正常运行。

整个清灰过程主要通过高压储气包、电磁阀、喷气管及清灰控制机构的动作来完成。首先控制系统自动顺序打开电磁阀,高压空气通过喷气管反吹,使黏附在滤袋上的粉尘受冲抖而脱落,然后电磁阀关闭,对该系统清灰操作结束,滤袋恢复过滤状态。控制系统再打开其他电磁阀,对其他滤袋实施清灰,所有滤袋经过清灰循环后,达到了清灰的目的,除尘器全面恢复过滤状态。

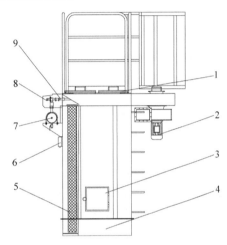

图 3-31　脉冲反吹式除尘器

1—检修门;2—风机;3—检查门;4—箱体;
5—滤袋;6—脉冲控制板;7—储气包;8—脉
冲电磁阀;9—喷气管

5.供气系统

混凝土搅拌站(楼)供气系统通过压缩空气驱动各机构完成相应动作,具有低成本、无污染的特点,是搅拌设备重要的动力系统。

1)供气系统的组成

供气系统由空气压缩机、储气罐、三联件、阀、气缸、管路等组成,如图3-32所示。

(1)空气压缩机。混凝土搅拌站(楼)常用的空气压缩机有活塞式空气压缩机和螺杆式空气压缩机。活塞式空气压缩机的优点是结构简单,使用寿命长,并且容易实现大容量和高压输出;缺点是振动大,噪声大,且因为排气为断续进行,输出有脉冲,需要储气罐。目前混凝土搅拌站(楼)普遍采用活塞式空气压缩机。螺杆式空气压缩机的优点是结构简单、体

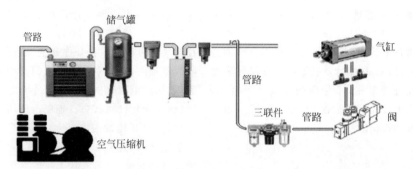

图 3-32 供气系统基本组成

积小、噪声低、没有易损件、工作可靠、寿命长、维修简单等,缺点是设备成本较活塞式空气压缩机要高。螺杆式空气压缩机也被广泛使用,尤其是近年来兴起的环保型搅拌站(楼)设备都采用螺杆式空气压缩机。

(2)储气罐。储气罐是专门用来储存气体的设备,同时起稳定系统压力的作用。根据储气罐的承受压力不同可以分为高压储气罐、低压储气罐、常压储气罐。储气罐(压力容器)一般由筒体、封头、法兰、接管、密封元件和支座等零件和部件组成,此外,还配有安全装置及完成不同生产工艺作用的内件。

(3)气源三联件。气源三联件为过滤器、减压阀、油雾器的组合装置,在气动系统中分别起到过滤、减压、油雾作用。过滤是将压缩空气中的冷凝水和油泥等杂质分离出来,使压缩空气得到除水、净化,减压可通过三联件来调节出口压力大小,油雾则使压缩空气携带微细油粒从而润滑各类控制阀和工作气缸等。

(4)阀。阀是气动系统中主要的控制元件,它通过开启、关闭或切换阀芯位置来控制气流的压力、流量和方向。方向阀的功能是用来控制气流的方向,以控制执行元件的动作。方向阀包括单向阀、换向阀等。单向阀只允许气流往一个方向流过,在相反方向则截止。换向阀有两个重要概念:位和通,位是指阀芯的位置数,即阀芯可以稳定处在几种工作状态,常见的阀一般是两位或三位的,通是指阀的气口数,常见的有二通、三通和五通等。排气口装有消声器,以便降低噪声。减压阀主要功能

是用来调整系统的压力并且维持系统压力的稳定。减压阀的符号如图 3-33 所示,其工作原理如下:通过调节弹簧来设定压力,当出口压力 P_2 大于弹簧设定值时,阀口变小,进出口的压差增大,P_2 减小,直到 P_2 与弹簧设定值相等。

图 3-33 减压阀符号

(5)气缸。气缸是获得直线运动的主要气动执行元件,按结构可分为单作用气缸和双作用气缸。单作用气缸只有一个进气口,产生一个方向上的推力,活塞杆的回缩靠气缸内的弹簧或外部负荷自动实现;双作用气缸有两个进气口,通过空气压力交替作用在两个相对活塞面上产生伸出和回缩动作。其符号如图 3-34 所示。

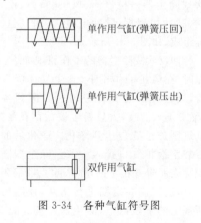

图 3-34 各种气缸符号图

混凝土搅拌站使用的气缸活塞上均带有磁环,在气缸的外壳上装有磁性开关来反映卸料门的开闭状态,并带有状态指示灯。

(6)管路。混凝土搅拌站气路管路布置采用镀锌钢管＋PU管＋快速接头形式,只需将PU管插到底就能连接牢固,拔管时用力将释放套向里推即可。安装配管前应吹净管道及接头内灰尘等杂质,PU管截断时,应保证切口垂直且不变形,接头拧到气动元件上时,拧紧力矩不要过大,以免损坏螺纹,管道弯曲处不得压扁或打摺,接头接口与阀和缸的接口螺纹一致。

2)供气系统的工作原理

自空气压缩机出来的高压气体,经储气罐,再经气源三联件处理,进入电磁阀,当电磁阀接到控制信号后,接通相应回路,压缩空气进入驱动元件(气缸、振动器、助流气垫),完成相应动作(料门开关、振动启停、破拱启停),实现混凝土搅拌站(楼)的生产工艺流程。

6. 电控系统

1)电控系统的组成与工作原理

混凝土搅拌站电控部分的整体组成框架如图3-35所示,主要包括如下部分:电气单元、电控柜、PLC(可编程控制器)以及控制系统。

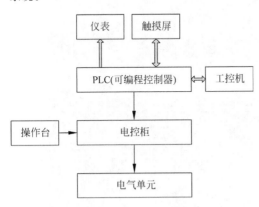

图3-35　混凝土搅拌站电控部分框架图

PLC部分主要用于实现混凝土搅拌站的实时自动控制,接收上位机的信息;通过输入信号(包括行程开关和称重传感器模拟信号),

经逻辑判断后输出控制中间继电器。

仪表主要是用于显示各类电气设备运行状态数据的仪器。

触摸屏主要用于监控搅拌站运行状态及进行比较简单的手动操作模式,提高了控制系统的可靠性。

搅拌站的控制系统一般都是由混凝土搅拌站制造商来配套,根据工作原理的不同,控制系统一般分为两类:一类由计算机直接控制;另一类是由计算机＋PLC进行控制。还有一些非主流产品,直接用单板机进行控制。

采用计算机直接控制的模式,一般都会采用工业计算机,其价格比普通商业计算机稍贵,可靠性也要比普通商业计算机高。对于这样的系统,计算机需要采集各个传感器的数据,要参与混凝土搅拌站的全部控制,同时还要处理生产数据,计算机的工作负担比较大。

采用计算机＋PLC进行控制的模式,计算机只处理生产数据,比如配合比的输入存储、每一批次混凝土的实际数据存储等,而数据采集和控制工作都由PLC来完成,计算机的工作负担要轻很多,故障率也低些。因PLC的可靠性高于计算机,所以这种组合比单一计算机控制要好些。

2)控制系统的功能

控制系统所涵盖的功能大致包括:基础数据管理、生产管理、生产控制等。图3-36为中联重科2008版控制系统操作界面。

(1)基础数据管理:包括客户管理、车辆管理、工程管理、原材料管理。

① 客户管理:记录客户的基本信息、联系方式、银行账号等相关信息。

② 车辆管理:记录运输车辆的车牌号、司机信息、车皮重、车容量等相关信息。

③ 工程管理:记录工程项目的基本信息。

④ 原材料管理:记录材料种类、各材料库存与消耗量等相关信息。

(2)生产管理:包括配合比管理、任务单管理、生产调度、生产记录、手工录入、生产统计、报表打印等。

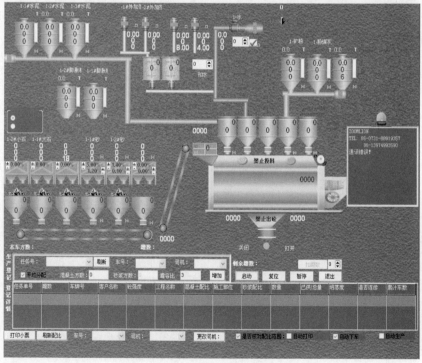

图 3-36 控制系统操作界面

① 配合比管理:录入各种类型混凝土的配合比数据,满足各类项目对不同混凝土性能的需求,用于生产指导。

② 生产任务单管理:录入各项生产任务的信息,以及对每个任务单的完成量、生产时间进行详细的记录。

③ 生产调度:为生产进行任务的顺序控制、车辆调度工作,并记录其相应信息。

④ 生产记录:当一车混凝土生产完成后,系统自动对其生产过程的各类信息做记录。

⑤ 手工录入:对手动生产的数据进行记录和修改操作。

⑥ 生产统计:记录每种型号产品的各种原材料消耗量,能够方便地对材料消耗进行统计,且可以对以往的生产信息进行统计查询。

⑦ 报表打印:实现对每车生产记录的自动打印,也可以打印其他生产消耗、统计数据的打印。

(3) 生产控制:包括生产登记、自动生产流程、生产过程监控等功能。

① 生产登记:基于已经制定的生产任务单进行任务登记,进行任务单的生产。

② 自动生产流程:可以实现"一键启动"生产,系统将生产登记的任务单按制定的配合比进行每种材料的自动计量。计量完成后,自动进行投料,入主机搅拌,其中投料的顺序可以自由设定,能够适应不同混凝土工法的需求。完成搅拌后,自动打开主机卸料门有效快速地完成出料。

③ 生产过程监控:通过控制系统的生产运行界面,实时反映各个生产设备的运行状态,并对生产过程出现的异常情况进行报警或应急处理。

3.3.3 混凝土搅拌站(楼)环保措施

自我国开始禁止混凝土现场搅拌以来,混凝土搅拌站(楼)得到了空前的发展,但随之而来的混凝土生产现场环保问题也日趋明显,比如混凝土搅拌站现场的扬尘排放问题、污水排放问题、噪声污染问题等,环保问题成为制约

混凝土搅拌站(楼)发展的重要因素。要解决混凝土搅拌站(楼)设备的环保问题,可以从加强混凝土生产的管理水平和提高设备环保性能上入手,从而实现混凝土搅拌站的绿色、环保生产,以达到可持续发展的要求。提高混凝土搅拌站(楼)的环保性能,可以从除尘、降噪、节能、减少废料排放等方面采取措施,从而达到行业相关环保性能要求,这些环保性能达标的设备称为环保型混凝土搅拌站(楼)。截至2015年12月,已有北京,上海,江苏,天津,重庆,河南郑州,安徽合肥、芜湖及安庆,河北石家庄,湖南长沙,山东临沂,湖北武汉等多地由政府部门明确发文推进环保型混凝土搅拌站(楼),住建部为推进环保型混凝土搅拌站(楼)的发展,也专门制定相关条例促进混凝土行业朝绿色生产方向转型,工信部组织起草的《建筑施工机械与设备 环保型混凝土搅拌站(楼)》(JB/T 12816—2016)已于2016年4月发布,2016年9月1日开始实施,行业的发展要求及政府部门的推进使得环保型混凝土搅拌站(楼)作为混凝土搅拌站(楼)设备的发展方向得以迅速发展。

1. 混凝土搅拌站(楼)常见环保措施

1) 混凝土搅拌站(楼)除尘措施

混凝土搅拌站(楼)的扬尘点有骨料储存装置、砂石料场、粉仓及搅拌主楼内的搅拌机等处。除尘技术是混凝土搅拌站(楼)的核心技术之一,也是影响搅拌站(楼)环保性能的重要因素,各种除尘措施、除尘新技术的应用将不断提升混凝土搅拌站(楼)的除尘效果。

(1) 将混凝土搅拌站(楼)的搅拌主楼、粉仓、骨料输送储存装置等用钢结构厂房封装,形成设备的全封闭,实现设备对外粉尘的零排放。

(2) 组合除尘技术的应用,提高除尘效率。

(3) 除尘布技术的发展,比如防水、防油除尘布的出现。

(4) 脉冲式除尘器逐步成为主流配置,提升除尘效果。

(5) 智能型脉冲式除尘器也将出现,更加适用于搅拌站(楼)生产工况。

（6）粉仓采用防爆仓系统,完全杜绝粉仓处的扬尘。

（7）在搅拌站配料机平皮带向斜皮带接料斗投料处配除尘器。

（8）智能喷雾降尘系统的应用,能根据粉尘浓度智能控制喷雾时序,既可应用在砂石料场除尘,也可应用搅拌站骨料中间仓及搅拌楼储料仓上部空间除尘。其原理是通过雾化的水汽与砂石料场中的扬尘结合,使含水灰尘在重力作用下降落,从而达到除尘的效果。图3-37为工作中的砂石料场喷雾降尘系统。

图3-37　砂石料场喷雾系统使用实景

2）混凝土搅拌站(楼)降噪措施

噪声是困扰混凝土搅拌站(楼)的重要环保难题,很多搅拌站(楼)厂区居民对环保问题的投诉都是由噪声问题直接引起的,因此解决混凝土搅拌站(楼)的噪声问题将显著提高搅拌站(楼)设备的环保性能。混凝土搅拌站(楼)常见的降噪措施如下:

（1）将混凝土搅拌站(楼)的搅拌主楼、粉仓、骨料输送储存装置等用钢结构厂房封装,可有效阻隔噪声。

（2）搅拌机加防振垫,减少搅拌机振动产生的噪声。

（3）采用低噪声设备,如用噪声更低的螺杆式空气压缩机替代活塞式空气压缩机,散装粉料采用螺杆式空气压缩机组成的集中供气站上料。

（4）搅拌主楼一层采用混凝土结构,减少主楼振动产生的噪声。

（5）采用地仓式配料机,减少骨料配料、卸料时的噪声。

（6）骨料上料采用分料皮带,减少装载机的使用,从而降低噪声。

3）混凝土搅拌站(楼)节能措施

节能是混凝土搅拌站(楼)的一个重要环保指标,节能技术的应用使得单方混凝土能耗不断降低,从而实现了节能环保的目标。

（1）变频节能技术从螺旋输送机逐步扩展到皮带机,甚至搅拌机搅拌电动机也可采用变频技术。

（2）搅拌机技术不断进步,搅拌效率更高、更节能,新型节能搅拌机电动机功率下降。

（3）空气输送斜槽(风槽)在粉料输送中的应用。

4）混凝土搅拌站(楼)废水废料处理措施

混凝土搅拌站(楼)生产所产生的废料如果直接排放,将对厂区周边环境产生较大影响,为解决废料污染问题,行业内普遍采用混凝土回收系统对搅拌站(楼)的废料进行处理。

（1）混凝土回收系统主要组成部分。混凝土回收系统由分离设备、供水系统、砂石输送筛分系统、沉淀池、搅拌池等组成,系统中的分离设备主要由内壁附有螺旋叶片的筛网滚筒和螺旋铰龙构成,通过倾斜筛网滚筒和螺旋铰龙的分离输送,将残余料中的砂石分别分离出来,再用于混凝土生产,分离后的浆水进入搅拌池,搅拌池中的搅拌器间歇周期性运转,保持浆水的均匀。浆水通过搅拌楼控制箱控制,进入搅拌机被合理地用于混凝土生产,如图3-38所示。

（2）混凝土回收系统主要部件。混凝土回收系统主要部件包括导料槽、砂石分离机、搅拌池、斜坡沉淀、清水池等。导料槽起到汇集引流的作用,图3-39是双车位正方向的导料槽。

砂石分离机主要是把搅拌车的泥浆残余料中的砂子和碎石分离,图3-40是砂石分离机详细结构。

设备安装现场一般设有4个搅拌池,1号搅拌池和2号搅拌池、3号搅拌池和4号搅拌池底部相通,2号搅拌池和3号搅拌池之间上面做有溢流口,搅拌池上均安装有搅拌器及池面安全镀锌格板,搅拌器间歇周期性工作,防止浆水沉淀,如图3-41所示。斜坡沉淀池主要是起沉淀作用,如图3-42所示。

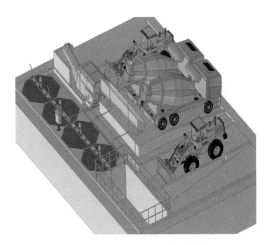

图 3-38 混凝土回收系统示意图

图 3-41 浆水回收系统

图 3-39 导料槽

图 3-42 沉淀池

清水池内的水经过溢流沉淀而获得,该清水可用于搅拌池的补水和冲洗砂石分离机,还可以用来冲洗搅拌车外表面和现场,如图3-43所示。

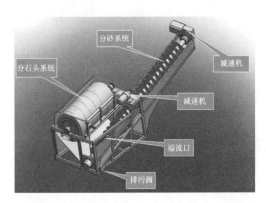

图 3-40 砂石分离机

图 3-43 清水池

（3）混凝土回收系统工艺流程。标准的砂石浆水回收系统共设有 4 个搅拌池、1 个斜坡池、1 个清水池。4 个搅拌池都设有表面防护栅栏、搅拌器；1 号搅拌池、2 号搅拌池设有泥浆泵和排污泵，泥浆泵的数量根据生产线的数量确定，排污泵用来冲洗导料槽，之所以用前两个搅拌池的水来冲洗倒料槽是因为这两个搅拌池内主要是回收泥浆水，冲洗导料槽可以保证浆水的平衡；3 号搅拌池设有 3 个潜水排污泵，一个水泵用来给前两个搅拌池补水，另外两个水泵用来冲洗搅拌车。清水池设有两个排污型水泵，一个水泵用来给搅拌池补水，1 号搅拌池和 3 号搅拌池设有液位计，当搅拌池水量不足时，通过液位控制器自动抽水补充；一整套砂石浆水回收系统除回收泵是通过混凝土搅拌站(楼)电控系统控制外，其余都是通过砂石分离及浆水回收自带的控制箱控制。

当搅拌车到达洗车台时，在控制器处按下冲水按钮，冲洗搅拌车的水泵开始工作，几分钟后搅拌车内的水注满，洗车水泵工作停止，分离机开始工作，随后冲洗导料槽的水泵开始工作，然后打开搅拌车卸料口，泥浆污水顺着导料槽流到砂石分离机，砂子、碎石通过砂石分离机分离并由分砂口、分石口排出，泥浆水从排污口排出流到搅拌池。砂子、石子运到砂石堆场存放使用，泥浆水在搅拌池内被搅拌器间歇周期性地搅拌防止其沉淀，然后通过泥浆泵把达到回收浓度的浆水输送到搅拌楼的计量水秤中，与一定比例的清水混合作为搅拌混凝土的材料。清洗分砂结束后，清水池内冲洗砂石分离机的水泵开始工作。当多余的泥浆水注满 1 号搅拌池和 2 号搅拌池至设计水位后，通过溢流口流到 3 号搅拌池，3 号搅拌池和 4 号搅拌池水至设计水位就会流到斜坡池，经过斜坡池沉淀，在溢流沉淀过程中，水得以澄清再流到清水池，当搅拌池内的水不足时，通过电极式水位控制器控制，自动补水。工艺流程如图 3-44 所示。

通过对整个混凝土搅拌站内排水沟的引导和改造，可将整个工地的污水通过排水沟聚集于一个沉淀池，用水泵将池内的水抽回进入以上的水循环系统之中重新利用；而澄清池内的水又可抽取以供车的外表冲洗或地面冲洗等各种用途，所产生的污水通过排水沟回到沉淀池，得到重新利用，实现整个工地的水循环，真正实现污水零排放循环利用。

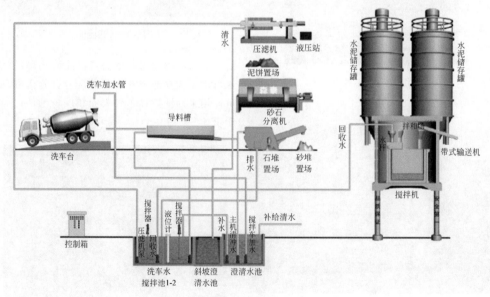

图 3-44　混凝土回收工艺流程

混凝土回收系统的布局要根据现场实际情况合理布置,有时由于场地因素,需要减少搅拌池的数量,一般做 4 个搅拌池,4 个搅拌池容纳的水多,清洗的车辆多,浆水回收时能更好调节回收水的浓度,并且能达到一个系统水的平衡,使砂石浆水回收系统发挥更好的效果。

在实际使用过程中,由于混凝土配合比的要求,浆水往往不能完全利用,在这种情况下可配压滤机设备(见图 3-45)。压滤机可把浆水中的泥浆压滤成泥饼,压滤出的清水则可用来清洗砂石分离机或进行酸碱中和处理后直接进入搅拌站的清水池。滤饼一般有三种处理方式:一是运出填充简易路面;二是作为原材料压制强度要求不高的砖块;三是作为混凝土原材料回收利用。通过压滤机设备,则废弃混凝土可完全做到回收利用。

图 3-45　压滤机

2. 环保型搅拌站(楼)简介

随着行业内对混凝土搅拌站生产现场环保要求的日益提高,越来越多的地区尤其是大城市发达地区由政府出台政策法规要求混凝土搅拌站(楼)采取环保措施,提高设备环保性能,相继提出了“环保型搅拌站(楼)”的概念,其主要特征是:从外观上看混凝土搅拌站的料场、斜皮带、主楼及筒仓全封装,内部结构则加强除尘、防振、减噪效果,配备砂石分离机与浆水回收系统,混凝土搅拌站生产物料“零排放”,实现混凝土的高效、环保生产。

目前在全国各地已建成数百套环保型混凝土搅拌站(楼)设备,所建成的环保站设备成为各地混凝土搅拌站设备的标杆。各大型水泥企业产业链延伸,通过建设绿色环保搅拌

以提高品牌形象,客观上为行业树立环保标杆,混凝土搅拌站“绿色生产、绿色管理”理念已逐步被行业内认同。

1) 环保型搅拌站(楼)基本特点

环保型混凝土搅拌站(楼)具有环境友好、节约资源、外观与内部环保性能内外兼修的特点。

(1) 环境友好。环保型混凝土搅拌站(楼)实现工厂式全封装,从外观上看即为一个全封闭的现代化工厂,无扬尘排放、无噪声污染周边环境;废水、废料循环使用,无废水、废渣排放;造型大气、美观,与周边环境相协调;厂区规划合理,充分考虑各功能分区及各类车辆的行驶路线,厂区绿化率高。与普通搅拌站相比,真正做到了环境友好,在环保性能方面有质的飞跃。

(2) 节约资源。环保型混凝土搅拌站(楼)设备低碳节能、生产效率高;废水、废渣做到循环利用;易损件使用寿命长;设备无跑、冒、滴、漏等现象;混凝土质量稳定,合格率高。

(3) 环保性能内外兼修。目前国内已有一定数量的搅拌设备用户意识到了搅拌站(楼)的环保问题,并在不同地区建成了多家全封闭型搅拌站(楼),但需要指出的是,并不是全封装的混凝土搅拌站(楼)就是环保型混凝土搅拌站(楼),也不是设备具备环保功能就是环保站。真正的环保站(楼)必须是全封闭和设备本身优良的环保性能的结合体,同时还要做到造型美观。

概括起来,环保型混凝土搅拌站(楼)就是搅拌技术、环保技术和建筑艺术完美结合的现代化工厂。

2) 环保型搅拌站(楼)案例

自 2011 年行业内出现环保型混凝土搅拌站(楼)概念后,全国各地先后建成数百套环保型混凝土搅拌站(楼),本节将就目前行业内的典型成功案例进行介绍。

(1) 中建五局梅溪湖环保型混凝土搅拌站。中建五局梅溪湖环保型混凝土搅拌站位于湖南长沙两型社会示范核心区域梅溪湖新

区的梅溪湖畔,由两条 3 方[①]环保型混凝土搅拌站组成,建成于 2013 年,该混凝土环保型搅拌站设备集中了当时国内行业几乎所有最先进的配置,外观大气、环保性能优良,为湖南发展两型社会起到了很好的带动作用。图 3-46 为该站安装过程中的场景图片。

图 3-46 长沙中建五局环保站

　　(2) 重庆砼磊环保型混凝土搅拌楼。重庆砼磊混凝土搅拌楼位于重庆,建成于 2012 年,由 4 条 4.5 方环保型混凝土搅拌楼组成,4 条生产线由一个控制室集中控制,环保性能好,生产效率高。图 3-47 为砼磊环保搅拌楼外观实景,图 3-48 为砼磊环保搅拌楼控制室内景。

　　随着混凝土行业环保意识的加强以及环保技术的进步,行业内将会建成越来越多的环保型混凝土搅拌站(楼),实现混凝土预拌行业的绿色升级转型,从而实现行业的升级换代。

图 3-47 重庆砼磊环保楼外观实景

图 3-48 重庆砼磊环保楼控制室内景

3.4 技术规格及主要技术参数

3.4.1 技术规格

1. 混凝土搅拌站(楼)型号

混凝土搅拌站(楼)的型号由配套搅拌机装机台数、组代号、型代号、特性代号、主参数代号、更新变型代号等组成,其型号说明如下:

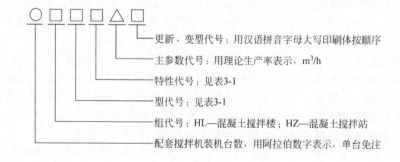

更新、变型代号:用汉语拼音字母大写印刷体按顺序
主参数代号:用理论生产率表示,m³/h
特性代号:见表3-1
型代号:见表3-1
组代号:HL—混凝土搅拌楼;HZ—混凝土搅拌站
配套搅拌机装机台数,用阿拉伯数字表示,单台免注

① 1 方＝1m³。

表 3-1 代号的排列和字符的含义

组		型		一			主参数代号		特性代号
名称	代号	名称	代号	装机台数	名称	代号	名称	单位	
混凝土搅拌楼	HL(混楼)	周期式	锥形反转出料式 Z(锥)	2(双主机)	双主机锥形反转出料混凝土搅拌楼	2HLZ	理论生产率	m³/h	船载式—C
			锥形倾翻出料式 F(翻)	2(双主机)	双主机锥形倾翻出料混凝土搅拌楼	2HLF			
				3(三主机)	三主机锥形倾翻出料混凝土搅拌楼	3HLF			
				4(四主机)	四主机锥形倾翻出料混凝土搅拌楼	4HLF			
			涡桨式 W(涡)	—(单主机)	单主机涡桨式混凝土搅拌楼	HLW			
				2(双主机)	双主机涡桨式混凝土搅拌楼	2HLW			
			行星式 N(行)	—(单主机)	单主机行星式混凝土搅拌楼	HLN			
				2(双主机)	双主机行星式混凝土搅拌楼	2HLN			
			单卧轴式 D(单)	—(单主机)	单主机单卧轴式混凝土搅拌楼	HLD			
				2(双主机)	双主机单卧轴式混凝土搅拌楼	2HLD			
			双卧轴式 S(双)	—(单主机)	单主机双卧轴式混凝土搅拌楼	HLS			
				2(双主机)	双主机双卧轴式混凝土搅拌楼	2HLS			
		连续式	L(连)	—	连续式混凝土搅拌楼	HLL			
混凝土搅拌站	HZ(混站)	周期式	锥形反转出料式 Z(锥)	—(单主机)	单主机锥形反转出料混凝土搅拌站	HZZ	理论生产率	m³/h	移动式—Y 船载式—C
			锥形倾翻出料式 F(翻)	—(单主机)	单主机锥形倾翻出料混凝土搅拌站	HZF			
			涡桨式 W(涡)	—(单主机)	单主机涡桨式混凝土搅拌站	HZW			
			行星式 N(行)	—(单主机)	单主机行星式混凝土搅拌站	HZN			
			单卧轴式 D(单)	—(单主机)	单主机单卧轴式混凝土搅拌站	HZD			
			双卧轴式 S(双)	—(单主机)	单主机双卧轴式混凝土搅拌站	HZS			
		连续式	L(连)	—	连续式混凝土搅拌站	HZL			

以上标记示例如下：

示例1　配套主机为一台锥形反转出料混凝土搅拌机，理论生产率为25m³/h，第一次更新设计的周期式移动混凝土搅拌站：混凝土搅拌站HZZY25A。

示例2　配套主机为两台涡浆混凝土搅拌机，理论生产率为120m³/h，第二次变形设计的周期式混凝土搅拌楼：混凝土搅拌楼2HLW120B。

示例3　配套主机为一台连续式双卧轴混凝土搅拌机，理论生产率为180m³/h，第三次更新设计的连续式混凝土搅拌站：混凝土搅拌站HZL180C。

示例4　配套主机为两台双卧轴混凝土搅拌机，理论生产率为120m³/h，第二次变形设计的周期式混凝土搅拌楼：混凝土搅拌楼2HLS120B。

2．技术规格

目前行业内混凝土搅拌站（楼）产品发展已相当完备，混凝土搅拌站和混凝土搅拌楼按搅拌工艺、搅拌机配置、上料方式等分类的各种搅拌设备，都有了相当完备的型谱，每小时生产量覆盖了30～600m³，如表3-2所示。

表3-2　技术规格

项目	数值/（m³/h）
理论生产率	30，45，60，75，90，120，150，180，200，210，240，270，300，360，420，480，540，600

3.4.2　主要技术参数

1．理论生产率

理论生产率指在标准工况下，混凝土搅拌站（楼）每小时生产匀质性合格的混凝土的量（按捣实后混凝土体积计）。

理论生产率的测试前提是在标准工况下，所谓标准工况需要满足表3-3标准工况条件。

在标准测试工况下，搅拌机公称容量乘以1h内循环次数所得到的值为混凝土搅拌站（楼）每小时生产的混凝土的量（按捣实后的体积计）。

表3-3　标准工况条件

序号	内　　容
1	混凝土各组成材料供应充分、混凝土出料及时、混凝土搅拌站（楼）连续运转
2	应有固定的混凝土配比，如骨料级配、水泥种类和标号、混凝土标号和坍落度、用水量的规定要求
3	每一循环的混凝土生产量应以配套主机的公称容量计算和测试
4	不加掺合料和外加剂，不进行干搅拌，无发货单打印
5	搅拌时间以该产品说明书标定的达到混凝土匀质性要求的最少时间

2．卸料高度

混凝土搅拌站（楼）卸料装置最下缘到主楼基础平面的垂直距离即卸料高度，如图3-49所示。卸料高度应根据运输车辆的类型确定。用搅拌运输车时，卸料高度不应小于3.8m。

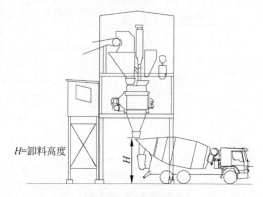

$H=$卸料高度

图3-49　卸料高度

3．计量范围及精度

计量范围是指搅拌站（楼）计量秤的量程，而计量精度（静态精度）是指在秤的计量最小量程至最大量程间，以标准砝码质量值与显示称量值之差值对所称量标准砝码真值的相对误差，并以百分数表示。配料精度（动态精度）是指物料配料完毕时，所配物料的显示值（称量值）与约定值（设定值）之间的相对误差，并以百分数表示。

各种物料的动态计量精度应符合表 3-4、表 3-5 的要求。

表 3-4 各种物料的每盘动态计量精度(适用于周期式搅拌站)

物料种类	在等于或大于称量 30% 量程内,单独配料称量或累计配料称量
骨料	(约定)真值的 ±3%
水	(约定)真值的 ±1%
水泥	(约定)真值的 ±1%
掺合料	(约定)真值的 ±2%
外加剂	(约定)真值的 ±2%

表 3-5 各种物料的累计动态计量精度

物料种类	周期式	连续式
	在等于或大于称量 30% 量程内,单独配料称量或累计配料称量	最大称量值的 30% 以上的量程
骨料	(约定)真值的 ±2%(最大骨料粒径大于 80mm 时,为 ±3%)	(约定)真值的 ±2%
水 水泥 掺合料 外加剂	(约定)真值的 ±1% 或满量程的 ±0.3%(取二者的大值)	(约定)真值的 ±1%

注:累计计量允许偏差,是指每一运输车中各盘混凝土的每种材料计量和的偏差。该项指标仅适用于采用微机控制的搅拌站。

4. 装机容量

装机容量指混凝土搅拌站(楼)所有设备电动机的功率总和,在设备实际运行过程中,由于所有设备的电动机并不是同时工作,因此实际的运行总功率比装机容量稍小。在搅拌站的选型配置中,用户的变压器容量需满足设备装机容量和其他生活用电功率的总和。

3.5 选型及应用

混凝土搅拌站(楼)规格型号众多,布置形式各不相同,选择和使用是否妥当,直接影响到工程的造价、进度和质量。因此必须根据工程特性、混凝土年产量和工期要求、混凝土搅拌站场地及施工环境等具体情况来正确选择和合理使用。

3.5.1 选型原则

目前,混凝土搅拌站(楼)的制造商很多,如国外的利勃海尔、施维英等起步较早,其产品在设计和性能上都比较先进,可靠性也较高,但价格也比较高。近年来,国产混凝土搅拌站(楼)产品在使用性能和可靠性上都有了显著的提升,逐渐受到用户的青睐,如中联重科、南方路机、三一重工等设备厂商。国内搅拌设备厂商以及时、周到的售后服务给用户带来了极大的方便,在维修和易损件的更换方面大大降低了资金投入。因此,国产混凝土搅拌站(楼)已成为国内客户的首选。

混凝土搅拌站(楼)的选型涉及类型、型号、规格、方案等要素,需全面考虑混凝土特性、混凝土材料及供应、场地情况、气候特点、环境要求等诸多因素,因此,在进行混凝土搅拌站(楼)的选型时,必须理清各种关系和矛盾,按照拟定的目标和原则来逐项分析,可以采取先整机选型后部件选型的原则进行,达到理想的选型效果。

1. 整机选型原则

1)按综合要素初步确定搅拌设备类型

综合要素包括设备的生产效率、经济性、操作性、可靠性、维护性、环保性、生产工艺灵活性、搬迁难易程度等方面。

混凝土搅拌楼骨料一次提升,储存于混凝土搅拌机上方,直接配料进搅拌机,缩短了骨料二次提升的时间,相同容量的混凝土搅拌楼生产率比混凝土搅拌站高,骨料的配置、投料均在密闭环境中进行,环保性能比混凝土搅拌站好,但基础施工、制造、安装周期长,不易搬迁,一次性投资费用高,适用于高端商混客户和大型水利水电工程。若用户的资金实力雄厚,对设备的生产效率、环保性能要求高,生产场地长期固定,则选择混凝土搅拌楼较为合适。

国内混凝土搅拌楼生产厂家主要有中联

重科、郑州水工等。中联重科生产的搅拌楼采用高强度钢结构设计，稳定大气；关键部位采用高耐磨衬板，使用寿命长；计量系统采用先进的数字信号传输技术，计量精准，称量精度达到千分位，特别配置环保措施，实现零排放，并可针对不同场地进行个性化设计，是搅拌楼用户的首选。

混凝土搅拌站骨料需两次提升，生产效率较采用同规格搅拌机的混凝土搅拌楼低，但制造、安装周期短，一次性投资费用低，适应性强，布置形式多种多样，易于搬迁，可用于各种混凝土工程施工项目。

国内混凝土搅拌站生产厂家众多，搅拌站的规格型号齐全，有 HZS60～HZS300 可供选择。

混凝土搅拌楼与混凝土搅拌站综合要素对比见表 3-6。

表 3-6　混凝土搅拌楼与混凝土搅拌站综合要素对比

综合要素	搅拌楼	搅拌站
生产效率	高	一般
经济性	一般	高
操作性	好	好
可靠性	好	好
维护性	一般	好
环保性	良好	一般
生产工艺灵活性	好	一般
搬迁难易	难	较易

2) 按工程特性选型

根据生产混凝土的特性，混凝土搅拌站可分为核电站（楼）、水工站（楼）、高铁站（楼）、商混站（楼）和工程站。

核电站（楼）指搅拌建核电用混凝土的搅拌站（楼），核电用混凝土要求防辐射能力强，对混凝土搅拌工艺和出机温度都有特殊要求，因此通常要配备制冰系统；水工站（楼）主要是指搅拌水电大坝混凝土的搅拌站（楼），骨料级配多，且粗骨料粒径较大，大的粗骨料可达 150mm 以上，通常也要配备制冰系统；高铁站（楼）是指搅拌高性能混凝土的搅拌站（楼），各种物料计量精度要求高，都要单独计量，搅拌

周期长，是普通商混站（楼）的 2～3 倍，生产效率低，只有普通商混站（楼）的 1/3～1/2，如一个 HZS120 高铁站搅拌高性能混凝土的生产率只有 35～40m³/h；商混站（楼）指适用于商品混凝土生产和供应方式的搅拌站（楼）；工程站指专门为某一工程而临时建在施工场地旁边的搅拌站（楼），一般配置比较单一，满足此工程所需混凝土的生产即可，主要用于一些临时或移动性较强的项目，如道路、桥梁等。

根据用户施工混凝土的特性，由此来选择用什么样的搅拌站。如建核电工程选用核电站（楼）；建水电大坝必须选用水工站（楼）；建高铁用高性能混凝土则选用高铁站（楼）；普通建筑、预制构件则选用商混站（楼）；修道路、隧道等选用工程站。

3) 按混凝土年产量和特定工期要求选型

根据混凝土的年产量及其特定工期要求，用此两项参数来选择搅拌站（楼）的规格。搅拌站规格可用如下公式计算：

$$X = M/(T \times H \times K) \qquad (3-1)$$

式中：X——搅拌站的规格（即生产率）（m³/h）；

M——混凝土总任务量（m³）；

T——混凝土浇筑天数（天）；

H——每天工作小时数（h/天）；

K——利用系数，一般取 0.7～0.9。

通常有效工作日按照一年 300 天、每天 8 小时计算，利用系数取 0.8。如混凝土年产量为 20 万 m³，则 $X = M/(T \times H \times K) = 200000/(300 \times 8 \times 0.8)$m³/h≈104m³/h，即所需混凝土搅拌站的生产率为 104m³/h，因混凝土搅拌站的常用规格有 HZS60、HZS90、HZS120、HZS180 等，而 104 介于 90 和 120 之间，故选 HZS120 搅拌站。

针对特定工期要求时，则选用较大规格的单机搅拌站或双机搅拌站，选型参考见表 3-7。

关于混凝土搅拌站（楼）的数量配置，应根据不同的情况来定。针对商品混凝土供应商，首先应按照年产量要求，以单台混凝土搅拌站（楼）理论生产率满足需求的原则，根据表 3-7 初步确定混凝土搅拌站（楼）的型号规格，在此基础之上，从资金、场地、储备等方面考虑，只

表 3-7 按照混凝土年生产量进行选型的参照表

混凝土生产量/(万 m³/年)	工作天数/(天/年)	搅拌站型号	主机规格/m³
≤10	300	HZS60	1
≤15	300	HZS90	1.5
≤20	300	HZS120	2
≤35	300	HZS180	3
≤45	300	HZS240	4
≤50	300	HZS270	4.5
≤55	300	HZS300	5

要条件许可,以选购两台同型号混凝土搅拌站(楼)(即双机站)为妥,采用双机站,不仅可完全保障年产量要求,而且可预防单台设备发生故障无法正常生产的情况。针对某项具体的工程项目,如果工程项目特别重要,且不允许发生任何混凝土供应中断的问题,如高铁工程、预制梁厂等,则应优先选购双机站。

4) 按场地大小选型

大多数用户都是先买好地,然后再考虑建混凝土搅拌站,因此要根据场地大小进行选型。原则是除了满足能放置搅拌站外还要有足够的空间放置料场、办公大楼、员工公寓、维修车间、实验室、停车场、污水回收装置等。对于一个 HZS180 单机站而言,设备占地尺寸约为 20m×52m,单机搅拌站所需场地为 60m×120m(约 10 亩地),表 3-8 是各型单机搅拌站的占地尺寸和所需场地尺寸(以中联重科商混搅拌站为例,见图 3-50);对于一个双机 2HZS180 搅拌站而言,设备占地尺寸约为 38m×52m,双机搅拌站所需场地为 100m×120m(约 18 亩地),表 3-9 是各型双机搅拌站的占地尺寸和所需场地尺寸(以中联重科商混站为例,见图 3-51)。

表 3-8 单机搅拌站的占地尺寸和所需场地尺寸

搅拌站型号	设备占地尺寸($B×L$)/(m×m)	所需场地尺寸(宽×长)/(m×m)
HZS90	13×46	50×100
HZS120	20×52	60×120
HZS180		
HZS240	21×57	80×130
HZS270		
HZS300		

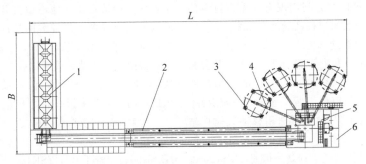

图 3-50 单机搅拌站占地尺寸示意图

1—配料机;2—斜皮带机;3—粉仓;4—螺旋输送机;5—主楼;6—控制室

表 3-9 双机搅拌站的占地尺寸和所需场地尺寸

搅拌站型号	设备占地尺寸(B×L)/(m×m)	所需场地尺寸(宽×长)/(m×m)
2HZS90	31×46	80×100
2HZS120	38×52	100×120
2HZS180		
2HZS240	41×57	120×130
2HZS270		
2HZS300		

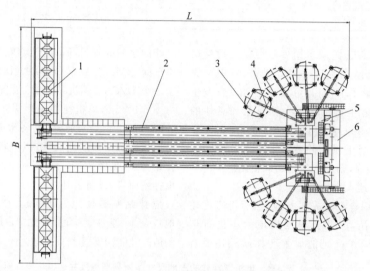

图 3-51 双机搅拌站占地尺寸示意图
1—配料机；2—斜皮带机；3—粉仓；4—螺旋输送机；5—主楼；6—控制室

若场地形状比较复杂,则应根据场地特殊设计,对于同样规格的搅拌站可以通过调整配置来减小占地面积,如场地长度较短,需缩短搅拌站的长度,可以选择用增大斜皮带机倾角的方法,也可以用提升斗上料的方法实现,若是料场有高差,还可以充分利用现有高差进行专门设计,合理的选型可以提高场地利用率。

5)按是否搬迁选型

商混搅拌楼和商混搅拌站一般是不会搬迁的,产品的结构设计是固定的,部分用户的搅拌站在完成相应的工程后会搬迁,如道路、隧道等延伸性工程,此时可选用移动式搅拌站或工程站。

移动式搅拌站或工程站一般是 HZS120 以下,结构相对比较简单,对场地适应性强,全部

采用模块化设计,搬迁方便。

6)按安装场地地质情况选型

混凝土搅拌站具有一定的自重且需要承受各种内部产生的和来自外部的力,所以设备需要安装在具有一定承载能力的基础上。由于有些搅拌站安装场地不适宜开挖,如场地地质为回填土或含水量较大的场地等,不适合深挖做预埋件基础或基础成本太高,这种情况可选择快搬式搅拌站。快搬式搅拌站自带安装底架,土建基础施工相对简单,只要将场地平整、按搅拌站受力要求做好混凝土垫层、硬化即可。

针对这种特殊场地,专门开发设计了 HZSK 型搅拌站,全部采用钢结构基础,有 HZSK90、HZSK120、HZSK180 等多种规格供用户选择。

7) 按施工环境和施工对象选型

在选择购买混凝土搅拌站时,应充分考虑施工对象和施工环境的影响,从而保证施工顺利和施工质量。完成同样的生产规模,选用一套大规格还是选用两套甚至数套小规格的设备,往往是用户考虑的问题之一。对于长期稳定设置在某处的商品混凝土供应站或特大型工程一般应选一套大型设备较为经济合理,因每一套混凝土搅拌站都有类似的控制、计量等设备,其价格与功能要求的关系较大,而与生产率变化的关系较小,因此选择一套大规格的比较合适,如同样价格,则产品档次可更高些。如连续生产要求高,而考虑机器故障排除或配件供应等因素,选择双机站更实用。对施工期短、转移频繁或地处交通不便的环境,考虑到运输、装拆转移的方便性,一般选用数套小规格设备更能解决实际问题,当然能一大一小配合更佳。若是普通商混搅拌站,一般推荐采用双机搅拌站,即两套同规格的搅拌站。

2．部件选型原则

在选购混凝土搅拌站(楼)时,在遵循整机选型原则的前提下,还应关注混凝土搅拌站(楼)的关键部件,如搅拌机、粉仓、配料机、斜皮带机、粉料输送机、除尘器、卸料装置等这些方面的配置。

1) 搅拌机

搅拌机是搅拌站(楼)的心脏,搅拌机一旦选定,就可以合理地对它进行相关附属设备的配置。搅拌机按搅拌方式可分为自落式和强制式两类。自落式搅拌机是由搅拌筒内壁固定的叶片将物料带到一定的高度,然后自由下落,周而复始,使其获得均匀的搅拌,适宜搅拌塑性或半塑性混凝土,常用的自落式搅拌机以锥形反转出料式搅拌机为主。强制式搅拌机主要通过搅拌筒内叶片绕回转轴旋转来对物料施加剪切、挤压、翻滚和抛出等强制作用力,使各种物料在剧烈的相对运动中达到匀质状态。该类型搅拌机搅拌作用强烈,具有生产效率高、搅拌质量好等特点。常用的强制式搅拌机有立轴行星式搅拌机和双卧轴强制式搅拌机。自落式和强制式搅拌机的特点和适用范围见表 3-10。

表 3-10 自落式和强制式搅拌机的特点和适用范围

性能和效用名称	搅拌机形式		
	自落式	强制式	
	锥形反转出料式	立轴行星式	双卧轴强制式
适用坍落度范围/mm	8～25	4～15	10～25
适用最大骨料/cm	8	5	8
搅拌效率	低	高	高
搅拌质量	一般	最好	好
所需功率	小	大	中
材料损耗	最少	最大	中
维修效果	简单	中	较繁
生产速度	慢	快	最快
混凝土塑性	较差	最佳	中
对环境污染	大	小	小
适用搅拌混凝土范围	塑性和半干硬性	各种混凝土	各种混凝土
价格	低	高	高

因自落式搅拌机效率低、搅拌质量不高,综合搅拌的效率、功能、质量、能耗各方面因素,只有在骨料采用较大粒径如 150mm 以上的碎石时才优先选用自落式搅拌机,故搅拌站应通常选择强制式搅拌机作为主机。

强制式搅拌机按结构形式分为立轴式和

卧轴式两类,立轴式的以行星式搅拌机为代表,卧轴式的以双卧轴为代表。双卧轴式搅拌 机和立轴行星式搅拌机的优缺点和适用范围 见表3-11。

表3-11　双卧轴式搅拌机和立轴行星式搅拌机的优缺点和适用范围

名称	双卧轴式搅拌机	立轴行星式搅拌机
图示		
优点	① 工作效率高 ② 容量大 ③ 搅拌能力强 ④ 对商品混凝土、水工混凝土、预制混凝土的搅拌有明显优势 ⑤ 维护保养方便	① 卸料干净,没有死角 ② 搅拌均匀 ③ 能搅拌多种物料(干粉、流体、化工等) ④ 固定、移动式搅拌站(楼)或车载设备配套使用
缺点	① 衬板磨损快 ② 易抱轴,需经常清洗 ③ 轴端定期维护	① 电动机功率消耗大 ② 因拌筒直径受限,最大容量$4m^3$ ③ 电动机顶置
应用范围	① 商品混凝土 ② 水工混凝土 ③ 预制混凝土	① 商品混凝土 ② 湿砂浆 ③ 泡沫混凝土 ④ 预制混凝土

综合各方面因素,双卧轴式搅拌机成为应用最广泛的搅拌机,是商品混凝土搅拌站(楼)的首选。当骨料粒径大于80mm时,选择水工型专用双卧式混凝土搅拌机为宜;管桩型、预制件可选用双卧轴式或立轴行星式搅拌机;流动性好的砂浆选用立轴行星式搅拌机为宜;生产高纯度混凝土,如砌块和预制件行业,可选择立轴行星式搅拌机。

2)粉仓

(1)粉仓结构形式的选择。粉仓是散装粉料的储存容器,有焊接式和拆装式两种结构形式,通常情况下都是采用焊接式结构,在安装现场焊接制作。若搅拌站需频繁搬迁,考虑到道路运输的需要,才采用拆装式粉仓,在工厂制作成片,安装现场组装。

(2)粉仓数量和容量的选择。粉仓容量常用规格有50t、100t、150t、200t、250t、300t、350t、400t、500t等。粉仓的数量和容量要与搅拌站(楼)产量相匹配。

① 粉仓的数量由混凝土所需材料的种类决定,通常情况下有几种粉料就要用几个粉仓,同时考虑原材料的使用量和运输距离,对使用量大的物料可以选择大容量粉仓或多个粉仓储存,如混凝土所需材料为水泥、粉煤灰和矿粉,按物料种类选择3个200t粉仓即可,但水泥的用量比较大,资源较紧张,通常选择2个以上的200t粉仓储存水泥,粉煤灰、矿粉的使用量没有水泥的用量大,原材料一般也不会太紧张,每种物料选择1个200t的粉仓即可,故通常一个HZS180单机搅拌站配2个200t水泥粉仓、1个200t粉煤灰仓、1个200t矿粉仓。

② 粉仓的容量主要根据混凝土搅拌站的

规格及原材料的使用量和运输距离来定。粉料存储量应能满足混凝土搅拌站至少2h的生产需要，通常情况下混凝土搅拌站的规格越大，所配的粉仓容量越大。如HZS60站配50t粉仓即可，HZS120站配200t粉仓可满足使用要求，HZS300站要配300t粉仓才能满足使用要求。同时对使用量大、运输距离长的物料要用大容量的粉仓，如一台HZS120站，若水泥厂较远，运输距离长，为保证正常生产，可选择300t、350t、400t、500t的粉仓作为水泥仓；粉煤灰、矿粉的使用量一般，选择200t的粉仓即可；膨胀粉使用量小，通常情况下选用100t的即可满足使用要求。

3）配料机

配料机是集砂与石的储料、计量、输出等功能于一体的骨料配料装置。

按计量方式区分，配料机有砂、石独立计量和累积计量两种。独立计量方式的配料机在每个料仓下设置秤斗，完成配料后通过开启气动底门，分别投落到下方的水平皮带机输出。累积计量方式的配料机在水平皮带机上设置挡板与皮带构成计量槽，各骨料分别依次落入计量槽与皮带机一起完成累积计量。两种计量方式都采用电子称重形式，配料计量精度都能符合标准规范要求。两者相比，独立计量方式的配料机由于各储料仓设置独立，可同时开始计量，所以计量的效率高，搅拌站生产率高，是目前普遍选用的配料机形式。

（1）按结构形式区分，配料机分为钢结构式（见图3-52）和地仓式（见图3-53）两种形式，可根据表3-12钢结构式配料机和地仓式配料机对比表选择使用。

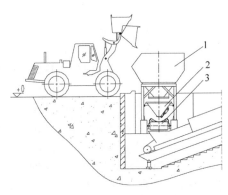

图 3-52 钢结构式配料机示意图
1—储料斗(钢结构)；2—秤斗；3—驱动系统

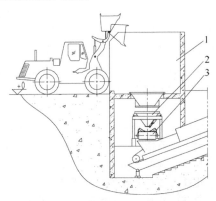

图 3-53 地仓式配料机示意图
1—储料斗(混凝土结构)；2—秤斗；3—驱动系统

表 3-12 钢结构式配料机和地仓式配料机对比表

配料机	优　　点	缺　　点
钢结构式	① 安装快捷、转场方便 ② 储料仓为钢结构，可重复使用 ③ 安装检修方便 ④ 土建成本低	① 装料高度高，装载机油耗高 ② 储料仓容积小，装载机上料频繁 ③ 防尘保温效果差 ④ 设备成本高
地仓式	① 装料高度低，装载机油耗低，节省能源 ② 储料仓为混凝土结构，不能重复使用 ③ 称量装置在地下，具有良好的保温、防尘功能 ④ 储料斗、秤斗独立，钢材用料省，设备成本低	① 土建开挖深，工作量大，成本高 ② 储料仓容积不受限制，储料容量大 ③ 不适用于土地潮湿、地下水位浅的场地 ④ 配套的斜皮带机要加长，电动机功率大

（2）配料机按仓数分可分为三仓、四仓、五仓、六仓，通常有几种骨料就要配几个料仓，需根据骨料级配的种类和储料斗容积大小进行仓数选择。

4）骨料提升设备

骨料提升设备通常有悬臂拉铲、斜皮带机和提升斗。

（1）悬臂拉铲是一种运用较早的骨料提升设备，现在国外有些地方还在使用，我国已很少使用，故不推荐使用。

（2）斜皮带机是常用的骨料提升设备，斜皮带机生产安全，运行平稳，效率高，性能可靠，易封闭，不易受气候影响，维修费用低，但占地面积大，搅拌楼和搅拌站均可使用。

斜皮带机的带型和倾角按产品结构形式及现场适用条件来选择，斜皮带机倾角在18°～22°之间的一般选平皮带；斜皮带机倾角在22°～27°之间的一般选人字形浅花纹皮带；特殊情况下的斜皮带机倾角在30°～60°之间，选用波纹挡边皮带。如场地宽阔，应优先选用小倾角20°平皮带机输送方式（小倾角搅拌站布置见图3-54），搅拌站长度约为50m。如果场地面积受到限制，可以考虑采用大倾角（一般为35°～45°）槽型皮带机（大倾角搅拌站布置见图3-55），搅拌站长度约为32m。由于人字形浅花纹皮带和波纹挡边皮带不方便清扫，回带料问题不好解决，一般采用得也不多。在骨料含泥量较大或湿度较大的情况下，尽量不要选用倾角大于22°的斜皮带机。

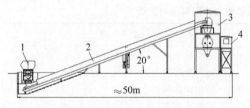

图3-54　20°斜皮带机搅拌站简图
1—配料机；2—20°斜皮带机；3—主楼；4—控制室

（3）提升斗结构紧凑，占地面积小，但可靠性差，维护成本高，生产效率不高，故提升斗较少使用，主要用于工程站或小方量搅拌站。

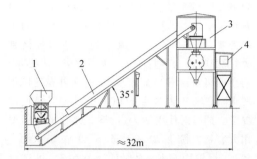

图3-55　35°斜皮带机搅拌站简图
1—配料机；2—35°斜皮带机；3—主楼；4—控制室

5）粉料输送机

粉料输送机主要有螺旋输送机、空气输送斜槽两种。

（1）螺旋输送机是搅拌站普遍采用的粉料输送机，粉料由粉仓通过螺旋输送机送进粉秤计量，螺旋输送机壳采用无缝钢管制作，常用规格有 $\phi219mm$、$\phi273mm$、$\phi323mm$、$\phi407mm$ 等，为了安装方便，螺旋输送机进口采用万向球铰，与粉仓锥部的蝶阀连接，出口通过帆布袋与粉秤软连接，螺旋结构简单，输送精度高，是搅拌站普遍采用的粉料输送机，螺旋规格大小和长度由设备厂家根据搅拌站的输送量和设备布置来定，不需用户选择。

（2）空气输送斜槽用于倾斜向下输送干燥粉状物料。其优点是：①结构简单，重量轻，无运转零件，磨损小；②操作简便，工作可靠；③空气压力小，动力消耗少，节能。缺点是：①只适用于输送物料流动性好的、干燥的粉状物料；②计量精度不易控制；③需要较高的安装空间，不能向上输送，粉仓锥部出口的高度比用螺旋输送的要高5m左右，初期投资较大。

粉料输送方式选用螺旋输送机还是空气输送斜槽，需综合考虑所使用的物料特性、使用经验及区域特征。

6）除尘器

根据清灰方式不同，除尘器分为振动式除尘器和脉冲反吹式除尘器两种形式。两种除尘器的除尘形式及优劣见表3-13，可根据实际需要选用。

表 3-13　振动式除尘器、脉冲反吹式除尘器对比表

项　目	振动式除尘器	脉冲反吹式除尘器
滤芯材料	聚酯(涤纶)	拒水防油涤纶针刺毡
清灰方式	振动	反吹
清灰能力	一般	强
采购成本	低	高
维护成本	高	较高
除尘效果	一般	好
优势	结构紧凑,体积小	除尘效果好,性价比高
劣势	滤芯易堵塞,维护频率高	成本较高,维护不方便

7) 卸料装置

在混凝土搅拌站中,卸料装置分不带储存功能的拢料斗和带储存功能的集料斗两种形式。

(1) 拢料斗是成品混凝土料从搅拌机卸出后,落入搅拌车之前的一个天方地圆形过渡斗,主要由过渡斗和橡胶漏斗组成(见图 3-56)。

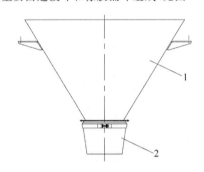

图 3-56　拢料斗
1—过渡斗;2—橡胶漏斗

(2) 集料斗主要由过渡斗、振动器、气缸、夹辊装置、橡胶漏斗组成(见图 3-57)。集料斗对成品料起到了暂存作用,对搅拌车来说有缓冲作用,并能够让搅拌机中的成品料尽快卸出,通过缩短搅拌机卸料时间,从而缩短搅拌站生产周期,提高搅拌站生产效率。尤其是配置 4m³ 及以上规格搅拌机的搅拌站,卸料装置往往成为生产效益的瓶颈,产生所谓的木桶短板效应,因此 HZS240 及以上大方量搅拌站通常配置集料斗以便提高生产效率。

由于集料斗带夹辊装置,由气缸驱动,需

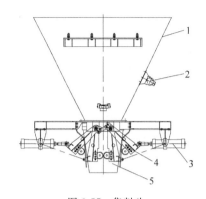

图 3-57　集料斗
1—过渡斗;2—振动器;3—气缸;4—夹辊装置;
5—橡胶漏斗

维护,故需在集料斗处设置检修平台。

由于夹辊装置的频繁挤压,橡胶漏斗易破损,通常使用 1~2 个月即需更换,这是集料斗没有得到广泛推广的主要原因,在购买搅拌站时根据需要选用拢料斗或集料斗。

3.5.2　选型案例

某公司欲建年生产能力 60 万 m³ 的混凝土搅拌站,场地足够大,主要物料为水泥、粉煤灰和矿粉,使用少量的膨胀粉,选择什么型号的搅拌站比较合适? 主要部件配置如何选择?

1. 整机选型

(1) 根据混凝土的用途选型,该公司对混凝土的用途没有特殊要求,选用商混站即可。

(2) 根据混凝土生产量选型,因场地足够大,优先选用双机站,由于年生产能力为 60 万 m³,则单机搅拌站的年生产能力为 30 万 m³,按照一年有效工作日 300 天、每天工作 8 小时计算,利用系数取 0.8,根据式(3-1)$X=M/(T \times H \times K)$,其中,$M=300000m^3$,$T=300$ 天,$H=8h/$天,$K=0.8$,则 $X=M/(T \times H \times K)=300000/(300 \times 8 \times 0.8)m^3/h=156m^3/h$,因 156 介于 120 和 180 之间,根据常用搅拌站规格系列 HZS90、HZS120、HZS180,故选单机搅拌站的规格为 HZS180,双机站为 2HZS180。

(3) 按是否环保选型,该公司所在地是我国发达城市,政府对环保要求很高,故选用环

保型搅拌站，即 HZSH 型搅拌站，故该公司选择 2HZSH180 比较合适。

2. 部件选型

（1）搅拌机：根据整机选型可知，该站为 HZS180，故选 3m³ 双卧轴强制式搅拌机，即 JS3000。

（2）粉仓：HZS180 站，根据混凝土配比要求，水泥的用量比较大，选用 2 个 300t 粉仓比较合适；粉煤灰、矿粉的使用量相对水泥要少些，各选用 1 个 200t 粉仓即可；膨胀粉使用量较少，选用 1 个 100t 粉仓。

（3）配料机：本着环保、节能的原则，优先选用地仓式配料机，但江苏水资源丰富，地下水位浅，土建基础不适合深度开挖，故选用钢结构式配料机。

（4）骨料提升设备：该公司场地足够大，优先选用输送效果好的 20°倾角的斜皮带机。

（5）粉料输送机：斗提机通常用于楼顶有储料仓的结构，搅拌楼比较适用，空气输送斜槽只能向下输送，粉仓出口较高，从而粉仓较高（比螺旋输送机输送的粉仓高 5m 左右），环保站是封闭式结构，粉仓高了则封装成本高，故选用螺旋输送机输送，根据 HZS180 的生产率要求和各物料配比，选用 ϕ323mm 螺旋输送水泥，用 ϕ273mm 螺旋输送粉煤灰和矿粉，用 ϕ219mm 螺旋输送膨胀粉。

（6）除尘器：根据环保要求，环保型混凝土搅拌站必须配置除尘效果好的脉冲反吹式除尘器。

（7）卸料装置：该公司没有储料要求，卸料装置用普通拢料斗装置即可。

（8）砂石分离机：该站为环保型混凝土搅拌站，需满足污水零排放要求，必须配置砂石分离机及浆水处理装置，2HZSH180 为双机搅拌站，根据生产量要求，配置 2 车 4 池的 CH-100 砂石分离机即可满足要求。

3.6 设备使用及安全规范

3.6.1 设备使用

1. 混凝土搅拌站（楼）使用环境条件

（1）作业温度：1~40℃。

（2）相对湿度：不大于 90%。

（3）最大雪载荷：800Pa。

（4）最大风载荷：700Pa。

（5）作业海拔高度：不大于 2000m。

2. 混凝土搅拌站（楼）的使用说明

1）搅拌机的使用

搅拌机是承担将各种称量好的物料混合搅拌成成品混凝土的关键部件，它的使用方式是否正确和维护保养是否到位将直接影响搅拌站的使用寿命。

（1）定期更换减速箱润滑油。减速箱首次工作 200h 或一个月，必须进行第一次润滑油更换，润滑油标号为 L-CKC150 或 220 工业闭式齿轮油。以后每工作 2000h 或半年，须及时更换。

减速箱必须每隔一定时间检查油面并按规定加注润滑油。

（2）定期更换液压系统用油。开门装置液压动力单元首次工作 200h 或一个月，必须进行第一次润滑油更换，润滑油标号为 46 号抗磨液压油。以后每工作 2000h 或半年，须及时更换。

开门装置液压动力单元必须每隔一定时间检查油面并按规定加注液压油。

（3）搅拌机各润滑点的润滑。主轴承、卸料门轴承、液压缸的转轴、电动机底座板转轴都必须定期加注 3 号锂基润滑脂进行润滑，具体间隔时间及加注量见各润滑点注油标识。

（4）检查螺栓松紧程度。搅拌机每工作一周，应检查所有搅拌叶片、搅拌臂锁紧螺栓有无松动。

每工作 2000h，必须检查皮带轮和联轴器连接螺栓的松紧程度。

（5）检查易损件磨损程度。搅拌叶片、搅拌臂至少每周检查一次，当发现搅拌叶片磨损程度多于 35% 或衬板磨损程度多于 40% 时，须及时更换。

（6）调整搅拌叶片。搅拌叶片需定期调节，尽量保证其与衬板的间距为 3~5mm，以确保搅拌机能正常发挥效能。如不调整，较大的骨料便会夹在搅拌叶片和衬板之间，增加搅拌轴所受的弯矩和扭矩,甚至会导致搅拌叶片断裂,同时加速搅拌叶片和衬板的磨损。

(7) 检查和调整三角皮带张力。

① 检查三角皮带张力。

a) 移走皮带轮护罩;

b) 详细检查所有三角皮带是否处于完好状态和是否出现严重磨损、脱轨、老化;

c) 当给三角皮带施加 100N 左右正压力时,皮带沿该方向的变形应该在 10～20mm(见图 3-58)。

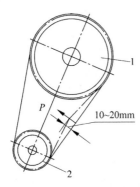

图 3-58　检查皮带张力
1—从动轮;2—主动轮

② 调整三角皮带张力。如三角皮带过松,请按下列步骤调紧:

a) 松开固定在电动机底板后的张紧螺杆上的螺母。

b) 顺时针转动螺母,使电动机底座板向后摆动从而拉紧三角皮带。

c) 如三角皮带过紧,请按上述反向调节。

③ 更换三角皮带。当三角皮带已严重磨损、脱轨、老化,必须马上更换,具体步骤如下:

a) 移走皮带轮护罩。

b) 拆下两皮带轮之间的联轴器。

c) 同步扭动电动机底板的支承螺母,使电动机底板升高约 60mm,此时三角皮带已完全松脱,将三角皮带拿走。

d) 换上新的三角皮带并张紧。

e) 调整两搅拌轴上的臂和叶片的相位关系,确保其恢复初始状态,否则两轴上的臂及叶片会相互干涉,甚至会打断叶片或搅拌臂。

f) 装上联轴器和皮带轮护罩。

搅拌机使用说明详见第 2 章。

2) 配料机的使用

(1) 传动装置(电动滚筒或减速机)使用前应加润滑油,润滑油标号为 150 号工业齿轮油,加油量根据说明书要求的高度来定。

(2) 滚动轴承应加注 3 号锂基润滑脂,以后每月加注一次。

(3) 经常清理滚筒和托辊上的积料,积料过多会影响皮带的运行。

(4) 定期检查刮砂装置的磨损程度,橡胶磨损到一定程度需及时更换。

(5) 皮带跑偏的调整方法如下:

① 皮带松弛或有跑偏应通过尾架的调整螺杆和电动滚筒轴承座的调整螺栓进行调整。调整位置如图 3-59 所示。

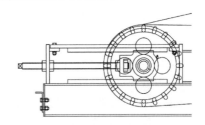

图 3-59　调整皮带松弛

② 承载托辊组(上托辊组)的调整方法,如图 3-60 所示。

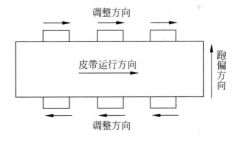

图 3-60　调整上托辊组

③ 下托辊组的调整方法,如图 3-61 所示。

④ 滚筒处跑偏的调整方法,如图 3-62 所示。

(6) 经过一段较长时期的使用,由于骨料冲刷,料门口钢板会变薄、变形,此时应在料斗内部加焊条状钢板做衬板,否则料门口严重变形会导致料门工作不正常。衬板材料为 45 或

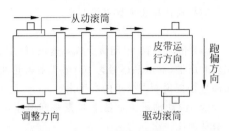

图 3-61　调整下托辊组

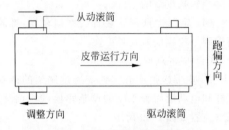

图 3-62　滚筒处跑偏的调整

Q345B 钢板,厚度 6～8mm。

(7) 配料仓料斗中的减压板起加强料斗出口的刚度和降低卸料门的启动负荷作用,通过调整减压板的大小可调节物料的出料速度。因物料的干湿度对物料流动性的影响较大,因此若骨料中砂的含水率较高,可割去部分减压板。

(8) 冬季施工必须配备相应供暖设施,否则将导致气路结冰,骨料冻结,执行机构无法顺畅动作,骨料计量不稳定。

(9) 配料机操作安全注意事项。

① 使用前必须对下列各项进行确认:

a) 操作员经过相关培训,未经培训禁止操作。

b) 总站和本设备已经调试完毕并达到正常生产要求。

c) 各执行元件处于待工作状态,各料门处于正确位置。

d) 各储料仓处于有料状态。

② 启动前必须对下列各项进行确认:

a) 总站的警示信号有效,并按动电铃提醒。

b) 确认各运动部件处于空载状态,且所有人员离开 1m 以外。

③ 工作前,空载运行放料皮带机 3～5min,使各传动件得到充分润滑。除特殊情况外,禁止带载启动。

④ 使用中注意事项如下:

a) 随时注意观察设备工作情况,遇到紧急情况及时停机处理。

b) 禁止接触运动部件,禁止对运动设备进行维修保养作业。

c) 遇到紧急情况可采取紧急停机措施。

⑤ 维修保养作业前必须切断总电源,并在控制室设立警告标志。

⑥ 停机后必须对计量斗内部、下料口、皮带机进行彻底清理。

3) 斜皮带机的使用

(1) 斜皮带机在环境温度 -1～+40℃ 的范围内使用,输送物料的温度在 50℃ 以下,对于有防爆、防腐蚀及耐热、耐寒等特殊要求的场合,应另行采取措施。

(2) 传动装置(电动滚筒或减速机)使用前应加润滑油,润滑油标号为 150 号重负荷齿轮油,加油量根据说明书要求的高度来定。

(3) 滚动轴承应加注 3 号锂基润滑脂,以后每月加注一次。

(4) 经常清理滚筒和托辊上的积料,积料过多会影响皮带的运行。

(5) 定期检查刮砂装置的磨损程度,橡胶磨损到一定程度需及时更换。

(6) 斜皮带机张紧装置为重锤张紧方式,无须经常调整。

(7) 皮带跑偏的调整方法见配料机皮带跑偏的调整方法。

(8) 为防止输送机输送带过度跑偏造成事故,输送机头部设有一对防跑偏开关。当输送带跑偏一定程度时,发出报警信号,此时操作者要停机进行跑偏纠正。

(9) 输送机还设有双向拉绳开关,出现紧急情况时,可以立即切断电路停止运行。

(10) 使用斜皮带机的注意事项如下:

① 人员要避免站在输送机下面,特别是重锤张紧器下面,以免坠物伤人。

② 在靠近输送机转动部件时,应特别小

心,防止被机械轧伤或被卷入输送机。

③ 出现紧急情况,危及到人身及设备安全时,要迅速拉动拉绳开关,直至隐患被消除。

④ 停机检修,要切断电源,并拉动拉绳开关,以防止误启动,危及人身安全。

⑤ 应避免负载启动,因故中途停机时,要将皮带机上的砂石人工清理干净,再启动机器。

4) 粉仓的使用

我国混凝土行业标准规定粉仓的工作压力不大于4900Pa,粉仓有三种危险状态:过压、冒顶、缺料,为保证粉仓的安全使用,在使用过程中需注意以下几点:

(1) 泵送粉料时应先启动振动电动机,开仓顶除尘器1~2min,当粉仓满料时,控制室内和粉仓下部信号灯同时报警,此时应立即停止泵送粉料。粉料泵送完毕后及时启动振动电动机,开仓顶除尘器1~2min。

(2) 当粉仓粉料低于下料位计时,控制室内和粉仓下部信号灯同时报警,此时应及时补充粉料。

(3) 定期检查除尘装置,清洁或更换滤芯。每半年要检查一次滤芯的脏污程度,若过度脏污,要拆下按要求清洗或更换。

(4) 单次上料持续时间不宜过长,以不超过1h为好。

(5) 每个星期检查一次压力安全阀是否正常工作,如被水泥堵死,不能正常工作需进行清理或更换。

(6) 若使用双仓粉仓,应尽量使两仓均衡装料,以免产生偏载和交变应力,导致隔板和仓体破坏。

5) 螺旋输送机的使用

(1) 每天运行完毕,需放空螺旋输送机内的粉料。

(2) 每周检查一次减速箱运转情况,应密封、润滑状况良好、无异响、不漏油,油量不足时及时补充润滑油,润滑油标号为150号工业齿轮油。

(3) 每周检查一次出口和吊挂轴承,清理沉积物,确保运转顺畅。

3.6.2　安全规范

为确保混凝土搅拌站安全有序运行,保障站内工作人员的生命安全和身体健康,保证混凝土的生产供应,搅拌站的操作和使用必须遵守如下安全规范:

(1) 严格执行国家及其所在地区的有关安全法规、法令、条例。

(2) 设备安装完毕,客户应根据搅拌站所在地的地形、气候条件,按《建筑物防雷设计规范》(GB 50057—2010)要求请专业机构安装防雷击装置。

(3) 主楼外装修材料为阻燃泡沫夹芯板,必须严格用火安全。

(4) 操作人员必须经过专业培训,了解使用设备的构造及基本原理,熟悉掌握操作方法,方可上机操作。

(5) 设备启动前应检查所有传动设备是否良好,并按电铃警示所有在场工作人员,确保所有工作人员和设备处于安全状态方能启动运行。若在不响铃并查看的情况下启动搅拌机,将可能导致人员意外伤亡的事故发生。

(6) 机组各部分应逐步启动。启动后,各部件运转情况和各仪表指示情况应正常,油、气、水的压力应符合要求,方可开始作业。

(7) 所有的电控柜门在设备作业时必须保持关闭,电气管线应妥善保护以防工作时压坏或撞伤。

(8) 要加强对输送机皮带的观察,如有跑偏,及时调整,确保安全有序运行。

(9) 在设备运行时不得触及设备的机械运动部分,不允许进行设备维修工作。

(10) 非操作人员严禁进入控制操作室,更不得触摸、扳动按钮和手柄。设备检修必须有主管部门同意,专业维护人员方能进入控制操作室内进行接电或维修作业。

(11) 设备检修时,必须切断设备主电源挂上"停机维修、禁止合闸!"的警示牌,并派专人看护,确定搅拌机筒内无人后,方可启动搅拌机。严禁无故进入搅拌机内部,如不避免将可能导致人员意外伤亡的事故发生。

（12）传动或运动机械进行调试、维修和安装时，应切断电源，并派人进行监护。运行过程中严禁打开搅拌机盖和传动链条防护罩。

（13）供气系统中的空气压缩机和储气罐为压力容器，请勿随意调动安全阀的泄放压力值，请确保气力驱动设备在其允许的气压范围内工作。

（14）对气力驱动设备检修前应关闭相关的供气阀门，防止发生意外事故。

（15）对电气设备的检修和维护，应做到持证上岗，遵守和执行电力部门的有关规定。若私自在电控柜内搭接其他电力设备，将会导致人员伤亡或重大事故。

（16）冬季施工要有相应的防范措施，认真做好主要部位的保温防冻工作。

（17）应注意观察搅拌站承重结构和地基的变化情况，当发现主楼钢构有变形、粉仓出现歪斜、斜皮带机发生变形、地基出现裂纹或坍塌等危险情况时，应及时报告处理，以免发生重大事故。

3.6.3 维护和保养

1. 常规的维护和保养

1）每次使用前的检查项目

① 检查所有钢丝绳的磨损状况和固定情况，钢丝绳固定可靠，磨损严重应更换。

② 检查空气压缩机自保装置是否可靠，气压是否稳定在 0.7MPa 左右。

③ 检查水泵是否灌满水，冲洗阀是否关闭，管路是否清洁畅通。

④ 检查水泥称量斗卸料门、搅拌机卸料门等的关闭是否灵活可靠。

⑤ 检查各电气装置是否安全可靠，检查各行程开关是否灵活可靠，特别是检查料斗提升限位是否可靠。

⑥ 检查各润滑点及减速箱是否有足够的润滑油。

⑦ 检查搅拌机铲片与衬板之间的间隙，使之始终保持良好状态，这对延长搅拌机的使用寿命是十分重要的。

注意：对搅拌站所进行的任何检查修理都必须在所有电源开关被切断并确保不会被随便合上的情况下进行。

2）每班工作后的保养项目

① 清理搅拌机内杂物及残料。

② 各润滑点加注润滑油。

③ 冬季应放净添加剂及供水系统管路内液体，以防冻裂。

④ 放净空气压缩机储气罐内的气体及积水。

⑤ 停机后断开总电源和微机电源。

3）每周检查和保养项目

① 检查搅拌筒内残留混凝土的凝结情况，如有凝结应停机，切断电源，专人看护，进行人工铲除。检查搅拌叶片与衬板间隙，如不合适进行调整。

② 检查气路系统是否有漏气现象，各气缸动作是否可靠。

③ 检查电气系统各电气元件是否有损坏现象，如有损坏进行修理更换。检查各接线是否松动。

④ 检查减速箱润滑油的质量和液面高度，如不合要求，应进行更换或添加。

⑤ 检查斜皮带机运转中传动滚筒与输送带之间是否出现滑动，若滑动需增加张紧配重块重量。

4）四周检查项目

① 检查输送带是否出现小面积脱胶，若有脱胶要及时用胶水粘接修补，否则可能导致破损面迅速扩大。

② 检查皮带机托辊的磨损、变形、开裂情况，有问题及时修复或更换。

③ 检查电气系统及微机工作是否正常。

④ 检查搅拌叶片和衬板的磨损情况。

⑤ 检查螺旋输送机内是否有结块和杂物，如有则清除。

⑥ 检查各减速机、电动振动器、气缸、阀的工作情况，有问题及时修复。

5）每年检查项目和大修

设备运转一年，除对 1）~4）项进行检查外，还应全面进行维修。大修前应提前做好大修计划,应更换的零部件采购齐全。

6)封存保养

① 设备长期不用时需进行封存保养,对重要部件进行防盗处理。

② 对所有润滑部位加足润滑油脂,外露摩擦部位涂满防锈油。

③ 对计量斗施加外支承,使所有传感器处于非受力状态。

④ 放松皮带机的张紧装置,使皮带处于松弛状态。

⑤ 彻底清除搅拌筒内的残留混凝土,对配料机料斗、料仓内进行彻底清理,放空螺旋里的粉料,放净过滤器、储气罐内的积水,同时放净气路系统内的压缩空气。

2．其他注意事项

(1)定期(4000h 或 2 年)更换一次润滑油。更换油压系统中的压力油。当更换油时,必须完全抽走该系统包括一条或多条接驳油缸喉中的油。

(2)当更换油或加油时,油的类型必须严格按规定的类型操作。

(3)经常检查轴端密封处固定圈与旋转圈的磨损情况。

(4)定期观察搅拌臂的磨损情况,必要时更换。

(5)自动控制系统的注意事项如下:

① 注意防尘、防震、防水。保证工控机及 PLC 正常工作。

② 检查各电气装置绝缘是否符合电气安全标准,接零是否安全可靠。

③ 检查避雷装置导雷线,不能断裂,接地要可靠。

④ 经常检查电气元件、主令开关、按钮、指示灯、接触器等工作是否正常,若有损坏应及时更换。

(6)配料计量输送系统的注意事项如下:

① 检查各计量斗门、电磁阀、气缸工作是否正常。

② 经常检查传感器是否工作正常,烧电焊时应避开传感器,以防击穿其电阻。

③ 检查皮带输送机胶带是否断裂和跑偏、各种清扫器橡胶板位置是否正常,使其与输送胶带间不产生过大的摩擦。

(7)当油泵润滑系统故障或检修中搅拌机却不能停止生产时,须从四个轴端黄油嘴处用黄油枪加油润滑(≥2 次/日)。

(8)润滑油泵注油必须采用洁净润滑油,从油泵底部用油枪经过滤器注入,严禁打开油泵上盖加油,否则会造成阀芯和分配阀损坏。

(9)根据实际使用情况,每半年或一年应对称重传感器的连接件进行清理,并用标准砝码对所有物料秤重新进行标定、校零。一般此项工作结合换季保养进行。

3.7　常见故障及排除方法

混凝土搅拌站部件众多,主要部件常见故障主要集中在以下几个方面,下面进行介绍。日常维护和设备检修时要做好维修工作,出现故障及时排除,以免影响混凝土搅拌站的正常运行。

3.7.1　搅拌机

搅拌机常见故障及排除方法见表 3-14。

3.7.2　配料机

配料机常见故障及排除方法见表 3-15。

3.7.3　斜皮带机

斜皮带机常见故障及排除方法见表 3-16。

3.7.4　供气系统

供气系统常见故障及排除方法见表 3-17。

3.7.5　螺旋输送机

螺旋输送机常见故障及排除方法见表 3-18。

3.7.6　其他常见故障

其他常见故障及排除方法见表 3-19。

表 3-14　搅拌机常见故障及排除方法

序号	故障现象	故 障 原 因	排 除 方 法
1	卸料门运行不畅	液压系统故障,压力偏小	1. 安全阀失灵,及时更换或清洗安全阀零件 2. 油箱内的齿轮泵滤油器堵塞,清洗滤油器并更换液压油 3. 齿轮泵损坏,更换齿轮泵 4. 油缸内串油,维修或更换油缸 5. 电磁阀串油,更换电磁阀
		电磁阀线圈损坏	更换同型号电磁阀线圈
		限位接近开关损坏	更换同型号限位接近开关
2	搅拌机跳闸	1. 传动皮带太松 2. 搅拌料过载 3. 中间仓下料太快	1. 重新调整传动皮带张力 2. 检查整个计量系统 3. 中间仓下料门改小
3	泥浆从轴端溢出	供油不足,轴端密封损坏	更换轴端密封装置
4	润滑管路无油排出	1. 缺润滑油(脂) 2. 润滑油(脂)不符合要求 3. 润滑泵损坏或接线不当 4. 因润滑脂中含有异物或因硬化而堵塞了通道	1. 加注润滑油(脂) 2. 更换润滑油(脂) 3. 检查电源、控制线路、电动机或更换润滑油泵 4. 清除筒体和泵内润滑油(脂),加入机械油冲洗疏通
5	搅拌叶片及衬板磨损严重	1. 长期使用正常磨损 2. 使用不合格的大粒径骨料,并在拌筒内卡料运行 3. 未按要求检查、调整叶片与衬板的间隙	1. 更换磨损的叶片 2. 保证使用合格的骨料 3. 按要求调整叶片与衬板的间隙或更换叶片与衬板

表 3-15　配料机常见故障及排除方法

序号	故障现象	故 障 原 因	排 除 方 法
1	料门卡滞	1. 气缸压力不足 2. 骨料粒径超大超标	1. 检查气路漏气并进行处理,将压力调整到 0.5~0.8MPa 2. 改用合格骨料;或调整料门与料口间隙,使间隙在 3~5mm 内;或使间隙大于大骨料粒径的 1.5 倍
2	称量精度下降或不准	1. 卸料门开关缓慢 2. 卸料门过大 3. 传感器损坏	1. 排除出料门故障 2. 调节卸料门边的螺栓,将卸料门调小 3. 换同类型的传感器
3	配料速度太慢	1. 骨料不合要求,骨料流动性偏差或含水率过大 2. 料门开度太小	1. 更换或提高骨料质量;去掉部分配料仓减压板 2. 更换激振力大一挡的振动器 3. 调整料门开度
4	骨料不投入或不计量	1. 相应气路不正常 2. 电磁阀不动作 3. 异物卡住卸料门	1. 调整气路压力,检查是否泄漏 2. 检查电磁阀是否烧毁,阀芯是否卡住 3. 停机排除被卡异物
5	皮带跑偏	1. 皮带过松 2. 骨料落料不在皮带中间 3. 皮带拉长不均匀	1. 调节张紧装置的螺杆,张紧皮带 2. 采取措施使骨料落在皮带中间 3. 调整局部滚筒和上下托辊

表 3-16　斜皮带机常见故障及排除方法

序号	故障现象	故障原因	排除方法
1	输送带跑偏严重	1. 滚筒安装架与架体不垂直或滚筒安装架倾斜 2. 托辊安装不垂直或托辊安装倾斜 3. 托辊上粘有泥砂 4. 附加挡板阻力严重不平衡 5. 受料部位有较大不平衡冲击力	1. 在接近滚筒处,松开滚筒连接螺栓,将输送带跑偏一端滚筒沿输送带运动方向前移,在输送机中间部分,用同样方法移动托辊,移动托辊应采取每个托辊小距离移动的方法,同时增加移动托辊数量 2. 同第1条 3. 清除托辊上的泥砂 4. 改善挡板阻力不平衡现象 5. 改善受料部位受力不平衡
2	斜皮带机撒料严重	1. 清扫器未调整到位 2. 清扫器刮板磨损	1. 调整清扫器,让刮板与输送带接触,并保持50N左右正压力 2. 更换清扫器刮板或整个清扫器
3	驱动滚筒打滑	1. 张紧力不够 2. 驱动滚筒包胶严重磨损	1. 增加张紧配重的重量 2. 更换驱动滚筒包胶或整个驱动滚筒
4	皮带撕裂	机械故障	轻微撕裂可用胶粘补,重度撕裂需更换皮带
5	皮带拉长	长期承受张紧	割短皮带,硫化粘接
6	托辊不转或有异响	托辊损坏	更换托辊

表 3-17　供气系统常见故障及排除方法

序号	故障现象	故障原因	排除方法
1	空气压缩机电动机不运转	1. 压力开关按钮在 OFF 位置 2. 电器连接松动 3. 气动器过载保护开关跳开	1. 将按钮置于 ON 位置 2. 检查接线 3. 待气动器冷却后按复位按钮
2	空气压缩机排气压力过低	1. 在进气口气流受到节制 2. 活塞环损坏或磨损 3. 阀片破损	1. 清洁或更换空气进气过滤器 2. 更换新的活塞环 3. 更换新的阀片和垫圈
3	空气压缩机输出的空气中油含量过高	1. 活塞环损坏或磨损 2. 进气气流受到限制 3. 曲轴箱内油量过多	1. 更换新的活塞环 2. 清洁或更换空气过滤器芯,在空气进气端检查有无其他节流 3. 排油至适当油位
4	排气量过少	1. 各部位漏气 2. 最小压力阀工作不良 3. 空气过滤器阻塞	1. 检查各紧固件 2. 更换 O 形密封圈 3. 清洗空气过滤器
5	系统供压不足	1. 耗气量太大,空气压缩机输出流量不足 2. 空气压缩机活塞环等磨损 3. 速度控制阀开度太小	1. 选择输出流量合适的空气压缩机或增设一定容积的气罐 2. 更换零件,在适当部位装单向阀,维持执行元件内压力,以保证安全 3. 将速度控制阀打开到合适开度
6	气罐内压力不上升	1. 压力表不良 2. 空气压缩机系统有故障	1. 更换压力表 2. 检修空气压缩机
7	压力降太大	1. 通过流量太大 2. 滤芯堵塞	1. 选更大规格过滤器 2. 更换或清洗滤芯

表 3-18　螺旋输送机常见故障及排除方法

序号	故障现象	故障原因	排除方法
1	电动机异响	电动机轴承损坏	更换轴承
2	供料速度慢	1. 粉仓内的破拱装置失效或供气压力过小 2. 粉仓内物料太少	1. 检查维修破拱装置,调节供气气路中的减压阀,使气压维持在 0.1～0.3MPa 之间 2. 补充物料
3	万向节漏灰	万向节连接处密封不严	在万向节连接处涂一层玻璃胶
4	螺旋管异响	螺旋叶片刮到管内壁	调整芯轴同轴度

表 3-19　其他常见故障及排除方法

序号	故障现象	故障原因	排除方法
1	供水系统管路不出水	1. 水泵内有空气 2. 水泵电动机已坏	1. 打开水泵上的排气阀,放净泵内的空气 2. 修复或更换水泵电动机
2	外加剂系统管路不出外加剂	1. 外加剂泵内有空气 2. 外加剂泵电动机已坏 3. 外加剂管路阀门没有打开 4. 外加剂已用完 5. 外加剂结晶沉淀堵塞	1. 打开外加剂泵上的排气阀,放净泵内的空气 2. 修复或更换外加剂泵电动机 3. 打开外加剂管路阀门 4. 补充外加剂 5. 清洗疏通外加剂管路

第4章

混凝土搅拌运输车

4.1 概述

随着商品混凝土的迅速发展,建筑施工所需的混凝土,都由专业的混凝土工厂或混凝土搅拌站集中生产供应,形成以混凝土生产地为中心的供应网。从混凝土搅拌站生产的混凝土通过混凝土搅拌运输车(简称搅拌车)运输到施工工地。搅拌车在运输过程中,装载混凝土的搅拌筒以低速旋转搅动,确保混凝土在运输过程中不发生离析和凝结,搅拌车已经成为一种理想的、现代化的无道路污染的混凝土运输设备。目前市场上使用的搅拌车,大多数属于自落式斜筒型搅拌车,混凝土物料由搅拌筒内的螺旋叶片旋转带至高处,靠自重克服摩擦力下落进行搅拌,同时搅拌筒轴线与水平面呈一定倾斜角度,以满足最大装载要求。目前普遍使用的搅拌车如图4-1所示。

图 4-1　搅拌车

搅拌车是指在载重汽车或专用运载底盘上安装的一种独特的混凝土搅拌装置的组合机械,它兼有载运和搅拌混凝土的双重功能,可以在运送混凝土的同时对混凝土进行搅拌或搅动。因此,搅拌车能保证输送混凝土的质量,允许适当延长运距(或运送时间),满足了各工地对混凝土的要求,并提高了劳动生产效率。

4.1.1 国内外搅拌车现状

1. 国内搅拌车现状

20世纪80年代以来,随着改革开放,城市建设加快,我国的商品混凝土得到了较大的发展,特别是进入21世纪以来,相关政策的出台同时加速了商品混凝土及其配套设备的迅猛发展。2005—2010年,我国混凝土产量变化、配套搅拌车的增长态势如图4-2所示。随着市场的饱和,产品增长逐步放缓、下调并趋向稳定,预计2015—2020年我国搅拌车年需求量将在4万台上下波动。

20世纪90年代初期,我国搅拌车仍以三轴底盘的6m³、8m³为主,且所用底盘基本上都是国外进口品牌,如日系三菱、五十铃、日野等,欧系沃尔沃、奔驰、曼、雷诺等,另有少量韩国现代、双龙底盘。随着中国汽车工业的发展,特别是重型卡车的发展,国产底盘逐渐取代进口底盘,90年代后期国产底盘使用量开始逐步上升,2005年国产底盘占比超过了80%,2010年进口底盘已基本被国产底盘所取代。

图 4-2　2005—2010 年我国商品混凝土产量变化及配套搅拌车的增长趋势

随着我国工业整体水平的提高,搅拌车的关键部件搅拌筒,采用工装制作,叶片成形采用冷压技术,产品性能达到国外先进水平。国产液压配套件相对底盘而言,发展比较缓慢。截至 2014 年,搅拌车上装所使用的减速机、液压泵、液压马达绝大多数仍是国外品牌,如德国 ZF 和意大利 PMP 减速机,德国力士乐、美国伊顿及萨奥泵马达。依托"十二五"发展规划、国家对发展液压零部件的政策引导和扶持,国内一些企业加快了液压传动件的国产化开发,技术水平和制造能力有了较大的提高,国产化液压件势必取代国外品牌。

目前,我国搅拌车生产企业达 100 多家,分布在 20 多个省、直辖市及自治区,主要生产企业有中联重科、安徽星马、三一重工、北汽福田、唐山亚特、上海华建、中集集团、辽宁海诺、包头北奔、徐州利勃海尔等,上述企业的产销量占国内全行业 60% 以上。

2. 国外搅拌车现状

自 1926 年美国试制出第一台水平放置式搅拌车以来,经过几十年的不断发展,最终在欧洲得到了技术提升,形成了现在的斜置式搅拌筒搅拌车。1963 年,利勃海尔生产了该公司第一台液压驱动搅拌车,如图 4-3 所示。自 20 世纪 70 年代以来,世界各国经济稳步发展,特别是欧美等发达国家的经济快速发展,基础建设促进了商品混凝土迅速发展。

图 4-3　利勃海尔生产的第一台液压驱动搅拌车

21 世纪以来,发达国家的商品混凝土产量随经济状况而波动,如图 4-4 所示。作为配套运输工具的搅拌车市场同样在波动并呈现比

图 4-4　发达国家商品混凝土及全球搅拌车(不含中国)发展趋势

较稳定的态势。

除中国市场外,全球具有代表性的搅拌车生产企业有德国利勃海尔、德国施维英、意大利 CIFA、意大利 IMER 及日本极东等制造商。但是随着发展中国家的崛起,特别是新兴市场国家的快速发展,部分搅拌车先进制造企业的生产基地逐步向新兴市场转移,如利勃海尔中国工厂、CIFA 巴西工厂及施维英印度工厂等。

4.1.2 国内外搅拌车发展趋势

目前,搅拌车技术发展已经较为成熟,搅拌车开发、生产及企业运营成本相对较低,产品同质化程度严重,特别是关键部件中液压系统、减速机及关键性能参数等无明显差异。未来,搅拌车的发展趋势主要集中在轻量化、智能化、节能环保及安全等方面,核心零部件则主要体现在搅拌筒及国产化液压系统的提升和突破。下面就国内外搅拌车未来发展趋势分别进行阐述。

1. 国内搅拌车发展趋势

1) 轻量化

由于法规的限制,驱动形式为 6×4 的搅拌车,最大设计总质量不得超过 25t。在此条件下,国产混凝土搅拌车标称容积为 5.5~6m³,而实际生产和销售的容积达到 8~12m³,个别厂家甚至更大,8×4 搅拌车与之类似。为了满足法令法规的要求,同时有效提高装载量,底盘和上装的轻量化将是未来的一大发展趋势。

2) 智能化

随着时代的发展,机、电、液、微电子一体化技术在搅拌车上也得到了广泛应用。发动机实时监测、运行路线优化跟踪、整车故障诊断、搅拌筒自适应控制、物料防偷防盗、政府监管以及运输泵送的协同作业等都将进一步完善发展,同时基于全球定位系统的应用也将为设备管理带来极大进步,未来搅拌车将提供多方位的人员管理、车辆调度、及时提醒、故障维护及金融监管等众多服务,智能化将成为21世纪搅拌车发展的另一主要发展趋势。

3) 节能环保

随着能源的日益紧缺和国内环境日趋严峻,民众节能环保意识也越来越强。近几年来,政府出台了一系列环境改善措施,着力保障和改善民生,推动产业升级,推进节能减排。《工业节能"十二五"规划》的实施促使企业将节能环保放到其发展战略中的重要位置,因此,节能环保将成为搅拌车未来发展的必然趋势。目前燃气车辆独特的清洁性在搅拌车方面也得到了应用,部分地区甚至出台对柴油车辆的限行措施,未来压缩天然气(CNG)搅拌车和液化天然气(LNG)搅拌车将有比较大的市场增速。

4) 安全规范

自 2008 年以来,国内搅拌车行业发展极为迅猛,营运极不规范。为了节约成本,搅拌车朝大方量的发展日趋严重,给人民生命财产安全带来了极大的隐患。为了进一步引导行业健康发展,2015 年 1 月,国家工信部重新规范了搅拌车公告管理,从源头上限制了搅拌车的超载超限。可以预见,随着法规的不断完善,超标的大方量搅拌车将逐步退出市场,安全、规范的标准型搅拌车即将成为行业的主流产品。

5) 专用化、多功能

随着混凝土施工技术的不断进步,专用化及多功能的搅拌车将成为下阶段发展的亮点。如前卸料搅拌车、自上料搅拌车、二轴小方量搅拌车、泵送搅拌车及防爆搅拌车等,这些适用于特定区域作业的产品,高效经济,未来发展空间很大。

2. 国外搅拌车发展趋势

虽然国内开发、生产的搅拌车在基本性能、搅拌容积及产品种类上和国外企业生产的搅拌车不相上下,部分指标如进、出料速度等甚至更优,但发达国家生产的搅拌车在新材料应用、清洁低碳及智能安全等方面仍然处于领先地位,现从下述几个方面概述国外搅拌车的发展趋势。

1) 新材料应用

随着搅拌车对轻量化和外观质量要求的提高,欧美搅拌车企业对新材料进行了大量的探索和试用验证,如铝合金材料在搅拌车楼梯、操纵机构、轮胎罩及水箱等零部件上的普及，铝合金及不锈钢材料搅拌筒的开发试用，甚至个别企业还开发了非金属搅拌筒，如图4-5所示，但非金属搅拌筒由于制造工艺复杂、成本较高及后期维护困难等原因，没有被广泛推广。

图 4-5　非金属搅拌筒

2）清洁低碳

各国日益严格的环保法规，不但要求底盘的排放持续升级，而且对燃料替代以及混凝土对道路的污染都提出了更高的挑战。从环境效益与经济效益可持续发展的角度来看，清洁低碳的新能源也是搅拌车未来的发展方向。不仅在中国，天然气等新能源在国外的搅拌车上同样得到了广泛应用，另外意大利CIFA公司开发出的油电混合动力搅拌车，在使用电力驱动时可实现废气零排放，如图4-6所示。

图 4-6　意大利 CIFA 公司开发的混合动力搅拌车

3）智能安全

为了应对国际化残酷竞争，发达国家加快了电子信息技术和人机工程学在工程机械领域的应用，随着科学技术的发展，具有修正、记忆、诊断等智能功能的搅拌车将逐渐成为未来发展的主流。与此同时，安全成本越来越高，国外发达国家对搅拌车的安全法规要求日趋严苛，安全是搅拌车发展的永恒主题。

4.2　分类

经过近百年的发展，搅拌车已形成了系列化、标准化及通用化产品，产品种类繁多，不同机型在结构上也存在较大差异，但从基本构成来看，它们都是由底盘和相对独立的搅拌装置（上装）两部分组成的。根据产品的主要特征，可将搅拌车做如下分类，如表4-1所示。

表 4-1　搅拌车分类

序号	分类形式	类型	简要说明
1	按装载容量	小型搅拌车	装载容量<5m³，机动灵活，单次需求量小
		中型搅拌车	装载容量为6~10m³，适用于大部分工地，应用广泛
		大型搅拌车	装载容量>12m³，适用于大型工地作业
2	按搅拌装置传动形式	机械式搅拌车	早期采用链轮、链条传动方式，结构复杂，可靠性差
		液压-机械式搅拌车	通过两者结合的方式进行搅拌筒作业控制，能实现无级调速，操作灵活，效率高，目前普遍采用
		全液压式搅拌车	限于成本与技术的因素，目前暂未推广
3	按上装取力形式	共用动力搅拌车	车辆行走和上装作业均使用底盘发动机动力，结构简单，成本低，行业普遍采用
		独立驱动搅拌车	车辆行走和上装作业动力各自独立，占用空间大，噪声大，常用于二次改装，成本高

续表

序号	分类形式	类型		简 要 说 明
4	按底盘结构	通用底盘搅拌车	普通载重底盘	采用普通通用载重底盘,适用于中小容量的搅拌车,维护成本较低,使用极其普遍
			拖挂式底盘	采用专用拖挂车底盘,承载能力强,转弯半径大,适用于大容量搅拌车,参见图4-7
		专用底盘搅拌车		满足特定工况施工要求,结构复杂,成本较高,参见图4-8(隧道搅拌车)
5	按卸料方式	前卸料搅拌车		具备边行走、边搅拌功能,在司机视野范围内位于驾驶室前方卸料,可有效减少人力成本,在美国使用普遍,参见图4-9
		后卸料搅拌车		采用搅拌筒斜置后端卸料方式,行业使用极其普遍

图 4-7 拖挂式搅拌车

图 4-8 隧道搅拌车

图 4-9 前卸料搅拌车

4.3 典型产品组成和工作原理

4.3.1 产品组成

搅拌车由底盘和上装两部分组成,底盘主要由驾驶室、发动机、传动系、转向系、制动系及电气设备等组成;上装由液压传动系统、供水系统、前台及副车架、搅拌筒、防护装置、轮胎罩、后台、操纵机构、进料装置、人梯及出料装置等组成,如图4-10所示。下面就搅拌车主要部件进行阐述。

1. 底盘

常用搅拌车一般采用成熟的二类载重底盘,带有发动机飞轮取力装置(PTO),具备行驶运载和为搅拌筒提供动力两方面的功能,主要由驾驶室、发动机、传动系(包括离合器、变速器、传动轴、主减速器及差速器和半轴等部分)、行驶系(包括车架、车桥、车轮和悬架等部分)、转向系(包括方向盘、转向器等)、制动系(包括制动器、控制及传动装置等)及电气设备(包括电源组、发动机启动和点火系统、照明和信号装置等)组成,如图4-11所示,各零部件详细内容可以参阅底盘相关资料。

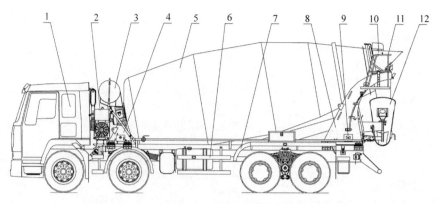

图 4-10　搅拌车总成

1—底盘；2—液压传动系统；3—供水系统；4—前台及副车架；5—搅拌筒；6—防护装置；7—轮胎罩；8—后台；9—操纵机构；10—进料装置；11—人梯；12—出料装置

图 4-11　底盘组成

1—驾驶室；2—发动机；3—转向系；4—传动系；5—行驶系；6—制动系；7—电气设备

根据动力传递方式的不同，底盘动力传动可划分为机械传动、液力传动、液压传动及电传动等，图 4-11 所示底盘为最常见的机械传动方式，而混合动力搅拌车则采用的是油电传动的专用底盘。

此外，拖挂式搅拌车上装不从底盘获取动力，而是通过独立的发动机来驱动液压泵工作。

2．液压传动系统

液压传动系统的主要作用是：底盘动力经由液压系统的传递、通过减速机的降速增矩，从而驱动搅拌筒旋转。现在国内外普遍使用的液压-机械式搅拌车，其液压系统最初由德国利勃海尔发明，经过多年的改进后具有结构紧凑、可靠高效、维护保养简单等特点，是一种理想的搅拌筒驱动系统。

常见的搅拌车液压传动系统由液压泵、液压马达、减速机、散热器及油箱、管路等附件组成。由于搅拌筒的旋转扭矩大，同时考虑到节能、控制方便等因素，常采用闭式液压系统；与此同时，为了降低制造成本，部分企业尝试使用开式系统，因开式系统冲击大，效率低，市场正处于验证推广阶段。

闭式系统可分为分体式和合体式两种。如图 4-12 所示是一种常见的分体式液压传动系统。发动机取力器通过万向节传动轴（视图省略）与变量液压泵 1 相接，阀体 2 控制着液压泵的排量大小和正反转，液压油通过高压油管与液压马达 5 相连，从而使马达驱动减速机（视图省略）旋转，实现搅拌筒转动。系统内产生的高温液压油通过马达泄油口回流到液压泵，经散热器3强制冷却后，再经过滤器4回补油泵对系统进行补油循环工作。

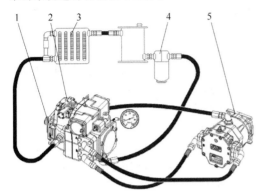

图 4-12　分体闭式液压传动系统
1—液压泵；2—阀体；3—散热器；
4—过滤器；5—液压马达

另一种是合体式液压传动系统，主要由液压泵与三合一减速机（液压马达、散热器及减速机合并为一个整体）组成，如图 4-13 所示。其优点是结构紧凑，缺点是系统可靠性相对较低，后续维修复杂且成本较高，目前市场上应用较少。

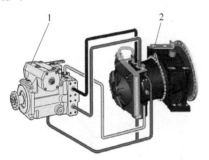

图 4-13　三合一闭式液压传动系统
1—液压泵；2—三合一减速机

为了使搅拌筒的转速不受车辆行驶速度变化的影响，国外发达国家在闭式传动系统的基础上开发出恒速控制，主要有以下两种形式：

第一种为电子控制恒速系统，其组成除液压泵、液压马达及减速机外，还增加了电子控制器、开关、传感器及比例电磁阀等，如图 4-14

所示。电子控制器1通过开关2和汽车电瓶接通；通过件 5（磁性传感器）感应发动机转速（早期是采用外接磁性传感器的方式，自控制器局域网络（CAN）总线普遍应用后，主要通过底盘电子控制单元（ECU）利用 CAN 总线读取数据）；件 3 和件 4（磁性传感器）主要用来测试搅拌筒的转速和转向；件 6、7 为安装在液压泵上的比例电磁阀，通过控制电流实现对泵排量的调节；件 8 为液压泵压力传感器。

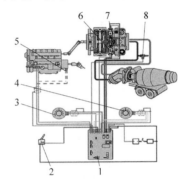

图 4-14　电子恒速结构简图
1—电子控制器；2—开关；3～5—磁性传感器；
6、7—比例电磁阀；8—液压泵压力传感器

根据不断检测的搅拌筒及发动机转速，系统通过比例电磁阀不断改变液压泵斜盘的摆角，使液压泵的流量按预定值保持不变，从而实现搅拌筒恒速。

第二种为液压控制恒速系统。在常规闭式传动系统的基础上，日本公司研发出液压恒速控制装置，通过附加在液压泵中的恒速阀来控制泵的斜盘倾角，使之流量始终与各工况转速要求所预定的流量值保持一致，同样可达到实现搅拌筒恒定转动的目的。

3. 搅拌筒

搅拌筒大部分都采用倒置的梨形结构，通过连接法兰传递减速机的旋转扭矩使搅拌筒绕其轴线进行旋转。搅拌筒外形通常由前锥、中间筒及后锥组成，筒壁内有由两条螺旋线组成的叶片，这两条螺旋线通常是 180° 对称分布的对数螺线或阿基米德螺线，一些企业还在叶片上增加了性能改善的结构，如在叶片上附有 T 形叶片，极大改善了耐磨性和匀质性，如

图 4-15 所示。搅拌筒上安装有旋转支承的轨道,通常轨道要求跳动小且耐磨。搅拌筒的末端设有导料装置,导料装置将搅拌筒在径向方向将进料和出料分割开来,靠近轴线一侧为进料口,另一侧为出料口。由于搅拌筒在使用过程中会不断地将少量混凝土沉积在筒内,为了方便清理和检修作业,搅拌筒上通常设有人孔方便作业人员出入。

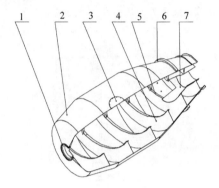

图 4-15　搅拌筒结构
1—连接法兰;2—拌筒;3—人孔;4—螺旋叶片;
5—性能改善条;6—轨道;7—导料

4. 供水系统

供水系统主要用于清理搅拌筒内残余混凝土和清洗车身,当混凝土坍落度损失较大时,在允许的情况下也可向搅拌筒内适量供水。

供水系统主要组成为水箱总成、气动模块、供水管路、冲洗水路等。水箱用来储存清洗用水;国内普遍采用底盘的气源对水箱加压后给各个分水管供水,大部分厂家使用"3+1"的模式供水,所谓"3+1"就是指三路水路分别清洗搅拌筒、进料装置及出料装置,另外一路通过水枪清洗整车;气动供水模块主要作用是保障底盘气压安全、对水箱供气和压力控制,如图 4-16 所示。

早期的供水系统也采用电动水泵供水的方式,其优点是不影响底盘制动系统,缺点是压力较低、故障多,目前国内基本已淘汰,国外还有部分企业采用。

除上述的主要部件外,其他为搅拌车附属部件,其中防护装置还与整机安全紧密相关。此外,随着信息技术的高速发展,GPS 全球定位管理系统逐渐成为搅拌车的选装组成部分,大部分商混企业将搅拌车 GPS 定位调度管理与搅拌站企业资源计划(ERP)系统有机地结合在一起,实现了商品混凝土生产、运输过程的全自动管理,大幅提高了生产效率,保证了混凝土质量,降低了生产成本。其具体内容请参见第 17 章内容,在此不再详述。

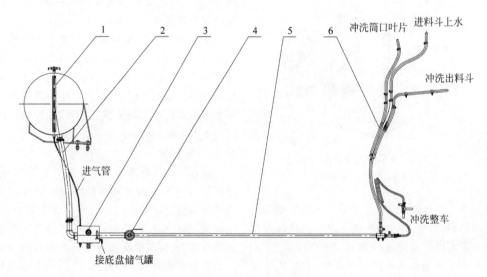

图 4-16　供水系统组成
1—水箱总成;2—加水管;3—气动模块;4—加水球阀;5—输水管;6—冲洗水路

4.3.2　工作原理

1. 搅拌车工作原理

搅拌车作为商品混凝土的运输、转移工具,在运输过程中通过搅拌筒的转动来防止混凝土凝结和离析,其基本原理如图4-17所示。

底盘一方面为搅拌车提供行驶动力,另一方面通过发动机驱动传动轴将动力传递给液压泵,液压泵将机械旋转动能转化为液体的压力进行储能传递,驱使液压马达高速旋转,经行星齿轮减速机产生扭矩,驱动搅拌筒转动。搅拌筒利用螺旋传递原理,通过筒内搅拌叶片不断对混凝土进行强制搅拌,以达到防止混凝土凝固的目的。此外,通过操纵系统来控制搅拌筒的正、反转和发动机油门,可完成进料搅动、搅拌、出料和高速卸料及停止等动作。

2. 搅拌筒工作原理

从搅拌筒内部结构可知,搅拌车是依靠搅拌筒转动带动两条连续的螺旋叶片,从而对混凝土进行搅拌或出料作业的。如图4-18所示,螺旋线代表搅拌叶片,α 为叶片的螺旋升角,β 为搅拌筒轴线与水平面的夹角。工作时,搅拌筒绕轴线转动,混凝土因与叶片的摩擦力和内的黏着力而被搅拌筒沿圆周带起来,但到达一定高度后,又在其重力克服摩擦力的作用下向下翻跌和滑移。由于搅拌筒连续转动,混凝土不断提升而又向下滑跌,同时又受筒壁和叶片的螺旋轨道的引导,产生沿搅拌筒切向和轴向的复合运动,如图4-18(a)所示,混凝土连续不断地被螺旋叶片往筒前端推送,前端的混凝土势必被搅拌筒端壁反推过来,这样又增加混凝土上下层的轴向滚滚运动,混凝土就是在这样复杂的运动状态下得到搅拌。出料与上述过程类似,但方向相反,如图4-18(b)所示。这就是搅拌筒中混凝土实现进料、搅拌和出料的基本原理。

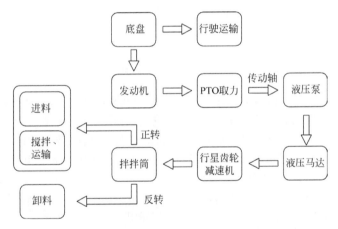

图 4-17　搅拌车基本原理

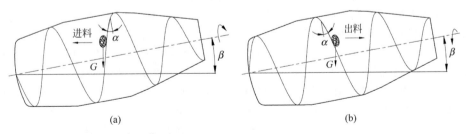

图 4-18　搅拌筒工作原理图

(a) 正转；(b) 反转

3. 液压传动系统工作原理

一般来说,搅拌车液压传动系统的功能是将发动机的动力传递给减速机,从而带动搅拌筒旋转。通过搅拌筒的正、反转以及转速快、慢的变化,来完成进料、出料、搅拌、搅动等操作。考虑到节能、控制方便等因素,大部分搅拌车都采用闭式液压系统,其原理如图 4-19 所示。

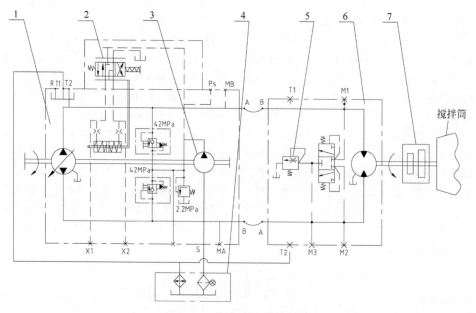

图 4-19　液压传动系统原理图
1—液压泵;2—伺服阀;3—补油泵;4—散热器;5—卸荷阀;6—液压马达;7—减速机

整个系统是由发动机作为动力源带动变量液压泵,变量液压泵将机械能转化为液压能带动液压马达,再由液压马达将液压能转化为机械能传递给减速机,最后由减速机带动搅拌筒转动。搅拌筒的正转、反转、停止以及速度的增减,全部通过装在泵上的伺服阀的操作杆来控制。其原理如下:

(1) 伺服阀可以改变变量泵斜盘倾角大小,调节泵的排量,以流量的形式传递给马达,最终经减速机调节搅拌筒的转速。在搅拌车的使用中,伺服阀一般会控制泵实现两个排量:最大排量控制搅拌筒实现最大转速,用于进出料工况和高速搅拌工况;较小排量(约 $1/4\sim1/3$ 最大排量)控制搅拌筒实现 $1\sim3\text{r/min}$ 的搅动转速,用于运输工况等,防止混凝土产生离析和凝固。

(2) 伺服阀可以改变变量泵斜盘倾斜方向,改变泵的油流方向,从而改变马达输出轴转向,经减速机最终改变搅拌筒的转向,从而实现进料和出料工况的切换。

液压马达中集成了由液控换向阀和低压溢流阀组成的冲洗阀,其主要作用是将闭式回路中低压油路的油引回油箱散热,从而为闭式回路中的液压油降温。

变量液压泵中集成了补油泵,补油泵可以通过单向阀为闭式回路中的低压油路进行补油,满足闭式系统正常工作的需求;同时泵内多余的流量会通过低压溢流阀流出,降低系统温度;此外补油泵可以提供稳定的控制压力,协助伺服阀调节变量泵的斜盘。

液压系统中设置有两个高压溢流阀作为安全阀,防止系统压力过高损害液压元件。

4. 供水系统工作原理

供水系统工作原理主要包含气压供水和

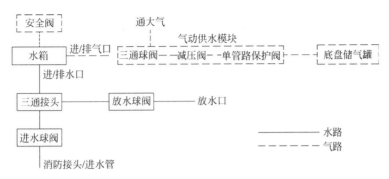

图 4-20 气压供水系统原理图

安全设置两方面,如图 4-20 所示。

气压供水有三种状态,即进水排气、行走、进气排水,其中的转换通过三通球阀实现。进水排气过程的主要原理为放水球阀关闭,进水球阀打开,三通球阀连通水箱与大气,两者压力达到平衡,此时向水箱加水,同时水箱内的空气被排到大气中,直至停止加水。行走过程中的工作原理为车辆在行驶时水路系统不工作,此时放水球阀关闭,进水球阀关闭,三通球阀连通水箱与大气,两者压力达到平衡。进气排水过程的工作原理为进水球阀关闭,放水球阀打开,三通球阀连通水箱和底盘储气罐,此时由于底盘储气罐中的压缩空气压力高于水箱内大气压力,则压缩空气进入水箱,从而将水排出。

安全设置的主要原理是:当输入压力大于其设定值时,单管路保护阀才能开启,用来满足底盘制动压力,保证行车安全。通过减压阀将其输出压力降至其设定值,以满足清洗工作压力。安全阀则用于保证水箱压力安全。

4.4 技术规格及主要技术参数

4.4.1 技术规格

搅拌车技术规格型号一般为企业代码,由企业名称代号、车辆类别代号、主参数代号、产品序号、结构特征代号、用途特征代号和企业自定代号等组成,其型号说明如下:

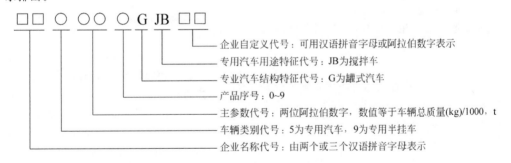

产品技术规格型号见表 4-2。

4.4.2 主要技术参数

1. 整机技术参数

1)最大设计总质量

最大设计总质量为车辆制造厂规定的最

大车辆质量。

2)最大允许总质量

最大允许总质量为行政主管部门根据运行条件规定的允许运行的最大车辆质量。

3)进料速度

进料速度即平均每分钟从搅拌站(楼)进入

表 4-2　搅拌车技术规格型号

序号	产品型号	驱动方式	最大允许总质量/kg	备注
1	ZLJ5315GJBH	8×4	31000	四轴搅拌车
2	ZLJ5256GJBGH	6×4	25000	三轴搅拌车
3	ZLJ5165GJB	4×2	16000	二轴搅拌车
4	HDJ9330GJB	6×4	33000	半挂式搅拌车

搅拌车搅拌筒的预拌混凝土的体积。搅拌车的进料速度应不小于 2.7m³/min，进料速度越快，作业效率越高。

4）出料速度

搅拌筒以制造商规定的卸料速度旋转，平均每分钟从搅拌车卸出的经捣实后的混凝土体积。出料速度应不小于 0.65m³/min，出料速度越快，作业效率越高。

5）出料残余率

出料残余率为出料后残留在搅拌车搅拌筒内的混凝土物料与搅动容量的混凝土的质量之比，用百分比表示。搅拌车的出料残余率应符合表 4-3 的规定。

表 4-3　出料残余率

混凝土的坍落度/mm	50	60	70	80	90	备注
出料残余率/%	≤5	≤4	≤3	≤2		粗骨料为碎石

注：实测坍落度为表中的中间值时，出料残余率用插入法计算。

6）外廓尺寸（长×宽×高）

汽车外部轮廓尺寸，包括汽车长、汽车宽和汽车高。外廓尺寸影响设备对工况的适应性，是用户采购设备的基本考虑要素。

2. 底盘技术参数

1）底盘型号

底盘型号包含了底盘生产厂家、底盘类别、底盘主参数等相关信息，关系到车辆的营运、维护和保养，客户非常关注。

2）发动机功率

一般情况下，底盘发动机功率需满足行驶和作业两种工况，它与整车动力性、作业效率及燃油经济性紧密联系在一起。

发动机功率选取可参考比功率法，汽车的比功率 P_d 是指单位汽车总质量的发动机功率，若不计风阻，其计算式为

$$P_d = P/M \qquad (4-1)$$

式中：P_d——比功率，kW/t；

P——发动机最大净功率，kW；

M——搅拌车最大允许总质量，t。

搅拌车比功率范围见表 4-4。

表 4-4　搅拌车比功率

总　质　量	比功率/（kW/t）
19t≥M≥5t	7.5～11
M＞19t	5～7

注：比功率计算参照 GB 7258—2012 及专用车设计，气体燃料搅拌车功率选择相应的值乘以 1.15 倍。

3. 搅拌筒技术参数

1）几何容量

几何容量指搅拌筒内实际的几何容积。装载量一定，几何容量越小，设计水平越高。

2）搅动容量

搅动容量指搅拌车能够运输的预拌混凝土量（以捣实后的体积计），单位 m³。混凝土包括轻质混凝土、预拌混凝土等，轻质混凝土密度按 300～1200kg/m³ 计算，预拌混凝土密度按 2400kg/m³ 计算。搅拌车的搅动容量参数应符合表 4-5 规定。

表 4-5　搅动容量参数系列

名称	单位	参数
搅动容量	m³	2,3,4,6,8,9,10,12,14

3）填充率

填充率指搅拌筒搅动容量与几何容量之比，用百分比表示。搅拌车的搅拌筒填充率应不小于51.5%（用于隧道等高度受限制场合的搅拌车除外）。

4．示例

搅拌车主要技术参数示例如表4-6所示。

表4-6　搅拌车主要技术参数表

技术参数	单位	ZLJ5318GJBH	ZLJ5256GJBL	SYM5160GJB1D
型号				
整车				
最大总质量	kg	31000	25000	16000
外廓尺寸	mm×mm×mm	9400×2500×3900	8325×2500×3740	7530×2320×3320
进料速度	m³/min	≥4	≥4	≥1.5
出料速度	m³/min	≥3	≥3	≥1
出料残余率	%	≤0.7	≤0.7	≤0.7
底盘				
底盘型号		重汽 ZZ1315M3063D1	陕汽 SX5256GJBMK324	三一 SYM1160T1D
驱动形式		8×4	6×4	4×2
发动机型号		MC07.28-40	WP6.200E40	YC4D140-41
额定功率	kW	206	147	103
搅拌筒				
几何容量	m³	15.1	11.07	8.41
搅动容量	m³	8	6	4
填充率	%	53	54	48

4.5　应用范围及选型

4.5.1　应用范围

1．应用领域

搅拌车是基本建设的常用设备，需求量大，应用范围广。其广泛应用于铁路、公路、桥梁、隧道与地下工程、地铁与城市轨道交通、市政、水利电力、机场、港口、矿山及工业与民用建筑等领域。

2．运输介质

1）预拌混凝土的搅动运输

搅拌车装进由搅拌站搅拌好的混凝土，行驶过程中保持搅拌筒低速运转，控制运距和时间，主要起运输作用。其提供的混凝土和易性好，为现代搅拌车的主要工作方式。

2）混凝土拌合料的搅拌运输

搅拌车代替了混凝土工厂的搅拌作业，进一步延长了运输距离或时间，可以节约设备投资，相对提高生产率。但其搅拌的混凝土质量难以得到保证，应用范围受到限制。

4.5.2　选型原则

搅拌车选型主要依据以下原则进行：

（1）所选设备应满足产品公告、环保、油耗及相关认证要求，符合国家、地区及行业标准。设备必须遵循各个国家、地区的法律法规要求，符合产品技术标准，并按要求完成相关公告（或认证）。

（2）所选设备应适应作业工况，满足施工工艺、工程质量及工期要求。根据气候、环境及作业场地等要素选购设备，并满足其特殊施工条件。

（3）所选设备应技术先进,可靠性高,经济性好,工作效率高。

混凝土易凝结、易离析等特性决定了搅拌车的使用可靠性要求极高。关键部件为底盘、上装驱动装置及搅拌筒。产品性能先进,技术水平高,可提高车辆的出勤率,降低维护成本。优先考虑选购名牌厂家的产品,质量稳定,性价比高。

（4）按照施工业务量选用搅拌车型号,并确定采购数量。

装载量越大,运输效率越高,相应营运成本越低。应根据业务量的多少及投入的资金合理选购搅拌车。当混凝土成套设备选型时,

还需额外考虑混凝土搅拌站（楼）主机规格与搅拌车规格的匹配关系。

（5）所选设备配置 GPS 全球定位管理系统,与搅拌站协同作业,可有效提高运输效率、保证混凝土质量及降低营运成本。

4.5.3 选型计算

1. 主要技术参数选型

搅拌车选型主要考虑最大总质量和搅动容量两项技术参数。最大总质量基本确定了搅拌车的装载能力,从理论上说,最大总质量与搅动容量、车型等密切相关,其大致对应的关系见表 4-7。

表 4-7 搅拌车主要参数

车 型	最大总质量/kg	搅拌筒搅动容量/m³	搅拌筒几何容量/m³
二轴搅拌车	16000	≤4	≤7.7
三轴搅拌车	25000	≤6	≤11.6
四轴搅拌车	31000	≤8	≤15.5
一轴半挂搅拌车	18000	≤6	≤11.6
二轴半挂搅拌车	35000	≤12	≤23.3
三轴半挂搅拌车	40000	≤14	≤27.2

实际选型时,根据与搅拌车配套的搅拌站（或楼）来进行。一般按搅拌主机公称容量与搅拌的搅动容量来考虑。目前最常见的搅拌主机公称容量与搅拌车的搅动容量合理匹配关系见表 4-8。

表 4-8 搅拌主机公称容量与搅拌车的
搅动容量匹配关系

搅拌主机公称容量/L	搅拌车搅动容量/m³
1500	3,6,9,12
2000	2,4,6,8,10,12,14
3000	3,6,9,12

搅拌主机公称容量与混凝土搅拌车的搅动容量参数合理匹配缘于整数倍关系,如在实际生产工作中,搅拌主机公称容量为3000L（即3m³）的搅拌站（楼）,连续出料2、3、4罐次,相应搅动容量为6m³、9m³、12m³ 的搅拌车恰好达到满载要求。

2. 关联设备间主要技术参数匹配

预拌混凝土如采用混凝土泵或混凝土泵车进行泵送,需配备的搅拌车台数,可参照10.5节的相关内容执行。

4.6 产品使用及安全规范

4.6.1 产品使用

正确使用搅拌车,可保证车辆正常运行,减少车辆故障,提高使用效率。对于搅拌车的规范使用,可以归纳如下。

1. 新车的使用

（1）初次操作者必须经过专业培训,了解产品基本结构和性能,并掌握操作规定。

（2）新车投入使用前必须进行试车、磨合,并进行磨合后的保养。

2. 出车前的检查

（1）检查整机的装备状况,合理制定行驶

路线。

（2）将水箱加满水。

（3）启动发动机，观察其运转是否正常；查看汽车仪表、气压、灯光、制动等是否正常。

3．进料、运输及卸料

（1）装料前应检查搅拌筒内是否有水，如有应排干净。

（2）根据搅拌站的卸料速度确定搅拌筒转速，最大转速不允许超过 18r/min。

（3）装料完毕后，操纵手柄应拨至"搅动"位置并锁定，防止搅拌筒反转；锁紧卸料主槽，放下接料斗。

（4）运输途中，车辆按规定的车速行驶，同时确保搅拌筒按 1～3r/min 的速度正转。

（5）视工地情况进行安全卸料。

（6）卸料后及时清洗进、出料斗及出料槽易粘料部位，搅拌筒内注入适量清水，返回途中保持搅拌筒低速正转，及时清除残余混凝土，避免混凝土在搅拌筒内凝固结块。

4．注意事项

（1）混凝土搅拌运输车最佳作业环境温度为 0～40℃。一般情况下，在环境温度高于 25℃时，预拌混凝土的运输时间不应超过 1h，低于 25℃时，运输时间不应超过 1.5h。

（2）可运输：①坍落度为 40～210mm 的预拌混凝土，集料的最大粒径——碎石为 40mm，卵石为 60mm；②轻质混凝土等物质。

（3）按要求装载物料，不允许超过车辆最大允许总质量。

（4）冬季施工时，开机前检查阀件、管路是否冻结；每日工作结束后按要求排除管路中的积水。

（5）使用压力水喷洗搅拌车外表面时，应避免直接冲洗电气元件、指示仪表和减速机法兰密封圈等；不得使用腐蚀性强的清洗剂或高压蒸汽冲洗，以免损坏油漆表面。

（6）使用过程中发现故障或异常噪声时，必须及时检查并加以排除。

（7）按要求做好日常维护保养，减少设备故障，延长使用寿命。

（8）设备长期不用时应采取相应措施，维持设备正常功能及性能。

4.6.2　安全规范

1．操作人员要求

（1）操作人员必须经过专门培训后，方可上岗作业。

（2）禁止疲劳作业、酒后作业及服用可影响人精神状况的药物后作业，且体能必须能胜任操作。

（3）操作人员须按规定着防护装、戴安全帽等安全防护装备。

（4）操作人员必须熟知设备操作安全规程，并按照安全规程作业。

（5）设备的维护只能由专业人员进行。

2．工况要求

（1）整机施工地点海拔高度应不超过 2000m，超过 2000m 应视为特殊情况处理。

（2）设备工作环境温度为 0～40℃，当环境温度超过 40℃或低于 0℃时，须与制造商商定特殊施工事宜。

（3）整机工作时应放置水平，路面平整坚实，整个工作过程中地面不得下陷，避免在湿滑、大倾角、土质松散的地面上施工作业。

（4）严禁在斜坡上作业，严禁靠近高压电、易燃、易爆品及其他任何危险场所作业。

（5）夜间施工现场须有足够的照明。

3．操作要求

（1）严格按操作手册进行设备操作。

（2）装载质量不得超过相关法律法规所允许的最大装载质量。

（3）确保车辆行驶前所有的锁紧、固定和夹紧装置都处于"锁定"位置。

（4）严禁急剧改变搅拌筒转速和转向。

（5）出料时出料口不能对着人，防止被喷出的混凝土冲击受伤。

（6）当扶手、脚踏等处发生龟裂、粘油、结冰等现象时，须将故障排除后再使用，否则有掉下的危险。

（7）为避免轨道与托轮产生压痕，发出噪声，车辆在行驶时（无论空载或满载），操作手柄应处于"搅动"位置，并锁止。

（8）液压系统、气压供水系统不得随意调节系统压力。

（9）在运输途中，搅拌运输车的最高车速不得超过 50km/h，转弯速度不大于 15km/h，否则有翻车的危险。

4．维护要求

（1）严格按维修保养手册进行设备维护。

（2）使用电弧设备焊接时须严格按焊接操作规范和使用说明书相关要求执行。

（3）在搅拌筒内焊接时，必须保证良好的通风条件，避免出现意外事故。

（4）在搅拌筒内进行铲除作业时，务必遵守以下事项：

① 防止搅拌筒转动，如图 4-21 所示。

a）操作手柄确实置于"空挡"位置。

b）关闭发动机。

c）拔出发动机的钥匙，由操作人员携带保管。

d）将清楚写有"搅拌筒内有人作业"的牌子，竖立在外面显而易见的地方，如图 4-21 所示。

e）锁死搅拌筒，防止其转动。

图 4-21　防止搅拌筒转动警示标识

② 铲除作业时的注意事项如下：

a）当筒内粘有大量混凝土时，请将粘着部分置于正下方。

b）铲除作业时，应左右对称进行。

③ 务必使用防尘面具、防护眼镜、耳塞等防护具，确保人身安全，如图 4-22 所示。

图 4-22　佩戴防护具

4.6.3　维护和保养

为保持搅拌车正常使用，除了要注意正确操作外，还要对其进行日常保养和定期维护，如果发现其出现不良迹象或故障，需及时维修。

应按使用说明书上的规定认真进行维修保养。在进行车辆检修或换油时，必须使汽车发动机熄火，确保搅拌筒停转。

常规的维护保养主要项目如下：

1．汽车底盘

按汽车底盘使用手册的规定进行维护及保养。

2．安装牢固性

定期检查上装与底盘之间是否有偏离原先固定位置的情况，各连接部分的零件不应该有松动、损坏和永久变形等迹象。

3．液压系统

1）试车前检查

目测液压管路及连接部位，必要时拧紧或更换；检查液压油箱液位，必要时加油；检查散热片，如有污染则清洗干净；定期更换液压油及滤芯。

2）渗漏检查

定期检查油箱、元件、管接头及油塞等部

位的渗漏情况,及时诊断并予以排除。

3)换油

定期检查并更换液压油,选用规定牌号的液压油,禁止不同牌号及不同厂家的液压油混用。加油后注意排除系统内的空气。

4)液压系统预热

如果环境温度低于液压油规定的最低温度(约10℃),应该对系统预热,即在搅拌筒停止转动的情况下,让发动机空转15min。

5)液压油的清洁度

新加入的液压油其固体污染清洁度等级为18/15;工作过程中的液压油其固体污染清洁度等级为19/16。

4．搅拌筒及托轮

(1)定期检查叶片的磨损情况,及时加以修补或更新。

(2)定期检查搅拌筒轨道磨损情况,适时对搅拌筒滚道表面涂抹润滑脂。

(3)定期检查搅拌筒及叶片结料情况并及时清除。

(4)定期给托轮表面及内部加注润滑脂,检查其锁紧螺母是否松动并及时紧固。

(5)定期检查托轮轮面与搅拌筒滚道的接触情况,按使用手册的说明适时调整。

5．供水系统

(1)定期检查气动阀块及管路的密封性。

(2)在冬季有结冰可能时,必须排空存水。

6．进出料装置

(1)定期给支座回转轴、支筒及锁紧架等部位的润滑点加注润滑脂。

(2)定期检查进料斗、出料斗、主槽及加长槽的磨损情况,必要时修复或更换。

7．操纵系统

定期检查操作连杆、软轴是否灵活,适时调整或修复。

8．上装保养周期表

上装保养周期见表4-9。

表 4-9　上装保养周期表

上装保养点		首次保养时间		例行保养时间				
		工作 150h 或行驶 5000km 后	工作 200h 或行驶 6000km 后	每天	每周	每月	每 6 个月 或行驶 15000km	每 12 个月 或行驶 30000km
润滑	搅拌筒轨道润滑		●		●			
	托轮润滑		●		●			
	传动轴润滑		●		●			
	卸料主槽各润滑点的润滑		●		●			
	检查操纵器及连杆、软轴的灵活性	●					●	
磨损	检查进料斗、出料斗、卸料主槽、加长槽的磨损情况						●	
	检查螺旋搅拌叶片的磨损情况						●	
	检查搅拌筒壁的磨损情况						●	

续表

上装保养点		首次保养时间		例行保养时间				
		工作 150h 或行驶 5000km 后	工作 200h 或行驶 6000km 后	每天	每周	每月	每 6 个月 或行驶 15000km	每 12 个月 或行驶 30000km
液压系统	检查液压油位	●		●				
	检查散热器的表面清洁度	●		●				
	检查散热器的可靠性	●					●	
	更换液压油和滤清器（必要时清洗油箱）	●						●
	检查液压泵、马达和散热器的密封性能	●					●	
	检查减速机油位	●					●	
	更换减速机齿轮油	●						●
结构检查	检查结构件的附属设施		●				●	
	检查搅拌筒支承托轮和减速机的支承轴		●				●	
	检查水箱支架的紧固性		●				●	
	目测副车架及搅拌筒前后支架的状况		●				●	
	检查各连接螺栓的紧固情况		●			●		
其他	检查电气设备的可靠性		●				●	
	检查供水系统的密封性		●				●	

注：保养时间以实际先到项目为准。

4.7 常见故障及排除方法

搅拌车分为底盘和上装，底盘常见故障及排除方法参见底盘手册，上装按液压系统、传动件和结构件分类，其常见故障及排除方法参见表 4-10～表 4-12。

4.7.1 液压系统故障及排除

液压系统常见故障及排除方法见表 4-10。

4.7.2 传动件故障及排除

传动件常见故障及排除方法见表 4-11。

表 4-10 液压系统常见故障及排除方法

故障部位	故障现象	故障原因	排除方法
油泵	异响	油泵吸空	1. 吸油滤清器堵塞,清洗或更换 2. 油泵转速过高,检修系统 3. 液压油黏度过高,更换液压油 4. 油温过低,预热
		吸油管路混入空气	1. 检查油箱油位是否过低,补油 2. 检查轴端密封或吸油管路接头是否漏气,更换或修理
		油泵转速过高	检修系统
	漏油	机械损坏	检修
		轴端油封磨损	更换
散热器	风扇电动机不转动	线路短路、断路	检修
		温控开关、继电器损坏	更换
管路及接头	漏油	胶管损坏	更换
		密封件损坏	更换
		管接头松动	紧固连接螺栓

表 4-11 传动件常见故障及排除方法

故障部位	故障现象	故障原因	排除方法
减速机	异响	缺油	检查油箱油位,加注齿轮油
		油液变质	更换齿轮油
		连接法兰处缺少润滑脂	加注润滑脂
		内部轴承损坏	更换
		连接法兰与搅拌筒间螺栓松动	检查紧固
		磨损严重	检修
	漏油	油封损坏	更换
传动轴	异响	两端法兰连接螺栓是否松动	紧固
		花键、万向节轴承缺油脂润滑	加注润滑脂
		十字轴轴承损坏	检修或更换
		花键磨损严重	检修或更换
托轮	异响	与搅拌筒滚道干摩擦	托轮表面涂抹适量润滑脂
		内部轴承损坏	修复或更换

4.7.3 结构件故障及排除

结构件常见故障及排除方法见表 4-12。

表 4-12 结构件常见故障及排除方法

故障部位	故障现象	故障原因	排除方法
搅拌筒	搅拌筒不能转动	取力器输出功率不足	发动机系统检修
		液压系统压力不足或流量太小	1. 油箱油面太低,须补油 2. 液压油黏度过低,导致系统容积效率降低,须更换液压油 3. 溢流阀堵塞或损坏,清洗、修理或更换 4. 液压油脏,更换清洁液压油 5. 油泵或马达内泄,修理或更换
		伺服阀内销轴或反馈阀杆断裂	更换
		操纵机构异常	检修
	搅拌筒无法提速	液压系统压力不足或流量太小	1. 油箱油面太低,须补油 2. 液压油黏度过低,导致系统容积效率降低,须更换液压油 3. 溢流阀堵塞或损坏,清洗、修理或更换 4. 液压油脏,更换清洁液压油 5. 油泵或马达内泄,修理或更换
		操纵机构异常	检修
	搅拌筒无法换向	油泵控制阀损坏	更换
		高压溢流阀失效	检修
		换向阀失效	检修
	搅拌筒转动不出料	混凝土坍落度太低	加适量水,高速搅拌后出料
		叶片磨损严重	修复或更换
	搅拌筒周期性抖动	搅拌筒内混凝土结块,导致偏心	清除结块混凝土
		搅拌土配比问题	控制材料质量,适当调整混凝土配比
	混凝土发生离析	搅拌筒转速偏低	调整转速
		运输时间过长,出料前没进行搅动	出料前高速搅拌 1~2min
进料斗	进料堵塞	搅拌主机卸料过快	1. 适当加大搅拌筒转速 2. 适当控制搅拌主机卸料速度
	漏料	进料斗橡胶板磨损	更换橡胶板

第5章

混凝土泵和车载泵

5.1 概述

混凝土泵和车载式混凝土泵是一种通过管道压送混凝土,进行水平和垂直运输的施工机械。车载式混凝土泵简称车载泵,是在自行式底盘上安装泵送单元的混凝土泵。

混凝土泵分固定式和拖式两种,仅具有泵送功能。车载泵具有行驶、泵送两种功能,它自带底盘,具有机动灵活的特性。

混凝土泵和车载泵目前已广泛应用于现代化城市建设、机场、道路、桥梁、水利等混凝土建筑工程施工,相比传统的混凝土输送方式,其施工特点如下:

(1)机械化程度高,需要的劳动力少,施工组织简单。

(2)作业安全,质量好,成本低。

(3)混凝土的输送和浇筑作业是连续进行的,施工效率高,工程进度快。

(4)输送管道可以铺设到任何地方,对施工作业面的适应性强,作业范围广。

(5)混凝土泵和车载泵可串联使用,以增大输送距离,满足各种施工要求。

(6)在正常泵送条件下,混凝土在管道中输送不会污染环境,能实现文明施工。

5.1.1 混凝土泵和车载泵发展 历程与现状

1. 发展历程

混凝土泵和车载泵国内外发展历程见表 5-1。

表 5-1 混凝土泵和车载泵发展历程

1	1907 年,德国开始研究混凝土泵,取得专利并制造了第一台混凝土泵,由于效果不佳,一直未得到推广使用
2	1927 年,德国的 Fritz Hell 设计出一种新型混凝土泵,并第一次获得应用
3	1930 年,德国制造了立式单缸球阀活塞泵,这种泵是靠曲柄和摇杆传动的,又是立式单缸,因而工作性能较差
4	1932 年,荷兰人库依曼(J. C. Kooyman)将立式缸改为卧式缸,设计制造了库依曼型混凝土泵,这种泵有一个卧式缸及两个由连杆操纵联动的旋转阀,成功地解决了混凝土泵的构造原理问题,大大提高了工作的可靠性
5	20 世纪 50 年代中期,德国的托克里特(Torkret)公司首先发展了采用水作为工作介质的液压泵,使得混凝土泵进入一个全新的发展阶段

续表

6	1959 年,德国施维英(Schwing)公司生产了第一台全液压混凝土泵,从而奠定了现代混凝土泵的技术基础。该泵功率大,振动小,输送距离远,可无级调速
7	20 世纪 50 年代,我国开始从国外引进混凝土泵
8	20 世纪 60 年代初,上海重型机器厂生产了仿苏 C-284 型排量为 40m³/h 的固定式混凝土泵,但未能推广
9	20 世纪 60 年代为了提高混凝土泵的机动性,在混凝土泵的基础上加装底盘,开发出车载泵
10	20 世纪 70 年代初,原第一机械工业部建筑机械研究所与沈阳振捣器厂参照德国施维英公司的 BPA-8 型样机,合作开发了 HB-8 型固定式活塞混凝土泵,并于 1973 年 11 月通过技术鉴定
11	国家建委建筑机械研究所与湖南常德机械厂合作,于 1978 年 6 月研制成功 HB-15 型油压活塞式混凝土泵
12	电力工业部水电局夹江水工机械厂参照日本 700S-1 型混凝土泵研制成 HB-30 型混凝土泵,采用双缸液压泵送系统,分配阀为垂直轴蝶形结构,并于 1981 年通过技术鉴定
13	1979 年,冶金部第一冶金建设公司研究所开发 HB-12 型混凝土泵
14	北京市建设研究所与北京建筑机械修造厂、北京市橡胶二厂和六厂协作,于 1978 年试制成功 HBJ-30 型挤压式混凝土泵,并在实际工程中加以应用
15	20 世纪 80 年代中期,我国大量从国外引进较先进的混凝土泵送设备,国产混凝土泵技术水平有了较大的提高
16	1987 年,建设部组织沈阳工程机械厂从德国普茨迈斯特公司引进 BS1406 型混凝土泵,在此基础上设计了 HBT60 型拖式混凝土泵,并于 1989 年通过技术鉴定
17	20 世纪 90 年代,我国混凝土泵制造技术得到新的发展,混凝土泵的排量为 15～125m³/h,分配阀有 S 管阀、闸板阀、蝶阀等多种形式,其性能质量基本能满足国内用户的施工要求
18	1994 年,德国普茨迈斯特公司生产的 BSA14000,在意大利创造了垂直泵送 532m 高度的纪录
19	2008 年,中联重科生产的 HBT90.40.572RS 超高压混凝土泵,在广州西塔创造了将 C100 超高强度混凝土垂直泵送至 432.5m 高度的纪录
20	2009 年,中联重科生产的电柴双动力车载泵 ZLJ5162THBE,首次实现电动机、柴油机动力任意选择
21	2011 年,中联重科生产的 HBT90.48.572RS 超高压泵,在深圳京基大厦创造了将 C120 超高性能混凝土垂直泵送至 417m 高度的纪录;同年中联重科生产全球最高泵送压力车载泵 ZLJ5180THBE-10528R,泵送压力达 28MPa

2. 发展现状

德国拥有一批规模大、技术水平高的混凝土泵制造企业,包括普茨迈斯特(Putzmeister)、施维英(Schwing)、托克里特(Torkret)、赛勒(Scheele)、埃尔巴(Elba)、特卡(Teke)、莱西(Reich)、利勃海尔(Liebherr)等公司,皆拥有较大的生产能力,产品性能一般都较好。

美国是混凝土泵发展较早的国家,也有不少混凝土泵制造企业,如罗斯(Rose)、伊利(Erie)、霍内(Hormet)、瑞德(Reed)、福来纳(Freightliner)、摩根(Morgen)等公司。20 世纪 60 年代和 70 年代初,挤压式混凝土泵在美国应用较多。随着混凝土泵技术的发展和完善,

活塞式混凝土泵逐渐增多。美国除了注重混凝土泵制造业的发展,对混凝土泵送技术的研究也十分重视,成立了美国混凝土协会(ACI)304 委员会,在研究泵送技术的基础上制定了一系列指导混凝土泵送施工的文件、法规、标准等,使美国混凝土泵的使用十分普及。

日本的混凝土泵起步较晚,但发展很迅速。1950 年,日本石川岛播磨重工从德国的托克里特公司引进输送量 10m³/h,水平运距 240m 的机械式混凝土泵。其后,从 1961 年起同托克里特公司进行了为期 15 年的液压式混凝土泵技术合作。截至 1978 年,石川岛播磨重工总共生产了约 2600 台混凝土泵,其中车载泵

约占 2000 台。同时,日本三菱重工于 1961 年同德国施维英公司进行技术合作,到 1978 年总共生产了大约 1650 台混凝土泵。

日本于 20 世纪 70 年代初制定了"泵送混凝土施工规程"指导实际施工,其后对轻骨料混凝土的泵送又做了大量的试验研究工作,现在已经能够做到顺利进行泵送。目前,日本拥有一批大型混凝土泵制造企业,如三菱重工、田中、石川岛播磨重工、新泻铁工所等企业,产量都较高,产品向世界各国出口。

苏联从 1926 年起研制混凝土泵,1978 年生产了泵送量较大的 CB-95 型混凝土泵。20 世纪 80 年代,苏联开发生产的混凝土泵类型逐步增多,其中,压气吹送灌式泵送混凝土技术一度在世界领先,近年来,则特别重视开发适用于低温条件下的混凝土泵车。

意大利的混凝土泵发展也很快,生产混凝土泵的厂家主要有希法(CIFA)、华星顿(Worthington)、赛马(Sermac)、里根(Rigel)等公司。

湖北建设机械厂于 1989 年研制成功第一台 HBT60 型拖式混凝土泵,于 1994 年又研制生产了大排量、具有高低压切换功能的 HBT80 型拖式混凝土泵。至 20 世纪 90 年代中期国产拖式混凝土泵的生产技术得到了较快的发展,生产企业由"七五"期末的 1～2 家发展到 20 余家。

目前我国的混凝土泵和车载泵制造企业有十余家,生产能力主要集中在中联重科、三一重工、徐工集团、柳工集团等几个企业,各企业经历了引进消化和自主创新,产品性能和质量不断提升,持续推出满足市场需求的混凝土泵和车载泵,混凝土泵送技术已经走在了全球同行的前列。

5.1.2 混凝土泵和车载泵发展趋势

混凝土泵的发展经历了从活塞式到挤压式再到活塞式,从机械式到液压式,从固定式到拖式再到汽车式的演变过程。目前,液压活塞式混凝土泵已成为各国混凝土泵发展的主流。混凝土泵的发展主要有如下趋势。

1. 高压、大方量

随着各国经济的飞速发展,各大城市人口密度增加,为了满足人们的住房需求,建筑向高层和超高层发展,同时各种基础建设如大型桥梁的建造、水坝的修筑等需要一次性浇筑完成,为了满足更高更远距离的混凝土输送和建筑施工进程的需要,混凝土泵向更高的输送压力和更大的泵送方量方向发展是必然趋势。混凝土泵的最大泵送压力已经从 13MPa、16MPa 为主流过渡到 21MPa、26MPa,目前混凝土泵最高泵送压力已达 50MPa 级别。车载泵最大泵送压力已经从 14MPa、18MPa 为主流过渡到 22MPa、28MPa。20 世纪 90 年代,混凝土泵和车载泵的理论泵送方量在 40～90m³/h,目前 90～120m³/h 泵送方量的已成为市场主流。

2. 液压系统集成化

液压系统的集成化将带来泵送能力的提高,大多数公司生产的混凝土泵和车载泵液压系统都是采用集成的液压阀块,使液压系统向可靠、节能、低冲击、低噪声的方向发展。

3. 控制系统智能化

在满足混凝土泵和车载泵基本功能的基础上,对压力、排量、发动机功率等各项参数灵活配置,以适应不同用户的需求,在混凝土泵上安装各种传感器,对泵送压力、摆动压力、液压油温等进行自动检测,出现异常情况时实现自动报警,并对故障进行自动显示,具有远程诊断功能。针对混凝土泵和车载泵的工作状态,记录工作时磨损情况,通过对使用、维修、保养的计算机程序的分析,发出对产品是否进行维修服务的指令,以保证混凝土泵和车载泵能够安全作业。目前混凝土泵和车载泵智能化技术已取得了一定成就,如自动高低压切换、泵送排量无级调节、快换活塞技术、远程监控等,今后混凝土泵和车载泵将是电液高度集成,充分利用数字控制、智能传感等技术的高科技产品,将主要体现在自检测、自诊断、自保护、自调整及多传感技术,GPS 定位技术也将成为发展的主流。

4. 高易损件寿命

通过对耐磨损技术的研究,采用新材料、新工艺进一步提高眼镜板、切割环、混凝土活塞、混凝土缸和输送管等易损件的寿命。同时注重分配阀的材质和通用性,使其更加耐磨并形成标准化、系列化,向结构简单、流道合理、不易堵塞的方向发展,保证混凝土泵和车载泵长时间运转不发生故障。

5. 节能和环保

人们对生活质量要求越来越高,环保意识越来越强,高效、节能、低噪声、低污染、智能化的环保型混凝土泵和车载泵必将受到人们的青睐。混凝土泵和车载泵的生产应注重降低能耗、降低噪声、降低污染,提高产品安全性、舒适性、维护和使用经济性。通过产品的节能减排实现资源的持续利用,同时减少废料和污染物的生成及排放,提高产品与环境的相容程度,最终实现经济效益与环境效益的最大化。

5.2 分类

混凝土泵和车载泵的分类方法很多,可以根据安装形式、分配阀形式、主动力类型、泵送液压系统特征、泵送方量、出口压力等来分,具体如下。

5.2.1 按安装形式分

混凝土泵的安装形式可以分为固定式、拖式、自行式三种(见表5-2)。自行式混凝土泵是把泵直接安装在汽车底盘上,这种形式的混凝土泵,一般又称为车载泵。

5.2.2 按分配阀形式分

分配阀形式分为活塞式和挤压式,见表5-3。

表 5-2　按安装形式分类

形式	代号	示意图	简要说明
固定式	HBG		安装在固定机座上的混凝土泵。固定式混凝土泵是比较原始的一种泵,多由电动机驱动,用于工程量大、移动较少的场合
拖式	HBT		安装在可以拖行的机架上的混凝土泵,简称拖泵。广泛应用于现代化城市建设、机场、道路、桥梁、水利、电力、能源等混凝土建筑工程,特别是在超高层泵送与远距离泵送施工中发挥着重要作用
自行式	无		安装在汽车底盘上的混凝土泵,简称车载泵。集行驶、泵送功能于一体,具有灵活的可移动性,更适合于小批量、多工地、施工工地狭窄等工况

表 5-3　按分配阀形式分类

分　类			简　图	简　要　说　明
活塞式	管阀	S管阀		以 S 形管件摆动达到混凝土吸入和推送的结构。密封性好,出口压力高
		裙阀		裙阀为施维英公司专利,裙形管件摆动达到混凝土吸入和推送的结构。特点:裙阀置于料斗内,阀体较短、变径较小、流道通畅、压力损失小
		C 形阀		以 C 形管件摆动达到混凝土吸入和推送的结构。密封性好,吸料性好,易维修
	板阀	闸板阀		由板阀上下运动来达到混凝土吸入和推送的结构。吸料性好,混凝土适应性强
		蝶形阀		由蝶形板的翻动达到混凝土吸入和推送的结构。吸料性好,易维修
挤压式		挤压阀		通过旋转挤压阀体内的软管实现混凝土的吸入和推送。结构简单

5.2.3 按主动力类型分

混凝土泵按主动力类型可以分为电动机泵和柴油机泵两种,车载泵按照主动力类型可以分为电动机车载泵、柴油机车载泵和组合动力车载泵三种(见表 5-4)。

5.2.4 按泵送液压系统特征分

根据泵送液压系统的特征,可以分为开式液压系统和闭式液压系统(见表 5-5)。

表 5-4 按主动力类型分

分类	简 图	简 要 说 明
电动机泵		电动机泵价格便宜,运行成本低,但其使用受电网及电网容量限制
柴油机泵		柴油机泵运行成本较高,但其使用不受地域限制
电动机车载泵		电动机车载泵价格便宜,运行成本低,但其使用受电网及电网容量限制
柴油机车载泵		柴油机车载泵运行成本较高,但其使用不受地域限制
组合动力车载泵		电动机动力和柴油机动力可选择,组合动力车载泵使用不受地域限制

表 5-5　按泵送液压系统特征分

分类	简　图	简 要 说 明
开式	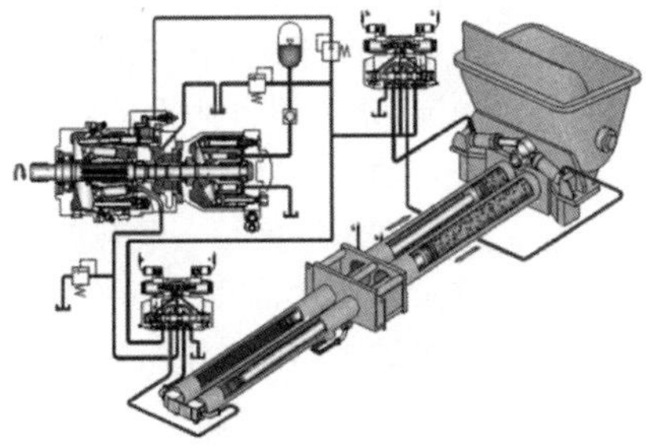	阀控系统,由主泵压油通过控制阀再到达执行元件,主回油回到油箱。冲击大,结构简单,散热性好
闭式	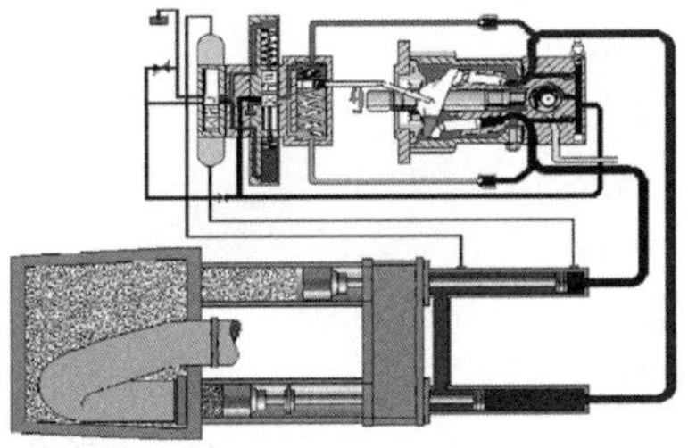	泵控系统,主泵能实现压力油双向输出,压力油直接进入执行元件。冲击小,结构复杂,散热性差,成本高

5.2.5　按泵送方量分(见表 5-6)

表 5-6　按泵送方量分

理论泵送方量/(m³/h)				
超小型	小型	中型	大型	超大型
<30	30~60	60~100	100~150	>150

5.2.6　按出口压力分(见表 5-7)

表 5-7　按出口压力分

出口压力/MPa				备　注
低压	中压	高压	超高压	拖泵最大出口压力达 50MPa,车载泵最大出口压力达 28MPa
<10	10~18	18~21	>21	

5.3　典型产品结构与工作原理

5.3.1　典型产品结构

　　由于混凝土泵和车载泵承担的工作任务不同,结构也稍有不同,混凝土泵只需实现混凝土泵送,而车载泵还要实现自行走,其必须自带行走系统即底盘,下面先介绍混凝土泵和车载泵的产品结构。

1. 混凝土泵

　　混凝土泵只对混凝土进行泵送,无法独立行走和布料。以电动机泵为例,主要由泵送单元、电控系统、液压系统、动力系统、润滑系统、机架等组成,如图 5-1 所示。

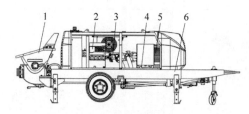

图 5-1　电动机泵

1—泵送单元;2—电控系统;3—液压系统;
4—润滑系统;5—动力系统;6—机架

机架一般由结构件组成,对设备起支承作用,在拖运时依靠拖运桥轮胎,前方有牵引支架和拖车相连;而在工作时拖运桥轮胎必须离地,支地轮收起,由四条支腿着地,支腿有机械伸缩和液压伸缩两种类型。机架上方有机罩覆盖,用以保护电气、液压元件,机罩一般与油箱相连。

2. 车载泵

车载泵与混凝土泵的主要区别是增加了底盘及其他相关附件,以柴油机车载泵为例,主要由底盘、动力系统、泵送单元、液压系统、润滑系统、电控系统及车架总成组成,如图 5-2 所示。

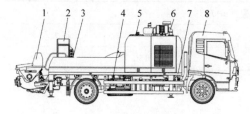

图 5-2　车载泵组成

1—泵送单元;2—电控系统;3—润滑系统;4—清洗系统;5—液压系统;6—动力系统;7—车架总成;8—底盘

车架总成主要包括副车架、前后支腿、防护栏和走台等部件,在车载泵进行泵送时将整机支承起来,保证设备的稳定性。副车架上方有机罩覆盖,用以保护电气、液压元件,机罩一般与油箱相连。

车载泵与拖泵主要结构相同,都是由泵送单元、液压系统、电控系统、润滑系统、动力系统组成,车载泵还包括底盘和清洗系统。下面分别对产品结构进行详细介绍。

1) 泵送单元

泵送单元是由混凝土料斗、分配阀、混凝土缸、水洗箱、推进装置和控制装置等零部件所组成的系统。目前广泛使用的活塞式泵送单元,是由压力油推动泵送油缸活塞杆,活塞杆带动混凝土活塞从而实现混凝土的推送。活塞式泵送单元一般有单缸和双缸两类,但双缸具有连续、平稳、生产率高的优势,所以主流的泵送单元都采用双缸,其组成如图 5-3 所示。

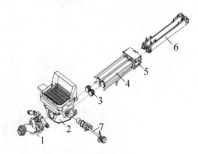

图 5-3　泵送单元

1—分配阀;2—料斗;3—混凝土活塞;4—混凝土缸;
5—水洗箱;6—泵送油缸;7—搅拌机构

(1) 泵送油缸。泵送油缸由活塞体、油缸体、活塞杆、压盖、密封装置等组成,如图 5-4 所示。由于活塞杆不仅与液压油接触,而且还与水等其他物质接触,因此为了改善活塞杆的耐磨和耐腐蚀性能,表面一般要镀硬铬。

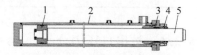

图 5-4　泵送油缸

1—活塞体;2—油缸体;3—密封装置;
4—压盖;5—活塞杆

(2) 混凝土缸。混凝土缸是吸入、压送混凝土的缸,又称输送缸。其前端与料斗相连,后端与水箱相连,通过拉杆固定在料斗和水洗箱之间。混凝土缸一般选用优质碳素钢或合金钢做母材,由于长期与水、混凝土接触,酸、碱物质的化学腐蚀以及混凝土与混凝土缸表面的剧烈摩擦,内表面需通过特殊的热处理工艺及内表面镀铬工艺,提高强度及表面硬度,以提高其耐磨性与抗腐蚀性能。混凝土缸在靠近水洗箱一端有润滑孔,能对混凝土活塞进行自动或手动润滑,延长混凝土活塞和混凝土缸的使用寿命。

(3)混凝土活塞。混凝土活塞又称砼活塞,由连接法兰、导向环、压盘、活塞、压盖等组成,如图5-5所示。各个零件通过螺栓固定在一起。为实现与混凝土缸的密封,混凝土活塞的主体材料选用非金属材料(如橡胶、聚氨酯等),起导向、密封和推送混凝土的作用。混凝土活塞直接与混凝土接触,易磨损,需要经常检查与维护,发现严重磨损,应及时更换,以防止砂粒进入混凝土活塞磨损处,损坏混凝土缸。为提高混凝土活塞的使用寿命,工作时可采用液压油或锂基脂等对其进行充分润滑。

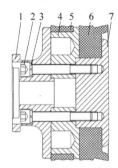

图5-5　混凝土活塞

1—连接法兰;2—螺栓;3—垫圈;4—压盘;
5—导向环;6—活塞;7—压盖

(4)水洗箱。水洗箱一端安装有混凝土缸,另一端安装有推动混凝土缸活塞前进或后退的油缸的箱形零件,箱内装有清水,用来清洗和冷却混凝土缸活塞,如图5-6所示。水洗箱又称洗涤室,水洗箱上有水箱盖,工作时,水箱盖起安全保护作用,防止外界异物或手进入水洗箱。水洗箱的主要作用:①保证混凝土缸及泵送油缸两者同轴;②给混凝土活塞提供检查及更换的空间;③泵送过程中,在水洗箱内加入适量的水和油,能对混凝土活塞起到冷却和润滑的作用;④清洗残留在混凝土缸上的泥浆,减少混凝土缸与混凝土活塞的磨损。

(5)料斗。料斗通过螺栓或销轴与车架总成相连。料斗内部装有搅拌机构和分配阀等。它既可以存储一定的混凝土料,起调节输送速

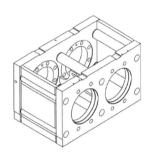

图5-6　水洗箱

度的作用,又可让搅拌机构将混凝土进行二次搅拌,防止混凝土凝固,改善混凝土的可泵送性。料斗主要由料斗体、筛网、卸料门等组成,如图5-7所示。料斗体由钢板焊接而成,侧板开有圆孔,用于安装搅拌机构,后部与两个混凝土缸连通,前部与出料口相连,S管固定在前墙板与后墙板之间。筛网用圆钢或钢板条焊接而成,通过两个铰点安装在料斗上。泵送施工时,可以防止混凝土中大于规定尺寸的骨料或其他杂物进入料斗,减少泵送故障,同时保护操作人员的安全。停止泵送时,打开料斗下方的卸料门,可以排除余料和清洗料斗。

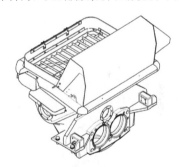

图5-7　料斗

(6)搅拌机构。搅拌机构主要作用是对混凝土进行二次搅拌,防止混凝土凝固和离析,保证混凝土的可泵送性能。搅拌机构由搅拌电动机、搅拌轴、搅拌叶片等组成,如图5-8所示。搅拌轴分为半轴和中间轴,叶片分左、右各两片,通过螺栓与搅拌轴相连。搅拌轴采用三段结构,中间轴安装在料斗中,对吸入混凝土进行再搅拌,保证混凝土的均匀,同时不断地将离吸入口较远的混凝土向吸入口附近送,

防止料斗中积料。搅拌叶片除了要保证搅拌功能外,还要具有较小的搅拌阻力和耐磨性能,一般在其边缘加焊耐磨焊。半轴通过内花键与液压马达相连,有的采用单马达驱动,也有的采用双马达驱动。

图 5-8　搅拌机构
1—搅拌电动机;2—搅拌叶片;3—搅拌轴

(7) 分配阀。分配阀是保证料斗中的混凝土通过混凝土缸压入输送管的装置,实现混凝土的分配,与泵送机构相配合,达到连续泵送功能。S 管阀式分配阀由摇臂、摆动油缸、S 管、切割环和眼镜板等组成,如图 5-9 所示。眼镜板是安装在混凝土缸料斗端的双孔可更换衬板,切割环是安装在管形阀一端并与眼镜板紧密贴合的环形零件。S 管阀式分配阀工作原理是通过液压油的压力推动左右两个摆动油缸的活塞杆,活塞杆驱动摇臂,摇臂带动S 管左右摆动,从而实现 S 管阀的换向,在整个换向过程中要求换向迅速、动作有力。

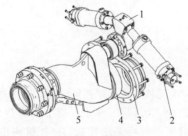

图 5-9　分配阀
1—摇臂;2—摆动油缸;3—眼镜板;4—切割环;5—S 管

2) 液压系统

液压系统是混凝土泵送设备的核心部分,液压系统质量的好坏直接影响整机的工作性能和效率。根据混凝土泵和车载泵的基本功

能可以将液压系统分为泵送液压系统、分配液压系统、搅拌液压系统、冷却系统、清洗系统、支腿液压系统(机械伸缩支腿除外)。

根据液压系统的工作方式不同,混凝土泵和车载泵的泵送液压系统有开式系统和闭式系统两种类型。下面就以开式液压系统为例,混凝土泵和车载泵液压系统的组成如图 5-10 所示。

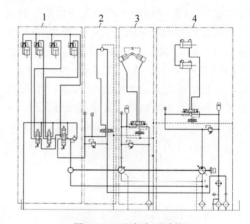

图 5-10　开式液压系统
1—支腿液压系统;2—搅拌液压系统;
3—分配液压系统;4—泵送液压系统

泵送、分配液压系统为混凝土泵和车载泵的液压系统的主工作系统,其余为辅助系统。泵送、分配液压系统示意图如图 5-11 所示,主要由动力元件(主油泵 1 和恒压泵 2)、控制元件(泵送阀组 4 和分配阀组 3)和执行元件(泵送油缸 5 和摆动油缸 6)组成。其中,主油泵 1 为泵送油缸的来回往复运动提供压力油,恒压泵 2

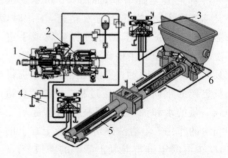

图 5-11　泵送、分配液压系统示意图
1—主油泵;2—恒压泵;3—分配阀组;4—泵送阀组;5—泵送油缸;6—摆动油缸

为摆动油缸的来回摆动提供压力油,泵送阀组 4 和分配阀组 3 分别控制泵送油缸的运动方向和摆动油缸的运动方向,并协调控制泵送油缸和摆动油缸的配合动作,保证混凝土泵送顺利进行。

3) 电控系统

电控系统是混凝土泵和车载泵的控制中心,其运行状态将直接影响整机的工作性能,同时电控系统的设计也是实现整车智能化的主要手段。

电控系统主要由电源部分、传感信号采集部分、操控部分、控制中心部分、指令执行部分等组成,各部件功能介绍如表 5-8 所示。

表 5-8　电控系统组成

电控系统部件	简　图	简　要　说　明
电源部分	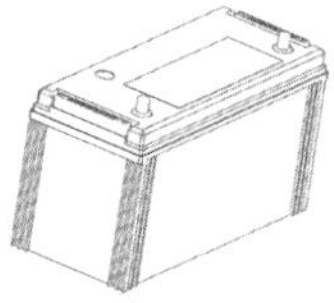	混凝土泵总电源由自带蓄电池提供,车载泵上装总电源与底盘蓄电池共用
传感信号采集部分	 	对反映整机运行状态的部分关键参数通过传感器进行采集,主要有压力传感器以及用于判断位置信息的接近开关等
操控部分	 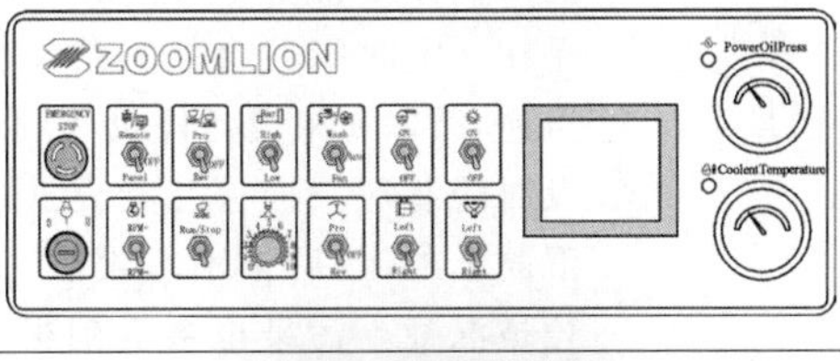	混凝土泵和车载泵操控一般有遥控操控(远端操作)及面控操作(近端操作)两种形式
控制中心部分		电控系统的数据处理、逻辑运算及控制指令发出部件。一般由工业控制器(或 PLC)、人机交互系统及部分辅助电路构成。 目前车载泵利用 GPS 终端实现对设备的远程控制也逐渐得到普遍应用
指令执行部分	 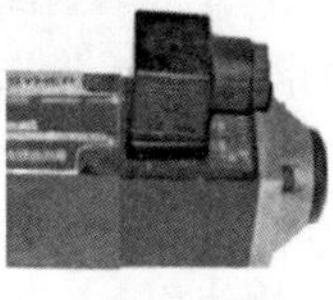	实现对液压系统(一般通过对电磁阀的控制来实现)及其他执行机构的动作控制

4) 润滑系统

润滑系统是机械设备中不可缺少的一部分,它主要对机械运动副起润滑作用。由于混凝土泵送设备的工作对象为混凝土,对与混凝土接触的机械动作部分的润滑要求非常高,主要包括混凝土活塞、搅拌半轴,分配阀部分如S管两端、闸板阀部件等。在与混凝土接触的部位,不管采用什么密封方式都不可能完全避免混凝土浆的渗入,因此混凝土泵送设备在这些部位采用强制式自动润滑。

润滑系统一般采用液压驱动的润滑泵供油,通过分油器将加压的润滑脂或油源源不断地分配到各个润滑部位,在保证润滑的同时将渗入的混凝土浆带走,防止混凝土浆在各部位的凝结。为减少混凝土浆的渗入,在泵送混凝土前,必须让混凝土泵送设备空泵一段时间,让润滑脂或油充满润滑部位的空间。同时,为防止残余在润滑部位的混凝土浆在泵送工作结束后的干结,也必须在泵送混凝土工作结束后让混凝土泵送设备空泵一段时间,让干净的润滑脂或油将掺杂了混凝土浆的润滑脂或油挤出润滑部位。常用的润滑系统有两种:锂基脂自动润滑和液压油自动润滑+手动泵辅助润滑,分别如图5-12、图5-13所示。

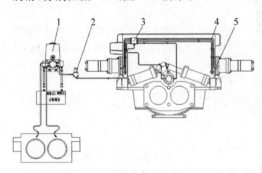

图5-12 锂基脂自动润滑

1—增压润滑泵;2—过滤器;3—润滑管路;4—递进式
分配器;5—润滑点

(1)锂基脂自动润滑。锂基脂自动润滑的主要工作原理是在泵送作业时增压润滑泵不断地向轴承部位注入润滑脂来润滑轴承,同时大量的润滑脂将已浸入密封腔的混凝土浆排挤到密封腔外,达到延长轴承部位寿命的目的。该润滑方法因增压润滑泵的压力较高,故使用过程中具有故障少、成本低、维护简单等特点。

(2)液压油自动+手动泵辅助润滑。该润滑方式是在稀油润滑基础上加配一套手动润滑脂润滑中心。其主要工作原理是在泵送作业时稀油润滑中心不断地向轴承部位注入液压油来润滑轴承,每隔一段时间再由操作者操作手动泵,向轴承部位压注润滑脂,其目的是加大轴承部位的润滑油黏度,同时大量的润滑脂将已浸入密封腔的混凝土浆排挤到密封腔外,达到延长轴承部位寿命的目的。该润滑方法综合润滑脂润滑和稀油润滑的优点,具有故障少、维护简单、使用寿命长等特点。

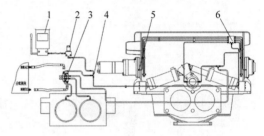

图5-13 液压油自动+手动泵辅助润滑

1—手动泵;2—过滤器;3—分配器;4—润滑管路;
5—润滑点;6—递进式分配器

5)清洗系统

清洗系统的设置是与混凝土泵和车载泵的工作性质和环境息息相关的,混凝土的特点是在一定时间后自然凝结硬化且变化过程不可逆,所以如果设备停机一段时间而没有进行及时的清理,料斗、混凝土缸内就会被凝结的混凝土封住,后果不堪设想,而设备上其他部位被混凝土污染也会受到很大的损失。鉴于此,混凝土泵和车载泵都配备(或可选配)清洗系统,每班工作完毕后都要进行及时的清洗。混凝土泵送施工中,清洗是泵送后一个必不可少的重要步骤。良好的清洗方法既可清洗干净输送管道,又可将管道中的混凝土全部输送到浇筑点,不仅不浪费混凝土,而且经济环保。清洗系统的水泵有的采用液压马达驱动,也有的采用电动机直接驱动,如图5-14所示,清洗系统的水压可以高达6~8MPa。

6)动力系统

混凝土泵和车载泵按主动力类型主要分为柴油机动力系统和电动机动力系统,对于柴油机泵,需要加装柴油箱等附属装置。动力装

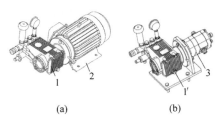

图 5-14 清洗系统

(a) 电动机驱动；(b) 马达驱动

1、1′—水泵；2—电动机；3—液压马达

置通过联轴器与液压油泵连接，通过发动机驱动液压油泵为液压系统提供压力油。动力系统主要由发动机、联轴器、法兰座等组成，如图 5-15 所示。

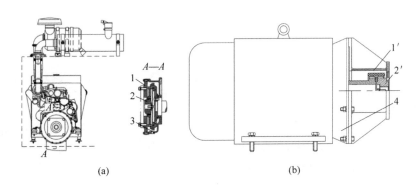

图 5-15 动力系统

(a) 柴油机；(b) 电动机

1、1′—法兰座；2、2′—联轴器；3—柴油机；4—电动机

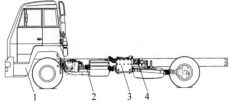

图 5-16 组合动力车载泵底盘

1—底盘；2—传动轴；3—分动箱；4—液压泵组

5.3.2 工作原理

混凝土泵和车载泵是高性能的机电液一体化产品，为满足混凝土泵送施工近乎苛刻的要求，一般采用体积小、结构紧凑、调速方便、

7）底盘

车载泵底盘一般都由普通载货汽车底盘（4×2）改装而成，但是柴油机车载泵、电动机车载泵和组合动力车载泵有区别，其中柴油机车载泵、电动机车载泵底盘主要是起行驶作用，其功率要求不高，只要能满足行驶功能，改装时传动部分基本可以不作改动，底盘改动量也就相对较小。组合动力车载泵底盘不但起行驶作用，在进行混凝土泵送作业时还要向泵送系统提供动力，因此对相同规格的泵送系统来说，底盘功率要求也相对大些，并且底盘改装时还需要对其传动系统加装分动箱或取力器，其改动量也就相对较大。组合动力车载泵底盘如图 5-16 所示。

换向冲击小的液压传动技术以及低故障的带总线的工业控制器控制技术。混凝土泵和车载泵工作原理是：通过发动机驱动液压泵，输出压力油，通过压力油来驱动两个泵送油缸往复运行，从而交替驱动混凝土活塞，将混凝土沿输送管道连续输送到指定位置。

下面详细介绍泵送单元、液压系统及电控系统工作原理。

1. 泵送单元

泵送单元是混凝土泵送设备的核心零部件，由两个往复运行的泵送油缸和两个混凝土缸组成，借助泵送油缸的压力油来驱动混凝土活塞。活塞在缸内往复运动，在分配阀的配合下完成混凝土的吸入和排出,泵送工作原理如图 5-17 所示。

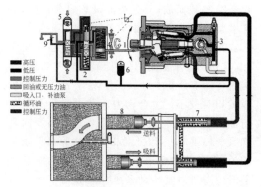

图 5-17　泵送工作原理

1—液压泵;2—伺服阀;3、4—补油泵;5—伺服阀;
6—蓄能器;7—泵送油缸;8—混凝土缸;9—截止阀

混凝土泵送设备的作用是通过管道将混凝土压送到浇筑点,但有时也需要将管道内的混凝土抽回料斗,比如清洗管道、混凝土即将发生堵管时,因此混凝土泵送设备存在正泵和反泵两种情况。

正泵:推料行程时混凝土缸与分配阀连通,混凝土活塞前进时将混凝土缸中的混凝土从出料口推向输送管。吸料行程时混凝土缸与料斗连通,混凝土活塞退回时从料斗中将混凝土吸入混凝土缸。

反泵:推料行程时混凝土缸与料斗连通,混凝土活塞前进时将混凝土缸中的混凝土推回料斗,吸料行程时混凝土缸与分配阀连通,混凝土活塞在退回时将混凝土输送管中的混凝土吸回混凝土缸。

不同形式的分配阀,其对应的泵送工作原理会有所差别,下面分别进行介绍。

1)S 管阀泵送单元

S 管阀泵送单元如图 5-18 所示,混凝土活塞(3、3′)分别与泵送油缸(6、6′)活塞杆相连,在泵送油缸的作用下,作往复运动,一缸前进,另一缸后退;混凝土缸出口与料斗和 S 管阀 2 连通,S 管阀出料端接出料口 1,另一端通过花键轴与摇臂连接,在摆动油缸(8、8′)的推动下 S 管阀可左右摆动。

泵送混凝土料时,在摆动油缸的作用下,S 管阀与混凝土缸 4′连通,在泵送油缸的作用下混凝土活塞 3′前进,将混凝土缸 4′内的混凝土送入 S 管阀泵出,同时混凝土活塞 3 后退,将料斗内的混凝土吸入混凝土缸内。当混凝土活塞 3 后退至行程终点时,控制系统发出信号,泵送油缸(6、6′)换向,同时摆动油缸(8、8′)换向,使 S 管阀与混凝土缸 4 连通,混凝土缸 4′与料斗连通,此时,混凝土活塞 3 前进,混凝土活塞 3′后退,依次循环,从而实现连续泵送。

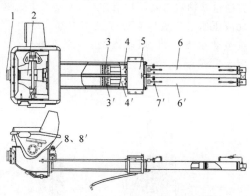

图 5-18　S 管阀泵送单元

1—出料口;2—S 管阀;3、3′—混凝土活塞;4、4′—混凝土缸;5—水洗箱;6、6′—泵送油缸;7—换向装置;8、8′—摆动油缸

S 管阀泵送单元正、反泵原理简图如图 5-19、图 5-20 所示。

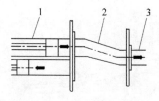

图 5-19　正泵状态原理简图

1—混凝土缸;2—料斗;3—出料口

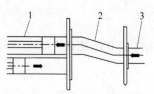

图 5-20　反泵状态原理简图

1—混凝土缸;2—料斗;3—出料口

若泵送时混凝土出现堵塞或需要清洗输送管,就需要将处于吸料行程的混凝土缸与S管阀连通,处于推料行程的混凝土缸与料斗连通,从而将输送管中的混凝土抽回料斗中,这就是反泵的工作状态。

2) 闸板阀泵送单元

闸板阀泵送单元如图5-21所示,混凝土活塞(5、5′)分别与泵送油缸(1、1′)活塞杆连接,在泵送油缸液压油作用下,作往复运动,一缸前进,则另一缸后退;混凝土缸出口与下阀体连通,闸阀阀板与上、下阀体相连;上阀体上面两口与料斗相连,Y形管与闸阀的下面两口相连。

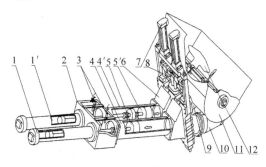

图 5-21　闸板阀泵送单元

1、1′—泵送油缸;2—水箱;3—换向装置;4、4′—混凝土缸;5、5′—混凝土活塞;6—下阀体;7—闸阀油缸;8—闸板;9—上阀体;10—Y形管;11—料斗;12—搅拌装置

泵送混凝土料时,在泵送油缸作用下,混凝土活塞5′前进,混凝土活塞5后退,同时在闸阀油缸作用下,料斗11与混凝土缸4相通,Y形管与混凝土缸4′相通,这样,混凝土活塞5后退,便将料斗内的混凝土吸入混凝土缸,混凝土活塞5′前进,将混凝土缸内混凝土料通过闸阀进入Y形管泵出。当混凝土活塞5运动至行程终端时,触发水箱2中的换向装置3,主油缸换向,同时闸阀油缸7换向,使料斗与混凝土缸4′相通,将料斗中的料吸入;Y形管与混凝土缸4相通,将缸中料通过Y形管泵出,如此循环从而实现连续泵送,如图5-22所示。

泵送混凝土料时通过反泵操作,如使处于吸料行程的混凝土缸(Ⅱ缸)与Y形管相连,处于推送行程的混凝土缸(Ⅰ缸)与料斗连通,从而将管路中的混凝土抽回料斗,如图5-23所示。

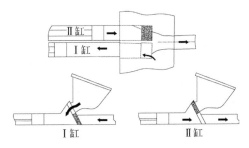

图 5-22　闸板阀正泵状态原理简图

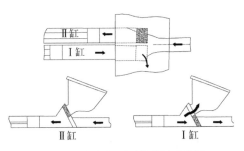

图 5-23　闸板阀反泵状态原理简图

3) 裙阀泵送单元

裙阀的工作原理与其他管阀大致相同,其阀体呈裙形,因此而得名。其结构如图5-24所示,裙阀置于料斗内,一端与出料口相连,另一端在一个摆缸的作用下做左右摆动,分别与两个混凝土缸连通,实现吸料和推料过程。

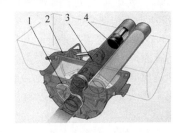

图 5-24　裙阀示意图

1—裙阀;2—摆缸;3—混凝土缸;4—混凝土活塞

裙阀是施维英的专利技术,其阀型的特点是具有裙子形状,进料口小,出料口大,流道通畅,压力损失小。混凝土泵送时,裙阀有一半填充着混凝土,混凝土单边磨损,所以磨损低。磨损后可再堆焊是裙阀的独特之处,维护方便

持久耐用。另外由于流道短,料斗在设计时吸料性更好,混凝土泵送时管道阻力也相应减少。

2．液压系统

混凝土泵和车载泵液压系统按功能可分为四大部分:泵送液压系统、分配液压系统、搅拌冷却液压系统及支腿液压系统。对于泵送、分配液压系统,目前普遍采用双泵双回路,即泵送油路和分配油路各自独立,互不干涉,易于泵送与分配协调,进而保障了设备的整体性能。

1)泵送液压系统

混凝土泵和车载泵根据液压系统特征可分为开式液压系统和闭式液压系统两种类型,而当泵送油缸或混凝土缸的活塞运行到端部时,需要换向信号控制换向,从目前的换向信号采集方式上来分主要有电控信号和液控信号。因此泵送液压系统分为开式电控、开式液控、闭式电控、闭式液控四种,下面分别介绍四种典型泵送液压系统原理。

(1)开式电控泵送液压系统。开式电控泵送液压系统原理如图5-25所示,油液从油箱中出来通过过滤器1,由液压泵2排出,通过换向阀4进入泵送油缸5或泵送油缸5′,并通过装在水洗箱后泵送油缸上的接近开关控制换向阀4上电磁铁的得失电,从而控制活塞杆的前进或后退。溢流阀3限定系统最高压力,起安全保护作用。冷却器6用于冷却液压系统油液,保证液压油工作在最佳温度。

(2)开式液控泵送液压系统。开式液控泵送液压系统原理如图5-26所示,与电控系统的主要区别是换向信号由逻辑阀(7、7′)给出。电磁换向阀4得失电用于主油缸点动控制和正反泵控制。

(3)闭式电控泵送液压系统。闭式电控泵送液压系统原理如图5-27所示,液压油在液压泵1和泵送油缸(4、4′)之间循环,通过内置补油泵从油箱吸油补充泄漏。通过调节比例减压阀3的电流大小控制油泵排量,泵送油缸的换向则通过接近开关感应信号,从而控制电磁换向阀2上电磁铁的得失电。冲洗阀5可实现闭式液压系统内部分油液与外界的交换,避免

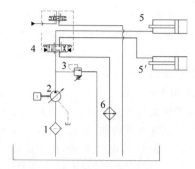

图 5-25　开式电控泵送液压系统

1—过滤器；2—液压泵；3—溢流阀；4—换向阀；
5、5′—泵送油缸；6—冷却器

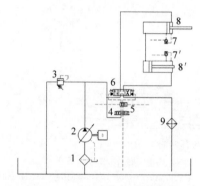

图 5-26　开式液控泵送液压系统

1—过滤器；2—液压泵；3—溢流阀；4—电磁换向阀；
5—小液动换向阀；6—液动换向阀；7、7′—逻辑阀；
8、8′—泵送油缸；9—冷却器

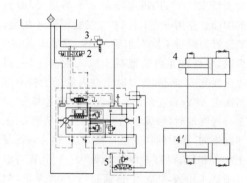

图 5-27　闭式电控泵送液压系统

1—液压泵；2—电磁换向阀；3—比例减压阀；
4、4′—主油缸；5—冲洗阀

油温过高。

（4）闭式液控泵送液压系统。闭式液控泵送液压系统原理如图5-28所示，与闭式电控泵送液压系统的主要区别是换向信号由逻辑阀（6、6′）给出，电磁换向阀3得失电用于主油缸点动控制和正反泵控制。

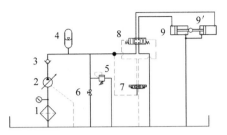

图 5-29　电控分配液压系统

1—过滤器；2—恒压泵；3—单向阀；4—蓄能器；5—溢流阀；6—卸荷开关；7—电磁换向阀；8—液控换向阀；9、9′—分配油缸

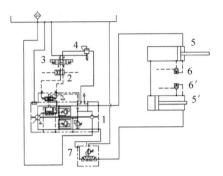

图 5-28　闭式液控泵送液压系统

1—液压泵；2—液动换向阀；3—电磁换向阀；4—比例减压阀；5、5′—主油缸；6、6′—逻辑阀；7—冲洗阀

2）分配液压系统

分配液压系统根据泵送系统换向信号不同，也有两种形式。当泵送液压系统为电控换向时，对应的分配液压系统为电控分配液压系统，当泵送液压系统为液控换向时，对应的分配液压系统为液控分配液压系统。

（1）电控分配液压系统。电控分配液压系统原理如图5-29所示，当电磁换向阀7不通电时，液控换向阀8阀芯处于中位，油路不通，恒压泵2输出的压力油经单向阀3进入蓄能器4。当电磁换向阀7一端电磁铁得电时，液控换向阀8阀芯移动，摆动缸油路接通，蓄能器内储存的压力油与恒压泵输出的油一起进入摆动油缸，推动分配阀摆动。当电控换向阀另一端电磁铁得电时，另一摆动缸油路接通，推动分配阀向相反方向摆动。若系统不工作，打开卸荷开关6，让回路中的压力油卸荷，避免误动作，保障安全。电磁换向阀7电磁铁得失电信号由泵送回路中接近开关给出。

（2）液控分配液压系统。液控分配液压系统原理如图5-30所示，其与电控分配液压系统的主要区别是：换向信号由泵送回路中的逻辑

阀给出，控制小液动换向阀8动作，控制油经小液动换向阀8控制大液动换向阀9换向，从而实现分配油缸交替动作。电磁阀7得失电用于摆动油缸点动控制和协助正反泵控制。

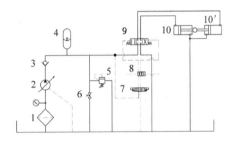

图 5-30　液控分配液压系统

1—过滤器；2—恒压泵；3—单向阀；4—蓄能器；5—溢流阀；6—卸荷开关；7—电磁换向阀；8—小液动换向阀；9—大液动换向阀；10、10′—分配油缸

3）搅拌、清洗液压系统

（1）搅拌液压系统。搅拌液压系统原理如图5-31所示，当电磁换向阀7阀芯处于中位，电控换向阀8失电时，齿轮泵2输出压力油直接流回油箱，搅拌马达6不转。当电磁换向阀8一端得电时，阀芯移动，压力油从一端进入搅拌马达6，马达正转，当换向阀另一端得电时，阀芯移动，马达反转。若在正转过程中搅拌马达负荷超载，达到压力继电器5设定压力值时，压力继电器发出电信号，电控换向阀另一端得电，马达反转，搅拌马达正反转自动控制，可避免搅拌卡死。当压力继续升高时，溢流阀3打开，液压油溢流。

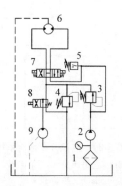

图 5-31 搅拌、清洗液压系统

1—过滤器；2—齿轮泵；3、4—溢流阀；5—压
力继电器；6—搅拌马达；7—电磁换向阀；
8—电控换向阀；9—清洗马达

（2）清洗回路。图 5-31 中还包含清洗回路，它与搅拌回路共用齿轮泵 2、电控换向阀 8 等液压元件。压力油进入清洗马达 9，驱动马达旋转，输出高压水清洗设备。当不需要用水清洗泵送设备时，电控换向阀 8 失电，液压油直接进入油箱。

4）支腿液压系统

混凝土泵（机械支腿混凝土泵除外）和车载泵施工时，均需靠液压力将支腿支承起来，使轮胎脱离地面。支腿液压系统原理如图 5-32 所示。

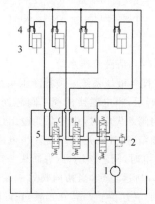

图 5-32 支腿液压系统

1—齿轮泵；2—溢流阀；3—支腿油缸；
4—双向液压锁；5—支腿多路阀

当支腿多路阀 A 处于中位时，齿轮泵 1 输出的压力油直接回油箱，支腿油缸 3 处于双向

液压锁 4 的锁紧状态，不能动作。

当支腿多路阀 A 处于下边位置时，齿轮泵 1 输出的液压油进入支腿油缸的有杆腔，并将回油通路打开，此时操作支腿多路阀 B 到上边位置时，一侧的后支腿油缸活塞杆收回；当支腿多路阀 B 推到下边位置时，同一侧的前支腿油缸活塞杆收回。操作支腿多路阀 C，另一侧的前或后支承油缸收回。

当支腿多路阀 A 处于上边位置时，齿轮泵 1 的压力油到支腿多路阀（B、C），油路不通。若此时操作支腿多路阀 B，则可以将一侧的前支腿油缸和后支腿油缸支承起来；操作支腿多路阀 C，则可以将另一侧的前支腿油缸和后支腿油缸支承起来。

3. 电控系统

控制中心在接收到操控指令时，对各相干传感信号进行判断，按照控制逻辑，输出控制指令到执行机构，完成操控指令的执行，硬件逻辑结构如图 5-33 所示。

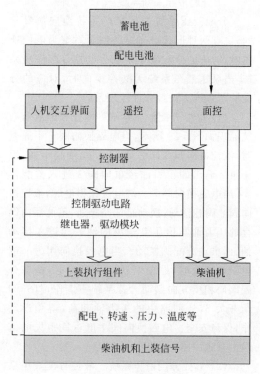

图 5-33 硬件逻辑结构

1）传感信号采集

传感器是控制中心神经末梢,实时反映设备工作状态。控制中心通过对传感信号的采集分析,获取其控制指令的执行状态,并进行实时调节。传感器的使用类型及其应用对象主要有:

（1）用于测量液压系统压力值的压力传感器。

（2）用于测量液压油温度的温度传感器。

（3）用于判定执行机构特定位置的接近开关等。

2）控制中心

控制中心完成控制系统的逻辑运算、数据处理以及人机交互系统。实现对设备各项功能的控制。

其功能主要包括:泵送控制、柴油机控制以及辅助功能控制。

（1）泵送控制:完成对泵送逻辑的运算处理,以及搅拌系统、润滑系统、冷却系统等的控制。同时泵送排量的智能控制技术、泵送行程的智能调节技术、工作数据智能统计技术也在此控制模块中广泛应用。

（2）柴油机控制:完成对柴油机转速及启停等功能的控制。同时功率匹配技术、节能控制技术也在此控制模块中广泛应用。

（3）辅助功能控制:用于提升控制系统智能化程度以及产品后市场的应用开发,主要体现在智能故障诊断技术以及物联网技术的开发应用。

3）控制指令的执行

电控系统输出的指令类型及控制对象主要有如下几方面。

（1）开关量信号:输出的指令为高低电平的形式。一般用于对开关量电磁阀的控制。

（2）模拟量信号:输出的指令为一个连续的电流、电压信号。一般用于对主泵排量、泵送速度等对象的控制。

（3）总线通信信号:输出的指令通过总线通信的形式传送至执行机构,一般用于对柴油机调速以及物联网技术的应用方面。目前广泛采用了 CAN 总线通信技术。

5.4　技术规格及主要技术参数

5.4.1　技术规格

1. 主参数

混凝土泵和车载泵主参数参见表5-9。

表 5-9　主参数

项　　目	单位	数　　值
理论输送量	m³/h	5、10、20、30、40、50、60、80、90、100、110、120、125、150、180、200
上料高度	mm	≤1580
泵送混凝土骨料粒径	mm	≤50
泵送混凝土压力	MPa	6、8、10、13、14、16、18、20、21、22、26、28、35、40、48、50、60
混凝土缸内径	mm	150、180、(195)、200、(205)、220、230、250、280

2. 混凝土泵型号及标记示例

混凝土泵的型号由组代号、型代号、主参数组成,其型号说明如下:

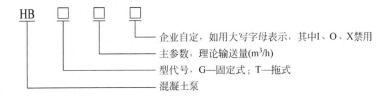

混凝土泵的标记示例如下：

示例1　中联重科混凝土泵

拖式、S管阀、理论输送量 90m³/h、泵送混凝土最大压力 18MPa、主动力功率为 195kW 的柴油机混凝土泵型号为 HBT90.18.195RSU。

示例2　三一重工混凝土泵

拖式、S管阀、理论输送量 80m³/h、泵送混凝土最大压力 18MPa、主动力功率为 186kW 的柴油机混凝土泵型号为 HBT8018C-5D。

3.车载泵型号及标记示例

车载泵产品型号组成一般为一系列组合代码，各企业的代码各有不同，代码含义如下：

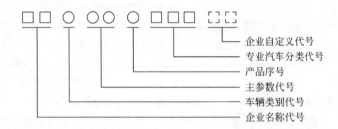

车载泵标记示例如下：

示例1　中联重科车载泵

ZLJ5130THBE

——ZLJ 为中联重科的企业代号；

——13 为车辆总质量；

——0 为产品开发的序列号；

——E 为东风底盘。

示例2　徐工集团车载泵

XZJ5130THB

——XZJ 为徐工集团的企业代号；

——13 为车辆总质量；

——0 为产品开发的序列号。

一般情况下，各企业在车载泵产品型号的基础上，还增加基本参数、辅助参数等性能参数，来区分相同总质量下的不同性能。

4.混凝土泵和车载泵型号汇总

混凝土泵产品型号汇总如表 5-10 所示。

车载泵产品型号汇总如表 5-11 所示。

表 5-10　混凝土泵型号汇总表

序号	产品型号	最大理论输送量/(m³/h)	最大泵送压力/MPa	发动机功率/kW	输送缸直径×行程/(mm×mm)	备注
1	HBT60.13.90SU	70/42	13/7	90	$\phi 200 \times 1800$	
2	HBT60.16.110SU	72/44	16/9	110	$\phi 200 \times 1800$	
3	HBT80.18.132SU	82/47	18/10	132	$\phi 200 \times 1800$	
4	HBT60.8.75ZF	60	8	75	$\phi 200 \times 1400$	
5	HBT60.16.174RSU	78/47	16/9	174	$\phi 200 \times 1800$	
6	HBT90.18.195RSU	93/54	18/10	195	$\phi 200 \times 1800$	中联重科
7	HBT110.26.390RS	112/73	26/16	2×195	$\phi 200 \times 2100$	
8	HBT90.40.572RS	91/49	40/20	2×286	$\phi 180 \times 2100$	
9	HBT90.48.572RS	98.5/58.7	47.6/26.5	2×286	$\phi 180 \times 2100$	
10	HBT90.21.220S(U)	94/52	21/11	2×110	$\phi 200 \times 2100$	
11	HBT105.21.264S	105/66	20.5/12.5	2×132	$\phi 200 \times 2100$	
12	HBT80.14.132SG	77/50	13.6/8.7	132	$\phi 230 \times 1650$	

续表

序号	产品型号	最大理论输送量/(m³/h)	最大泵送压力/MPa	发动机功率/kW	输送缸直径×行程/(mm×mm)	备注
13	HBT6006A-5	70	7	75	$\phi200×1400$	
14	HBT6013C-5	65/40	13/8	90	$\phi200×1400$	
15	HBT6016C-5	70/45	16/10	110	$\phi200×1800$	
16	HBT6016C-5D	75/45	16/10	186	$\phi200×1800$	
17	HBT8016C-5	85/55	16/10	132	$\phi200×1800$	三一重工
18	HBT8018C-5D	85/50	18/10	186	$\phi200×1800$	
19	HBT12020C-5D	120/75	21/13	273	$\phi200×2100$	
20	HBT9022CH-5D	105/75	22/14	2×186	$\phi200×2100$	
21	HBT9028CH-5D	95/70	28/19	2×186	$\phi200×2100$	
22	HBT9035CH-5D	100/78	35/19	2×273	$\phi180×2100$	
23	HBT9050CH-5D	90/50	48/24	2×273	$\phi180×2100$	
24	HBDS60×16	65/35	16/9	110	$\phi200×1800$	
25	HBDS80×18	80/41	18/9	132	$\phi200×1800$	
26	HBTS80×16	83/49	16/9	162	$\phi200×1800$	徐工集团
27	HBTS90×14	90/50	14/8	194	$\phi230×1800$	
28	HBTS90×18	90/50	18/10	194	$\phi200×1800$	

表 5-11　车载泵型号汇总表

序号	产品型号	最大理论输送量/(m³/h)	最大泵送压力/MPa	发动机功率/kW	输送缸直径×行程/(mm×mm)	备注
1	ZLJ5130THBE-9014R	90/57	14/9	174	$\phi230×1650$	
2	ZLJ5130THBE-10018R	100/57	18/10	195	$\phi200×1650$	
3	ZLJ5130THBE-9014M	90/50	14/7.5	132	$\phi230×1650$	中联重科
4	ZLJ5140THBE-10022R	100/50	22/10	195	$\phi200×1650$	
5	ZLJ5180THBE-10528R	105/70	28/17	2×195	$\phi200×1800$	
6	SY5128THB-10020C-8D	108/58	20/10	186	$\phi230×1600$	
7	SY5128THB-11020C-8W	110/58	20/10	190.5	$\phi230×1600$	
8	SY5161THB-10028C-8GW	110/68	28/18	190.5＋206	$\phi200×1800$	三一重工
9	SY5151THB-11020C-8GE	115/60	20/10	206	$\phi230×1600$	
10	SY5151THB-11020C-8G	115/60	20/10	206	$\phi230×1600$	
11	XZJ5120THBE	91/54	13/8	132	$\phi230×1600$	
12	XZJ5120THBE	80	8	112	$\phi230×1600$	
13	XZJ5130THBE	90/60	12/8	194	$\phi230×1600$	徐工集团
14	XZJ5130THBE	90/50	14/8	194	$\phi230×1600$	
15	XZJ5130THBE	100/50	20/11	194	$\phi230×1600$	
16	XZJ5160THBE	120/75	28/16	2×194		

5.4.2 主要技术参数

1. 整机性能参数

1）整机质量（kg）

车载泵的整机质量受到底盘承载能力及道路限行能力的规定，同时又直接影响着车辆的燃油经济性，是关系产品竞争力的一个关键性能参数，混凝土泵的整机质量仅受到道路限行能力的规定。

2）整车外形尺寸（mm）

对于混凝土泵和车载泵，整车外形尺寸有时决定了是否具有行驶的通过能力，以及能否适应工地作业场地要求。

2. 泵送系统参数

1）理论输送量（m³/h）

理论输送量值反映了泵送设备的工作能力，但由于工作情况的不同，在满足功率匹配的情况下，输送量会随压力升高而下降，另外混凝土泵送设备的吸料性的好坏也很大程度上决定着泵送的效率，有的混凝土泵送设备由于吸料性不佳实际输送量要远小于理论输送量。只有合理匹配设计和具有优化设计的混凝土泵送设备才能保证实际泵送的方量。以低压状态为例，理论输送量计算如下：

$$V = \frac{Q}{6A_2} \tag{5-1}$$

$$Z = \frac{60}{\frac{S}{V} + t} \tag{5-2}$$

$$Q_{理论} = \frac{60ASZ}{10000} \tag{5-3}$$

式中：V——泵送油缸线速度，m/s；

Z——泵送频率，min^{-1}；

Q——液压系统流量，L/min；

S——油缸行程，m；

A——混凝土活塞受力面积，cm²；

t——换向时间，s；

A_2——泵送油缸有杆腔面积，cm²；

$Q_{理论}$——理论输送量，m³/h。

2）理论泵送压力（MPa）

理论泵送压力是指混凝土泵送设备的出口压力，也就是当泵送液压系统达到最大压力时所能提供的最大混凝土泵送压力，通过高低压切换，最大出口压力将不同，出口压力与液压系统压力的关系如图5-34所示。

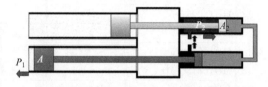

图5-34　出口压力与液压系统压力示意图

以低压状态为例，理论泵送压力计算如下：

$$P_1 A = P_2 A_2 \tag{5-4}$$

$$P_1 = \frac{P_2 A_2}{A} \tag{5-5}$$

式中：P_1——理论泵送压力，MPa；

P_2——液压系统工作压力，MPa；

A——混凝土活塞受力面积，cm²；

A_2——泵送油缸有杆腔面积，cm²。

3）输送缸内径×行程（mm×mm）

混凝土泵和车载泵输送缸的内径一般在180～230mm，它基本能满足吸料性的要求；而行程一般在1600～2100mm，在满足理论输送量的时候具有合适的换向频率。

4）分配阀形式

混凝土泵送设备分配阀形式主要有S管阀和闸板阀，但S管阀由于具有密封性好、使用方便、寿命长、料斗不容易积料等优点而被广泛采用。

5）料斗容积（L）

料斗容积一般在500L左右，但放料一般不宜太满，以免增加搅拌阻力，使搅拌轴密封及其他密封早期磨损。混凝土料也不能低于搅拌轴，否则就容易吸空，影响泵送效率。

6）上料高度（mm）

上料高度一般在1500mm左右，主要是为了满足混凝土搅拌输送车方便卸料的要求。

7）输送管直径（mm）

输送管直径通常为125mm，对于目前设备的输送方量，能拥有比较理想的混凝土流动速度。泵送较大骨料的混凝土时，也有采用150mm或更大管径的输送管。

3．液压系统参数及形式

1）压力

液压系统压力是指泵送液压系统压力，系统中第一阀（通常为溢流阀）进口处或泵出口处测得的压力的公称值。

2）液压系统形式

液压系统形式是指泵送系统的液压系统形式，分开式和闭式两种。通常，低中压、高压系列混凝土泵和车载泵多用开式，超高压系列混凝土泵则采用闭式。

3）液压油冷却

液压油冷却普遍采用风冷，风机有电动机驱动和液压驱动两种形式。为满足不同工况和不同施工环境，混凝土泵和车载泵部分采用了双电动风机和自动控制两种自动方式，较好地控制了液压系统的温度。

4）高低压切换方式

高低压切换方式是指泵送系统的高低压切换形式，分为手动和自动两种。通常，手动可分为更换胶管和转阀式。

下面以 HBT90.18.195RSU 拖泵的主要技术参数进行说明，如表 5-12 所示。

表 5-12　HBT90.18.195RSU 混凝土泵主要技术参数

型　号	性能参数	名　　称	功能与参数值
HBT90.18.195RSU	整机性能参数	整车外形尺寸(长×宽×高)/(mm×mm×mm)	7500×2200×2750
		整机质量/kg	7810
	泵送系统参数	理论输送量(低压/高压)/(m³/h)	93/54
		理论泵送压力(高压/低压)/MPa	18/10
		输送缸内径×行程/(mm×mm)	$\phi 200 \times 1800$
		分配阀形式	S 管阀
		料斗容积/L	600
		上料高度/mm	1450
	液压系统参数	液压系统压力/MPa	32
		液压系统形式	开式
		液压油冷却形式	风冷
		高低压切换形式	自动

5.5　选型及应用

5.5.1　选型原则和选型计算

1．选型原则

混凝土泵送设备主要依据以下原则进行选型：

（1）首先应以施工组织设计为依据选择设备，所选设备应满足施工方法、工程质量及工期要求。

（2）所选设备应该技术先进，可靠性高，经济性好，工作效率高。

（3）所选设备必须满足施工中单位时间内最大混凝土浇筑方量要求和最高高度、最远水平距离要求。

（4）同一场地不宜选用过多型号规格和多个生产厂家的设备，以降低营运成本和维修工作难度。

（5）应满足特殊施工条件要求，如有无符合设备使用要求的电源、是否有易爆气体等。

（6）根据设备的泵送能力选择，有如下几种方法：

① 由试验确定。

② 通过工程类比确定。

③ 根据混凝土泵的最大出口压力、配管情况、混凝土性能指标和输送方量，按公式计算。

④ 根据产品性能表（曲线）确定。

2．选型计算

1）根据泵送压力选型

（1）普通混凝土泵送选型依据。泵送压力

是输送距离和高度的保证,输送距离越远、泵送高度越高,则混凝土泵送压力就越高。首先通过式(5-6)计算混凝土最大泵送阻力,然后根据混凝土泵或车载泵的理论泵送压力进行选择,保证设备理论泵送压力大于混凝土最大泵送阻力,计算公式如下:

$$P_{max} = \frac{\Delta P_H L}{10^6} + P_f \quad (5\text{-}6)$$

式中:P_{max}——混凝土最大泵送阻力,MPa;

L——各类布置状态下混凝土输送管路系统的累积水平换算距离,m,管道换算参考表5-13;

ΔP_H——混凝土在水平输送管内流动每米产生的压力损失,Pa/m;

P_f——混凝土泵送系统附件及泵体内部压力损失,MPa,损失值参见表5-14。

ΔP_H——按下式计算:

$$\Delta P_H = \frac{2}{r}\left[K_1 + K_2\left(1 + \frac{t_2}{t_1}\right)V_2\right]\alpha_2 \quad (5\text{-}7)$$

$$K_1 = 300 - S_1 \quad (5\text{-}8)$$

$$K_2 = 400 - S_1 \quad (5\text{-}9)$$

式中:r——混凝土输送管半径,m;

K_1——黏着系数,Pa;

K_2——速度系数,Pa·s/m;

S_1——混凝土坍落度,mm;

$\dfrac{t_2}{t_1}$——混凝土泵分配阀切换时间与活塞推压混凝土时间之比,当设备性能未知时,可取0.3;

V_2——混凝土拌合物在输送管内的平均流速,m/s;

α_2——径向压力与轴向压力之比,对普通混凝土取0.90。

表5-13　混凝土输送管的水平换算长度表

管类别或布置状态	换算单位	管规格		水平换算长度/m	备注
向上垂直管	每米	管径/mm	100	3	
			125	4	
			150	5	
倾斜向上管(输送管倾斜角为 α)	每米	管径/mm	100	$\cos\alpha + 3\sin\alpha$	
			125	$\cos\alpha + 4\sin\alpha$	
			150	$\cos\alpha + 5\sin\alpha$	
垂直向下及倾斜向下管	每米	—		1	
锥形管	每根	锥径变化/mm	175→150	4	
			150→125	8	
			125→100	16	
弯管(弯头张角为 β,$\beta \leqslant 90°$)	每只	弯曲半径/mm	500	$12\beta/90$	
			1000	$9\beta/90$	
胶管	每根	长 3~5m		20	

表5-14　混凝土泵送系统附件的估算压力损失(P_f)

附件名称		换算单位	估算压力损失/MPa
管路截止阀		每个	0.1
泵体附属结构	分配阀	每个	0.2
	启动内耗	每台泵	1.0

（2）高强混凝土泵送选型依据。高强混凝土泵送的总压力损失，应根据混凝土在整个输送管内流动每米产生的压力损失、混凝土在垂直输送管内由重力的压力损失、各种弯管压力损失以及混凝土在布料机上压力损失进行计算，公式如下：

$$P = \Delta P_L L + \frac{\rho g H}{10^6} + \sum P_w \quad (5\text{-}10)$$

式中：P——管道总压力损失，MPa；

　　　ΔP_L——混凝土在整个输送管内流动每米产生的压力损失，MPa/m；

　　　L——输送管道总长度，m；

　　　ρ——混凝土密度，一般取 2500kg/m³；

　　　g——重力加速度，取 9.8m/s²；

　　　H——泵送高度，m；

　　　$\sum P_w$——泵机内耗、截止阀、锥管及弯管压力损失估算值，一般取 3MPa。

高强混凝土及掺合其他矿物粉料的高性能混凝土，输送管内流动每米产生的压力损失 ΔP_L，可类比实际工程泵送数据确定，或由试验数据确定。根据施工经验，泵送时采用内径 ϕ125mm 输送管道，输送管长度为水平换算长度，管内混凝土流动速度为 0.8～1m/s 时，可按高强混凝土沿程压力损失参考表 5-15 选取每米管道压力损失值。

表 5-15　高强混凝土沿程压力损失参考表

	强度等级	推荐值	备　注
高强混凝土沿程压力损失/(MPa/m)	C50	0.013～0.020	推荐值为泵送方量在 30～35m³/h、坍落度在 200～270mm、扩展度在 500～700mm、骨料粒径在 25mm 工况下的数据
	C55	0.015～0.021	
	C60	0.016～0.022	
	C70	0.018～0.022	
	C80	0.019～0.023	
	C100	0.020～0.0255	

2）根据泵送方量选型

设备的选型，除了首先考虑泵送压力之外，选择合适的泵送方量也很重要。选择设备泵送方量时，首先应满足投入使用工程单位时间内泵送混凝土的最大方量，根据实际泵送方量要求，在满足泵送最远距离和最高高度要求压力的条件下，需要根据施工项目混凝土浇筑总方量、项目进度、搅拌站供料能力、混凝土浇筑速度来确定。如果工程混凝土浇筑总方量大、浇筑速度要求快，则可选用大方量泵；相反，则可选用中小方量泵。另外可根据工程要求，通过公式计算混凝土泵的实际平均输送方量选择所需方量的混凝土泵。

混凝土的实际平均输出量需要考虑混凝土泵的理论输出方量、配管情况和作业效率，公式如下：

$$Q_1 = \eta \alpha_1 Q_{max} \quad (5\text{-}11)$$

式中：Q_1——每台混凝土泵的实际平均输出方量，m³/h；

　　　Q_{max}——每台混凝土泵的最大输出量，m³/h；

　　　α_1——配管条件系数，可取 0.8～0.9；

　　　η——作业效率。根据混凝土搅拌运输车向混凝土泵供料的间断时间、拆装混凝土输送管和布料停歇等情况，可取 0.5～0.7。

选择好设备型号后，可根据工程要求，确定所需的设备数量，混凝土泵的配备数量可根据混凝土浇筑体积量、单机实际平均输出量和计划施工作业时间等进行计算，公式如下：

$$N_2 = \frac{Q}{Q_1 T_0} \quad (5\text{-}12)$$

式中：N_2——混凝土泵的台数，按计算结果取整，小数点以后的部分应进位；

　　　Q——混凝土浇筑体积量，m³；

　　　Q_1——每台混凝土泵的实际平均输出量，m³/h；

T_0——混凝土泵送计划施工作业时间,h。

3)根据施工的特殊性来选型

可根据客户使用地区转场次数,由用户确定选用混凝土泵或车载泵。可依据客户使用地区的资源情况,由用户确定选用电动机泵、电动机车载泵或柴油机泵、柴油机车载泵。离易爆气体较近施工作业时,如油库、化工厂、有"瓦斯"的隧道施工作业场所,可选用防爆型拖泵等。

5.5.2　管道选用

混凝土输送管与混凝土泵送设备相配套,用于传输混凝土介质至指定浇筑位置的管道零部件。下面从混凝土管道类型、管道选型原则及混凝土管道布置三方面对输送管道进行详细介绍。

1. 混凝土管道类型

1)按形状分类

混凝土输送管按形状一般可分为直管、弯管、锥管、过渡管等,如表 5-16 所示。

2)按法兰连接形式分类

混凝土输送管按法兰连接形式一般可分为 A 型法兰、B 型法兰或 C 型法兰连接,如表 5-17 所示。

表 5-16　按形状分类

序号	名称	图　片	说　明
1	直管	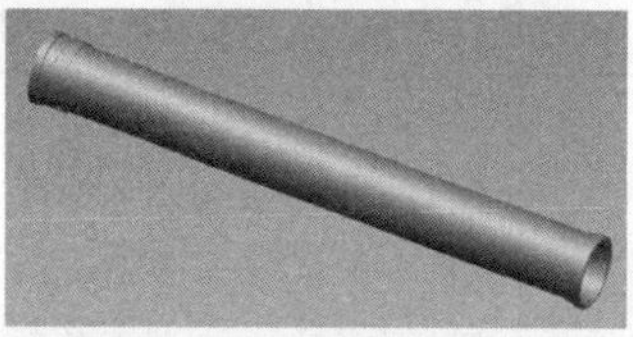	一般直管直径有 100mm、125mm、150mm、180mm 四种,在高层建筑施工作业中,以 125mm 为多,对于泵送 40mm 粗骨料以上的混凝土,推荐使用 125mm 以上的输送管直径
2	弯管		弯管通常用于需要改变混凝土输送方向的管道上,弯管的常见角度有 90°、60°、45°、30°、15°,因曲率半径越小,输送阻力越大,越容易堵管,所以曲率半径通常取 500mm、1000mm,一般弯管直径规格与直管一致
3	锥管	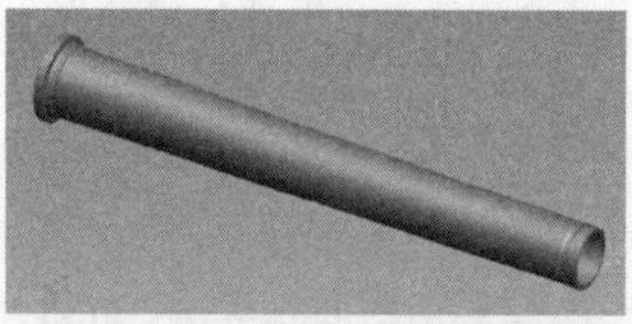	锥管主要用于不同口径的输送管路的连接。其锥度应尽量大一些,以减小内径变化处混凝土的流动阻力,以达到平缓过渡
4	过渡管	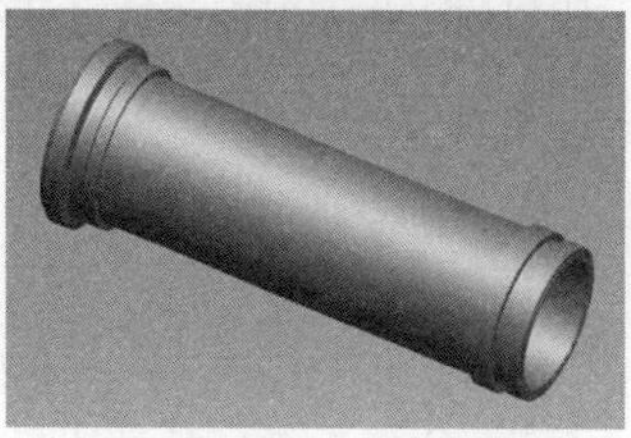	过渡管实现不同管端形式管道间的过渡连接

表 5-17　按法兰连接形式分类

序号	名称	接头端面形状	连接形式	说明
1	A 型法兰		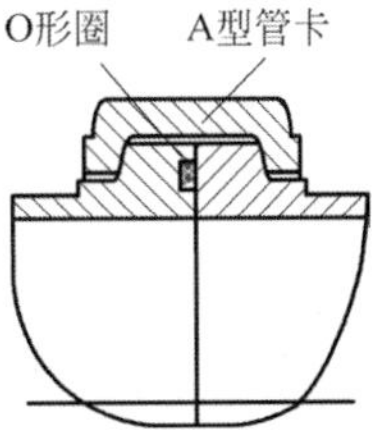 O形圈　A型管卡	分为普通 A 型法兰（压力应用范围＜21MPa）及加强 AC 型法兰（压力应用范围 21～26MPa）两种
2	B 型法兰	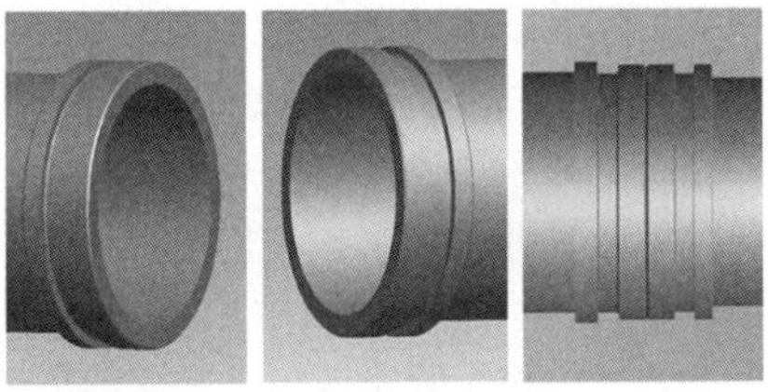	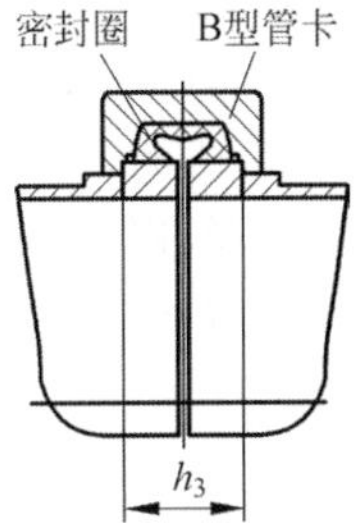 密封圈　B型管卡　h_3	分为普通 B 型法兰（压力应用范围＜13MPa）及加强 BA 型法兰（压力应用范围 13～17MPa）两种
3	C 型法兰		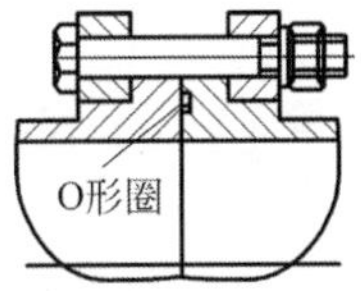 O形圈	压力应用范围 26～45MPa，分为 CH 型（活动法兰型）及 CG 型（固定法兰型）两种结构

2．管道选型原则

管道选型主要是参考设备的出口压力和工程输送方量两个原则选取。

1）按照输送管径选择

混凝土管道直径的选择应根据粗骨料的最大粒径、混凝土输送量和输送距离、泵送的难易程度、混凝土泵的型号等进行选择。目前国内常用的输送管多采用直径为 125mm 和 150mm，混凝土输送管最小内径要求如表 5-18 所示。

表 5-18　混凝土输送管最小内径要求

粗骨料最大粒径/mm	输送管最小管径/mm
25	125
40	150

2）按照设备出口压力高低选取

17MPa 及以下的出口压力可选配 B 型法兰输送管，26MPa 及以下出口压力可选配 A 型法兰输送管＋部分 B 型法兰输送管，26MPa 以上的出口压力可选配 C 型法兰输送管＋A 型法兰输送管＋B 型法兰输送管或 C 型法兰输送管＋B 型法兰输送管。

3）按照工程料况及泵送方量选取

料况较好或方量较小时可选用 A 型、B 型和 C 型法兰普通输送管，料况较复杂或方量较大时为避免频繁更换管道，选用 A 型、B 型和 C 型法兰耐磨输送管。

4）按照出料口尺寸选取

混凝土泵和车载泵出料尺寸主要有两种：ϕ180mm 和 ϕ160mm，其中 ϕ180mm 出料口为 A 型管卡连接形式，而 ϕ160mm 出料口为 C 型法兰连接形式，它们所搭配的锥管是不同的，后者主要用于压力较高的拖泵上，配管时需注意是否能够配套。

5）按照弯管弯曲半径选择

选用弯管时均应该尽量增大弯管的转弯半径，以减小压力损失及冲刷磨损的影响，降低堵管概率，其中混凝土泵和车载泵所配弯管转弯半径不小于 $R500mm$。

3．混凝土管道布置

管道布置设计的原则是满足工程要求，尽量缩短管线长度，管线尽可能布置成横平竖直。管道布置原则如下：

1）输送管路布置基本原则

（1）配管壁厚磨损快的部位，要注意安全；对于高压管来说，高压泵送时，位于泵机出口附近的输送管其壁厚使用极限为 4mm，至浇筑点或与布料机连接部位的配管其壁厚不能低于 3.5mm；对于有损失、裂纹或太薄的管道不得使用。

（2）管路布置在保证顺利泵送和正常输送的前提下，尽量缩短距离，减少弯管，以达到减小输送阻力的目的。

（3）混凝土输送管路绝不允许承受任何外界拉力。

（4）输送管路应布置在人员易接近处，以便清理和更换输送管路。

（5）各管路必须保证连接牢固、稳定，弯管处加设牢固的固定点，以免泵送时管路产生摇晃、松脱。

（6）各管卡不应与地面或支承物相接触，应留有一定的间隙，便于拆装。同时各管卡一定要紧到位，保证接头密封严密，不漏浆，不漏气。

（7）输送管铺设支架如图 5-35 所示，不应悬空，必须有牢固的支承。输送管路工作时间很长时，管路必须有木撑衬垫。

图 5-35　输送管铺设支架

（8）泵机出口锥管处，不允许直接接弯管，至少应接入 5m 以上直管，再接弯管。

（9）管路布置应满足先浇筑最远处，在混凝土浇筑过程中，只需拆除管道，而不需增设管道，然后依次后退，避免泵送过程中接管，影响作业。

（10）夏季，管路在强烈阳光照射下，由于混凝土过热，引起脱水，容易导致堵管，因此在管路上加盖湿草袋或其他防护品；冬季，气温在 −5℃ 时，输送管道上应加盖草袋保温，保证混凝土入模温度。

（11）与泵机出口锥管直接相连的输送管必须加以固定，以便每次泵送停止，清洗管路时拆装方便。

（12）泵机附近和人员要进入的危险地段的输送管路应加以必要的屏蔽防护物，以防因管路破裂或因管卡松脱造成人员伤亡。

（13）前端浇筑处软管宜垂直安放，如确需水平放置，则应忌过分弯曲。

（14）除出口处采用软管或锥管外，输送管路的其他部分均不宜采用软管，也不宜采用锥形管。

2）管道布置

（1）出口管道布置。混凝土泵和车载泵出口管路布置类型有三种：直接连接、U 形连接和 L 形连接，如图 5-36 所示，根据现场施工形式而定。

直接连接：是指混凝土泵和车载泵出料口与锥管连接后，笔直往前铺设。采用直接连接时，混凝土经混凝土泵分配阀直接进入输送管，泵送阻力小，但混凝土泵换向时，泵送管路和分配阀中的高压混凝土会向混凝土泵直接释放压力，混凝土泵将受到较大的反作用力，系统承受较大冲击。

U 形连接：采用 U 形连接时，由于混凝土泵和车载泵出口直接两个弯管，所以泵送阻力较大，但混凝土泵和车载泵受到的反作用力，可通过可靠固定的两个弯管进行缓冲，混凝土泵和车载泵受到的冲击较小，在向上泵送时，这种缓冲作用尤其明显。

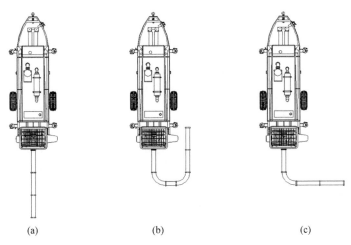

图 5-36　出口管道布置类型
(a) 直接连接；(b) U形连接；(c) L形连接

L 形连接：采用 L 形连接时，由于采用了一个弯管，泵送阻力及混凝土泵和车载泵受到的反冲作用介于上述两种情况之间，但由于冲击方向与混凝土泵和车载泵安装方向垂直，混凝土泵和车载泵会产生横向振动。泵出口与锥管连接后，并接 3m 直管，接一个 90°弯管。

不同的连接方式各有其优缺点。直接连接，泵送阻力小，但泵送高度较大时，混凝土容易倒流，适合于水平或水平以下输送混凝土；U 形连接，泵送阻力较大，但泵送高度较大时，混凝土不容易倒流，适合于较大高度泵送；L 形连接，泵送阻力介于上述两者之间，但横向反作用力大，因此锥管处应有牢固的固定。

(2) 向上管道布置。垂直向上布管时，混凝土泵和车载泵分配阀换向吸入混凝土（或停止泵送）时，垂直管道中的混凝土重力将对混凝土泵和车载泵产生逆流压力，垂直泵送高度越高则逆流压力越大。该逆流压力会使混凝土容积效率降低，影响混凝土泵和车载泵的泵送方量，造成混凝土离析而堵管，同时也会对泵机造成冲击。所以，在垂直向上配管时要设法克服此逆流压力，方法如下：

① 垂直向上配管时，地面水平管折算长度不宜小于垂直管长度的 1/5，且不宜小于 15m。这样，利用水平管中混凝土拌合物与管壁之间

的摩擦阻力来平衡混凝土拌合物的逆流压力或减少逆流压力的影响。

② 如因场地条件限制无法满足上述要求时，可采取设置弯管等办法解决。

③ 垂直向上的输送管路可沿电梯井、脚手架向上布置，也可以从楼面预留孔中穿过，这样便于管路拆装。

④ 在泵送距离高、输送量大的情况下可采用两组平行管路，以便一组出现堵管时能继续工作。

⑤ 为减少震动，对垂直管要采取固定措施，用于垂直输送的管路支架应与结构牢固连接，支架不得支承在脚手架上，每根垂直管应有两个或两个以上固定点。垂直管道固定如图 5-37 所示。

⑥ 垂直向上配管的高度较大时，底部及最下面的弯管应铺设高压管，且易于拆卸。垂直管路不能使用弯管做支承，每根管都应设 1～2 个支承点支承。直管及弯管需用管夹固定，可固定于墙上、脚手架上、塔机塔身或电梯井内，使管路及输送的混凝土料的重力由支承点传到建筑物上；垂直泵送高度超过 100m 时，混凝土泵机出料口处应设置截止阀，方便排除泵机故障及管道清洗，防止混凝土拌合物回流。垂直管道上设置由弯头组成的 S 弯，以减缓混

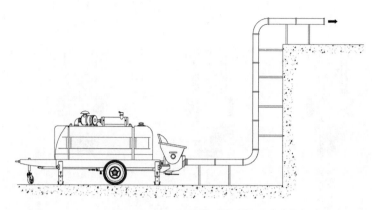

图 5-37　垂直管道固定

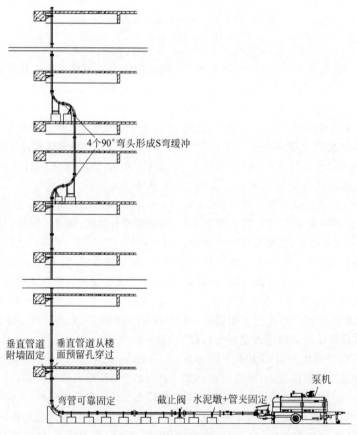

4个90°弯头形成S弯缓冲

垂直管道
附墙固定

垂直管道从楼
面预留孔穿过

弯管可靠固定　　　截止阀　水泥墩+管夹固定

泵机

图 5-38　高层泵送管道布置

凝土自重对管道、泵机的冲击,高层泵送管道配置如图 5-38 所示。

(3) 向下管道布置。向下配管和泵送混凝土,当配管的倾斜角度大于 4°～7°时,在倾斜的管段内大流动度的混凝土就可能因自重而产生向下自流的现象,使输送管内出现空洞或因自流使混凝土产生离析而使输送管堵塞。为此应在向下倾斜配管的前端设置相当于落差 5

倍以上的水平管段,利用其摩擦阻力阻止混凝土的自流,当配管倾斜度大于 7°~12°时,除倾斜配管前端设置的 5 倍垂直高度水平管外,还应该在向下倾斜管的上端设置排气阀。在泵送过程中,如倾斜管段内存在空洞,应先打开排气阀泵送排气,当倾斜段内充满混凝土,开始从排气阀溢出砂浆时,再关闭排气阀,进行正常泵送。如受场地条件限制,在向下倾斜管段的前端无足够场地布置水平管时,可用弯管或环形管代替以增大摩擦力,阻止向下倾斜管段内的混凝土自流。

倾斜或垂直向下泵送施工,且高差大于 20m 时,应在倾斜或垂直管下端设置弯管或水平管,弯管和水平管折算长度不宜小于 1.5 倍高差。向下管道布置如图 5-39 所示,并且在泵送砂浆时,应在相隔 20~30m 的不同高度的管路中装入海绵球,以保证泵送顺利。

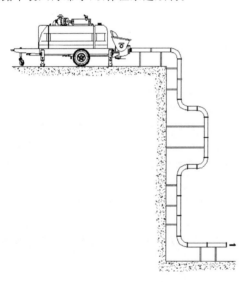

图 5-39 向下管道布置

5.5.3 应用实例

随着我国及世界经济的快速发展,各国现代化城市建设也呈现出新的态势,作为现代城市建设显著特征的高层、超高层建筑不断涌现,同时由于人们对建筑耐久性的要求不断提升,这就使高强高性能混凝土的应用日益广泛起来。而高强高性能混凝土的超高层泵送,正逐渐成为混凝土泵送领域中一个必须面对和克服的难题。实践证明,泵送设备选型恰当、混凝土输送管选材适当和布管方式合理、高强高性能混凝土配比有利于泵送等因素,是高强高性能混凝土超高泵送工程能够顺利进行的关键。下面分别以广州西塔、客运专线预制梁施工和黄河特大桥施工为例,对不同工况下的设备选型进行介绍。

1. 超高层泵送施工设备选型案例——广州西塔(432.5m)

混凝土泵送施工技术由于具有输送效率高等优点而在高层建筑施工中被广泛采用,如:广州珠江新城西塔、上海环球金融中心、阿联酋迪拜塔等 400m 以上超高层建筑施工都采用了一泵到顶的方式进行浇筑施工。随着泵送高度的增加,混凝土的输送压力也不断提高。对于垂直高度大于 400m 的超高层建筑,一般使用黏度大的高强高性能混凝土,可泵送性极差。高强度高性能混凝土的超高压泵送,因混凝土泵送压力过高,容易产生泄漏导致混凝土离析、堵管等诸多问题,一直是混凝土施工的一大难题,要解决此难题,选择合适的混凝土泵送设备显得尤为重要。这里针对西塔项目建设,以 C60~C100 高强高性能混凝土为泵送对象,详细阐述超高层建筑用混凝土泵的选择方法。

广州天河珠江新城西塔耸立于广州市的新中轴线上,与广州电视塔隔江相望,又与中信大厦相毗邻,已知建筑高度 432.5m,地下 4 层,地上 103 层,主塔楼为钢筋混凝土核心筒和钢结构外框组成部分的筒中筒结构,塔体高但核心筒横截面相对较小,为保证塔身具有足够的强度和耐久性,工程所用混凝土均为 C60~C100 高强高性能混凝土(HPC)。平均每层方量的最低要求为 800m³,10h 内完成,即每小时实际输送方量为 80m³。

1) 高强高性能混凝土介绍

C60~C100 高强高性能混凝土(HPC)与普通混凝土(NSC)相比,水灰比低,黏性特别大,其流动性属于宾汉姆体,只有当作用外力超过屈服值时才产生流动,而流动的快慢则与其塑性黏度有关。

(1) 由于 C60~C100 高强高性能混凝土单方量用水量很低,甚至低于 150kg,其流动性的产生主要依靠高效减水剂的强吸附分散作用,使得混凝土拌合物的黏性极大,泵送的施工阻力大,泵送压力要求高,要求混凝土泵的出口压力大。

(2) 由于 C60~C100 高强高性能混凝土坍落度、扩展度对水灰比非常敏感,因此少量水的波动将导致坍落度、扩展度变化较大。高性能混凝土坍落度、扩展度对泵送阻力影响巨大,现场试验表明高性能混凝土泵送时,坍落度最好控制在 240~260mm 之间,扩展度最好控制在 600mm 以上。

(3) 高强高性能混凝土组分多,黏性大,对眼镜板、切割环、管道等易损件的磨损较普通混凝土大。据不完全统计,对于 C60~C100 高强高性能混凝土而言,易损件使用寿命只有使用普通混凝土的 1/3~1/5。

2) 泵送设备选型

首先计算混凝土在管道中的总压力损失:设水平管道 100m,楼面或平台接管 100m,垂直输送高度 432.5m,输送管内径 125mm,按最高泵送 C100 高强混凝土计算,查表 5-15 取水平管道中压力损失为 0.0255MPa/m,代入式(5-10) 中(ρ 取 2500kg/m³,$\sum P_w$ 约为 3MPa),得

$$P = [0.0255 \times (100 + 100 + 432.5) + 2500 \times 9.8 \times 432.5 \times 10^{-6} + 3]\text{MPa}$$
$$= 29.725\text{MPa}$$

根据上述计算,考虑到坍落度损失、布管、混凝土波动等因素,预留 5% 的系数。泵出口压力至少为 $29.725 \times 1.05\text{MPa} = 31.211\text{MPa}$,31.211MPa 以上设备属于超高压泵,规格较少,选择 HBT90.40.572RS 超高压泵。

根据压力确定设备型号后,计算混凝土泵实际平均输出方量:作业效率 η 取 0.6,配管条件系数 α_1 取 0.9,$Q_{max} = 90\text{m}^3/\text{h}$,代入式(5-11) 中,得

$$Q_1 = 0.6 \times 0.9 \times 90\text{m}^3/\text{h} = 48.6\text{m}^3/\text{h}$$

根据工程工况 10h 以内完成单次最大浇筑体积量 800m³ 的要求,通过式(5-12)确定设备数量,代入计算得 $N_2 = 1.645$,即 2 台设备,考虑工程对混凝土浇筑的连续性,备用一台。

3) 泵送管道布置

考虑到本工程施工用的都是 C60 以上的高强高性能混凝土,黏度非常大,泵送时对管道的磨损程度也要比普通混凝土大很多。为了能够确保本工程的顺利施工,延长混凝土输送管的使用寿命,经过设计对管道布置如下:

(1) 布置要求。保证水平管路长度为垂直管路长度的 1/5~1/4;混凝土泵摆放位置应方便搅拌车喂料,方便机手操作。

(2) 管道配置。直管采用 45Mn2 钢,调质后内表面高频淬火,使其硬度达 45~55HRC,寿命比普通输送管提高 3~5 倍;弯管采用耐磨铸钢,管道配置见表 5-19,管道布置说明如下:

① 所有管道的布设必须牢固,接口密封良好。C 型法兰混凝土输送管之间采用高强度螺栓连接,B 型法兰混凝土输送管之间采用普通的管卡连接。

表 5-19   管道配置表

	位　　置	管　道　配　置
直管	混凝土泵出料口到高度 350m 楼层之间	12mm 厚高强度耐磨 C 型法兰混凝土输送管
	350m 楼层以上	10mm 厚高强度耐磨 C 型法兰混凝土输送管
	平面浇筑和布料机	耐磨 B 型法兰混凝土输送管
弯管	垂直	半径为 1m,厚度不小于 12mm 的输送管
	平面浇筑和布料机	半径为 1m,厚度不小于 12mm 的输送管

② 由于输送混凝土的高度达 432.5m,因此,混凝土泵出口铺设 100m 水平管道,然后再垂直铺设(根据楼面情况灵活铺设)。混凝土泵出口 20~30m 处增加一个混凝土两位截止阀,液压动力可直接由混凝土泵阀块中引出,也可另备液压泵站。

③ 为避免泵送换向或停泵瞬间混凝土自重回流对泵机造成冲击,在垂直高度 200m 处左右增加用 90°弯头组成的 S 弯。

泵送管路布置图参照图 5-38 所示。

最终采用 HBT90.40.572RS 超高压混凝土泵,将 C80~C100 高强高性能混凝土,垂直泵送至 432.5m 高,顺利完成工程施工,如图 5-40 所示。

图 5-40 广州西塔施工现场

2. 客运专线预制箱梁施工设备选型案例

客运专线 80% 采用简支梁,先预制后架设,因此客运专线质量在很大程度上取决于预制梁场箱梁的质量。客运专线有跨度为 20m、24m、32m 的单、双线箱梁,按 100 年使用要求制造。通常采用高性能混凝土,每片灌筑时间 6h 以内,采用混凝土泵或车载泵来泵送混凝土浇筑。因此,为保证客运专线箱梁的制造质量,泵送设备的选型十分重要。此案例立足于高性能混凝土的特点,分析客运专线箱梁用高性能混凝土对混凝土泵送设备的特殊要求,重点分析混凝土泵选型方法,为高铁梁场箱梁制造设备的选型提供参考。

1) 高铁高性能混凝土介绍

与普通混凝土相比,高性能混凝土强度高、耐久性好。高性能混凝土的骨料粒径小,加大尺寸会降低混凝土性能,为了保证强度,单位体积的水泥用量较多,在施工中产生水化热较大,混凝土温度较高。随着混凝土强度等级的增加,单位用水量也逐渐减少(水胶比一般 0.2~0.35),含砂率较低,为提高混凝土的和易性,减少其终凝后的收缩徐变,以消除裂缝的产生,通常采用添加外加剂的方法。归纳起来有如下特点:

(1)高铁高性能混凝土的拌合物一般具有良好的均匀性、稳定性,搅拌后和易性较好。

(2)高铁高性能混凝土具有较高的水泥石的密度,水灰比小(<0.38),没有毛细管孔隙,其流动性较差。

(3)高铁高性能混凝土胶凝材料较多,每方混凝土中,水泥用量一般在 370~390kg 以上,并掺有矿粉,胶凝材料中 30%~40% 为矿物质超细粉,体积稳定性相对较好,对入模温度要求严格,搅拌后混凝土稠度很大,扩展度较小,泵送阻力大。

(4)高铁高性能混凝土骨料的性能较好,多选用坚硬的石灰石,相对密度在 2.65 以上,吸水率在 1.5% 以下,一般粒径在 5~25mm,级配良好。

(5)可泵性能差。可泵性是指混凝土拌合物具有能顺利通过管道、摩擦阻力小、不离析、不堵塞和黏塑性良好的性能。

根据上述高性能混凝本身具有的性能特点,结合武(汉)—广(州)、京(北京)—津(天津)、郑(州)—西(安)、武(汉)—合(肥)等客运专线泵送设备使用情况,客运专线箱梁用高性能混凝土对混凝土泵送设备的要求归纳起来有以下几点:

(1)泵送压力高。箱梁所使用的高性能混凝土组分多、黏性大、搅拌时间要适当延长,泵送的施工阻力大,泵送压力要求高。

(2)良好的吸料性。高性能混凝土由于胶凝材料含量较高,混凝土和易性好,不易离析,具有良好的吸料性。

(3)坍落度严格控制。高性能混凝土坍落度对水灰比非常敏感,少量水的波动将导致坍落度很大的变化。坍落度对泵送阻力影响巨大,现场试验表明高性能混凝土泵送时,最好控制在 210mm 左右,最低不应低于 180mm。

（4）各系统协调动作。高性能混凝土稠度大,S 管摆动阻力大,换向时间长,要求混凝土泵送设备摆动油缸推力大,泵送时主油缸与 S 管动作时序要求高。

（5）高易损件寿命。由于高性能混凝土泵送阻力大,对眼镜板、切割环、管道等易损件的磨损较普通混凝土大。据不完全统计,对于高性能混凝土而言,易损件使用寿命只有普通混凝土的 1/2～1/3。

（6）方量要求大。以武(汉)—广(州)、京(北京)—津(天津)客运专线上 32m 跨度的箱梁为例,梁长 32.6m,梁跨度 31.5m,每片梁需要 328m³ 混凝土。要求每片箱梁混凝土方量为 328m³,要求 6h 浇筑完毕,考虑到现场施工无法完全连续等因素,每小时泵送方量至少要保证 60m³。

（7）可靠性和售后服务要求高。以 32m 跨度的箱梁为例,每片箱梁造价大约 70 万元人民币,非常昂贵。如果每片箱梁不能在 6h 内浇筑完毕,将会报废。因此,箱梁浇筑对混凝土泵送设备的可靠性提出了苛刻要求,同时对设备的售后服务和配件供应的及时性提出了很高的要求。

2）混凝土泵选型

由于高性能混凝土的黏性特别大等特性,如果实际泵送距离在 300m 以下,建议将混凝土泵直接放置在搅拌机出料口下端泵送,通过放置于箱梁两侧中间的布料机进行浇筑。该方案在武(汉)—广(州)、京(北京)—津(天津)、武(汉)—合(肥)等客运专线预制梁场得到广泛应用。

以 300m 长的梁厂为例,搅拌站放置中段,实际需要泵送的最远距离为 150m,假设管路布置 4 个 $R275mm$ 的 90°弯管(其阻力可达到

27～30m),末端布置 19m 布料机(相当于 172m 水平管道),代入式(5-10)中,得

$$P = [0.023 \times (150 + 172 + 4 \times 30) + 3] \text{MPa}$$
$$= 13.166 \text{MPa}$$

考虑到混凝土坍落度损失、混凝土波动等因素,预留 5% 的系数,则泵出口压力至少为 13.82MPa,即要选择 14MPa 以上的混凝土泵。能满足这种要求的混凝土泵有很多,如 HBT80.18.160S、HBT8018C-5、HBT90.18.220S、HBT105.21.264S 等电动机泵,初步确定选择 HBT90.18.220S 高铁专用泵。

根据施工要求,每片箱梁混凝土方量为 328m³,必须 6h 内浇筑完毕,选型时要考虑到现场施工设备维护、不完全连续输送、意外停电等因素,尽量选择高可靠性泵送设备,泵送设备输送方量至少要保证 60m³/h 左右,如果使用两台设备,则每台应达到 30m³/h 即可。

查看厂家提供的 HBT90.18.220S 高铁专用泵参数表(表 5-20),出口压力 14MPa 时,系统压力在 24～26MPa 之间,对应图 5-41 的泵送性能曲线,HBT90.18.220S 混凝土泵理论输送方量 42m³/h 左右,大于 30m³/h,满足要求。因此,该工况可采用三台 HBT90.18.220S 来施工,其中两台放置于搅拌站下,一台作为备用泵,以备急需。施工现场图如图 5-42 所示。

3. 钢管内混凝土浇筑设备选型案例——黄河特大桥施工

常用钢管内混凝土浇筑施工方法有:

（1）多点开孔倒喂灌入,加振捣密实法。这种方法在早期的钢管混凝土施工中应用比较普遍,但其施工时间长,钢管壁上需开较多灌注孔,对结构有一定影响。

表 5-20　HBT90.18.220S 高铁专用泵参数表

P_1/bar	320	300	280	260	240	220	200	90.54
P_2/bar	180	168.75	157.5	146.25	135	123.75	112.5	107.18
H/(m³/h)	33.87	36.05	38.53	41.37	44.66	48.53	53.13	55.04

注:P_1—系统压力;P_2—出口压力;H—泵送方量。1bar=10^5Pa。

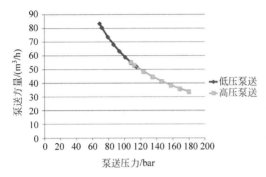

图 5-41　HBT90.18.220S 泵送性能曲线

注：1bar＝10⁵Pa。

图 5-42　客运专线预制梁场混凝土泵＋布料机浇筑

（2）钢管分成多段，分仓灌注。这一方法在大跨径钢管混凝土中应用较多，但该方法同样施工周期长，管内混凝土不连续，整体性差，特别是在隔仓板处容易形成脱孔等隐患。

（3）采用高压混凝土输送泵，从拱脚对称一次顶升灌注至拱顶，这种方法是目前广泛采用并行之有效的方法。

下面以淮朔铁路黄河特大桥拱肋混凝土顶升浇筑为例，介绍顶升浇筑的设备选型及施工方法。

1）施工方案

淮朔铁路黄河特大桥是全线的重点控制工程之一，该桥主桥 380m 上承式钢管混凝土拱-跨跨越黄河，主拱结构采用提篮式钢管混凝土拱，钢管拱肋混凝土采用 C50 补偿收缩混凝土，如图 5-43 所示。

淮朔铁路黄河特大桥为上承式铁路钢管拱混凝土桥，主桥钢管拱跨度 356.8m，拱肋 8 根、直径 1.5m 钢管，钢管内拱脚附近顶升灌注钢纤维混凝土，其余顶升灌注普通混凝土。钢纤维混凝土及普通 C50 混凝土补偿收缩混凝土采用分段顶升的方法，施工时，两岸同时顶

升，管内混凝土在两半跨内进度差不超过 8m 的距离。在上一根钢管混凝土达到设计强度 90％后，方可进行下一根钢混凝土的浇筑。

图 5-43　黄河特大桥

2）设备选型

钢管混凝土浇筑，由于直径达 1.5m，根据式(5-7)可知，钢管直径越大，压力损失越小，但由于钢管内部有较多加强筋会增加压力损失，根据以往施工经验，实际计算时，仍然按照 125mm 管道压力损失进行计算。

C50 混凝土属高强混凝土，根据高强混凝土沿程压力损失参考表即表 5-15，选取压力损失 0.02MPa/m。具体计算如下：

水平长度 100m，压力损失 $100 \times 0.02\text{MPa} = 2\text{MPa}$。

管路共 6 个 90° 弯头（$R500\text{mm}$，相当于 12m 直管），压力损失 $6 \times 12 \times 0.02\text{MPa} = 1.44\text{MPa}$。

39.2° 斜管长 194m，混凝土密度 2500kg/m³，压力损失 $194 \times (0.02 + 0.025 \times \sin 39.2°)\text{MPa} = 6.95\text{MPa}$。

$\sum P_\text{w}$ 为混凝土泵启动内耗、锥管、截止阀压力损失，共 3MPa。

故：$P_\text{max} = (2 + 1.44 + 6.95 + 3)\text{MPa} = 13.39\text{MPa}$。

泵机应至少留 5% 的工作余量，故泵机出口压力为 $P = P_\text{max} \times 1.05 = 14.06\text{MPa}$。根据计算初步选择 ZLJ5121THB100.18.195 车载泵。根据施工要求，C50 钢纤维混凝土单次最大泵送量 40.9m³，C50 补偿收缩混凝土单次最大泵送量 191m³，C50 补偿收缩混凝土实际可泵送时间不大于 6h，故 C50 补偿收缩混凝土需满足每小时泵送 31.83m³。ZLJ5121THB100.18.195 车载泵送性能曲线如图 5-44 所示，在泵送压力 14MPa 时，泵送方量大于 30m³，因此布置两台车载泵即可，一台用于顶升，一台备用。

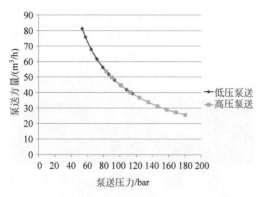

图 5-44 ZLJ5121THB100.18.195 车载泵送
性能曲线

5.6 安全使用规范

5.6.1 设备使用

混凝土泵和车载泵整机技术性能先进,其主要配套件绝大多数选用国际知名品牌,其性能优良,质量可靠。这些先进的技术和完善的功能,必须是在符合其工作条件与安全规程的使用前提下,才能充分予以保证。由于使用不当造成的设备损坏,不但不能得到质量三包的服务承诺,甚至可能危及自己及他人的安全。

1)工作条件

(1)混凝土泵和车载泵工作的海拔高度一般不应超过 2000m,当超过 2000m 时应作为特殊情况处理。

(2)混凝土泵和车载泵工作环境温度为 0~40℃,但 24h 内平均温度不超过 35℃。

(3)泵机工作时,必须置于坚实的地面上,以保证其稳定性。应避开已开挖的松土,或有可能塌陷的地表,应远离斜坡、堤坝、凹坑、壕沟。支承安全示意图如图 5-45 所示。

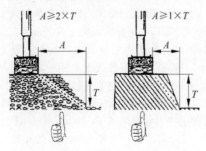

图 5-45 支承安全示意图

(4)在操作前应将功能性液体(如水、液压油、润滑脂等)加满。

(5)确保各元件自身状态以及其工作条件均满足有效使用要求,是泵机整机安全、可靠作业的基本前提和保障。

(6)设备工作时,应确保柴油发动机处于良好的通风环境中。

(7)设备不能处于易燃、易爆的危险环境中。

2)注意事项

操作人员必须经过专业培训,取得"上岗证",方可上岗操作;操作人员必须按操作手册进行操作、保养。

如果操作不当,会出现下列伤害:

(1)支承地面塌陷、机器凹陷而导致的伤害,如图 5-46 所示。

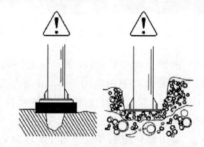

图 5-46 泵机操作规程示意图

(2)由于输送管路未固定使管路滑落造成的伤害及由于管卡、管路爆裂或堵塞冲开所造成的伤害。

(3)输送管路内有压力时打开管路所造成的伤害。

(4)泵送工作时手伸入料斗内所引起的伤害,如图 5-47 所示。

图 5-47 泵机料斗操作示意图

(5) 在活塞运动时,由于手伸入水箱内而造成的伤害,如图 5-48 所示。

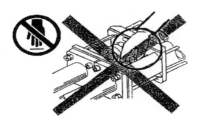

图 5-48 泵机水箱操作示意图

(6) 试图阻止搅拌叶片或其他旋转部件运动而造成的伤害。

(7) 混凝土飞溅,硅酸钠或其他化学物质引起的眼伤。

(8) 由于液压系统没有卸荷就打开液压管接头引起的伤害。

(9) 在摆动油缸动作时,接触运动部件造成的伤害,如图 5-49 所示。

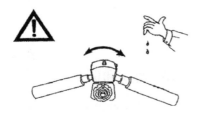

图 5-49 泵机伤害示意图

5.6.2 安全规范

(1) 在未将料斗栅格关好前不能工作。

(2) 在泵机周围设置必需的工作区域,非操作人员未经许可不得入内。

(3) 为避免吸入空气,料斗中的混凝土料位必须高于搅拌轴,如图 5-50 所示。

图 5-50 泵机搅拌轴料位危险示意图

(4) 吸油过滤器真空表读数严禁大于0.02MPa,否则可能损坏油泵。

(5) 在操作前应将功能性液体(如水、油和燃料等)加满。

(6) 泵机操作人员按规定穿着防护服装,佩戴安全帽、护镜、耳塞等。

(7) 泵机在作业前应进行常规检查,各工作机构操作旋钮、手柄必须在中位,确认所有的安全控制设置是安全的、有效的和可控的:

① 车载泵作业或行驶过程中,非工作挡位的开关钥匙应由操纵人员取下收好。

② 车载泵作业过程中,操作人员应随时监控,检查柴油机、主油泵及整机部分的工作情况,如有任何异常现象,均应停机、熄火,并进行检修。

③ 泵机工作过程中,柴油机转速和油泵排量一般应调至最大值以下。

④ 所有安全和预防事故装置须完好无损并能正常使用,如指示及警告标志、防护栏、金属挡板等,不得更改或取消。

⑤ 采用高压泵送混凝土,系统油压超过22MPa 时,操作者必须采取下列安全措施:定期更换距操作者 3m 内的输送管卡、密封胶圈及弯管;距离操作者 3m 内的输送管路必须用木板或金属隔板屏护。

⑥ 每次泵送混凝土结束后或异常情况造成停机时,都必须将 S 管、混凝土缸和料斗清洗干净,严禁 S 管、混凝土缸和料斗内残存混凝土料。

⑦ 泵送停止后应切断动力,释放蓄能器压力,锁好电控柜,以免他人误操作,泵机蓄能器压力示意图如图 5-51 所示。

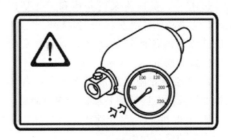

图 5-51 泵机蓄能器压力示意图

⑧ 泵机液压系统、电气系统等有关参数在出厂前已由厂方调定好，未经厂方允许不得擅自调整。

⑨ 泵机所有受力部件的改动、焊接、维修只能由专业人员完成。

⑩ 进行维修保养前，应将发动机熄火且断开电源开关，释放蓄能器压力。

⑪ 泵机运转时，不得把手伸入料斗、水箱

内或靠近其他运动的零部件；且不得触摸泵送油缸、散热器外壳、油泵、排气管等高温部件。

⑫ 电气控制箱的维修、安装、接线应由电气专业人员进行。

⑬ 如果遇到操作失误等紧急情况，请按下控制面板或遥控器上的急停按钮或安装在料斗两侧的急停按钮，泵机控制面板示意图如图 5-52 所示。

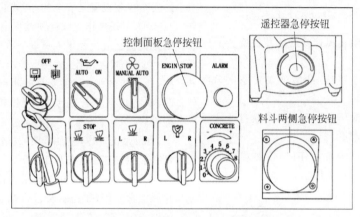

图 5-52　泵机控制面板示意图

⑭ 开始泵送工作前，应检查输送管路、管卡，确保连接安全可靠。

⑮ 泵机夜间工作现场应有足够的照明。

⑯ 泵机周围至少应有 1m 的工作空间，便于操作和维修。

⑰ 务必保持系统油液充分且干净，如欠缺或变质，请及时添加或更换。

⑱ 注意保持电控柜、走台等工作区的清洁，避免摔跤、碰伤。

⑲ 泵机上的混凝土输送管及管卡必须使用制造商认可的配件。

⑳ 操作人员应将泵机安检和工作情况都记入日志簿；且每次交接班时，需将自己工作中所注意到的各种问题以及安全措施及时转告给接替的同事。

㉑ 务必遵守施工场地所在地方的各项安全标准以及所在区域的各项安全规章制度。

㉒ 未得到批准，禁止对机器做出任何可能影响安全的修改和增补。

㉓ 随车配有干粉灭火器。

5.6.3　维护和保养

混凝土泵和车载泵的工作环境恶劣，定期、及时、正确的维修保养对于确保设备的效率、可靠性以及使用寿命等十分重要。为了保证设备的正常运转、不误施工，要求操作者在施工前后和施工中勤检查、勤保养。下面针对混凝土泵送设备的泵送单元、液压系统、润滑系统、底盘、清洗系统、电气系统和柴油机等相关部件维护保养方法、故障维修方法给予详细说明。

1. 泵送单元维护保养

由于频繁的泵送作业，泵送单元的运动部件磨损比较快，而正确的维护保养，将提高工效，并延长易损件的使用寿命。因此，每班次将润滑油箱及各润滑点加满润滑脂，确保工作时润滑到位。要求操作者在每次施工作业前后务必进行以下项目的日常检查：

（1）泵送混凝土前，要往水箱加满清水，当环境温度低于 0℃ 时，施工结束后必须放掉水箱内的水。

（2）每班次检查各电气元件功能是否正常。

（3）每班次检查泵送换向是否正常，分配阀摆动是否正确、到位，搅拌装置正反转是否动作正常。

（4）泵机泵送 2000m^3 左右混凝土后应注意检查眼镜板与切割环间的间隙，若超过 2mm，且磨损均匀，则应考虑调整间隙；如过度磨损，则需要更换。眼镜板与切割环间的间隙图如图 5-53 所示。

图 5-53　眼镜板与切割环间隙图

（5）每班次检查 S 管及 S 管轴承位置磨损情况，检查搅拌装置、搅拌叶片、搅拌轴承磨损情况，如果过度磨损，则需要更换。

（6）每班次检查混凝土活塞是否密封良好，有无砂浆渗入水箱。如发现水箱里有过多的混凝土浆，应查看是否需更换混凝土活塞，必要时更换。

（7）检查混凝土缸内表面是否有拉伤、磨损、掉铬等情况。

（8）定期检查连接螺栓、螺母等是否松动。若松动，需要拧紧。对于新泵机在工作 100h 后，必须进行检查，以后每 500h 进行一次。

2．液压系统维护保养

混凝土泵送设备液压系统比较复杂，且液压元件型号较多，必须请专业技术人员进行液压系统的检修。如果发现故障，应该及时找出原因，并在系统执行任何动作之前修复。

1）液压油的使用

清洁是液压系统维护的最重要工作。经常清洗才能保证系统没有灰尘、脏物及其他颗粒。每个细小颗粒都会引起阀体、主泵的不正常工作及堵塞管道，在向油箱加注新油之前，应将油从桶内取出，并让液压油沉淀一会，且不能从油桶底部抽油，最好让油通过 $25\mu\text{m}$ 的过滤器过滤后，再注入油箱。油箱盖必须在打开之前清洁，其他容器也一样。使用液压油要注意如下事项：

（1）同一台混凝土设备应使用厂家推荐牌号的液压油，不得使用其他牌号，更不能两种牌号混用。

（2）液压油温应控制在 $35\sim60℃$ 之间。

（3）油位应处于油位计 3/4 以上。

（4）油颜色应为透明带淡黄色，若污染、浑浊或乳化，就应该更换。

（5）液压油的质量对设备的影响极大，一般在泵送 10000m^3 左右应彻底换油一次，并清理油箱和滤芯；如发现油液变色、浑浊或乳化，应及时更换。

2）液压软管的更换

检查液压软管及接头是否有渗漏油现象，若有损坏则必须更换液压软管（即使只有极微损伤痕迹的软胶管也必须更换）。更换液压软管的程序如下：

（1）关闭泵机，全部释放液压系统中所有（残留）的压力。

（2）小心地拆下胶管接头，立即用油堵封住接头，不能让脏物进入油路，同时避免胶管接触脏物。

（3）安装胶管接头时，注意密封圈放置平整到位，确保胶管不被扭曲和强直拉紧，避免弯曲和缠绕。

（4）液压胶管必须自由状态安置，不能与任何东西摩擦，胶管四周留有足够的空间，以便在使用时不受管道振动的影响。

（5）在重新装上胶管之后，进行一次试运行并检查所有的胶管，排出液压油收集在容器内，并以有利于环境保护的方法处理。

3）过滤器的维护

（1）因为液压系统中存在杂质等，过滤器在长时间工作后，滤芯等元件需要定期清洗、更换。

（2）如过滤器带堵塞指示灯,那么若红色警告灯亮,则过滤器堵塞。如回油过滤器上的压力指示表指针进入红色区域,则过滤器堵塞。

（3）在更换过滤器之前,应进行如下操作:停止泵送,关闭发动机,释放液压系统压力,更换旧滤芯;换上新滤芯之前,检查过滤圈、过滤芯、堵塞指示灯等是否完好,更换损坏的元件。

（4）必须使用制造商认可的滤芯才能确保质量。

3.润滑系统维护

润滑是为了使混凝土泵及车载泵的料斗、摇臂、混凝土活塞等运动副有较好的润滑,减小摩擦、延长寿命。除采用液动双柱塞润滑泵（或电动机中润滑泵）进行自动润滑各点外,其余非自动润滑点采用手工黄油嘴润滑。

因润滑油脂的损耗,所以每次开机工作时,都必须检查各润滑点是否润滑充分。如不足,则需及时添加;如需换油,应放尽系统中残余的润滑油脂。全部采用新的润滑油脂可保持最佳的润滑。

润滑的频率取决于工作条件。若工作环境潮湿、灰尘多或空气中含有较多粉尘颗粒或有温差变化,以及连续回转,则需增加润滑次数。当机器停止很长一段时间不工作时,也须进行更深层次润滑,即对所有的部件都作一次充分的润滑。

要确保润滑油脂的清洁。在加注润滑油脂之前,要清洗干净润滑枪的喷嘴,避免混入杂质损坏接头及衬套。必须使用原厂的滤芯才能确保质量。

4.底盘维护

汽车底盘维护与保养的详细说明请参见底盘使用手册。在车载泵每次行驶启动时,应至少做好以下项目的检查:

（1）发动机里机油的油位及油况检查。

（2）发动机的油压检查。

（3）发动机里冷却水位、冷却液液位及水温检查。

（4）轮胎的磨损及压力检查。

（5）电气系统检查（例如照明、指示灯及停机灯等）。

（6）后视镜的视野检查。

（7）刹车系统的气压检查。

（8）所有导向灯的工作检查。

（9）油/气泄漏检查（如有泄漏,拧紧接头）。

（10）安全装置检查（如限位开关、安全插销等）。

5.清洗系统维护

（1）泵机配置的高压清洗水泵,如采用液压马达驱动,在柴油机为怠速时,水泵转速低,此时水泵压力小;随着柴油机转速的提高,水泵压力将升高。如需要进行高压清洗,务必将柴油机油门开关调至最大设定值。

（2）必须使用清洁水。水中杂质在水管内尤其与水箱连接处容易堵塞,且影响水泵的使用寿命。必须定期清洗过滤器、水箱等以清除污垢。

（3）使用常温清水,进水水温不得超过40℃,禁止在0℃或更低的环境下使用。另外在气温很低的天气里,每天工作结束后,要放尽水路系统中的水,以防水的冻结造成水泵或者其他部件爆裂。

（4）定期检查水泵、马达等是否存在漏水、漏油现象,否则应更换相应密封。

（5）定期检查曲轴箱内机油是否充足（油标一半的位置）,严禁在没有机油的情况下开机运转。

（6）水泵在使用50h后,必须更换机油;以后每隔500h更换机油一次。放油方法:将水泵倾斜,放尽泵内机油,随后注入柴油,清洗泵内腔,直到放出的柴油清洁为止,然后重新注入机油。

（7）要经常检查各连接部分的紧固情况,不得有松动。

（8）泵若在水池吸水,泵的吸水管必须装有进水滤网,否则会影响水泵使用寿命。

6.电气系统的维护

对于电气系统的日常使用与维护,需遵照说明书中的电气系统操作与维护要求,进行正确的操作与维护。其中,要经常性地做好以下项目的检查:

（1）检查所有电气系统元件的动作是否正确可靠。

（2）保证电线完全绝缘，特别是成捆或者受压的电线，以免造成元件的损坏。

（3）检查电线的连接处是否牢固，有无氧化。

（4）检查电气系统接地是否良好。

（5）电气元件的更换原则上必须采用与制造厂相同的配件。如需要采用任何替换配件，则必须是同等级、同标准的检验合格品。

7. 柴油机的维护保养

柴油机的具体维护与保养需遵照柴油机的使用手册执行。在混凝土泵和车载泵每次启动时，应至少做好以下项目的检查：

（1）柴油机机油的油位及油况。

（2）发动机冷却水位、冷却液液位及水温。

（3）燃油箱柴油的油位及油况。

5.7　常见故障及排除方法

在混凝土泵和车载泵的使用中，对于出现的常见故障，使用人员应当能迅速判断并排除，避免延误施工及安全事故发生。尤其在施工中应该及时发现故障隐患，在设备检修中提前进行预防性维修，以保证设备技术性能完好，使施工顺利进行。

5.7.1　泵送系统

泵送系统故障及维修方法见表5-21。

表5-21　泵送系统故障及维修方法

序号	故障现象	故障原因	排除方法
1	主油缸活塞不动作	泵送启动按钮故障，接头松动，线路断开以及电气元件潮湿	重新拧紧接线或电路接头干燥处理，以及更换启动按钮
		电液换向阀故障，一般为先导阀芯卡死或者电磁铁烧坏	拆洗电液换向阀的先导阀芯或更换烧坏的电磁铁
		油箱内液压油太少	补充液压油，保持在液位计3/4以上
		吸油滤芯严重堵塞	更换吸油滤芯
2	主缸不换向	接近开关与活塞法兰之间间隙太大或没有接近	调整间隙在2～3mm之间
		接近开关故障	更换接近开关
		接近开关地面被黄油或其他异物粘住，致使感应不灵	清洁接近开关或互换开关位置
		电液换向阀电磁铁烧坏	更换烧坏的电磁铁
3	主油缸活塞运动缓慢无力	注油缸U形管上单向阀损坏	更换单向阀
		闭式系统补油泵磨损导致补油量少	更换损坏元件
		液压泵排量控制油压不够	重新调整压力或检查减压阀
		控制油路节流孔堵塞	清洗节流孔
4	输送管出料情况不好：断续出料或出料少	混凝土活塞磨损严重	更换混凝土活塞
		眼镜板与切割环间隙太大	调整间隙
		混凝土料太差，造成吸入性能差	调整混凝土配比
		S管部分被堵塞。泵送过程中若泵送压力突然升高，直至32MPa	应立即按住反泵按钮，让泵自动反泵2～3个行程，然后松开转入正泵。若该操作反复几次，泵送压力还是过高，则可能是堵管，需暂停泵送，查找堵管的点，进行清管处理
5	主油缸偏缸	闭式油泵上的伺服阀机械不对中	调节油泵上的伺服阀机械对中
		主油泵上的伺服阀液压不对中	调节油泵上的伺服阀液压对中
6	泵送不停机	泵送停止按钮故障，接头松动，线路断开，以及电气元件潮湿	重新拧紧接线或电路接头干燥处理，以及更换停止按钮

5.7.2 分配阀（S管）总成

分配阀（S管）总成故障及维修方法见表 5-22。

5.7.3 搅拌机构

搅拌机构故障及维修方法见表 5-23。

表 5-22 分配阀（S管）总成故障及维修方法

序号	故障现象	故障原因	排除方法
1	S管摆动不到位	液动换向阀故障，一般为阀芯卡死	拆洗液动换向阀的阀芯
		溢流阀故障使换向压力不够	重新调定溢流阀溢流压力或更换溢流阀
		恒压泵故障	检修恒压泵
		混凝土料差，停机时间又长，换向阻力大，摆不动	去除料斗内原混凝土
2	S管阀摆臂端漏砂浆	S管小端防尘圈变形或轴承磨损过度，间隙大	检查更换
3	S管摆动无力	蓄能器内压力不足或皮囊破损	重新充气或更换新的蓄能器皮囊
		溢流阀阀芯磨损或卡滞	清洗或更换溢流阀
		换向阀阀芯弹簧断裂，使阀芯运行不到位；阀芯磨损，产生内泄	更换换向阀

表 5-23 搅拌机构故障及维修方法

序号	故障现象	故障原因	排除方法
1	搅拌不转	混凝土料泵送性能太差，搅拌阻力大	卡住时应反转
		搅拌溢流阀调定压力不够	用木头卡住搅拌叶片，将压力调到 14MPa
		搅拌马达损坏	检查，如有必要则更换
		搅拌系统齿轮泵损坏	检查更换

5.7.4 清洗系统

清洗系统故障及维修方法见表 5-24。

5.7.5 润滑系统

润滑系统故障及维修方法见表 5-25。

表 5-24 清洗系统故障及维修方法

序号	故障现象	故障原因	维修方法
1	水泵不出水	新泵未排气	开机，向进水管灌水，排尽空气
		水箱蓄水少	水箱加水
		水管内过量的残渣导致堵塞	清洗管道、系统
		进水过滤器堵塞	清洗或更换过滤器
		进出水阀有杂物或损坏	清除杂物或更换进出水阀
		水泵内部柱塞断裂	更换水泵
		水泵不转	检查输出轴与液压马达，如损坏及时更换
		吸水管接头松脱或卡箍未旋紧	旋紧吸水管接头或卡箍旋紧

续表

序号	故障现象	故 障 原 因	维 修 方 法
2	压力调不上	溢流阀的阀芯头及其阀座有异物	清除异物或更换阀座
		进出水阀损坏造成泵内泄漏	更换进出水阀
3	压力不稳定	泵内 V 形密封圈损坏	更换密封圈
4	曲轴箱发热	曲轴箱内进水	更换油封、更换机油
		曲轴箱内铝屑太多	清洗曲轴箱
		机油太少引起连杆咬轴	加机油至油标 1/2 处
5	振动异常	泵内进气	检查吸水管及其密封圈,并调整
6	漏水漏油	水封或油封损坏	更换水封或油封

表 5-25　润滑系统故障及维修方法

序号	故障现象	故 障 原 因	排 除 方 法
1	润滑系统不出油	递进式分油器阀芯卡死	清洗递进式分油器
		润滑泵吸油口或出口滤芯堵塞	清洗或更换
		润滑泵磨损或密封损坏	更换密封
		润滑油不合要求,黏度大	根据季节不同,按标准使用润滑油
		油路堵塞	清除油路堵塞物

第6章

混凝土泵车

6.1 概述

流动式混凝土布料泵简称混凝土泵车或者泵车,是在已定型的汽车二类底盘上加装混凝土泵,配以专用的布料臂,并为保证布料稳定性,带有支腿等附加装置,由此所构成的一种具有泵送混凝土功能的专用设备(见图6-1)。

图 6-1 混凝土泵车

混凝土泵车的布料臂具有变幅、折叠和回转功能,可以在一定的半径范围内浇筑混凝土。混凝土泵车具有机动灵活、方便高效、安全环保、施工劳动强度低等特性,在工业、民用建筑、国防施工、基础施工、交通及能源等工程建设中得到越来越广泛的应用。

6.1.1 混凝土泵车发展历程与现状

混凝土泵车的发展历程,见表6-1。

表 6-1 混凝土泵车发展历程

1	1965 年,德国施维英公司生产了全球第一台混凝土泵车
2	1977 年,长沙建设机械研究院(中联重科前身)和浦沅工程机械总厂设计并生产了中国第一台泵车
3	1979 年,上海第八建筑工程公司仿制了联邦德国水压式臂架混凝土泵车
4	1983 年,湖北建筑机械厂引进研制了HJC517085 型号的混凝土泵车
5	1986 年,德国普茨迈斯特 62m 世界最长臂架泵车诞生
6	2000 年后,中联重科等厂家陆续实现了泵车的商品化销售
7	2007 年,三一重工率先推出 66m 泵车,一举超越普茨迈斯特,成为世界最长臂架泵车制造商 2009 年,三一重工的 72m 泵车再次创造了臂架长度世界第一、混凝土泵送速度世界第一两项世界纪录
8	2011 年,中联重科 80m 臂架泵车创造了泵车最长臂架,最长碳纤维臂架等多项世界纪录,并获得吉尼斯世界纪录认证。 2012 年,中联重科 101m 全球最长臂架泵车,再一次创造了吉尼斯纪录

我国从 1982 年开始引进并批量生产混凝土泵车。但在 2000 年前,混凝土泵车的市场年销量仅为 50 台左右,泵送机械 90% 以上的市场份额为国外品牌占据。2001—2012 年泵车年销量阶跃式发展,泵车生产企业发展到 10 余家,产能主要集中在中联重科、三一重工、徐工机械等企业,占全行业的 90% 以上,目前国外品牌的混凝土机械在我国的份额不足 10%。随着中联重科收购意大利 CIFA 公司,三一重工收购德国普茨迈斯特公司,徐工机械收购德国施维英公司等一系列海外并购,行业的集中度更高,产品全面走向世界。目前以中联重科、三一重工为代表的混凝土泵车,无论在泵送压力、泵送排量,还是在稳定性、可靠性等方面,都已接近国际先进水平。

6.1.2 混凝土泵车发展趋势

我国自主研发混凝土泵车起步晚,但发展较快,21 世纪初开始进入国际市场与国外一流企业产品同台竞争时,技术瓶颈凸显,在产品可靠性、耐久性、作业质量和作业安全性等方面尤为突出。经过 10 多年的发展,中国已经成为世界上最大的泵车生产国之一,产量占全球的 1/2 以上。目前以中联重科、三一重工为代表的混凝土泵车,无论在泵送压力、泵送排量,还是在稳定性、可靠性等方面,都已达到或接近国际先进水平。2007 年金融危机后,市场需求波动大,产能趋于过剩,泵车的利润率也呈下降趋势,技术创新成为了新一轮竞争的焦点。电液传感集成技术、网络信息技术、新材料等一系列新技术已成为市场竞争的重要手段之一。

目前,混凝土泵车的发展表现出以下特点:

1. 布料范围增大

布料范围包含最大垂直高度、水平布料半径以及布料深度等三个关键指标,其中又以最大垂直高度为主。布料范围受臂架长度的制约,臂架越长,其布料范围越大,适用的工况范围越广。随着基础工程施工需要对混凝土泵车布料范围的要求,臂架长度不断增加,从过去的 37～40m 臂架泵车为主流已经过渡到 47～56m 长臂架泵车,目前 60m 以上的超长臂架泵车需求也增长迅猛。

2. 泵送排量提高

为满足大型工程在短时间内浇筑大量混凝土的施工需要,混凝土泵车的泵送排量逐渐提高。20 世纪 90 年代,混凝土泵车的理论排量为 80～120m³/h,目前 160～200m³/h 排量的泵车已成为市场主流。

3. 环保节能

混凝土泵车的全寿命周期的绿化是未来技术发展的重要方向。通过产品的节能减排实现资源的持续利用,同时减少废料和污染物的生成及排放,提高产品与环境的相容程度,最终实现经济效益与环境效益的最大化。

4. 结构轻量化

受底盘承载能力、道路设计通过能力、客户对产品性价比(臂架长度与整机质量比值)要求以及机械制造业节能降耗的生态设计发展趋势等影响,混凝土泵车的结构件已朝着轻量化的方向发展。新型复合材料的使用可以得到单一材料无法比拟的优越性能,结构拓扑优化等设计手段使得结构件更加灵活、自重更轻、性能更强。

5. 智能化

传感技术的发展和普及,为大量获取混凝土泵车设计和制造的数据和信息提供了便捷的技术手段;人工智能技术的发展为生产数据与信息的分析和处理提供了有效的方法。复杂、恶劣、危险、不确定的生产环境、熟练工人的短缺和劳动力成本的上升呼唤着智能制造技术的发展和应用。21 世纪是智能技术得到大发展和广泛应用的时代,智能化是产品制造自动化、数字化、网络化的必然结果。

6.2 分类

根据泵车主要机构、系统的特征,主要有以下几种分类方法。

6.2.1 按臂架布料高度分类

混凝土泵车的臂架布料高度是指臂架完全展开竖直后,地面与臂架顶端之间的最大垂直距离。按目前行业内的习惯,混凝土泵车依据臂架布料高度分类,通常可分为短臂架、中长臂架、长臂架以及超长臂架泵车这四种类型,详见表 6-2。

表 6-2　泵车按布料高度分类

分　类	简　图	简要说明
短臂架		＜34m
中长臂架		34～50m
长臂架		50～60m
超长臂架		60m 以上

6.2.2　按臂架折叠方式分类

混凝土泵车在行驶时,臂架是处于收拢折叠状态的。受布料范围、布料角度、展臂时间以及整车长度和高度等不同要求的限制,混凝土泵车的臂架具有多种折叠形式,如表 6-3 所示。

表 6-3　混凝土泵车折叠形式的分类

分类	简　图	简要说明
R 型		俗称绕卷式,大臂举升力大,展开空间要求较高,展开较慢
Z 型		折叠式,操作灵活,大臂举升力小
RZ 型		复合型,综合 R、Z 型的优点
RT 型		大臂伸缩结构,结构紧凑,设计制造困难

6.2.3　按支腿展开形式分类

按目前行业内的习惯,依据支腿展开形式的不同,可以将混凝土泵车分为前后摆动型、前后伸缩型、前伸后摆型这三种类型,如表 6-4 所示。

6.2.4　按分配阀形式分类

泵车分配阀的结构形式多样,各有优缺点,结构类型如表 6-5 所示。

表 6-4　混凝土泵车支腿展开形式的分类

分　类	简　图	简 要 说 明
前后摆动型		前支腿后摆伸缩,后支腿摆动
		前支腿前摆伸缩,后支腿摆动
前后伸缩型		前支腿 X 形,后支腿侧向伸缩,简称为 XH 支腿
		前支腿弧形,后支腿侧向伸缩
		前后支腿都为 H 形

154

分　类	简　　图	简　要　说　明
前伸后摆型	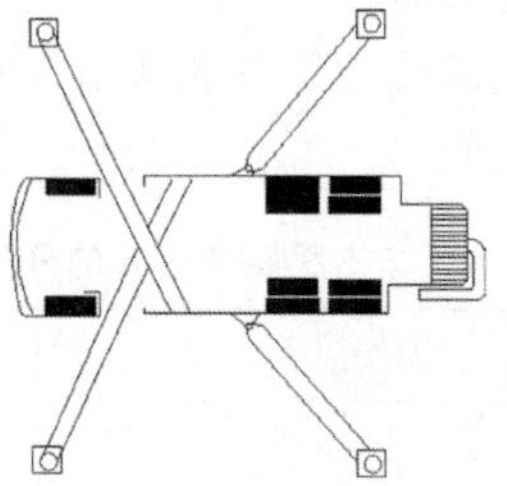	前支腿 X 形,后支腿摆动
	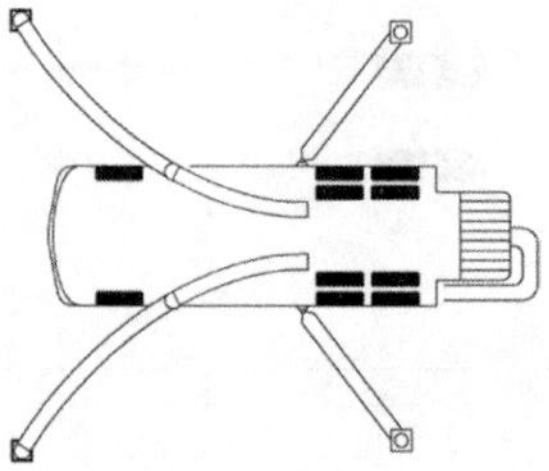	前支腿弧形,后支腿摆动
	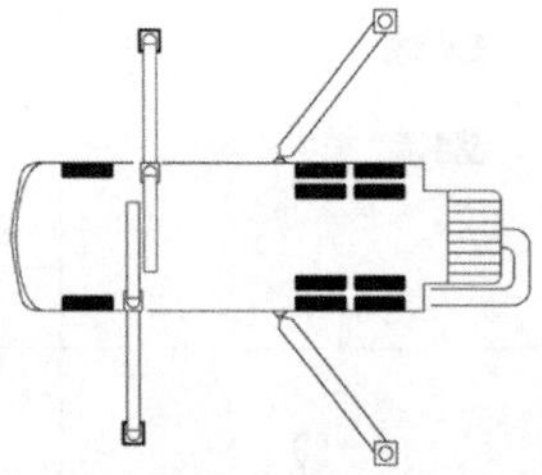	前支腿 H 形,后支腿摆动

表 6-5　泵车分配阀的分类

分　类	简　　图	简　要　说　明
S 管阀	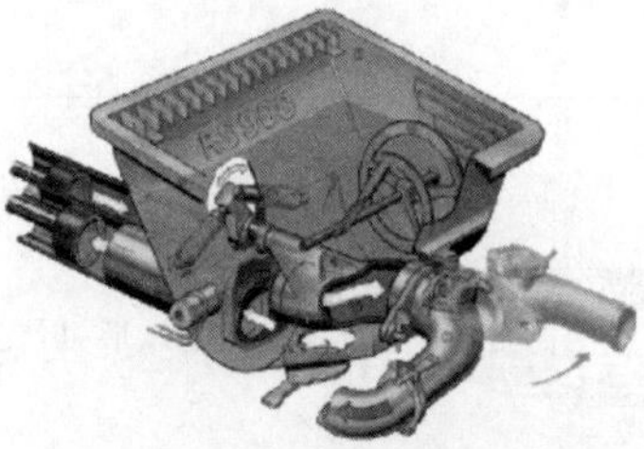	以 S 形管件摆动使混凝土吸入和推送的结构。密封性好,出口压力高
裙阀	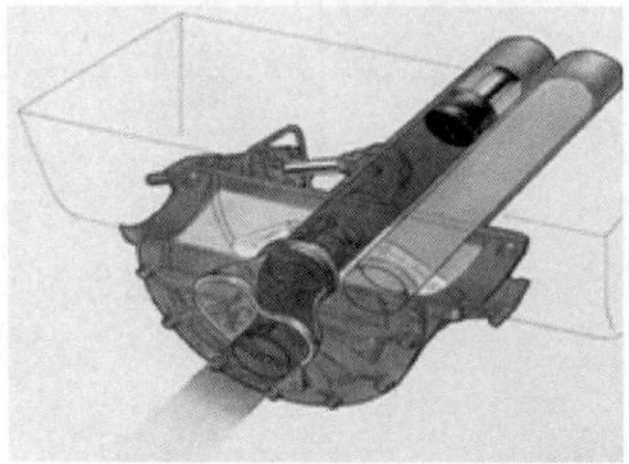	以裙形管件摆动使混凝土吸入和推送的结构。流道通畅、阻力小,阀体寿命长

续表

分类	简　图	简要说明
闸板阀	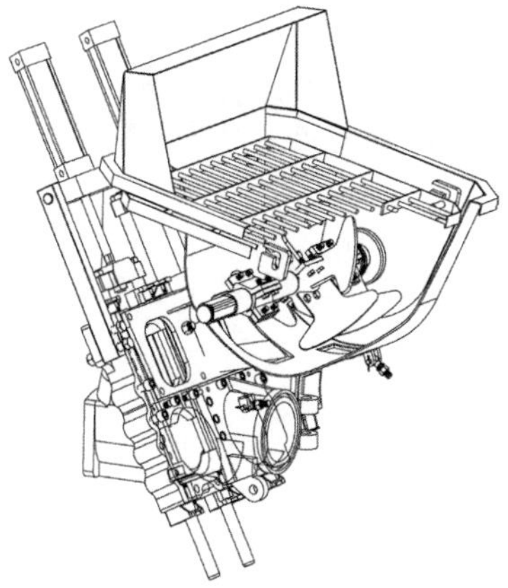	由板阀上下运动使混凝土吸入和推送的结构。吸料性好,混凝土适应性强,但泵送压力不高
挤压阀	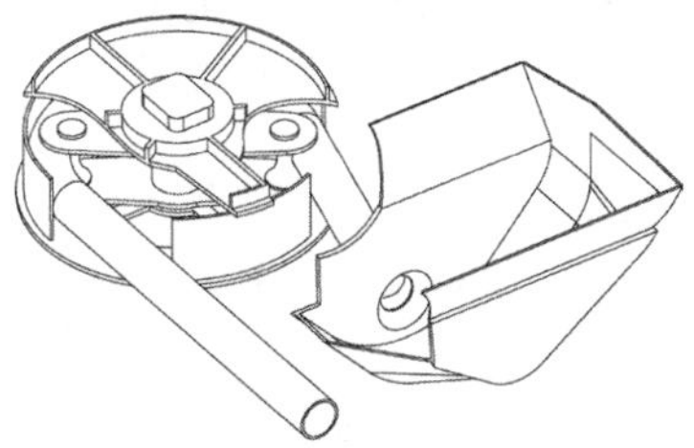	通过旋转挤压阀体内的软管实现混凝土的吸入和推送。结构简单,但是泵送压力低
C形阀	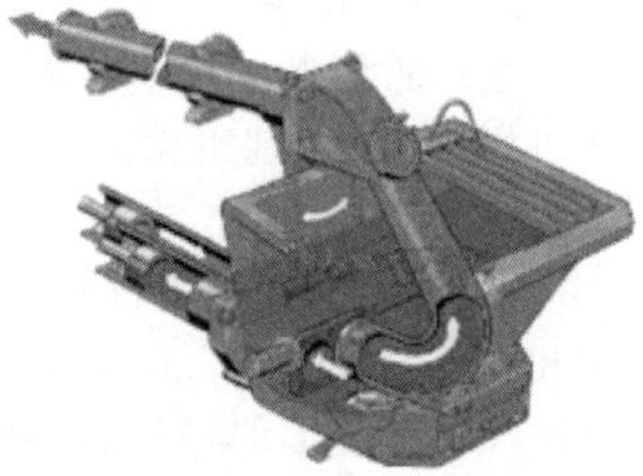	以C形管件摆动使混凝土吸入和推送的结构。密封性好,吸料性好,易维修

6.3　典型产品组成与工作原理

6.3.1　产品组成

混凝土泵车在结构上可大致分为底盘及动力系统、布料系统、泵送单元、液压系统及电控系统五个部分,如图6-2所示。

1.底盘及动力系统

混凝土泵车一般在专用底盘或载重二类底盘的基础上设计改装而成。泵车的所有工作装置都安装在底盘上,它既要满足各个工作装置的运动传递、空间配置,又要能够承受所有装置带来的负载,并保证泵车工作的稳定性。

泵车的取力装置一般采用图6-3的分动箱取力形式,泵车的所有动力来源于底盘发动机,发动机通过变速箱、分动箱将动力传递给泵车上装油泵和底盘后桥驱动。分动箱通过传动轴和万向节分别与变速箱和后桥相连,油泵集成安装在分动箱上,通过齿轮传递动力。

取力装置中最重要的是分动箱的设计和布置,较常用的是齿轮结构的分动箱,其优点是体积小、性能好、改装方便。

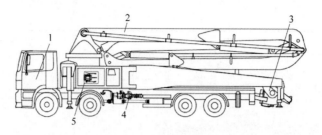

图 6-2 泵车的总体结构

1—底盘及动力系统；2—布料系统；3—泵送单元；4—液压系统；5—电控系统

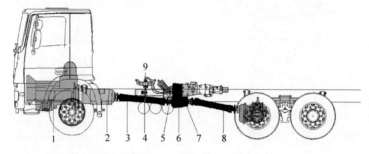

图 6-3 分动箱取力系统

1—发动机；2—变速箱；3—前传动轴；4—底盘气源接入点；5-切换气缸；6—取力箱；

7—行程传感器；8—后传动轴；9—切换气阀

混凝土泵车的取力也可采取底盘取力口直接取力的形式,将底盘动力直接输出给泵组,如图 6-4 所示。此类底盘无须改装,实现行驶和取力同时进行。这种取力形式的优点是不会破坏底盘结构的整体性,缺点是油泵布置占用了上装较多的空间。

此外,某些混凝土泵车的上装不从底盘获取动力,而是通过独立的柴油机这类副发动机

来驱动油泵工作。

2. 布料系统

泵车的布料系统主要由布料臂、转台、回转机构和底架支腿组成。

1）布料臂

布料臂,也可称布料杆,用于混凝土的输送和布料。通过臂架油缸的伸缩,将混凝土经由附着在臂架上的输送管,直接送达浇筑点。

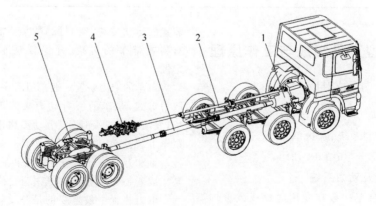

图 6-4 底盘直接取力系统

1—发动机及变速箱；2—动力输出轴；3—传动轴；4—泵组；5—后桥

布料臂由多节臂架、连杆、油缸、连接件铰接而成的可折叠和展开的平面四连杆机构组成,如图 6-5 所示。根据各臂架间转动方向和顺序的不同,臂架有多种折叠方式,如 R 型、Z 型、RZ 型等。各种折叠方式都有其独到之处,R 型结构紧凑;Z 型臂架在打开和折叠时动作迅速;RZ 型则兼有两者的优点而逐渐被广泛采用。由于 Z 型折叠臂架的打开空间更低,而 R 型折叠臂架的机构布局更紧凑,每种都有其各自的优势,所以 R 型、Z 型、RZ 型臂架均被广泛采用。

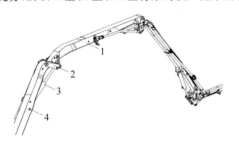

图 6-5 布料臂示意图

1—臂架;2—连杆;3—油缸;4—连接件

2) 转台

转台为由高强度钢板焊接而成的结构件,如图 6-6 所示。作为臂架的基座,上部通过销轴轴套与臂架连接,下部使用高强度螺栓与回转支承连接,承受臂架载荷并带动臂架在水平面内转动。

图 6-6 转台示意图

3) 回转机构

回转机构是由回转减速机(包括回转电动机)、回转支承、小齿轮等通过高强度螺栓连接组成的,如图 6-7 所示。

4) 底架支腿

底架支腿由底架、支腿及其驱动油缸组

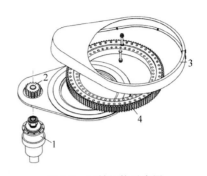

图 6-7 回转机构示意图

1—回转电动机;2—传动齿轮;3—保护罩;4—回转支承

成。底架是由高强钢板焊接而成的箱形受力结构件,是臂架、转台和回转机构的固定底座。泵车行驶时承受上部重力,泵送时承受整车重力和臂架的倾翻力矩,同时还可作为液压油箱和水箱。因此既要有足够的强度,又要具有良好的密封性。作为液压油箱要求其清洁性,因此油箱内部必须处理才可保证清洁。

支腿是将整车稳定地支承在地面上,直接承受整车的负载力矩和重力。一般泵车支腿支承结构由四条支腿、多个油缸或电动机组成,如图 6-8 所示。

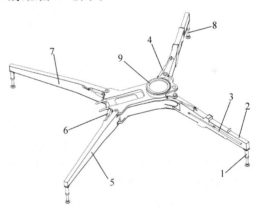

图 6-8 底架支腿示意图

1—垂直支承油缸;2—一级支腿;3—伸缩油缸;4—展开油缸;5—右后支腿;6—展开油缸;7—左后支腿;8—垂直支腿;9—底架

3. 泵送单元

混凝土泵车的泵送单元结构组成可参见5.3.1 节中关于混凝土泵和车载泵泵送单元的相关介绍。

4．液压系统

液压系统是混凝土泵送机械的核心部分，液压系统质量的好坏会直接影响主机的工作性能和效率。根据混凝土泵车的基本功能可以将泵车液压系统分为泵送液压系统、分配液压系统、臂架支腿液压系统等，见表6-6。各系统相对独立，有功能交互的系统控制存在联系。

表 6-6　泵车液压系统分类

液压系统分类	简　图	简　要　说　明
泵送、分配液压系统		保证混凝土泵送作业正常运行
臂架、支腿液压系统		保证臂架系统的正常动作

混凝土泵车的泵送、分配液压系统可参见5.3.1节中关于泵送、分配液压系统的相关介绍。

臂架支腿液压系统通常采用负载敏感系统，以满足泵车臂架的精细操控需求。根据液压泵排量是否可调，臂架支腿液压系统可分为定量系统和变量系统两种，对应的液压泵分别采用定量泵和变量泵。多路阀通常采用多联、先导式电比例换向阀，操作方式兼有手动及遥控两种形式。每节臂架展收动作由对应的油缸伸缩来实现，而每根油缸的运动方向及速度由比例多路阀来控制，一节臂架油缸对应一联多路阀。支腿的伸展动作通常通过油缸、液压马达等来驱动实现。因在动力切断即液压泵不供油后各执行机构即油缸仍要能够保持姿态，通常会采用液压锁或平衡阀来实现负载保持，因此油缸上通常会安装液压锁或平衡阀。

以变量臂架液压系统为例，如图6-9所示。该液压系统主要由动力元件（变量液压泵1）、控制元件（先导式电比例多路阀2、平衡阀3、支腿多路阀5、液压锁7）、执行元件（臂架油缸4、支腿油缸6）组成。其中，变量液压泵1为整个液压系统提供压力油，通过先导式电比例多路阀2将压力油分配给驱动每节臂架展收的臂架油缸4和控制每条支腿动作的支腿多路阀5，支腿多路阀5将先导式电比例多路阀2分配来的压力油再分配给驱动每条支腿伸出的支腿油缸6。因臂架展开后及支腿伸出后要求能够保持某种姿态，即臂架油缸回路及支腿回路应具备负载保持功能，该部分功能分别由臂架油缸平衡阀3和支腿油缸液压锁7来实现。

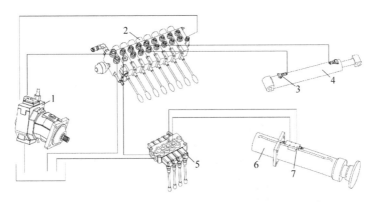

图 6-9　臂架支腿液压系统示意图

1—变量液压泵；2—先导式电比例多路阀；3—平衡阀；4—臂架油缸；5—支腿多路阀；6—支腿油缸；7—液压锁

5．电控系统

整车电控系统是混凝土泵车的控制中心，其运行状态将直接影响整车的工作性能，同时电控系统的设计也是实现整车智能化的主要手段。

电控系统主要由取力控制部分、电源部分、传感信号采集部分、操控部分、控制中心、指令执行部分等组成。各部件功能介绍见表 6-7。

表 6-7　电控系统主要部件功能说明

电控系统部件	简　图	简　要　说　明
取力控制部分		完成泵车行程与作业状态的动力切换，该操作一般位于驾驶室，完成底盘动力的切换
电源部分		电控系统的总电源由底盘供电系统提供，按照控制电路的实际需要设计多条支路分散供电
传感信号采集部分		对反映整车运行状态的部分关键参数通过传感器进行采集，主要有压力传感器、温度传感器以及用于判断位置信息的接近开关等
操控部分		泵车操控一般有遥控操控（远端操作）及面控操作（近端操作）两种形式

续表

电控系统部件	简　图	简　要　说　明
控制中心		电控系统的数据处理、逻辑运算及控制指令发出部件。一般由工业控制器(或 PLC)、人机交互系统及部分辅助电路构成 目前利用 GPS 终端实现对设备的远程控制也逐渐得到普遍应用
指令执行部分		实现对液压系统(一般通过对电磁阀的控制来实现)及其他执行机构的动作控制

6.3.2　工作原理

1. 底盘及动力系统

由于混凝土泵车泵送和臂架等系统一般采用的是底盘动力,在作业时要求切断行驶动力保证安全,在混凝土泵车上普遍采用了分动箱及其控制部分来完成工作状态转换。

如图 6-10 所示,分动箱通过传动轴与底盘变速箱相连,从发动机传来的动力进入分动箱,当混凝土泵车处于行驶状态时,分动箱与后桥传动轴相连的输出轴运转,输出驱动行驶动力;而当混凝土泵车处于作业状态时,分动箱与液压泵相连的输出轴运转,驱动液压系统工作。

分动箱由汽车驾驶室中的电气部分控制,换挡动力由汽车底盘的气动系统提供,切换气压由安装在气动电磁换向阀前的气压调节阀调整,气动电磁换向阀在电气互锁回路的控制下切换压缩空气运行方向,推动气缸,气缸带动拨叉进行动力转换。

分动箱切换时,底盘变速箱必须处于空挡位置,一般采用电气控制实现空挡保护,保证

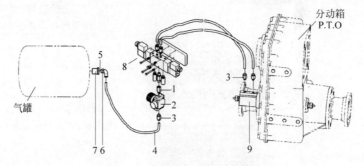

图 6-10　分动箱气动系统示意图

1—单向阀；2—减压阀；3—快速插头；4—塑料气管；5—波纹管；6—L 形快速接头；
7—过渡接头；8—换向电磁阀；9—气缸

切换时的分动箱安全。当分动箱切换到作业状态时,分动箱上的取力转换开关保证切换动作到位后才能实现泵送作业。

泵车正常行驶时,发动机的扭矩通过传动轴传递到分动箱的输入端,此时离合套将输入轴和输出轴连通,直接将发动机的扭矩传递到后桥,使混凝土泵车处于行驶状态;若切换至作业状态,气缸推动拨叉向左移动,离合套件在拨叉的作用下也向左移动,将输入轴和空套齿轮连通,同时空套齿轮带动二轴齿轮传动,二轴齿轮带动三轴齿轮传动,三轴齿轮通过花键带动三轴,三轴左端直接带动臂架泵工作,同时右端本身带动主油泵工作,使混凝土泵车处于泵送状态。通过气缸的作用使混凝土泵车在泵送和行驶状态转换。

2．泵送单元

混凝土泵车的泵送单元工作原理可参见5.3.2节中关于混凝土泵和车载泵泵送单元工作原理的相关介绍。

3．液压系统

由上文可知泵车液压系统分为泵送液压系统、分配液压系统、臂架支腿液压系统等。

1) 主泵送液压回路

混凝土泵车的泵送、分配液压系统工作原理可参见5.3.2节中关于混凝土泵和车载泵泵送、分配液压系统工作原理的相关介绍。

2) 臂架支腿液压回路

臂架支腿液压系统通常为负载敏感系统,主要包括臂架液压回路和支腿液压回路,由上文可知根据系统中液压泵排量是否可变分为变量系统和定量系统,下面以变量系统为例介绍臂架支腿液压系统。

(1) 臂架液压回路。臂架液压回路主要实现臂架的回转及展收功能,具体由多路阀2来实现控制,如图6-11所示。

臂架多路阀2的进油联即图中2.0主要实现液压泵1与多路阀2的连接,液压泵1将压力油通过该联供给各工作联。同时负载的流量需求也是通过进油联2.0反馈给液压泵1,使负载的流量需求与液压泵1的输出流量相匹配。一般臂架多路阀2的第一工作联2.1

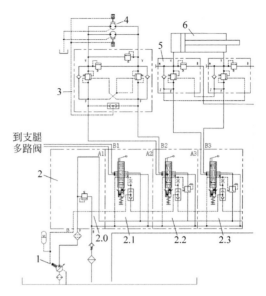

图 6-11 臂架液压回路图

1—液压泵;2—臂架多路阀;3—回转控制阀;4—回转马达;5—臂架平衡阀;6—臂架油缸

用于控制进入支腿液压回路的压力油。臂架多路阀2的第二工作联2.2为控制臂架回转的工作联,其后续工作联用于控制每节臂架的展收,且每联工作原理相似。图6-11中仅给出了其中一联2.3,下面对其工作原理进行说明。

当进行臂架回转操作时,多路阀2的工作联2.2处于某一工作位,液压泵1的压力油通过多路阀进油联2.0、回转控制联2.2流到A2(B2)口,再通过回转控制阀3左(右)侧单向阀进入回转马达4。阀3集成有梭阀,该梭阀将A2、B2的压力油引入回转马达4的制动器,使回转马达4处于解锁状态。与此同时A2(B2)口压力油通过先导油路打开阀3右(左)侧平衡阀,使马达4回油路通畅。以上三个条件具备后,压力油驱动回转马达4回转,进而完成臂架的顺(逆)时针回转动作。

当进行某节臂架(可同时展收多节臂架,此处仅以一节臂架动作为例)展收时,臂架多路阀2的工作联2.3处于某一工作位,液压泵1的压力油通过多路阀进油联2.0、臂架动作控制联2.3流到A3(B3)口,再通过臂架平衡阀5左(右)侧单向阀进入臂架油缸6的无(有)杆腔。与此同时A3(B3)口压力油通过先导油路打开阀5右(左)侧平衡阀,使油缸6有(无)杆腔回油路通畅。以上两个条件具备后,压力油驱动臂架油缸6伸出(收回),进而完成臂架

的展开(收回)动作。

(2)支腿液压回路。支腿液压回路主要实现支腿的伸缩功能,具体由手动式支腿多路阀1及2来实现控制,如图6-12所示。

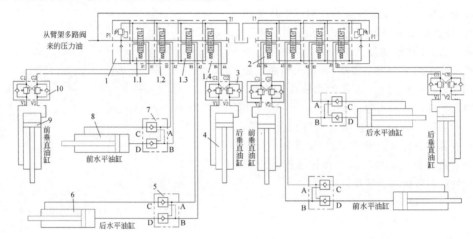

图6-12　支腿液压回路图

通常将泵车左右两侧的支腿分开控制,因此对应有两个支腿多路阀。现以某一侧支腿动作控制为例,对其工作原理进行说明。从支腿液压回路图中可知臂架多路阀来的压力油以并联形式供给支腿多路阀1、2,支腿多路阀1的进油联即图中1.0集成有溢流阀,通过该阀来设定支腿液压回路的最高工作压力。同侧有前后两条垂直油缸4、9,同时前支腿水平伸缩、后支腿摆动均采用油缸驱动方式,故支腿多路阀1有四个工作联,分别为1.1、1.2、1.3、1.4。

当前支腿进行垂直收回(伸出)操作时,臂架多路阀支腿工作联处于工作状态并向支腿多路阀1提供压力油。支腿多路阀1的工作联1.1处于某一工作位,压力油通过支腿多路阀1的工作联1.1流到液压锁5的A(B)口,再通过液压锁5的A(B)侧单向阀进入水平油缸6的有(无)杆腔。与此同时液压锁5的A(B)口压力油打开阀5的B(A)口侧单向阀,使油缸6无(有)杆腔回油路通畅。以上两个条件具备后,压力油驱动前支腿水平油缸6进行收回(伸出)动作。后支腿垂直油缸4的动作控制过程与此类似。

当前支腿进行水平收回(伸出)操作时,臂架多路阀支腿工作联处于工作状态并向支腿多路阀1提供压力油。支腿多路阀1的工作联1.4处于某一工作位,压力油通过支腿多路阀1的工作联1.4流到液压锁10的C1(C2)口,再通过液压锁10的C1(C2)侧单向阀进入垂直油缸9的有(无)杆腔。与此同时液压锁10的C1(C2)口压力油通过先导油路打开阀10的C2(C1)口侧平衡阀,使油缸9无(有)杆腔回油路通畅。以上两个条件具备后,压力油驱动垂直油缸9进行收回(伸出)动作。后摆腿油缸8的动作控制过程与此类似。

4.电气系统

控制中心在接收到操控指令时,对各相干传感信号进行判断,按照控制逻辑,输出控制指令到执行机构,完成操控指令的执行。

硬件逻辑结构如图6-13所示。

1)取力控制

通过对气动装置的驱动电磁阀的控制,实现泵车行驶及作业状态的动力切换。同时对动力切换的条件(如底盘挡位状态、手刹信号等)进行判断,该电路一般采用互锁及自锁的

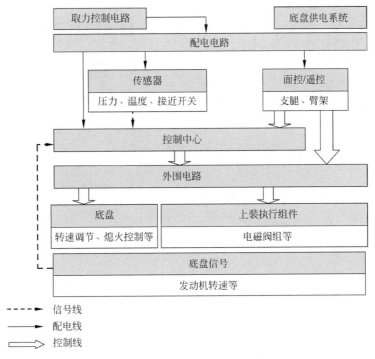

图 6-13　硬件逻辑结构

安全保护方法进行设计。

2）传感信号采集

传感器是控制中心神经末梢，实时反映设备工作状态。控制中心通过对传感信号的采集分析，获取其控制指令的执行状态，并进行实时调节。传感器的使用类型及其应用对象主要有：

（1）用于测量液压系统压力值的压力传感器。

（2）用于测量液压油温度的温度传感器。

（3）用于测量布料系统或整车部件角度值的倾角传感器以及旋转角度传感器。

（4）用于判定各执行结构特定位置的接近开关、限位开关以及激光传感器等。

3）控制中心

控制中心完成控制系统的逻辑运算、数据处理以及人机交互系统，实现对设备各项功能的控制。

其功能主要包括泵送控制、底盘控制、布料系统控制以及辅助功能控制。

（1）泵送控制：完成对泵送逻辑的运算处理，以及搅拌系统、润滑系统、液压系统冷却装置等的控制，同时泵送排量的智能控制技术、泵送行程的智能调节技术、工作数据智能统计技术在此控制模块中广泛应用。

（2）底盘控制：完成对底盘发动机转速及启停等功能的控制，同时功率匹配技术、节能控制技术在此控制模块中广泛应用。

（3）布料系统控制：完成对布料系统中支腿、臂架的控制，同时安全控制、臂架智能控制等技术在此控制模块中广泛应用。

（4）辅助功能控制：用于提升控制系统智能化程度以及产品后市场的应用开发，主要体现在智能故障诊断技术以及物联网技术的开发应用。

4）控制指令的执行

电控系统输出的指令类型及控制对象主要有以下几种

（1）开关量信号：即输出的指令为高低电平的形式，一般用于对开关量电磁阀的控制。

（2）模拟量信号：即输出的指令为一个连续的电流、电压信号，一般用于对主泵排量、臂架动作速度等对象的控制。

（3）总线通信信号：即输出的指令通过总线通信的形式传送至执行机构，一般用于对底盘调速以及物联网技术的应用方面。目前广泛采用了 CAN 总线通信技术。

6.4 技术规格及主要技术参数

6.4.1 技术规格

泵车技术规格型号一般为一系列组合代码，各企业代码各有不同，大致代码含义如下：

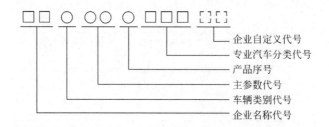

例如：ZLJ5 331THBB

——ZLJ 为中联重科的企业代号；

——33 为车辆总质量；

——1 为底盘开发的序列号；

——最后字母 B 代表欧Ⅳ奔驰底盘。

以中联重科泵车为例，技术规格型号解析说明见表 6-8。

表 6-8 泵车技术规格型号

底 盘	技术规格型号	简要说明
两桥底盘	ZLJ5161THB 22H-4Z	布料高度 21.2m，H 形支腿，4 节臂，Z 型臂架折叠，整车质量 16t
三桥底盘	ZLJ5339THB 49X-6RZ	布料高度 48.6m，X 形支腿，6 节臂，RZ 型臂架折叠，整车质量 33t
四桥底盘	ZLJ5440THBS 56X-6RZ	布料高度 56m，X 形支腿，6 节臂，RZ 型臂架折叠，整车质量 44t
五桥底盘	ZLJ5540THBB 67-6RZ	布料高度 66.1m，摆动支腿，6 节臂，RZ 型臂架折叠，整车质量 54t
六桥底盘	ZLJ5640THBB 80-7RZ	布料高度 80m，摆动支腿，7 节臂，RZ 型臂架折叠，整车质量 64t

1. 整机性能参数

1）整机质量（kg）

混凝土泵车的整机质量受到底盘承载能力及道路限行能力的限制，同时又直接影响着车辆的燃油经济性，是产品的一个关键性能参数。

2）整车外形尺寸（mm）

对于混凝土泵车，整车外形尺寸有时决定了是否具有通过能力和能否适应工地作业场地要求。

3）支腿跨距（mm）

支腿跨距是为了满足泵车稳定性而要求的，在施工中必须保证支腿完全展开。尽管目前部分厂家具有单侧作业系统、防倾翻保护等安全智能控制，但在一般常规的施工中，建议还是将支腿完全展开，防止因系统失效而出现安全事故。

2．泵送系统参数

1）理论输送方量（m³/h）

理论输送方量值反映了泵送设备的工作速度和效率，但由于工作情况的不同，如在较高压力下，在满足功率匹配的情况下，必须将输送量下降。另外混凝土泵送设备的吸料性的好坏也很大程度地决定着泵送的效率，有的混凝土泵送设备由于吸料性不佳，实际输送方量要远小于理论输送方量值。只有合理匹配参数和优化设计才能保证实际泵送的方量。以低压状态为例：

$$v = \frac{1000 \times Q \times 100}{A_2 \times 60} \qquad (6\text{-}1)$$

$$Z = 60/(S/v + t) \qquad (6\text{-}2)$$

$$Q_{理论} = A \times 10000 \times S \times Z \qquad (6\text{-}3)$$

式中：v——泵送油缸线速度，m/s；

　　　Z——泵送频率；

　　　Q——液压系统流量，L/min；

　　　S——油缸行程，m；

　　　A——混凝土活塞受力面积，cm²；

　　　t——换向时间，s；

　　　A_2——泵送油缸有杆腔面积，cm²。

2）理论泵送压力（MPa）

理论泵送压力是指混凝土泵送设备的出口压力，也就是当泵送液压系统达到最大压力时所能提供的最大混凝土泵送压力，通过高低压切换，最大出口压力将不同。

以低压状态为例（见图6-14）：

$$P_1 \times A = P_2 \times A_2 \qquad (6\text{-}4)$$

$$P_1 = P_2 \times A_2/A \qquad (6\text{-}5)$$

式中：P_1——理论泵送压力，MPa；

　　　P_2——液压系统工作压力，MPa；

　　　A——混凝土活塞受力面积，cm²；

　　　A_2——泵送油缸有杆腔面积，cm²。

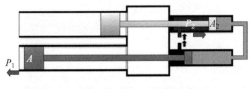

图6-14　泵送压力示意图

3）输送缸内径×行程（mm×mm）

输送缸的内径一般在200～260mm，它基本能满足吸料性的要求，而行程一般在2000mm左右，在满足理论输送方量的时候具有合适的换向频率。

4）分配阀形式

混凝土泵车分配阀形式主要有S管阀、裙阀和C形阀等，S管阀由于具有密封性好、使用方便、寿命长、料斗不容易积料等优点而被广泛采用。

5）料斗容积（L）

料斗容积一般在500L左右，但放料一般不宜太满，以免增加搅拌阻力，或使搅拌轴密封及其他密封早期磨损；但料也不能低于搅拌轴，否则就容易吸空，影响泵送效率。

6）上料高度（mm）

上料高度一般在1500mm左右，主要是为了满足混凝土搅拌输送车方便卸料的要求。

3．液压系统参数及形式

1）压力

液压系统压力是指泵送液压系统压力，系统中第一阀（通常为溢流阀）进口处或泵出口处测得的压力的公称值。

2）高低压切换方式

高低压切换方式是指泵送系统的高低压切换形式，分为手动和自动两种。通常，手动可分为更换胶管和转阀式。

3）液压系统形式

液压系统形式是指主泵送系统的液压系统形式，分开式和闭式两种，两种形式共存。通常，中小方量泵和短臂架泵车以开式为主，大方量泵及中长臂架泵车则采用闭式。

4）液压油冷却方式

液压油冷却普遍采用风冷，风机采用电动机驱动或液压驱动。为满足不同工况和不同施工环境，双电动风机并自动控制，可比较好地控制液压系统的温度。

4．布料系统参数

1）布料范围（m）

布料范围是指混凝土泵车在布料作业状态下，布料臂上输送硬管出料口中心所能达到的区域,包含最大垂直高度、水平布料半径以及布料深度等三个关键指标。最大垂直高度是指混凝土泵车布料臂上输送硬管出料口中心与地面之间的最大垂直距离,如37m泵车的垂直布料高度约为37m;水平布料半径一般为臂架的实际总长度,若转台为偏心斜转台,则布料半径还需减去转台的偏心量;布料深度一般约为实际臂架长度减去第一臂的长度,再减去泵车工作时转台与一节臂铰孔距地面的高度。

2)回转角度(°)

为满足混凝土泵车全方位的工作需要,一般回转角度在360°左右,由回转限位开关进行控制。

3)臂节数量

混凝土泵车臂节数量一般有3,4,5,6,7

节,臂节越多,伸展越灵活,但控制要求也高,臂架的抖动也可能更大。

4)臂节长度(mm)

混凝土泵车臂节长度主要由臂架布料范围和臂架形式等要求决定,主要为便于合理分布载荷和空间。

5)展臂角度(°)

混凝土泵车展臂角度是为了满足臂架的动作空间而设计,使其能方便快捷地达到工作位置。

下面以 ZLJ5419THB 52X-6RZ 泵车的主要技术参数进行解析说明,见表6-9。

6.4.2　主要技术参数

下面介绍国内主要混凝土泵车制造商的产品技术参数。

表6-9　ZLJ5419THB 52X-6RZ 混凝土泵车主要技术参数

型号	参数类别	参数名称	参数值
ZLJ5419THB 52X-6RZ	整机性能参数	整机质量/kg	41000
		整车外形尺寸(长×宽×高)/(mm×mm×mm)	13750×2500×4000
		支腿跨距(前×后×侧)/(mm×mm×mm)	9300×11900×10400
	泵送系统参数	理论输送方量/(m³/h)	200/140
		理论泵送压力/MPa	8.3/12
		输送缸内径×行程/(mm×mm)	ϕ260×2100
		分配阀形式	S管阀
		料斗容积/L	600
		上料高度/mm	1540
	液压系统参数	系统压力/MPa	35
		高低压切换方式	自动
		液压系统形式	闭式
		液压油冷却形式	风冷
	布料系统参数	布料范围(高度/半径/深度)/mm	52/48/37.6
		回转角度/(°)	±270
		臂节数量	6
		臂节长度/mm	10410/9120/8690/9680/5600/4500
		展臂角度/(°)	90/180/180/240/195/90

1. 中联重科（见表6-10～表6-14）

表6-10　中联重科23m混凝土泵车主要技术参数

ZLJ5150THBJ 23X-4Z	整机质量/kg	15000
	整车外形尺寸（长×宽×高）/(mm×mm×mm)	9005×2325×3455
	支腿跨距（前×后）/(mm×mm)	4880×5200
	理论输送方量/(m³/h)	70
	理论泵送压力/MPa	8
	臂架节数	4

表6-11　中联重科38m混凝土泵车主要技术参数

ZLJ5290THBB 38X-5RZ	整机质量/kg	29000
	整车外形尺寸（长×宽×高）/(mm×mm×mm)	12010×2500×3900
	支腿跨距（前×后）/(mm×mm)	6190×8345
	理论输送方量/(m³/h)	90/140
	理论泵送压力/MPa	11/7
	臂架节数	5

表6-12　中联重科49m混凝土泵车主要技术参数

ZLJ5330THBB 49X-6RZ	整机质量/kg	33000
	整车外形尺寸（长×宽×高）/(mm×mm×mm)	12020×2500×4000
	支腿跨距（前×后）/(mm×mm)	9310×10500
	理论输送方量/(m³/h)	120/170
	理论泵送压力/MPa	12/8.3
	臂架节数	6

表6-13　中联重科56m混凝土泵车主要技术参数

ZLJ5440THBB 56X-6RZ	整机质量/kg	44000
	整车外形尺寸（长×宽×高）/(mm×mm×mm)	13885×2500×4000
	支腿跨距（前×后）/(mm×mm)	9300×12600
	理论输送方量/(m³/h)	140/200
	理论泵送压力/MPa	12/8.3
	臂架节数	6

表6-14　中联重科63m混凝土泵车主要技术参数

ZLJ5530THBK 63X-6RZ	整机质量/kg	53000
	整车外形尺寸（长×宽×高）/(mm×mm×mm)	15840×2500×4000
	支腿跨距（前×后）/(mm×mm)	11280×13335
	理论输送方量/(m³/h)	140/200
	理论泵送压力/MPa	12/8.3
	臂架节数	6

2．三一重工（见表 6-15～表 6-19）

表 6-15　三一重工 23m 混凝土泵车主要技术参数

SYM5163THBDS 23V8	整机质量/kg	15600
	整车外形尺寸(长×宽×高)/(mm×mm×mm)	9135×2360×3410
	支腿跨距(前×后)/(mm×mm)	4825×3400
	理论输送方量/(m³/h)	60
	理论泵送压力/MPa	6.4
	臂架节数	4

表 6-16　三一重工 38m 混凝土泵车主要技术参数

SY5282THB 380C-8	整机质量/kg	27800
	整车外形尺寸(长×宽×高)/(mm×mm×mm)	11410×2500×4000
	支腿跨距(前×后)/(mm×mm)	6200×7130
	理论输送方量/(m³/h)	100/140
	理论泵送压力/MPa	12/8.3
	臂架节数	5

表 6-17　三一重工 49m 混凝土泵车主要技术参数

SY5332THB 490C-8SA	整机质量/kg	33000
	整车外形尺寸(长×宽×高)/(mm×mm×mm)	11995×2500×4000
	支腿跨距(前×后)/(mm×mm)	9300×9620
	理论输送方量/(m³/h)	120/170
	理论泵送压力/MPa	12/8.3
	臂架节数	5

表 6-18　三一重工 56m 混凝土泵车主要技术参数

SY5423THB 560C-8A	整机质量/kg	42490
	整车外形尺寸(长×宽×高)/(mm×mm×mm)	13850×2500×4000
	支腿跨距(前×后)/(mm×mm)	9470×12680
	理论输送方量/(m³/h)	125/180
	理论泵送压力/MPa	12/8.3
	臂架节数	6

表 6-19　三一重工 62m 混凝土泵车主要技术参数

SY5530THB 620C-8	整机质量/kg	53000
	整车外形尺寸(长×宽×高)/(mm×mm×mm)	15730×2500×4000
	支腿跨距(前×后)/(mm×mm)	11420×13880
	理论输送方量/(m³/h)	125/180
	理论泵送压力/MPa	12/8.3
	臂架节数	6

3．徐工集团（见表 6-20～表 6-24）

表 6-20　徐工集团 23m 混凝土泵车主要技术参数

XZJ5150THBD 23K	整机质量/kg	14900
	整车外形尺寸(长×宽×高)/(mm×mm×mm)	9075×2250×3370
	理论输送方量/(m³/h)	65
	理论泵送压力/MPa	6.5
	臂架节数	4

表 6-21　徐工集团 39m 混凝土泵车主要技术参数

XZJ5280THBW 39K	整机质量/kg	28000
	整车外形尺寸(长×宽×高)/(mm×mm×mm)	12500×2500×3990
	理论输送方量/(m³/h)	136
	理论泵送压力/MPa	7.2
	臂架节数	5

表 6-22　徐工集团 48m 混凝土泵车主要技术参数

XZJ5330THB 48K	整机质量/kg	33000
	整车外形尺寸(长×宽×高)/(mm×mm×mm)	11850×2500×3990
	理论输送方量/(m³/h)	120/170
	理论泵送压力/MPa	12/8
	臂架节数	6

表 6-23　徐工集团 56m 混凝土泵车主要技术参数

XZJ5420THBW 56K	整机质量/kg	42400
	整车外形尺寸(长×宽×高)/(mm×mm×mm)	13800×2500×3990
	理论输送方量/(m³/h)	120/170
	理论泵送压力/MPa	12/8
	臂架节数	7

表 6-24　徐工集团 60m 混凝土泵车主要技术参数

XZJ5440THBB 60K	整机质量/kg	44000
	整车外形尺寸(长×宽×高)/(mm×mm×mm)	14600×2500×4000
	理论输送方量/(m³/h)	120/170
	理论泵送压力/MPa	12/8
	臂架节数	6

6.5 选型及应用

6.5.1 选型原则和选型计算

1. 选型三大基本原则

混凝土泵车选型应根据混凝土工程对象、特点和要求综合考虑,主要有以下几方面。

1) 安全

安全指的是混凝土泵车的选用要与建筑的结构及施工工艺及当地的气象条件等相匹配,保证设备能按厂家的使用要求进行正确合理的使用和方便的检查维护。按照混凝土泵车的设计规范,整机在布料作业中的水平倾角不应大于3°,所处环境的风速不应超过13.8m/s(六级)。若客户的施工环境超出了混凝土泵车的设计范围,或者受到某些条件限制需要有特殊施工要求(如施工场地狭小不允许支腿完全展开支承),则客户必须向制造商说明情况,以选择合适的产品确保施工安全。

2) 高效

高效指的是混凝土泵车的布料范围要能满足浇筑施工的位置需要,泵送排量能够满足大型工程在短时间内浇筑大量混凝土的效率需要,以及泵送压力能够满足不同标号、坍落度混凝土的输送要求。

3) 经济

经济指的是在同等条件下,结合用户自己的实际需求,选用性价比高的混凝土泵车。性价比主要反映在产品的长桥比(臂架长度与底盘桥数比值)以及综合油耗(行驶油耗和泵送油耗)方面。

2. 选型注意事项

混凝土泵车选型时,还应注意以下八点事项:

1) 混凝土浇筑要求

混凝土泵车的选型应根据混凝土工程对象、特点、要求的最大输送量、最大输送距离、混凝土建筑计划、混凝土泵形式以及具体条件综合考虑。

2) 建筑的类型和结构

混凝土泵车的性能随机型而异,选用机型时除考虑混凝土浇筑量以外,还应考虑建筑的类型和结构、施工技术要求、现场条件和周围环境等。通常选用的混凝土泵车的主要性能参数应与施工需要相符或稍大,若能力过大,则利用率低;若能力过小,不仅满足不了施工要求,还会加速混凝土泵车的损耗。

3) 施工适应性

混凝土泵车具有灵活性。

不同支腿展开形式的泵车,对施工场地的适应能力不同。一般来说,前后摆动型和前后伸缩型泵车要求支腿全部伸展到位呈全支承模式,占用的场地面积较大;而前伸后摆型泵车(特别是X形支腿泵车)可实现单侧支承功能,适应狭窄或者复杂工地的能力更强,见表6-25。

表 6-25 混凝土泵车支腿支承形式对场地适应性的影响

支承形式	简 图	简 要 说 明
全支承		全支承模式,所有支腿必须伸展到位,占地面积最大

续表

支承形式	简 图	简 要 说 明
单侧支承	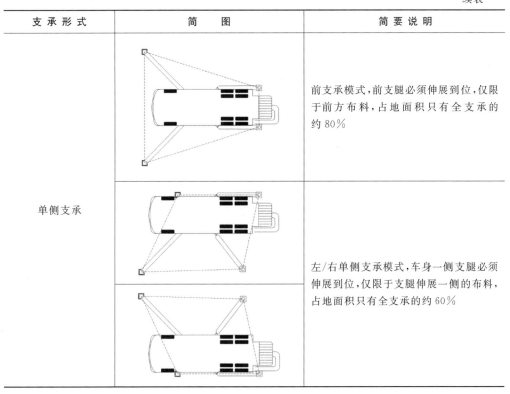	前支承模式,前支腿必须伸展到位,仅限于前方布料,占地面积只有全支承的约 80%
		左/右单侧支承模式,车身一侧支腿必须伸展到位,仅限于支腿伸展一侧的布料,占地面积只有全支承的约 60%

混凝土泵车的臂节数量越多,有效布料范围越大。如图 6-15 所示,6 节臂 52m 泵车的有效布料高度比 5 节臂 52m 泵车的要多出 5m。

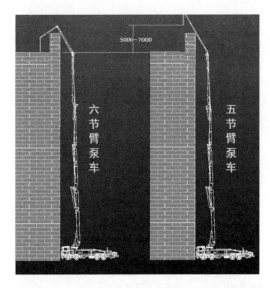

图 6-15 臂节数量对布料范围的影响示意图

目前中长臂架的混凝土泵车多采用 6 节臂或者 7 节臂,例如 101m 泵车就是采用 7 节臂以增加其布料范围。

臂架高度越高,浇筑高度和布料半径就越大,施工适应性也越强,施工中应尽量选用长臂架的混凝土泵车。

混凝土泵车的布料范围主要由最大垂直高度 H、水平布料半径 R、布料深度 D 等参数来确定,如图 6-16 所示。

最大垂直高度是指混凝土泵车布料臂上输送硬管出料口中心与地面之间的最大垂直距离,可直接从布料范围图上读取 H 标定的数值,也可根据图 6-17(a)所示的各臂长度及角度由下式计算得出:

$$H = \sum_{x=1}^{n} L_x \times \sin\alpha_x \qquad (6\text{-}6)$$

式中:L_x——各节臂的长度;

α_x——各节臂与水平面的夹角;

n——臂节数。

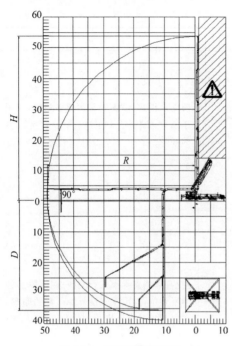

图 6-16 泵车布料范围图

布料深度一般约为实际臂架长度减去第一臂的长度，再减去 4m，可直接从布料范围图上读取 D 标定的数值，也可根据图 6-17(b) 所示的各臂长度及角度由下式计算得出：

$$D = L_1 \times \sin\alpha + \sum_{x=2}^{n} L_x + L_0 \qquad (6\text{-}7)$$

式中：L_1——第一节臂的长度；

L_0——末端软管的长度；

α——第一节臂与水平面的夹角；

n——臂节数。

水平布料半径一般为臂架的实际总长度，若转台为偏心斜转台，则布料半径还需减去转台的偏心量；可直接从布料范围图上读取 R 标定的数值，也可根据图 6-17(c) 所示的各臂长度及转台偏心量由下式计算得出：

$$R = \sum_{x=1}^{n} L_x - L_\Delta \qquad (6\text{-}8)$$

式中：L_Δ——转台偏心量（转台与第一节臂铰接点到回转中心的水平距离）。

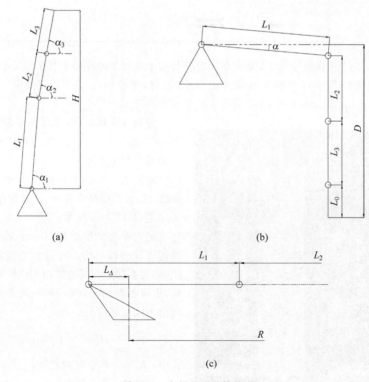

(a)

(b)

(c)

图 6-17 布料范围计算简图

(a) 布料高度计算简图；(b) 布料深度计算简图；(c) 水平布料半径计算简图

目前,47～56m 的混凝土泵车是市场上量大面广的主要型号,60m 以上的长臂架混凝土泵车也越来越受到客户的青睐。但对于臂架最大垂直高度超过 64m 的混凝土泵车,客户在选择时应特别注意厂家的产品是否满足国家道路法规的相关限载要求。

4)施工业务量

所用混凝土泵车的数量,可根据混凝土浇筑量、单机的实际输送量和施工作业时间进行计算。对那些一次性混凝土浇筑量很大的施工工程,除根据计算确定数量外,宜有一定的备用量。此外,年产 10 万～15 万 m³ 的混凝土搅拌站,需装备 2～3 辆混凝土泵车。

泵车、搅拌车的数量可根据以下公式来计算。

(1)泵车数量计算公式:
$$N = q_n / (q_{max} \times \eta) \quad (6-9)$$
(2)每台泵车需搅拌车数量:
$$n_1 = q_m \times (60 \times l / v + t) / (60 \times Q) \quad (6-10)$$
$$q_m = q_{max} \times \eta \quad (6-11)$$

式中:N——混凝土泵车需用台数,台;

q_n——计划每小时混凝土浇筑数量,m³/h;

q_{max}——混凝土泵车最大排量,m³/h;

η——泵车作业效率,一般取 0.5～0.7;

n_1——每台泵车需配搅拌运输车的数量,台;

q_m——泵车实际平均输出量,m³/h;

Q——混凝土搅拌运输车容量,m³;

l——搅拌站到施工现场的往返距离,km;

v——搅拌运输车车速,km/h,一般取 30km/h;

t——一个运输周期总的停车时间,min。

5)产品配置

混凝土泵车的产品性能在选型时应坚持高起点。若选用价值高的混凝土泵车,则对其产品的标准要求也必须提高。对产品主要组成部分的质量,从内在质量到外观质量都要与整车的高价值相适应。

6)动力系统

混凝土泵车采用全液压技术,因此要考虑所用的液压技术是否先进、液压元件质量如何。因其动力来源于发动机,因此除考虑发动机性能与质量外,还要考虑汽车底盘的性能、承载能力及质量等。目前,混凝土泵车制造商一般会选用德国奔驰、瑞典斯堪尼亚、日本五十铃等知名品牌的底盘,以保证产品的质量。

7)操控系统

混凝土泵车上的操作控制系统设有手动、有线以及无线的控制方式,有线控制方便灵活,无线控制可远距离操作,一旦电路失灵,可采用手动操作方式。

8)售后服务

混凝土泵车作为特种车辆,因其特殊的功能,对安全性、机械性能、生产厂家的售后服务和配件供应均应提出要求。否则一旦发生意外,不但影响施工进度,还将造成人员伤亡等不可预测的严重后果。所以,客户在选择混凝土泵车制造商时,要充分考虑厂家的售后服务能力。设备供应商应能为客户提供完备的售后服务体系和网络,延长产品的使用寿命,维护客户的经济利益。

6.5.2 选型应用实例

某客户承接一基础浇筑工程。该基础宽 94m,深 15m,总长 122m,浇筑厚度 1m,设计建造方要求所有混凝土均需在 48h 内浇筑完成(混凝土泵车每日的工作时间为 8h)。另外,客户考虑混凝土泵车常用于当地商品房的板梁施工,受地质条件限制,房屋多为 12 层左右的小高层。客户如何选择合适型号的泵车?

根据选型原则中高效、经济及注意事项中施工适应性等指标的考虑,拟选用 ZLJ5530THBK 63X-6RZ 混凝土泵车。详细选型步骤如下:

(1)通过制造商提供的主要技术参数表数据(见表 6-26),了解该车的基本信息。

表 6-26　ZLJ5530THBK 63X-6RZ 混凝土泵车主要技术参数

ZLJ5530THBK 63X-6RZ	整机性能参数	整机质量/kg	53000
		整车外形尺寸(长×宽×高)/(mm×mm×mm)	15840×2500×4000
		支腿跨距(前×后×侧)/(mm×mm×mm)	11280×13335×11440
	泵送系统参数	理论输送方量/(m³/h)	200/140
		理论泵送压力/MPa	8.3/12
		输送缸内径×行程/(mm×mm)	ϕ260×2100
		分配阀形式	S管阀
		料斗容积/L	600
		上料高度/mm	1540
	液压系统参数	液压系统形式	闭式
		液压油冷却形式	风冷
	布料系统参数	布料范围(高度/半径/深度)/mm	62.6/57.6/45.5
		回转角度/(°)	±270
		臂节数量	6
		臂节长度/mm	13000/10070/9880/12700/8450/4500
		展臂角度/(°)	90/180/180/240/200/120/120

(2) 确定混凝土泵车的数量。

总的混凝土浇筑量:

$$V = 94 \times 1 \times 122 m^3 = 11468 m^3$$

按设计建造要求及混凝土泵车的工作时间,计算每小时的浇筑量:

$$q_n = 11468/(48/24 \times 8) m^3/h = 717 m^3$$

由 ZLJ5530THBK 63X-6RZ 混凝土泵车的主要性能参数可知理论的最大排量为 200m³/h,根据式(6-9)计算需要的混凝土泵车数量:

$$N = q_n/(q_{max} \times \eta) = 717/(200 \times 0.6) = 6$$

(3) 核查混凝土泵车的布料范围是否满足要求。

通过该款混凝土泵车的样本等资料,可以查看到产品的布料范围,如图 6-18 所示。

根据基础的施工状况,考察混凝土泵车的布料半径及布料深度是否满足要求。客户可通过布料图栅格线所对应的刻度线进行粗略估算。例如,臂架完全水平后末端沿着下段圆弧运动到地面以下 10m 处(考虑软管本身 3m 的长度),其对应的水平刻度约为 57m。考虑混凝土泵车支腿离基坑边缘保持至少 5m 的安全距离,其臂架下探后所能到达的最远距离还需减去约 10m,其布料范围为 47m。这正好是基坑宽度的一半,满足单边布料的范围要求。

通过技术分析,实际的布料范围(见图 6-19)

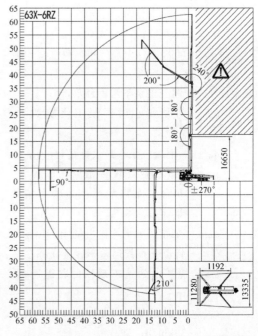

图 6-18　ZLJ5530THBK 63X-6RZ 泵车布料范围

也说明 ZLJ5530THBK 63X-6RZ 混凝土泵车满足施工要求。

该款产品如用于商品房的板梁施工,其高层布料能力也可从布料范围图进行快速预估。当臂架完全竖直时,第三节臂与第四节臂架的

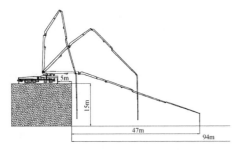

图 6-19 基坑施工实际布料范围示意图

铰接点所对应的刻度约为 37m,正好超过房屋的最大高度(3m×12＝36m)。第五节臂与第六节臂就可灵活组合,实现臂架的近处和远端布料,如图 6-20 所示。

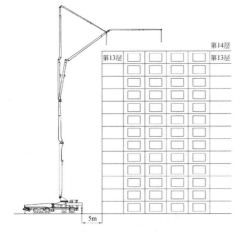

图 6-20 高层布料实际范围示意图

6.6 设备使用及安全规范

6.6.1 设备使用

泵车整机技术性能先进,这些先进的技术和完善的功能,必须是在符合其工作条件与安全规程的使用前提下,才能充分予以保证。否则,因为使用不当造成的泵车损坏,不但不能得到质量三包的服务承诺,可能因此造成自己甚至危及他人的严重损失。

(1)泵车作业状态的最佳环境温度为 0～40℃,当环境温度超过 40℃或低于 0℃时,应与生产厂家联系,商定特殊保养事宜。

(2)整机作业状态允许的最高风速为 50km/h(6 级),当风速超过该值时应停止作业,并将布料臂收回成行驶状态。为正确估计风力,详见表 6-27。

(3)整机工作时应放置水平,布料作业过程中,整车的倾斜度不得大于 3°。地面应平整坚实,整机工作过程中地面不得下陷。产品的支腿上面都标明了该支腿的最大支反力(见支腿标识),如图 6-21 所示。

根据地面承载能力和支腿的支承力确定支承面积,详见表 6-28。

(4)泵车不得在斜坡上、高压电(见图 6-22)、易燃、易爆品附近等其他任何危险场合工作。

表 6-27 风力判定图

风 力		风 速		风 的 效 果
等级	种类	m/s	km/h	
0	无风	0～0.2	0～0.7	烟垂直上升
1	和风	0.4～1.4	1～5	风标不动,烟可吹动
2	微风	1.6～3	6～11	脸部有风感,树叶飘动
3	轻风	3.4～5.3	12～19	树叶、树枝轻轻摇动
4	小风	5.5～7.8	20～28	树枝摇晃
5	大风	8～10.6	29～38	小树开始摇晃
6	较强风	10.8～13.7	39～49	风发出啸叫,打伞困难
7	强风	13.9～17	50～61	所有的树都在摇晃,逆风行走困难
8	强力风	17.2～20.6	62～74	树枝断裂,行走十分艰难
9	暴风	20.8～24.5	75～88	房屋轻度损坏,瓦片掀翻
10	强暴风	24.7～28.3	89～102	树连根拔起,建筑物损坏

表 6-28　枕木长度与支腿支承力以及地面承受能力的对应关系表

枕木长度 L/cm 默认宽度60cm 地面类型及承受能力 ＼ 支腿的支承力/kN	75	100	125	150	175	200	225	250	275	300	325	350
普通地面(100kN/m²)	125	167	209	250							不适于支承的地面	
最小厚度为20cm的沥青(200kN/m²)		84	105	125	146	167						
碎石路面(250kN/m²)			84	100	117	134	150	167				
黏土或泥土面(300kN/m²)				84	98	112	125	139	153	167		
不同粒径的压实土壤(350kN/m²)					84	96	108	119	131	143	155	167
压实碎石面(400kN/m²)						84	94	105	115	125	136	146
压实碎石面(500kN/m²)							75	84	92	100	109	117
压实碎石面(750kN/m²)					使用钢块60cm×60cm,不需要使用枕木						73	78
粉碎性岩石(1000kN/m²)												

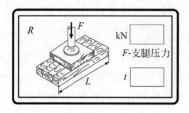

图 6-21　泵车支反力示意图

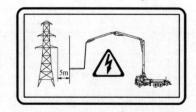

图 6-22　泵车与高压电距离示意图

（5）泵车工作的海拔高度一般应不超过2000m,当超过2000m时应作为特殊情况处理（泵送的混凝土应做特殊处理,另外整机性能将会下降）。

（6）泵车施工泵送过程中时,布料臂架的回转应在限定的作业区域,如图6-23所示。

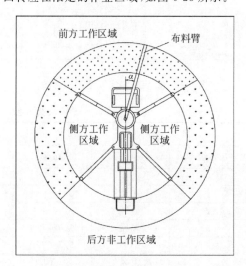

图 6-23　泵车工作区域示意图

（7）泵车各元件,包括所有液压元件、电气元件、各机械零部件及所有易损件、消耗品等,必须在满足各元件相关的工作条件下,严格遵照元件制造商及供应商对产品的使用要求,在确保各元件功能有效性的前提下,进行操作、使用。确保各元件自身状态以及其工作条件均满足有效使用要求,是泵车整机安全、可靠作业的基本前提和保障。

6.6.2　安全规范

操作使用手册必须随机备用。

操作人员必须经过专业培训,取得"上岗证",方可上岗操作。

操作人员必须按使用手册进行操作、保养。

如果操作不当,会出现下列伤害:

(1)支承地面塌陷、机器凹陷而导致的伤害,如图 6-24 所示。

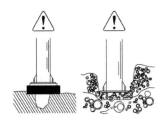

图 6-24　泵车操作规程示意图

(2)如果末端软管在工作中断裂或在臂架的进一步运动中跳出,就会砸到软管操作工身上,造成伤害。这种危险也会在突然堵塞时出现。而当启动泵送后,由于空气内含杂物或臂架的突然运动,使末端软管摇动,也会对操作人员造成一定的伤害。危险情形如图 6-25 所示。启动泵时的危险区就是末端软管能摇动出的周围区域。区域直径是末端软管长度的两倍。假设末端软管最大 3m,则危险区=2×末端软管长度=6m。

图 6-25　泵车泵管晃动示意图
①—末端软管长度;②—危险区域直径

(3)输送管路未固定使管路滑落造成的伤害,如图 6-26 所示。

图 6-26　泵车泵管滑落示意图

(4)由于管卡、管路爆裂或堵塞冲开所造成的伤害。

(5)输送管路内有压力时打开管路所造成的伤害。

(6)泵送工作时手伸入料斗内所引起的伤害。

(7)在活塞运动时,由于手伸入水箱内而造成的伤害。

(8)试图阻止搅拌器或其他旋转部件运动而造成的伤害。

(9)混凝土飞溅,硅酸钠或其他化学物质引起眼伤。

(10)由于液压系统没有卸荷就打开液压管接头引起的伤害。

(11)在摆动油缸动作时,接触运动部件造成的伤害,如图 6-27 所示。

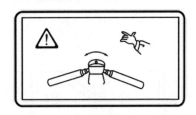

图 6-27　泵车伤害示意图

(12)工作过程中,混凝土布料臂下禁止站人,如图 6-28 所示。

(13)严禁使用泵车布料臂起吊重物,如图 6-29 所示。

(14)在将料斗栅格关好前不能工作。

(15)严禁末端胶管向后越过回转中心线工作,如图 6-30 所示。

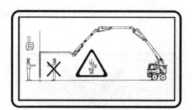

图 6-28　泵车臂架危险示意图

图6-29　泵车禁止起吊示意图

图6-30　泵车臂架危险示意图

（16）严禁伸展末端软管，如图 6-31 所示。

图6-31　泵车禁止接管示意图

（17）泵送混凝土时，严禁在软管弯曲半径过小的工况下进行泵送，以免堵塞管路造成危

险事故。

（18）在泵车周围设置必需的工作区域，非操作人员未经许可不得入内。

（19）严禁将胶管末端插入混凝土浇筑点内，如图 6-32 所示。

图 6-32　泵车禁止插入混凝土示意图

（20）未固定末端软管而造成的伤害。

（21）为避免吸入空气，料斗中的混凝土料位必须高于搅拌轴，如图 6-33 所示。

图 6-33　泵车搅拌轴料位示意图

（22）吸油过滤器真空表读数严禁大于0.01MPa，否则可能损坏油泵。

（23）泵车操作人员等不要靠近末端胶管，不要站在臂架危险区域内，如图 6-34 所示，并应注意避开废气排放位置。泵车不可安放在可能有重物落下的危险区域，当泵车靠近危险区域作业时，机手应从操作位置对危险区域有清晰的视野。

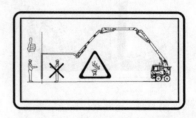

图 6-34　泵车末端胶管操作示意图

（24）泵车未按说明书规定打好支腿时,禁止操纵布料臂。支腿位置与标识对齐,确保支腿全部伸出。注意整机调整为水平（地面最大允许倾角为 3°）,直到轮子离地约 50mm,如图 6-35 所示。

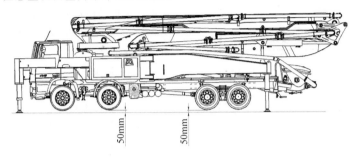

图 6-35　泵车离地距离示意图

（25）在操作前应将功能性液体（如水、油和燃料等）加满。

（26）泵车操纵人员按规定穿着防护服装,佩戴安全帽、护镜、耳塞等。

（27）泵车在作业前应进行常规检查,以确定各电液开关及手柄在非工作位置,确认所有的安全控制设置是安全的、有效的和可控的。

（28）泵车作业或行驶过程中,非工作挡位的开关钥匙应由操纵人员取下收好。

（29）泵车作业过程中,操纵人员应随时监控,检查柴油机、分动箱及整机部分的工作情况,如有任何异常现象,均应停机、熄火,并进行检修。

（30）分动箱换挡必须先踏下离合器断开柴油机动力输出,然后进行操纵,否则有损坏设备的危险。

（31）泵车布料臂各安全阀不能随意拆卸,如有故障应收臂停机,等候检查。

（32）泵车布料臂末端软管工作过程中应保持松弛状态,严禁牵拉。

（33）泵车工作过程中,柴油机转速和油泵排量一般应调至最大值以下。

（34）泵车布料臂控制操纵应缓慢进行,禁止急拉急停。

（35）在每次动作泵车臂架之前,要先鸣响警笛。

（36）在靠近电缆线的空间作业时,操作员应站在绝缘板上,臂架与附近电缆线的最小安全距离不得小于 5m,如图 6-36 所示。如万一撞到电线,应迅速切断电线电源。如臂架不得不与附近电缆线小于 5m 空间作业时,必须切断电线电源直至泵车工作结束。

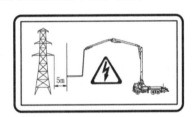

图 6-36　泵车安全示意图

（37）所有安全和预防事故装置（如指示及警告标志、栅栏、金属挡板等）必须完好无损并正常使用,不得更改或取消。

（38）采用高压泵送混凝土,系统油压超过 22MPa 时,操作者必须采取下列安全措施:定期更换距操作者 3m 内的输送管卡、密封胶圈及弯管;距离操作者 3m 内的输送管路必须用木板或金属隔板屏护。

（39）每次泵送混凝土结束后或异常情况造成停机时,都必须将分配阀、混凝土缸和料斗清洗干净,严禁分配阀、混凝土缸和料斗内残存混凝土料。

（40）泵送停止后应切断动力,释放蓄能器压力,锁好电控柜,以免他人误操作,如图 6-37 所示。

（41）泵车液压系统、电气系统等有关参数

图 6-37 泵车蓄能器压力示意图

在泵车出厂前已调定好,未经制造商允许不得擅自调整。

(42)泵车所有受力部件的改动、焊接、维修只能由专业人员完成。

(43)进行维修保养前,应将发动机熄火且断开电源开关,释放蓄能器压力。

(44)泵车运转时,不得把手伸入料斗、水箱内或靠近其他运动的零部件;且不得触摸泵送油缸、散热器外壳、取力箱外壳、油泵、排气管等高温部件。

(45)电气控制箱的维修、安装、接线应由电气专业人员进行。

(46)如果遇到操作失误等紧急情况,请按下控制面板或遥控器上的急停按钮或安装在料斗两侧的急停按钮,如图 6-38 所示。

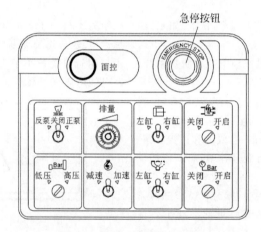

图 6-38 泵车控制面板示意图

(47)泵车工作时,必须置于坚实的地面上,以保证其稳定性。应避开已开挖的松土,或有可能塌陷的地表,应远离斜坡、堤坝、凹坑、壕沟,如图 6-39 所示。

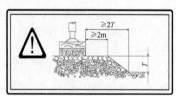

图 6-39 泵车支承安全示意图

(48)开始泵送工作前,应检查输送管路、管卡及软管,确保连接安全可靠。

(49)泵车夜间工作现场应有足够的照明。

(50)泵车周围至少应有 1m 的工作空间,便于操作和维修。

(51)务必保持系统油液充分且干净,如欠缺或变质,请及时添加或更换。

(52)注意保持走台板、驾驶室、过道等工作区的清洁,避免摔跤、碰伤。

(53)泵车上的混凝土输送管及管卡必须使用原装的或由制造商许可的配件。

(54)操作人员应将泵车安检和工作情况都记入日志簿,且每次交接班时,需将自己工作中所注意到的各种问题以及安全措施及时转告相关人员。

(55)务必遵守施工场地所在地方的各项安全标准以及所在区域的各项安全规章制度。

(56)未得到批准,禁止对机器做出任何可能影响安全的修改和增补。

（57）随车应配干粉灭火器。

6.6.3 维护和保养

混凝土泵车的工作环境恶劣,定期、及时、正确的维修保养对于确保设备的效率、可靠性以及延长设备寿命等十分重要。为了保证设备的正常运转、不误施工,要求操作者在施工前后和施工中勤检查、勤保养。下面针对混凝土泵送设备的泵送单元、分配机构、搅拌机构、回转机构、动力系统、底盘、润滑系统、臂架等相关部件的维护保养方法、故障维修方法给予详细说明。

1. 泵送单元维护保养

由于频繁的泵送作业,泵送单元的运动部件磨损比较快,而正确的维护保养,将提高工效,并延长易损件的使用寿命。因此,要求操作者在每次施工作业前后务必进行以下项目的日常检查:

（1）每班次将润滑油箱及各润滑点加满润滑脂,确保工作时润滑到位。

（2）泵送混凝土前,要往水箱加满清水,当环境温度低于 0℃ 时,施工结束后必须放掉水箱内的水。

（3）每班次检查各电气元件功能是否正常。

（4）每班次检查泵送换向是否正常,分配阀摆动是否正确、到位,搅拌装置正反转是否动作正常。

（5）泵机泵送 2000m³ 左右混凝土后应注意检查眼镜板与切割环间的间隙,若超过 2mm,且磨损均匀,则应考虑调整间隙。如过度磨损,则需要更换。

（6）每班次检查分配阀及轴承位置磨损情况,检查搅拌装置、搅拌叶片、搅拌轴承磨损情况,如果过度磨损,则需要更换。

（7）每班次检查混凝土活塞,活塞应密封良好,无砂浆渗入水箱。如发现水箱里有过多的混凝土浆,应查看混凝土活塞磨损情况,必要时更换。

（8）检查混凝土缸内表面是否有拉伤、磨损、掉铬等情况。

（9）定期检查连接螺栓、螺母等是否松动。

若松动,需拧紧。对于新泵车在工作 100h 后,必须进行检查,以后每 500h 进行一次。

2. 回转机构的维护

每工作 50h,对回转大齿圈轴承注油润滑一次。润滑油脂型号应使用设备生产商推荐型号。

定期检查、加注减速机润滑油。工作 100h（约 5000m³）后应进行第一次彻底换油,之后每工作 1000h（20000m³）换油一次。夏季因温度较高,齿轮油持续高温,挥发较快,应考虑换油或补油（约 200h）,减速机油口分布如图 6-40 所示。润滑油脂型号应使用设备生产商推荐型号。

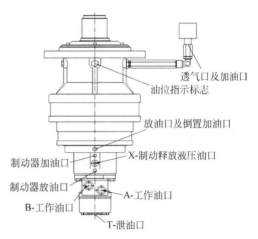

图 6-40 减速机油口分布示意图

1）回转减速机内润滑齿轮油更换步骤

（1）拧开减速机的放油口螺堵和油位口螺堵,把用过的旧油放掉。

（2）因为泵车减速机是倒置安装的,可以从透气口加油也可以用油壶从倒置加油口加注新油（约 4L）。

（3）加注新油直到油位于油位指示标志中间位置以上为止。

（4）拧紧倒置加油口螺堵。

2）回转减速机刹车结构润滑齿轮油更换步骤

（1）加油时,先拧开减速机的刹车结构加油位口螺堵和油位口螺堵。

（2）把用过的旧油放掉。

（3）从加油口加注新油直到油位口有油溢

出为止。

（4）拧紧加油口螺堵，然后拧紧油位口螺堵。

回转支承的润滑，如图6-41所示。正常情况下是每工作100h，应进行一次注油。若工作环境潮湿、灰尘多或空气中含有较多粉尘颗粒或温差变化大，以及连续回转，则需增加润滑次数，当机器停止很长一段时间不工作，也需进行更深层次润滑。

图6-41 回转支承的润滑示意图

润滑步骤如下：

（1）首先将整机固定好。

（2）臂架全部收拢后垂直立起。

（3）充分回转臂架，同时将润滑油注入位于回转台支柱上的4个润滑点。

3.分动箱日常维护

（1）分动箱严禁无油运行，不允许在运转情况下换挡。

（2）取力齿轮箱只能在离合器断开、发动机至变速箱输出端的动力传递被切断和汽车变速箱处于空挡的状态下才能进行换挡。

（3）分动箱工作过程中出现任何异常都应切断动力进行检查。

（4）分动箱工作过程中表面温度可灼伤皮肤，切勿触摸。

（5）按规定加入规定品牌润滑齿轮油，以不超出与传动轴法兰等高的溢流螺塞为准。不能混合使用不同牌号和类型的润滑油，推荐油品为美孚SHC220。

（6）工作200h后第一次换油，以后每2000h换油一次。夏季，注意换油或补油。

（7）检查齿轮油的温度，对于矿物油，油温不得超过95℃；对于化学合成油，油温不得超出120℃。保持分动箱壳体表面的清洁。

（8）检查气压。工作气压不得超出各生产厂家的推荐值。

（9）每隔1000h向轴承加注黄油一次，加注1/3轴承空间。

4.液压系统维护

混凝土泵车液压系统比较复杂，且液压元件型号较多，必须请专业技术人员进行液压系统的检修。如果发现故障，应该及时找出原因，并在系统执行任何动作之前修复。

1）液压油的使用

清洁是液压系统维护的最重要的工作。系统污染会引起阀体、主泵的不正常工作及管道堵塞，经常清洗才能保证系统清洁度要求。在向油箱加注新油之前，应将油从油箱内取出，并让液压油沉淀，避免底部抽油，最好让油通过25μm的过滤器过滤。油箱盖必须在打开之前清洁，其他容器也一样。使用液压油要注意如下事项：

（1）同一台混凝土设备应使用制造商推荐牌号的液压油，不得使用其他牌号，更不能两种牌号混用。

（2）液压油温应控制在35～60℃之间。

（3）油位应处于油位计3/4以上。

（4）油颜色应为透明带淡黄色，若污染、浑浊或乳化，应及时更换。

（5）液压油的质量对设备的影响极大，一般在泵送10000m³左右应换油一次，并清理油箱和滤芯。

2）液压软管的更换

检查液压软管及接头是否有渗漏油现象，若有损坏则必须更换液压软管（即使只有极微损伤痕迹的软胶管也必须更换），更换液压软管的程序如下：

（1）关闭机器，全部释放液压系统中所有（残留）的压力。

（2）小心地拆下胶管接头，之后立即用一油堵封住接头，不能让脏物进入油路，同时避免胶管接触脏物。

（3）安装胶管接头时，注意密封圈放置平整到位，确保胶管不被扭曲和强直拉紧，避免弯曲和缠绕。

（4）液压胶管必须自由态安置，不能与任何东西摩擦，管子四周留有足够的空间，以便在使用时不受管道振动的影响。

（5）在重新装上软胶管之后，进行一次试运行并将所有胶管排出的液压油收集在一容器内，并以有利于环境保护的方法处理。

3）过滤器的维护

（1）因液压系统中杂质等原因，过滤器在长时间工作后，滤芯等元件需要定期清洗、更换。

（2）如过滤器带堵塞指示灯，若红色警告灯亮，则过滤器堵塞；如回油过滤器上的压力指示表指针进入红色区域，则过滤器堵塞。

（3）在更换过滤器之前，应进行如下操作：关闭面板按钮；停止液压泵送；关闭发动机；释放液压系统压力；并取掉点火钥匙。更换滤芯之前，检查过滤圈、过滤芯、堵塞指示灯等是否完好，更换损坏的元件。

（4）必须使用过滤器原品牌的滤芯才能确保质量。

5．润滑系统维护

润滑是为了使混凝土泵车的料斗、搅拌等有较好的润滑，为了使回转减速机、PTO齿轮箱、臂架关节等运动副运转灵活，从而使摩擦减小、寿命延长。除采用液动双柱塞润滑泵（或电动集中润滑泵）自动润滑各点外，其余非自动润滑点采用手工黄油嘴润滑。

因润滑油脂的损耗，所以每次开机工作时，都必须检查各润滑点是否润滑充分。如不足，则需及时添加；如需换油，应放尽系统中残余的润滑油脂。全部采用新的润滑油脂可保持最佳的润滑。

润滑的频率取决于工作条件。若工作环境潮湿、灰尘多或空气中含有较多粉尘颗粒或温差变化大，以及连续回转，则需增加润滑次数。当机器停止很长一段时间不工作时，也须进行更深层次润滑，即对所有的部件都作一次充分的润滑。

要确保润滑油脂的清洁。在加注润滑油脂之前，要清洗干净润滑枪的喷嘴，避免混入杂质损坏接头及衬套。必须使用原润滑枪品牌的滤芯才能确保质量。

6．底盘维护

汽车底盘的具体维护与保养的详细说明请参见底盘使用手册。在泵车每次行驶启动时，应至少做好以下项目的检查：

（1）发动机里机油的油位及油况检查。

（2）发动机的油压检查。

（3）发动机里冷却水位、冷却液位及水温检查。

（4）轮胎的磨损及压力检查。

（5）电气系统检查（例如照明、指示灯及停机灯等）。

（6）后视镜的视野检查。

（7）刹车系统的气压检查。

（8）所有导向灯的工作检查。

（9）油/气泄漏检查（如有泄漏，拧紧接头）。

（10）安全装置检查（如限位开关、安全插销等）。在泵车移动前，检查所有运动部件（例如固定支腿、臂架等）都已固定在规定的位置上。

7．清洗系统维护

（1）泵车配置的高压清洗水泵，在汽车发动机为怠速时，水泵转速低，此时水泵压力小；随着发动机转速的提高，水泵压力将升高。如需要进行高压清洗，务必将发动机油门开关调至最大设定值。

（2）必须使用清洁水。水中杂质在水管内尤其与水箱连接处容易堵塞，且影响水泵的使用寿命。必须定期清洗过滤器、水箱等以清除污垢。

（3）使用常温清水，进水水温不得超过40℃，禁止在0℃或更低的环境中使用。另外在气温很低的天气里，每天工作结束后，要放尽水路系统中的水，以防水的冻结造成水泵或者其他部件爆裂。

（4）定期检查水泵、马达等是否存在漏水、漏油现象，否则应更换相应密封。

（5）定期检查曲轴箱内机油是否充足（油标一半的位置），严禁在没有机油的情况下开机运转。

（6）水泵在使用50h后，必须更换机油；以后每隔500h更换机油一次。放油方法：将水泵倾斜，放尽泵内机油，随后注入柴油，清洗泵内腔,直到放出的柴油清洁为止,然后重新注入机油。

(7)要经常检查各连接部分不得有松动。

(8)泵若在水池吸水,泵的吸水管必须装有进水滤网,否则会影响水泵使用寿命。

8.结构件维护

由于泵车工况复杂,泵送作业中整机的交变受力以及较为剧烈的振动,可能会导致其结构件的连接松动或者焊缝开裂等,所以对于泵车结构的检查尤为重要。主要检查项目有:

(1)每班次检查连接件和支承件间的稳固性,工作是否正常。

(2)每班次检查各零部件相互运动间隙是否需调整,零件磨损是否导致失效。

(3)每班次检查各结构件的焊缝有无开裂。

(4)定期检查连接螺栓、紧定螺钉、螺母、销轴等是否松动。若有松动现象,可用扭力扳手根据要求的扭矩拧紧。对于新泵车在工作100h后,必须进行检查,以后每500h进行一次。需要强调的是,因结构件修复拆掉的高强螺栓以及因疲劳等损坏的连接螺栓,不能重复使用,再装配时应采用新的同等级连接螺栓。

(5)结构件的裂缝修复。臂架、支腿及底架等结构件,由于作业时的变负荷承载,在经历一段时间后,将可能因局部应力的集中、氧化锈蚀以及局部结构件的疲劳,发生开裂现象。用户在泵车每工作300h后,必须对臂架等结构件做焊缝探伤检查。泵车结构件开裂是可修复的。用户应及时发现,尽早做好处理。臂架和支腿等承力件均采用高强钢,不能随意补焊或者打孔,改变或降低它的强度。如有裂纹产生,请及时联系泵车制造商的专业服务人员进行修复。

6.7 常见故障及排除方法

在混凝土泵车的使用中,常见故障在设备检修中应提前进行预防性维修,出现故障应迅速判断并排除,避免延误施工及安全事故发生。常见故障列表见表6-29～表6-36。

6.7.1 泵送机构

表6-29 泵送机构故障及维修方法

故障现象	故障原因	维修方法
水箱漏水	混凝土缸与水箱连接拉杆处漏焊	密封胶粘合
混凝土缸磨损拉伤	润滑不到位,活塞磨损导致活塞运动面上附有尖锐物体或混凝土等	更换混凝土缸
混凝土缸镀铬层脱落	混凝土缸本身质量问题	更换混凝土缸
活塞使用寿命短	1. 混凝土缸磨损拉伤 2. 活塞存在偏磨现象 3. 润滑不到位 4. 活塞材料和尺寸问题等 5. 混凝土添加剂因素	1. 更换混凝土缸 2. 重装泵送单元 3. 调整泵送油缸缓冲、在水箱内加入适量润滑油 4. 更换有质量保证的活塞 5. 调整混凝土配方
主油缸漏油	1. 主油缸密封损坏 2. 主油缸活塞杆镀铬层脱落、拉伤 3. 主油缸U形管开裂漏油 4. 主油缸进油管漏油 5. 主油缸端盖螺栓断裂 6. 主油缸焊缝缺陷 7. 主油缸体裂纹 8. 主油缸导向套漏油	更换损坏零部件;更换主油缸或密封包
主油缸行程越打越短	油缸内泄	更换主油缸或密封包

6.7.2　分配阀总成

表 6-30　S管分配阀总成故障及维修方法

故障现象	故障原因	维修方法
S管不耐磨	1. 混凝土料况差 2. S管耐磨层厚度不达标 3. S管制造质量导致耐磨层开裂或剥落,使用寿命达不到要求或产生快速失效损坏	更换耐磨性能优良、流道优化、有品质保证的S管
切割环崩裂、异常磨损	1. 切割环本身质量问题 2. 混凝土料况差 3. 眼镜板磨损较严重,切割环装配不到位 4. S管摆不到位	更换切割环,重新调整切割环与眼镜板装配间隙,消除S管摆不到位的故障
摆动油缸漏油	密封损坏	更换密封包或摆动油缸
摆动油缸内泄	摆动油缸拉伤	更换摆动油缸

6.7.3　搅拌机构

表 6-31　搅拌机构故障及维修方法

故障现象	故障原因	维修方法
搅拌轴变形,断裂	1. 搅拌轴强度不够 2. 搅拌轴两端安装孔同轴度超差	1. 更换强度符合使用要求的搅拌轴 2. 更换料斗或其他引起同轴度偏差的零部件
搅拌电动机漏油,进砂浆	1. 密封损坏 2. 搅拌电动机质量问题	更换密封或搅拌电动机及相关配件
搅拌发卡,电动机异响,停转	电动机损坏	更换电动机
搅拌叶片损坏	质量问题	更换叶片

6.7.4　回转机构

表 6-32　回转机构故障及维修方法

故障现象	故障原因	维修方法
回转机构异响	回转机构润滑不好	加注润滑脂,正常情况下是每工作100h,应进行一次油注
	回转支承与小齿轮或惰轮间隙不均,导致啮合异常,产生异响	先用塞尺检查侧隙,找出偏差位置;将臂架竖直,用行车和吊带进行安全保护;松开螺栓进行侧隙调整,调整至满足要求
	底架安装平面加工精度达不到要求	更换底架

续表

故障现象	故障原因	维修方法
回转晃动大	回转电流设置过大	恢复出厂设置电流值或现场重新标定
	回转支承与惰轮、惰轮与小齿轮齿侧间隙过大,回转急停时因臂架惯性不能得到及时抑制而导致其晃动过大	检查齿轮是否磨损,如磨损更换齿轮
	回转控制油路有异常,导致回转时臂架晃动大	检查液压油路,清洗回转多路阀片

6.7.5　分动箱

表 6-33　分动箱故障及维修方法

故障现象	故障原因	维修方法
分动箱无法切换	未按正确换挡程序换挡	不同底盘有不同的换挡程序,请严格按照程序执行
	取力箱内部拨叉复位故障	拨动转换开关一两次使之复位
	电气系统问题	检查传感器是否正常,换挡电磁阀电流是否正常,损坏则更换
	气路失压或气压不足	检查气压表压力是否为正常值 0.75～0.8MPa。如偏低,调节压力调节阀,检查并确保气路不漏气或阻塞
分动箱抖动噪声大	传动轴平衡误差,径向跳动大	更换传动轴,看是否能解决
	齿轮损坏	检查或更换齿轮
	轴承损坏	检查或更换轴承
	连接盘花键损坏	检查或更换连接盘花键
	减振垫损坏	检查或更换减振垫
分动箱温度升高,密封经常损坏	气缸筒表面拉伤	更换气缸筒
	润滑油润滑不到位	确保活塞行程正常,润滑油路不堵塞
	温度高导致密封变形而漏气	更换密封

6.7.6　润滑系统

表 6-34　润滑系统故障及维修方法

故障现象	故障原因	维修方法
润滑泵不动作或动作缓慢	气源压力不足	调整气源压力为 0.6MPa
	调节螺钉(针阀)堵住气源入口	调整(适当旋松)调节螺钉
	PLC 参数设置不当或电磁阀根本就没有接通(可能进气口接错)	合理设置 PLC 参数并让电磁阀接通(阀进气口与消声器口交换)
	润滑脂不清洁造成柱塞被卡住	使用高品质润滑脂及清洗柱塞
	气缸活塞 O 形圈失效或导向套脱落	更换 O 形圈或导向套
	进气换向阀上有毛刺卡涩	去除毛刺并重新装配
泵不出润滑脂或出脂量不足	油箱或泵中空气未排尽	排净空气
	泵体与柱塞间的 O 形圈失效	更换 O 形圈
	润滑脂不清洁造成出口处单向阀失效	清洗单向阀

续表

故障现象	故障原因	维修方法
系统中有气泡产生或泄漏现象	润滑油箱内润滑脂量不足	加润滑脂
	润滑油箱或泵中混有气泡	排净空气为止
	系统中连接处未旋紧	重新旋紧
	系统中连接处漏上卡套或卡套失效	安装或更换卡套

6.7.7　清洗系统

表 6-35　清洗系统故障及维修方法

故障现象	原因	维修方法
水泵不出水	新泵未排气	开机,向进水管灌水,排尽空气
	水箱蓄水少	水箱加水
	水管内过量的残渣导致堵塞	清洗管道、系统
	进水过滤器堵塞	清洗或更换过滤器
	进出水阀有杂物或损坏	清除杂物或更换进出水阀
	水泵内部柱塞断裂	更换水泵
	水泵不转	检修水泵马达及其驱动液压系统
	吸水管接头松脱或卡箍未旋紧	旋紧吸水管接头或卡箍旋紧
压力调不上	溢流阀的阀芯头及其阀座有异物	清除异物或更换阀座
	进出水阀损坏造成泵内泄漏	更换进出水阀
压力不稳定	泵内 V 形密封圈损坏	更换密封圈
曲轴箱发热	曲轴箱内进水	更换油封、更换机油
	曲轴箱内铝屑太多	清洗曲轴箱
	机油太少引起连杆咬轴	加机油至油标 1/2 处
振动异常	泵内进气	检查吸水管及其密封圈,并调整
漏水漏油	水封或油封损坏	更换水封或油封

6.7.8　上装结构件

表 6-36　上装结构件故障及维修方法

故障现象	原因	维修方法
臂架不能动作	1. 臂架/支腿转换开关故障 2. 遥控接收盒内 F3/F4 熔断器烧坏 3. 多路阀电磁铁故障	1. 维修或者更换转换开关 2. 更换熔断器 3. 更换电磁铁
在个别位置,臂架不能打开或者不能移动	1. 液压系统压力不够 2. 臂架上有其他异常多余的负载 3. 电磁阀阻塞或者电磁阀烧坏	1. 检查并调整臂架多路阀中的安全阀最大压力,如正常或调整无效,则表明是液压泵损坏,应更换液压泵 2. 使多余的负载不再作用于臂架 3. 检查控制单节臂架的控制阀片是否正常工作。如果不正常,应是阀芯阻塞或者电磁阀烧坏,更换损坏的相关部件

续表

故障现象	原 因	维修方法
臂架伸展或者起升时颤动过大	1. 各连接处销轴与固定端之间的间隙异常 2. 止推轴承固定部分与旋转部分之间的间隙异常 3. 止推轴承的螺栓松开	1. 更换损坏部件,并保证运动副润滑频率 2. 更换止推轴承,按规定紧固 3. 拧紧或更换螺栓
臂架自动下沉	1. 臂架油缸中进入空气,臂架在不同位置负载不同,当负载增加时,因空气压缩导致臂架油缸伸缩,臂架下沉 2. 臂架油缸内泄 3. 平衡阀内泄	1. 臂架油缸反复憋压,以排除空气 2. 检查活塞处密封圈是否损坏,若损坏,则更换密封圈;检查油缸缸筒是否划伤、缸壁是否胀大等现象,如有,及时更换油缸 3. 如果平衡阀有零件损坏,则维修或更换零件;如损坏严重则更换整个平衡阀
臂架油缸不同步（大臂两个支承油缸）	1. 平衡阀开启压力不同。开启压力小的平衡阀先开启,对应的油缸先动作,产生不同步动作 2. 油缸本身的摩擦力不同,摩擦力相差较大,引起油缸较严重的不同步 3. 两油缸负载偏载,载荷小的油缸先动作 4. 进回油压力损失不同,污物卡住或堵塞都会造成进回油压力损失不同,从而引起油缸不同步动作	排除机械故障后,在液压方面做调整,可调节平衡阀压力,把先动作油缸回油腔的平衡阀压力适当调高
旋转以后臂架停下来太慢	1. 阀块因为脏物而发生阻塞 2. 整机固定不水平	1. 清洗或者更换阀块 2. 升降支腿,使泵车保持水平
大臂只能升不能降	1. 大臂限位器故障 2. 继电器故障 3. 遥控器故障	1. 维修或者更换大臂限位器 2. 更换继电器 3. 维修或者更换遥控器
臂架在负载下不能锁定	1. 锁定阀块未调节好,阀块脏或者损坏 2. 液压油缸缸内渗漏	1. 调节或清洗、更换阀块 2. 更换密封件,检查油管是否损坏
回转不能动作	1. 回转限位器故障 2. 遥控器故障 3. 多路阀电磁铁或者回转锁止阀电磁铁故障	1. 维修或者更换限位器 2. 维修或者更换遥控器 3. 更换电磁铁
销轴不能得到润滑	1. 润滑油嘴阻塞或损坏 2. 润滑管道因脏物而发生阻塞	1. 更换润滑油嘴 2. 取出销轴,检查管道阻塞原因及磨损和间隙情况
支腿无动作	1. 臂架/支腿转换开关故障 2. 控制柜 KA24 继电器故障 3. 一臂下降限位开关故障 4. 多路阀电磁铁故障	1. 维修或更换转换开关 2. 维修或更换继电器 3. 维修或更换限位开关 4. 更换电磁铁

第7章

混凝土布料机械

7.1 概述

混凝土布料机械是通过设备各部件的转动、移动、伸缩等动作将混凝土等物料输送到施工地点的一种设备。根据输送物料的方式不同,将混凝土布料机械分为混凝土布料机和混凝土皮带布料机。

混凝土布料机的混凝土输送管路与混凝土泵送设备的出口相连接,通过混凝土泵送设备(如混凝土泵、车载泵等)将混凝土沿布置的管路及布料臂上的管路输送到指定位置以完成混凝土浇筑,适用于可泵送混凝土。混凝土布料机如图7-1所示。它是和混凝土泵同步发展起来的一种混凝土浇筑施工配套设备,具有施工效率高、设备安装拆卸劳动强度低等特点。目前布料机在高层建筑、梁场、大型核电、仓储(油气罐等)设施、地铁、铁路、桥梁、港口及海洋工程等工程建设中均有着广泛的应用。

混凝土布料机是集布料和送料为一体的设备,其工作方式是把物料由喂料臂架转输到可伸缩的主臂架,再通过主臂架末端的尾胶管把物料均匀地散布到相应位置。它可以输送混凝土布料机不能泵送的不可泵送混凝土和其他物料,作业对象主要是:坍落度 0 ～ 300mm 的各种混凝土以及各种工程建筑涉及的散状物料,如泥土、砂石料、橡胶等散状物

图 7-1　混凝土布料机

料,适用范围广,主要应用于水利水电工程、公路、桥梁、港口码头、矿山、国防工程等领域。

7.1.1 混凝土布料机械现状

国外著名的布料机品牌主要有德国 Putzmeister、SCHWING,美国 ROTEC 等。这些制造商技术实力雄厚,生产的布料机材料强度高,重量轻,采用电液控制,可靠性高。其布料机关键部件布料臂,既可装在混凝土泵车上,又可装在布料机上,通用性较高。虽然混凝土浇筑施工的主体是机动灵活的混凝土泵车,但布料机投资少,布料高度可调,性能稳定,安装使用及维护保养成本低,这些特点决

定了它在市场上具有不可替代的作用，尤其是在高层及超高层施工中具有明显的优势。

国内布料机的生产厂家主要有：中联重科、北京建研机械科技、上海住乐、川建、三一重工、广州五羊等。近年来，国内的生产企业不论在设计技术，还是在制造工艺方面都有了很大的提高，布料机产品的关键性能参数与国外企业的差距也日趋缩小。

目前，国内外建筑施工越来越多地采用了混凝土泵结合布料机的浇筑施工方案，因为该方案在投入成本上小于泵车，而且在整机的稳定性、可靠性等方面也明显优于泵车，加上有些国家的法规对上路的泵车要求严格及布料机在高层施工的不可替代性，使得许多用户更青睐于混凝土泵与布料机结合使用布料的方案，因此未来布料机的应用在国内外将会越来越多。

7.1.2 混凝土布料机械发展趋势

布料机的未来发展以轻量化、智能化和模块化为主。同时，在施工过程中，以高安全、高效率赢得市场。

布料机未来的发展方向，主要集中在以下几点：

1. 轻量化

高层施工中，对于混凝土浇筑质量要求较高，而在混凝土初凝时，其强度不高，所能承受的布料机载荷有一定的限制要求，如果布料机载荷过大，势必对浇筑的混凝土质量有影响。并且布料机的安装拆卸需要施工场地起重设备的配合，对布料机每一起吊单元的重量有所要求。所以轻量化更大程度上降低客户的使用条件。

2. 模块化

模块化的布料机给予用户更灵活多变的组合方式，适应客户复杂的施工条件。用户只需根据实际的工程需要选择不同的模块（如安装支腿、安装立柱等）进行组合，便可将自己手中的设备快速切换到适用工程需要的状态。

相比传统设备，模块化后方便客户日常设备管理和施工生产组织，更高效、快捷。

3. 定制化

随着施工建筑的个性化趋势日益明显，不同施工场地对布料机也有着不同的需求。根据施工的特殊需求，需定制不同功能的布料机来满足施工要求。对客户定制化的满足能力体现设备制造商的实力。

7.2 分类

混凝土布料设备分为混凝土布料机和混凝土皮带布料机两大类。

7.2.1 混凝土布料机分类

混凝土布料机的分类方法很多，主要有下列几种。

1. 按安装方式分

混凝土布料机按安装方式分类，可分为固定基础式、压重基础式、行走式、支腿式、底架式、楼面固定式、电梯井固定式和其他。按安装方式分类，如表7-1所示。

2. 按塔身结构形式分

混凝土布料机按塔身结构形式分类，可分为管柱式、格构式和其他类，如表7-2所示。

3. 按动力方式分

混凝土布料机按动力方式分类，可分为有动力和无动力两种。

有动力布料机多采用电动机驱动，带动液压泵为液压系统提供压力油，通过多路阀将压力油分配给驱动机构进行各种操作，应用广泛，很大程度上降低劳动强度。市场上还有无液压系统全电动驱动的布料机，市场份额较小，结构较简单，性能介于液压驱动动力与无动力布料机之间。

无动力布料机完全由人工操作，具有结构简单、机动灵活、价格低廉的特点，适合于小范围混凝土平面浇筑施工。

表 7-1   按安装方式分类

分　类	简　图	简　要　说　明
固定基础式	 预埋螺栓式 预埋支腿式	塔身与混凝土基础通过预埋件连接，基础一般尺寸较大，重量重，难以移动，适合于布料点比较集中、对布料机移动较少的场合
压重基础式		塔身通过压重底架利用压重块固定于地面上，由于压重块可以起吊，一般用于要求移动但又不是很频繁的场合，且压重块可以重复利用
行走式		塔身底部装有行走机构，需要预先铺设轨道以方便整机的行走

续表

分　　类	简　　图	简　要　说　明
支腿式		一般整机重量较轻,安装在建筑的楼面或钢筋上,可利用周边的起吊设备进行快速移位,以实现不同浇筑区域的浇筑
底架式		一般整机重量较轻,用螺栓将底架与建筑梁固定,能实现快速安装和拆卸,并利用周边的起吊设备进行移位,以实现不同浇筑区域的浇筑
楼面固定式		塔身通过楼面爬升框固定在楼面上,通过爬升框上的顶升机构实现整机在楼面内的爬升,一般用于高层及超高层施工
电梯井固定式		塔身通过电梯井爬升框固定在电梯井里,通过爬升框上的顶升机构实现整机在电梯井内的爬升,一般用于高层及超高层施工
其他		如船用布料机、墙体附着式等,直接安装在客户需求的非标结构上

表 7-2 按塔身机构形式分类

分类	简 图	简 要 说 明
管柱式		塔身为实腹式的管柱结构，目前较为常见的是方管式和圆筒式。高层及超高层施工的内爬式布料机多采用管柱式塔身，另外在梁场及独立安装时也多采用该类型布料机
格构式		采用标准节连接的格构塔身结构，独立高度一般可高达 50m 左右，采用附墙后，可将塔身高度提高至 200m 不等，一般多用于大型核电、仓储、水利水电等建设
其他		一般整机重量较轻，布料高度不高，通常用连接座对上装、下装进行连接，如移动式布料机等

7.2.2 混凝土皮带布料机分类

混凝土皮带布料机经过几十年的发展,现已拥有适用于不同施工布置的多种机型。按设备是否移动作业,混凝土皮带布料机主要分为固定式和移动式两种。其中,移动式混凝土皮带布料机又分为履带式和轮式两种。

1. 固定式混凝土皮带布料机

固定式混凝土皮带布料机主要应用在大型厂房和高层建筑的建造中,是塔机与皮带机的有机结合。它将混凝土水平运输、垂直运输及仓面布料功能融为一体,具有很强的混凝土浇筑能力,是国内大中型工程中近年来开始应用的一种浇筑入仓手段。

2. 移动式混凝土皮带布料机

移动式混凝土皮带布料机是指安装有行走系统的皮带布料机,主要输送大骨料等不可泵送混凝土。按其底盘的不同可分为履带式皮带布料机和轮式皮带布料机。

7.3 典型产品组成与工作原理

7.3.1 产品组成与工作原理

1. 混凝土布料机组成与工作原理

1) 混凝土布料机组成

以典型产品有动力布料机为例进行介绍,可大致由上装总成、下装总成、液压动力系统和电气系统四个部分组成。混凝土布料机组成如图 7-2 所示。

2) 混凝土布料机工作原理

混凝土布料机根据不同的施工特点,通过安装模块将布料机安装在地基或建筑上,其混凝土输送管路与混凝土泵送设备的出口相连接,通过操作布料机的臂架动作,同时使用混凝土泵送设备(如混凝土泵、车载泵等)将混凝土沿布置的管路及布料臂上的管路输送到指定位置以完成混凝土浇筑。

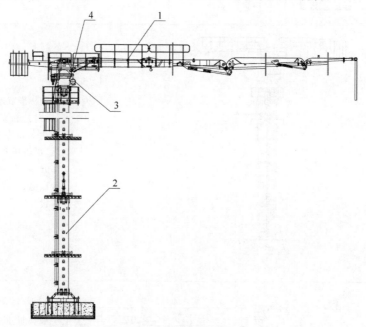

图 7-2 混凝土布料机
1—上装总成;2—下装总成;3—液压动力系统;4—电气系统

2. 混凝土皮带布料机组成与工作原理

1) 混凝土皮带布料机组成

混凝土皮带布料机由臂架系统、皮带系统、回转料斗机构、底架支腿系统、液压系统、电气控制系统和底盘几个部分组成。履带式皮带布料机组成如图 7-3 所示。轮式皮带布料机组成如图7-4所示。

图7-3 履带式皮带布料机

1—臂架系统；2—皮带；3—回转料斗系统；4—底架支腿系统；5—液压系统；6—电气控制系统；7—底盘

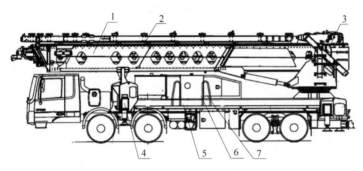

图7-4 轮式皮带布料机

1—臂架系统；2—皮带；3—回转料斗系统；4—底架支腿系统；5—底盘；6—液压系统；7—电气控制系统

2）混凝土皮带布料机工作原理

混凝土皮带布料机由自卸车或搅拌车供料，通过布料桁架运动，使出料口到达预定混凝土浇筑点，启动运转上料、布料皮带，根据输送混凝土的配合比调整皮带速度，把输送的物料由喂料臂架转到主臂架。工作流程如下：混凝土经过供料系统到达上料皮带架受料斗→上料皮带→回转料斗→布料皮带→出料溜管到达预定混凝土浇筑点以完成浇筑。

混凝土皮带布料机为非主流产品，实际使用量很少，为此，下面仅对混凝土布料机展开介绍。

7.3.2 主要部件组成与工作原理

1. 主要部件组成

1）上装总成

布料机的上装总成主要包括布料臂、转台、回转机构、作业平台、平衡臂及配重等。混凝土布料机上装总成如图7-5所示。

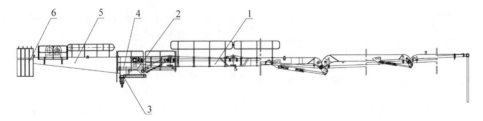

图7-5 上装总成

1—布料臂；2—转台；3—回转机构；4—作业平台；5—平衡臂；6—配重

（1）布料臂。布料臂用于混凝土的输送和布料，由多节臂架、吊钩、油缸、连杆、销轴和输送管等组成。

通过臂架油缸的伸缩，将混凝土经由附着在臂架上的输送管，直接送达浇筑点。根据各臂架间转动方向和顺序的不同，臂架有多种折叠方式,如 R 型、Z 型、RZ 型等,折叠形式定义见本书 6.2 节。各种折叠方式都有其独到之处。R 型结构紧凑;Z 型臂架在打开和折叠时动作迅速;RZ 型则兼有两者的优点而逐渐被广泛采用。由于 Z 型折叠臂架的打开空间更低,而 R 型折叠臂架的机构布局更紧凑等有各自的优势,所以 R 型、Z 型、RZ 型臂架均被广泛采用。布料臂如图 7-6 所示。

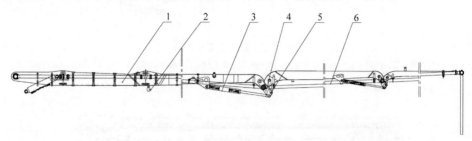

图 7-6 布料臂

1—臂架;2—吊钩;3—油缸;4—连杆;5—销轴;6—输送管

（2）转台。转台是由高强度钢板焊接而成的结构件。作为臂架的基座,上部通过销轴、轴套与臂架连接,下部使用高强度螺栓与回转支承连接。承受臂架载荷并带动臂架在水平面内转动。

（3）回转机构。回转机构由回转减速机(包括回转电动机)、回转支承、小齿轮等通过高强度螺栓连接组成的。回转机构如图 7-7 所示。

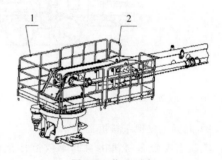

图 7-8 作业平台

1—转台平台;2—臂架平台

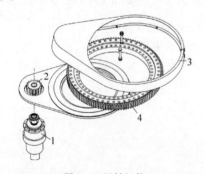

图 7-7 回转机构

1—回转电动机;2—传动齿轮;3—保护罩;4—回转支承

（4）作业平台。作业平台是安装在臂架和转台上供操作和维护保养时使用的平台结构。作业平台如图 7-8 所示。

（5）平衡臂及其配重。有些布料机的布料臂由于长度过长导致对下装的倾翻力矩过大,所以还设有平衡臂和配重,来减小对下装的倾翻力矩。国外 Putzmeister、SCHWING 及国内中联重科等厂家,通过轻量化设计,减轻布料机布料臂的重量,降低倾翻力矩,不需要平衡臂和配重。这是未来布料机的发展方向,在施工中可优先选用。

2）下装总成

布料机的下装总成分为下支座、塔身、安装模块。如图 7-9 所示。

（1）下支座。下支座是连接上装部分和下装部分的主要结构件。

（2）塔身。塔身是支承上装的主体受力构件,实现提升布料高度和其他辅助功能,如内爬、布置混凝土输送管等。按塔身的结构形式可分为格构式塔身(塔式标准节)、实腹管柱式结构塔身(方管式塔身、圆筒式塔身等)等。由于塔身需要承受布料机上装的所有载荷,所以其对力学性能要求较高,尤其是进行布料机的抗风设计时,需要着重考虑和评估布料机上装

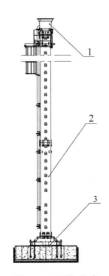

图 7-9　下装总成

1—下支座；2—塔身；3—安装模块

及塔身上的风载影响，以确保整机的安全。常见的塔身结构如图 7-10 所示。

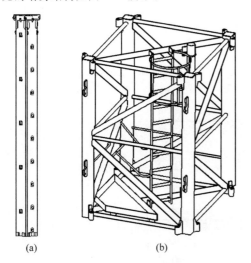

(a)　　　　　　　(b)

图 7-10　典型塔身结构

（a）实腹管柱式结构；（b）格构塔式结构

（3）安装模块。安装模块用于安装固定布料机，保证布料机正常使用且传递其各种作用力到地基或建筑上。该部分不同类型的布料机差别很大，主要分为固定基础式、压重基础式、行走式、支腿式、底架式、楼面固定式和电梯井固定式等。

① 固定基础式。采用固定基础式安装的布料机，一般通过预埋螺栓或者预埋支腿连接塔身和固定基础。固定基础一般尺寸较大，重量大，难以移动，适合于布料点比较集中、对布料机不移动或移动较少的场合。固定基础如图 7-11 所示。

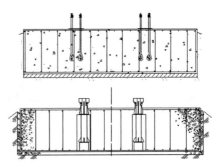

图 7-11　固定基础

② 压重及压重基础式。塔身通过压重底架利用压重块固定于地面上，保证布料机正常使用且将各种作用力传递到地基上。由于压重块可以起吊，所以该形式一般用于要求移动但又不是很频繁的场合，且压重块可以重复利用。压重及压重基础如图 7-12 所示。

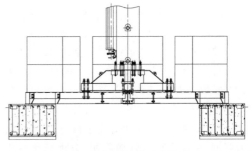

图 7-12　压重及压重基础

③ 行走式。塔身底部装有行走机构，一般需要预先铺设轨道以方便整机的行走，并使用压块将布料机与地基固定，但每次行走前后都需对管道重新拆卸安装。行走式安装如图 7-13 所示。

④ 支腿式。支腿式安装一般用于整机重量较轻的情况，可直接放在建筑的楼面或钢筋上，利用周边的起吊设备直接吊起进行快速移位。支腿式安装如图 7-14 所示。

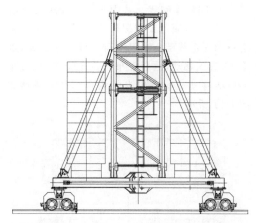

图 7-13　行走式安装

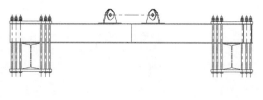

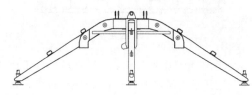

图 7-14　支腿式安装

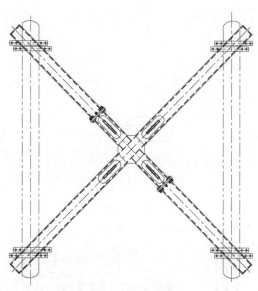

⑤ 底架式。底架式安装是用螺栓将底架部分与建筑梁固定，能实现快速安装和拆卸。底架式安装如图 7-15 所示。

图 7-15　底架式安装

⑥ 楼面固定式和电梯井固定式。楼面固定式和电梯井固定式安装是塔身通过楼面爬升框固定在楼面上或电梯井内部，并且还能通过爬升框上的顶升机构实现整机的爬升，一般用于高层及超高层施工。楼面固定式和电梯井固定式安装分别如图 7-16 和图 7-17 所示。

⑦ 辅助安装。对于塔式布料机，一般受塔身强度、刚度和稳定性的限制，自由高度有极限值，通常为 50m 左右，要超过这一极限高度，必须采取与建筑物之间附着等措施。附着形式如图 7-18 所示。

加附着是在塔身上每隔一定距离固定一个附着框，用刚性连杆结构与建筑物相同高度的楼板或梁上的预埋件连接。

软附着是在塔身上每隔一定距离固定一个附着框，用钢丝绳与预埋在地面基础的地锚连接起来并张紧。

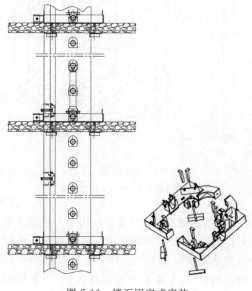

图 7-16　楼面固定式安装

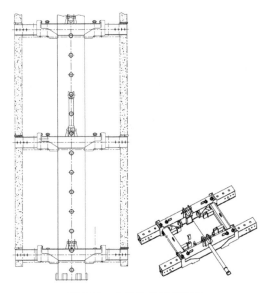

图 7-17　电梯井固定式安装

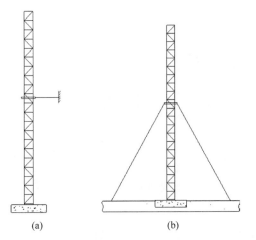

(a)　　　　　　(b)

图 7-18　附着形式

（a）加附着；（b）软附着——拉缆风绳

3）液压动力系统

液压系统如图 7-19 所示。布料机一般采用电动机作为动力源，电动机通过联轴器带动液压泵为整个液压系统提供压力油，通过多路阀将压力油分配给驱动每节臂架展收的臂架油缸、臂架回转的马达、爬升所需要的顶升油缸。因臂架展开后要求能够保持某种姿态，即臂架油缸回路应具备负载保持功能，该部分功能由臂架油缸平衡阀来实现。

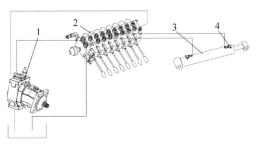

图 7-19　液压动力系统

1—液压泵；2—多路阀；3—油缸；4—平衡阀

4）电气系统

混凝土布料机电气系统主要由电控柜、遥控器等部分组成，如图 7-20 所示。它们可满足混凝土布料机的控制要求。

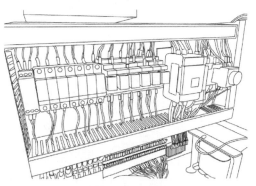

图 7-20　电控柜

电控柜内部有相序保护回路、供电保护回路、220V 交流、24V 直流供电回路、电动机驱动控制回路和电磁阀驱动控制回路。

遥控器包括两部分：一是发射器，其操作面板上有布料机左右回转、臂架的伸缩运动、顶升操作以及紧急停止等功能的按钮，供作业人员操纵；二是接收盒，负责接收发射系统送出的操作指令并输出相应的控制信号，以控制布料机的各种动作，其 DC24V 电源由电控柜提供。接收盒通过电缆与布料机电控柜相连。遥控器如图 7-21 所示。

2．主要部件工作原理

下面以 HGC29A-3R 为例，从液压动力系统和电气系统两个方面介绍主要部件工作原理。

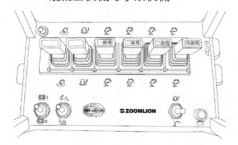

图 7-21　遥控器

1) 液压动力系统

布料机采用电动机作为动力源,电动机通过联轴器带动液压泵为整个液压系统提供压力油,实现臂架的回转及展收功能,具体由多路阀 2 来实现控制。多路阀 2 的进油口 P 与液压泵 1 的出口连接,液压泵 1 将压力油通过该联供给各工作联,进一步供给各执行元件。液压原理如图 7-22 所示。

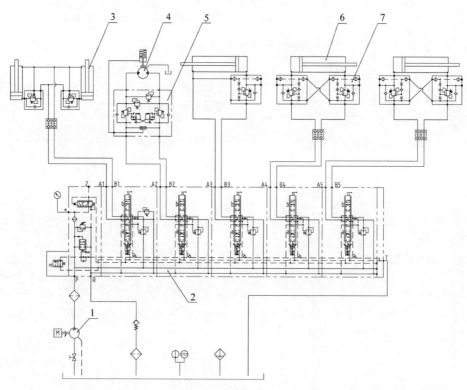

图 7-22　液压原理图

1—液压泵;2—多路阀;3—顶升油缸;4—回转马达;5—回转控制阀;6—臂架油缸;7—平衡阀

当进行臂架回转操作时,液压泵 1 的压力油通过多路阀进油口 P 到回转控制联 A2(B2)口,再通过回转控制阀 5 左(右)侧单向阀进入回转马达 4。阀 5 集成有梭阀,该梭阀将 A2、B2 的压力油引入回转马达 4 的制动器,使回转马达 4 处于解锁状态。与此同时 A2(B2)口压力油通过先导油路打开阀 5 右(左)侧平衡阀,使回转马达 4 回油路通畅。以上三个条件具备后,压力油驱动回转马达 4 回转进而完成臂架的顺(逆)时针回转动作。

当进行某节臂架(可同时展收多节臂架,此处仅以某一节臂架动作为例)展收时,液压泵 1 的压力油通过多路阀进油口 P 到臂架动作控制联 A4(B4)口,再通过臂架平衡阀 7 左(右)侧单向阀进入臂架油缸 6 的无(有)杆腔。与此同时 A4(B4)口压力油通过先导油路打开阀 7 右(左)侧平衡阀,使油缸 6 有(无)杆腔回油路通畅。以上两个条件具备后,压力油驱动臂架油缸 6 伸出(收回)进而完成臂架的展开(收回)动作。

　2)电气系统

控制中心在接收到操控指令时,对各相干传感信号进行判断,输出控制指令到执行机构,完成操控指令的执行。电气系统硬件逻辑结构如图 7-23 所示。

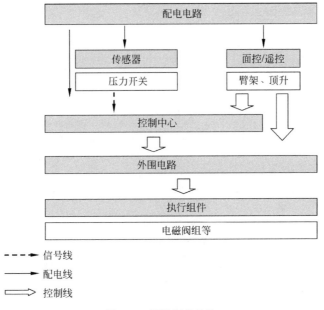

图 7-23　硬件逻辑结构

　(1)传感信号采集。传感器是控制中心神经末梢,实时反映设备工作状态。控制中心通过对传感信号的采集分析,获取其控制指令的执行状态,并进行实时调节。传感器的使用类型及其应用对象主要有:

　① 用于测量液压系统压力值的压力传感器。

　② 用于判定各执行机构特定位置的接近开关、限位开关以及激光传感器等。

　(2)控制中心。控制中心完成控制系统的运算、数据处理以及人机交互系统,实现对设备各项功能的控制。其功能主要包括布料系统控制以及辅助功能控制。

　① 布料系统控制:完成对布料系统中臂架的控制。同时安全控制、臂架智能控制等技术在此控制模块中广泛进行应用。

　② 辅助功能控制:用于提升控制系统智能化程度,以及产品后市场的应用开发,主要体现在智能故障诊断技术以及物联网技术的开发应用。

　(3)控制指令的执行。电控系统输出的指令类型及控制对象主要有:

　① 开关量信号:即输出的指令为高低电平的形式,一般用于对开关量电磁阀的控制。

　② 模拟量信号:即输出的指令为一个连续的电流、电压信号,一般用于对主泵排量、臂架动作速度等对象的控制。

7.4　技术规格及主要技术参数

7.4.1　技术规格

　布料机型号由布料机组型代号、主参数代号、特性代号和变型更新代号组成。各企业的代码各有不同,按行业标准 JB/T 10704—2007 代码含义如下。

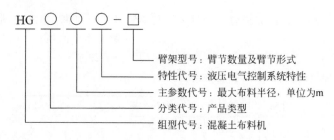

布料机型号示例：

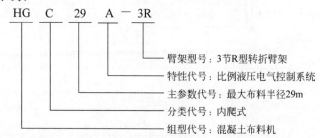

下面就结合中联重科布料机的技术规格型号进行解析说明，如表7-3所示。

表7-3 布料机技术规格型号

序号	布料半径/m	型 号	简 要 说 明
1	16	HGM16D-3R	移动式布料机，移动底座
2	19	HGM19A-3R	移动式布料机，移动底座
3		HG19G-3R	超高层专用混凝土布料机，十字底架安装
4	20	HG20G-3R	超高层专用横折臂布料机，十字底架安装
5	24	HG24L-3R	梁场专用布料机，固定安装
6	29	HGC29-3R	管柱式系列布料机，可选电梯井内爬和楼面内爬，独立安装方式有压重式和固定式供选择
7		HG29T-3R	塔式布料机
8	33	HGC33-3R	管柱式系列布料机，可选电梯井内爬和楼面内爬，独立安装方式有压重式和固定式供选择
9		HGC33A-4Z	管柱式系列布料机，可选电梯井内爬和楼面内爬，独立安装方式有压重式和固定式供选择
10		HG33T-4Z	塔式布料机
11		HGS33A-4Z	船用布料机，与船舶的连接
12	40	HGS40A-5RZ	船用布料机，与船舶的连接
13	42	HG42T-5RZ	塔式布料机
14		HGS42A-5RZ	船用布料机，与船舶的连接
15	45	HG45T-5RZ	塔式布料机

7.4.2　主要技术参数

国内布料机行业的蓬勃发展,国内的制造厂商起草了相关的行业标准。但由于混凝土机械的市场需求与蓬勃发展,各企业规定的技术参数各有不同。根据行业标准《混凝土布料机》(JB/T 10704—2007)和实际情况对布料机的技术参数进行以下说明。

1. 整机性能参数

1)独立高度(mm)

整机独立安装时从地面到臂架与转台铰点的竖直距离。

2)电压(V)

整机主电动机的额定电压,不同国家的工业电压会有差异。

3)频率(Hz)

整机主电动机的额定频率,不同国家的工业电压频率会有差异。

4)电动机功率(kW)

主电动机的最大额定功率。

5)液压系统压力(MPa)

液压系统最大设计的溢流压力。

2. 布料系统参数

1)回转角度(°)

为满足混凝土布料机全方位的工作需要,一般回转角度在 360°左右,由回转限位进行控制。

2)臂节数量

布料机臂节数量一般有 3、4、5 节,臂节越多,伸展越灵活,但控制时的要求也高,可能引起的抖动也更大。

3)臂节长度(mm)

布料机臂节长度主要由臂架布料范围和臂架形式等要求决定,主要为便于合理分布载荷和空间。

4)展臂角度(°)

布料机展臂角度是为了满足臂架的动作空间而设计,使其能方便快捷地达到工作位置。

下面就国内主流布料机厂家的典型产品进行技术参数和性能介绍,如表 7-4～表 7-6所示。

表 7-4　中联重科典型混凝土布料机产品技术参数

HGC29A-3R	整机性能参数	独立高度/mm	24000
		电压/V	380
		频率/Hz	50
		电动机功率/kW	15
		液压系统压力/MPa	33
	布料系统参数	回转角度/(°)	365
		臂节数量	3
		臂节长度/mm	10870/9570/8560
		展臂角度/(°)	90/180/180
HG33A-4Z	整机性能参数	独立高度/mm	24000
		电压/V	380
		频率/Hz	50
		电动机功率/kW	30
		液压系统压力/MPa	35
	布料系统参数	回转角度/(°)	365
		臂节数量	4
		臂节长度/mm	9730/7850/7880/7540
		展臂角度/(°)	90/180/240/230

表 7-5　三一重工典型混凝土布料机产品技术参数

HGR28	整机性能参数	独立高度/mm	30000
		电压/V	380
		频率/Hz	50
		电动机功率/kW	30
		液压系统压力/MPa	30
	布料系统参数	回转角度/(°)	365
		臂节数量	4
		臂节长度/mm	7900/6700/6700/6800
		展臂角度/(°)	93/180/260/245
HGR33	整机性能参数	独立高度/mm	30000
		电压/V	380
		频率/Hz	50
		电动机功率/kW	30
		液压系统压力/MPa	30
	布料系统参数	回转角度/(°)	365
		臂节数量	4
		臂节长度/mm	8700/7860/6700/8390
		展臂角度/(°)	93/180/260/245

表 7-6　北京建研典型混凝土布料机产品技术参数

HGY28	整机性能参数	独立高度/mm	21000
		电压/V	380
		频率/Hz	50
		电动机功率/kW	11
		液压系统压力/MPa	20
	布料系统参数	回转角度/(°)	360
		臂节数量	3
		臂节长度/mm	10500/9200/8000
		展臂角度/(°)	−4.2～82.5/180/180

续表

		独立高度/mm	21000
HGY32	整机性能参数	电压/V	380
		频率/Hz	50
		电动机功率/kW	18.5
		液压系统压力/MPa	29
	布料系统参数	回转角度/(°)	360
		臂节数量	4
		臂节长度/mm	8820/7760/7850/8130
		展臂角度/(°)	92/180/180/180

7.5 选型及应用

7.5.1 选型原则

布料机的技术规格和主要参数是选型时必须关注的内容,选型原则主要包括以下几个方面:

1. 安全性

混凝土布料机选型的安全性考虑主要集中在两个方面:一个是布料机的安装是否安全,即其安装的基础、建筑、构建是否能承受布料机的所有工况载荷,这个可以通过查询对应选型型号产品操作手册中的载荷数据进行计算校核;另一个是布料机的使用是否安全,即布料机在布料作业过程中,所处环境风速产生的风载荷,是否能够满足设计要求,这个同样是通过查询对应选型型号产品操作手册中的风载荷数据进行计算校核。必要时,需要咨询设备厂商提供技术支持。

2. 适应性

适应性指一款设备应具有适应该施工项目的能力。布料机选型时应当充分考虑各项功能要求,如合适的布料范围和布料高度,减少或避免设备的移动,工地现场的条件能满足设备的安装和拆卸、合适的爬升方式、合理的起吊单元质量等。

3. 经济性

经济性指的是在同等条件下,结合用户自己的实际需求,综合考虑布料机的安装位置、布料范围、使用台数等确定最经济实用的方案。

7.5.2 选型计算

1. 布料范围

布料范围是用户选型时需要重点关注的参数之一,用户应根据自己的工程项目特点,合理地选择布料机的安装位置,尽可能用较少数量的布料机覆盖较多的浇筑区域,布料范围图如图7-24所示。

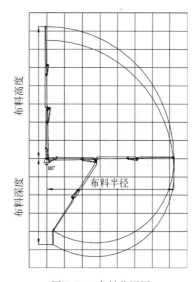

图7-24 布料范围图

布料高度 H 是指臂架立起所能到达的最大高度(见图 7-25(b)):

$$H = \sum_{x=1}^{n} L_x \times \sin\alpha_x \qquad (7\text{-}1)$$

式中：L_x——各节臂的长度；

　　　α_x——各节臂与水平面的夹角；

　　　n——臂节数。

布料深度 D 是指整个臂架可以向下深探的最大距离(见图 7-25(a)):

$$D = L_1 \times \sin\alpha + \sum_{x=2}^{n} L_x + L_0 \qquad (7\text{-}2)$$

式中：L_1——第一节臂的长度；

　　　L_0——末端软管的长度；

　　　α——第一节臂与水平面的夹角；

　　　n——臂节数。

2. 抗风条件

在对布料机进行选型时,应充分考虑当地的气象条件,其中最重要的一条就是当地的风压条件。根据 JB/T 10704—2007 规定,工作时,布料臂架工作高度处风速不应超过 13.8m/s(风力不大于 6 级);布料机安装、爬升时,风速不大于 7.9m/s(风力不大于 4 级)。若风速超过 30m/s(11 级风),必须拆除布料机。鉴于此,当工作高度处的风速大于或等于 6 级风时,必须停止作业,并将臂架收回水平,挂好安全钩。同时,用户也可以参照 GB/T 13752—1992 对非工作状态下的布料机抗风能力进行计算。风级对照表可参考表 6-27。

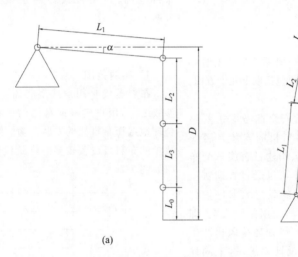

图 7-25　计算简图
(a) 布料深度计算简图;(b) 布料高度计算简图

如用户对设备的抗风能力有特殊需求时,应事先与厂家取得联系。

3. 建筑载荷计算

对于内爬式布料机,布料机的塔身往往需要通过固定的框架与建筑连接,以便支承整机,此时建筑与框架的连接处将承受较大的载荷,布料机制造商一般会提供一定条件下的建筑载荷,但实际使用条件有时会发生变化,此时用户可自行根据下述简单的方法计算出建筑载荷进行校验。

图 7-26 为简单的力学模型示意图,塔身头部载荷有弯矩 M,水平载荷 P_h,垂直载荷 P_v,风压为 q,两道附着框之间的距离为 h_3,暴露在风中部分高度为 h_1。

上层附着框 A 处弯矩为

$$M_A = M + P_h(h_1 + h_2) + C_w q h_1 \left(\frac{h_1}{2} + h_2\right)$$

$$(7\text{-}3)$$

上层附着框 A 处水平载荷为

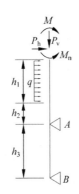

图 7-26　计算简图

$$P_{hA} = \frac{M_A}{h_3} + P_h$$

$$= \frac{M + P_h(h_1 + h_2) + C_w q h_1 \left(\frac{h_1}{2} + h_2 \right)}{h_3} + P_h$$

$$(7\text{-}4)$$

上层附着框 A 处垂直载荷为

$$P_{vA} = C_f P_v \tag{7-5}$$

上层附着框 A 处扭矩为

$$M_{nA} = M_n \tag{7-6}$$

下层附着框 B 处水平载荷为

$$P_{hB} = -\frac{M_A}{h_3} \tag{7-7}$$

式中：C_w——风力系数，可参照 GB/T 13752—2005；

C_f——安全系数，一般取 1.2。

4. 基础的计算

为了保证设备的安全运行，基础的计算一般由制造商来完成，用户也可参照 GB/T 13752—2005，GB 50135—2006 自行校核。

7.5.3　选型流程

一般对布料机进行选型可以按下面三步进行操作：

1. 布料机类型初选

布料机无论是在高层建筑、铁路、桥梁、海底隧道、港口码头、仓储、水利水电、核电等领域都有着较好的用武之地。可参照表 7-1 和表 7-2 对布料机类型进行初选。

2. 布料机型号确定

选型要素是设备选型时应重点关注的内容，布料机的选型要素如表 7-7 所示。可以根据选型要素确定布料机的具体型号。

表 7-7　选型要素表

序号	选型要素	关注内容
1	布料半径	布料半径是否能覆盖全部或大部分浇筑区域
2	臂节形式	一般臂节越多，布料越灵活，但相同布料半径下，多臂节布料机的成本较高，需结合实际布料和经济性选择合适产品
3	独立高度	独立高度是否满足布料要求，整机是否与周边建筑或设备干涉
4	安装方式	根据工地实际情况选择合适的安装方式，如场地大小、地质结构、建筑结构特点等
5	最大起吊单元质量、整机质量	主要考虑运输、拆装时，设备能否满足起吊要求
6	最大运输单元外形尺寸	主要考虑运输过程或装箱过程的可行性
7	电压/频率/电动机功率	选择适合当地电网的电压/频率
8	控制方式	一般有无线控制、有线控制和手动控制，选择合适的控制方式
9	遥控器频段	有些国家或地区有此特殊要求
10	液压高/低配置	高配置的液压系统液压冲击较小，更具有操控性，但有较高的成本
11	液压油	根据当地的气候条件和使用条件选择合适的液压油
12	认证方式	是否经过认证或通过何种认证，以便符合当地的法规

3. 施工方案设计

根据确定的布料机型号和具体的施工图纸，完成施工方案的设计，具体有以下几方面。

(1) 布料机台数的确定。

(2) 布料机施工位置的确定。

(3) 布料机安装方案的确定。

(4) 布料机提升方案的确定。

7.5.4 选型案例

1. 塔式布料机选型案例

工程概况：天津市某大型仓储工程施工的混凝土浇筑，采用滑模施工工艺，仓储罐平面简图及立面简图如图7-27和图7-28所示。

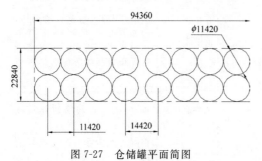

图 7-27 仓储罐平面简图

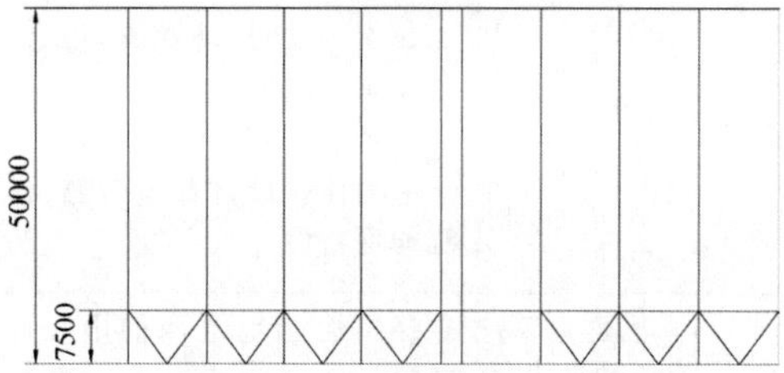

图 7-28 仓储罐立面简图

分析：工程要求布料机的布料高度可达到50m高，能满足几乎所有区域的布料，中途严格控制停机时间，越短越好，建筑上禁止打扶墙，由于是沿海工地，对抗风有一定的要求，根据选型要素表，可得表7-8。

表 7-8 塔式选型要素表

序号	选型要素	关 注 内 容
1	布料半径	分析主要布料机厂家的型谱，发现 HG45T-5RZ 布料半径最大，如果选购两台，可覆盖范围为 45×4m＝180m，可满足布料范围的要求
2	臂节形式	5 节臂 RZ 型，灵活多变，满足要求
3	独立高度	HG45T-5RZ 独立高度50m，满足要求
4	安装方式	预埋螺栓式，满足要求

续表

序号	选型要素	关 注 内 容
5	最大起吊单元质量、整机质量	最大起吊质量 7.3t，可采用汽车吊，满足要求
6	最大运输单元外形尺寸	满足要求
7	电压/频率/电动机功率	380V/50Hz，满足要求
8	控制方式	有无线控制、有线控制和手动控制，满足要求
9	遥控器频段	无
10	液压高/低配置	高配置的液压系统液压冲击较小，比例控制更具有操控性
11	液压油	根据当地的气候条件和使用条件选择合适的液压油
12	认证方式	无

至此，已经把设备初步定位为 HG45T-5RZ 布料机，下面是采用该布料机进行布置和施工等的方案。

当采用独立高度 30m 时，可覆盖所有浇筑区域，如图7-29、图7-30所示。

结论：采用 HG45T-5RZ 布料机施工，独立高度在 30m 左右即可满足布料要求，但需要合理安排浇筑顺序，避免因浇筑顺序的不合理造成浇筑盲区。

2. 内爬式布料机选型案例

工程概况：兰州市某高层建筑高 200m，第一层层间距为 9m，其他层间距为 5.1m 和 3.8m，最高标号混凝土为 C45，选型如下。

分析：根据建筑特点选择 HG29 内爬式布料机，由于建筑上具有电梯井，可选择电梯井式也可选择楼面内爬式。电梯井式需要预先在电梯井上预留孔或预埋锚固件以便固定电梯井内爬框；楼面内爬式需要预先在楼面上开孔以便塔身从中穿过，同时在开孔处安装内爬框以固定塔身。这些预先开的孔或预埋件最终都需要进行填补修复、处理等。采用电梯井式安装时，可选一固定尺寸作为爬升框间距，这里选用 3.5m；当选择楼面内爬时，层间距即为爬升框间距。因用户担心楼面的支承能力达不到布料机的承载要求，此处选择电梯井内

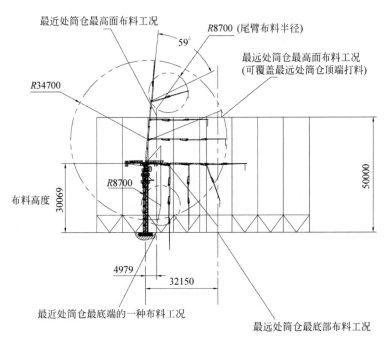

图 7-29　30m 独立高度时布料范围立面图

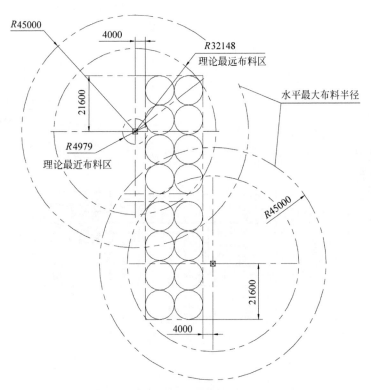

图 7-30　30m 独立高度时布料范围俯视图

爬安装。根据选型要素表,可得表 7-9。

表 7-9　内爬式布料机选型要素表

序号	选型要素	关注内容
1	布料半径	分析主要布料机厂家的型谱,发现 HGC29-3R 布料半径比较经济合适,如果选购两台,可满足布料范围的要求
2	臂节形式	3 节臂 R 型,结构紧凑,满足要求
3	独立高度	独立高度 24m,满足要求
4	安装方式	前期固定基础安装,后期电梯井内爬,满足要求
5	最大起吊单元质量、整机质量	最大起吊质量 6t,工地上塔机能满足要求
6	最大运输单元外形尺寸	满足要求
7	电压/频率/电动机功率	380V/50Hz,满足要求
8	控制方式	有无线控制、有线控制和手动控制,满足要求

续表

序号	选型要素	关注内容
9	遥控器频段	无
10	液压高/低配置	高配置的液压系统液压冲击较小,比例控制更具有操控性
11	液压油	根据当地的气候条件和使用条件选择合适的液压油
12	认证方式	无

至此,已经把设备初步定位为 HGC29 电梯井内爬式布料机,布料机布置方案如图 7-31 所示。

建筑总长 61.8m,总宽 32.9m,采用两台 HGC29 布料机可覆盖所有浇筑范围,工地有两台 TC7525 塔机,表 7-10 为塔机起吊能力表,可知两台塔机满足布料机的起吊要求。

内爬框在电梯井中的示意图如图 7-32 所示。

若在楼层没有浇筑时就使用布料机,因此时无电梯井,布料机只能采用独立安装的形式,如图 7-33 所示,客户需要按布料机厂家的要求,加强建筑基础并预埋螺栓等以固定塔身。布料机楼面爬升示意图如图 7-34 所示。

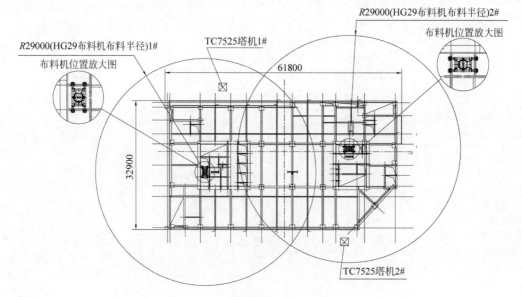

图 7-31　布料机布置图(建筑平面图)

表 7-10　起吊能力表

塔机	布料机	塔机与布料机距离/m	布料机最大起吊单元质量/t	塔机此时起吊能力/t	是否满足
1#	1#	22.1	6	8	满足
1#	2#	36.5	6	8	满足
2#	1#	39	6	8	满足
2#	2#	23.7	6	6.28	满足

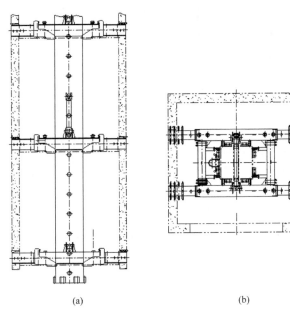

(a)　　　　　　　　　　(b)

图 7-32　内爬框在电梯井中的示意图

(a) 立面剖视图；(b) 平面剖视图

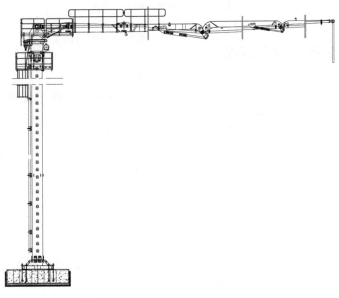

图 7-33　布料机独立安装图

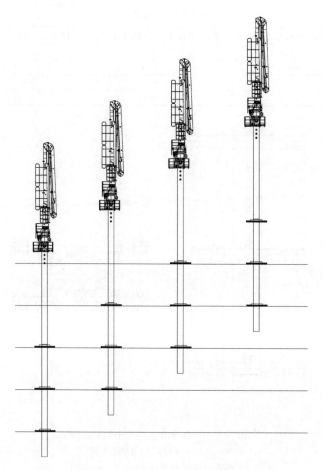

图 7-34　布料机楼面爬升示意图

7.6　设备使用及安全规范

7.6.1　设备使用

布料机使用的一般条件如下：

（1）布料机作业状态的最佳环境温度为
0～40℃。

（2）布料机不得在有高压电、易燃易爆品
以及其他任何危险场合工作。

（3）布料机工作的海拔高度一般不应超过
2000m，当超过 2000m 时应作为特殊情况处理
（泵送的混凝土应作特殊处理，另外整机性能
将会下降）。

（4）当风速超过 13.8m/s（6 级风）时，严禁
布料机工作。当风速超过该值时应停止作业，
并将布料臂收回成水平。

（5）当风速超过 7.9m/s（4 级风）时，严禁
布料机装拆、内爬顶升。

（6）若风速超过 30m/s（11 级风），必须拆
除布料机。

1. 臂架操作

（1）操作检查。因臂架动作属高空危险作
业，所以在操作臂架时，应格外细心，确保作业
安全。在动作臂架前，还应做好臂架的以下
检查：

① 检查臂架各紧固件、管卡、输送管是否
都正常及安全可靠。

② 检查并清理臂架上的遗留工具及杂
物等。

③ 确保臂架作业区内没有任何人或物。

④ 检查并注意布料机臂架范围内是否有障碍物可能对臂架操作产生影响等。

（2）使布料机处于通电状态。

（3）臂架伸展前的排气操作。臂架液压油缸及管道等元件中如果有空气，在动作臂架时就可能出现快速下落的危险，导致设备及人员损伤。不同型号布料机排气操作不同，总体原则是将各节臂架来回进行动作，并进行憋缸，确保臂架液压油缸及管道等元件中的空气排出。

在以下情况时，必须进行臂架伸展前的排气操作：

① 布料机首次进行臂架操作。

② 拆卸过臂架、油缸或臂架上的液压件。

③ 布料机放置时间超过一个月以上。

④ 对布料机及臂架情况不明等。

（4）通过操作遥控器带标示的摇杆，依次操作展开臂架。一般只有当无线或有线遥控器不起作用时，才采用臂架多路阀的控制手柄来操作臂架。应严格按照产品说明书用操纵手柄来控制臂架动作。

（5）折叠收回臂架时，按伸展臂架的反向顺序操作。

2．爬升操作

一般常见的爬升方式有楼面内爬、电梯井内爬和自爬升等，根据不同的爬升原理，在爬升操作时，应严格按照使用说明书操作。

3．安装与拆卸

制造商在设计和生产布料机时，通常都会考虑起吊的便利性，但如果用户对起吊单元重量有严格要求，应提前与制造商取得联系。

7.6.2 安全规范

由于布料机作业工况与混凝土泵车作业工况类似，所以布料机安全规范参见 6.6.2 节关于混凝土泵车安全规范的相关介绍。

7.6.3 维护和保养

1．日常检查

（1）检查各润滑点是否加满润滑脂。

（2）检查各电气元件功能是否正常。

（3）以敲击方式检查混凝土管磨损程度，检查各管接头是否密封良好。

（4）检查液压管路、接头、油泵、阀是否有漏油、渗油现象。

（5）检查液压油油质，油液是淡黄色、透明的，且无乳化或浑浊现象，否则应更换新液压油。

（6）检查液压油油位。臂架全收缩时，正常情况下的液压油高度为油箱高度的 85%，但油位最高点不得超过油箱最高点标识；臂架全伸时，油位最低点不得低于油箱最低点标识。

（7）检查液压胶管是否有老化、磨损、破裂现象，否则需要更换新胶管。

（8）检查过滤器指示器。若指示器指向红色区域，需要更换回油过滤器滤芯。检查吸油过滤器指示器。若指示器指针指向红色区域，则需要及时拆卸油箱内吸油口处的吸油过滤器，并进行清洗，否则油泵吸油困难，会损坏油泵。拆装吸油过滤器时，不得把污染物带入油箱内。

（9）检查电控柜上的高压过滤器指示灯。若该灯亮，则需要更换高压过滤器滤芯。

（10）检查平衡阀工作是否可靠。

（11）检查油泵旋向是否正确。

2．工作 50h 后的保养

（1）进行前述保养。

（2）检查连接螺栓、销轴、锁紧螺母是否松动。

（3）检查滤芯过滤情况。

（4）检查液压油是否混入过多水分。每隔 3～10 天应将液压油箱底部带有漏斗状的球阀拧开排水，并注意不要让液压油流出。

3．工作 100h 后的保养

（1）进行前述保养。

（2）检查输送管的磨损量，壁厚小于 2mm 时应及时更换。

（3）检查栏杆开口销是否脱落。

4．工作 300h 后的保养

（1）进行前述保养。

（2）检查回转限位器是否工作正常。

（3）检查回转减速机有无异常发热和声响。

（4）紧固塔身立柱的连接螺栓。

（5）检查电动机和电路的绝缘电阻、电气设备金属外壳、金属结构的接地电阻。

（6）检查电缆线，如有破损或老化应立即

修理和更换。

（7）全面检查布料机各零部件、液压和电气元件，进行保养和更换。

（8）检查液压油。必要时换新液压油，新加入的液压油必须使用制造商推荐的液压油牌号。一般布料 $10000m^3$ 混凝土应彻底更换一次液压油。

（9）检查结构件的连接和焊缝。

5．结构件的维护

由于布料机工况恶劣，作业中整机的交变受力以及较为剧烈的振动，可能会导致其结构件的连接松动或焊缝开裂等，所以对布料机结构件的检查尤为重要。主要检查项目如下：

（1）每班次检查连接件和支承件间的稳固性，工作是否正常。

（2）每班次检查各零部件相互运动间隙是否需调整，零件磨损是导致失效。

（3）每班次检查各结构件的焊缝有无开裂。

（4）定期检查连接螺栓、紧定螺钉、螺母、销轴是否松动。若松动，用扭力扳手根据表 7-11 中提供的扭矩拧紧。对于新布料机在工作 100h 后，必须进行检查，以后每 500h 进行一次。

表 7-11 为各型号螺纹的推荐拧紧扭矩（特殊要求部位螺栓拧紧扭矩以说明书要求为准）。

需要强调的是，因结构修复拆掉的高强螺栓以及因疲劳等损坏的连接螺栓，不能重复使用，再装配时应采用新的同等级的连接螺栓。

（5）结构件的裂缝修复。臂架、立柱及底架支座等结构件，由于作业时的变负荷承载，在经历一段时间后，将可能会因局部应力的集中、氧化锈蚀以及局部结构的疲劳，发生裂缝现象。用户在布料机每工作 300h 后，必须对臂架等结构件做焊缝探伤检查。

表 7-11 不同规格螺栓拧紧扭矩对照表

螺纹规格	拧紧扭矩/(N·m)	
	8.8 级	10.9 级
M12	51	73
M14	82	127
M16	137	187
M18	177	255
M20	254	363
M22	351	501
M24	439	628
M27	686	981
M30	939	1342
M33	647	1834
M36	1641	2344
M39	2131	3044
M42	2632	3760
M45	3289	4693
M48	3958	5655

布料机结构件开裂是可修复的。用户应及时发现，尽早做好处理。臂架和下支座等承力件均采用高强钢，不能随意补焊或打孔，改变或降低它的强度。如有裂纹发生，请及时联系厂家售后人员进行修复。

6．润滑系统的维护保养

润滑是为了使回转减速机、臂架关节等运动副运动灵活，从而使摩擦减小、寿命延长。

润滑质量的好坏直接影响布料机各运动部件的功效及其寿命。参照表 7-12，对相应的润滑部位，定期检查润滑油/脂的油位及油质。

表 7-12 主要润滑部位及保养间隔

序号	部　件	润滑油/脂	润滑间隔/h			备　注
			50	200	1000	
1	转台回转减速机内	MOBILUBE HD 80W-90		补注	更换	第一次 100h 后换全部机油
2	回转减速齿轮轴端	2♯锂基润滑脂	润滑			润滑脂等级 NLG12
3	回转支承	2♯锂基润滑脂	润滑			润滑脂等级 NLG12
4	各臂架关节	2♯锂基润滑脂	润滑			润滑脂等级 NLG12

7.7　常见故障及排除方法

在混凝土布料机的使用中,出现故障应迅

速判断并排除,避免安全事故发生。常见故障列表见表 7-13～表 7-15。

7.7.1　上装部分

表 7-13　上装部分常见故障及排除方法

序号	故障描述	产生原因	排除方法
1	臂架都不能动作	臂架/顶升转换开关故障	维修或更换转换开关
		主溢流阀调整的压力低	重新调整主溢流阀的压力
		卸荷阀动作	检查电路和卸荷阀
		多路阀电磁铁故障	更换电磁铁
2	油缸伸缩无力或者不动	换向阀失灵	检查电路,清洗换向阀
		次级溢流阀调整的压力低	重新调整次级溢流阀压力
		该油缸对应的电磁阀阻塞或电磁阀烧坏	更换电磁铁
3	臂架伸展或起升时颤动过大	各连接处销轴与铜套之间间隙异常	更换损坏部件,并保证运动副润滑频率
		连杆变形导致转动时与臂架干涉	更换或修复变形部件
4	臂架自动下沉	臂架油缸中进入空气	对臂架油缸进行反复憋压,以排出空气
		臂架油缸内泄	油缸内泄则要先检查活塞处密封圈是否损坏。若损坏,则更换密封圈;若没有,则检查油缸缸筒是否划伤、缸壁是否胀大等
		平衡阀内泄	平衡阀内泄一般是拆下来清洗。如果有零件损坏,则维修或更换零件;若损坏严重则更换整个平衡阀
5	回转不能动作	回转限位器故障	维修或更换限位器
		遥控器故障	维修或更换
		多路阀电磁铁故障	更换电磁铁
6	压力表显示为零	油泵旋向不对	按照使用说明书检查旋向
		主溢流阀失效	检查电路和阀
		压力表失灵	更换压力表
		油泵吸油口处球阀没有打开	打开球阀
7	压力过滤器指示灯亮	压力过滤器堵塞	更换高压滤油器滤芯
		电器误报警	检查电路
8	油泵出油为泡沫状	吸油管漏气	检查吸油管路、接头
9	销轴不能得到润滑	润滑油嘴阻塞或损坏	更换润滑油嘴
		润滑管道因脏物而发生阻塞	取出销轴,检查管道阻塞原因及磨损和间隙情况
10	油泵吸油管变扁	吸油滤油器堵塞	更换或清洗滤油器

续表

序号	故 障 描 述	产 生 原 因	排 除 方 法
11	油泵电动机无法启动,电源指示灯不亮	总电源开关或电控柜内的断路器没合上	合上电源开关或断路器
		有线遥控盒面板上的"急停"开关没有释放	将"急停"开关复位
		接触器没有吸合或损坏	检查控制回路,排除接线故障或更换电气元件
		电源指示灯损坏或底座接触不良	检查电源指示灯及其底座,更换或重新安装指示灯。检查开关电源接线或更换开关电源
12	无线遥控器上各种操作均无反应	总电源开关或电控柜内的断路器没合上	合上电源开关或断路器
		遥控盒面板上的急停开关未释放	将急停开关复位
13	某节臂架用无线遥控器操作不动作	无线遥控器接线盒内部,此臂架对应的插座接触不良	打开无线遥控器接收盒,将所有插头插紧,并将接线螺钉拧紧;或更换无线遥控器;或改用有线遥控模式
		无线遥控器接线盒内部,此臂架对应的继电器已坏	
		无线遥控通信频率受到干扰	
14	无线遥控器或某个开关无反应或不能启动	电源接触不良	将电源线接牢固
		接收盒内的熔断器熔断	检查更换接收盒内的熔断器
		接收盒内部接触不良	打开无线遥控器接收盒,将所有插头插紧,并将接线螺钉拧紧

7.7.2 电气部分

表7-14 电气部分常见故障及排除方法

序号	故 障 描 述	产 生 原 因	排 除 方 法
1	布料机无法启动或电源指示灯不亮	总电源开关或电控柜内的断路器没合上	合上电源开关或断路器
		电控柜或联动台或遥控器上的"急停"开关没有释放	将"急停"按钮复位
		相序不对或缺相	换相
		指示灯损坏或接触不良	检查更换指示灯或处理接触位置
2	部分操作无反应	遥控器发射装置无输出	检查遥控器发射器,包括电池是否电量充足等
		信号接收装置损坏	检查信号接收装置
		电磁阀无电源	检查电磁阀电源
		电磁阀损坏	检查电磁阀
3	各种操作均无反应	总电源开关或电控柜内的断路器没合上	合上电源开关或断路器
		电控柜或联动台或遥控器上的"急停"开关没有释放	将"急停"按钮复位
		遥控器未安装电池或电量不足	安装或更换电池
		遥控器发射机与信号接收器之间断频	换频

7.7.3　其他常见故障

表 7-15　其他常见故障及排除方法

序号	故障描述	产生原因	排除方法
1	液压油乳化	空气中的水分因冷热交替而在油箱中凝结,变成水珠落入油中	清洗油箱,更换液压油。预防措施:①及时排水,建议每次工作前开放水阀放一次水;②尽量避免在雨天换油,如果雨天换油,应采取措施防止雨水进入油箱
		因焊缝、法兰等密封不严,油箱上的雨水渗入油箱	
2	液压泵出现噪声	吸入管路堵塞	清除堵塞或更换吸入管
		液压油的黏度过高	更换低黏度的液压油
		油箱通气孔堵塞	清洗或更换空气滤清器滤芯
		油内混有水	彻底清除回路中的水,更换液压油
		油泵吸油口处球阀没有打开	打开球阀
		吸入管进口有空气进入	检查接头是否拧紧,O 形圈是否破损,如果破损,则进行更换
		机械磨损,由于润滑油的温度过高或黏度太低而发生的轴承咬死	更换液压泵并检查润滑油是否合适,查找油温过高的原因,拆除连接部分并且更换损坏的部件

第8章

混凝土喷射机

8.1 概述

混凝土喷射机(concrete spraying machine)(图8-1)是依靠压缩空气或者其他动力驱动，将混凝土拌合料从料仓沿着输送管道连续输送至喷头，并在压缩空气的作用下，高速喷向作业面(岩石、土层、建筑结构物或模板等)，使其得到快速凝结硬化，从而形成混凝土支护层的机械。

混凝土喷射机具有施工方便灵活、通过添加外加剂或外掺料来改善喷射混凝土性能、施工劳动强度低等特性，广泛应用于交通隧道、水利隧洞、矿井、地下厂房、地下国防工程、斜坡等的衬砌施工中。

图8-1 喷射混凝土机械设备

8.1.1 发展历程和现状

国内外混凝土喷射机主要发展历程和现状见表8-1。

8.1.2 发展趋势和前景

20世纪90年代以后，世界各国高度重视地下能源工程、水利工程、交通与城镇建筑建设等工程的合理开发与建设。喷射混凝土初期支护工艺对上述各隧道工程意义重大。随着人类不断提高对安全意识、环境保护等理念的认识，具有高自动化、高可靠性、节能环保型的喷射机将是未来的发展方向。

1. 自动化、智能化

随着科学技术的进步，喷射机械手自动化、智能化是发展的趋势之一。比如喷头的自动定位捕捉功能和自动化喷射施工；通过一键操作，实现对于滑移平台、多转台及臂架多关

表 8-1　发展历程和现状

1	发明者 Carl Akeley 在 1911 年获得名为"喷射水泥砂浆"的专利。1914 年,美国在矿山和土木工程中首先使用喷射水泥砂浆
2	1942 年,瑞士阿利瓦(Aliva)公司研制成转子式干喷机,能喷射骨料最大粒径为 25mm 的喷射混凝土
3	1947 年,德国 BSM 公司研制成双罐式干喷机
4	20 世纪 50 年代,地质条件十分恶劣的奥地利陶恩(Tauern)公路隧道和巴基斯坦贝拉水道工程(宽 21m×高 24m)等大断面隧道采用喷锚支护相继获得成功
5	1965 年 11 月,我国冶金部建筑研究总院在多年研究工作的基础上,在鞍钢张岭铁矿 157 平洞成功地应用了喷射混凝土支护
6	1966 年,我国铁道部科学研究总院西南所在成昆铁路隧道中应用喷锚支护
7	进入 20 世纪 80 年代,我国便开始以降低回弹率为导向研发新型的混凝土喷射机。如国内各地方机械厂、研究院相继研制出 PH30 型喷射机、转子式混凝土喷射机、SP-4 型混凝土喷射机、WSP-2 型螺杆泵式喷射机等各种不同型号的混凝土喷射机
8	进入 21 世纪,随着科学技术的发展,国内外所研发的活塞泵式混凝土喷射机各项性能都有了很大的改善与提高,混凝土的喷射质量也有了较高的保证。如中联重科-CIFA 公司生产的 CSS3 喷射机,阿特拉斯旗下 MEYCO 公司生产的 Potenza 喷射机,中国铁建重工生产的 HPS3016 喷射机等

节的联动控制功能;通过智能化控制技术,对于混凝土喷射量、速凝剂添加量、空气压缩机风压,能够实现联动控制模式,达到最佳的喷射混凝土质量及反弹量控制技术等。

2. 高可靠性、极强的工况适应性

随着客户越来越理性地选择和使用混凝土喷射机械,以及不断出现的复杂施工工况,可靠性和工况适应性也是喷射机发展的趋势之一。如混凝土反弹控制技术的运用,能有效增加喷射效率;应急动力和应急模式功能的运用,在无法作业时能够避免混凝土在整套输送管道系统中硬化甚至堵管,减少经济损失;大功率大扭矩底盘动力,能够实现更好的爬坡能力及行驶的动力性,能更好地提高对于复杂工况的适应能力,并能更好地适应高海拔、超低温等高原地区的极限恶劣工况要求。

3. 结构紧凑、环保节能型

目前主流的喷射机采用双活塞式泵送系统,未来对泵送系统的发展方向是无脉动混凝土泵送技术。无脉动混凝土泵送技术能够实现恒流量平稳输送,并在每个冲程换向过程中尽可能减小换向脉冲而产生的液压冲击。无脉动泵送技术对于喷射混凝土连续泵送、消除脉动冲击、提高动力功率的利用率、提高混凝土喷射质量具有重大意义。同时,未来的喷射混凝土空气压缩机向着紧凑化、低电压启动等适用性方向发展。

8.2　分类

8.2.1　按施工工艺分类

混凝土喷射机是喷射混凝土施工中的核心设备,按混凝土拌合料的加水方法不同可分为干式、湿式和介于两者之间的半湿式(潮式)三种。干式混凝土喷射机(简称干喷机)依靠压缩空气输送干的混凝土拌合料至喷头,在喷头处与水混合后,再在压缩空气的作用下喷出。湿式混凝土喷射机(简称湿喷机)依靠液压动力输送湿的混凝土拌合料至喷头,再在压缩空气的作用下喷出。半湿式也称潮式,即混凝土拌合料为含水率 5%~8% 的潮料(按体积计),这种料喷射时粉尘减少,由于比湿料黏结性小,不粘罐,是干式和湿式的改良方式。

1. 干喷机

干式喷射混凝土(简称干喷混凝土)是将水泥、砂子、碎石混合料和粉状速凝剂按一定的比例混合搅拌均匀后,在松散、干燥、悬浮状态中,利用干喷机,以压缩空气为动力,经输料管到喷嘴处,与一定量的压力水混合后,变成水灰比较小的混凝土并喷射到受喷面上。该工艺简单、易操作,但粉尘大、回弹率高是其致命的弱点。干喷混凝土流程及工作现场图如图 8-2 和图 8-3 所示。

1) 干喷的特点

(1) 优点:①非常高的初凝强度,用于早期密封与支护;②如使用筒仓储存,存放时间几乎不受限制(保质期内);③输送管道中不残留混凝土。

(2) 缺点:①干喷质量差,喷射的混凝土强度仅能达到 C15。凝固时间长,初凝和终凝达到最终强度时间都较长;②粉尘多,有腐蚀性,影响工人健康;③反弹率高,一般达到 30%,浪费材料。

2) 干喷机的种类

干喷机根据结构不同可分为双罐式干喷

机、鼓轮式干喷机、螺旋式干喷机和转子式干喷机(见表 8-2)。

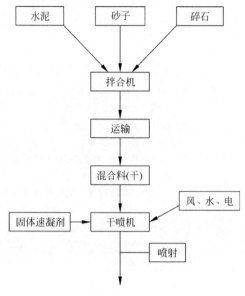

图 8-2 干喷混凝土流程

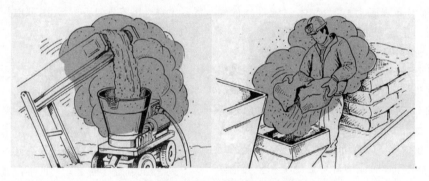

图 8-3 干喷法工作现场示意图

表 8-2 干喷机的种类

分　类	简　图	简　要　说　明
双罐式干喷机		通过上罐储料室和下罐给料器之间的钟形门实现喂料

续表

分　类	简　图	简要说明
鼓轮式干喷机		通过圆形鼓轮的 V 形槽实现喂料
螺旋式干喷机		通过螺旋喂料器实现喂料
转子式干喷机		通过开在转子上的料孔实现喂料

2．湿喷机

湿式喷射混凝土是通过泵送作用将湿混凝土输送至喷头处，在喷头处加入液体速凝剂，混凝土与速凝剂在混流器中通过压缩空气的作用充分混合，最终将混凝土喷射在受喷面上（见图 8-4），并能够在喷射表面迅速凝固形成支护层。由于混凝土是以黏稠状在管道内泵送，因此这种方法不会产生粉尘，只需损耗较少的压缩空气。湿喷工艺流程图及湿喷法工作现场图如图 8-5、图 8-6 所示。

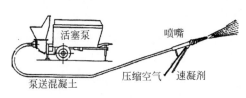

图 8-4　湿喷机示意图

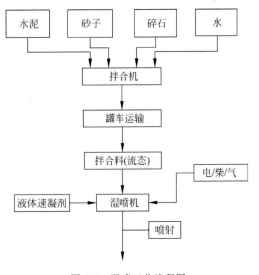

图 8-5　湿喷工艺流程图

图 8-6　湿喷法工作现场示意图

1) 湿喷的特点

(1) 输送压力高,排量大,输送距离长。

(2) 湿喷质量好,一般达到 C20 以上的混凝土强度,如果使用高性能速凝剂可以达到 30MPa 以上的强度。对于深井等应力大的区域,可以更有效地提供支护。

(3) 反弹率小,反弹可以做到小于 10%,节约了材料。

(4) 粉尘少,保护了工人的健康。

2) 湿喷机的种类

湿喷机根据输送喷射混凝土的结构不同可分为活塞泵式湿喷机、螺杆泵式湿喷机、软管挤压泵式湿喷机,见表 8-3。

8.2.2　按安装方式分类

喷射机按安装方式分类可分为固定式、拖式、轮式、履带式、轨道式等,见表 8-4。

表 8-3　湿喷机的种类

分　类	简　图	简　要　说　明
活塞泵式湿喷机		两个混凝土活塞交替工作实现吸料和混凝土输送
螺杆泵式湿喷机		旋转的螺旋叶片将料斗中的混凝土输送到螺杆泵中,通过螺杆相对于定子套的啮合空间容积的变化来输送混凝土
软管挤压泵式湿喷机		泵体内的滚轮转动,连续挤压软管,实现吸料和混凝土输送

表 8-4 喷射机按安装方式分类

分 类		简 图	简 要 说 明
固定式			安装在固定基座上的混凝土喷射机。多用于工程量大、移动较少的场合
拖式			安装在可以拖行底盘上的混凝土喷射机。体积小,易于拖行和施工作业
轮式	自制底盘式		底盘由厂家自制,根据实际工况设计,适应隧洞、矿井等恶劣工况
	通用底盘式		通用卡车底盘,功率强劲,适合在野外工作
履带式			安装在履带式底盘上的混凝土喷射机,越野性能好,可以进入矿山和泥泞地带施工
轨道式			安装在轨道式底盘上的混凝土喷射机。轨道式成套湿喷设备可以实现在轨高效环保湿喷施工

8.2.3　按动力来源分类

根据输送喷射混凝土动力来源的不同,喷射机可以分为:泵送方式、空气压送方式和泵与空气压送方式三大类。

目前主流的大型湿喷机属于泵与空气并用的压送方式,即混凝土输送采用活塞式泵送机构,在喷头处通过压缩空气使速凝剂与混凝土充分混合,并喷射到作业面上。

小型湿喷机和干喷机属于空气压送方式,即混凝土输送与喷射均有压缩空气的参与,如转子式喷射机。

回转力方式的喷射机、离心力方式的喷射机,则属于泵送方式,即经过泵送的方式(如活塞式泵送系统)将混凝土输送到喷头处,在喷头处通过高速旋转结构产生的回转力或离心力把混凝土投射到喷射面上。由于不使用压缩空气,因此粉尘小,消耗电力也少,是近年来新兴的一种喷射方式。

8.3　典型产品组成与工作原理

8.3.1　干喷机组成与工作原理

转子式干喷机具有生产能力大、输送距离远、出料连续稳定、上料高度低、操作方便、适合机械化配套作业等优点,是一种广泛应用的机型。因此以市场上主流的转子式干喷机为例做介绍。

1.　结构组成

转子式干喷机主要由驱动装置、转子总成、压紧机构、给料系统、气路系统、输料系统、速凝剂添加系统等组成,如图8-7所示。

1)驱动装置

驱动装置由电动机和减速器组成。电动机的轴端连接主动齿轮轴,传动齿轮通过减速器减速后,驱动安装在输出轴上的转子旋转。传动齿轮由减速器箱体内的润滑油飞溅润滑,并由测油针测定油位。

2)转子总成

转子总成主要由防粘料转子,上、下衬板

图8-7　干喷机结构组成
1—给料系统;2—压紧机构;3—转子总成;
4—输料系统;5—气路系统;6—驱动装置

和上、下密封板组成。防粘料转子的每个圆孔中内衬为不易黏结混凝土的耐磨橡胶料腔,该结构提高了喷射机处理潮料的能力,减少了清洗和维修工作。

转子上、下面各有一块衬板,采用耐磨材料制造,使用寿命较长;上、下密封板由特殊配方的橡胶制成,耐磨性能好。

3)压紧机构

压紧机构由前、后支架及压紧杆、压环等组成。前、后支架在圆周上固定上座体,使转动的转子和静止的密封衬板之间有一个适当的压紧力,以保持结合面间的密封。拆装时,压环带动上座体绕前支架上的圆销转动,可方便维修和更换易损件。

4)给料系统

给料系统主要由料斗、振动筛、上座体和振动器等组成。上座体是固定料斗的基础,其上设有落料口和进气室。振动器为风动高频式,有进气口(小孔),安装时注意进气口处的箭头标志,防止反接。

5)气路系统

气路系统主要由球阀、压力表、管接头和胶管等组成。空气压缩机通过储气罐提供压缩空气,三个球阀分别用于控制总进气和通入转子料腔内的主气路以及通入助吹器的辅助气路,另外一个球阀用以控制向振动器供给压缩空气。系统中设有压力表,以便监视输料管中的工作压力。

6) 输料系统

输料系统主要由出料弯头和喷射管路等组成。出料弯头出口处,由于压缩空气将混合料流经旋流器时,其料得到了加速旋转,因而不易产生的粘接和堵塞;喷头处设有水环,通过球阀调节进水量。螺旋喷头采用聚氨酯材料制成,耐磨性能好。

2.工作原理

干喷机工作原理和结构特征是:带有衬板的转子以一定的转速旋转,结合板压在衬板上固定不动,结合板上连接有进风管和出料弯头,当转子中装有物料的各个料杯转动到与进风管和出料弯头相通时,在压气的作用下,物料通过出料弯头和输料管输送到喷嘴,并在喷嘴处加水喷射出去。在此过程中,由结合板和衬板组成的密封副起到了密封压缩气体和物料的作用。干喷机的主要优点是输送距离长,设备简单、耐用。但由于它是使干拌合混凝土在喷嘴处与水混合,故而施工粉尘和回弹均较大,干喷作业产生的粉尘危害工人健康,尤其是窄小巷道工程施工中,粉尘污染更为严重。

8.3.2 湿喷机组成与工作原理

下面以大型湿喷机为例介绍湿喷机的结构组成和工作原理。

1.结构组成(见图8-8)

1) 喷头

喷头与臂架是湿喷机的重要组成部件之一,为了适应复杂工作环境的要求,湿喷机的喷头与臂架往往具有极高的自由度,操纵灵活,以扩大喷射混凝土的作业范围。

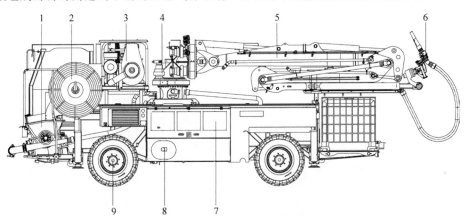

图8-8 大型湿喷机组成结构

1—泵送单元;2—电缆卷筒;3—空气压缩机;4—液压系统;5—臂架;
6—喷头;7—电气系统;8—添加剂系统;9—底盘

喷头控制装置如图8-9所示,主要由喷头机构、摆动马达、喷嘴等组成。通过摆动马达的作用,具备三种转动方式,分别是:喷头左右摆动,上下摆动,刷动功能。

2) 臂架

臂架的结构有折叠式和伸缩式两种,主要由转台、多节臂架、油缸、回转机构、连杆、销轴、输送管路等组成。图8-10所示的臂架结构具有垂直旋转功能,三节Z形折叠臂,第三节臂还具有伸缩臂架,该结构能够有效增加喷射

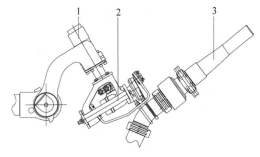

图8-9 湿喷机喷头控制装置

1—摆动马达;2—喷头机构;3—喷嘴

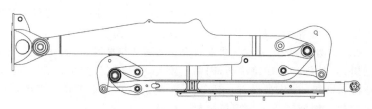

图 8-10　湿喷机臂架结构

作业面并减少臂架展开收缩空间。

3）底盘

湿喷机的底盘有多种类型，包括轮式、履带式、轨道式等。目前市场上的大型湿喷机以轮式居多，轮式又分为自制底盘和通用底盘两类。

4）泵送单元

混凝土喷射机的泵送单元结构组成可参见 5.3.1 节中关于混凝土泵和车载泵泵送单元的相关介绍。

5）压缩空气系统

压缩空气系统是湿喷机的重要组成部分，主要由空气压缩机、电气控制系统、输送管路、气压调节元件等组成。空气压缩机是压缩空气系统中最重要的部件，湿喷机上使用的空气压缩机分两大类：滑片式和螺杆式。滑片式和螺杆式空气压缩机技术要求对比见表 8-5。

表 8-5　滑片式和螺杆式空气压缩机对比表

技术要求	滑片式空气压缩机	双螺杆空气压缩机
转子数	1 个转子	1 对阴阳转子
运动速度	1500r/min 或 1800r/min	1500～3000r/min
运动形式	单纯回转运动	阳转子驱动阴转子进行啮合
加工、装配要求	加工要求很高，但不需要专用设备；装配简单易行	必须使用专用设备加工，要求十分严格；装配复杂
材质寿命	使用寿命都在 10 万 h 以上	受多种因素影响，实际使用寿命低
有效吸入容积	有效吸入容积较大；达到相同的排气量其转速可明显降低	有效吸入容积较小；达到相同的排气量只能靠增加转速
容积效率	容积效率高，气体回流量小；不必提高转速也能保证排气量	泄漏点较多，效率低；需要增加转速来保证排气量

6）添加剂系统

添加剂系统主要由添加剂箱、添加剂泵、输送管路、计量系统等组成，如图 8-11 所示。

目前湿喷机的添加剂泵主要分为软管泵（见图 8-12）和螺杆泵（见图 8-13）两大类。

软管泵的优点是价格相对较低，能适应恶劣环境，对各种添加剂液体的适应性好；缺点是胶管是易损件，需要经常更换，出口压力相对较低，如图 8-12 所示。

螺杆泵的优点是出口压力高，整体尺寸小，便于布置；缺点是价格高，对恶劣作业环境的适应性不强，结构复杂，如图 8-13 所示。

此外，在添加剂泵的驱动方式上，也有液压

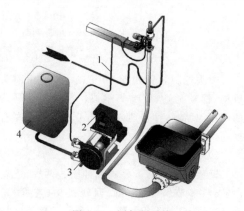

图 8-11　添加剂系统

1—输送管路；2—计量系统；3—添加剂泵；4—添加剂箱

图 8-12　软管泵示意图

图 8-13　螺杆泵示意图

马达驱动与变频电动机驱动两种方式。液压马达驱动可靠性高,但是需要增加额外的液压回路;变频电动机驱动控制简单,调速准确,但是在恶劣环境下的可靠性没有液压系统高。

7) 液压系统

液压系统是混凝土喷射机的核心部分,液压系统质量的高低会直接影响主机的工作性能和效率。根据混凝土喷射机的基本功能可以将喷射机液压系统分为泵送及分配液压系统、臂架液压系统、行走液压系统、添加剂液压系统、辅助液压系统、回油散热液压系统等。其中,泵送、分配液压系统的作用是泵送混凝土,是整个液压系统的核心,其结构可参见5.3.1 节中关于混凝土泵和车载泵泵送、分配液压系统的相关介绍。

8) 动力系统

湿喷机具备行驶和作业两套动力系统。通常采用电动机驱动作业、发动机驱动行驶的方式进行,有的产品也可以实现电动机与发动

机驱动作业的双动力系统。

9) 电气系统

湿喷机电气系统由底盘电路、上装电路组成。底盘电路控制底盘的行走,上装电路控制作业系统。

下面就电气系统的部分功能进行介绍。

(1) 人机交互界面。电气系统中配置了显示屏,实现人机交互,通过该显示屏可以实现以下功能:①监控功能,实现系统实时运行状态的显示;②设置功能,实现对设备控制参数的调整;③查询功能,实现设备的历史报警信息、设备基本信息等查询。在进行页面操作时,需进行身份认证,以进行各页面操作权限的匹配。

(2) 行驶与作业动力转换。喷射机行驶动力由底盘发动机提供。行驶时,将发动机动力提供给底盘行驶机构。作业时,连接电缆,将电动机动力驱动泵组等作业系统。

(3) 支腿、臂架操作。在确认臂架已经放置在位的情况下,才允许操作支腿,否则可能引起倾翻事故。在支腿伸展完成后可操作臂架。通过遥控器臂架操纵杆可以控制臂架动作,或在按下臂架控制台上的“臂架动作按钮”的同时,操作“臂架操纵杆”,实现机械控制臂架动作。

(4) 转速调节、正反泵及排量调节。泵送启动时,通过泵送控制盒面板和遥控发射机面板上的泵送操作开关,可选择进行正泵或反泵操作。通过泵送控制盒面板和遥控发射机面板上的排量电位计,可以对泵送速度进行调节。

(5) 正反搅拌合润滑功能。料斗有搅拌功能,通过泵送控制盒面板的搅拌操作开关,可选择进行正搅拌或反搅拌操作。泵送单元工作时需要润滑。当启动泵送时,润滑泵控制板自动得电,润滑泵开始工作,用户可以通过泵送控制盒面板自行设置润滑时间参数。

2. 工作原理

1) 活塞式泵送系统工作原理

大型湿喷机是通过双活塞式泵送单元来

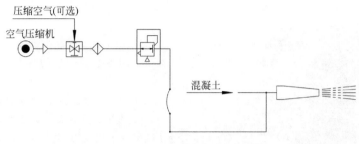

图 8-14　压缩空气系统原理图

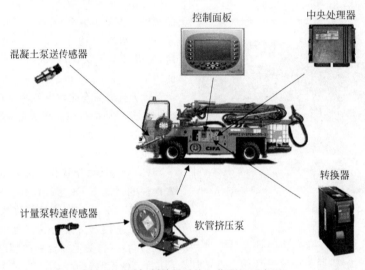

图 8-15　添加剂计量系统工作原理示意图

实现泵送混凝土的,其工作原理可参见 5.3.2 节中关于混凝土泵和车载泵泵送单元工作原理的相关介绍。

2) 压缩空气系统(图 8-14)

大型湿喷机自带滑片式或者螺杆式空气压缩机,是将原动机(通常是电动机)的机械能转换成气体压力能的装置,是压缩空气的气压发生装置。在电压足够的情况下无须外接压缩空气。但当空气压缩机出现故障或电压不满足空气压缩机工作电压的时候,可以通过外接压缩空气正常工作,压缩空气压力一般为 4～6bar。

3) 添加剂计量系统工作原理

添加剂计量系统可以精确测量并自动调节添加剂的添加量,适合所有液态添加剂,在泵送参数发生变化时使添加剂添加比率保持恒定。

添加剂计量系统的工作原理:当添加剂计量系统在自动与泵送系统匹配的时候,只要在控制系统的显示屏幕上输入所需要添加的添加剂的百分比,添加剂计量系统通过泵送传感器读取泵送频率,即泵送速度,反馈给控制系统,通过处理器的处理,内部控制系统自动调节蠕动泵的转速,从而控制蠕动泵的流量。在蠕动泵联轴器上安装有转速传感器,通过传感器读取蠕动泵的转速并显示在控制系统的显示屏幕上,如图 8-15 所示。

当添加剂计量系统在手动位置的时候,则是通过面板上的排量开关来控制蠕动泵的转速,从而控制添加剂计量系统的流量。

4) 底盘行驶系统

喷射机底盘一般采用自制轮式底盘,主要

由车架、车桥、轮胎、发动机、液压泵、马达、变速箱、传动轴等组成。车桥与变速箱如图 8-16 所示。静液压系统驱动的底盘按其功能可以划分为：行驶液压系统、制动液压系统、转向液压系统。

图 8-16　车桥与变速箱

行驶系统液压原理是：发动机带动行驶油泵，行驶油泵驱动行驶马达，行驶马达输出扭矩和转速经变速箱和车桥后传递至轮胎，最终驱动车辆行驶；通过控制变量液压泵斜盘的摆角方向，可实现车辆的前进与后退。

制动系统是由车桥、轮胎、行车制动阀（俗称脚刹）、停车制动阀（俗称手刹）、蓄能器、压力开关等组成。其液压原理是：蓄能器是能量储存元件，液压系统启动时，压力油液进入蓄能器进行存储，当行车制动阀踩下去时，压力油以及蓄能器释放的油液进入车桥的制动油缸，从而起到行车制动的作用。

转向系统由转向油缸、转向器、电磁换向阀等组成。其液压原理是：转动转向器控制油液进出转向油缸，从而实现转向。对于前桥和后桥都是转向桥的底盘，通过电磁换向阀控制转向油缸油液流入流出的次序，可以实现三种不同的转向模式，分别是前轮转向、蟹行转向、汇聚转向，如图 8-17 所示。

蟹行转向模式下，前后桥轮胎朝相同方向转向一定角度，车辆横向移动，可以在狭小空间内实现快速转向。汇聚转向模式下，前后桥轮胎朝相反方向转向一定角度，车辆转弯半径达到最小，可以在狭小空间内实现转向。

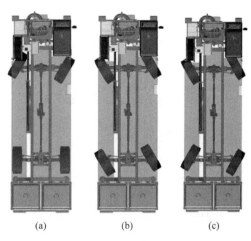

(a)　　　　　(b)　　　　　(c)

图 8-17　三种转向模式

(a) 前轮转向；(b) 蟹行转向；(c) 汇聚转向

5) 作业液压系统

喷射机作业液压系统按其功能可以划分为：泵送液压系统、分配液压系统、臂架液压系统、支腿液压系统、搅拌清洗液压系统。其中，泵送、分配液压系统工作原理可参见 5.3.2 节中关于混凝土泵和车载泵泵送、分配液压系统工作原理的相关介绍。

(1) 臂架系统液压原理。以 CSS3 的臂架为例，说明喷射机臂架系统的液压原理。臂架系统由转台臂架和喷头两部分构成，主要由臂架斜轴泵、喷头齿轮泵、六联多路阀、减速机、臂架油缸、摆动马达、平衡阀、电磁换向阀、过滤器等组成。其工作原理为：臂架斜轴泵提供压力油，经六联多路阀分别控制转台的滑移减速机、转台水平旋转减速机、转台垂直旋转减速机以及第一、二、三节臂的油缸伸缩，同时臂架油缸采用平衡阀来控制臂架展开和收回的压力和速度；喷头齿轮泵提供压力油经电磁换向阀分别控制第三臂的伸缩油缸、喷头的上下摆动马达、喷头的左右摆动马达和喷头刷动马达。

(2) 支腿系统液压原理。支腿系统主要由四个支腿油缸、四个电磁换向阀、压力开关、液控单向阀、水平检测仪等组成。压力油经电磁换向阀控制支腿系统的伸缩，液控单向阀避免由于车辆自重引起的支腿收缩现象。在支腿伸出接触地面的过程中,水平检测仪检测整车的水平度,通过压力开关信号控制各个支腿的伸出速度,以保证车辆的稳定性,避免车辆倾斜导致侧翻。

8.4 技术规格及主要技术参数

8.4.1 技术规格

喷射机的型号可按 JG/T 5093—1997 的规定编制,也可由制造商按一定的规则自行编制。

按照行业标准 JG/T 5093—1997,喷射机型号由组、型、特性代号,主参数代号,更新、变型代号组成,产品型号的组成如下:

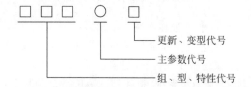

以中国铁建重工的喷射机 HPS3016G 为例,其中 HPS 为特性代号,表示湿式混凝土喷射机,3016 为主参数代号,表示喷射机的理论输送量 $30m^3/h$,机械手最大高度 16m,G 为变型代号,表示高原机型。

由于喷射机结构形式多样,因此技术规格和型号编制没有遵循统一的标准,如中联重科-CIFA 公司的 CSS3 喷射机、阿特拉斯旗下MEYCO 公司的 Potenza 喷射机均是按照一定原则自行编制型号代码。由于不是遵循统一的编制规则,因此这里不作详述。

8.4.2 主要技术参数

目前喷射机的技术规格和技术参数还没有形成统一的标准,依据国际标准《建筑物施工机械和设备 混凝土喷射机 术语和商业规范》(ISO 21592—2006)和实际情况对喷射机的主要技术参数进行如下说明。

1. 整机性能参数

1)整机质量

混凝土喷射机上固有的所有固定及移动

的部件质量之和,包括允许配装的输送管的质量、随机驾乘人员。

2)整车尺寸

整车尺寸参数用来描述整车的尺寸等信息,分为车长、车宽、车高、前/后轮距、轴距、前悬、后悬、接近角、离去角和离地高度。整车外形尺寸有时决定了喷射机的行驶通过能力和能否适应工地作业场地要求。

3)支腿跨距

喷射机支腿在作业最大位置时,支承油缸的受力中心线(通常指油缸中心线)前后、左右方向的距离,包括前支腿跨距、后支腿跨距、左侧支腿跨距和右侧支腿跨距。在大多数情况下,左侧支腿跨距和右侧支腿跨距相等,可以统称为侧支腿跨距。

4)上料高度

在作业状态下,地面与料斗进料口平面刚性物之间的垂直距离。

2. 液压系统参数

1)液压系统形式

液压系统形式是指主泵送液压系统的形式,分开式和闭式两种。

2)液压系统压力

液压系统压力是指主泵送液压系统的最大工作压力。

3. 泵送系统参数

1)泵送方量

泵送方量指的是混凝土泵在单位时间内泵送的混凝土体积。对于活塞式泵送方式的喷射机来说,理论泵送方量值反映了泵送设备的工作速度和效率。另外混凝土泵送设备的吸料性的好坏也很大程度地决定着泵送的效率。

泵送方量的理论值,按下式计算:

$$Q_T = V_T n_R \qquad (8-1)$$

式中: Q_T ——理论泵送方量,m^3/h;

V_T ——混凝土泵单个工作行程的理论容积,等于混凝土缸面积与行程乘积,m^3;

n_R ——混凝土泵每小时额定工作行程次数,h^{-1}。

干喷机泵送方量一般不超过 $5m^3/h$。而使用湿喷机,小型湿喷机喷射方量是 $20m^3/h$,大型湿喷机可以达到 $30m^3/h$。

2) 泵送压力

理论泵送压力是指混凝土泵送设备的出口压力,也就是当泵送液压系统达到最大压力时所能提供的最大混凝土泵送压力。

对于大型活塞式喷射机来说,由于喷射作业工况等原因,输送管出口处只有一种压力输出,即压力油进入泵送油缸无杆腔,泵送油缸有杆腔连通。出口压力计算公式如下:

$$P_1 = \frac{P_2 A_2}{A_1} \qquad (8-2)$$

式中:P_1——设备的最大出口压力,即理论泵送压力,MPa;

P_2——液压系统提供的最大压力,MPa;

A_2——液压油在油缸无杆腔的作用面积,m^2;

A_1——混凝土活塞的面积,m^2。

湿喷机的泵送压力一般为 $6\sim8MPa$。

4. 喷射范围

喷射范围是指在喷射作业状态下,喷嘴所能达到的区域再加上有效喷射距离所得的范围。对于混凝土喷射机来说,喷射范围是由喷射机的臂架结构以及每个臂架长度、旋转角度等因素决定的。其中,喷射范围中的关键参数是最大喷射高度和最大喷射宽度。

5. 底盘性能参数

对于自制轮式底盘喷射机而言,设备的行驶速度、爬坡度也是工程施工考虑的因素之一,该类设备一般是采用静液压闭式传动系统。

1) 最大行驶速度

最大行驶速度是衡量车辆移动快慢的指标,用单位时间内移动的距离来表示。

对于行驶车辆来说,低挡位能够输出最大扭矩,用于车辆的爬坡行驶,高挡位输出最大转速,使得车辆达到最大行驶速度。

最大行驶速度计算公式如下:

$$v = \frac{2\pi 60 n_l r}{10^3} \qquad (8-3)$$

$$n_l = \frac{n_1}{i_1} \qquad (8-4)$$

$$n_1 = \frac{n\eta_{v1}\eta_{v2}Q_{g1}}{Q_{g2}} \qquad (8-5)$$

上面三式中:v——车辆最大行驶速度,km/h;

n_l——车辆轮胎最大转速,r/min;

r——轮胎滚动有效半径,m;

n_1——底盘液压马达在高挡位时输出的最大转速,r/min;

i_1——高挡位时总的速比,与高挡位速比、差速器速比、轮边减速器速比有关;

n——发动机的最大转速,r/min;

η_{v1}——液压泵的容积效率;

η_{v2}——液压马达的容积效率;

Q_{g1}——液压泵的最大排量,mL/r;

Q_{g2}——液压马达的最小排量,mL/r。

2) 爬坡度

爬坡度是衡量车辆爬坡能力的指标,用车辆最大爬坡角度的正切值来表示。

车辆在爬坡行驶时,牵引力与爬坡阻力、坡度、车辆质量之间的关系是

$$F = mg(\sin\theta + f_r\cos\theta) \qquad (8-6)$$

式中:F——车辆最大牵引力,N;

f_r——车辆滚动阻力系数,一般取 0.03;

m——车辆爬坡时的质量,一般取满载时的质量,kg;

θ——坡度,(°);

g——重力加速度,m/s^2。

最大牵引力计算公式如下:

$$F = \frac{Ti_2}{r}\eta \qquad (8-7)$$

$$T = \frac{Q_{g3}}{2\pi}\eta_{mh}p \qquad (8-8)$$

式中:i_2——低挡位时总的速比,与低挡位速比、差速器速比、轮边减速器速比有关;

η——底盘传动效率;

T——液压马达输出的最大扭矩,N·m;

Q_{g3}——液压马达的最大排量,mL/r;

η_{mh}——液压马达的机械效率;

p——液压马达的A、B口压力差,MPa。

根据式(8-6),通过车辆最大牵引力即可推

算出爬坡角度,爬坡度是爬坡角度的正切值。

6．压缩空气系统参数

压缩空气系统对于喷射机来说,是一个非常重要的组成部分,作用是在喷头处使喷射混凝土与速凝剂充分混合,并以一定的速度使喷射混凝土从喷嘴处喷向作业面。压缩空气系统重要的参数指标有排气量和气压。

1) 排气量

排气量(通常用 m^3/min 表示)是指在额定工作压力情况下,空气压缩机能够提供稳定、持续的气体流量。

2) 气压

气压(通常用 bar 表示)是指在正常情况下,空气压缩机能够提供稳定、持续的气体压力。

7．添加剂系统参数

喷射机的添加剂是指添加到喷射混凝土中,可以增加喷射混凝土初期强度的速凝剂。

1) 添加剂添加量

添加剂添加量可以用添加剂流量或者添加剂比率来表示。

添加剂流量指的是添加剂泵的输出流量。

添加剂比率是添加剂与混凝土中水泥的质量百分比。

2) 添加剂系统压力

添加剂系统压力(通常用 bar 表示)是指在正常情况下,添加剂泵能够提供稳定、持续的系统压力。

8.4.3 典型产品的技术参数

喷射机起源于国外,但是随着行业需要,国内的喷射机厂家也陆续出现,并根据国内的工况推出了不同型号的喷射机。下面为国内外主要厂家的典型产品技术参数。

1．中联重科-CIFA(见表 8-6)

表 8-6　中联重科-CIFA 湿喷机参数

型号	CSS3	CST8.20
简图		
整机质量/kg	16000	9000
长×宽×高/(mm×mm×mm)	9980×2450×3100	7700×2000×2650
上料高度/mm	1490	1130
泵送压力/MPa	6.5	6.5
泵送方量/(m³/h)	30	20
缸径×行程/(mm×mm)	200×1000	200×600
最大喷射宽度/m	31	15.6
最大喷射高度/m	17.26	8.9
底盘形式	自制,轮式,整体式	自制,轮式,铰接式
最大行驶速度/(km/h)	22	20
爬坡度/%	35	35
转弯半径/m	内侧2.6,外侧7	内侧4.07,外侧6.42
气压/bar	7.5	8
排气量/(m³/min)	11.5	9.65
添加剂流量/(L/h)	60～1440	0～1380
添加剂系统压力/bar	13	12
添加剂箱/L	2×1000	280

2．Sika-PM（见表 8-7）

表 8-7　Sika-PM 湿喷机参数

型号	PM500PC	PM4207PC
简　图		
整机质量/kg	16000	8500
长×宽×高/(mm×mm×mm)	8000×3000×2400	6970×2000×2500
上料高度/mm	1360	—
泵送压力/MPa	7.5	7
泵送方量/(m³/h)	30	20
缸径×行程//(mm×mm)	180×1000	150×700
最大喷射宽度/m	30	14
最大喷射高度/m	17	9
底盘形式	自制，轮式，整体式	自制，轮式，铰接式
最大行驶速度/(km/h)	18	18
爬坡度/%	30	35
转弯半径/m	内侧2.6,外侧6.1	内侧3.3,外侧5.7
气压/bar	7.5	7.5
排气量/(m³/min)	9	6.5
添加剂流量/(L/h)	30～700	35～500
添加剂系统压力/bar	10.5	—
添加剂箱/L	1000	200

3．normet（见表 8-8）

表 8-8　normet 湿喷机参数

型号	Spraymec 7110 WPC	Spraymec 9150 WPC
简　图		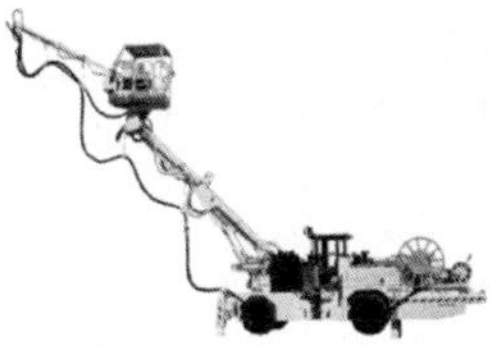
整机质量/kg	17000	21700
长×宽×高/(mm×mm×mm)	8320×2260×3080	12600×2350×2900
泵送压力/MPa	5	6.5

续表

型号	Spraymec 7110 WPC	Spraymec 9150 WPC
泵送方量/(m³/h)	33	40
缸径×行程/(mm×mm)	200×1000	180×630
最大喷射宽度/m	16	16
最大喷射高度/m	11	15
底盘形式	自制,轮式,整体式	自制,轮式,铰接式
最大行驶速度/(km/h)	18	25
转弯半径/m	内侧5.31,外侧9.11	内侧3.45,外侧7.84
气压/bar	7	7
排气量/(m³/min)	10	10
添加剂流量/(L/h)	60~900	60~900
添加剂系统压力/bar	—	—
添加剂箱/L	1000	1000

4. ATLAS COPCO（见表8-9）

表8-9　ATLAS COPCO 湿喷机参数

型号	MEYCO Potenza（安装 Maxima 臂架）	MEYCO Potenza（安装 Robojet 臂架）	MEYCO Cobra（安装 Minima 臂架）
简　图			
整机质量/kg	14750	14400	12000
长×宽×高/(mm×mm×mm)	10700×2500×3100	7800×2500×3270	7200×2090×2570
上料高度/mm	1430	1430	—
泵送压力/MPa	5	5	5
泵送方量/(m³/h)	30	30	20
缸径×行程/(mm×mm)	180×600	180×600	—
最大喷射宽度/m	30	26	8
最大喷射高度/m	17	14.5	9
底盘形式	自制,轮式,整体式	自制,轮式,整体式	自制,轮式,铰接式
最大行驶速度/(km/h)	18	18	—
爬坡度/%	93	93	—
转弯半径/m	—	内侧3.945,外侧6.305	内侧3.03,外侧5.25
气压/bar	7	7	7
排气量/(m³/min)	11.5	11.5	11.5
添加剂流量/(L/h)	0~1560	0~1560	0~1560
添加剂系统压力/bar	12	12	12
添加剂箱/L	1000	1000	400

5. 铁建重工（见表 8-10）

表 8-10　铁建重工湿喷机参数

型号	HPS3016S	HPSD3010
简　图		
整机质量/kg	19500	7000
长×宽×高/(mm×mm×mm)	11234×2500×3200	6933×2280×2896
上料高度/mm	—	1382
泵送压力/MPa	8	8
泵送方量/(m^3/h)	30	30
缸径/mm	180	180
最大喷射宽度/m	31.4	21
最大喷射高度/m	17.5	11.5
底盘形式	自制,轮式,整体式	履带式
最大行驶速度/(km/h)	20	5
爬坡度/%	35	30
转弯半径/m	9	—
气压/bar	8	7
排气量/(m^3/min)	1	11
添加剂流量/(L/h)	50~700	30~700
添加剂箱/L	1000	—

6. 中铁岩锋（见表 8-11）

表 8-11　中铁岩锋湿喷机参数

型号	TKJ-15A
简　图	
整机质量/kg	15000
长×宽×高/(mm×mm×mm)	8100×2500×3200
泵送方量/(m^3/h)	8~15
最大喷射宽度/m	17
最大喷射高度/m	16
底盘形式	自制,轮式,铰接式
最大行驶速度/(km/h)	30

7．新筑股份（见表 8-12）

表 8-12　新筑股份湿喷机参数

型号	XZPS30
简　图	
整机质量/kg	17500
长×宽×高/(mm×mm×mm)	8450×2400×3280
泵送压力/MPa	6
泵送方量/(m³/h)	30
缸径/mm	200
最大喷射宽度/m	28
最大喷射高度/m	16
底盘形式	自制，轮式，整体式
最大行驶速度/(km/h)	20
爬坡度/%	46
转弯半径/m	6.8
气压/bar	7
排气量/(m³/min)	13.5
添加剂系统压力/bar	20
添加剂箱/L	1000

8.5　选型及应用

8.5.1　应用范围

喷射混凝土的建筑方法被建筑业广泛采用，主要包括以下的领域：①隧道开掘以及地下工程开挖支护；②隧道以及地下洞穴衬砌；③矿及矿巷道支护及建造；④混凝土修补（混凝土更换以及加固）；⑤历史建筑修复（石头建筑）；⑥堑壕支护；⑦边坡支护；⑧保护衬砌；⑨烟囱及各种炉窑的修补；⑩创新型应用。

随着人们环保意识的增强以及对喷射混凝土质量要求的提高，湿喷已经取代了干喷成为锚喷支护的主要工艺。特别是在一些大型水利和隧洞工程的招标中，均要求必须采用湿喷机作业。概括起来，湿喷的主要优点是：

（1）大大降低了机旁和喷嘴外的粉尘浓度，消除了对工人健康的危害。

（2）生产率高。干喷机一般不超过 5m³/h。而使用湿喷机，人工作业时可达 10m³/h；采用机械手作业时，则可达 30m³/h。

（3）回弹率低。干喷时，混凝土回弹率可达 15%～50%。采用湿喷技术，回弹率可降低到 10% 以下。

（4）湿喷时，由于水灰比易于控制，混凝土水化程度高，故可大大改善喷射混凝土的品质，提高混凝土的匀质性。

由于湿喷工艺具有明显的优势，湿喷机已经取代干喷机成为喷射混凝土作业的主要设备。因此，本节仅仅讨论湿喷机的选型及应用。

8.5.2　选型计算

1. 喷射范围

喷射范围是用户选型时需要重点关注的参数之一,用户应根据自己的工程项目特点首先确定喷射机需要达到的喷射范围。图 8-18 为典型喷射机的喷射范围图。其中,喷射机的最大喷射高度和宽度必须大于需要支护的隧洞高度和宽度,即

$$H_1 > H \qquad (8-9)$$
$$W_1 > W \qquad (8-10)$$

式中：H_1——最大喷射高度,m;

　　　H——隧洞高度,m;

　　　W_1——最大喷射宽度,m;

　　　W——隧洞宽度,m。

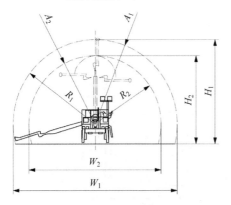

图 8-18　喷射范围图

A_1—喷射范围；A_2—喷头移动范围；H_1—最大喷射高度；H_2—最大喷头高度；R_1—最大喷射半径；R_2—最大喷头移动半径；W_1—最大喷射宽度；W_2—最大喷头移动宽度

2. 泵送方量

泵送方量是喷射机喷射能力的决定参数,通常来讲,泵送方量越大意味着喷射效率越高,同时喷射机的整机尺寸和质量也会越大,选型时,用户需要根据自己的工程项目要求来选择合适的泵送方量。

选择设备泵送方量时,首先应满足投入使用工程单位时间内泵送混凝土最大方量(一台或几台合计产量),需要根据施工项目混凝土喷射总方量、项目进度、搅拌站供料能力、喷射

速度来确定。如果工程混凝土喷射总方量大、喷射速度要求快,则可选用大方量泵,相反,则可选用小方量泵。另外可根据工程要求,通过公式计算喷射机的实际平均输送方量选择喷射机。

喷射机的实际平均输出方量需要考虑理论输出方量、反弹率和作业效率等,公式如下：

$$Q = Q_T \eta(1 - \varepsilon) \qquad (8-11)$$

式中：Q——实际平均输出方量,m^3/h;

　　　Q_T——理论泵送方量,m^3/h;

　　　η——作业效率,可取 $0.7 \sim 0.9$;

　　　ε——反弹率,其取值根据施工情况综合考虑。

选择好设备型号后,可根据工程要求,确定所需的设备数量,喷射机的配备数量可根据喷射方量、单台设备实际平均输出方量和计划施工时间等进行计算,公式如下：

$$N = \frac{q}{Qt} \qquad (8-12)$$

式中：N——喷射机的台数,按计算结果取整,小数点以后的部分应进位;

　　　q——喷射总方量,m^3;

　　　Q——实际平均输出方量,m^3/h;

　　　t——混凝土泵送计划施工作业时间,h。

8.5.3　选型要素

混凝土喷射机主要用于地下工程、岩土工程等,其工作环境恶劣,这就对喷射机的选型提出了更为苛刻的条件。不同的施工应用领域使用的喷射机不尽相同,下面是影响喷射机选型的关键要素。

1. 作业工况

施工作业工况主要考虑施工场地大小、转场便利性、道路运输等因素。

对于护坡等户外施工的情况,选择通用底盘式喷射机较为合适。通用底盘功率强劲,不但可以承担喷射作业的功能,还可以承担道路运输的功能。

大中型隧洞、矿井施工环境,如果移动频率较高,可选择通用底盘式喷射机或自制底盘式喷射机。通用底盘式喷射机体积大,作业范

围大,在大型隧道施工中有一定优势。自制底盘式喷射机由于是根据实际工况设计,体积相对要小,转场便利,爬坡能力强,也适合大中型隧道和矿井等工况。

小型隧道,由于施工空间较小,可选择自制底盘喷射机,相对小的体积使得其在施工中更具灵活性。

长期在矿山和泥泞地带施工,对喷射机越野能力要求高,可以选择履带式喷射机。履带接触面积大,爬坡能力强,适应泥泞等湿滑地面。

一些特殊作业环境比如隧道轨式巷道,由于已经铺设了轨道,选择轨道式成套喷射设备较合适,可以实现混凝土搅拌罐单轨(在轨)连续运输进料、混凝土湿喷设备单轨(在轨)连续喷射。

2. 隧道横断面

在隧道支护中,隧道横断面的大小和形状是喷射机选型的关键,如果喷射机的外形尺寸超过了横断面的大小,就无法进入隧道施工。如果湿喷机的机械手长度不够,作业范围达不到横断面喷射的要求,就无法完成施工任务。

隧道横断面的主要形状有:马蹄形、圆形、拱形、矩形、半圆拱形、椭圆形等。下面以铁路双线隧道为例(见图 8-19),介绍隧道横断面相关概念和喷射机选型原则。

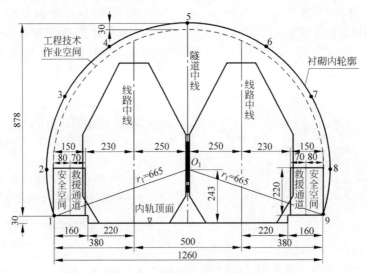

图 8-19　350km/h 客运专线铁路双线隧道内轮廓

1)铁路隧道横断面的基本概念

(1)机车车辆限界。指机车车辆最外轮廓的限界尺寸。要求所有在线路上行驶的机车车辆,沿车体所有部分都必须容纳在此限界范围内而不得超越。

(2)基本建筑限界。指线路上各种建筑物和设备均不得侵入的轮廓线。它的用途是保证机车车辆的安全运行及建筑物和设备不受损害。

(3)隧道建筑限界。指包围"基本建筑限界"外部的轮廓线,即要比"基本建筑限界"大一些,留出少许空间,用于安装通信信号、照明、电力等设备。

(4)直线隧道净空。指隧道衬砌的内轮廓线所包围的空间。"直线隧道净空"要比"隧道建筑限界"稍大一些。除了满足限界要求外,考虑避让等安全空间、救援通道及技术作业空间,还考虑了在不同的围岩压力作用下,衬砌结构的合理受力形状以及施工方便等因素。

2)隧道横断面对喷射机选型的影响

对于隧道施工,喷射机的整机尺寸最大不得超过机车车辆限界。同时,喷射机需要覆盖的作业范围是直线隧道净空,也就是隧道衬砌的内轮廓线所包围的空间。

从 8.4 节关于三种大型湿喷机 CSS3、PM500 以及 7110 的简要说明来看,其完全满足公路、铁路等大型隧道的施工。但是对于小型隧道来讲(主要是矿山隧道和小型的水工隧道),CSS3、PM500 以及 7110 的外形尺寸过大,整车通过性不好,应该选择小型的湿喷机。

3. 施工方法

施工方法也称隧道开挖方式,主要有全断面法、台阶法(二台阶、三台阶)、中隔壁法等,下面就常见的全断面法和台阶法为例,介绍隧道施工方法相关概念和喷射机选型原则。

1) 全断面法

全断面法也叫矿山法,是按照设计断面一次开挖成形的施工方法,适合大部分类型的岩层,是最为经济的施工方法。

全断面施工顺序:按照设计断面一次开挖成形;初期支护(锚杆、喷射混凝土);浇筑衬砌。

对采用全断面法施工的隧道来说,只要喷射机的作业范围满足隧道开挖面的尺寸,就可以选用。

2) 二台阶施工法

二台阶施工法是将设计断面分成上下两部分,两个断面,先后两次开挖成形。

对采用二台阶施工法的隧道来说,喷射机的作业范围不仅需要满足隧道开挖面的尺寸,同时在对上断面喷射支护的同时,还需要机械手能够避开下断面的台阶。

3) 三台阶施工法

随着国家铁路建设步伐的加快,客运专线双线、多线大断面隧道数量增多,许多大断面隧道需穿越复杂地质山区。对于软弱围岩大断面采取何种施工方法是施工中必须优先考虑的因素之一,Ⅴ级围岩的开挖中最常用的工法就是三台阶七步开挖工法,其在许多大断面隧道中得到了成功应用,较好地解决了黄土隧道施工中的诸多技术难题。

大断面隧道三台阶七步开挖法(见图 8-20),简称"三台阶法",是以弧形导坑开挖预留核心土为基本模式,分上、中、下三个台阶六个开挖面,各部位的开挖与支护沿隧道纵向错开、平行推进的隧道施工方法。

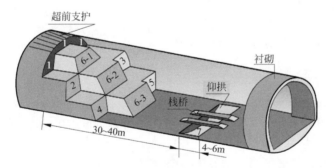

图 8-20　三台阶七步开挖法施工示意图

三台阶法的地形复杂,跨距大,对湿喷机的要求很高。机械手必须具备灵活的操作特性,大范围的喷射覆盖面,才能保证喷射无死角。因此,对于采用三台阶施工方法的隧道,选择喷射机之前必须根据三台阶的尺寸进行机械手作业模拟(图 8-21)。

由以上对选型要素的分析可以看出,喷射机的选型需要综合考虑包括工况、工法、开挖面在内的各个因素。在实际选型中,转场的便

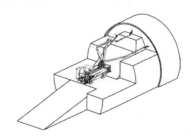

图 8-21　CSS3 喷射机在三台阶法
施工中的作业模拟

利性、设备的通过性、机械手的灵活性都是需要考虑的关键要素。

8.6 使用及安全规范

8.6.1 设备使用

1．喷射机的操作顺序

1）机器进入场地

需要注意的是大型移动式湿喷机底盘分为道路型和非道路型工程机械。非道路工程机械在未取得上路许可的情况下是禁止开上机动车专用道路的。

2）机器的定位与稳定

停车时注意清空周围空旷区域，确保不存在妨碍稳定装置定位的障碍物，确保路面平坦且坚固。在机器工作领域四周的行车通道或人行横道附近设置障碍和警示标志，以阻止任何人或交通工具进入该区域。作业时一定要放下平衡支腿，并保证车辆的水平度。

3）启动遥控器

通常湿喷机会有有线和无线两种遥控器，根据需要选择遥控模式。打开并操作遥控器。每个遥控器上都有一个应急停止按钮用于紧急停止作业。

4）移动和展开臂架

大型湿喷机械手有一个最小展开高度和最小展开空间。请确认有足够空间供湿喷机械手的臂架展开，并按照机器的展开次序打开臂架。

5）前期作业

在开始混凝土泵送以前，确定水箱内有水。

检查液压油箱液位。

检查添加剂箱液位。

如果需要使用外接风源，从工地连接压缩空气管至机器。

如果有配备，可以使用控制面板附近的压力调节器调节空气压力。

为了润滑混凝土运输管道，应该向料斗中倾倒一定量的薄砂浆。

6）泵送流程

操纵臂架移动、转台旋转、喷嘴移动，将喷射方向垂直指向需要覆盖的墙面。

搅拌运输车供料，打开泵送开关，泵送混凝土开始。

打开添加剂控制开关，调节合适的添加剂值。

打开压缩空气开关，调节压力至合适的值。

喷射开始。

7）清洗机器

作业完成以后，必须彻底清洗料斗、混凝土管、S阀、活塞、喷头等粘有混凝土的部件，以及添加剂相关管道。直到所有能接触到混凝土的部件被清洗干净。

为了防止水泥和混凝土附着于设备上，方便清洗，建议在设备上撒一层石蜡、机油或其他产品。

2．注意事项

1）输送管道

泵送混凝土都利用管道实现一定距离的输送。管道内壁的光滑或粗糙、变径、弯曲和润滑等，都对泵送是否顺利有影响。管道设置应尽量平直、少变径、少弯曲以减小泵送阻力。

喷射设备的输送管道比较受限制，不仅管径较小，而且不可避免地有变径和弯管，同时又不可避免地要使用输送阻力较大的软管。唯一的有利条件是泵送距离有限，通常在15～30m左右。

减小输送阻力的设计措施包括：拉长变径距离，使输送阻力的变化比较缓和；尽可能使用硬管，只在不得不用软管的地方用软管，尽可能减少弯管等。

施喷中也要采取一些技术措施来减小输送阻力，防止堵管。

（1）保证管路的密封连接。

（2）湿润和润滑管道：在开始泵送前，一定先用水湿润管道内壁，避免干燥管壁从混凝土中吸取水分造成混凝土迅速干硬。然后再泵送一次与混凝土同标号的砂浆或水泥浆，使管道内壁粘一层浆液后有足够的润滑,减少泵送开始时管壁与流动的混凝土间的摩擦阻力。

（3）喷射中操纵喷射臂的人员应尽量不使软管扭转和弯曲成小半径,避免产生过大输送阻力。

2）泵送压力

混凝土泵的压力是泵送得以实现的动力。混凝土在管道中运动时,受多种阻力妨碍,如管壁对混凝土的摩擦阻力、从大截面流向小截面时的变径阻力、通过弯曲管道的阻力以及骨料间相互阻挡的阻力等。活塞若不能提供足够的压力来克服这些阻力,泵送过程就会中止。因此,混凝土泵要消耗相当大的功率来实现泵送。

在同等输送能力混凝土泵中,应选择最大输送压力较高的泵,克服阻力的能力就大一些、堵管的概率就小一些。

3）输送压力的脉动

任何液压混凝土在管道中的输送压力都是有脉动的,这是泵送单元的结构特点所决定的。这种压力脉动越频繁、脉动的压力差越大,则造成混凝土在管道中流动越不平稳,造成混凝土离析、泌水的机会也越大,从而堵管的机会也越多。压力脉动越频繁、脉动的压力差越大,设备和管道的振动频率也越高、振幅越大,能量的消耗以及设备和管道的磨损也越厉害。同时这种压力脉动还加大了喷射料的流速脉动变化,不利于操作控制,增大了反弹并降低了质量。好的混凝土输送泵,应该泵送行程较长,使压力脉动的频率降低,同时能消除活塞换向时的压力脉冲,使泵送更平稳。

4）速凝剂使用的注意事项

对于速凝剂的使用,必须使用保护器具（眼镜、防尘罩、手套等）。而且,如不慎入眼,要用大量的清水冲洗干净,必要时要接受医生的诊断治疗。

粉状速凝剂容易吸湿,液体速凝剂容易沉淀、分离、变质,所以要注意储存方法。

用于喷射混凝土的速凝剂要选用新鲜的,风化、劣化了的速凝剂对速凝性有损害,附着性也会变差。

5）避免吸入空气造成堵管

供应混凝土的搅拌输送车在交替时,要及时停止混凝土泵的运转。使料斗内始终有60%以上的混凝土,或S阀管不露出混凝土为限。

料斗内混凝土太少,S阀管露出混凝土时,混凝土缸有可能吸入空气。可压缩的空气在输送管道内会形成气阻,轻则造成喷射时"放炮"现象,影响喷射流的稳定性,降低喷射质量和增加反弹。严重时气阻会造成堵管,使喷射作业暂停。

由气阻造成的堵管,在排除时比一般堵管危险。被压缩的空气在突然释放时,可能造成物料喷溅,带压喷溅的物料可能伤及人员。因此由气阻导致堵管后,排堵时要注意先释压,松动管路时还应有防喷溅的措施。

6）强制执行的例行保养

设备如果因故停机,最好的混凝土也泵不出去、喷不出去。因此,保证混凝土正常泵送和喷射的最后一个重要因素是设备的正常有效运转。强制执行的例行日常保养包括每次施喷后的清洗清理,是保证设备正常运行、减少不必要的损耗和故障、最大限度降低运行成本的有效措施,也是从设备上保证混凝土泵送、喷射作业正常进行的有效手段。

日常清洗保养的正确、严格执行,一方面靠有关工作人员对设备的熟悉了解,所以应学会正确合理的清洗保养方法；另一方面靠执行人员的高度责任性,应一丝不苟地认真实施清洗保养。混凝土泵送和喷射设备上,没有允许在作业后可以暂不清理保养的地方,没有允许残留混凝土和粉尘的地方。

无论是否指定专职清洗保养人员,混凝土泵和喷射臂的操作人员都应直接参加清洗保养作业。

7）熟练操作和安全

泵送喷射设备涉及电路（交流高压动力电路和直流低压控制电路）、液压、气路、速凝剂回路、机械、内燃机、行走底盘等,是比较复杂的综合设备。要能够熟练掌握,需要多方面的知识基础和经验。这需要操作员在操作设备过程中不断地学习和积累各方面的经验。

设备行走、泵送和喷射是带有一定危险性的作业,要保证人员和设备的安全,必须严格遵守安全作业的各项规定,不能有丝毫粗心大意。随时查阅有关安全作业的规定,有利于及时纠正和防止违章作业。

8.6.2 添加剂的使用

喷射机使用的添加剂是指添加到喷射混凝土中,可以增加喷射混凝土初期强度的速凝剂,按照形态可以分为粉体和液体两大类,其分类及应用场合见表 8-13。

表 8-13 喷射混凝土用速凝剂分类

形态	种类划分	成 分	应用场合
粉体	水泥矿物系	矾土系、硫铝酸钙系	适用于涌水部位的喷射、厚喷,在干喷中成为添加剂的主流
	无机盐系	铝酸盐系	
液体	酸性	水溶性铝盐系(无碱性)	用在湿喷的场合,易于定量供给管理,与混凝土材料的混合性好,但要考虑液体速凝剂对水灰比的影响
	碱性	无机盐系、铝酸盐系	

添加剂的添加量应根据施工现场试验混凝土的凝结、硬化状态来决定。由于受到围岩状态及喷射过后的附着力、回弹、剥离、涌水、施工性等影响,添加量设定值应比标准添加量大些为宜。

8.6.3 安全规范

1. 安全注意事项

(1)保证每一个安全设备都功能正常并且手柄位置正确。

(2)穿戴个人防护器具,如头盔、护目镜、手套、耳塞、安全鞋。有证据表明,湿喷机的粉尘虽然较干喷设备少,但是因为混凝土中添加剂的存在,对人体皮肤和呼吸系统存在潜在的伤害,所以基于工作人员健康安全考虑,防护用具必不可少。

(3)不要将喷射机的机械臂作负重使用(见图 8-22)。因为所有的喷射臂架都不是作为负重臂设计的,这样做往往会导致事故。

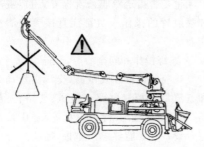

图 8-22 禁止臂架负重

(4)禁止任何未经授权的人停留在机器的危险区域。处于危险区域的人必须被告知提醒。如果那些被提醒的人仍然不离开危险区域,系统不可以开启。操作员必须能够直观地在任何时候监控危险区域。必要情况下,可以派一个助手监控危险地带。当机械臂工作时,危险区域是机械臂旋转区域。只有工作人员可以停留在机械臂工作范围内,但是不可以在机械臂正下方,如图 8-23 所示。

图 8-23 禁止臂架下方有人

(5)应急停止按钮应保证在触手可及的位置,如果遇到危险,通过紧急按钮停止所有运行。

(6)当有高压线的时候需要更加谨慎操作,不允许机器直接和高压线接触,如图 8-24所示。靠近高压线就会有危险,因为机器周围会有机器放电所产生的火花。

(7)设备在运转过程中:①禁止在料斗筛框和料斗保护装置之间插入物件;②禁止打开

图 8-24 远离高压电线

润滑水箱盖,并且不要扔入任何物件;③禁止将手或其他物件伸入 S 阀的出口。

(8)支腿支承的土地必须平整、光滑和致密。如果其没有满足以上要求,则需要垫实基础保证它们表面干净,无油,无油脂和冰。支承位置远离洞眼、坡道。机器支承与斜坡必须保持最低的安全距离。依据土壤类别的不同,安全距离也不同。如果是软地基的情况,那么安全距离则需要两倍于坑深度,如果地基软硬一般,那么安全距离则大于或等于坑深度。不要使用梁木架桥于凹槽上。支腿必须完全展开。在打开支腿时,操作人员不可以在支腿的打开范围内,如图 8-25 所示。

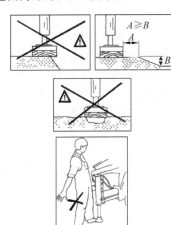

图 8-25 支腿支承注意事项

2. 人身伤害注意事项

虽然设备是按照安全规范建造的,但仍然可能在运行期间给机械本身完整性以及人身造成伤害。以下是可能发生的危害:

(1)混凝土或者速凝剂飞溅造成眼部伤害。

(2)在液压回路泄压前拧松螺栓导致液压油泄漏引起的对眼部或者皮肤的伤害。

(3)因为热油泄漏或者与机器热部位接触导致的烫伤。

(4)管件连接处或者混凝土输送管由于输送软管的堵塞而引起的爆裂。

(5)由于触电导致的伤害。

(6)由于臂架不受控的动作而导致的伤害。

(7)由于螺栓或者未紧固的接头导致的输送管脱落而造成的伤害。遗落在臂架上的设备也可能掉落。

(8)由于掉落零件引起的伤害。

(9)因为臂架伸得过高,顶端混凝土掉落导致的头部与肩部的伤害。臂架橡胶件掉落造成的伤害。

(10)尾端胶管撞击而导致的受伤。当尾端胶管在钢筋上缠绕时,操控臂架移动导致胶管突然解除缠绕;当混凝土堵塞突然解除的时候情况尤其危险;当输送管中包含有空气或者臂架突然运动的时候都可能造成尾胶管撞击。

(11)由于打开压力输送管道而造成的伤害。

8.6.4 维护和保养

适时正确的维护是保证设备高效、稳定、长寿的关键。时刻记住设备工作场地的环境对设备的不利因素。以下对设备各个部件的一系列的检查,是保证设备高效、稳定、长寿的关键。

1. 日常检查

1)开机之前的检查

(1)安全装置(比如限位开关、安全销等)。

(2)发动机的油位和状况。

(3)轮胎状况和气压。

(4)电气系统(照明、指示灯、应急灯等)。

(5)后视镜视野正常。

（6）所有运动组件（比如输送管、斜支承、臂架等）在设备动作前必须确保连接稳固。

（7）泵送前确认泵送单元水箱中的水位。

2）启动之后的检查

（1）车辆发动机油压。

（2）制动系统的液压系统压力。

（3）发动机散热功能。

（4）操作者必须检查所有指示灯的工作情况。

（5）无油/气/水泄漏（如果有请找出地方和原因并及时排除）。

（6）润滑系统是否正常。

（7）散热器是否工作正常。

2．定期检查

须依照不同使用年限定期由专业的负责人检查，并详细记录检查内容。

1）0～5 年：每年检查一次

检查必须每年进行一次，如果从上次检查时间起算，机组工作时间达到 500h 或混凝土达到指定方量，即使不到一年时间，也应进行检查。

2）5～10 年：每 6 个月检查一次

检查必须每 6 个月进行一次，如果从上次检查时间起算，机组工作时间达到 250h 或泵送混凝土量达到指定方量，即使不到 6 个月时间，也应进行检查。

3）10 年后：每季度检查一次

检查必须每季度进行一次，如果从上次检查时间起算，机组工作时间达到 125h 或泵送混凝土量达到 5000m³，即使不到一个季度时间，也应进行检查。

开机时间与设备工作时间为定期检查的时间依据。电气系统记录了设备的运转时间，故应置于正常的工作状态，不得更改和消除记录。操作人员应负责开机检查，检查结果应在记录本上记录并签字确认。记录本应随机保存，以备查核。

3．不定期检查

1）预防冷冻

冬天停机期间，有必要将整个系统的水释放，并且着重检查水泵没有水残留。如果需要

在 0℃ 以下运作，则需通过特别方法（比如加防冻剂）来预防水表、泵等的冻坏。

2）润滑脂

（1）当润滑脂用完以后，重新加满油脂。

（2）某些润滑系统无法润滑的地方，则通过手动加油器注入润滑油。

（3）如果长期停机，则需加润滑油。

（4）每 50h 检查润滑油箱的油量并加油。

（5）每 200h 旋开臂架减速齿轮螺堵检查润滑油量，换油时需旋开泄油螺栓放尽旧油。

（6）检查润滑油，如少油则加满，旋开减速机的六角螺栓检查油量，如需要则加满。

（7）使用推荐的润滑油。

3）泵送单元

（1）在开始泵送前确认水箱中有水。

（2）每天更换水，若水脏了则及时更换。

（3）一旦水箱中有液压油，则泵送油缸的密封必须更换。

（4）检查混凝土缸表面有无锈迹（镀铬层损坏的）。

（5）一旦水箱里有过多的混凝土浆，则混凝土活塞必须更换。

（6）检查眼镜板和切割环，如果有很多划痕或过度磨损，则需更换。

4）臂架回转支承紧固螺栓

（1）回转支承紧固螺栓承受巨大的载荷，因此每工作一段时间后原来的预紧力会下降。

（2）必须由指定人员使用设定好转矩的扭力扳手定期检查螺栓的预紧力矩。

5）结构检查（结构缺陷）

（1）对臂架、转台、下转台、底架、支腿、支承架、减速齿轮和滚筒的结构检查。

（2）紧固铰接和支承检查（设备与底盘之间、泵送单元水箱、减速齿轮、混凝土搅拌装置、混凝土管支承、添加剂管支承）。

（3）零部件相对运动过度磨损产生的间隙检查。

6）液压组件

液压系统比较复杂，建议请专业技术人员进行液压系统的检修。如果发现问题，检查原因并在进行所有操作之前修复整个液压系统。

（1）查找任何泄漏原因并排除。

（2）检查安全阀、液压硬管和软管、接头、液压缸,是否磨损或泄漏（管路磨破突然爆裂会导致严重危险）。

（3）检查从安全阀到液压缸入口间的液压管,确定管道没有泄漏或挤压变形及磨损并且管道被完全固定。

（4）立即更换任何磨损的管道。

（5）在回路工作前确保回路中没有压力并检查蓄能器已经释放压力。

（6）由于工作中的液压油能达到很高的温度,在打开接头前必须穿戴足够的防护服,防止烫伤。

（7）根据油箱的液位计检查油箱中的油量,如需加油,请加满。换油时使用泄油阀将系统中的旧油放尽。

7）混凝土管

（1）管道正确的管径和壁厚及磨损状态,正确的接头形式和安全锁的闭合对于泵送时降低风险很重要。必须周期性地检查,推荐每泵送 1000m³ 检查一次。

（2）时常检查管道的磨损并且当厚度小于安全厚度时更换。通过榔头敲打管道,根据声音来评估壁厚。

（3）为了均匀磨损延长使用寿命,管道应该定期转动。每泵送 500～600m³ 混凝土顺时针转动直管 120°,弯管 180°。

（4）不要改变由生产商安装的管道的原始直径。

（5）当泵送高性能混凝土时,使用合适的高压耐磨管道。

8）水路

（1）寒冷天气时设备工作完成后所有的水必须排放干净以避免水泵或者系统中其他零部件由于冰冻而破损。

（2）可以通过球阀排尽水。

（3）定期清洁水箱以除锈,次数可由水含杂质浓度来决定。

（4）注意：使用含沙的污水时,管道有可能堵塞。

（5）检查水箱厚度确保无磨损（每 6 个月检查一次）。

9）电气系统

（1）检查所有电路控制器的功效。

（2）确保所有线路是绝缘的,以防止短路损坏其他组件。

（3）检查电线连接处足够牢固并未被氧化。

（4）确保电路系统接地良好。

8.7 常见故障及排除方法

混凝土喷射机常见故障及排除方法见表 8-14～表 8-23。

8.7.1 分配阀摆不动

表 8-14 S管分配阀摆不动故障

故障现象：在喷射作业过程中,出现S管卡死,无法摆动,导致堵管	
故障原因	故障处理
混凝土料不符合设备的泵送要求,即混凝土可泵送性差	检查混凝土料的坍落度和配比。若可泵送性差,则更换混凝土料
S管大小端润滑系统不供油,砂浆进入S管密封内,导致S管摆动阻力大	检查润滑油路是不是供油正常,若不正常则查看是否堵塞
砂浆进入了切割环与补偿环之间的间隙内,导致切割环与眼镜板贴得过紧	检查切割环与补偿环之间是否进入砂浆并及时清理
液压系统故障	观察摆动压力表的压力是否正常,若压力不够,则检查蓄能器皮囊和分配溢流阀是否损坏

8.7.2　空气压缩机无法启动及运行过程中自动停止

表 8-15　空气压缩机故障

故障现象：空气压缩机无法启动,在启动过程中频繁出现自动停止或在启动后运行一段时间自动停止	
故 障 原 因	故 障 处 理
空气压缩机出现高温和低油位	检查空气压缩机的显示屏上是否有报警显示。若显示"低油位报警",则加注润滑油,若显示"高温报警"则检查散热器是否开启
电压低	观察空气压缩机启动的时候,设备上电压表的压降是多少伏。当空气压缩机启动时,电压过低,基本上空气压缩机是无法启动的,请供电部门处理

8.7.3　臂架与喷头无动作

表 8-16　臂架与喷头无动作故障

故障现象：臂架与喷头无法动作或操作过程中单个没有动作	
故 障 原 因	故 障 处 理
臂架泵损坏	更换臂架泵
电磁阀或溢流阀卡滞或者损坏	清洗电磁阀或溢流阀阀芯,若阀芯损坏则更换新阀
油缸或马达损坏	更换油缸或马达
遥控器某个操作手柄失效	检查遥控器电路

8.7.4　电气系统故障

表 8-17　电气系统故障

故障现象：主电源开关已打开,但机组不能启动。电动机不能启动且没有警示显示	
故 障 原 因	故 障 处 理
无外电源供应	检查外电源接入处电压、熔断器。若外电源电压低于最低压力,或电压变动超过允许范围,或无电压,请供电部门处理
相位错误指示灯亮,接入相位不对	检查有无缺相,确认无缺相后,调换接线程序
某个或多个应急停机按钮压下,应急停机按钮指示灯闪亮	按箭头指示方向拧转所有压下的应急停机按钮,再按电控柜解除按钮和遥控臂上应急停机复位拨动开关
遥控器有故障,或插头损坏,或电缆破损	检查并修复遥控器;检查并修复插头插座;查出断线并重接,或更换电缆

8.7.5 油门故障

表 8-18 油门故障

故障现象：驾驶过程中，油门不稳定	
故 障 原 因	故 障 处 理
脚踏油门控制器损坏	更换脚踏油门控制器
发动机大齿轮附近的速度传感器损坏	更换速度传感器
比例控制器损坏	更换比例控制器
APECS 单元损坏	更换 APECS 单元

8.7.6 润滑系统故障

表 8-19 润滑系统故障

故障现象	故 障 原 因	故 障 处 理
润滑泵不动作或动作缓慢	压力不足	按照样本参数，调整压力
	PLC 参数设置不当或电磁阀没有接通或接错	合理设置 PLC 参数并检查电磁阀连接线路
	润滑脂不清洁造成柱塞被卡住	更换润滑脂及清洗柱塞
	气缸活塞 O 形圈失效或导向套脱落	更换 O 形圈或导向套
	换向阀阀芯卡滞	清洗阀芯，如有损坏及时更换
泵不出脂或出脂量不足	油箱或泵中空气未排尽	排净空气
	泵体与柱塞间的 O 形圈失效	更换 O 形圈
	润滑脂不清洁造成出口处单向阀失效	清洗单向阀
系统中有气泡产生或泄漏现象	润滑油箱内润滑脂量不足	加润滑脂
	润滑油箱或泵中混有气泡	排净空气为止
	系统中连接处未旋紧	重新旋紧
	系统中连接处漏装卡套或卡套失效	安装或更换卡套

8.7.7 清洗系统故障

表 8-20 清洗系统故障

故障现象	故 障 原 因	故 障 处 理
水泵不出水	新泵不出水	开机，向进水管灌水，排尽空气
	水箱蓄水少	水箱加水
	水管内过量的残渣导致堵塞	清洗管道、系统
	进水过滤器堵塞	清洗或更换过滤器
	进出水阀有杂物或损坏	清除杂物或更换进出水阀
	水泵内部柱塞断裂	更换水泵
	水泵不转，输出轴断裂或马达没有转动	更换水泵
	吸水管接头松脱或卡箍未旋紧	旋紧吸水管接头或卡箍旋紧
压力调不上	溢流阀的阀芯头及其阀座有异物	清除异物或更换阀座
	进出水阀损坏造成泵内泄漏	更换进出水阀

续表

故障现象	故障原因	故障处理
压力不稳定	泵内 V 形密封圈损坏	更换密封圈
曲轴箱发热	曲轴箱内进水	更换油封、更换机油
	曲轴箱内铝屑太多	清洗曲轴箱
	机油太少引起连杆咬轴	加机油至油标 1/2 处
振动异常	泵内进气	检查吸水管及其密封圈，并调整
漏水漏油	水封或油封损坏	更换水封或油封

8.7.8　发动机无法启动

表 8-21　发动机无法启动故障

故障原因	故障处理
蓄电池缺电	用外接蓄电池启动设备，给蓄电池充电
启动机烧坏或者启动机齿轮咬死	更换启动机，拆下启动机手动转动齿轮
发动机滤芯脏(柴油滤芯、机油滤芯)或柴油脏	更换发动机滤芯、清洗柴油油箱并在加油口加滤网

8.7.9　液压泵不运转

表 8-22　液压泵不运转故障

故障原因	故障处理
油箱中液压油偏低，机器自动停止运行	加注液压油
散热器堵塞，或温度传感器无信号，导致油温过高而停机	清洁散热器，或更换温度传感器
液压泵故障	检查并修复液压泵，或者更换

8.7.10　监控警示故障

表 8-23　监控警示故障

故障现象	故障原因	故障处理
添加剂泵堵塞发出警告	管路有杂物，或添加剂含有固体杂质	用加压清水冲洗管路，确认管路内无堵塞；换用无杂质、无沉淀物的合规添加剂
	添加剂在管路内固化，造成堵塞	用加压清水冲洗管路，确认管路内无堵塞
	压力调节器或其他元件损坏	检查压力调节器或其他元件，必要时更换损坏的元件
液压油油温警告	液压系统超负荷工作	停止运转，等油温降下来后重新启动
	液压油量偏低或油温传感器故障	加注液压油，或检查、修复传感器，损坏时更换
	散热器堵塞或风扇电动机损坏	检查、修复散热器，必要时更换损坏的元件
混凝土泵堵塞	混凝土配比不当	排空、清洗输送管路，修改混凝土配比
	混凝土质量差，可泵送性低	调整配比，提高搅拌质量

第9章

混凝土振动器

9.1 概述

用混凝土现场浇筑构筑物或预制构件时,必须随即用有效的方法使之密实填充,以便得到密实的、耐久的、均匀的混凝土,保证混凝土构件的质量。混凝土密实的方法很多,出于效率和密实质量的考虑,振动密实是众多工艺方法中运用最为广泛的一种。混凝土振动器即是通过振动来密实混凝土的现场施工机具。目前国内所使用的混凝土振动器的种类繁多,但绝大部分都是电动机驱动型的,按混凝土振动器的作用方式不同,可大致划分为内部振动器和外部振动器。

9.1.1 混凝土振动器的现状

1. 国内混凝土振动器的现状

国内混凝土振动器起步较晚,但经过几十年的发展,其品种规格已比较齐全,基本上能满足混凝土密实的需要。

在国内混凝土振动器中,内部振动器起步较早,目前主要类别有电动软轴行星插入式混凝土振动器、电动软轴偏心插入式混凝土振动器、电动机内装插入式混凝土振动器。内部振动器在 20 世纪 70 年代进行了全国统一设计,做到了统一标准、统一接口尺寸、统一重要零部件工艺的"三统一"。目前市场上流通的内部振动器国产化程度非常高,且互换性强。内部振动器的规格主要集中在 $\phi25\sim\phi70\text{mm}$,振动频率 $200\sim260\,\text{Hz}$,振幅 $0.9\sim1.3\text{mm}$,有时候在大坝混凝土施工、滑模摊铺机施工中也需要 $\phi85\sim\phi150\text{mm}$ 规格的大型振动器,其振动频率 $125\sim200\,\text{Hz}$,振幅 $1.1\sim1.7\text{mm}$。

外部振动器通常分类为附着式振动器、平板式振动器、直线附着式振动器和台架附着式振动器,但实际上后三种都是前一种即附着式振动器的具体应用。在国内,外部振动器虽然起步也较早,但在标准化设计方面却不如内部振动器,在行业标准上,只对附着式振动器的性能指标有要求,接口尺寸、安装尺寸却没有做具体规定,因此市场上各品牌产品之间是完全没有互换性的。目前外部振动器的规格主要集中在 $0.06\sim9.0\text{kW}$,激振力从几十牛到几十万牛之间,振动频率 $50\sim100\,\text{Hz}$,个别规格达到 $150\sim200\,\text{Hz}$。

在混凝土振动器的产地分布上,基本集中于广东省、河南省、山东省和江浙地区。得益于计划经济时期的产业布局,广东省、河南省生产的振动器品种规格较为齐全。山东省则主要集中在软管软轴的生产方面有较高的产能。经济发达的江浙地区在混凝土振动器领域也占据着重要的地位。

从设计和工艺规范上衡量,国内混凝土振动器和国外相比,差距并不明显。但由于受限于钢材和轴承等基础工业,个别零部件比如尖头、滚锥、套管等的质量与国外相比尚存在一定差距,影响到产品可靠性和使用寿命。

2. 国外混凝土振动器的现状

国外混凝土振动器起步相对较早,在20世纪50年代左右已基本完成了工作机理、设计原理、施工规范的研究和探索。目前,欧盟、美国、日本在设计理论和工艺规范方面处于领先地位。

国外的内部振动器,由于受当地法规和施工习惯的影响,不同的国家所使用的振动器不尽相同。如欧盟国家有严格的准入标准,所使用的内部振动器偏重于电动机内装插入式混凝土振动器及电动软轴偏心插入式混凝土振动器。受制于高昂的生产成本,欧盟国家目前所使用的振动器也越来越多来自进口。以美国为代表的北美市场,更多偏向于电动软轴行星插入式混凝土振动器。日本市场较为封闭,自成一体,工艺水平较高,产品偏向于电动机内装插入式混凝土振动器和带减振装置的电动软轴行星插入式混凝土振动器。至于其他市场,比如中东、东南亚、非洲、南美洲等,情况则相对混乱,受旧有施工习惯影响较多,中东、东南亚类似于日本,非洲、南美洲则更趋向于欧盟。国外的内部振动器,在型号规格方面,基本类似于国内。

国外的外部振动器,除了新兴的市场,比如中东、非洲,大都自成一体,相对封闭。从设计和工艺水平衡量,欧盟、美国、日本稍胜一筹,尤其是欧盟的意大利,已把附着式振动器的设计和工艺提升到一个较高的水平。由于接口尺寸和技术标准的差异,各国之间的外部振动器互换性较差,此种情况在新兴市场尤甚。但纵观国外的外部振动器,在型号规格方面基本上也可与国内的相比拟。

国外振动器制造商主要集中在瑞典、西班牙、意大利、德国等国家,这些国家的产品在技术和工艺方面都居领先地位,代表着振动器行业的先进水平。

9.1.2　混凝土振动器发展趋势

1. 国内混凝土振动器发展趋势

1)品种多样化

由于施工规范和实际工况的复杂多变,对混凝土振动器的需求也不尽相同,不同结构、不同振动参数产品形成市场的多样化,为行业提供广阔的发展空间。

2)大规格、大功率方兴未艾

随着深桩混凝土密实工艺发展和大坝、电站等大面积混凝土浇筑密实需要,大直径、大功率的混凝土振动器还存在较大的市场需求。

3)高技术的应用

随着新材料和新技术的发展,为提高混凝土振动器的使用寿命,还存在较多的提升空间。

4)安全性、节能性

混凝土浇筑现场潮湿多尘,对密实用的混凝土振动器安全性提出较高的要求,对产品结构设计、安全零部件的验证及新技术的采用等也提出了相应的高要求,这也正是插入式振动器被列入 CCC 强制认证的原因。安全性的高要求将是混凝土振动器市场未来发展的亮点。

混凝土振动器所用电动机种类繁多,其节能高效在未来会成为行业主题。

5)未来一段时间行业将保持持续增长

目前国家对基础设施的投资力度有增无减,桥梁、铁路、隧道、高速公路、海港、机场和城市建设需要大量混凝土振动器,加上世界制造业中心地位的形成及稳固,未来一段时间行业将保持持续增长。

2. 国外混凝土振动器发展趋势

1)特殊订制、便携式设计成为主流

以客户需求为中心的产品越来越受到客户的欢迎。简单便携的结构要求、个性化施工催生的特殊订制,将成为混凝土振动器新的市场增长点。

2)解决方案引领未来

混凝土浇筑密实涉及施工规范较多,既有规范的合理设计,也有施工机具的合理选择。从新鲜混凝土的制备、运输、浇筑、摊铺、密实,到整平、抹光等,固然有大型设备可满足要求,但小型机具经过合理组合亦可达到目的。一体化的解决方案也是混凝土振动器厂商的未来发展方向。

和较大的板,其使用非常普遍。

9.2 分类

混凝土振动器虽为小型施工机具,但其应用广泛,品种类型较多。目前,在混凝土施工中使用的振动器,依据对混凝土作用方式的不同,大致可以做以下分类。

9.2.1 内部振动器

内部振动器是一种可以插入混凝土中进行振动密实的机械,又称插入式振动器,由于绝大部分采用 $150 \sim 260\text{Hz}$ 高频振动,也俗称高频振动器,如图 9-1 所示。插入式振动器可插入混凝土拌合物中将振动波直接传递给混凝土,振动密实效果好,它适合于深度或厚度较大的混凝土制品或结构,如基础、柱、梁、墙

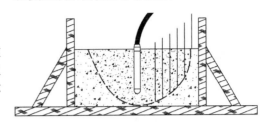

图 9-1 内部振动器

内部振动器使用的驱动动力方式有电动式、内燃机式、气动式和液压式,除了特定工况需要,后三种方式使用不多,电动式使用较为普遍。电动式又可分类为电动软轴行星插入式混凝土振动器、电动软轴偏心插入式混凝土振动器和电动机内装插入式混凝土振动器等,如图 9-2(a)、(b)、(c)所示。

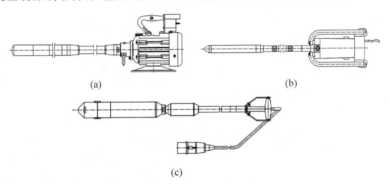

(a)   (b)

(c)

图 9-2 电动内部振动器

(a) 电动软轴行星插入式(ZN);(b) 电动软轴偏心插入式(ZPN);(c) 电动机内装插入式(ZDN)

9.2.2 外部振动器

外部振动器是一种通过型模或模板对混凝土进行振动密实的机械,如图 9-3 所示,其振动波传递给混凝土通常是从其表面开始的。相对于内部振动器,外部振动器适用于安装在型模或模板上密实钢筋较密、深度或厚度较小的混凝土构件,比如柱、墙、拱、板条等,也用于楼板、路面和地坪等施工。

外部振动器按驱动动力方式不同也可以分为电动式、内燃机式、气动式和液压式,除了特定工况需要,后三种方式使用不多,电动式使用较为普遍。电动式外部振动器又可分类

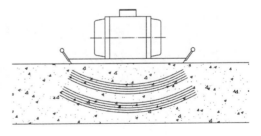

图 9-3 外部振动器

为附着式振动器、平板式振动器、直线附着式振动器和台架附着式振动器,如图 9-4(a)、(b)、(c)、(d)所示,从根本上讲,后三种都是附着振动器的变型和具体应用。目前所使用的

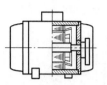 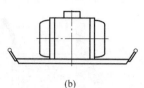 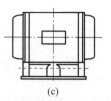 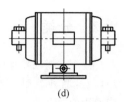

(a)　　　　　　　(b)　　　　　　　(c)　　　　　　　(d)

图 9-4　　电动外部振动器

(a) 附着式(ZF)；(b) 平板式(ZB)；(c) 直线式(ZFD)；(d) 台架式(ZJ)

附着式振动器,振动频率主要集中于 50Hz、100Hz、150Hz、200Hz,也有少部分使用 25Hz、16Hz 的低频率。

　　需要指出的是,振动台是附着式振动器在混凝土预制构件生产中的具体应用。振动台原则上是由安装着一台或多台附着式振动器的钢结构所构成。振动台面支承在钢弹簧或橡胶元件上,被振动的模板可刚性地固定在振动台上或仅仅放置在振动台上,如图 9-5 所示。近年来,随着基础设施建设的大发展,各种尺寸的预制件和空心板、薄壁梁等大量采用,各种各样形式和用途各异的振动台发展迅速,已发展成集机电一体化为一体的混凝土振实机械,远远超出振动源——混凝土振动器所能论述的范围,故以下章节内容不作过多表述,有兴趣可参考文献[42]和[47]及相关资料。

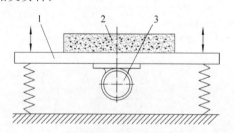

图 9-5　　振 动 台

1—振动台架；2—混凝土预制件；

3—附着式振动器

9.3　组成与工作原理

　　尽管驱动动力源的形式不尽相同,但在机械结构上混凝土振动器的振动来源都是利用不平衡回转质量来产生振动和传递振动的。按其机械结构可以简单地分为三部分:驱动主机部分＋动力传递部分＋振动部分。由于混凝土振动器基本上为电动机驱动,因此本节主要介绍电动式混凝土振动器的组成和工作原理。

9.3.1　混凝土振动器组成

1. 内部振动器

1) 电动软轴行星插入式混凝土振动器

　　电动软轴行星插入式混凝土振动器由驱动电动机和振动棒两大部分组成,如图 9-6 所示。驱动电动机和振动棒往往是分开包装和单独销售的。驱动电动机是防护等级为 IP44 的三相异步电动机,机座内装有定子,端盖内装有滚动球轴承,转子通过轴承支承于定子内,手柄和电源开关装在机座上部,机头部分装有和振动棒耦合的连接座,电动机整体安装在可 360° 回转的底盘上,便于工作时的方位转动。

　　振动棒由三部分组成,分别是软管组件、软轴组件、棒头组件,如图 9-7 所示。振动棒通过软管组件上的连接头与驱动电动机连接,驱

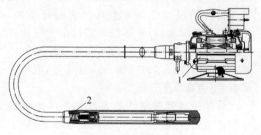

图 9-6　振动器组成

1—驱动电动机；2—振动棒

动电动机输出的动力（转矩）通过软轴组件的软轴传递给工作主体棒头组件。

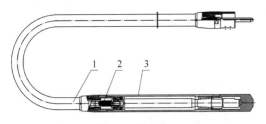

图 9-7　振动棒

1—软管组件；2—软轴组件；3—棒头组件

软管组件包含连接头、软管、软管接头等零部件，如图 9-8 所示。

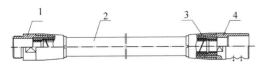

图 9-8　软管组件

1—软管接头；2—软管；3—锥套；4—连接头

连接头与驱动电动机的机头部件耦合，软管接头与棒头组件连接，中间即为过渡部分的软管。软管极为重要，其结构如图 9-9 所示。其最内层是由扁簧钢带右螺旋绕制成的一种节状活性套管，可以随软轴一起弯曲，在扁簧外分别缠绕贴胶帆布、橡胶和钢丝编织网数层，最后在表面包裹一层耐磨橡胶。这些保护层，一方面维系软管结构，另一方面造成密封腔，以防外部杂物或水泥浆侵入，同时扁簧螺旋槽内能储存润滑脂，提高软轴的传动效率和寿命。

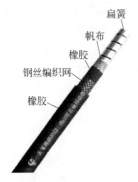

扁簧
帆布
橡胶
钢丝编织网
橡胶

图 9-9　软管结构

软轴组件包含软轴接头、软轴、软轴插头，如图 9-10 所示。软轴插头与驱动电动机的转轴连接，软轴接头则与棒头组件的滚锥相连，软轴是一种在工作时允许有一定挠曲的传动轴，这种传动轴是由位于中心的一根弹簧钢丝芯正反交替缠绕若干层弹簧钢丝组成，因此可以传递一定转速和扭矩，并能有限度地向任意方向弯曲。但由于驱动电动机转动方向的原因，软轴的最外层弹簧钢丝旋向必须为左旋。

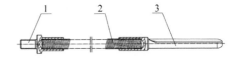

图 9-10　软轴组件

1—软轴接头；2—软轴；3—软轴插头

棒头组件是振动器的工作部件，如图 9-11 所示。棒头组件中的套管和尖头是外露部分，直接与混凝土相接触，传递振动波，硬度要求较高，两者通过螺纹连成一体。套管、滚锥上端端头分别车有内螺纹，工作时与软管接头、软轴接头的外螺纹密闭衔接。滚锥的一端支承在大游隙轴承中，另一端悬空。圆锥形滚道热套在套管内与滚锥锥位相对应的部位。驱动电动机启动后，通过软轴传递扭矩给滚锥，由于大游隙轴承的存在，滚锥悬空端产生偏摆，在锥位啮合的滚道位产生行星增速，从而实现高频振动。

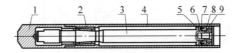

图 9-11　棒头组件

1—尖头；2—滚道；3—滚锥；4—套管；5—油封座；
6—油封；7—O 形圈；8—垫圈；9—轴承

电动软轴行星插入式混凝土振动器广泛应用于建筑工程施工中，为适应各种混凝土工程的需要，已发展成规格齐全的系列产品，并且都按振动棒直径系列化，是应用量最大、使用最广的一种。目前，这种振动器的棒径有 $\phi25\mathrm{mm}$、$\phi35\mathrm{mm}$、$\phi45(42)\mathrm{mm}$、$\phi50\mathrm{mm}$、$\phi60\mathrm{mm}$、

$\phi 70mm$,使用的振动频率 200~260Hz,频率范围较宽。

电动软轴行星插入式混凝土振动器在结构上有几点特别之处:①软轴最外层钢丝的螺旋缠绕方向为左旋;②棒头组件的套管两端为

左牙螺纹;③驱动电动机机头部分安装有防逆机构,以便保证工作时转向的正确,防逆机构可以是推块式,也可以是飞轮式;④驱动电动机的机头和振动棒的连接头是互为配套使用的,常见的配合形式如图 9-12 所示。

 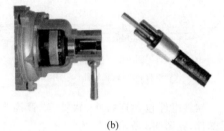

(a)　　　　　　　　(b)

图 9-12　常见配合形式
(a) 筒形(推键式);(b) 方形(飞轮式)

2) 电动软轴偏心插入式混凝土振动器

电动软轴偏心插入式混凝土振动器由串激电动机和振动棒两大部分组成,如图 9-13 所示。串激电动机和振动棒往往是分开包装和单独销售的。串激电动机是防护等级为 IP44 的单相串励式双重绝缘电动机,其特点是交直流两用,体积小,重量轻,转速高,同时电动机外形小巧并采用双重绝缘结构,使用安全可靠,转向固定,无需防逆装置。电动机整体安装在可任意放置的支承架上,便于工作时的方位固定。

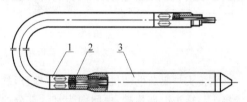

图 9-14　振动棒
1—软管组件;2—软轴;3—棒头组件

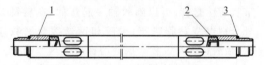

图 9-15　软管组件
1—软管接头;2—软管;3—O 形圈

软管接头与串激电动机的机头部件通过螺纹旋合,另一端的软管接头与棒头组件连接,中间即为过渡部分的软管。软管的结构和作用前面已有介绍,此处不再重复。

软轴如图 9-16 所示。其两端采用冲压机挤压成方形,方形接头插在串激电动机和棒头组件的方形孔中实现扭矩的传递。用于电动软轴偏心插入式混凝土振动器的软轴传递的转速较高,通常采用高速软轴,高速软轴对弹簧钢丝的材质和工艺有特殊的要求。

棒头组件是振动器的工作部件,如图 9-17 所示。棒头组件中的套管、套管接头和尖头是

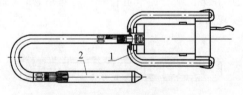

图 9-13　振动器组成
1—串激电动机;2—振动棒

振动棒由三部分组成,分别是软管组件、软轴组件、棒头组件,如图 9-14 所示。振动棒通过软管组件上的连接头与串激电动机连接,串激电动机输出的动力(转矩)通过软轴组件的软轴传递给工作主体棒头组件。

软管组件包含软管接头、软管、O 形圈等零部件,如图 9-15 所示。

图9-16　软轴

外露部分,直接与混凝土相接触,传递振动波,其硬度要求较高,三者通过螺纹连成一体。套管接头的上部端头车有内螺纹,工作时与软管接头的外螺纹密闭衔接。偏心轴的两端支承在轴承上,一端与方身接头连接。串激电动机启动后,通过两端制有方头的软轴将扭矩传递给偏心轴,由于偏心轴的质心和回转中心存在偏移,偏心轴产生离心力,从而实现棒头组件的高频振动。

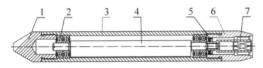

图9-17　棒头组件

1—尖头;2—轴承;3—套管;4—偏心轴;5—油封;6—套管接头;7—方身接头

电动软轴偏心插入式混凝土振动器广泛用于建筑工程施工中,为适应各种混凝土工程的需要,已发展成规格齐全的系列产品,并且也按振动棒直径实现了系列化。目前,这种振动器的棒径有 $\phi30mm$、$\phi42mm$、$\phi50mm$,使用的振动频率 15000r/min,串激电动机输入功率 1500W、2300W。串激电动机的机头和振动棒的连接头是配合使用的,常见的配合形式如图9-18所示。

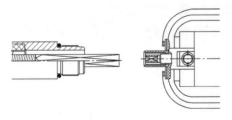

图9-18　常见配合形式

3) 电动机内装插入式混凝土振动器

混凝土在进行密实作业时环境相对恶劣:潮湿、多粉尘、高噪声、劳动强度大,所使用的插入式振动器均属于手持式工具,因此应该高度重视其安全性并符合劳动保护要求。电动机内装插入式混凝土振动器正是满足这种要求的产品:属Ⅲ类工具,具有较高的生产率、特低的安全电压、较低的噪声,有利于保护操作者及减小对周围环境的影响。常见的电动机内装插入式混凝土振动器是由变频机组和振动棒构成的,如图9-19所示。变频机组和振动棒往往是分开包装和单独销售的,硬管式的振动棒多见于 $\phi85mm$ 以上棒径的振动棒,而 $\phi70mm$ 以下棒径多用软管式。

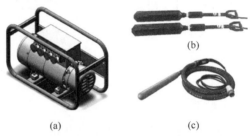

图9-19　振动器组成

(a) 变频机组;(b) 硬管式;(c) 软管式

在电动机内装插入式混凝土振动器中,变频机组是振动棒的供电电源,它输出的是已经提高了频率的48V 的 150~200Hz特低安全电压。变频机组由同轴安装的驱动电动机与中频发电机组成,其典型结构如图9-20所示。驱动电动机为鼠笼式三相异步电动机,中频发电机为绕线滑环式三相异步发电机,其定子绕组

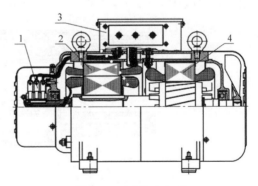

图9-20　变频机组组成

1—集流环;2—中频发电机;3—接线盒;4—驱动电动机

为发电机输出部分,绕线转子则为发电机的励磁部分。工作时,驱动电动机通电,拖动同轴安装的发电机励磁转子逆励磁磁场方向旋转,切割发电机定子绕组,实现三相工频电源到三相中频电源的转换,输出适合振动棒使用的变频电源。需要指出的是,混凝土密实时需要适当的工作面,即作业半径,反映在振动棒上则是需要连接 30～50m 的电缆,在大电流的作用下,这会带来 3～6V 左右的线路压降,也正是

变频机组输出电压为 48V 的主要原因。

变频机组输出提高了频率的交流电,供给振动棒中的电动机以提高电动机的转速,从而提高混凝土密实时的振动频率。这种利用高频电动机来提高振动频率的振动器,减少了机械的增速机构,使振动器能够采用相对简便的偏心式结构,故不论振动棒是硬管式抑或软管式,其结构基本一致,如图 9-21 所示。

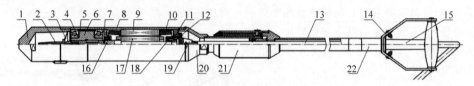

图 9-21 振动棒(硬管式)组成

1—端塞;2—吸油嘴;3—油盘;4—轴承;5—中间套;6—偏心轴;7—油封座;8—棒壳;9—定子;
10—套圈;11—轴承座;12—轴承;13—引出电缆;14—手柄;15—电缆护套;16、18—油封;17—转子;
19—接线盖;20—尾盖;21—减振器;22—上连杆

振动棒传递振动波的外露壳体由端塞、棒壳和尾盖三部分组成,硬度要求较高,它们之间用螺纹连接,为防止松动,相互之间焊接锁死。振动棒内装有一台中频鼠笼式三相异步电动机,其转子主轴与偏心轴直接相接,电动机启动后使振动器棒壳产生高频率振动。偏心轴两端用单列向心推力球轴承支承,转子主轴靠端塞端装有吸油嘴,运转时从端塞储油腔内吸入高速润滑油对轴承进行循环润滑,转子主轴另一端由一单列向心球轴承支承。尾盖端焊接一连接杆,连接杆中段装有一橡胶减振

装置,以减轻操作者握持把手时的振动。振动棒与变频机组之间的电连接是通过装于上连杆中的电缆来完成的。

软管式振动棒的组成如图 9-22 所示。其组成基本上和硬管式振动棒一致,只是此时的软管代替了上连杆,且软管尾端装上了开关盒,方便控制和操作。软管式振动棒所用的软管,其结构与 9.3.1 节中的电动软轴行星插入式混凝土振动器中介绍的大致相同,不同之处是取消了最里层的扁簧和帆布层。

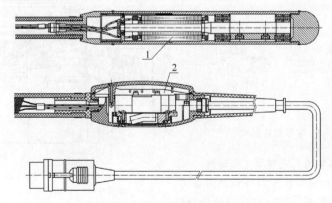

图 9-22 振动棒组成(软管式)

1—棒头组件;2—软管开关组件

2.外部振动器

如前所述,外部振动器可以分为附着式振动器、平板式振动器、直线附着式振动器和台架附着式振动器,但从根本上讲,后三种都是附着振动器的变型和具体应用(含振动台)。实际的市场流通中,常见的外部振动器集中于附着式振动器,其组成如图 9-23 所示。

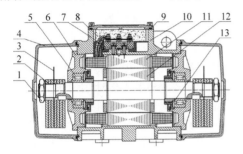

图 9-23 附着式振动器组成

1—锁紧螺母;2—偏心块;3—激振力刻度牌;4—端盖;5—轴承;6—座盖;7—接线板;8—胶垫;9—线盒盖;10—机座;11—定子;12—转子;13—轴承垫圈

附着式振动器是在电动机转轴两端安装若干块可以调节相互之间质心夹角的偏心块的特殊电动机。由于工作环境潮湿多尘,附着式振动器的防护等级在 IP55 以上。结构上,机座内装有电动机定子和转子,转轴的两端通过安装于座盖中的轴承支承,伸出座盖的轴伸端各装有若干片或圆形或扇形的偏心块,电动机工作时回转偏心块产生离心力而振动,通过机座底脚传给型模或模板。如果附着式振动器通过底脚安于一底板上,如图 9-24 所示,即为平板式振动器,通常底板和附着式振动器也是单独包装和分开销售的。如果附着式振动器通过底脚安装于一带有摆轴的底座上,可以实现单方向的往复振动,如图 9-25 所示,即为直线振动附着式振动器,此种振动器通常只有特殊场合使用。如果附着式振动器转轴伸出端盖,以致装有联轴器,如图 9-26 所示,以实现多台附着式振动器的串联,即为台架式振动器,此种振动器通常需要特殊订制,只适合特殊场合使用。

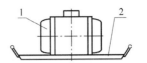

图 9-24 平板式振动器组成

1—附着式振动器;2—底板

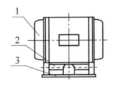

图 9-25 直线振动附着式振动器组成

1—附着式振动器;2—摆轴;3—底座

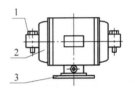

图 9-26 台架式振动器组成

1—联轴器;2—附着式振动器;3—底座

9.3.2 混凝土振动器的工作原理

为更好地理解混凝土振动器的工作原理,有必要了解振动运动。除了少数例外,在工程实践中采用的混凝土振动器的形式均通过回转偏心质量来产生振动。回转偏心质量产生的是正弦波形的简谐运动,该正弦振动可以用如下数学方程来描述:

$$A = A_0 \sin(\omega t) = A_0 \sin(2\pi f t) \quad (9\text{-}1)$$

式中:A——瞬时振幅(位移),m;

A_0——最大振幅,m;

ω——角速度,rad/s;

f——振动频率,Hz;

t——时间,s。

从式(9-1)可得到如下式(9-2)和式(9-3):

$$\dot{A} = 2\pi f A_0 \cos(2\pi f t)$$
$$= V\cos(2\pi f t) \quad (9\text{-}2)$$

式中:$V = 2\pi f A_0$——振动时的最大速度,m/s。

$$\ddot{A} = 4\pi^2 f^2 A_0 \sin(2\pi ft)$$
$$= a\sin(2\pi ft) \tag{9-3}$$

式中：$a = 4\pi^2 f^2 A_0$——振动时的最大加速度，m/s^2。加速度通常用重力加速度 g（$g = 9.81\text{m/s}^2$）的倍数来表示，例如 $6g$。

根据牛顿运动学定律，振动器激振力为

$$F = MA_0 4\pi^2 f^2 = me4\pi^2 f^2 \tag{9-4}$$

式中：F——激振力（离心力），N；

    M——振动棒体（或振动机体）质量，kg；

    m——回转偏心质量，kg；

    e——偏心距，m。

新拌制的混凝土混合料，其内部存在摩擦力和气隙。为了密实混凝土，在混凝土内插入振动器或将振动器支承在构件上，产生的振动力将消除内摩擦力及气隙缺陷，以便使混凝土在允许的方向上产生位移，液化的灰浆能填补气隙。依据式（9-1）～式（9-4），混凝土振动器应该产生适当振幅、振动频率、振动加速度及激振力。

总之，混凝土振动器分内部式和外部式。内部式包含电动软轴行星插入式混凝土振动器、电动软轴偏心插入式混凝土振动器和电动机内装插入式混凝土振动器。外部式包含附着式振动器、平板式振动器、直线振动附着式振动器、台架式振动器。不论是内部振动器抑或外部振动器，按其工作原理的不同可划分为偏心式（包括电动软轴偏心插入式混凝土振动器、电动机内装插入式混凝土振动器、附着式振动器、平板式振动器、直线振动附着式振动器、台架式振动器）和行星式（包括电动软轴行星插入式混凝土振动器），如图 9-27、图 9-28 所示。

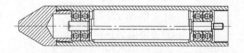

图 9-27 偏心式

图 9-28 行星式

偏心式振动器工作原理如图 9-27 所示，利用装有偏心块（不平衡偏心质量）的转轴（也有将偏心块与转轴做成一体的）作高速旋转时产生的离心力通过轴承传递给机座（或棒体），从而使机座（或棒体）产生剧烈的振动。转轴每转动一周，机座（或棒体）随之振动一次。显然其振动频率为

$$f = \frac{n_0}{60} \tag{9-5}$$

式中：n_0——转轴的转速，r/min。

而其激振力可以用式（9-4）求得。

当偏心式振动器工作时，由于混凝土阻尼对振动棒体或附着质量对机座的影响，每一个瞬间，振动器的振幅都处于变化中，这给定量分析带来不便。实际使用中，往往用空载振幅来代替瞬时振幅。振动器的空载振幅也叫最大振幅，其公式可以用下式来表示：

$$A_0 = \frac{me}{M} \tag{9-6}$$

式中：m——回转偏心质量，kg；

    M——振动棒体（或振动机体）质量，kg。

知道空载振幅后，可以利用式（9-3）求出最大加速度（空载加速度）值。

为适应各种性质的混凝土和提高生产率，现在内部振动器的振动频率一般都要求达到 125Hz 以上。对于偏心插入式振动器其偏心轴的转速应达到 15000r/min 或以上，而一般单相或三相异步电动机的转速受电源频率限制只能达到 3000r/min，这正是偏心插入式振动器的驱动电动机往往采用串励电动机的原因。但串励电动机特性较软，且噪声危害大，所以此时由变频机组供电，频率较大和噪声较低的电动机内装插入式振动器得到应用。而至于外部振动器，依据其用途和工况的不同，除了常规的 50Hz 工频外，近年也有带变频机组的 100Hz、150Hz、200Hz 振动器，多用于对混凝土强度和表面质量要求较高的施工场合。

为了理解行星式振动器的工作原理，有必要了解行星增速机理，如图 9-29 所示。

滚锥是滚动回转偏心，它沿着固定的套管锥形滚道滚动，则它的运动可以看作由围绕它

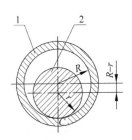

图 9-29 行星增速机理图

1—套管；2—滚锥（回转偏心）

本身轴线回转的自转运动与相对于固定套管锥形滚道轴线的公转运动合成的运动。在这种情况下，滚锥与套管的接触点 C 速度将等于零，因为该点是瞬时速度中心。与此同时，该点的速度是自转运动与公转运动的合成速度，即

$$\omega_0 r + \omega_1 (R - r) = 0 \qquad (9\text{-}7)$$

式中：ω_0——滚锥自转角速度，rad/s；

ω_1——滚锥公转角速度，rad/s；

r——滚锥锥形面的半径，mm；

R——套管滚道锥形面的半径，mm。

依据式(9-7)，可推出式(9-8)和式(9-9)：

$$\omega_1 = -\frac{r}{R - r}\omega_0 \qquad (9\text{-}8)$$

$$f = \frac{30}{\pi}\omega_1 \qquad (9\text{-}9)$$

式(9-8)中的 ω_1 即为振动棒工作时所表现出的转速，负号只是表示转动方向和自转时相反。式(9-9)即为通常所说的振动频率。依据式(9-6)，可以求出空载振幅（最大振幅），即

$$A_0 = \frac{m_1 \cdot (R - r)}{M_1} \qquad (9\text{-}10)$$

式中：m_1——滚锥质量，kg；

M_1——棒头质量，kg。

依据式(9-4)，也可以求出空载激振力（最大激振力），即

$$F = m_1(R - r)\omega_1^2 \qquad (9\text{-}11)$$

由式(9-8)可以看出，只要合理设计滚锥锥形面的半径 r 和套管滚道锥形面半径 R（即相互足够接近但又能满足转动要求），就可以得到所需的振动频率，且传动软轴又不需过高的自转转速（软轴在较低的转速下工作时使用寿命较高，而制造工艺要求也较低）。目前，行星式振动器振动频率多集中于 $200\sim260\,\text{Hz}$，而驱动电动机均为同步转速 $3000\,\text{r/min}$。

综上所述，行星式振动器的原理是通过电动机驱动软轴带动振动棒棒头组件中的滚锥沿着套管中的滚道锥形面旋转，在行星增速原理作用下，实现了低转速到高转速的转换，对外表现出高频振动的特性。

9.4 技术规格及主要技术参数

9.4.1 技术规格

混凝土振动器型号的表示方法见表 9-1。由于混凝土工况千差万别，导致混凝土振动器规格繁多。表 9-1 中只是给出混凝土振动器大类的型号，具体的规格参数见 9.4.2 节"主要技术参数"中的表述。

表 9-1 混凝土振动器的型号

类 型	特性	型号	型 号 含 义	主参数	
				名称	单位
内部振动器	X（常省略）	ZN	电动软轴行星插入式混凝土振动器	棒头直径	mm
	P（偏）	ZPN	电动软轴偏心插入式混凝土振动器		
	D（电）	ZDN	电动机内装插入式混凝土振动器		
外部振动器	B（平）	ZB	平板式振动器	功率	kW
	F（附）	ZF	附着式振动器		
	D（单）	ZFD	直线振动附着式振动器		
	J（架）	ZJ	台架式振动器		

9.4.2 主要技术参数

1. 内部振动器

（1）电动软轴行星插入式混凝土振动器见表 9-2。

（2）电动软轴偏心插入式混凝土振动器见表 9-3。

（3）电动机内装插入式混凝土振动器见表 9-4。

（4）变频机组见表 9-5。

表 9-2　电动软轴行星插入式振动器技术参数

型　号		ZN25	ZN30	ZN35	ZN42	ZN50	ZN60	ZN70
振动棒直径	mm	25	30	35	42	50	60	70
空载振动频率	Hz	230	215	200	183			
空载振幅	mm	0.5	0.6	0.8	0.9	1.0	1.1	1.2
电动机输出功率	W	370、550、750、1100、1500、2200						
混凝土坍落度 3～4cm 时生产率	m³/h	≥2.5	≥3.5	≥5	≥7.5	≥10	≥15	≥20
振幅为全振幅的一半								

注：常见的驱动电动机一般用输入功率表示，主要集中于 1450W、1900W、2600W，对应于表 9-2 中的 1100W、1500W、2200W。

表 9-3　电动软轴偏心插入式振动器技术参数

型　号		ZPN25	ZPN30	ZPN35	ZPN42	ZPN50	ZPN60
振动棒直径	mm	25	30	35	42	50	60
空载振动频率	Hz	240	220	200			
空载振幅	mm	0.5	0.75	0.8	0.9	1.0	1.1
电动机输出功率	W	370、550、750、1100、1500、2200					
混凝土坍落度 3～4cm 时生产率	m³/h	≥1.0	≥1.7	≥2.5	≥3.5	≥5.0	≥7.5
振幅为全振幅的一半							

注：常见的驱动电动机对应于表 9-3 中的 1100W、1500W。

表 9-4　电动机内装插入式振动器技术参数

型　号		ZDN30	ZDN35	ZDN42	ZDN50	ZDN58	ZDN65	ZDN70	ZDN85	ZDN100	ZDN125	ZDN150
振动棒直径	mm	32	38	45	50	58	65	70	85	100	125	150
空载振动频率	Hz	200								150		125
空载振幅	mm	0.6	0.8	1.0		1.2				1.6		1.8
电动机输出功率	W	180	250	370	550	750	750	850	1100	1500	2200	4000
混凝土坍落度 3～4cm 时生产率	m³/h	≥3.5	≥5.0	≥7.5	≥10	≥12.5	≥15	≥20	≥30	≥40	≥50	≥70
振幅为全振幅的一半												

表 9-5　变频机组技术参数

型号	容量/(kV·A)	输入(Ph[①]/Hz/V/A)	输出(Ph/Hz/V/A)	外形尺寸 L×W×H /(mm×mm×mm)	质量/kg	配套振动棒
		ZJB 系列变频机组				
ZJB150/85/2	8.5	3/50/380/11.6	3/150/48/102	655×300×418	108	2(ZDN125)
ZJB150/60/2	6.0	3/50/380/9.2	3/150/48/72	600×300×418	86	2(ZDN100)
ZJB150/60/1	6.0	3/50/380/9.2	3/150/48/72	600×300×418	86	1(ZDN125)
ZJB200/45/4	4.5	3/50/380/8.3	3/200/48/54	597×260×380	78	4(ZDN60)
ZJB200/45/3	4.5	3/50/380/8.3	3/200/48/54	597×260×380	78	3(ZDN70)
ZJB200/45/2	4.5	3/50/380/8.3	3/200/48/54	597×260×380	78	2(ZDN85)
ZJB200/30/3	3.0	3/50/380/5.1	3/200/48/36	690×320×422	64	3(ZDN60)
ZJB200/30/2	3.0	3/50/380/5.1	3/200/48/36	690×320×422	64	2(ZDN70)
ZJB200/30/1	3.0	3/50/380/5.1	3/200/48/36	690×320×422	64	1(ZDN85)
ZJB200/18/3	1.8	3/50/380/2.8	3/200/48/22	650×280×400	42	3(ZDN35)
ZJB200/18/2	1.8	3/50/380/2.8	3/200/48/22	600×280×400	42	2(ZDN60)
ZJB200/18/1	1.8	3/50/380/2.8	3/200/48/22	600×280×400	42	1(ZDN70)
ZJB200/12/2	1.2	3/50/380/2.2	3/200/48/15	560×280×400	36	2(ZDN35)
ZJB200/12/1	1.2	3/50/380/2.2	3/200/48/15	560×280×400	36	1(ZDN60)

① Ph 指相数。

2. 外部振动器

附着式振动器见表 9-6。

表 9-6　附着式振动器技术参数

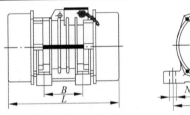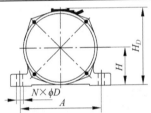

型号		技术参数							外形参数/mm					
		功率/kW	电压/V(三相50Hz)	电流/A	激振力/kN	振频/Hz	振幅/mm	质量/kg	安装螺栓	A	B	H	L	H_D	N×φD
2极	ZF9-50	0.09	380	0.29	1.0	49.6	1.2	8.5	4×M10	120	110	64	220	145	4×φ12
	ZF18-50	0.18	380	0.48	1.7	50	2.0	11	4×M10	145	90	68	225	150	4×φ12
	ZF20-50	0.20	380	0.52/0.30	2.87	50	2.4	7.3	4×M8/8×M10	125/135/140	65/90/115	79	247	126	4×φ9.5/8×φ12.5
	ZF55-50	0.55	380	1.2	5	48.7	2.5	18	4×M16	180	120	74	294	190	4×φ17
	ZF80-50	0.80	380	1.8	6	50	2.5	27	4×M16	200	120	100	374	220	4×φ18
	ZF150-50	1.5	380	3.2	9~12	50	2.4~2.8	38	4×M16	230	150	106	350	240	4×φ18.5
	ZF200-50	2.0	380	3.9	20	50	3.3	57	4×M20	230	150	106	385	240	4×φ22
	ZF250-50	2.5	380	4.9	30	50	3.0	100	4×M30	310	170	160	440	335	4×φ33
	ZF550-50	5.5	380	13.2	63	50	3.0	230	4×M36	380	250	200	610	405	4×φ39
	ZF1000-50	9.0	380	18	100	50	3.7	270	6×M36	380	250	200	686	405	6×φ39

9.5 选型及应用

9.5.1 混凝土振动器的选用原则

混凝土振动器的选用原则是根据混凝土施工工艺确定，即应根据混凝土的组成特性（如骨料粒径、形状、级配、水灰比和稠度等）以及施工条件（如建筑物的类别、规模和构件的形状、断面尺寸和宽窄、钢筋疏密程度、操作方法、动力来源等具体情况），选用适用型号和工作参数（如振动频率、振幅、激振力、加速度等）的振动器，同时还应根据振动器的结构特点、供应条件、使用寿命和功率消耗等技术经济指标进行合理选择。

1. 动力形式的选择

建筑施工普遍采用电动式振动器。当工地附近只有单相电源时，应选择用单相电动机驱动的振动器；有三相电源时，则可选用三相电动机驱动的振动器；如有瓦斯、粉尘等易燃易爆的工作环境，应选用风动式振动器或防爆式振动器，以保证安全。在远离城镇的郊外，没有电源的临时性工程施工，可以选择用内燃机式振动器。

2. 结构形式的选择

大面积混凝土基础的柱、梁、墙，厚度较大的板，以及预制构件的振实，可选用内部振动器；钢筋稠密或混凝土较薄的结构，以及不宜使用内部振动器的地方，可选用附着式振动器；表面积大而平整的结构物，如地面、屋面、道路路面等，通常选用平板式振动器；而钢筋混凝土预制构件厂生产的空心板、平板及厚度不大的梁、柱构件等，则选用台架式振动器可取得快速而有效的振实效果。表9-7为内部振动器的应用范围。

3. 振动频率的选择

振动器的振动频率是影响密实效果的重要因素，只有振动器的振动频率与混凝土颗粒的共振频率相同或相近，才能达到最佳密实效果。由于颗粒的共振频率取决于颗粒的尺寸，大颗粒对低频起反应而小颗粒对高频起反应。

表 9-7　各种尺寸振动棒的应用范围

振动棒直径/mm	生产率/(m³/h)	应用范围
25	1～3	极狭窄、极密集钢筋构件
35～50	5～10	狭窄而密集的钢筋构件，如墙
50～70	10～20	普通住房、工业建筑的墙和地板
100～150	25～50	大坝中的大体积混凝土等

对于骨料颗粒大而光滑的混凝土，应选用低频、振幅大的插入式振动器。干硬性混凝土则应选用高频振动器，这有利于增加液化作用，扩大密实范围，缩短捣实时间，改善密实效果，但不适用于流动性较大的混凝土，否则混凝土将产生离析现象。

总之，高频率的振动器，适用于干硬性混凝土和塑性混凝土的振捣，而低频率的振动器则一般作为外部振动器使用，在实际施工中，振动器使用频率在50～350Hz(3000～21000r/min)范围内。对于普通混凝土振捣，可选用频率为120～200Hz(7800～12000r/min)的振动器；对于大体积（如大坝等）混凝土，振动器的平均振幅不应小于0.5～1mm，频率可选100～200Hz(6000～12000r/min)；对于一般建筑物，混凝土坍落度在3～6cm，骨料最大料径在80～150mm时，可选用频率为100～120Hz(6000～7200r/min)，振幅为1～1.5mm的振动器；对于小骨料、低塑性的混凝土，可选用频率为120～150Hz(7200～9000r/min)以上的振动器；对于干硬性混凝土，由于振动波传递困难，应选用插入式振动器，但其干硬系数超过60s时，高频振幅也难以密实，应选用外力分层加压。

4. 振幅、加速度、振动时间的选择

混凝土密实时，适当的振幅范围实际上在0.1～5mm，较高的振幅对较大骨料的混凝土更适合。当振动频率超过50Hz时，为了有效地密实，振幅应该大于或等于0.04mm。通常，对于干硬性混凝土，振幅大于或等于0.05mm，对于塑性混凝土,振幅大于或等于 0.025mm。

一般认为,加速度是评价不同频率下混凝土振动效率最好的准则。研究表明,新拌制混凝土振动密实的最佳振动加速度是 4g,推荐的数值范围为 (4～7)g,适用于预制构件的外部振动器加速度的数值范围为 (3～10)g,但当振动频率低于 50Hz 时,加速度数值必须大于或等于 1.5g。通常,较湿的混凝土适合于较低的加速度值。

振动时间是控制混凝土密实质量的重要参数。研究表明,最佳的振动时间是和振动加速度成反比的。为保证混凝土密实的质量,一定的振动时间是必需的,超过该时间后,在一定的时间内混凝土依旧保持稳定状态,但当振动继续时,超过稳定时间后混凝土会产生离析,其后果是混凝土呈现不均匀状态。实践表明,绝大多数情况下的振动时间都在 30s 以内。表 9-8 为不同属性的混凝土推荐的振动时间。

表 9-8 不同混凝土推荐的振动时间

混凝土属性	振动时间/s
湿混凝土	5
塑性混凝土	20
干硬性混凝土	60
特别干硬混凝土	120

表 9-9 为不同结构形式振动器加速度与振动频率的推荐值。

表 9-9 不同振动器的振动频率和加速度

振动器形式	振动频率/Hz	加速度(空载)
内部振动器	100～280	(30～80)g
平板振动器	25～70	(4～10)g
附着式振动器	50～100	(10～25)g

9.5.2 混凝土振动器的选型计算

混凝土施工始终要面对两大问题:其一是以经济的方式生产符合最低性能要求的混凝土;其二为正确地充填混凝土并且以尽可能快的速度进行。当振动器的形式选定后,生产率大小无疑是解决上述问题的关键。

1. 内部振动器的生产率计算

内部振动器的生产率 $Q(\mathrm{m^3/h})$ 计算公式为

$$Q = k\pi R^2 h \frac{3600}{t+t_1} \qquad (9-12)$$

式中：Q——内部振动器的生产率,$\mathrm{m^3/h}$;

k——振动器作业时的时间利用系数,一般 $k=0.8～0.85$;

R——作用半径,m;

h——振动深度(每浇筑层厚度),m;

t——振动器在每一振点上的振动时间(延续时间),s;

t_1——振动器由一个振点移动到另一个振点时所需要的时间,s。

实际使用振动器时,往往需要计算需用振动器的总台数,一般可按振动点以平行式和交叉式(梅花形)排列方法来考虑,如图 9-30 所示。

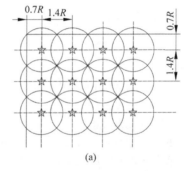

(a)

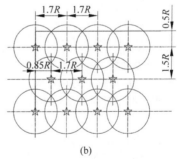

(b)

图 9-30 内部振动器振动点排列方法
(a) 平行式;(b) 交叉式

两相邻插点的间距 s 与作业半径 R 的关系为:

平行式排列时：$s \approx 1.4R$；

交叉式排列时：$s \approx 1.7R$。

分层浇筑时，振动器下部应插入下一层的 50～100mm 深，以消除两层间的接缝（否则应作特殊处理）。

振动器作业时的插入深度不准超过振动棒工作部分的长度，在上述情况下每个浇筑层所需要插入式振动器的数量，可按下式进行计算：

$$n = \frac{B \cdot L \cdot H}{Q(t_{cs}/t_{cp})} \times 3600 \qquad (9\text{-}13)$$

式中：Q——插入式振动器的生产率，m^3/h；

n——插入式振动器的数量，台；

B,L,H——每个浇筑体的混凝土宽度、长度和厚度，m；

t_{cs}——混凝土内水泥浆初凝时间，s；

t_{cp}——混凝土从搅拌地点输送到浇筑地点所需要的时间，s。

实际施工时，振动器要有相当的备用数量（n），一般要保持作业所需数量的 25%～30%。

2. 附着式振动器的生产率计算

$$Q = kSh \frac{3600}{t + t_1} \qquad (9\text{-}14)$$

式中：Q——附着式振动器的生产率，m^3/h；

k——振动器时间利用系数，一般 $k = 0.8～0.85$；

S——振动器底板的面积，m^2；

h——振动器的作用深度，若无现存数据时，可取 $h = 0.25～0.30m$ 或根据试验测定；

t——振动器在每一个振点上振动的时间，s；

t_1——振动器从一个振点移到另一个振点时所需要的时间，s。

生产率是振动器的重要技术性能指标，影响生产率的主要因素有振动棒的直径（内部式）、底板面积（附着式）、振动频率和振幅等，因此，在计算振动器的生产率时，要掌握这几个主要技术参数。

9.5.3 混凝土振动器的选型要素

选型主要从提高混凝土振动器生产率上

考虑。

（1）振动棒的插入位置和移动应有规律，移动距离应为作用半径的 1.5 倍，过大会漏振，影响密实质量；过小会重振，降低生产率。对于平板振动器，移动时也应有规律，移动行列间相互搭接应控制在 30～50mm，不宜过大或过小。

（2）浇筑混凝土层厚度应与振动器的插入深度和有效密实深度相配合。

（3）合理控制振捣时间，在保证密实质量的前提下，严格控制超时振捣。

（4）浇筑混凝土量（m^3/h）和施工振动器的总生产率应一致，以保证振动器能连续、均匀地工作。

9.6 使用及安全规范

9.6.1 产品使用

1. 内部振动器的使用

1）使用前检查

（1）检查电源电压和频率与振动器铭牌标识的数据是否一致。

（2）检查驱动电动机绝缘电阻、接地电阻是否良好。绝缘电阻大于或等于 2MΩ、接地电阻小于或等于 0.1Ω（5m 电缆）方可投入使用。

注：ZDN 系列电动机内装插入式混凝土振动器未设地线。

（3）检查电缆外皮有无破损或线芯裸露。如有，必须更换。

（4）检查振动棒、驱动电动机的连接是否牢固，软管软轴是否完好。

（5）行星插入式振动器的试运转。

此时，启动驱动电动机后其旋转方向应为逆时针方向（面对机头轴伸端），与机头上的红色箭头标示方向一致，否则应关停驱动电动机，将电缆插头三相进线中的任意两相交换位置。驱动电动机运转正常时振动棒应发出"呜呜"的声音，振动稳定而有力；如果振动棒只有"哗哗"声而不振动，这时可将棒头摇摆几下或轻轻敲击一下地面或坚硬物体，便能产生振动。振动正常的振动棒方可插入混凝土中进行振捣作业。

2）振捣作业

（1）振捣在平仓之后立即进行，此时混凝土流动性好，振捣容易，密实质量好。

（2）依据混凝土工况（如坍落度大小、钢筋密集程度）选用合适的振动器。

（3）振捣作业路线保持一致，并顺序依次进行，以防漏振。作业时，要使振动棒自然沉入混凝土中，不可用力猛往下推。振动棒尽可能垂直地插入混凝土中。如振动棒较长或把手位置较高，垂直插入感到操作不便时，也可略带倾斜，但与水平面夹角不宜小于 $45°$，且每次倾斜方向应保持一致，否则下部混凝土将会发生漏振。

（4）振动器应快插、慢拔。插入过慢，上部混凝土先捣实，就会阻止下部混凝土中的空气和多余的水分向上逸出；拔得过快，周围混凝土来不及填补振动棒留下的孔洞，将在每一层混凝土的上半部留下仅有砂浆而无骨料的砂浆柱，影响混凝土的强度。为使上下层混凝土振捣密实均匀，可将振动棒上下抽动，抽动幅度为 $5\sim10cm$。振动器的插入深度，在振捣第一层混凝土时，以振动器头部不碰到基岩或老混凝土面，但相距不超过 5cm 为宜，振捣上层混凝土时，则应插入下层混凝土 5cm 左右，使上下两层结合良好。在斜坡上浇筑混凝土时，振动器仍应垂直插入，并且应先振捣低处，再振捣高处，否则在振捣低处的混凝土时，已捣实的高处的混凝土会自行向下流动，导致混凝密实性受到破坏。

（5）作业时，软轴振动棒插入混凝土的深度不应超过振动棒体，否则振捣效果不佳，影响混凝土密实质量。

（6）振动棒在每一孔位的振捣时间，以混凝土不再显著下沉、水分和气泡不再逸出并开始泛浆为准。振捣时间和混凝土坍落度、石子类型及最大粒径、振动器的性能等因素有关，一般为 $20\sim30s$。振捣时间过长，不但降低工效，且使砂浆上浮过多，石子集中下部，混凝土产生离析，严重时，整个浇筑层呈"千层饼"状态。

（7）振动棒插入混凝土的位置应均匀排列，一般可采用"平行式"或"交叉式"移动，如图 9-30 所示，以防漏振。振动棒每次移动距离不应大于其作用半径的 1.4 倍或 1.7 倍（一般为 1.5 倍左右）。在模板边、预埋件周围、布置有钢筋的部位以及两罐（或两车）混凝土卸料的交界处，宜适当减小插入间距，以加强振捣，但不宜小于振动器有效作用半径的 1/2，并注意不能触及钢筋、模板及预埋件，更不可采用通过振动棒振动钢筋的方法来促使混凝土振实，否则就会因振动而使钢筋位置变动，还会降低钢筋和混凝土之间的黏结力，甚至会发生相互脱离，这对预应力钢筋影响更大。插入式振动器棒径和作用半径对应关系见表 9-10。

表 9-10　棒径和作用半径的关系

振动棒径/mm	作用半径/mm
25	100
50	250
75	400
100	500
140	850

为提高工效，振动棒插入孔位尽可能呈交叉式排列分布，据计算，交叉式排列分布较平行式分布工效可提高 30%。此外，将几个振动器排成一排，同时插入混凝土进行振捣。这时两台振动器之间的混凝土可同时接收到这两台振动器传来的振动，振捣时间可因此缩短，振动作用半径也随即加大。

振动器在使用中如温度过高，应立即停机待冷却后检查，如机件故障，要及时进行修理。

（8）由于各种原因，出现砂浆窝时应将砂浆铲出，用脚或振动棒从旁将混凝土压送至该处填补，不可将别处石子移来（重新出现新砂浆窝）。如出现石子窝，按同样方法将松散石子铲出，用同样方法填补。振捣中发现泌水现象时，应经常保持仓面平整，使泌水自动流向集水地点，并用人工掏出。泌水未引走或掏除前，不得继续铺料、振捣。集水地点不能固定在一处,应逐层变换掏水位置,以防薄弱点集中在一处,也不得在模板上开洞引水自流或将泌水表层砂浆排出仓外。

(9)作业中振动器的电缆线应注意保护,不要被混凝土压住。万一压住时,不要硬拉,可用振动棒振动其附近的混凝土,使其液化,然后将电缆线慢慢拔出。

作业时两手抓住橡胶软管,相距 400～500mm 为宜,要保持软轴有较大的弧度,其弯曲半径不应小于 500mm,也不能多于两弯,不可使软轴折成死弯,急剧的弯折会使软管、软轴受到损坏。振动器的棒体较易发热,其散热冷却主要依靠周围混凝土进行,不要让它在空气中连续空载运转超过 3min。

振捣插点距离较远时,不可手握驱动电动机拖拉软轴及振动棒行走,推荐采用将软轴搭在肩上,一只手提着振动器,另一只手拿着振动棒行走的搬运方法。

(10)工作时,一旦发现软管开裂、电缆线表皮损伤、振动棒声响不正常或频率下降等现象应立即停机处理或送修拆检。

2. 外部振动器的使用

(1)振动器设计时通常不会考虑轴承承受轴向力,故在安装使用时,电动机转轴应呈水平状态安装。

(2)振动器作业前应进行检查和试运转,试运转时不可在干硬层或硬物体上进行,以免振动器受损。安装在搅拌站(楼)料仓上的振动器应放置橡胶垫。

(3)振动器安装时,底板安装螺孔的位置误差和平面度误差应控制在许可范围内,各安装螺栓的紧固力矩符合要求。推荐采用8.8级的螺栓。

(4)使用时,引出电缆不能拉得过紧,应留200～300mm 长的自由段,以防断裂。作业时必须随时注意电气设备的安全,电源线中应装设熔断器。

(5)附着式振动器作业时,一般安装在混凝土模板上,每次振动时间不超过 1min;当混凝土在模板内泛浆流动成水平状时,即可停振。不可在混凝土初凝状态时再振,也不可使

周围已初凝的混凝土受振动的影响,以保证密实质量。

(6)在一个模板上同时安装多台附着式振动器振动时,各振动器频率必须保持一致;相对面的振动器应交叉安放。

(7)附着式振动器安装在模板上时连接必须牢靠,作业过程中应随时注意防止由于振动而松动,应经常检查和紧固连接螺栓。

(8)平板式振动器作业时,振动器的底板要与混凝土接触,使振动有效地传递给混凝土而使之密实。当混凝土表面出浆、不再下沉后,即可缓慢向前牵引移动。移动方向应按电动机旋转方向自动地向前或向后,移动速度以能保证出浆为准。

(9)平板式振动器作业时,应分层分段进行大面积的振动,移动时应有列有序,前排振捣一段后可原排返回进行第二次振捣或振捣第二排,两排搭接以 5cm 为宜。

(10)平板式振动器振捣中移动的速度和次数,应根据混凝土的干硬程度及其浇筑厚度而定;振捣的混凝土厚度不超过 20cm 时,振动两遍即可满足密实质量要求。第一遍横向振动使混凝土密实;第二遍纵向振捣,使表面平整。对于干硬性混凝土可视实际情况,必要时可酌情增加振捣次数。

9.6.2 安全规范

1. 内部振动器安全规范

1)工作场地的安全

(1)保持工作场地清洁和明亮。混乱和黑暗的场地会引发事故。

(2)不要在易爆环境,如有易燃液体、气体或粉尘的环境下操作振动器。振动器产生的火花会点燃粉尘或气体。

(3)让儿童和旁观者离开后操作振动器。注意力不集中会使操作者失去对振动器的控制。

2)电气安全

(1)振动器插头必须与插座相配。绝不能以任何方式改装插头。需接地的振动器不能使用任何转换插头。未经改装的插头和相配

的插座将减少电击危险。

（2）避免人体接触接地表面，如管道、散热片。如果身体接地会增加电击危险。

（3）不得将振动器暴露在雨中或潮湿环境中。水进入振动器将增加电击危险。

（4）不得滥用电线。绝不能用电线搬运、拉动振动器或拔出其插头。让电线远离热源、油、锐边或运动部件。受损或缠绕的软线会增加电击危险。

（5）当在户外使用振动器时，使用适合户外使用的外接软线。适合户外使用的软线将减少电击危险。

（6）如果在潮湿环境下操作振动器是不可避免的，应使用剩余电流动作保护器（RCD）。使用 RCD 可减小电击危险。

注：术语"剩余电流动作保护器（RCD）"可以用"接地故障电路断路器（GFCD）"和"接地泄漏电路断路器（FLCB）"代替。

3）人身安全

（1）保持警觉，当操作振动器时关注所从事的操作并保持清醒。当人感到疲倦，或在有药物、酒精或治疗反应时，不要操作振动器。在操作振动器时瞬间的疏忽有可能导致严重人身伤害。

（2）使用个人防护装置。始终佩戴护目镜。安全装置，诸如适当条件下的防尘面具、防滑安全鞋、安全帽、听力防护等装置能减少人身伤害。

（3）防止意外启动，确保开关在连接电源和（或）电池盒、拿起或搬运工具时处于关断位置。手指放在已接通电源的开关上或开关处于接通时插入插头可能会导致危险。

（4）在振动器接通之前，拿掉所有调节钥匙或扳手。遗留在振动器旋转零件上的扳手或钥匙会导致人身伤害。

（5）手不要伸展得太长。时刻注意立足点和身体平衡。这样在意外情况下能很好地控制振动器。

（6）着装适当。不要穿宽松衣服或佩戴饰品。让衣服、手套和头发远离运动部件。宽松衣服、佩饰或长发可能会卷入运动部件中。

4）振动器使用和注意事项

（1）不要滥用振动器，根据用途使用适当的振动器。选用适当设计的振动器会使工作更有效、更安全。

（2）如果开关不能接通或关断振动器电源，则不能使用该振动器。不能用开关来控制的振动器是危险的且必须进行修理。

（3）在进行任何调节、更换附件或储存振动器之前，必须从电源上拔掉插头。这种防护性措施将减少振动器意外启动的危险。

（4）将闲置不用的振动器储存在儿童所及范围之外，并且不要让不熟悉振动器或对这些说明不了解的人操作振动器。振动器在未经培训的用户手中是危险的。

（5）保养振动器。检查运动部件是否调整到位或卡住，检查零件破损情况和影响振动器运行的其他状况。如有损坏，振动器应在使用前修理好。许多事故由维护不良的振动器引发。

（6）按照使用说明书，考虑作业条件和进行的作业来使用振动器、附件等。将振动器用于那些与其用途不符的操作可能会导致危险。

5）维修

将振动器送交专业维修人员，使用同样的备件进行修理。这样将确保所维修的振动器的安全性。

2．外部振动器安全规范

（1）不能在含有腐蚀性及爆炸性的空气中使用振动器。

（2）电源线路应有过载保护器，并装上性能可靠的三相漏电保护开关；如果同时使用两台及以上的振动器，则每台振动器都应安装过载保护器；所有的电路开关均要连接在一起，以便当一台振动器断开时，其余的振动器也同时断开。

（3）黄绿混色线为接地线，要正确接地。连接振动器的电缆需使用适合室外环境的电缆（比如 YCW 型）。

（4）振动器为全密封型，无故障时请不要随意拆开机器。严禁在端盖没有安装的状态下启动振动器。

（5）振动器的安装基础必须为整洁且具有足够刚度的加工面。安装基础与振动器底脚的接触面必须平直，振动器的底脚安放在振动机械的安装平面上以后，须用塞尺检查振动器底脚与安装平面之间的间隙（拧紧底脚螺栓之前），若间隙过大，必须检查原因并进行修正。

（6）建议使用 8.8 级（含）以上的 M10 螺栓固定振动器；应采用防逆螺母或双螺母、弹簧垫圈等锁紧防松。

（7）在每次启动振动器前，应确保振动器同底板的所有连接件处于紧固状态，并在整个运行期间内不会返松。

（8）振动器安装就位后，引出电缆不能与振动机体相碰或摩擦，电缆最好呈自然悬吊状态，自然悬吊的电缆长度以 300～500mm 为宜，自然悬垂部分弯曲半径在 500～700mm

之间。

（9）在振动器运行期间，应严禁使电缆与振动器机体接触，以防止摩擦导致电缆线绝缘破损。

（10）在对振动器进行拆卸或维护前，必须首先切断振动器同电源的连接；在振动器机体温度冷却到 35℃ 以下时才可以进行操作、维护。

（11）振动器的存放和安全控制必须由相关专业人员进行。

9.6.3 维护保养项目

混凝土振动器工作环境恶劣，各种零部件受到的振动冲击较大，要注意振动器的维护保养，以延长其使用寿命，保证混凝土浇筑质量及防止人身机械事故的发生。混凝土振动器的日常维护保养项目见表 9-11。

表 9-11 振动器日常维护保养表

保养内容			保养周期			
保养部位	保养项目	方法	每次使用后	第一个月或使用 100h 后	第三个月或使用 300h 后	第六个月或使用 600h 后
电动机	外壳清洁	清除污物及异物	√			
	电气检查	开关、电缆完好	√			
	轴承检查	清洗加油脂或更换				√
	绝缘检查	清除绕组污物，烘干				√
软管、软轴	表面清洁	表面清洁	√			
	插头伸出量检查	切除多余管轴		√		
	软轴加油	清洗后涂加油脂		√		
棒头组件	表面清洁	表面清洁	√			
	轴承检查	清洁或更换		√	√	
	油封检查	清洁或更换		√	√	
	O 形圈检查	清洁或更换		√	√	

9.7 常见故障及排除方法

混凝土振动器常见故障及排除方法见表 9-12 和表 9-13。

9.7.1　内部振动器

表 9-12　内部振动器常见故障

故障现象	故障原因	排除方法
电动机定子过热、温升过高	在空气中振动时间过长	停止振动,让其冷却
	定子受潮,绝缘电阻低	立即干燥
	负荷过大	检查原因,调整负荷
	电源电压过高、过低,或三相电压不平衡	检查测定,并进行调整排除
	线路连接不良	检查线路,重新连接
电动机发出明显电磁噪声,同时转速降低,激振力减小	定子铁芯叠片松动	应拆卸维修
	电动机单相运行	更换熔断器和修理断线处
电动机线圈烧毁	电动机过载	重绕定子线圈
	绝缘严重受潮	
	接线错误	
漏电	导线尤其开关盒处绝缘不良,漏电	用绝缘胶布重新包扎好
	定子线圈绝缘破坏	应检修线圈
开关冒火花,熔断器易断	线间短路或漏电	检查修理
	绝缘受潮、绝缘强度降低	进行干燥
	负荷过大	调整负荷
电动机轴承损坏,扫膛	轴承缺油	更换轴承
	轴承磨损导致损坏	
电动机旋转,软轴不旋转或缓慢转动	电动机转向与箭头相反	交换插头任意两相线
	防逆装置失灵	更换防逆装置
	软轴和滚锥之间的软轴接头没连接好	将软轴接头与滚锥连接好
	钢丝软轴扭断	更换软轴
	轴承损坏或滚锥与滚道间有油污(打滑)	更换轴承,清洁干净油污
	软管过长	依据软轴插头伸出量截取多余软管
振动棒起振有困难	电动机电压与电源电压不符	调整电源电压
	振动棒外壳磨穿或密封不良,漏入水泥浆	更换振动棒,或更换外壳密封部件
	行星式振动棒起振困难	摇晃棒头或将棒头对地面轻轻碰击
	滚锥与滚道间有油污	消除油污,必要时更换油封
	软管衬簧和钢丝软轴之间摩擦太大	更换更大功率驱动电动机
软管破裂	弯曲半径过小	割去一段重新连接或更换新的软管
	使用不当或使用时间过长	
振动棒轴承太热	轴承润滑脂过多或过少	相应增减润滑剂
	轴承型号不对,游隙过小	更换符合要求的大间隙轴承
	轴承外圈配合松动	更换套管
启动电动机,软管较为振手	软轴过长	依据软轴插头伸出量截取多余软轴
	软轴损坏,软管压坏	更换合适的软轴软管
有尖叫、杂音	棒内有杂物	清除杂物
	振动棒轴承损坏	更换轴承
滚道处过热	滚锥与滚道安装相对尺寸不对	重新装配

9.7.2 外部振动器

表 9-13 附着式振动器常见故障

故 障 现 象	故 障 原 因	排 除 方 法
不振动	偏心块紧固螺栓松脱	拆开端盖,拧紧螺栓,紧固偏心块
	电动机不通电	拆开接线盒,检查电路连接
振动不正常,有异响	连接螺栓松动或脱落	重新连接并紧固螺栓
	轴承有磨损	更换轴承
电动机过热	电动机外壳粘有灰浆,使散热不良	清除外壳黏覆物
	线路连接不良	再次检查电路连接

第10章

混凝土成套设备选型

10.1 概述

经过几十年的发展,我国混凝土机械已形成较大规模的生产能力,产品性能质量进一步得到提高,性能指标接近甚至超过国外同类产品。各种混凝土机械设备(以下简称混凝土设备)的种类和规格齐全,功能强大,除了一些大型或特殊设备外,常规产品已基本满足各种施工建设的需求。同时,国内各制造商结合工程建设实际需求,新产品的开发速度进一步加快,系列产品的规格和品种不断增加,加大了市场覆盖面,用户的选择范围也在不断扩大。面对如此丰富的混凝土设备种类和产品规格,如何合理选择混凝土成套设备、选择的基本原则是什么、应考虑哪些因素等诸多问题,现实地摆在广大用户的面前。本章的主要内容将从设备选型应遵循的基本原则出发,简要介绍混凝土成套设备的定义、选型基本原则、成套设备选型的基础知识、成套设备之间相互匹配关系以及综合选型案例,为用户在混凝土设备成套购置时提供建议和帮助。

10.2 定义与用户类型分析

10.2.1 定义

通常情况下,混凝土成套设备是指由混凝土搅拌站(楼)、混凝土搅拌运输车、混凝土泵、车载泵、混凝土泵车、混凝土布料机等各类混凝土设备相互搭配所组成的设备集合体。其显著的特点为:各类混凝土设备相互之间工作流程相互衔接,性能参数相互匹配,设备的综合效率达到最佳。此外,还具有综合性价比较好、适应范围广、针对性较强等特点。

当用户考虑混凝土成套设备采购时,需根据目前或将来的需求,了解各种设备的主要功能,掌握各种设备的主要性能参数,结合混凝土的适应范围和现场具体情况,按照选型原则和选型步骤,完成混凝土成套设备的合理配置,以达到最佳的设备综合使用效率和较好的性价比。

10.2.2 用户类型

根据相关混凝土成套设备采购案例及众多工程项目建设所需混凝土成套设备配置情况的汇总分析,不同类型用户在混凝土成套设备选型的定位上有较大差别,主要用户类型包括以下几种。

1. 商品混凝土公司

目前,商品混凝土公司大多以商品混凝土供应为主,立足于城市周边,为城市的基础设施和房地产开发提供预拌混凝土。在混凝土设备成套选购时,要以混凝土搅拌站(楼)为设备配置重点,混凝土搅拌运输车则根据混凝供应范围以及混凝土搅拌站（楼）的生产能力配置相应的规格和台数，而混凝土泵、车载泵（简称车载泵）、混凝土泵车则需根据公司的经济实力，按照项目工地可能存在的各种需求而酌情配置。总之，由于商品混凝土公司面对的客户众多，所需混凝土的标号也各不相同，运距也千差万别，供货时间、泵送要求均有不同要求，混凝土设备成套配置必须结合公司自身的实力，并结合当地的实际情况，再进一步落实各种设备的型号规格及数量的合理配置来满足市场的要求。

2. 混凝土设备租赁公司

专业化的特质决定了混凝土设备租赁公司设备配置特点，其混凝土成套设备以同类设备多种规格及台数的合理配置较为理想。目前，混凝土设备租赁公司绝大部分以混凝土泵送为主，大型混凝土设备租赁公司均配置型号各异、数量不等的混凝土泵、车载泵、混凝土泵车等，其中混凝土泵车和车载泵为设备配置重点。中小型混凝土设备租赁公司则以混凝土泵、车载泵为配置重点，而混凝土泵车少量配置或无配置。

3. 预制构件混凝土工厂

预制构件混凝土工厂主要生产各类混凝土管道、楼板、墙体等混凝土产品，其混凝土成套设备以混凝土搅拌站（楼）、混凝土运输线、混凝土成型及混凝土养护设备为主。一般情况下，混凝土搅拌站（楼）紧靠预制构件生产车间，混凝土运输线及时将混凝土搅拌站（楼）卸出的混凝土输送至混凝土成型设备，不需额外配置混凝土搅拌运输车。

4. 公路、铁路预制梁厂

公路、铁路预制梁厂通常沿着公路、铁路的线路集中布点设置。根据《京沪高速铁路桥涵用高性能混凝土技术条件》的要求，预制梁所需混凝土均为高性能混凝土，并且要求预制梁混凝土浇筑必须在规定时间内完成。其混凝土成套设备以混凝土搅拌站、混凝土搅拌运输车、混凝土泵、混凝土布料机为主。其中，混凝土搅拌站必须满足生产高性能混凝土的要求，混凝土泵的性能要求也需满足高性能混凝土的泵送要求，混凝土布料机的布料范围则必须满足大型预制梁全覆盖。

5. 大型水电站工程

大型水电站以大坝的建设为主，混凝土成套设备的配置有其独特性。由于大坝建筑所需的碾压混凝土是一种坍落度几乎为零的超干硬性混凝土，其施工设备与常规混凝土完全不同，无论从搅拌、运输、浇筑等各方面均不相同。在水电大坝施工时，碾压混凝土采用三级配，最大骨料粒径可达 180mm，同时，对混凝土的入模温度也有严格要求，混凝土的搅拌生产必须采用大型水工混凝土搅拌楼，并配置大型制冰、制冷设备。混凝土的输送则采用自卸卡车或塔带机，其平整使用推土机，振实用碾压机。常规的混凝土设备已完全不适用于碾压混凝土。

10.3 选型原则

混凝土成套设备选型应遵循以下基本原则。

10.3.1 生产适用

生产适用是指所选购的混凝土成套设备与项目建设或生产发展等需求相适应。

混凝土设备广泛应用于铁路、公路、桥梁、隧道与地下工程、地铁与城市轨道交通、市政、环保、水利电力、机场、港口、矿山、工业与民用建筑等各领域，针对不同的混凝土特性、混凝土施工工艺、现场条件以及施工组织方式，混凝土设备的选择和配套均有较大的差异。因此，在选购混凝土成套设备时，首要的任务是弄清混凝土特性及施工要求，并根据施工现场的具体情况，结合施工组织方式，才能正确选择相应的混凝土成套设备，并使各种混凝土设备间合理搭配，相互协调地完成混凝土的施工要求。

分析混凝土设备生产适用性时,一般可从混凝土特性、项目施工要求以及各种设备的主要性能及技术参数,同时兼顾混凝土设备的可靠性、维护性、安全性、环保性等几个方面着手。

10.3.2　技术先进

技术先进是指在满足生产需求的前提下,各种混凝土设备的技术性能指标保持先进水平,以利于提高产品质量和延长其技术寿命。

技术先进性是指混凝土设备能够反映当前科学技术先进成果,在主要技术性能、自动化程度、结构优化、环境保护、操作条件、现代新技术的应用等方面具有技术上的先进,并在时效性方面能满足技术发展要求,因而,先进是指在一定条件下、一定时期的先进。混凝土机械设备的技术先进性是实现混凝土生产现代化所具备的技术基础。但先进是以生产作业适用为前提,以获得最大经济效益为目的,绝不是不顾现实条件和脱离混凝土生产作业的实际需要而片面地追求技术上的先进。同时,切记要防止购置技术落后、已被淘汰的机型。

经过多年的高速发展,混凝土机械通过引进、消化、吸收国际先进技术,在国家产业政策和宏观形势的共同作用下,混凝土机械行业得到了全面的发展,我国的混凝土机械与国际先进技术保持着同步发展水平。在混凝土机械设备的自检测、自保护、自调整以及多传感技术、恒功率控制技术、减振控制技术、新材料应用技术、节能环保技术、GPS定位技术、信息管理技术等诸多方面均得到了广泛应用。国产混凝土机械设备的可靠性和适应性都有了较大的提高,产品质量与国际间的差距已很小。因此,目前混凝土机械最新推出的新产品大多含有了成熟、可靠的新技术和新工艺,选购最新推出的新产品也不失为追求技术先进的有效方法。随着时间的推移,新技术也将不断变化,只有通过不断追踪和掌握相关信息,结合

生产作业适用原则,才能真正体现设备的新技术为实际生产带来的高性能、高效率、高质量和环保节能等方面的先进性。

10.3.3　经济合理

经济合理是指混凝土成套设备购置综合费用合理,使用过程中耗费较少,维护费用较低,成本回收期较短,即混凝土设备的寿命周期内使用成本低、性价比高。它不仅是一次购置费用不高,更重要的是设备的使用费用低。任何先进混凝土机械设备的使用都受着经济条件的制约,低成本是衡量混凝土设备技术可行性的重要标志和依据之一。在大多数情况下,混凝土机械设备技术先进性与低成本可能会发生矛盾。但在满足使用的前提下应对技术先进与经济上的耗费进行全面考虑和权衡,做出合理的判断,这就需要进一步做好成本分析。

混凝土机械设备成本费用主要有原始费用和运行费用两大部分。原始费用是购置设备发生的一切费用,它包括设备购置价格、运输费、安装调试费、备品备件购置费、人员培训费等,运行费用是维持设备正常运转所发生的费用,它包括间接或直接劳动费用、服务与保养费用、能源消耗费用、维修费用等。在配置和选择混凝土设备时,需要同时考虑这两部分费用支出。然而,在实际中,许多时候往往只注意了混凝土机械设备的原始费用,而忽略了混凝土机械设备的运行费用。结果,造成混凝土机械设备整个寿命周期费用高,投资增大。有些混凝土机械设备原始费用比较低,但其能源消耗量大、故障率高、维修费用高,导致了运行成本很高。相反,有些混凝土机械设备的原始费用高,但其性能好、消耗小、维修费用低,因而运行成本较低。因此全面考查混凝土机械设备的价格和运行费用,选择整个寿命周期费用低的混凝土机械设备,才能取得良好的经济效益。此外,为完成某种轻量级工作而购买价格昂贵的重量级混凝土机械设备,或选

用使用寿命不长的混凝土机械设备,或非标准混凝土机械设备,都可能会带来经济上的不合理。

10.3.4　其他方面

在满足混凝土成套设备选型应遵循的基本原则的前提下,混凝土设备的可靠性、维护性、安全性、操控性、环保性和节能性等方面也不能忽视。

1. 混凝土设备的可靠性和维护性

在满足混凝土特性及项目施工要求和拟定设备规格、数量配置的前提下,设备的可靠性和维护性对于提高生产效率、保障生产持续进行和安全运行维护将起到重要的作用。在考虑设备的可靠性和维护性时,首先应对设备制造企业生产同类产品的历史要了解清楚,若没有 3～5 年同类产品生产制造经验,其设备的可靠性就值得怀疑,同时,还需了解该企业同类产品年销售量、市场占有率以及客户的使用感受情况,掌握这些信息后,其设备的可靠性均可在这些信息中侧面体现。

设备的维护性对于设备一旦发生故障后能方便地进行维修和处理问题至关重要。一般情况下,设备的维护性可从以下几个方面衡量:

(1) 技术图纸及资料齐全:便于维修人员了解工作原理和设备结构。

(2) 结构设计合理:设备总体结构布局合理,各零部件和结构易于接近、检查和拆装。

(3) 标准化、组合化原则:设备尽可能采用标准零部件和元器件,便于拆解、组合与更换。

(4) 状态监控与故障报警:设备配置了自动检测有关部件的温度、压力、电流以及各种状态参数和动态信号等。今后,具有故障自动诊断、报警的功能将成为设备的重要内容之一。

2. 混凝土设备的安全性和操控性

混凝土设备的安全性和操控性关系到安全生产和操作便利。安全性是指混凝土设备在使用过程中保证人身和货物安全以及环境免遭危害的能力,它主要包括混凝土设备最基本的安全防护设计装置以及自动控制性能、自我保护性能以及对误操作的防护和警示装置等,并符合相关安全法规和安全规则的要求。为此,客户在选购混凝土成套设备时,应对设备相关安全法规和安全规则有所了解,并关注混凝土设备的安全防护设计和装置,做到心中有数。此外,通过检查和了解混凝土设备的各种安全认证标志,能够更加确认设备所能达到的安全标准并有效地防范安全风险。例如:贴有"CE"安全合格认证标志的设备,其含义为:该产品已通过相应的评定程序,符合欧盟指令规定的安全要求,其安全要求涉及机械、液压、电气、气动等各方面。对于未取得相关安全认证的产品,就需了解和咨询设备相关安全设计和装置的详细情况,尤其要重点关注涉及人身安全操作和使用时的安全装置的配置和设计。

混凝土设备的操控性属人机工程学范畴内容,总的要求是方便、可靠、安全,符合人机工程学原理,通常要考虑的主要事项为:操作机构及其所设位置应符合一般体型操作者的要求,充分考虑操作者生理限度,在规定的操作时间内体能限度可承受的操作力、活动节奏、动作速度、耐久力等,同时,设备还要有利于减少操作者精神疲劳的要求,例如,设备的控制信号、油漆颜色、危险警示等尽可能地符合绝大多数操作者的生理和心理要求。

3. 混凝土设备的环保性和节能性

随着国家对环境保护的日益加强,国家对水污染防治、大气污染治理、固体废物处理处置、噪声与振动控制等各方面法规和要求正在不断地完善和提高。目前,工程机械已成为汽车业界环境影响之后的第二大污染源,工程机械产生的废气、粉尘、污水及固体废弃物的排放问题也日益严重。因此,为了实现低碳、绿色、智能、健康,尽到企业对社会应尽的责任,混凝土成套设备的选购必须将环保、节能的要素一并加以考虑。一般情况下,设备的环保、节能性可从绿色环保、噪声控制、降低能耗、提高效率等方面加以考虑。

10.4　选型基础知识

混凝土成套设备中的各种设备按类别分为搅拌类、运输类、泵送类、其他类等四大类，每一类设备中又细分许多小类，而每小类中又由各种产品规格所组成。因此，在混凝土成套设备选型配置过程中，首先必须了解各大类产品的技术特征，遵循选型的基本原则，按照选型的基本步骤，从混凝土特性、施工要求，结合产品性能等方面完成混凝土成套设备的选型工作。

10.4.1　混凝土搅拌类设备

混凝土搅拌类设备为混凝土成套设备中的龙头产品，由于搅拌类设备密切贴近现场实际生产工艺，因此搅拌类设备的结构变化非常多，客户对搅拌类设备的选型尤为困难，非专业人士很难合理地正确选择产品。搅拌类设备主要功能为按配比要求进行混凝土的拌合，该类设备又可划分为两类：混凝土搅拌站、混凝土搅拌楼。其主要区别要素及适用范围见表10-1。

表 10-1　混凝土搅拌类设备主要区别要素及适用范围

混凝土搅拌类	特征要素	适用范围	主要优劣势
混凝土搅拌站	组代号：HZ	商混及工程项目	成本低、易搬迁、效率低
混凝土搅拌楼	组代号：HL		较环保、难搬迁、效率高

通常情况下，生产场地长期固定，环境要求相对较严格，可投入资金较雄厚，则选择混凝土搅拌楼较为合适。混凝土搅拌楼采用砂石料一次提升，砂石的配料在搅拌机上方完成并直接投入主机，节省了砂石料二次提升所需时间，生产效率要高于同规格的混凝土搅拌站。此外，砂石料的存储、配置、投料均在密闭环境中，有效地减少了砂石粉尘的外泄和噪声产生，环保性能也要优于混凝土搅拌站。混凝土搅拌楼示意图如图10-1所示。

混凝土搅拌站的应用较混凝土搅拌楼更为广泛，变化形式更为丰富。固定式、拆装式、移动式的混凝土搅拌站均在各种不同的工地和生产场地出现，混凝土搅拌站以其灵活方便、经济实用的优势满足了各种混凝土施工生产的需求。但混凝土搅拌站采用的砂石料二次提升方式、计量后的砂石料需通过皮带或料斗再次提升至搅拌机，物料流程线路加长，生产周期也将延长，生产效率较混凝土搅拌楼有所降低，同时，砂石的配料、再次提升、投料均无法在完全密闭的环境中进行，造成的粉尘污染和噪声均比搅拌楼严重。各种变化形式的混凝土搅拌站如图10-2～图10-5所示。

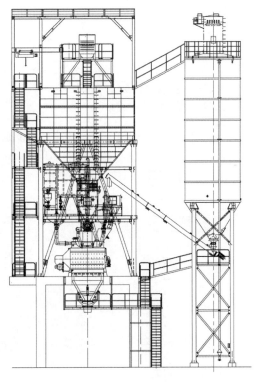

图 10-1　混凝土搅拌楼

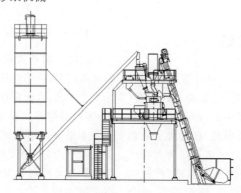

图 10-2　混凝土搅拌站（提升斗上料）

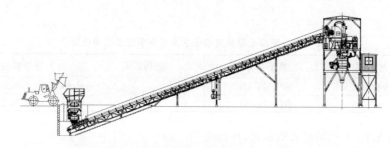

图 10-3　混凝土搅拌站（斜皮带机上料）

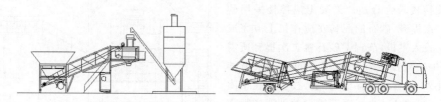

图 10-4　移动式混凝土搅拌站

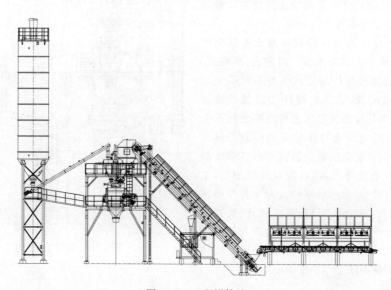

图 10-5　工程搅拌站

由于公司规模较大或工程项目的需要，单台搅拌设备往往不能满足混凝土供给需求，这时可以选择双机搅拌站或多台搅拌设备，常见双机搅拌站布置形式如图 10-6～图 10-8 所示，可根据场地情况和生产实际需要进行配置。

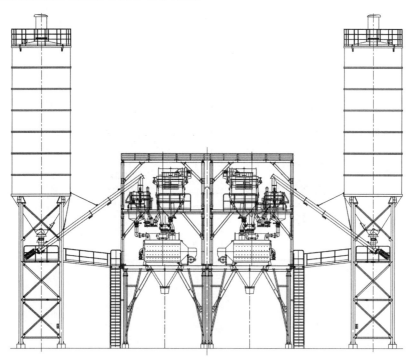

图 10-6　双机搅拌站（常见形式）

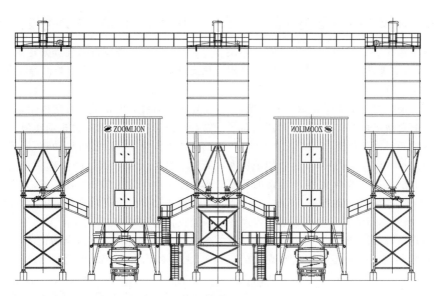

图 10-7　双机搅拌站（共用粉仓）

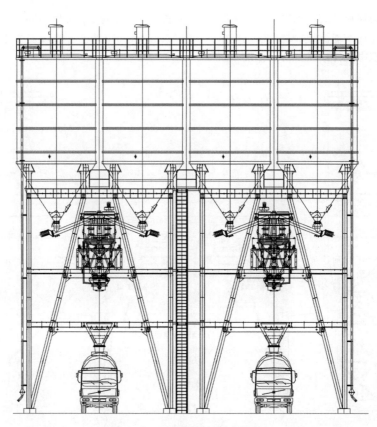

图 10-8　双机搅拌站(粉仓顶置)

10.4.2　混凝土运输类设备

混凝土运输类设备专用于运送成品混凝土,该类设备主要为混凝土搅拌运输车,在混凝土运输类设备中,类别没有再划分。某些混凝土搅拌运输车附加了皮带机或布料臂架,产品不仅含有道路运输主要功能,同时还具备了工地现场的布料辅助功能。

混凝土搅拌运输车类别单一,适用范围基本一致,因此,混凝土搅拌运输车选购的要素也较简单,首先落实罐容规格(搅动容量)大小,其次了解所选用的汽车底盘即可。混凝土成套设备选型时,还需额外考虑混凝土搅拌站(楼)主机规格与混凝土搅拌运输车规格的匹配关系。混凝土搅拌运输车示意图如图 10-9所示。

10.4.3　混凝土泵送类设备

混凝土泵送类设备属现场泵送施工设备,该类设备产品众多,主要分为混凝土泵、车载泵、混凝土泵车等三类产品。混凝土泵的主要工作特点为设备位置基本长期固定、需现场布管、设备转移时需借助其他机动车辆。车载泵的主要工作特点为设备可机动转场,但需现场布管。混凝土泵车则在设备转场和混凝土布料两方面均可借助自身装置完成,为混凝土施工提供了极大的灵活机动性。因此,在混凝土成套设备选型时,应根据实际生产的需要并结合各地施工项目的特点,合理配置并相互搭配,充分发挥混凝土泵、车载泵、混凝土泵车等产品的使用特点,全面满足生产及施工的需要。混凝土泵、车载泵、混凝土泵车等三类设备其主要适用范围及优劣势见表 10-2。

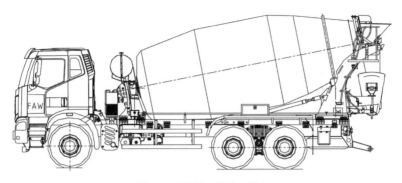

图 10-9　混凝土搅拌运输车

表 10-2　混凝土泵送类设备主要适用范围及优劣势

混凝土泵送类	适 用 范 围	主 要 优 劣 势
混凝土泵	高层、长距泵送、固定位置工作	成本低、泵送压力高、需布管、无机动性
车载泵	高层、长距泵送、机动转场	成本高、泵送压力高、需布管、机动性好
混凝土泵车	低层、短距泵送、自动布料、机动转场	成本很高、泵送压力低、可自动布料、机动性好

1. 混凝土泵

混凝土泵由于泵送压力高,特别适用于高层建筑及远距离泵送。针对各种不同的施工场地条件和混凝土的特性选型,混凝土泵按泵阀结构方式可分为S管阀式与闸板阀式;按动力驱动方式可分为电动机驱动与柴油机驱动。

一般情况下,在选择混凝土泵时,首先应按泵阀结构方式选择,原因就在于泵阀结构方式的不同取决于混凝土的特性及泵送施工要求,即满足生产适用性要素原则。S管阀与闸板阀混凝土泵性能特点及主要适用范围见表 10-3。

表 10-3　S管阀与闸板阀混凝土泵性能特点及主要适用范围

泵阀形式	性能特点	适用范围
S管阀混凝土泵	泵送压力高、效率高	普通混凝土或高强混凝土,高层、长距泵送
闸板阀混凝土泵	泵送压力低、效率低	骨料规格较差配置的混凝土,短距泵送

确定泵阀结构方式后,如何选择动力驱动方式并最终确定混凝土泵可从以下几个方面考虑:

(1) 经济性:混凝土泵(电动机)的使用较经济,当工地电源满足泵送施工要求时,则优选电动机驱动方式。

(2) 环保性:混凝土泵(电动机)的环保性要优于混凝土泵(柴油机),它既没有废气的排放,也没有很大的噪声产生,因此,从环保角度考虑,也应优选混凝土泵(电动机)。

而混凝土泵(柴油机)因动力输出较大,一般适合于超高压泵送的需求,此外混凝土泵

(柴油机)在一些电网负载不足或根本无电力供应的野外施工场地则能较好地满足施工要求。

各种形式的混凝土泵示意图如图 10-10～图 10-12 所示。

2. 车载泵

车载泵与混凝土泵的泵送性能基本相同,同样适用于高层建筑及远距离泵送,此外,由于车载泵的机动性较好,在车载泵与混凝土泵之间选择时,当设备需要频繁地在不同的工地来回转场工作时,选择车载泵就较为合适。目前国内许多商品混凝土公司和设备租赁公司

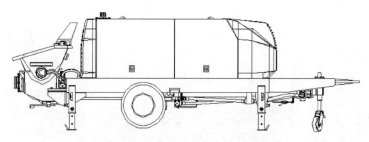

图 10-10　混凝土泵(电动机、S 管阀)

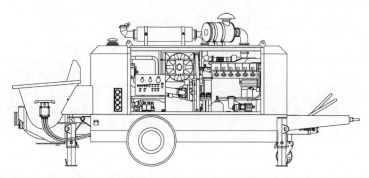

图 10-11　混凝土泵(柴油机、S 管阀)

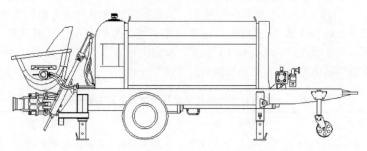

图 10-12　混凝土泵(电动机、闸板阀)

已经由过去以混凝土泵配置为主逐渐过渡到以车载泵配置为主,其主要原因就在于这类公司需面对众多客户,施工场地遍布各个角落,车载泵较好的机动性能正好适应场地变换的要求。

由于闸板阀的泵送压力低,并且车载泵的使用者大多为商品混凝土公司和设备租赁公司,因此,目前市场所提供的车载泵均采用泵送压力较高的 S 管阀的形式,没有其他的选择。但在动力驱动方式方面,车载泵有以下两种动力驱动方式。

(1) 单动力(柴油机)驱动方式:设置独立

的柴油机,为泵送提供动力输出。示意图如图 10-13 所示。

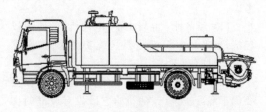

图 10-13　车载泵(单动力)

(2) 双动力(底盘动力＋电动机)驱动方式:设置独立的电动机,为泵送提供动力输出,或通过分动箱,实现底盘动力为泵送和行驶提供动力输出。示意图如图 10-14 所示。

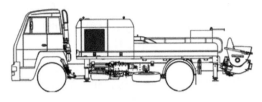

图 10-14 车载泵(双动力)

采用双动力驱动方式的车载泵既能在电力有保障的施工现场更经济地使用,也可满足在无电力供应的施工现场工作,因此,双动力车载泵的经济性和适用性要高于单动力车载泵。

3. 混凝土泵车

混凝土泵车(见图 10-15)以其灵活机动的布料方式和转场自行驶功能,在各种混凝土泵送施工现场已越来越多地得到应用,而随着布料臂架长度的不断增加以及臂架折叠方式和支腿支承方式的多样化,混凝土泵车的适用范围愈加广泛,工作效率也愈加得到提高。因此,混凝土泵车的选择首先应围绕臂架长度为主线,了解混凝土泵车工作范围图的含义,并结合施工对象的实际情况,辅以臂架折叠方式、支腿支承方式来完成混凝土泵车的正确选择。

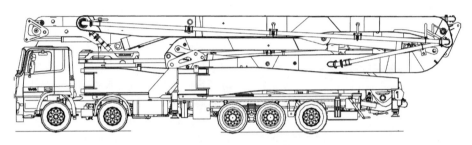

图 10-15 混凝土泵车

在混凝土泵车工作范围图(见图 10-16)中,直观地展现了混凝土泵车最大布料高度、最大布料半径、最大布料深度以及支腿跨距等重要数据,因此,在混凝土泵车的选型分析时,理解和正确掌握工作范围图的各种数据,并逐项落实到实际工作需求,才能把握混凝土泵车选型大方向。同时,由于混凝土泵车价值高,在选型时应着眼于高起点,以满足更多的施工方案和施工范围的要求。

目前,混凝土泵车产品的变化和演变基本都是围绕臂架长度、臂架折叠方式以及支腿支承方式这几个方面。

根据臂架总长度,可分为 3 节臂、4 节臂、5 节臂、6 节臂、7 节臂等,折叠方式依据臂节数和展臂性能,通常有以下三种形式。

(1) R 型:依次按同向顺序折叠,R 型臂架折叠方式适用于短臂架混凝土泵车,混凝土泵车开始工作或结束工作时臂架需依顺序展开

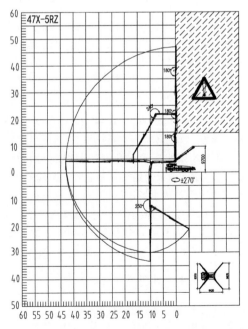

图 10-16 混凝土泵车工作范围图

或收拢,臂架的展、收时间较长,但收拢后臂架占用空间较合理。

(2) Z 型:依次按反向顺序折叠,Z 型臂架折叠方式也适用于短臂架混凝土泵车,混凝土泵车开始工作或结束工作时臂架可同时展开或收拢,臂架的展、收时间较短,但臂架占用空间受较多限制。

(3) RZ 型:臂架起始端依次按同向顺序折叠,臂架尾端则依次按反向顺序折叠,RZ 型折叠方式适用于长臂架混凝土泵车,该方式综合了 R 型、Z 型臂架折叠的优点,实现了长臂架在有限空间内的合理布置,同时,折叠的臂架尾端通过反向折叠又实现尾端臂架同时展开或收拢,提高了工作效率。

混凝土泵车臂架折叠方式如图 10-17～图 10-19 所示。

图 10-17　R 型臂架折叠

图 10-18　Z 型臂架折叠　图 10-19　RZ 型臂架折叠

混凝土泵车的支腿支承方式目前主要有三种形式:摆动式支腿、X 型伸缩式支腿、SX 弧形伸缩式支腿。各种支腿支承方式的特点分别如下:

(1) 摆动式支腿:占地面积大,稳定性较佳,结构简单,维护方便,比较适应于较开阔的施工场地。

(2) X 型伸缩式支腿:使用性能与摆动伸缩式支腿相近,工况适应性强,带单侧支承的 X 型支腿适用于狭小场地施工。

(3) SX 弧形伸缩式支腿:使用性能与 X 型伸缩式支腿相近,工况适应性强,带单侧支承的 SX 弧形支腿适用于狭小场地施工。

10.4.4　其他类产品

在这类混凝土设备中,主要涉及各类建设工程所使用的混凝土施工机具,诸如混凝土布料机、混凝土摊铺机、混凝土塔带机等。混凝土摊铺机一般应用于公路建设项目,混凝土塔带机则应用于水电大坝建设项目,而混凝土布料机在桥梁、市政、工业与民用建筑等各领域建筑施工中均可发挥作用,应用领域也更为广泛,本节仅介绍混凝土布料机。

混凝土布料机通常与混凝土泵、车载泵配套使用,混凝土布料机的输送管路与混凝土泵、车载泵的出口相连接,通过混凝土泵、车载泵将混凝土沿布置的管路及布料臂上的管路输送到指定位置以完成混凝土浇筑。混凝土布料机一般按塔身的结构形式分为两类:塔式混凝土布料机和管柱式混凝土布料机。

混凝土布料机的选型要素在于布料范围的确定及与建筑物适应性的要求。因此,混凝土布料机的选择首先应围绕臂架长度为主线,了解混凝土布料机工作范围图的含义,并结合施工对象的实际情况,辅以混凝土布料机的塔身结构形式和安装方式来完成混凝土布料机的正确选择。

在混凝土布料机工作范围图中(见图 10-20),直观地展现了混凝土布料机最大布料半径、最大布料高度、最大布料深度等重要数据,因此,在混凝土布料机的选型分析时,应理解和正确掌握工作范围图的各种数据,并结合建筑物的建筑高度、混凝土布料机的塔身结构形式及固定方式是否适应实际工作需求。

目前,混凝土布料机产品的变化和演变基本都是围绕臂架长度、塔身的结构形式这两个

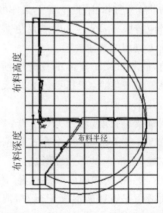

图 10-20　混凝土布料机工作范围图

方面。塔身的结构形式通常有以下两种形式。

（1）管柱式：塔身的结构形式为实腹式结构，可在楼面和电梯井中安装并采用内爬式或壁挂式的形式，如图10-21所示。

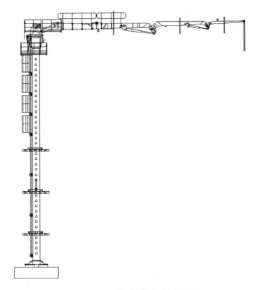

图10-21 管柱式布料机图

（2）塔式：又称"格构式"，塔身的结构形式在承受相同外载荷的情况下，将材料的利用率达到了最大化。一般适用于独立高度较高的施工，通过采取附墙的方法，还能进一步提高塔身高度，如图10-22所示。

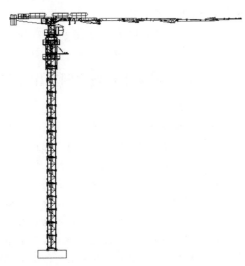

图10-22 塔式布料机

通常情况下，在选择混凝土布料机时，首先应根据布料范围需求，确定布料臂的臂架长度和臂节数，然后，再按建筑物的建筑高度和混凝土布料机的安装方式来确定混凝土布料机塔身的结构形式。塔式混凝土布料机一般适应于100m以下的建筑施工，并通过顶升机构实现混凝土布料机的自升高，而管柱式混凝土布料机则需利用建筑物的楼面或电梯竖井安装固定，可随建筑物的高度而不断升高，更适用于超高层的建筑施工。

10.5 选型技术分析

在混凝土成套设备选型工作中，首先必须遵循生产适用的基本原则，围绕施工项目中的混凝土特性、生产要求和施工特点分别研究每种设备的生产适用性，在此基础上，再结合各设备的主要技术参数，通过详细的分析与计算而确定设备规格、设备台数并使相互间协调工作。因此，混凝土搅拌类、混凝土运输类、混凝土泵送类、其他类等设备首先均要满足各自的混凝土特性、混凝土产能、混凝土施工等要求，其次，从混凝土特性、混凝土配置原材料以及混凝土在搅拌、运输、泵送、布料流程中的各种生产要求入手，才能正确把握成套设备合理配置的大方向。

10.5.1 混凝土设备与混凝土特性相适应

目前，混凝土的种类繁多，仅按使用部位、功能和特性通常可分为普通混凝土、水工混凝土、耐热混凝土、耐酸混凝土、防辐射混凝土、补偿收缩混凝土、防水混凝土、自密实混凝土、纤维混凝土、聚合物混凝土、高强高性能混凝土、碾压混凝土等。面对各种混凝土的特性和施工要求，设备的性能能否满足设计需要，设备能否适应混凝土特性的要求等问题都值得研究。在此，仅以个别有代表性的混凝土来论述混凝土设备选型与混凝土特性相适应并展开简要说明。

1. 普通混凝土

普通混凝土是目前用量最大、涉及面最广的一种常规混凝土,广泛应用于公路、隧道、轨道交通、市政、机场、矿山、工业与民用建筑等各领域。目前,各种混凝土常规设备均基本适应普通混凝土的特性要求,在选择混凝土成套设备时,混凝土特性对设备的要求可以不做重点要素考虑,而应从各地区的实际情况出发,重点考虑混凝土原材料的特点、混凝土的需求对象、服务区域、自身业务盈利模式等要素,同时,结合当地的地貌、气候和具体项目特点、现场情况、施工进度和要求等具体施工要求,来完成混凝土成套设备的配置采购。

我国地域辽阔,各地区间的差异较大,地质、地貌、气候等自然环境各具特色,普通混凝土的生产也会随之发生较大变化。混凝土的生产原材料、混凝土运输的道路情况、混凝土施工季节要求、混凝土施工项目等方面均会影响混凝土设备的使用性能,某些极端的条件下,甚至也会造成设备无法正常使用,如北方冬季施工,还需配备锅炉、电热管等加热装置,采取管路包裹石棉、楼内安装暖气片等保温措施。所以,即使面对普通混凝土的生产,当成套选购混凝土设备时,也必须从以上所涉及的各个方面综合考虑,以免造成损失。

2. 高强高性能混凝土

高强高性能混凝土是混凝土技术的一个重要发展方向,耐久性、高强度、变形小为其重要特点,非常适用于现代工程结构向大跨度、高耸、重载以及承受恶劣环境条件的方向发展。目前,高铁专线、跨江跨海特大桥、超高建筑均已普遍采用高强高性能混凝土。常规混凝土相关设备如不加以改进提升,面对高强高性能混凝土将无法适应,甚至无法正常工作。

针对高强高性能混凝土的特性,混凝土从原材料、生产工艺、浇筑、养护等各方面均有特殊要求,因此,混凝土设备的性能和要求也随之发生变化,搅拌类、泵送类设备表现尤为突出。

搅拌类设备在生产高强高性能混凝土时,有三个方面需适应混凝土特性需求:

(1)骨料配制:所有骨料配制均采用单独计量方式,不允许采用累计计量方式。

(2)搅拌工艺:采用先搅拌砂浆(砂+粉料+水),之后再投大骨料的搅拌工艺。

(3)搅拌周期:搅拌周期是普通混凝土搅拌的一倍以上,生产效率需折半计算。

泵送类设备在输送高强高性能混凝土时,有两个方面需适应混凝土特性需求:

(1)设备动力:需配置更高的动力以满足高泵送压力时的输送量。

(2)输送效率:输送阻力是普通混凝土的一倍以上,输送效率需打折计算。

(3)高强高性能混凝土的运输仍可采用混凝土搅拌运输车,与常规混凝土的运输没有特别差异。

3. 碾压混凝土

碾压混凝土常用于大体积混凝土结构,诸如水工大坝、大型基础、机场跑道等,是一种坍落度几乎为零的超干硬性混凝土。碾压混凝土的施工设备与常规混凝土完全不同,在搅拌、运输、输送、浇筑等各方面均不相同。在水工大坝项目施工时,碾压混凝土采用三级配,最大骨料粒径可达180mm,同时,对混凝土的入模温度也有严格要求,混凝土的搅拌生产必须采用大型水工混凝土搅拌楼,并配置大型制冰、制冷设备。混凝土的输送则采用自卸卡车或塔带机,其平整使用推土机,振实用碾压机。常规的混凝土设备已完全不适用于碾压混凝土。

10.5.2 混凝土设备之间工作匹配

常规混凝土生产流程为:搅拌→运输→泵送→布料→振捣→养护等,混凝土设备的相互协调工作也应符合常规混凝土生产的流程。当混凝土生产流程发生变化时,混凝土设备的相互工作匹配也将随之发生改变,为适应这种变化,各种设备或多或少需在常规设计的基础上进行相应的改变,因此,针对非常规混凝土生产流程,当选择成套混凝土设备时,应了解常规混凝土生产流程,并分析未来所面临的情况是否属非常规,面对非常规混凝土生产流程,搞清设备又该如何改变等这些问题将有益于混凝土成套设备的合理配置。

1. 搅拌设备与运输设备工作匹配

混凝土搅拌类设备与运输类设备直接关联符合常规混凝土生产流程,因此,在相关混凝土搅拌站(楼)、混凝土搅拌运输车的产品国家标准中,也各自作出了规定。在混凝土搅拌站(楼)的产品国家标准中,对卸料高度有明确规定,即混凝土搅拌站(楼)的卸料高度应根据运输车辆的类型确定,用混凝土搅拌运输车时,卸料高度不应小于3.8m。而在混凝土搅拌运输车的产品国家标准中,规定了混凝土搅拌运输车进料口距地高度不大于3.8m。如此,通过国家标准的制约,混凝土搅拌站(楼)与混凝土搅拌运输车的工作匹配基本可以得到保证,无须客户格外考虑,如图10-23所示。

（2）混凝土搅拌站(楼)的出料口距地高度必须适合泵送设备接料斗高度尺寸,同时,为防止混凝土的分层离析,出料口还需配置集料斗或卸料槽等装置。

为了满足混凝土搅拌站(楼)更广的适应性,使混凝土搅拌站(楼)既能与混凝土搅拌运输车正常工作匹配,又能满足与泵送设备的工作匹配,可将混凝土搅拌站(楼)出料口配置的集料斗、卸料槽等机构设计成可移动、可旋转的方式,以满足多工况的实际需要。

图10-24所示的搅拌类设备与泵送类设备的工作匹配方案在武(汉)—广(州)、京(北京)—津(天津)、武(汉)—合(肥)等客运专线预制梁场得到广泛应用。

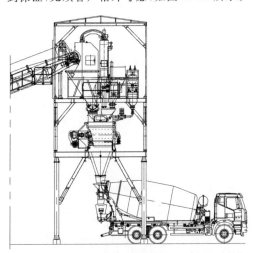

图10-23 搅拌类设备与运输类设备工作匹配图

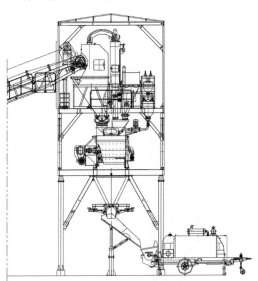

图10-24 搅拌类设备与泵送类设备工作匹配图

2. 搅拌设备与泵送设备工作匹配

混凝土搅拌设备与泵送设备直接关联并不多见,只有在一些大型现场施工项目、高铁预制梁厂等会出现如此生产匹配。当这种情况出现时,搅拌设备均直接紧邻施工作业现场,通过搅拌设备与泵送设备直接关联(见图10-24),可节省中间的运输环节。当采用这种生产匹配时,需关注以下几个方面:

（1）混凝土搅拌站(楼)的位置在设置时应控制在可泵送到位的距离范围内。

3. 运输设备与泵送设备工作匹配

混凝土运输设备与泵送设备直接关联符合常规混凝土生产流程,在混凝土搅拌运输车、混凝土泵、车载泵、混凝土泵车的产品国家标准中,也各自作出了规定。在混凝土搅拌运输车产品国家标准中,卸料高度可调并适应相关泵送设备;出料速度设置也可调,以适应相关泵送设备的泵送速度。因此,混凝土搅拌运输车与混凝土泵、车载泵、混凝土泵车的工作匹配基本可以得到保证,无须客户格外考虑。

4．泵送设备与布料设备工作匹配

泵送设备与布料设备可合二为一（混凝土泵车）或各自独立。利用混凝土泵车可同时实现泵送和布料工作，效率高且机动灵活。但混凝土泵车布料臂架长度有限，许多高层建筑的泵送和布料还是需要依靠混凝土泵（车载泵）+混凝土布料机的方式进行。当混凝土布料机的输送管路与混凝土泵（车载泵）的出口相连接时，通过混凝土泵（车载泵）的泵送就可将混凝土沿布置的管路及布料臂上的管路将混凝土输送到指定位置以完成混凝土浇筑。理论上，只要混凝土具有可泵性并能在管路中较好地流动，均可使用混凝土泵（车载泵）+混凝土布料机的方式来完成混凝土的泵送和布料。

10.5.3 成套设备主要技术参数选择及匹配分析

混凝土设备中的混凝土搅拌站（楼）、混凝土搅拌运输车、混凝土泵、车载泵、混凝土泵车、混凝土布料机产品型号规格已非常齐全，基本能够满足各种施工建设的需求。当成套选购设备时，各种混凝土设备在满足混凝土特性要求的前提下，还需进一步了解和掌握设备规格、设备型号及主要技术参数具体含义，并根据发展的需要，从本地区的实际情况出发，结合当地混凝土原材料情况、混凝土的需求对象、混凝土服务区域以及区域地貌与气候、施工项目等具体特点，最终确定设备的型号和设备数量，完成混凝土成套设备的最终配置选择。

1．搅拌类设备主要技术参数选择

由于混凝土搅拌类设备为混凝土成套设备中的龙头产品，因此，确定搅拌类设备的产品结构和规格型号，将为成套混凝土设备的选型打下坚实的基础。在已考虑搅拌类设备选型其他多方面要素后，搅拌类设备主要技术参数选择及分析，可着重从以下几个方面进行：

1）主要技术参数的聚焦及参数定义

混凝土搅拌站（楼）的技术参数表内容涉及较多，但需重点掌握理论生产率和搅拌机公称容量两项技术参数。其术语的定义分别如下：

（1）理论生产率：在标准工况下，混凝土搅拌站（楼）每小时生产匀质性合格的混凝土的量（按捣实后混凝土体积计）。

（2）搅拌机公称容量：在标准测试工况下，混凝土搅拌机每生产一罐次混凝土出料后经捣实的体积，即出料容量。

理论生产率大致确定了混凝土搅拌站（楼）的年产规模，对应的数据为：

（1）年产量 15 万 m^3 以下，理论生产率一般不小于 $90m^3/h$。

（2）年产量在 15 万～25 万 m^3，理论生产率一般不小于 $120m^3/h$。

（3）年产量 25 万 m^3 以上，理论生产率一般不小于 $180m^3/h$。

搅拌机公称容量与理论生产率密切相关，按国内目前实际情况，搅拌机公称容量与理论生产率、实际生产率的关系如表 10-4 所示。

表 10-4 搅拌机公称容量与生产率的关系

搅拌机公称容量/L	理论生产率/（m^3/h）	实际生产率/（m^3/h）
1000	60	50
1500	90	75
2000	120	100
3000	180	150
4000	240	200
5000	300	250

为了简洁明了，通常在大致确定年产规模时，以搅拌机公称容量所对应的理论生产率为计算基础数据。如考虑问题更为实际并留有富裕时，则以搅拌机公称容量所对应的实际生产率为计算基础数据。

2）关联设备间主要技术参数匹配分析

混凝土搅拌站（楼）通常与运输类设备直接关联，特殊情况下与混凝土泵关联。因此，混凝土搅拌站（楼）设备主要技术参数与关联设备间的匹配选择仅限于混凝土搅拌运输车和混凝土泵，其中，仅有混凝土搅拌运输车的主要技术参数与混凝土搅拌站（楼）的主要技术参数匹配值得研究，其余设备的主要技术参数与混凝土搅拌站(楼)的主要技术参数匹配均不需要考虑。

混凝土搅拌站(楼)与混凝土搅拌运输车参数匹配一般按搅拌机公称容量与混凝土搅拌运输车的搅动容量来考虑。按目前实际情况,最常见的搅拌机公称容量与混凝土搅拌运输车搅动容量的合理匹配关系如表 10-5 所示。

表 10-5　搅拌机公称容量与运输车搅动
容量的匹配关系

搅拌机公称容量/L	搅拌运输车的搅动容量/m³
1500	3、6、9、12
2000	4、6、8、10、12
3000	3、6、9、12
4000	4、8、12
5000	10、12

从表 10-5 不难发现,搅拌机公称容量与混凝土搅拌运输车的搅动容量参数合理匹配缘于整数倍关系,例如:搅拌机公称容量为 2000L (即 $2m^3$),对应 2、3、4、5、6 倍整数的乘积,相应搅拌容量为 4、6、8、10、12m^3,例如:在实际生产工作中,配置了搅拌机公称容量为 2000L 的搅拌站(楼),在连续出料 2、3、4、5、6 罐次时,相应搅动容量为 4、6、8、10、12m^3 的混凝土搅拌运输车恰好达到满载要求。

3) 主要技术参数选择与台数配置

关于搅拌设备台数配置,应根据不同的情况而调整。针对商品混凝土供应商,首先应按照年产量要求,以单台混凝土搅拌站(楼)理论生产率满足需求的原则,初步确定混凝土搅拌站(楼)的型号规格,在此基础之上,从资金、场地、储备等方面考虑,只要条件许可,以选购两台同型号混凝土搅拌站(楼)(即双机站)为妥,采用双机站,不仅可完全保障年产量要求,而且可预防单台设备发生故障无法正常生产并适应未来的发展需求。针对某项具体的工程项目,在满足特定极限情况下,以满足最大混凝土需求为原则,仍可按单台混凝土搅拌站(楼)理论生产率来确定混凝土搅拌站(楼)的型号规格。如果某项具体的工程项目特别重要,且不允许发生任何混凝土供应中断的问题,如高铁工程、预制梁厂等,则以选购两台同型号混凝土搅拌站(楼)为妥。

2. 运输类设备主要技术参数选择

混凝土搅拌运输车专用于运送成品混凝土,归属于公路运输车辆,因此,在选择混凝土搅拌运输车时,首先应遵循每个国家、各个地区的法律和法规要求,在此前提下,再去研究具体参数的合理匹配及台数确定。具体可从以下几个方面进行。

1) 主要技术参数的聚焦及参数定义

混凝土搅拌运输车的技术参数表内容涉及较多,重点掌握最大总质量和搅动容量两项技术参数,其术语的定义分别为:

(1) 最大总质量:混凝土搅拌运输车拌筒内装入搅动容量的预拌混凝土,驾驶室有规定的司机和乘员,装备齐全,底盘和上装按规定加注油、水时的运输车总质量。

(2) 搅动容量:混凝土搅拌运输车能够运输的预拌混凝土量(按捣实后的体积计)。

预拌混凝土密度均按 $2400kg/m^3$ 计算。

最大总质量基本确定了混凝土搅拌运输车的装载能力,从理论上说,最大总质量与搅动容量、车型等密切相关,其大致的对应关系见表 10-6。

表 10-6　最大总质量与搅动容量、
车型的匹配关系

最大总质量/kg	搅动容量/m³	车型
16000	≤4	二轴搅拌车
25000	≤6	三轴搅拌车
31000	≤8	四轴搅拌车
18000	≤6	一轴半挂搅拌车
35000	≤12	二轴半挂搅拌车

按表 10-6 中技术参数对应的关系选择混凝土搅拌运输车,针对国内现行的法律、法规均在允许的范围内,也满足海外多数国家的法规要求。但国内的现状与表 10-6 中数据的对应关系并不完全相同。因此,在选购混凝土搅拌运输车时,必须仔细了解各地区执行的地方法规,以满足地方法规为前提条件,之后从其他方面综合考虑而确定混凝土搅拌运输车规

格型号。

2) 关联设备间主要技术参数匹配分析

混凝土搅拌运输车上承混凝土搅拌站（楼），下接各种泵送设备，关联设备间主要技术参数匹配分析可分别参考搅拌类、泵送类相应部分说明。

3) 主要技术参数选择与台数配置

根据技术参数选择合适的混凝土搅拌运输车规格型号以及合理配置台数时，一般应按照如下方式来考虑分析。

首先，确定混凝土搅拌运输车规格型号。混凝土搅拌运输车规格型号选择应满足各国或各地区公路运输法律、法规的要求。在此基础上，结合混凝土搅拌站（楼）所配搅拌机公称容量与混凝土搅拌运输车的搅动容量的匹配关系，以最大混凝土装载量为佳，并最终确定混凝土搅拌运输车规格型号。

其次，混凝土搅拌运输车从进料、运输到出料完毕允许的最长时间为 90min，或拌筒旋转 300 转。以满足上述要求为原则，结合运输距离、运输车速、交通拥挤状况和工地泵送速度（参阅第 5 章相关内容），综合分析并确定混凝土搅拌运输车配置台数。据数据统计分析，混凝土搅拌站（楼）覆盖 20km 范围，平均车速 40km/h，相应混凝土搅拌运输车配置台数应不少于 4 台，如此才能保证混凝土搅拌站（楼）正常并连续生产。

3. 泵送类设备主要技术参数选择

混凝土泵送设备所覆盖的产品有混凝土泵、车载泵和混凝土泵车等三类产品，其中混凝土泵、车载泵的主要技术参数选择及分析完全一致，混凝土泵车的主要技术参数选择则更为复杂，在此分别阐述。

1) 混凝土泵、车载泵

设备以满足施工中最大高度和最大水平距离为第一原则，设备的数量配置以单位时间内最大混凝土浇筑量、单机的实际输送量和作业时间来进行分析计算。具体可从以下几个方面进行：

（1）主要技术参数的聚焦及参数定义。混凝土泵、车载泵的技术参数表内容涉及较多，

重点掌握最大泵送压力及最大理论输送量两项技术参数。其术语的定义分别为：

① 最大泵送压力：混凝土泵工作时的最大出口压力。

② 最大理论输送量：混凝土泵每小时最大输送混凝土的体积。

最大泵送压力必须满足在最大高度或最大水平距离时，能够克服管路中的泵送阻力。具体计算公式和方法参见 6.4 节相应内容。

最大理论输送量必须大于施工中单位时间内最大混凝土浇筑量，如果单台设备无法达到，则需增加设备台数。具体计算公式和方法参见第 5 章相应内容。

（2）主要技术参数与泵送性能曲线图。混凝土泵、车载泵均采用恒功率控制方式，在泵的工作过程中，泵的出口压力由负载决定，当泵送阻力增大时，泵的出口压力也随着增大，则液压泵的流量随之改变，混凝土输出量也同比改变。相应的变化关系通过泵送性能曲线图来表达（见图 10-25）。

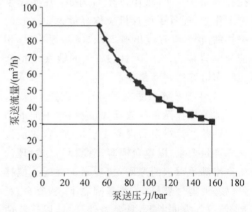

图 10-25　泵送性能曲线图

因此，在选择混凝土泵、车载泵的主要技术参数时，必须结合泵送性能曲线图，确认所选的混凝土泵、车载泵在施工工况下混凝土泵送出口压力与实际输送能力的对应关系，并最终确定设备的规格型号及设备配置台数。

（3）关联设备间主要技术参数的匹配分析。混凝土泵、车载泵最好连续作业，这不但能提高其泵送量，而且可以有效避免输送管堵

塞。为保证泵送连续作业,混凝土的供应量需满足要求,此时每台混凝土泵、车载泵所需配备的混凝土搅拌运输车的台数,可按下式计算:

$$N_1 = Q_1/(60V_1)(60L_1/S_0 + T_1) \quad (10\text{-}1)$$

式中:N_1——搅拌车台数,台;

V_1——每台搅拌车搅动容量,m^3;

S_0——搅拌车平均行车速度,km/h,一般取 40km/h;

L_1——搅拌车往返距离,km;

T_1——1 个运输周期内每台搅拌车总计停歇时间,min;

Q_1——每台混凝土泵、车载泵的实际平均输出量,m^3/h,按下式计算:

$$Q_1 = Q_{max} \cdot a_1 \cdot \eta_1 \quad (10\text{-}2)$$

式中:Q_{max}——每台混凝土泵、车载泵的最大输出量,m^3/h;

a_1——配管条件系数,可取 0.8~0.9;

η_1——作业效率。根据搅拌车向泵送设备供料的间断时间、拆装混凝土输送管和布料停歇等情况,可取 0.5~0.7。

2) 混凝土泵车

以满足施工布料要求为原则,混凝土泵车数量配置以单位时间内最大混凝土浇筑量、单机的实际输送量和作业时间来进行分析计算。具体可从以下几个方面进行。

(1) 主要技术参数的聚焦及参数定义。混凝土泵车的技术参数表内容更多,涉及整车、泵送系统以及臂架系统等多方面,为此,需重点掌握臂架结构形式、最大布料高度、最大理论输送量、最大泵送压力等项技术参数,其参数的含义分别为:

① 臂架结构形式:体现了混凝土泵车最大布料高度、臂节数及折叠方式。

② 最大布料高度:混凝土泵车在布料状态下,布料杆上输送硬管出料口中心与地面之间的最大距离。

③ 最大理论输送量:混凝土泵车每小时最大输送混凝土的体积。

④ 最大泵送压力:混凝土泵车工作时的最大出口压力。

(2) 主要技术参数与泵车工作范围图。在混凝土泵车工作范围图中(见图 10-16),直观地展现了混凝土泵车臂节数、最大布料高度、最大布料半径、最大布料深度以及支腿跨距等重要技术参数。因此,在进行混凝土泵车的选型技术分析时,应根据实际施工项目需求,对比工作范围图中的数据,把握选型大方向。

(3) 主要技术参数与泵送性能曲线图。混凝土泵车与混凝土泵、车载泵的泵送系统原理相同,均采用恒功率控制方式,在泵送的工作过程中,泵的出口压力由负载决定,当泵送阻力增大时,泵的出口压力也随之增大,则液压泵的流量随之改变,混凝土输出量也同比改变。相应的变化关系通过泵送性能曲线图(参见图 10-25)来表达。因此,在选择混凝土泵车的泵送技术参数时,必须结合泵送性能曲线图,确认所选的混凝土泵车在施工工况下泵送出口压力与实际输送能力的对应关系,并最终确定设备的规格型号及设备配置台数。

(4) 关联设备间主要技术参数匹配分析。混凝土泵车的数量配置可按《混凝土泵送施工技术规程》(JGJ/T 10—2011)的相关方法来计算。

混凝土泵车数量计算公式为

$$N = q_n/(q_{max} \times \eta) \quad (10\text{-}3)$$

每台混凝土泵车需混凝土搅拌运输车数量为

$$n_1 = q_m \times (60 \times L_1/S_0 + T_1)/(60 \times V_1) \quad (10\text{-}4)$$

式中:N——混凝土泵车需用台数,台;

q_n——计划每小时混凝土浇筑数量,m^3/h;

q_{max}——混凝土泵车最大排量,m^3/h;

η——混凝土泵车作业效率,一般取 0.5~0.7;

n_1——每台混凝土泵车需配混凝土搅拌运输车的数量,台;

q_m——混凝土泵车实际平均输出量 (m^3/h),$q_m = q_{max} \times \eta$;

L_1、S_0、V_1、T_1 同式(10-1)。

10.6 选型经济性分析

在市场经济高度发展的今天,由于混凝土设备生产厂家繁多、产品种类复杂、技术质量和性能不一,产品销售价格、付款方式、售后服务质量和服务承诺均不尽相同,如何能够准确及时地为工程施工选择配套符合生产要求、技术性能先进、性价比最优的混凝土设备是企业设备管理人员的新课题。在满足生产适用的前提下,低成本是衡量混凝土机械设备重要的技术可行性的重要标志和依据之一。在多数情况下,混凝土机械设备综合性能的提升与低成本会发生矛盾。为应对混凝土机械设备的综合性能与经济性的矛盾,就必须做好深入的经济性分析,从经济角度看待混凝土成套设备的选型,其前提依然以满足生产适用为第一原则,在此基础之上,从设备的技术先进性、可靠性、安全性和环保节能性等各个方面综合考虑,并最终落实到混凝土设备的原始费用、运行费用以及盈利预期等方面,全面考查混凝土机械设备的综合性价比,并最终取得良好的经济效益和社会效益。

10.6.1 搅拌类设备选型经济性分析

混凝土搅拌类设备经济性分析颇为复杂,其原因在于混凝土搅拌类设备为定制化产品,搅拌站(楼)需考虑混凝土特性、混凝土原材料及供应、场地情况、气候特点、环境要求、混凝土供应等诸多因素,方方面面的要素均涉及混凝土搅拌站(楼)的原始费用和运行费用。因此,在进行混凝土搅拌站(楼)的经济性分析时,必须厘清各种关系和矛盾,按照拟定的目标和原则来逐项分析。

前文已指出,设备选型首要应遵循的原则为生产适用,具体到混凝土搅拌站(楼)的生产适用主要指满足混凝土特性、混凝土原材料特性、混凝土产能等要素,同时还必须结合现场情况和当地气候环境等特点来完成混凝土搅拌站(楼)设备的经济性分析。综合各种要素和分析方法,混凝土搅拌站(楼)设备的经济性分析具体可按以下方式和顺序进行(以普通混凝土为例)。

1. 以需求定类型

混凝土搅拌类设备种类繁多,每一种类型均适应不同的需求,而每一种类型的搅拌设备的原始费用和运行费用差别非常大,因此,从经济分析角度看,针对不同的需求确定搅拌设备的类型意义尤其重大。

通常情况下,大致可将混凝土的需求分为商混类和工程类两大类,其中工程类需求又可分为长期和短期两种情况。需求种类所对应的搅拌设备类型、产品综合特点及简要经济分析见表10-7。

2. 以产能定规格和台数

混凝土搅拌类设备类型确定之后,产品的规格确定就将随之而来。通常情况下,混凝土搅拌站(楼)产品的规格和台数由所需混凝土产能所决定,应合理匹配混凝土搅拌站(楼)产

表10-7 搅拌类设备经济分析表

需求种类	搅拌设备类型	产品综合特点	经济分析
商混类	(商混)混凝土搅拌站	配置齐全,功能强大,生产效率高,占地较大,不易搬迁	原始费用适中,运行费用适中,较为经济适用,长期综合经济效益较好
	(商混)混凝土搅拌楼	配置齐全,功能强大,生产效率更高,占地较集中,很难搬迁	原始费用较高,运行费用适中,长期综合经济效益较高
工程类(长期)	混凝土搅拌站	配置齐全,功能强大,生产效率较高,占地较大,不易搬迁	原始费用适中,运行费用适中,较为经济适用,长期综合经济效益一般
工程类(短期)	移动或拆迁式混凝土搅拌站	结构紧凑,生产效率一般,占地较小,搬迁快捷	原始费用较低,运行费用也不高,较为经济适用,综合经济效益一般

品的规格与台数的相互关系,通过经济分析等综合方法最终落实混凝土搅拌站(楼)产品的规格与台数。

3. 以场地定方案

由于混凝土搅拌站(楼)属定制化产品,必须根据场地的具体情况确定总体方案,不同的总体方案其原始费用和后期运行费用差距非常大。充分利用场地的具体特点,挖掘地形高差的优势,并通过设备购置费、土建费及后期运行费用的综合经济分析方法最终确定最佳总体方案。

10.6.2　运输类设备选型经济性分析

混凝土运输类设备属成熟定型产品,在设备选型时经济性分析占有重要的地位。因此,厘清混凝土搅拌运输车的原始费用、运行费用以及盈利预期才能做好混凝土搅拌运输车经济性分析,并在遵循生产适用原则的基础上,最终确定混凝土搅拌运输车的型号规格和台数。具体可按以下方式和步骤进行。

1. 初定原始费用

混凝土搅拌运输车主要原始费用包括整车价格+购置税费,而同规格混凝土搅拌运输车整车价格又主要取决于底盘的品牌。国产底盘价格适中,质量一般,维修服务及时,但前期使用维修费用需考虑。进口底盘价格较高,质量良好,维修服务的及时性不如国产底盘,前期使用的维修费用不高。因此,在选购混凝土搅拌运输车时应根据成套设备购置总投入的资金预算,拟定混凝土搅拌运输车的分期购置台数及品牌、规格等。

2. 分析运行费用

混凝土搅拌运输车运行费用的分析和计算则奠定了未来盈利预期实现的基础。因此,在选购混凝土搅拌运输车时,经过运行费用的初步分析和计算,在满足生产适用原则的基础上才能最终确定混凝土搅拌运输车的型号规格和台数。每台混凝土搅拌运输车运行费用一般包括人工费用(2人/台)+燃油费+养路费+保养费等,而人工费用和燃油费占比较

高,因此尽量减少混凝土搅拌运输车的台数将有效减少混凝土搅拌运输车的运行费用,提高混凝土搅拌运输车的盈利能力。

3. 确认盈利预期

实现混凝土搅拌运输车最终盈利预期的达成,一般都需经过前期的经济性分析和后期的运营管理,经过前期的经济性分析就可合理地购置混凝土搅拌运输车的台数和规格,避免发生设备闲置浪费或设备不足而影响运能。而后期的运营管理,其核心在于对每台混凝土搅拌运输车所产生的成本支出和利润收入的严格控制。衡量运营管理的综合有效指标就是:每立方混凝土运输利润与每立方混凝土运输成本的比值。而在设备购置前分析盈利预期时,重点落实在每立方混凝土运输成本支出上。

10.6.3　泵送类设备选型经济性分析

混凝土泵送类设备所涉及的混凝土泵、车载泵、混凝土泵车三类产品在成套设备选型时,如果没有经过相互对比和合理搭配的技术和经济分析,其结果一定是高昂的资金成本支出和低效的盈利回报。因此,混凝土泵、车载泵、混凝土泵车三类产品的经济性分析工作必须重视,同时还应采用正确的经济分析方法。一般情况下,简要的经济性分析方法可参考以下方式进行。

1. 按需求初定泵送设备类型

由于混凝土泵、车载泵、混凝土泵车的原始费用相差巨大,运行费用所含的内容也有较大差异,所以,在满足生产适用的前提下,应根据不同的需求合理配置混凝土泵、车载泵、混凝土泵车。通常情况下,商混企业、综合租赁设备企业面向城市建设多方面的需求,泵送设备必须适应各种工况和施工要求,混凝土泵、车载泵、混凝土泵车等泵送设备都应配置,并结合项目方自有的泵送设备情况和各种可能出现的施工要求,合理配置并相互搭配,充分发挥混凝土泵、车载泵、混凝土泵车等产品的使用特点,全面满足生产及施工的需要。而针

对某项特定项目配置泵送类设备时,应本着满足本项目泵送需求即可的原则,充分挖掘泵送类设备的功能,尽量降低泵送设备的资金投入。

2．按运行费用的分析结果确定相互搭配关系和配置台数

混凝土泵、车载泵、混凝土泵车后期的运行费用所含内容差别较大,且同项费用的金额差距也较大,因此在做泵送设备运行经济分析工作时,应围绕这些差别和差距分别理清大致费用,从而明晰成套设备购置时对混凝土泵、车载泵、混凝土泵车的合理搭配关系,并落实各种泵送设备相应规格及配置台数。

10.7 选型案例

10.7.1 拟设企业的基本情况

某商品混凝土公司计划建立年产 50 万～60 万 m³ 的预拌商品混凝土工厂,主要为周边 20km 范围内的建筑工地提供混凝土并完成泵送,楼层高度在 30～100m 之间,需购买混凝土搅拌站、混凝土泵车、混凝土泵、车载泵、混凝土搅拌运输车及混凝土搅拌站辅助设备,请提供一套混凝土成套设备选型方案。

10.7.2 选型分析

1．搅拌类设备选型

1）确定混凝土搅拌站类型

根据公司业务范围——预拌商品混凝土,确定搅拌站类型为 HZS 型商混站。

2）确定混凝土搅拌站规格

根据混凝土年产量和搅拌类设备主要技术参数确定混凝土搅拌站规格,年产量 25 万 m³ 以上,理论生产率一般不小于 180m³/h,该公司混凝土年产量 50 万～60 万 m³,查表 3-7,初步选定 2 台 HZS180 混凝土搅拌站,即 2HZS180,再用公式 $X=M/(T\times H\times K)$（参见式(3-1)）核算。

按混凝土年产量 $M=600000m^3$、一年有效工作日 $T=300d$、每天工作时间 $H=8h$、利用系数 $K=0.8$ 计算,根据式(3-1)计算搅拌站规格 X,$X=M/(T\times H\times K)=\dfrac{600000}{300\times 8\times 0.8}m^3/h=312.5m^3/h$,即所需混凝土搅拌站的生产率为 $312.5m^3/h$,2HZS120 的理论生产率为 $240m^3/h$,2HZS180 的理论生产率为 $360m^3/h$,故选 2HZS180 混凝土搅拌站可以满足每年生产 60 万 m³ 的要求。

3）结论

根据上述分析,确定购买一套 2HZS180 混凝土搅拌站（2 台 3m³ 双卧轴搅拌机）,每小时理论生产 360m³ 搅拌站生产线。

2．泵送类设备选型

对普通商住楼而言,泵送类设备的泵送高度和水平输送距离一般都可满足,故本案例中泵送类设备的选型只需根据混凝土的浇筑量来确定规格和数量。

1）确定泵送类设备型号

根据公司泵送要求,泵送普通商品混凝土,楼层高度在 30～100m,根据市场需求和经济适用性,分别选用 38m 混凝土泵车（ZLJ5290THBB 38X-5RZ,理论输送量 140m³/h）、52m 混凝土泵车（ZLJ5419THBB 52X-6RZ,理论输送量 200m³/h）、60m 混凝土泵（HBT60.16.174RSU,理论输送量 78m³/h）和 100m 车载泵（ZLJ5130THBE-10018R,理论输送量 100m³/h）。

2）确定泵送类设备数量

选择好设备型号后,可根据工程要求,确定所需的设备数量,混凝土泵车、混凝土泵和车载泵的配备数量可根据混凝土方量、单台泵实际平均输出量和计划施工作业时间等进行计算。根据生产适用和经济合理的原则,考虑到混凝土年产量 60 万 m³ 的泵送要求（平均每天的泵送量为 $Q=\dfrac{X}{T}=\dfrac{600000}{300}m^3/h=2000m^3/d$）,结合混凝土泵车机动灵活、转场方便的特点,确定 38m 和 49m 混凝土泵车各 1 台,根据式(6-11)计算,即

$$q_m = q_{max}\times \eta$$

式中：q_m——泵车实际平均输出量,m^3/h;

q_{max}——混凝土泵车最大理论输送量,

m^3/h，根据选型，本例分别为 $140m^3/h$ 和 $200m^3/h$；

η——泵车作业效率，一般取 $0.5\sim0.7$，本案例按 0.7 计算。

以 52m 混凝土泵车参数计算，则

$$q_m = q_{max} \times \eta = 200 \times 0.7m^3/h = 140m^3/h$$

即 52m 混凝土泵车每小时实际可泵送 $140m^3$ 混凝土，由于施工现场的需要，混凝土泵车须频繁转场，设 2 台混凝土泵车每天实际可完成一半混凝土的泵送，即混凝土泵车泵送 $1000m^3$ 混凝土，余下 $1000m^3$ 的由混凝土泵和车载泵来泵送。

混凝土泵和车载泵的配备数量根据式(5-11)和式(5-12)计算，即

$$Q_1 = \eta \cdot \alpha_1 \cdot Q_{max}$$

$$N_2 = \frac{Q}{Q_1 \times T_0}$$

式中：Q_1——每台混凝土泵的实际平均输出方量，m^3/h；

Q_{max}——每台混凝土泵或车载泵的理论输出排量，m^3/h，根据选型，本例分别为 $78m^3/h$ 和 $100m^3/h$；

α_1——配管条件系数，可取 $0.8\sim0.9$，本例按 0.9 计算；

η——作业效率，根据混凝土搅拌运输车向混凝土泵供料的间断时间、拆装混凝土输送管和布料停歇等情况，可取 $0.5\sim0.7$，本例按 0.7 计算；

N_2——混凝土泵的台数；

Q——混凝土浇筑方量，m^3，由上述分析本例为 $1000m^3$；

T_0——混凝土泵送计划施工作业时间，h，按每天工作 8h 计算。

以 60m 混凝土泵参数进行计算，代入数据得

$$Q_1 = \eta \cdot \alpha_1 \cdot Q_{max} = 0.7 \times 0.9 \times 78m^3/h$$
$$= 49.14m^3/h$$

$$N_2 = \frac{Q}{Q_1 \times T_0} = \frac{1000}{49.14 \times 8} = 2.54$$

取整数 $N_2 = 3$。

即最少需 3 台 60m 混凝土泵才能满足输送要求。

3）结论

根据上述计算，考虑到不同施工地点需要和公司规模，确定购买混凝土泵车 38m 和 49m 各 1 台，60m 混凝土泵（HBT60.16.174RSU）3 台和 100m 车载泵（ZLJ5130THBE-10018R）2 台。

3. 运输类设备选型

1）确定混凝土搅拌运输车的搅动容量

根据表 10-5 搅拌机公称容量与运输车搅动容量匹配关系，HZS180 混凝土搅拌站，每搅拌罐次生产量为 $3m^3$，4 罐总量为 $12m^3$，可以有效利用 $12m^3$ 罐车的容积。

2）确定混凝土搅拌运输车数量

（1）每条混凝土搅拌站生产线至少要有 2 辆以上数量的搅拌运输车才能保证搅拌站正常并连续生产，双机站内至少需配置 4 辆搅拌运输车。

（2）混凝土泵车所需配备的混凝土搅拌运输车数量，根据式(10-4)计算。

将数据代入式(10-4)计算得

$$n_1 = q_m \times (60 \times L_1/S_0 + T_1)/(60 \times V_1)$$

$$= \frac{140 \times \left(\frac{60 \times 30}{40} + 5\right)}{60 \times 12} = 9.7$$

其中：n_1——每台混凝土泵车需配混凝土搅拌运输车的数量，台；

q_m——混凝土泵车实际平均输出量，m^3/h，$q_m = 140m^3/h$；

V_1——每台搅拌车搅动容量，m^3，即 $V_1 = 12m^3$；

S_0——搅拌车平均行车速度，km/h，取 $S_0 = 40km/h$；

L_1——搅拌车往返距离，km，平均取 $L_1 = 15 \times 2km = 30km$；

T_1——1 个运输周期内每台搅拌车总计停歇时间，min，取 $T_1 = 5min$。

取整得 $n_1 = 10$，即每台 52m 混凝土泵车需配 10 辆混凝土搅拌运输车；同理计算每台 38m 混凝土泵车需配 7 辆混凝土搅拌运输车。

（3）混凝土泵和车载泵所需配备的混凝土

搅拌运输车数量。因施工地点为 20km 范围内，即混凝土运距在 20km 半径之内，搅拌运输车满载运行最大时速≤50km/h，取平均时速40km/h 进行计算，根据式(10-1)，即

$$N_1 = Q_1/(60V_1)(60L_1/S_0 + T_1)$$

式中：N_1——搅拌车台数，台；

Q_1——每台混凝土泵、车载泵的实际平均输出量，m^3/h，$Q_1 = 49.14m^3/h$。

代入数据计算得

$$N_1 = Q_1/(60V_1)(60L_1/S_0 + T_1)$$
$$= \frac{49.14}{60 \times 12}\left(\frac{60 \times 30}{40} + 5\right)$$
$$= 3.41$$

取整数得每台混凝土泵需 4 辆搅拌运输车，则 3 台混凝土泵和 2 台车载泵共需搅拌运输车(因车载泵移动需要时间，故按混凝土泵配备搅拌运输车)4×5 辆＝20 辆。

3）结论

综上所述，共需搅拌运输车辆数为：

总车辆数＝搅拌站所需车辆数＋混凝土泵车所配车辆数＋混凝土泵、车载泵所配车辆数＝(4＋10＋7＋20)辆＝41 辆

故满足 2HZS180 混凝土搅拌站共需车辆数至少在 41 辆以上。

4．其他辅助设备选型

其他辅助设备主要为混凝土搅拌站正常生产而配备的，本例不做详细选型分析，根据经验，大致还需如下设备：

（1）ZL50 装载机 2 辆，1.5t 工具车、0.5t 皮卡车、公务车各一辆。

（2）混凝土清洗回收设备一套及四级沉淀池一套；废水再利用设施及设备。

（3）电力设施：变配电设施一套，变压器容量 500kV·A；高低压电气柜一套，设电容补偿避雷等装置。自备一套 200kW 发电机组。

（4）试验设备及设施，如压力机、万能液压试验机、抗折机、抗渗仪、沸煮箱、水泥净浆搅拌机、水泥胶砂搅拌机、振实台、水泥标准养护箱、负压筛等，石块养护室一套。

（5）一台 80t 电子汽车衡用于搅拌站计量秤校验。

10.7.3 结论

通过上述分析，该公司要确保正常运行，需采购混凝土成套设备如下：

（1）2HZS180 混凝土搅拌站 1 套；

（2）38m 混凝土泵车(ZLJ5290THBB 38X-5RZ，理论输送量 140m³/h)1 台；

（3）52m 混凝土泵车(ZLJ5419THBB 52X-6RZ，理论输送量 200m³/h)1 台；

（4）60m 混凝土泵(HBT60.16.174RSU，理论输送量 78m³/h)3 台；

（5）100m 车载泵(ZLJ5130THBE-10018R，理论输送量 100m³/h)2 台；

（6）12m³ 混凝土搅拌运输车 41 辆。

参 考 文 献

[1] 中华人民共和国住房和城乡建设部,中华人民共和国国家质量监督和检验检疫总局. GB/T 50164—2011 混凝土质量控制标准[S]. 北京：中国建筑工业出版社,2011.

[2] 马保国. 新型泵送混凝土技术及施工[M]. 北京：化学工业出版社,2006.

[3] 中华人民共和国国家质量监督检验检疫总局,中国国家标准化管理委员会. GB/T 26408—2011 混凝土搅拌运输车[S]. 北京：中国标准出版社,2011.

[4] 中华人民共和国建设部. GB/T 50080—2002 普通混凝土拌合物性能试验方法标准[S]. 北京：中国建筑工业出版社,2003.

[5] 中华人民共和国住房和城乡建设部. JGJ/T 10—2011 混凝土泵送施工技术规程[S]. 北京：中国建筑工业出版社,2011.

[6] 盛春芳. 混凝土搅拌机纵横谈(一)[J]. 建设机械技术及管理,1998,(4)：11-13.

[7] 赵利军,董武,冯忠绪. 双卧轴式混凝土振动搅拌机的研究[J]. 路面机械与施工技术,2006,(9)：18-20.

[8] 北京建研机械科技有限公司. GB/T 25637.1—2010 建筑施工机械与设备 混凝土搅拌机 第1部分：术语与商业规格[S]. 北京：中国标准出版社,2010.

[9] 建设部长沙建设机械研究院. GB/T 9142—2000 混凝土搅拌机[S]. 北京：中国标准出版社,2000.

[10] 陈润余,盛春芳. 混凝土搅拌设备[M]. 北京：中国建设机械协会混凝土搅拌及输送机械委员会,1999.

[11] 戴自方. 我国混凝土搅拌楼、站发展概况[J]. 水利电力施工机械,1999(2)：4-6.

[12] 全国建筑施工机械与设备标准化技术委员会. GB/T 10171—2005 混凝土搅拌站(楼)[S]. 北京：中国标准出版社,2005.

[13] 苏赣斌,曲鑫. 环保型混凝土搅拌站(楼)[C]. 第四届中国水泥企业总工程师论坛暨全国水泥企业总工程师联合会年会会议文集,2011.

[14] 张国忠,王福良,周淑文,等. 现代混凝土搅拌运输车及应用[M]. 北京：中国建材工业出版社,2006.

[15] 陈家瑞. 汽车构造[M]. 3版. 北京：机械工业出版社,2009.

[16] 陈健晖,王桂红,张国君,等. 混凝土搅拌运输车及其搅拌筒和搅拌筒叶片结构：中国,102555060[P]. 2014-04-09.

[17] 国家质量监督检验检疫总局,国家标准化管理委员会. GB/T 26408—2011 混凝土搅拌运输车[S]. 北京：中国标准出版社,2011.

[18] 全国建筑施工机械与设备标准化技术委员会. GB/T 26409—2011 流动式混凝土泵[S]. 北京：中国标准出版社,2011.

[19] 中国机械工程学会. 中国机械工程技术路线图[M]. 北京：中国科学技术出版社,2011.

[20] 北京建筑机械化研究院. GB/T 13333—2004 混凝土泵[S]. 北京：中国标准出版社,2004.

[21] 全国建筑施工机械与设备标准化技术委员会. GB/T 7920.4—2016 混凝土机械术语[S]. 北京：中国标准出版社,2016.

[22] 住房和城乡建设部标准定额研究所. JGJ/T 10—2011 混凝土泵送施工技术规程[S]. 北京：中国建筑工业出版社：2011.

[23] 全国建筑施工机械与设备标准化技术委员会. JB/T 11187—2011 建筑施工机械与设备混凝土输送管形式与尺寸[S]. 北京：中国标准出版社,2011.

[24] 陈保钢,徐建华,李勇光. 广州西塔项目泵送设备选型[J]. 建设机械技术与管理,2009,1：42-44.

[25] 徐建华,邝昊. 浅谈客运专线预制箱梁泵送设备选型[J]. 建设机械技术与管理,2008,2：98-102.

[26] 卢海生,艾国民. 黄河特大桥拱肋顶升施工方法[J]. 铁道建筑技术,2012(增1)：57-60.

[27] 作者不详. 三一72m最长臂架泵车首映法国INTERMAT展[J]. 混凝土,2006(6)：28.

[28] 中国机械工程学会. 中国机械工程技术路线图[M]. 北京：中国科学技术出版社,2011

[29] 全国汽车标准化技术委员会. QC/T 718—

2013 混凝土泵车[S]. 北京：机械工业出版社,2013.

[30] 颜皓. 混凝土泵车发展概况和选型[J]. 建筑机械,1999(3)：25.

[31] 王伟东. 混凝土泵车的选型[J]. 工程机械与维修,1998(9)：44.

[32] 作者不详. 混凝土泵车选型八要素[J]. 混凝土,2006(6)：28.

[33] JGJ/T 10—1995 混凝土泵送施工技术规程[S]. 北京：建设部标准定额研究所,1995.

[34] 北京建设机械化研究院. JB/T 10704—2007 混凝土布料机[S]. 北京：机械工业出版社,2007.

[35] 北京建筑机械综合研究所. GB/T 13752—1992 塔式起重机设计规范[S]. 北京：中国标准出版社,1992.

[36] 全国汽车标准化技术委员会. QC/T 718—2013 混凝土泵车[S]. 北京：机械工业出版社,2013.

[37] 张明,陈庆寿. 湿喷混凝土喷射速度特性解析[J]. 探矿工程,2000,(3)：12-14.

[38] 马宝祥. 湿式混凝土喷射机的发展及应用[J]. 河北建筑科技学院学报,2000,17(3)：49-51.

[39] 朱君秦. 混凝土喷射机的工作原理与应用探讨[J]. 广东建材,2008,(11)：97-99.

[40] 颜威合,刘春霞,刘新国. 气送转子式混凝土湿喷机的改进[J]. 中州煤炭,2008,(5)：96-97.

[41] 樊华,邱林锋,陈玲芳. 混凝土喷射机的概述及改进[J]. 山西建筑,2007,33(32)：346-347.

[42] 靳同红,王胜春,张青. 混凝土机械构造与维修手册[M]. 北京：化学工业出版社,2012.

[43] 陈宜通. 混凝土机械[M]. 北京：中国建材工业出版社,2002.

[44] 中华人民共和国工业和信息化部. JB/T 11855—2014 建筑施工机械与设备　电动插入式混凝土振动器[S]. 北京：机械工业出版社,2014.

[45] 中华人民共和国工业和信息化部. JB/T 11856—2014 建筑施工机械与设备　电动外部式混凝土振动器[S]. 北京：机械工业出版社,2014.

[46] 中华人民共和国工业和信息化部. JB/T 11857—2014 建筑施工机械与设备　混凝土振动器专用软轴和软管[S]. 北京：机械工业出版社,2014.

[47] 中华人民共和国工业和信息化部. GB/T 25650—2010 混凝土振动台[S]. 北京：机械工业出版社,2010.

[48] 全国建筑施工机械与设备标准化技术委员会. GB/T 10171—2005 混凝土搅拌站(楼)[S]. 北京：中国标准出版社,2005.

[49] 中华人民共和国国家质量监督检验检疫总局. GB/T 26408—2011 混凝土搅拌运输车[S]. 北京：中国标准出版社,2011.

[50] 全国建筑施工机械与设备标准化技术委员会. GB/T 26409—2011 流动式混凝土泵[S]. 北京：中国标准出版社,2011.

[51] 北京建设机械化研究院. JB/T 10704—2007 混凝土布料机[S]. 北京：机械工业出版社,2007.

[52] JGJ/T 10—1995《混凝土泵送施工技术规程》[S]. 北京：建设部标准定额研究所出版社,1995.

第2篇

砂 浆 机 械

第11章

砂浆基础知识

11.1 概述

砂浆是建筑工程中一种用量大、使用面广的建筑材料。传统的现场搅拌砂浆已逐步被新兴的预拌砂浆(也叫商品砂浆)替代。预拌砂浆包括湿拌砂浆和干混砂浆,目前市场上90%的预拌砂浆为干混砂浆。

11.1.1 预拌砂浆的发展历程

预拌砂浆最早起源于欧洲,1893年奥地利首先开始生产干混砂浆。第二次世界大战后,干混砂浆在欧洲得到迅速的发展。1958年芬兰 Partek Corporation 公司开始批量生产薄墙砂浆,1961年开始生产并应用干混砂浆——瓷砖黏结剂,在此期间德国也开始生产干混砂浆。20世纪70—80年代,预拌砂浆已成为欧洲的主要建筑材料,并形成了一种新兴的产业。我国20世纪80年代开始研究、引进预拌砂浆技术。20世纪90年代以来,上海和北京先后建成了一些预拌砂浆生产线,但生产规模不大,市场占有率很低。随着1998年广东省建成投产的第一条干混砂浆生产线的问世,中国干混砂浆发展改革的步伐便得到了加快。2001年上海、北京等地相继有干混砂浆生产线投产运行。目前长江三角洲、珠江三角洲、环渤海地区及成都平原地区是中国干混砂浆发展最快的四个地区。进入21世纪,随着国家有关政策的推动,预拌砂浆的生产开始呈现出蓬勃发展的局面。至2012年底,全国干混砂浆企业总数超过4000家,设计年生产能力1.9亿t,实际生产4593万t。

11.1.2 预拌砂浆的发展趋势

1. 原材料的变化

利用工业废料和地方材料生产干混砂浆,如矿渣、建筑垃圾、炼钢废渣、废石粉等的应用,不但能够降低砂浆成本、改善砂浆性能,而且有利于保护环境、节约资源。

2. 新品种开发

只有开发出符合市场需要的各种专用砂浆、特种砂浆品种,才能使其使用范围不受限制,拓展干混砂浆的应用领域。

3. 配套新型墙体材料

由于新型墙体材料的一些特性容易导致现有砂浆开裂、空洞现象发生,所以开发出与当前使用的主要墙体材料相配套的专用砂浆是必需的。

11.2 术语定义

参照《预拌砂浆》(GB/T 25181—2010)标准定义。

(1) 预拌砂浆:专业生产厂生产的湿拌砂浆或干混砂浆。

(2) 湿拌砂浆:水泥、细骨料、矿物掺合料、外加剂、添加剂和水,按一定比例,在搅拌站经计量、拌制后,运至使用地点,并在规定时间内使用的拌合物。

(3)干混砂浆:水泥、干燥骨料或粉料、添加剂以及根据性能确定的其他组分,按一定比例,在专业生产厂经计量、混合而成的混合物,在使用地点按规定比例加水或配套组分拌合使用。

(4)砌筑砂浆:将砖、石、砌块等块材砌筑成为砌体的预拌砂浆。

(5)抹灰砂浆:涂抹在建(构)筑物表面的预拌砂浆。

(6)地面砂浆:用于地面及屋面找平层的

预拌砂浆。

(7)防水砂浆:用于有抗渗要求部位的预拌砂浆。

11.3　分类及组成

11.3.1　预拌砂浆的分类

预拌砂浆分为湿拌砂浆和干混砂浆。

1. 湿拌砂浆

按用途分为湿拌砌筑砂浆、湿拌抹灰砂浆、湿拌地面砂浆和湿拌防水砂浆。

湿拌砂浆标记如下:

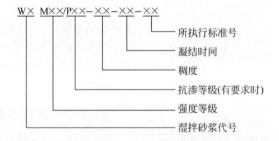

2. 干混砂浆

按用途分为干混砌筑砂浆、干混抹灰砂浆、干混地面砂浆、干混普通防水砂浆、干混陶瓷砖黏结砂浆、干混界面砂浆、干混保温板黏

结砂浆、干混保温板抹面砂浆、干混聚合物水泥防水砂浆、干混自流平砂浆、干混耐磨地坪砂浆和干混饰面砂浆。

干混砂浆标记如下:

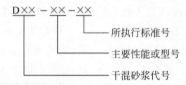

3. 预拌砂浆的分类、符号和性能指标

预拌砂浆的分类、符号和性能指标如表11-1所示。

11.3.2　预拌砂浆的特点

预拌砂浆的主要特点为:

(1)预拌砂浆以商品化形式供应,和传统现场搅拌砂浆相比,用户使用预拌砂浆更经济,无原材料存储费用,无砂浆浪费,无人工搅拌费用,劳动强度降低。

(2)预拌砂浆在工厂自动化生产,质量稳定,并可按照不同的要求设计配合比,灵活

性强。

(3)建筑工地无灰尘,益于环境,促进文明施工。

(4)适合机械化施工,如散装仓储、气力输送、机器喷涂等,从而提高施工质量,提高工作效率。

预拌砂浆优异的性能来源于胶凝材料的优化选择、集料的最佳搭配和各种添加剂的加入。这些材料要达到一个最佳灰砂比、最紧密堆积以及各种添加剂的最佳组合,才能赋予砂浆产品优异的性能。每一种添加剂在改善砂浆性能的同时会带来一些不足,因此添加剂对

表 11-1　预拌砂浆的分类、符号和性能指标

类别	品种		符号	强度等级	抗渗等级	稠度/mm	凝结时间/h
湿拌砂浆	湿拌砌筑砂浆		WM	M5、M7.5、M10、M15、M20、M25、M30	—	50,70,90	≥8,≥12,≥24
	湿拌抹灰砂浆		WP	M5、M10、M15、M20	—	70,90,110	≥8,≥12,≥24
	湿拌地面砂浆		WS	M15、M20、M25	—	50	≥4,≥8
	湿拌防水砂浆		WW	M10、M15、M20	P6、P8、P10	50,70,90	≥8,≥12,≥24
普通干混砂浆	干混砌筑砂浆	普通	DM	M5、M7.5、M10、M15、M20、M25、M30	—		
		薄层		M5、M10			
	干混抹灰砂浆	普通	DO	M5、M10、M15、M20			
		薄层		M5、M10			
	干混地面砂浆		DS	M15、M20、M25			
	干混普通防水砂浆		DW	M10、M15、M20	P6、P8、P10		
特种干混砂浆	干混陶瓷砖黏结砂浆		DTA				
	干混界面砂浆		DIT				
	干混保温板黏结砂浆		DEA				
	干混保温板抹面砂浆		DBI				
	干混聚合物水泥防水砂浆		DWS				
	干混自流平砂浆		DSL				
	干混耐磨地坪砂浆		DFH				
	干混饰面砂浆		DDR				

预拌砂浆性能的改善是一种取长补短的协调效果。添加剂会因为型号、供应厂家的变化，导致预拌砂浆性能的变化。因此，最佳性能价格比的预拌砂浆产品，需要对众多原材料和添加剂通过正交试验，在产品的生产过程中随时对原材料特别是添加剂进行选择，才能达到产品质量的稳定和最佳性能价格比。一个性价比最佳的预拌砂浆产品配比的获得，试验量少则几十次，多则几百次。

11.3.3　预拌砂浆的基本组成

1. 预拌砂浆的基本组成

预拌砂浆的基本组成如表 11-2 所示。

表 11-2　预拌砂浆基本组成

胶凝材料	水泥	消石灰粉	细磨石灰粉	石膏	粉煤灰	
集料	砂/粗砂	轻集料	工业尾矿	风积砂	填料/颜料	
添加剂	引气剂 消泡剂	促凝剂 塑化剂	缓凝剂 黏结剂	防水剂 聚合物	增稠剂 保水剂	可再分散乳胶粉

预拌砂浆常用材料的特点如下：

1）胶凝材料

凡是在物理、化学作用下，从具有可塑性的浆体逐渐变成坚固石状类固体的过程中，能够将其他材料胶结为整体并具有一定机械强度的物质，统称为胶凝材料，又称胶结料。胶凝材料按化学组成可分为无机胶凝材料和有机胶凝材料两大类。沥青和树脂属于有机胶凝材料，无机胶凝材料按其硬化条件可分为水硬性和气硬性两种。

水硬性胶凝材料不仅能在空气中硬化，而且能更好地在水中硬化，保持和继续发展其强度，如各种水泥。

水泥是预拌砂浆的组成部分，按其矿物组成可分为硅酸盐水泥、铝酸盐水泥、氟铝酸盐水泥、硫铝酸盐水泥及少熟料或无熟料水泥。目前水泥品种已达 100 余种。

与硅酸盐水泥相比，普通硅酸盐水泥性质与其相近，但早期硬化速度稍慢，3 天的抗压强度稍低，耐磨性和抗冻性也较差，密度较低。

铝酸盐水泥具有早期快硬、耐高温的特性，在预拌砂浆产品中，常被用来配制自流平砂浆、无收缩灌浆浆、快速修补砂浆、堵漏剂等。由于其具有一定的耐高温性，可用于耐高温的预拌砂浆。

硫铝酸盐水泥可用于快硬的工程修补预拌砂浆、冬期施工用预拌砂浆、地面工程用预拌砂浆。

在预拌砂浆中，不同种类的预拌砂浆应该选用不同强度等级的水泥。对于一般的砌筑砂浆和内外墙抹面砂浆，可以用 32.5 和 32.5R 强度等级的水泥，对于有特殊要求的预拌砂浆，如黏结剂预拌砂浆，要选用 42.5 和 42.5R 强度等级的水泥。要求较高的预拌砂浆要用硅酸盐水泥，以保证其品质；对于要求较低的预拌砂浆，可以选用掺混合材料的普通硅酸盐水泥。

2）集料

集料是干混砂浆的重要组成材料之一，主要起骨架作用和减少由于胶凝材料在凝结硬化过程中干缩湿胀所引起的体积变化，同时还作为胶凝材料的廉价填充料。

集料按照其来源分为天然集料和人造集料，前者如碎石、卵石、浮石、天然砂等；后者如煤渣、矿渣、陶粒、膨胀珍珠岩等。

按照集料的密度来分，可分为轻集料和普通集料。轻集料的堆积密度不大于 $1200kg/m^3$。

从粒径来分，干混砂浆用的集料可以分为两种：粗骨料（粒径较粗，最大粒径为 8mm）和细填料（粒径较细，一般为 0.1mm 以下）。粗骨料可以分为普通骨料、装饰骨料、轻质骨料；细填料根据其活性可以分为活性填料和惰性填料。

（1）普通骨料。普通骨料的粒径较粗，粒径在 0～8mm，它的最大粒径较国家标准《建筑用砂》中规定的砂的最大粒径 4.75mm 还要大。

普通骨料按照来源分为天然骨料和人工骨料。

天然骨料是指由大自然风化、水流的搬运、分选和堆积形成的粒径在 0～8mm 的岩石颗粒，包括河砂、湖砂、海砂和山砂。人工骨料是指由机械破碎或者筛分制成的粒径在 0～8mm 的岩石颗粒。

在混凝土中，细骨料一般不经过进一步加工就直接应用。但是在干混砂浆中，普通骨料必须经过进一步加工处理以符合使用要求。普通骨料的处理主要有三个目的：去除骨料中的有害成分，调整骨料的级配和降低骨料含水率。

骨料的处理主要包括筛分和烘干，当骨料的有害成分超标时，还应该有相应的工艺措施去除有害物质。筛分的主要目的是将骨料分级，并根据不同的干混砂浆品种来配制适用的骨料。烘干的主要目的是使砂的含水率降低至 0.5% 以下，在烘干的过程中必须注意不得引入有害物质，如碳等，因此最好是使用清洁的燃料进行烘干。

骨料按照粒径可以分为以下 7 种：0～0.15mm，0.15～0.3mm，0.3～0.6mm，0.6～1.2mm，1.2～2.4mm，2.4～4.75mm 和 4.75～8mm。其表观密度应大于 $2500kg/m^3$。

（2）装饰骨料。装饰骨料是指粒径在 $0\sim8mm$ 的具有特定颜色和花纹的骨料，例如石灰质圆石、大理石、侏罗纪石灰石、云母等。其用量较小，一般只用于装饰用干混砂浆中。

（3）轻质骨料。轻质骨料是指粒径在 $0\sim8mm$ 的骨料，其堆积密度不大于 $1200kg/m^3$。几种常见轻质骨料为：黏土陶粒、页岩陶粒、粉煤灰陶粒、浮石、火山渣、煤渣、自然煤矸石、膨胀矿渣珠。

（4）惰性填料。惰性填料是指没有活性、不能产生强度的物质，如磨细石英砂、石灰石、硬矿渣等材料，其细度一般与水泥相近或更细。其在干混砂浆中的作用主要是减少胶凝材料的用量，降低生产成本。目前以石灰石粉的用量较多。

（5）活性细填料。活性细填料指本身不具有水化活性，但在碱性环境或存在硫酸盐的情况下可以水化，并产生强度的细填料。活性细填料是以天然的矿物质材料或工业废渣为原材料，直接使用或预先磨细，在拌制干混砂浆时作为一种组分直接掺入拌合物的细粉材料。常用的活性细填料有粉煤灰、粒化高炉矿渣粉、硅粉和沸石粉。

3）添加剂

干混砂浆添加剂是现代干混砂浆的重要组成部分，下面介绍几种重要、常用的干混砂浆添加剂。

（1）纤维素醚。纤维素醚是碱纤维素与醚化剂在一定条件下反应生成的一系列产物的总称。纤维素醚的生产过程是很复杂的，它是先从棉花或木材中提取纤维素，然后加入氢氧化钠，经化学反应转化成碱性纤维素，碱性纤维素在醚化剂的作用下生成纤维素醚。不同醚化剂可把碱性纤维素醚化成各类纤维素醚。

在预拌砂浆产品中，纤维素醚也称为流变改性剂，是一种用来调节新拌砂浆流变性能的添加剂。作为保水和增稠剂的纤维素醚几乎用于每一种干混砂浆产品。纤维素醚的掺量亦不相同，低的为 $0.02\%\sim0.1\%$；高的可以达到 $0.3\%\sim0.7\%$，如瓷砖胶。

在干混砂浆中，纤维素醚主要有以下三个功能：

① 可以使新拌砂浆增稠从而防止离析并获得均匀一致的可塑性；

② 本身具有引气作用，还可以稳定砂浆中引入的均匀细小气泡；

③ 作为保水剂，有助于保持薄层砂浆中的水分（自由水），从而在砂浆施工后水泥可以有更多的时间水化。

使用纤维素醚时应该注意的是，其掺量过高或黏度过高会使需水量增加，施工中感觉吃力（粘抹子），使工作性能降低。纤维素醚会延缓水泥的凝结时间，特别是在掺量较高时缓凝作用更为显著。此外，纤维素醚也会影响砂浆的开发时间、抗垂流性能和黏结强度。

（2）可再分散乳胶粉。可再分散乳胶粉由合成树脂乳液通过加入其他物质改性，经喷雾干燥，以水作为分散介质可形成乳液，具有可再分散性的聚合物粉末。通常为白色粉末，但也有少数呈现其他颜色。主要用于建筑方面，特别是在增加干混砂浆的内聚力、黏聚力，与柔韧性方面表现出良好的性能。

可再分散乳胶粉在新拌砂浆中的作用：提高施工性能，改善流动性能，增加触变和抗垂性、改善内聚力、延长开发时间和增强保水性。

可再分散乳胶粉在硬化砂浆中的作用：提高拉伸强度（水泥体系中的附加黏结剂）、增强抗折强度、减小弹性模量、提高可变形性、增进耐磨强度、提高内聚强度、降低碳化深度、减少材料吸水性和使材料具有憎水性（加入憎水性胶粉）等特性。

可再分散乳胶粉的加入有助于提高砂浆与无机基材（混凝土板）的拉伸黏结强度。

（3）木质纤维素。木质纤维素是采用富含木质素的高等级天然木材（松木、山毛榉），以及食物纤维、蔬菜纤维等经化学处理、提取加工磨细而成的白色或灰白色粉末。

合格的预拌砂浆除了具备应有的性能外，还必须具备抗裂、抗渗、抗冻等性能。水泥作为胶凝材料有良好的施工性，但是水泥作为基材而言存在抗裂性能差，水泥混凝土构件中存在大量的干缩裂纹和温差裂纹，这些裂纹随时间而变化,终究会发展成大裂纹,从而影响砂浆的性能。在搅拌砂浆中加入木质纤维素抗裂剂能提高砂浆的抗裂性能。

(4)淀粉醚。淀粉醚作为应用于干混砂浆行业的高性价比的原料组成,其主要作用是在新鲜拌合状态下调整砂浆性能。作为流变性改性剂,淀粉醚能在应用机械和手工抹灰时防止流挂,同时,能增强总体的施工性能,增加产出率。淀粉醚也能用于配制按照最严格的标高质量瓷砖的黏合剂。淀粉醚能有效地防止瓷砖的滑脱。在对高流动度的自流平砂浆和灌浆材料中,可以防沉降和离析等。

(5)减水剂。减水剂就是在砂浆稠度或和易性基本相同的情况下,可以显著减少砂浆拌合物需水量的化学添加剂。砂浆减水剂常用于需要流动性较好的砂浆中,如自流平垫层和面层砂浆以及灌浆材料等。

用于干混砂浆的减水剂要求为干燥粉末状产品,这样减水剂可以均匀地分散在干混砂浆中。目前减水剂在干混砂浆中的应用在如下产品中:水泥基自流平砂浆、防水砂浆、灌浆料、高速铁路用压浆剂、腻子、石膏基自流平砂浆等。而且使用的多数都是高性能减水剂。

(6)引气剂。引气剂是一种搅拌过程中使砂浆中引入大量的均匀分布的微气泡,而且在硬化后能保留在其中的一种外加剂。在砂浆中掺加微量(水泥用量的万分之几)引气剂是提高砂浆耐久性,特别是抗冻性的最有效措施之一。由于引气剂加入量非常少,必须保证在砂浆生产时精确计量、精确掺入;搅拌方式、搅拌时间等因素会严重影响引气量。因此,在目前国内的生产与施工条件下,砂浆中加入引气剂一定要进行大量的试验工作。

(7)颜料。颜料是一种具有装饰和保护作用的有色物质,它不溶于水、油、树脂等介质中,通常是以分散状态应用在油墨、塑料、橡胶、陶瓷、造纸等工业中,使这些制品呈现颜色。它具有遮盖力、着色力,对光相对稳定,常用于配制涂料、油墨以及着色塑料和橡胶,因此又可称为着色剂。能均匀地分散在砂浆介质中,对砂浆进行着色。颜料在砂浆中不仅能增加色彩,提高装饰效果。好的颜料应具有防止紫外线的作用,从而提高砂浆的耐候性能。

在水泥/混凝土制品及干混砂浆产品中应用的颜料,多以人工合成的无机颜料为主,需要颜料在水泥浆的碱性环境中十分稳定,颜料具有很好的使用性能,在严酷的环境中具有颜色稳定性和耐光性能。

2. 常见普通砂浆的组成及功用

1)砌筑砂浆

砌筑砂浆用于黏结各种砖、石材、砌块、混凝土构件等。其主要作用是:①把分散的砌块胶结在一起,有利于建筑的稳定性及强度;②填充各种建筑材料的缝隙,提高建筑物的保温、防水及隔声性能。

2)抹灰砂浆

以指定厚度在墙壁和天花板上涂抹一层或多层、硬化后具有一定特性的砂浆。其主要作用是:①提高保护墙体抗湿气侵袭、耐温度波动、耐化学腐蚀、承受外部机械作用和抗雨水冲刷能力;②使墙面平整光滑、清洁美观。

3)地面砂浆

地面砂浆即在建筑物的室内外地坪涂抹一定厚度、硬化后具有一定特性的砂浆,是直接与地面结构黏结在一起的地面砂浆,厚度通常为5~30mm。其性能、成本均较自流平砂浆要低。其作用包括:①提高建筑物承受外部机械力的作用、抗化学腐蚀侵袭、抗雨水冲刷的能力;②使地面平整光滑、清洁美观或二次装修。

3. 常见特种砂浆的组成及功用

1)瓷砖黏结砂浆

瓷砖黏结砂浆是用于粘贴瓷砖的专用砂浆。最为常用的是水泥基瓷砖黏结砂浆。

2)界面砂浆

界面砂浆是既能牢固地黏结基层,且其表面又能很好地被新的黏合剂或抹灰层牢固黏结的具有双向亲和力的材料。即是能增强两种材料之间的结合力,避免空鼓、开裂、脱落的建筑黏结砂浆。

3)保温板黏结砂浆、保温板抹面砂浆

膨胀聚苯板抹灰外保温系统(EPS板薄抹

灰体系)是置于建筑物外墙外侧的保温及饰面系统,是由黏结砂浆、膨胀聚苯板、抹面砂浆、耐碱网布组成。薄抹灰保护层的厚度宜控制在:普通型 3~5mm,加强层 5~7mm。

保温板黏结砂浆:由水泥或其他无机胶凝材料、高分子聚合物和填料等材料组成,专用于把膨胀聚苯板黏结到基层墙体上的工业产品。

保温板抹面砂浆:由水泥或其他无机胶凝材料、高分子聚合物和填料等材料组成,薄抹在粘贴好的膨胀聚苯板外表面,用于保证薄抹灰外保温系统的机械强度和耐久性。

4) 聚合物水泥防水砂浆

聚合物水泥防水砂浆以水泥、细骨料为主要原材料,以聚合物和添加剂等为改性材料并以适当配比混合而成的防水材料。它利用较低掺量的聚合物来改性水泥,当聚合物水泥砂浆层固化后,聚合物形成连续的膜,与水泥水化产物交织在一起,形成一个具有一定柔性、抗裂防水、耐腐蚀的砂浆层,从而起到防水的作用。

5) 自流平砂浆

水泥基自流平砂浆是一种具有很高流动性的薄层砂浆,加水搅拌后具有自动流动找平或稍加辅助性铺摊就能流动找平的特点。通常施工在找平砂浆、混凝土或其他类型不平整和粗糙的地面基层上,典型厚度为 1~5mm,其目的是获得一个光滑、均匀和平整的表面,以便能够在上面铺设最终地板面层(如地毯、PVC 或木地板)或直接作为最终面层使用。

6) 饰面砂浆

应用较多的水泥基墙体饰面砂浆主要是以水泥、填料、添加剂和/或骨料所组成的用于建筑墙体表面及顶棚的装饰性抹灰材料,使用厚度不大于 6mm。

11.4　干混砂浆的生产、运输和施工

11.4.1　干混砂浆的生产

干混砂浆是将骨料预处理(破碎、烘干、筛分)后加上定量的胶结材料(水泥、石膏)、填料

和微量的高科技添加剂,按配方自动计量、混合搅拌而成的均匀粉状混合物,现场加水或配套组分拌合即可使用。根据干混砂浆的原料组成、配比工艺和产品要求,其主要生产工序由骨料预处理、原料提升和储存、配料计量、混合搅拌、成品包装或散装发送等工序组成。

1. 骨料预处理

根据不同的原料砂状况,需将骨料进行相应的处理,如用河砂需要进行干燥、筛分;如果用机制砂,则需对石灰石进行破碎、碾磨、筛分、选粉、循环破碎等工序。用于配料的干砂应满足:含水率<0.5%,含泥量<1%,粒径范围 0~5mm。

2. 原料提升和储存

烘干后的干砂或机制砂经斗提机提升至砂仓储存备用;粉料如水泥、粉煤灰等利用气力输送至粉料仓储存;添加剂通过电梯或提升机运输并人工加入添加剂仓。

3. 配料计量

骨料、填料、胶结料和各种添加剂分别用秤(或人工)计量,然后加到搅拌机内。也可以将胶结料和添加剂进行计量和预先混合,再与骨料等共同加入搅拌机。

4. 搅拌

将所有的原料进行单批或连续式搅拌,达到匀质性要求。

5. 包装储存或散装运输

将成品砂浆按照不同的规格进行包装或散装运输,最终运往工地进行施工应用。

6. 除尘

对干混砂浆生产过程中产生的灰尘进行控制,并对各节点释放的灰尘进行除尘收集和回收利用。

7. 控制系统

批量间断的计量配料、混合过程通过可编程逻辑控制(PLC)系统形成连续的生产过程,各个过程和设备的监视也由计算机控制系统承担,同时,通过人机可视化界面使得生产操作管理更合理、轻松而准确。

按上述工艺流程进行干混砂浆生产的设备为干混砂浆生产线,通过该设备可以生产出

合格的干混砂浆。

11.4.2 干混砂浆的运输

干混砂浆成品的运输包括袋装成品运输和散料成品运输两种方式。袋装成品运输与一般货物运输相同,散装运输包括下面两种:

1. 重型背罐车+移动筒仓

重型背罐车背着空移动筒仓在干混砂浆生产线将成品砂浆装满后运输到工地,再通过背罐车的自卸装置将移动筒仓卸下待用。

2. 干混砂浆运输车+移动筒仓

干混砂浆运输车在干混砂浆生产线装满成品砂浆后,运输送到使用工地,再通过气力输送方式将砂浆送入工地上的空移动筒仓内待用。

11.4.3 干混砂浆的施工

与传统施工方式相比,干混砂浆的机械化施工可在保证和提高质量的前提下,成倍地提高工作效率,缩短工作周期,能因施工的专业化、集中化等优点为建筑工程节省材料、改进施工组织,提高设备利用率,减轻劳动强度,节省施工用地,减少噪声、粉尘、固体废弃物等对城市的污染,具有十分重要的意义。

1. 施工设备组合

传统建筑施工用的砂浆的输送主要靠手推车、塔机、升降机。根据施工经验,在运送砂浆的过程中,落地灰至少在5%以上,浪费严重且污染环境。

机械化施工主要包括机械混浆、泵送和喷涂。现场施工设备有:移动筒仓、连续搅拌机、螺杆泵、柱塞泵、混浆泵、气力输送系统等。

按照不同需求施工设备组合可分为以下几种:

(1)移动筒仓+连续搅拌机,主要用于小工程量的场所,机械化程度低。

(2)移动筒仓+连续搅拌机+螺杆泵(或柱塞泵+螺杆泵),主要用于地坪及抹灰场所,输送高度可达40m(用柱塞泵可高达100m),机械化程度较高。

(3)移动筒仓+气力输送系统+混浆泵(或连续搅拌机+螺杆泵),主要用于高层建筑,可输送更高(高达100m)、更远的距离。

2. 可泵性测试

对于机械化施工而言,干混砂浆除了要满足该类产品相关标准规范技术要求外,还需具备泵送性和喷涂性,即干混砂浆必须具有良好的流变性、和易性、黏结性,合适的颗粒级配、凝结时间。

泵送性没有具体指标的测量,只能通过下述简单的测试方法来估计泵送性的好坏,最终只能用机器来验证。

(1)挤压测试:抓一把砂浆并用力握紧拳头,使砂浆从手指缝中流出。如果只有泥浆流出而手里留下一个被挤压过的砂块,那么有可能会堵管。

(2)渗水测试:取一个桶,往桶里填充砂浆直到与桶的边缘对齐,然后放置15min。如果15min后砂浆表面形成了一层水,则表示砂浆正在渗水,使用该砂浆有可能会导致堵管。

(3)漏斗测试:取一个大的"汽油漏斗",开口大约为3cm。可泵送的砂浆由于密度小,当漏斗被完全填满时会从开口处流出。

3. 机械化喷涂要点

(1)合理布置机具和使用喷嘴:管路布置要尽量缩短,橡胶管道也要避免弯曲太多,拐弯半径越大越好,以防管道堵塞。

(2)选择合适的喷涂方法:喷涂有两种方法,一种是由上往下呈S形巡回喷法,可使表面较平整,灰层均匀,使厚度无鱼鳞状,但易掉灰;另一种是由下往上呈S形巡回喷法,且在喷涂过程中,已喷在墙上的灰浆对正喷涂的灰浆可起截挡作用,减少掉灰,因而后一种喷法较前一种喷法好,但这两种喷法都要重复喷两次以上才能满足厚度要求。

(3)注意管路清洗:喷涂必须分层连续进行,喷涂前应先进行运转、疏通和清洗管路,然后压入少量水泥浆润滑管路,以保证畅通。每次喷涂接近结束时,也要加少量水泥浆,再压送清水冲洗管道中残留砂浆,以保持管道内壁光滑,最后送入气压约0.4MPa的压缩空气吹刷数分钟,以防砂浆在管路中结块,影响下次使用。

11.5 湿拌砂浆的生产、运输和施工

湿拌砂浆是由水泥、细集料、外加剂和水以及根据性能确定的各种组分,按一定比例,在搅拌站经计量、拌制后,采用搅拌运输车运至使用地点,放入专用容器储存,并在规定时间内使用完毕的湿拌拌合物。

湿拌砂浆机械化生产所需的成套设备主要包括筛砂机、运砂车、砂浆搅拌站、砂浆搅拌运输车、砂浆泵等,其生产工艺流程为:

(1)湿砂筛选。使用筛砂机对所采购的原料砂进行过滤、筛选,选出适合湿拌砂浆生产的砂,保证这些筛选出来的砂的粒径符合喷涂的要求,并能满足抹面的相关需求。

(2)湿砂运输。将筛选好的砂料通过运砂车运输到砂浆搅拌站。

(3)搅拌。根据所需拌制砂浆的配方要求,将砂料、水泥、粉煤灰、外加剂等原材料计量好后分别投入搅拌机内进行混合,使其搅拌均匀,成为砂浆拌合物。

(4)运输。使用砂浆搅拌运输车,将搅拌好的砂浆拌合物运输到施工现场,卸入砂浆池或其他专门的容器中进行储存待用。

(5)机械化施工。采用砂浆泵、输送管路以及喷枪机械等设备,将储存待用的湿拌砂浆送到具体的施工地点或是楼层,再进行机械喷涂施工作业,其机械化施工方法与干混砂浆基本相同。

第12章

干混砂浆生产成套设备

12.1 概述

干混砂浆生产成套设备(以下简称干混砂浆生产线)一般由供料系统、干燥系统、筛分系统、储存系统、配料装置、搅拌系统、散装系统、包装系统、气路系统、除尘系统和电控系统等组成。

干混砂浆生产线可用于生产由干砂、胶凝材料、填充料、各类添加剂等混合成的普通干混砂浆和(或)特种干混砂浆。其生产的砂浆产品广泛应用于房屋建筑、机场、道路、桥梁、水利、电力、能源等混凝土建筑工程与现代化城市建设。

12.1.1 干混砂浆发展历程和现状

1. 国外发展历程和现状

干混砂浆于19世纪末最早出现在奥地利。1958年芬兰 Partek Corporation 公司开始批量生产薄墙砂浆,1961年开始生产并应用干混砂浆——瓷砖黏结剂,在此期间德国也开始生产干混砂浆。经过近60年的发展,干混砂浆在欧洲应用很普遍,德国、芬兰、奥地利等国家早已采用干混砂浆作为主要的砂浆建材。

干混砂浆在亚洲从20世纪80年代中期开始应用,最早的一条干混砂浆生产线1984年在新加坡投产。到2004年,韩国、日本、马来西亚、泰国、中国台湾等许多亚洲国家和地区,都有大规模专业干混砂浆生产线。

伴随着干混砂浆的出现,对应的干混砂浆生产线也应运而生。从开始至今其生产形式及设备发生了几次变化。

在20世纪60年代至70年代初,欧洲的干混砂浆生产线采用阶梯式工艺流程,即将一个个原料仓排列在地面,原料先通过提升设备进入各自的料仓储存,从仓中放出的原料经配料后通过提升装置进入搅拌机搅拌,出来后经散装、包装工序出厂,也可提升进入产品储存仓后散装出厂,这种形式称为阶梯式干混砂浆生产线。这种生产方式的缺点主要是物料需要反复提升、下降,所用设备多,能耗高,占地面积大,操作灵活性差。

20世纪70年代至80年代出现了新一代的干混砂浆生产线,其思路是整个流程简化,即物料一次性提升到高处并一次性放下。生产线设计成塔式,原料仓建在塔的顶部,仓下进行配料、搅拌、散装、包装等工序,原料从仓中排出后顺次经过各个工序成为最终产品,这种形式称为塔式干混砂浆生产线。这种生产方式具有占地面积小、结构简洁、设备少的特点,但不足之处是需用大量的螺旋机配料,设备维修工作量大。

欧洲设备主要以塔式干混砂浆生产线为主,阶梯式干混砂浆生产线只占不超过10%的比例。在亚洲,设备基本都是进口欧洲的,以塔式为主,阶梯式为辅。

国外的干混砂浆生产线设备制造商主要集中在欧洲,比较著名的有德国摩泰克(2014年3月被中联重科公司收购)、德国爱立许、芬兰劳特等公司。

2．国内发展历程和现状

追溯中国干混砂浆的发展史,应始于20世纪80年代,当时上海和北京开始了干混砂浆的研究工作。随着1998年广东省建成投产的第一条干混砂浆生产线的问世,中国干混砂浆发展改革的步伐得到了加快。2000年香港特别行政区建成投产了年产15万t的干混砂浆生产线。2001年上海、北京等地相继有干混砂浆生产线投产运行。目前长江三角洲、珠江三角洲、环渤海地区及成都平原地区是中国干混砂浆发展最快的四个地区。至2012年底,全国干混砂浆企业总数超过4000家,设计年生产能力1.9亿t,实际生产4593万t。

经过20多年的发展,中国干混砂浆生产线从无到有、从小到大逐步发展起来。特别是2007年全国实施"城区禁止现场搅拌砂浆"政策以来,设备制造商加大了研发投入,把重点放到中大型的生产设备上,较大地改变了以往以进口设备为主的状况。

目前国内市场年产量在10万t以上的干混砂浆生产线以塔式和阶梯式生产线(包括它们的变型)为主,塔式生产线所占比例达到60%左右。

国内比较知名的干混砂浆生产设备制造商主要有中联重科、南方路机等公司。

12.1.2　干混砂浆生产的发展趋势

干混砂浆生产线除了设备自身的技术(性能、成本、质量、环保等要素)发展外,同时也需要根据干混砂浆生产工艺、原材料、砂浆品种的变化而发展。

1．模块化

灵活运用各种模块快速组合成为市场需要的生产线,并可为后续生产线扩充预留相应模块位置。

2．智能化

ERP管理系统、GPS监控调度系统、干混砂浆生产线主楼与烘干机的控制系统及其与机制砂控制系统的一体化等智能控制技术应用会越来越多。

3．环保性

利用新技术更加高效地对噪声、粉尘进行严格控制。

4．新工艺

机制砂免烘干等新工艺正逐步应用于干混砂浆生产线。

12.2　分类

干混砂浆生产线按结构形式可分为塔式干混砂浆生产线、阶梯式干混砂浆生产线和站式干混砂浆生产线。

12.2.1　塔式干混砂浆生产线

塔式干混砂浆生产线,是一种将所有原料罐(包括干砂储存仓、粉料储存仓及添加剂储存仓等)及其配料装置设置在配套搅拌机上方的生产线形式,如图12-1所示。该类型生产线的生产流程为:干砂储存仓、粉料储存仓及添加剂储存仓(以下分别简称砂仓、粉仓、添加剂仓)内的原材料,经配料装置称量后进入搅拌

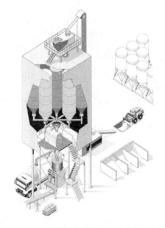

图 12-1　塔式干混砂浆生产线

机,搅拌均匀后的砂浆成品有三种处理方式：散装、包装和成品仓储存。该型生产线相对阶梯式生产线具有占地面积小、结构紧凑、生产流程短、能耗低、粉尘控制好等优点，但也存在设备成本和主楼高度比同规格阶梯式生产线稍高一些等不足。目前塔式生产线是干混砂浆生产线的主要形式。

12.2.2　阶梯式干混砂浆生产线

阶梯式干混砂浆生产线，是所有砂粉仓安装在搅拌机下方（一般放置在地面上），配料装置称量后的砂粉料通过输送装置提升到配套搅拌机上方的暂存仓内的生产线形式，如图 12-2 所示。该类型生产线的生产流程为：主要的原材料如砂、水泥等粉料由布置于原料储存仓（以下简称原料仓）下部的配料装置称量好后，经输送装置提升到主楼内的暂存仓，与称量好的添加剂在搅拌机内搅拌均匀后，可经散装、包装、成品仓储存完成出厂。该型生产线相对塔式生产线具有对地压力低、设备成本和主楼高度比塔式生产线低、原料仓扩充方便等优点，但也存在占地面积大、生产流程长、粉尘控制复杂等不足。目前阶梯式生产线是干混砂浆生产线中性价比较优的类型。

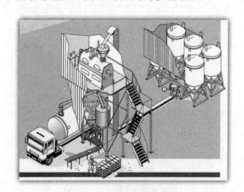

图 12-2　阶梯式干混砂浆生产线

12.2.3　站式干混砂浆生产线

站式干混砂浆生产线，是所有砂粉仓安装在搅拌机下方（一般在地面上），砂粉料通过输送装置提升到配套搅拌机上方称量的生产线

形式，如图 12-3 所示。该类型生产线的生产流程为：主要的原材料如砂、水泥等粉料通过输送装置（一般用螺旋输送机）直接进入主楼内的称量装置计量，与称量好的添加剂在搅拌机内搅拌均匀后，经包装出厂。该型生产线结构简单可靠，占地面积小，设备总高度低，可以安装在标准厂房内使用。站式干混砂浆生产线设备价格较低，产量较小，一般适用于产量不大的特种砂浆的生产。

图 12-3　站式干混砂浆生产线

在实际应用中，除了上述三种标准的结构形式外，常见的还有塔站式（即塔式和站式的组合），及阶站式（即阶梯式和站式的组合）。这两种变型主要的变化都是在塔式或阶梯式的基础上，将主要的粉仓（如水泥、粉煤灰仓等）安装在地面上，粉料通过输送装置（一般用螺旋输送机）直接进入主楼内的称量装置，再与其他称量好的原材料在搅拌机内搅拌均匀。

12.3　典型产品工艺流程及主要结构组成

干混砂浆生产线作为一种工业生产流水线，工艺流程复杂，自动化程度高，部件数量繁多。干混砂浆生产线的生产工艺有以河砂为砂源而配套干燥系统的；也有以人工砂为砂源免烘干的生产工艺。免烘干的干混砂浆生产线可直接使用成品砂，或在其前端另外配套制砂生产线以提供合格的机制砂。目前，配套干燥系统的干混砂浆生产线在市场上占主导地位，免烘干的干混砂浆生产线其需求有逐年增长的趋势。为更好地了解干混砂浆生产线的整体结构、工艺流程和基本组成，以下对三种典型的配套干燥系统的干混砂浆生产线进行介绍,免烘干的干混砂浆生产线因其工艺流程及结构组成相较更为简单,不再赘述。而免烘干所需配套的前端设备——制砂生产线,属于矿山机械的范畴,在此不做介绍。

12.3.1 工艺流程

1. 塔式干混砂浆生产线工艺流程

1) 总体结构及组成

如图12-4所示,塔式干混砂浆生产线主要包括供料系统1、干燥系统2、筛分系统3、储存系统4、主楼机架5、配料装置6、搅拌系统7、电控系统8、成品系统9等几个部分。

主楼机架为框架式钢结构,外围采用彩钢板进行外部装饰。主楼各层分别布置有筛分系统、除尘系统、储存系统、砂料和粉料及添加剂配料装置、搅拌系统、散装系统与包装系统(可选)、气路系统、电控系统等。其中除尘系统主要包括砂仓仓顶除尘、添加剂除尘、搅拌机除尘与包装机除尘四个部分。

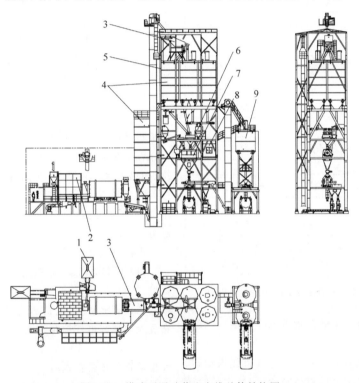

图12-4 塔式干混砂浆生产线总体结构图

1—供料系统;2—干燥系统;3—筛分系统;4—储存系统;5—主楼机架;6—配料装置;

7—搅拌系统;8—电控系统;9—成品系统

主楼外安装的设备主要有:

(1)供料系统,包括料仓、皮带输送机和斗提机。

(2)干燥系统,包括热能设备、干燥滚筒、布袋除尘器与电气控制系统。

(3)筛分系统中的粗砂筛分装置,包括直线振动筛与皮带输送机。

(4)成品系统,包括成品料斗提机、成品仓、机架与散装系统。

2) 工艺流程

塔式干混砂浆生产线的工艺流程如图12-5所示(以烧煤烘干为例)。

砂料采用装载机上料方式,卸到砂料仓后,经过皮带输送机及斗提机送入干燥滚筒,

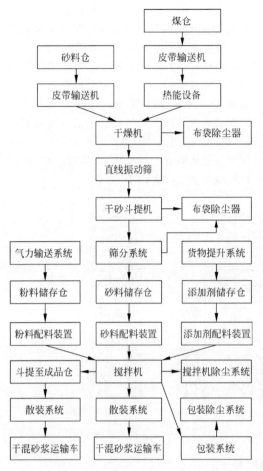

图 12-5 塔式干混砂浆生产线工艺流程图

同时热能设备产生的热量进入干燥滚筒,实现对砂料的烘干。

从干燥滚筒出来的干砂进入直线振动筛,不符合粒径要求的砂料被筛除,通过皮带输送机集中回收。符合粒径要求的砂料被斗式提升机提升到主楼顶部的筛分装置,被筛分成需要的规格后,通过溜管分别进入不同的砂仓。各种粉料通过气力输送进入不同的粉仓。各种添加剂通过货物提升系统(或电梯)提到所需楼层,由人工加入添加剂仓。

干砂、粉料和添加剂按照配方分别由各自的配料装置进行计量,微量添加剂通过微称量装置或人工进行添加。根据程序或手动指令,各种计量好的物料依次加入搅拌机,通过搅拌机在规定时间内搅拌,生产出合格的成品干混砂浆。

成品干混砂浆可通过散装系统给干混砂浆运输车罐装,也可经斗提机进入成品仓储存后再通过散装系统给干混砂浆运输车罐装,还可进入包装系统进行袋装。

电控系统既可手动操作,也可全自动工作,以实现整套设备的集中控制与自动化管理。

2. 阶梯式干混砂浆生产线工艺流程

1)总体结构及组成

如图 12-6 所示,阶梯式干混砂浆生产线包括供料系统 1、干燥系统 2、筛分系统 3、配料装置 4、储存系统 5、搅拌系统 6、主楼机架 7、成品系统 8、电控系统 9 等几个部分。

主楼机架为框架式钢结构,外围采用彩钢板进行外部装饰。主楼内安装的设备包括除尘系统、添加剂配料装置、搅拌系统、散装系统、包装系统(可选)、气路系统、电控系统等。其中除尘系统主要包括砂仓仓顶除尘、添加剂除尘、搅拌机除尘与包装机除尘四个部分。

主楼外安装的设备主要有:

(1)供料系统,包括料仓、皮带输送机与斗提机。

(2)干燥系统,包括热能设备、干燥滚筒、布袋除尘器与电气控制系统。

(3)筛分系统中的粗砂筛分装置,包括直线振动筛与皮带输送机。

(4)储存系统,包括砂仓与粉仓。砂仓仓顶有筛分装置与仓顶除尘系统,粉仓仓顶有除尘器与安全阀。筒仓出料口接配料装置,称量好的砂、粉料通过槽形螺旋(或密封皮带机)与混合料斗提机相连接。

(5)成品系统,包括成品料斗提机、成品仓、机架与散装系统(也有将成品仓布置在主楼内部搅拌系统下方的形式)。

控制室用支架支承,置于主楼旁边。

2)工艺流程

阶梯式干混砂浆生产线的工艺流程如

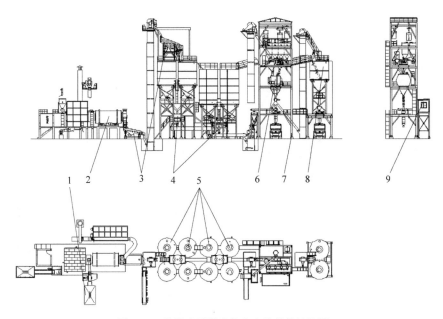

图 12-6 阶梯式干混砂浆生产线总体结构图

1—供料系统；2—干燥系统；3—筛分系统；4—配料装置；5—储存系统；6—搅拌系统；7—主楼机架；
8—成品系统；9—电控系统

图 12-7 所示（以烧煤烘干为例）。

砂料采用装载机上料方式，卸到砂料仓，经过皮带输送机送入干燥滚筒，同时热能设备产生的热量进入干燥滚筒，实现对砂料的烘干。

从干燥滚筒出来的干砂进入直线振动筛，不符合粒径要求的砂料被筛除，通过皮带输送机集中回收。符合粒径要求的砂料被干砂提升机提升到砂仓顶部的筛分系统，被筛分成需要的规格后，通过溜管分别进入不同的砂仓。各种粉料通过气力输送进入不同的粉仓。

干砂、粉料按照配方分别由各自的配料装置进行计量后，卸到槽形螺旋机（或密封皮带机）输送至混合料斗提机，再储存至主楼内的中间过渡仓。各种添加剂通过货物提升系统（或电梯）提到所需楼层，由人工加入添加剂仓，再通过配料装置称量至所需的重量。

根据程序或手动指令，各种称量好的物料依次加入搅拌机；微量添加剂通过微称量装置或人工加入搅拌机，通过搅拌机在规定时间内搅拌生产出合格的成品干混砂浆。

干混砂浆成品可直接进入成品仓，然后通过散装系统给干混砂浆运输车罐装，也可进入包装系统进行袋装。

电控系统既可手动操作，也可全自动工作，以实现整套设备的集中控制与自动化管理。

3. 站式干混砂浆生产线工艺流程

1) 总体结构与组成

站式干混砂浆生产线适合产量小的特种砂浆，如图 12-8 所示，其结构包括储存系统 1、配料装置 2、搅拌系统 3、机架 4、包装系统 5、除尘系统 6 及电控系统等部分。

机架为框架式钢结构，共分三层，最上一层放置配料装置，中间一层放置搅拌系统，地面层放置的设备包括储存系统、包装系统、除尘系统、气路系统、电控系统等。

储存系统放置在主楼外的地面，包括 3～6 个原料仓，用于装水泥、粉煤灰及细干砂等物料，分别采用气力输送或斗提机入仓。

砂、粉配料装置由 3～6 个螺旋输送机（对应筒仓数量）和一个称量装置组成，进行累计称量。

除尘系统包括搅拌机除尘、包装机除尘。

2）工艺流程

站式干混砂浆生产线的工艺流程如图 12-9

所示。其中砂料一般使用成品砂,通过人工加入提升机中,再送入砂仓中储存。整套工艺流程较为简单,不再另述。

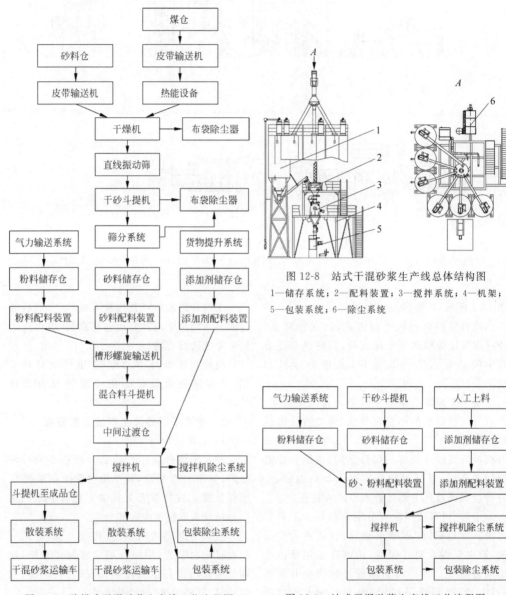

图 12-7　阶梯式干混砂浆生产线工艺流程图

图 12-8　站式干混砂浆生产线总体结构图
1—储存系统；2—配料装置；3—搅拌系统；4—机架；
5—包装系统；6—除尘系统

图 12-9　站式干混砂浆生产线工艺流程图

12.3.2　主要结构组成

根据前面的工艺流程,可以将干混砂浆生产线分为以下部分。

1. 供料系统

供料系统通常由砂料仓、皮带输送机和斗提机组成。砂料经料仓顶部的筛网筛出一些超大粒径的颗粒后,由料仓底部的开口落到平皮带输送机上，再通过斗提机或斜皮带输送机将砂料送入干燥设备中。

选择斗提机还是斜皮带输送机送料，需要根据具体的场地和材料情况来定，两者的适应性如表12-1所示。

表 12-1　斗提机和皮带输送机的适应性

设备	占地面积	砂料	粉尘控制	维修方便性	成本
斗提机	小	适宜含泥、含水量少的砂料	全密封,粉尘控制好	较差	稍高
皮带机	大	适应各种砂料	可半密封,粉尘控制一般	较好	稍低

2. 干燥系统

干燥系统主要由干燥设备和热能设备组成。目前市场上用于干混砂浆生产的湿砂干燥设备主要有两种，分别是旋转滚筒式干燥机和振动流化床干燥机。旋转滚筒式干燥机又分单回程干燥滚筒和多回程干燥滚筒。

1) 旋转滚筒式干燥机

单回程干燥滚筒是最早使用的干燥设备之一，被广泛用于化工、建材和冶金等领域。多回程干燥滚筒常见的主要有双回程和三回程两种形式，其内层是主干燥区，外层是辅干燥区，同时也是冷却区。内层结构与单回程干燥滚筒类似，湿砂在滚筒内不断地被筒壁上的扬料板扬起后落下，形成料帘，与热能设备产生的热风进行热交换，此环节可以烘干85%左右的水分。由于多了外层，相对单回程干燥滚筒来说，就像多了一层保温层一样，多回程干燥滚筒的散热损失较单回程干燥滚筒少。如果干砂出料温度过高，需要增加冷却设备，引入自然风进行冷却。三回程干燥滚筒因其具有干燥效率高、结构紧凑、占地面积小、节能效果好等优点被广泛使用，占据了干燥滚筒的绝大部分市场份额。

计算干燥滚筒的干燥产量，一般以含水率为7%的湿砂，经干燥后砂含水率为0.5%以下的工况为基准。为减少干燥所需燃料的消耗，湿砂堆场应尽可能大并设置防雨棚，通过自然晾干的方法降低湿砂的含水率。

如图12-10所示，干燥滚筒主要由进料端密封装置1、滚筒2、出料端密封装置3、底架4、驱动系统5、出料箱及其支架6、重力阀7等组成。

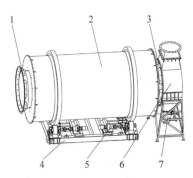

图 12-10　干燥滚筒结构简图

1—进料端密封装置；2—滚筒；3—出料端密封装置；4—底架；5—驱动系统；6—出料箱及支架；7—重力阀

三回程干燥滚筒的主体由三个同心圆筒组成，每个筒体内部设有数量不等、角度不同的螺旋状排列的扬料板。滚筒外筒上的2个滚圈支承在底架的4个托轮上，并由底架上的减速电动机驱动4个托轮，托轮靠摩擦力驱动滚筒回转运动，如图12-11所示。

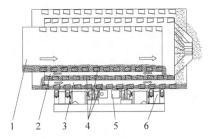

图 12-11　三回程干燥滚筒工作原理

1—内筒；2—中筒；3—外筒；4—扬料板；5—驱动电动机；6—托轮

三回程干燥滚筒工作原理：物料通过进料端密封装置进入内筒，由螺旋导料板导入到筒内,内筒内部设有许多扬料板,在筒体转动过程中,物料不断地被扬料板扬起,并自左向右被推进到中筒;在中筒内物料同理被扬料板自右向左被推进到外筒内;在外筒又再次被外筒内设置的扬料板自左向右被推出外筒,通过出料端密封装置进入到出料箱中,通过重力阀卸入到其下连接的直线振动筛中。

随着筒体的回转,物料在筒内不断地被提升、抛撒,并形成均匀料帘,与热能设备产生的热风进行充分的热交换。物料受热温度达到水分蒸发的温度时,水分将从物料中分离出来,经过除尘管道排入大气中,干燥机因此达到烘干物料的目的。

2)振动流化床干燥机

振动流化床是在普通流化床上增加振动改进而成的。普通流化床中物料的流态化完全是靠气流来实现的;而振动流化床中,物料的流态化和输送主要是靠振动来完成,这样就降低了物料的最小流化速度,使流态化现象提早出现,所需的风量也就大为降低,为一般普通流化床气量的20%~30%,也相应减轻了细

粉夹带现象,而降低了收尘系统的负荷。振动流化床由风箱、布风板、流化室、废气室、振动装置、鼓风系统、除尘系统组成。湿砂由流化床的一端进入,在流化室内与风箱吹出的热空气逆流接触,剧烈翻滚,呈沸腾流态状,此时每一粒湿沙都被空气包裹着,不需要太高的温度,湿沙就被干燥了,干燥速率极高;借助斜向上的振动力,流态的物料跳跃着向出口处移动。风箱及流化室可根据干燥冷却功能的需要分隔成2个,分别用于干燥和冷却。而且由于排放的冷热空气是分路走的,其中的干燥尾气可以重新返回到加热装置中加以利用。由于干燥冷却的速度很快,相比较而言,流化床的外形尺寸是最小的。流化床的热风温度可在500℃以内,烟气温度75℃左右,出砂温度55℃左右。

3)热能设备

与干燥设备配套的热能设备,燃料主要有燃煤、燃气和燃油这三种,各地可根据当地的资源情况和环保要求来选择。三种燃料的比较如表12-2所示。

表12-2 三种燃料选择对比表

燃料	价格	环保	使用便利性	市场占有率	市场趋势
煤	低	差	较差	多,约90%	因环保差而稍降
天然气	较高	好	好	少,约10%	因环保好而增加
燃油	高	较好	较好	很少	市场小

表12-3 两种燃煤炉的对比表

设备	设备价格	运行成本	可靠性、耐用性	煤质要求	操作
沸腾炉	较高	较低	较高	低	较复杂
煤粉炉	较低	较高	稍低	较高	较简单

我国是产煤大国,煤的价格相对天然气和柴油来说便宜多,所以一般用的热源以燃煤为主。燃煤设备常用的有两种:沸腾炉、煤粉炉。两种设备的比较如表12-3所示。

煤粉炉是将80~100目的粉状煤粉通过鼓风机以一定的压力由煤粉喷射器喷入炉体内,燃烧速度快,热力释放比较集中,炉体内烟气温度可达到1400℃。煤粉炉的一次性投资低,

但磨煤装置的运行维护费用较高,而且煤质要求和运行成本较高,适合于需要经常搬迁或者要求烟气温度高的地方。

沸腾炉是将0~10mm的燃煤由机械送入炉中的布风板上,高压风通过布风板使炉中的煤粒沸腾,煤粒在沸腾燃烧的过程中与空气接触面积大且相对运动速度大,即使是劣质煤也能达到很高的燃尽程度,燃烧效率高。沸腾炉

虽然一次性投资比较大,但对燃煤的要求较低,而且燃烧效率高,实际运行较经济,是最佳的燃煤炉型。

干燥系统需要关注的技术参数有:能耗(干燥1t湿砂的煤耗)、干燥后砂的含水率(不大于0.5%)、干燥后砂的温度(不高于70℃)。

3.筛分系统

干混砂浆生产线中常用的振动筛有直线振动筛、摇摆筛和概率筛,应根据具体的工艺要求进行选择。

1)直线振动筛

筛箱及筛面在振动器的作用下,产生直线往复运动的惯性振动筛称为直线振动筛,是使用最为广泛的一种形式。各层筛网平行排列,筛分产量大,筛分精度较高。直线振动筛的筛面倾角通常在8°以下,筛面的振动角度一般为45°,筛面在激振器的作用下作直线往复运动。干混生产中常用于初筛分,将砂料中的大颗粒(粒径大于4mm或5mm的颗粒)去除,也可用于分级筛分。为了防尘一般需要封闭型的筛机。某系列直线振动筛外形安装图如图12-12所示。

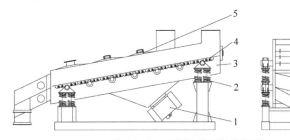

图 12-12　直线振动筛结构简图
1—振动电动机；2—减振装置；3—筛箱；4—筛网；5—密封盖

2)摇摆筛

摇摆筛是一种非线性惯性振动筛,特别适用于细粒、微粉物料的分级处理。相对其他机型筛分产量较高,筛分精度高达95%以上。可叠加安装多层筛网,全封闭结构,无粉尘溢散,可湿式筛分。低转速小负荷工作,可防止物料飞扬,延长设备的使用寿命。用于对粒径小于0.3mm的干砂分级处理,主要用于特种干混砂浆的生产。摇摆筛结构示意图如图12-13所示。

3)概率筛

概率筛按照概率理论完成物料整个筛分过程,是一种快速近似筛分机械,适用于对产品粒度要求不严格的筛分。概率筛采用多层(一般3~6层)、大倾角(一般30°~60°)和筛孔尺寸较大(筛孔尺寸与分离粒度之比一般为2~10倍)的筛面。筛网大倾角布置,各层筛网的角度不一,大倾角布置的筛网可大大减轻物料堵孔的可能性,因此筛中的颗粒在振动条件下很容易从筛孔中排出。在干混砂浆生产中用于砂料的大产量分级筛分,筛分精度一般

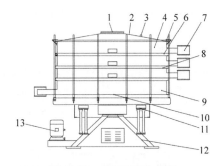

图 12-13　摇摆筛结构简图
1—进料口；2—上盖；3—观察孔；4—筛框；5—密封圈；6—网架；7—出料口；8—束环；9—底框；10—主枢轴总成；11—调整块；12—底座；13—电动机

求控制在70%以上即可。概率筛工作原理图如图12-14所示。

4.储存系统

储存系统是干混砂浆生产线主要的原料储存系统,一般分为砂仓、粉仓和添加剂仓三种。砂仓主要用于储存经干燥、筛分后得到的各种粒径的干砂,粉仓主要用于储存各种粉状

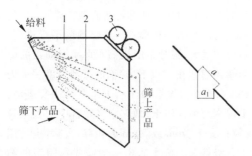

图12-14 概率筛工作原理图

1—筛箱；2—筛网；3—惯性激振器；

a—实际筛孔尺寸；a_1—有效筛孔尺寸

材料，如水泥、粉煤灰、矿粉等，添加剂仓主要用于储存各种功能性添加剂。

干砂是干混砂浆中用量最大的原料，在普通砂浆中占到砂浆总质量的 80% 左右。砂仓的容积宜考虑能存储大于理论生产率4h连续生产的消耗量。

散装粉料一般采用气力输送的方式泵送到粉仓中储存，粉仓的容积可根据当地原料供应情况确定，一般应满足大于理论生产率4h连续生产的需要量。

袋装的添加剂一般通过人工加入添加剂仓内。

5. 配料装置

配料装置一般包括给料装置和称量装置。干混砂浆的称量装置一般有砂秤、粉秤和添加剂秤三种，各种秤的计量精度要求不一样。对不同的材料，宜采用合适的给料装置进行给料计量，在达到计量精度要求的同时，使用最经济合理的给料装置是最佳的选择。比如，干砂可采用自重溜管给料，避免了高磨损性材料对设备的损害；玻化微珠可采用自重溜管或风送槽给料，减少玻化微珠破碎情况的发生；添加剂宜采用专门的给料装置，如计量螺旋输送机，可提高计量的精确性。

给料装置有许多形式，其中性能好、用得最多的是螺旋给料装置。主要原因是它的给料一致性高（输出密度或质量随时间变动小），可调范围广（1∶30）。螺旋给料输出量的大小和转速呈线性关系，适用于几乎所有的物料。螺旋给料装置具有以下主要优点：

（1）适合于几乎所有物料。

（2）可调范围大。

（3）给料精度高。

（4）耐磨损（不同物料选择不同的结构设计和材料）。

（5）维修简单，费用低。

（6）运行费用低（无需流化用压缩空气）。

螺旋配料装置是由螺旋给料装置和称量装置组成的一个闭环控制系统，其控制原理如图12-15所示。影响配料装置精度的主要因素如表12-4所列。

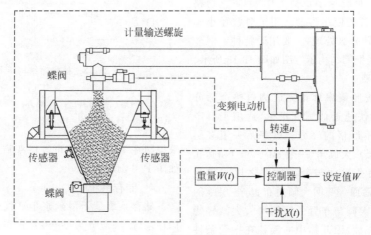

图12-15 螺旋配料装置控制原理图

表 12-4 影响螺旋配料装置精度因素表

环境的影响	静态精度的影响因素	给料精度的影响因素
1. 外界的振动、冲击 2. 温度 3. 空气流动等	1. 机械机构误差（秤的结构） 2. 传感器的精度 3. 控制和传输误差 4. 与秤体相连接的物料（如电缆、气管、补偿节点等）的影响	1. 停启开关误差 2. 滞后残留误差 3. 开关阀的关闭时间 4. 卸料残留误差

配料装置最需要关注的性能参数为动态计量精度，行业标准中规定了砂秤不大于2%，粉秤和添加剂秤不大于1%。

6. 搅拌系统

搅拌机是整个干混砂浆生产线的心脏，因此选择一台高效率、高品质的搅拌机就显得尤为重要。搅拌机的核心在于能够将多种不同的原料（包括含量很小的微量添加剂）在一个批次内充分地混合为一种砂浆，特别是像颜料、纤维等材料需要完全打开、分散均匀，对混合技术有着很高的要求。国内目前普遍采用的搅拌机形式主要有三种：双卧轴无重力式、单卧轴犁刀式和单卧轴刀片式。

1）双卧轴无重力式搅拌机

双卧轴无重力式搅拌机的搅拌区域内有死区容易造成搅拌物料的不均匀性，且搅拌的周期长，大致的搅拌时间在 180～600s，有的甚至更长；因机器的结构原因造成设置的飞刀装置效果不理想，无法分散大团物料及纤维，使砂浆产品适用范围大大减小；物料（添加剂）的比例范围小，最大只能达到 1∶3000；搅拌轴转速不高，搅拌的物料利用效率比较低，填充系数在 0.3～0.6 以内。外观如图 12-16 所示。

2）单卧轴犁刀式搅拌机

单卧轴犁刀式搅拌机由于是单轴，不存在搅拌死区的问题，并且选择了最优的叶片接触面积和角度，搅拌周期大为缩减，大致的搅拌时间在 90～180s，依产品配方而定；机器合理地设置了 2～4 个搅拌飞刀装置，用以分散大团物料及纤维，适用的砂浆产品范围广泛；主轴转速高，利用效率高，填充系数为 0.6～0.75；微量添加剂的添加比例范围大，最高可达到 1∶10000。单卧轴犁刀式搅拌主机外观如图 12-17 所示。犁刀式搅拌装置（见图 12-18）单个搅拌单元的作用是将自己轨迹内的物料拨向两边，各单元形不成主料流方向，搅拌不够激烈。

图 12-17 单卧轴犁刀式搅拌机

图 12-16 双卧轴无重力式搅拌机

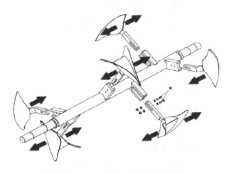

图 12-18 犁刀式搅拌装置

3）单卧轴刀片式搅拌机

单卧轴刀片式搅拌机外观如图12-19所示。它与单卧轴犁式搅拌机的差别主要在搅拌刀片的形状和布置形式的不同。刀片式搅拌装置（见图12-20）除了臂末端装有细长型主叶片外，在臂中间位置还有个副叶片，以筒体中间垂直于轴线的面为基准，对称布置的2组侧刮刀和偶数组推进刀片组成的搅拌装置把物料向筒中央推进，形成强烈的对流，同时相应数量的副叶片将物料向相反方向推动；形成了紊乱的三维流场，达到高效混合的目的。

图12-19　单卧轴刀片式搅拌机图

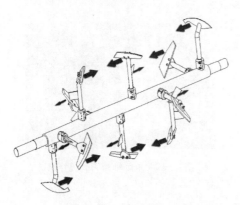

图12-20　刀片式搅拌装置

搅拌系统需要关注的主要性能参数为：搅拌均匀性（变异系数不大于5％），搅拌时间（90～240s为宜，时间越短越好），卸料时间（大开门卸料15s，单管卸料30s以内，越快越好），卸料残留率（不大于3％）。

7．散装系统

散装系统一般在普通砂浆生产线上配用，用于将成品砂浆装入干混砂浆运输车中。散装头是一个可伸缩的装置，一般处于收起状态。当干混砂浆运输车进入装料位后，放下散装头，对准装料口后开始放料，料满后自动关闭放料阀，人工操纵升起，完成散装过程，整个放料过程有专门的收尘装置负责将扬起的粉尘吸走。

散装系统需要关注的主要性能参数为：放料速度（大于生产线每小时的产量）、散装头的可靠性和密封性（伸缩灵活，自动准确关门）、环境粉尘污染小。散装系统结构和散装头外形如图12-21所示。

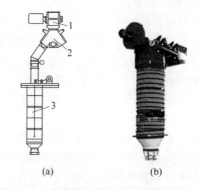

(a)　　　　　　(b)

图12-21　散装系统结构图和散装头外形图
（a）结构图；（b）散装头外形图
1—旋转给料阀；2—分料阀；3—散装头

8．包装系统

包装机根据袋口形状分为敞口和阀口两种形式。敞口式包装机装袋后需要经过一道缝合工序，产量较阀口式低，但其密封性较阀口式的高，包装的物料储存期长，可长距离运输；阀口式包装机人工套袋后自动落袋封口，免去了缝纫的工序，提高了装袋效率，但密封性稍差，一般都是短程运输，不需要长期储存，目前在国内广泛采用。包装机主要用于特种干混砂浆的包装。

阀口式包装机根据给料方式分为叶轮式、气压式、螺旋式三种。早期国内干混砂浆包装机基本沿用了水泥包装机的形式，采用叶轮式的较多，其使用稳定性不高，易堵死；后来受国外进口设备的影响，逐渐采用气压包装机，包装速度快，易损件少，几乎是免维护的；螺旋包装机只适合于粉末类砂浆产品的包装。其外形或原理图如图12-22所示。

(a)　　　　　　　　(b)　　　　　　　　(c)

图 12-22　阀口式包装机

(a) 气压式包装机外形图；(b) 叶轮式包装机外形图；(c) 螺旋式包装机外形图

许多包装机都可以用来包装干混砂浆,在选型时应注意需根据包装材料的特性来选择匹配的包装机。水泥包装机一般可以用来包装精细的混体材料,如颗粒直径≤1mm 的混料；也有改进的叶轮包装机,可以包装粒径不超过 2.5mm 的干混砂浆。螺旋式包装机原则上可以包装粗和细的材料,但包装速度较慢,清洗较繁琐。常用的干混砂浆的包装机是气压式,它和水泥的包装机原理上有区别。

包装系统需关注的主要性能参数为：包装的精度、包装的速度、包装过程产生的粉尘量。

9. 气路系统

气路系统是干混砂浆生产线各机构工作的重要组成部分,它是由气源、气动控制元件、气动执行元件及气动辅助元件组成。

气源采用空气压缩机,气源处理装置包括储气罐、干燥器及主路过滤器等。气动控制元件由电磁换向阀组成,气动执行元件为气缸,气动辅助元件由气源处理器、管接头及气管等组成。

空气压缩机产生压缩空气,其工作压力为 0.7～0.8MPa,送至各气动元件的气压应不低于 0.5MPa,否则系统运行不稳定。储气罐用来稳定气压,调节供气,并能进一步分离压缩空气中的水分和油分。

干混砂浆生产线按设定程序进行自动化生产,由程序指令,通过电磁阀控制对应的执行元件(如气缸),带动机械动作,完成自动化生产。

10. 除尘系统

除尘系统是整个生产线的清洁工,除尘系统是否完善决定了这个生产线是否干净。干混砂浆生产线除尘系统可根据各除尘点的位置及性质,确定除尘点的布置方式和除尘方式。从除尘点的布置来看,有集中除尘和分布式除尘两种方式。从除尘方式来分,有正压除尘和负压除尘两种方式。

集中除尘主要用在除尘点分布比较集中密集的地方,如果粉尘要回收的话,则所需除尘的物质也必须相同。优点：除尘器数量少,成本低,粉尘回收可集中处理。缺点：管道多,压力损失大,配置电动机功率大。

分布式除尘主要用在除尘点分布比较散或者所需要除尘的物料品种比较多的场所。优点：布置灵活,配置电动机功率小。可以根据回收粉尘的种类分别回收。缺点：除尘器数量多,成本高。

正压除尘是依靠气流压差所形成的流动力,气流自动从压力高的地方通过除尘器排到压力低的地方,无需任何动力,一般用在所需除尘的容器内压力大于外部压力的情况下。干混砂浆生产线采用的正压除尘主要是网架支承过滤布袋形成简易除尘器,结构简单,维护方便。

负压除尘是依靠除尘器电动风机形成一定的抽吸力,强制使带有粉尘的气体按既定管道流动,通过除尘滤袋滤除粉尘后向大气排放符合国家环保标准的气体。一般用在容器内无压力的地方,或敞口或半敞口的地方,因为负压可有效防止粉尘外溢。干混砂浆生产线采用的负压除尘主要是布袋除尘器,其结构包括电动风机、脉冲清灰装置、布袋以及粉尘回收装置等，如图 12-23 所示。

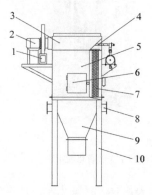

图 12-23　布袋除尘器结构简图

1—出风口；2—风机；3—上箱体；4—脉冲清灰装置；5—中箱体；6—检修门；7—布袋；8—进风口；9—下箱体；10—支腿

布袋除尘器的主要工作流程如下：

（1）设备运行时，启动风机，在与除尘器相连的进气管和密闭设备中形成负压。

（2）设备运行时，由于压力差，设备中带粉尘的空气通过进气管进入除尘器，布袋把空气中的粉尘过滤掉，清洁的空气通过出气口，从排气管排入大气。

（3）设备停止后，风机停止，由于重力原因，下箱体中的粉尘会自动落入粉尘回收装置。

11. 电控系统

干混砂浆生产线的控制系统负责整套设备的控制和数据管理，既可手动操作，也可全自动工作。干混砂浆生产线电控系统采用上位机＋下位机的经典工控模式，包括主楼控制系统、烘干控制系统，如图 12-24 所示，上位机是位于控制室的主控计算机，负责整条干混砂浆生产线生产流程的操作指令和生产数据的下发，以及设备运行状态和生产参数的显示。主楼控制系统负责接收上位机指令，并回传设备运行状态给上位机。主楼控制系统负责控制各机构按照生产线工艺流程，实现自动生产。烘干控制系统负责控制干燥设备将湿砂高温干燥，生产出满足湿度和温度要求的干砂。

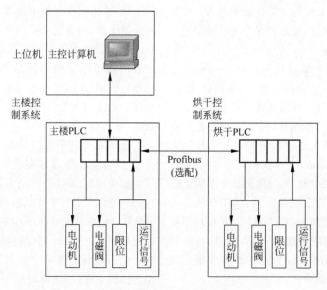

图 12-24　电控系统

电控系统分为集中控制和独立控制。集中控制指主楼和烘干集中控制，烘干控制系统通过软件与主楼控制系统进行通信，进行数据交换后，再由主楼控制系统与上位机进行数据交换，上位机界面可以控制主楼各个设备的启停，监控主楼各个机构的运行状态；烘干控制系统则只负责监控干燥冷却系统各个设备的运行状态,不进行控制。独立控制指主楼和烘干分别独立,不进行通信,不进行数据交换,上位机只负责主楼部分设备的控制和主楼设备运行状态的监控,烘干系统独立控制。两种控制方式中成品生产和湿砂烘干都可单独进行,能大大节省能耗和降低人力成本。

上位机软件开发基于 Windows 操作系统,设计了一个模拟生产线工艺流程的运行界面,利用动态画面将整个过程如计量、搅拌、卸料过程中的配料阀门、称量斗门、出料状态(秤斗内料位变化)进行模拟显示,实现如下功能:

(1)实现进料、放料、搅拌、出料的自动连锁和控制。

(2)能实现计量、进料、放料、搅拌、出料的手动操作的功能。

(3)能显示实时的工作状况和各种物料参数,可随时调用并显示、打印历史报表与客户表,具有配比预存功能,可随时进行配比的输

入、修改或删除。

(4)能模拟视化整个生产过程。

(5)具备粗称和精称功能,超差自动报警、自动扣除功能。

(6)具有操作员权限管理功能。

(7)具有现场管理及网络化的远程服务功能。

(8)支持第三方的商业数据库。

(9)配置打印机一台,可将各项生产统计信息进行打印。

12.4　技术规格及主要技术参数

12.4.1　技术规格

1. 型号编制方法

根据现行的行业标准 JB/T 11186—2011,干混砂浆生产成套设备(线)的型号由配套搅拌机装机台数、组代号、型代号、主参数代号、更新变型代号等组成,其型号说明如下:

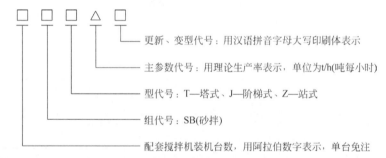

更新、变型代号:用汉语拼音字母大写印刷体表示

主参数代号:用理论生产率表示,单位为t/h(吨每小时)

型代号:T—塔式、J—阶梯式、Z—站式

组代号:SB(砂拌)

配套搅拌机装机台数,用阿拉伯数字表示,单台免注

1)代号的排列和字符的含义
代号的排列和字符的含义如表 12-5 所列。
2)标记示例
(1)配套搅拌机为两台干混砂浆搅拌

机,塔式结构,生产率为 60t/h,第一次更新设计的干混砂浆生产线,标记为:干混砂浆生产线　2SBT60A　JB/T 11186—2011。

表 12-5　代号的排列和字符的含义

| 组 | | 型 | | 装机 | 产　　品 | | 主参数代号 | |
名称	代号	名称	代号	台数	名　　称	代号	名称	单位
干混砂浆搅拌	SB（砂拌）	塔式	T	1	单搅拌机塔式干混砂浆生产线	SBT	理论生产率	t/h
				2	双搅拌机塔式干混砂浆生产线	2SBT		
		阶梯式	J	1	单搅拌机阶梯式干混砂浆生产线	SBJ		
		站式	Z	1	单搅拌机站式干混砂浆生产线	SBZ		

（2）配套搅拌机为一台干混砂浆搅拌机，阶梯式结构，生产率为 80t/h，第二次变形设计的干混砂浆生产线，标记为：干混砂浆生产线 SBJ80B　JB/T 11186—2011。

（3）配套搅拌机为一台干混砂浆搅拌机，站式结构，生产率为 20t/h，第三次更新设计的干混砂浆生产线，标记为：干混砂浆生产线　SBZ20C　JB/T 11186—2011。

由于该标准发布实施之前各主要设备生产厂家已经有各自的型号编制规则，原则上与上述内容并不冲突，主要的区别是：组代号、型代号使用的字母不同，主参数除使用小时产量，也有使用搅拌机公称容积作为主参数的。

2. 常用产品规格

塔式和阶梯式产品（标准配置）干混砂浆生产线的规格表如表 12-6 所列。

表 12-6　塔式和阶梯式干混砂浆生产线规格

序号	参数名称	塔式		阶梯式	
		中联重科 MTA3000B	南方路机 FBT3000	中联重科 RMA3000	南方路机 FBJ3000
1	理论生产率/(t/h)	60	40～60（取决于配方）	60	40～60（取决于配方）
2	预设散料密度/(t/m³)	1.4	1.4	1.4	1.4
3	预设生产周期/s	180	180～240（取决于配方）	180	180～240（取决于配方）
4	搅拌机功率/kW	55	55	55	55
5	烘干理论产能/(t/h)	50（含水率7%）	30～40（含水率7%～5%）	50（含水率7%）	30～40（含水率7%～5%）
6	砂仓数量及容积	4×60m³	4×60m³	2×200m³	1×300m³（分四隔仓）
7	粉仓数量及容积	2×80m³,2×60m³	3×110m³	3×100m³	3×110m³
8	砂秤量程/kg 精度/%	300～3000 ±1	400～3800 ±1	300～2600 ±1	400～3800 ±1
9	粉秤量程/kg 精度/%	300～3000 ±1	200～1300 ±0.5	100～1000 ±1	200～1300 ±0.5
10	添加剂秤量程/kg 精度/%	2～60 ±1	5～30 ±0.5	2～60 ±1	5～30 ±0.5
11	成品仓数量及容积	2×70m³	1×150m³（分隔2仓）	2×50m³	1×150m³（分隔2仓）

12.4.2　主要技术参数

1. 理论生产率（t/h）

在标准测定工况下，干混砂浆生产线每小时生产的干混砂浆质量称为理论生产率。

理论生产率是干混砂浆生产线的主参数，用以衡量设备的生产能力，也是设备各部件参数确定的基础。该参数一般根据市场的需求适当考虑发展规划确定，目前生产普通砂浆为主的干混砂浆生产线常见的规格主要有 20、

40、60、80t/h 和 100t/h。

2. 搅拌机公称容积（L）

标称的搅拌筒体容积称为搅拌机公称容积。

3. 搅拌机装载容量（L）

一罐次干混砂浆的出料容积称为搅拌机装载容量。

4. 砂干燥生产率（t/h）

砂干燥设备在标准工况下的生产能力称为砂干燥生产率。干燥设备一般要满足以下要求：

（1）生产能力满足总体生产率的要求，一

般按总体生产率的 80% 配置,如果有较大的干砂存储仓,也可以适当降低砂干燥能力。

(2)对原料砂的要求:初始含水率不大于 7%、含泥量应小于 5%。干燥后砂含水率小于 0.5%。

5．干砂存储量(t)

干砂的储存总量称为干砂存储量。对于分级好的各种粒径的干砂,应分仓储存,其容量都应满足大于理论生产率时 4h 连续生产的需要量。

6．粉料存储量(t)

粉料仓的有效储存量称为粉料存储量,应满足大于理论生产率时连续 4h 生产的需要量。

7．成品仓存储量(t)

成品砂浆的有效储存量称为成品仓存储量,应满足大于一车次干混砂浆运输车的需要量。

8．总装机功率(kW)

设备本身总的用电负荷称为总装机功率,是各电动机功率的简单汇总。这个参数为用户选择变压器类型提供依据。

12.5　选型及应用

干混砂浆生产线的主参数为设备的理论生产率,即每小时生产干混砂浆的质量。根据行业标准该主参数系列为 5、10、15、20、25、30、40、50、60、70、80、100、120t/h,在国外还有更大生产能力的生产线。

干混砂浆生产线的设计规模 W 以单线的小时产能作为评判依据,按生产普通砂浆还是特种砂浆而加以判定,具体如表 12-7 所列。

表 12-7　干混砂浆生产线的设计规模　　　　　　　　　　　t/h

规 模 类 型	普通干混砂浆生产线	特种干混砂浆生产线
小型	—	$W<10$
中型	$30\leq W<60$	$10\leq W<30$
大型	$60\leq W<100$	$W\geq30$
超大型	$W\geq100$	—

主参数的选择及下面几个主要要素是干混砂浆生产线设备选型中首先必须要考虑的。

12.5.1　生产规模

生产能力即主参数的大小,直接决定了生产线的规模。生产能力主要根据当地砂浆市场未来 3 年左右的需求而定。对普通砂浆而言,可根据建筑面积的多少来测算砂浆的市场需求量。按照上海建筑科学研究院统计,不同结构形式建筑物的砂浆总用量可按以下数据进行测算:多层砌筑建筑 $0.20m^3/m^2$、高层建筑 $0.09m^3/m^2$,干混砂浆密度 $1.4t/m^3$,由此可以根据建筑面积测算出本地区的砂浆总需求量。结合已有干混砂浆生产厂的加工能力,最终确定需要投资设备的产量。

12.5.2　砂浆品种及数量

生产砂浆的品种及数量决定了设备的具体配置,特别是原材料仓的大小和数量。生产何种砂浆需要根据当地市场的需求情况及企业的发展方向而定,切忌对一条生产线贪大求全。砂浆市场需求量统计:普通砂浆中用量大的是抹灰砂浆,其次是砌筑砂浆和地面砂浆;特种砂浆中用量较多的是腻子、保温砂浆、瓷砖砂浆、防水砂浆、自流平砂浆和饰面砂浆。

12.5.3　生产线形式

如前所述,干混砂浆生产线主要有三种形式:塔式、阶梯式和站式。其中站式主要用于产量小的特种砂浆生产,产量大的普通砂浆主要采用塔式或阶梯式两种结构形式。这两种形式的主要特点如表 12-8 所示。用户可根据场地条件、周围环境、投资额大小、企业定位,结合塔式和阶梯式的特点来选择最后的机型。

表 12-8　阶梯式和塔式干混砂浆生产线主要特点

形式	占地面积	总高度	总装机功率	工艺流程	价格
阶梯式	较大	较低	稍大	较长	较低
塔式	较小	较高	较小	较短	较高

12.5.4　砂源及热源的选择

砂在普通干混砂浆中的比例一般占到80%左右,因此砂的需求量是非常大的。干混砂浆对砂的要求相对较高,除了合适的粒径和级配外,天然砂和人工砂的含泥量均应小于5%,泥块含量应小于2%。因此选择性价比高的砂源非常重要。

目前干混砂浆生产用砂大多数为天然砂,它是一种短期内不可再生的资源。随着更加严格的环保政策和河砂资源的枯竭,国家对河砂的开采控制越来越严,因此机制砂作为干混砂浆的主要骨料受到了越来越多的欢迎。通过对石灰石等石材进行破碎、筛分、制砂等工艺,可以生产出满足干混砂浆需求的干砂。干混砂浆使用机制砂的优势之一,就在于可以利用价格低廉的干石子制出合格的干砂,无须额外进行干燥,因此机制砂的价格比经干燥处理的河砂更便宜。同时机制砂的级配优于天然砂的级配,更有利于砂浆的质量和使用效果。

河砂一般都要经过干燥这个环节,以保证干混砂浆中砂的含水率小于0.5%;而烘干离不开热源,热源就必须首先确定燃料,因此如果选择以河砂为砂源,就需要根据当地的燃料供应情况、价格、环保政策、厂址周边环境等因素来确定燃料,最后确定生产线所需的供热设备的类型。

12.5.5　其他需要考虑的方面

1. 筒仓的大小

根据生产率的大小,按照配方确定砂仓和粉仓的容量大小。砂仓和粉仓最小容量应能满足理论生产率运行4h的需求。

2. 筒仓的数量

根据配方要求,确定筒仓的数量。个别量小的原材料可考虑隔仓方案以减少筒仓数量。

3. 成品出料方式

干混砂浆成品一般有三种出料方式:散装、包装、成品仓存储。普通砂浆主要是散装出厂,特种砂浆是包装出厂,特殊情况下才会采用普遍砂浆包装、特种砂浆散装出厂的方式。成品仓短时间存储后最终以散装方式装车出厂。

12.6　使用及安全规范

12.6.1　设备使用

1. 整机工作环境要求

(1) 温度 0~40℃。

(2) 相对湿度不大于90%。

(3) 雪载不大于800Pa。

(4) 风载不大于700Pa。

(5) 海拔不大于2000m。

2. 使用重要注意事项

(1) 按规定定期对各润滑点加注润滑油、脂,特别注意搅拌机轴端密封处的供油情况。

(2) 按规定定期检查各秤的计量精度,保持各传感器及其连接处的清洁。

(3) 经常检查各筛网等易损件的磨损情况,根据需要及时更换。

(4) 经常检查各皮带机及提升机的运动部件的磨损情况,根据需要及时更换。

(5) 对于需停用一段时间(2天以上)的螺旋机,应预先将螺旋机内的物料排空,防止粉料在螺旋机内结块而影响设备的正常运行或对设备造成损坏。

（6）搅拌机应每工作日完成后派专人进行维护清洗,防止发生粉料抱轴,卸料门损坏以及管口堵塞。

（7）其他操作注意事项见设备使用说明书。

12.6.2　安全规范

1.安全生产注意事项

（1）严格执行国家及其所在地区的有关安全法规、法令、条例。

（2）主楼外装修为彩钢板或阻燃泡沫夹芯板,必须严格做好防火安全。

（3）设备安装完毕,客户应根据干混砂浆生产线所在地的地形、气候条件,按 GB 50057—2010《建筑物防雷击设计规范》要求请专业机构安装防雷击装置。

（4）原则上,与生产无关的人员不得进入工作区域,不得进入控制室,更不得触摸、扳动操作按钮或手柄。

（5）每次启动搅拌机、干燥滚筒前,应按电铃警示并派人巡查,确定安全后方可启动设备。若在不响铃不查看的情况下启动搅拌机和干燥滚筒,将可能导致人员意外伤亡的事故发生。

（6）当搅拌机筒内有料时应清理干净,搅拌机严禁带载启动。

（7）在设备运行时不得触及设备的机械运动部分,不允许进行设备维修工作。

（8）供气系统中的空气压缩机和储气罐为压力容器,严禁随意调动安全阀的泄放压力值,确保气力执行元件在其允许的气压范围内工作。

（9）设备维修时应断开电源,挂上"有人工作,严禁合闸!"的标志牌,并派专人看护。搅拌机维护完成后,应确认搅拌筒内无人后,方可启动搅拌机。严禁无故进入搅拌筒内部,否则将可能导致人员意外伤亡的事故发生。

（10）对电气设备的检修和维护,应做到持证上岗,遵守和执行电力部门的有关规定。不允许私自在电控柜内搭接其他电力设备,否则

将可能导致人员伤亡或重大事故。

（11）对气动元件检修前应关闭相关的供气阀门,防止发生意外事故。

（12）应注意和观察干混砂浆生产线承重结构和地基的变化情况,当发现主楼钢构有变形、筒仓出现歪斜、斗提机发生变形、地基出现裂纹或坍塌等危险情况时,应及时报告处理,以免发生重大事故。

（13）其他未列的注意事项,应遵照国家和行业的相关安全运行规定。

2.安全操作注意事项

（1）操作、维修人员应进行上岗前的培训,熟悉设备的结构原理、工作性能及安全操作方法。不合格人员不准上岗。

（2）新机使用一个台班后,须对各紧固螺栓和各钢丝绳夹箍进行复查。

（3）应经常检查操纵台各主令开关、按钮、指示灯的准确性和可靠性。

（4）内部检修前,须将开关断开,并指定专人看守,防止发生事故。

（5）搅拌时,严禁中途停机,如中途发生停电事故,须立即扳动手动开关,使气缸动作,打开卸料门,放尽搅拌筒内的拌料。

（6）严禁在卸料区内站人或放置杂物,以防误伤。

（7）应经常检查各皮带机运行是否安全可靠。

（8）如本机安装后高于周围的建筑或设备,应增加避雷设施。

3.沸腾炉安全操作注意事项

（1）热工仪表经安装调试好后,不得随便擅自调整。

（2）燃煤粒度控制在 10mm 以下,炉膛温度不得高于 1000℃。

（3）接班开机前,应用钢钎检查渣层情况,发现渣块及时排除。

（4）启动鼓风机前,须将炉门关好,以免喷火伤人。

（5）启动鼓风机前,必须先将鼓风风门关

闭,然后慢慢打开至所需风量位置,防止电动机电流超限。

(6)点火时,将除尘器引风机阀门打开,维持炉内的微负压,所有人员不得站在炉门正对方向,以免爆燃伤人。停炉压火处理的沸腾炉如需重新点火,必须先开启引风机一段时间,以防一氧化碳在沸腾炉内积累过多引起爆炸。

(7)停炉压火再次打开炉门引火时,操作人员不得站在炉门正前方。

(8)不宜频繁停炉压火,以免因急冷急热

次数过多而影响炉子寿命。

12.7　常见故障及排除方法

干混砂浆生产线结构复杂、庞大,各系统及部件的常见故障主要集中在如下几个方面,平时应做好设备的日常维护、定期检修及时发现故障,出现故障及时排除,以免影响设备的正常运行。常见故障和排除方法见表12-9～表12-15。

12.7.1　干燥系统

表 12-9　干燥系统常见故障和排除方法

序号	故 障 现 象	故 障 原 因	处 理 方 法
1	烘干能力不足	沸腾炉炉温过低	提高炉温,控制在800℃以上
		湿砂含水率高	降低湿物料含水量
2	砂干燥后的残余含水率高	湿砂含水率高,且进料量大	降低进料量
		沸腾炉炉温过低	提高炉温
3	砂干燥后的砂温过高	湿砂含水率、进料量和沸腾炉温不匹配	降低炉温,提高进料量
4	滚筒进料管堵塞	湿砂含水、含泥量高	降低湿物料含水、含泥量
		湿砂进料量大	降低进料量
5	烟囱排出黑烟	煤燃烧不充分	调整风煤比,使煤充分燃烧
6	烟囱粉尘排放大	除尘滤袋堵塞或破损	清洁或更换破损的滤袋

12.7.2　斗式提升机

表 12-10　斗式提升机常见故障和排除方法

序号	故 障 现 象	故 障 原 因	处 理 方 法
1	链条跳齿、脱轨	主、从动轴线不平行	调整、维护
		驱动轮、改向轮不在对应平面内	调整、维护
		链条过松	张紧,必要时拆除1～2节链条
2	料斗擦碰提升机壳内壁	链条过松	张紧,必要时拆除1～2节链条
		料斗紧固件松动	紧固螺栓
3	输送能力下降	回料过多	调整出料口调节板位置
		链条打滑	张紧,必要时拆除1～2节链条
		料斗破损严重	更换料斗

12.7.3　筛分系统

表 12-11　筛分系统常见故障和排除方法

序号	故障现象	故障原因	处理方法
1	筛分性能不达标	筛分机选型偏小	重新更换大型号的筛分机
		砂源含水率超标	控制砂源含水率或增加烘干设备
		筛分砂源级配变化较大	选择砂源级配相近的砂源或更换筛网
		振幅选择不当	调整振动电动机偏心块夹角
		筛网堵孔	定期清理筛网
		筛网破损	重新更换新筛网
		进料量大,超负荷筛分	控制筛分机进料量,与铭牌参数匹配
2	筛分机非直线运动	两台振动电动机转向相同	更换电动机接线,确保两台振动电动机转向相反
		两台振动电动机转速或偏心块相位不同	检查调整,必要时更换电动机
		弹簧疲劳损坏	更换新弹簧

12.7.4　配料装置

表 12-12　配料装置常见故障和排除方法

序号	故障现象	故障原因	处理方法
1	计量精度超标(低于设备参数要求)	未按规定校秤或校秤不准确	按要求重新校秤
		传感器或线路故障	检查、维护,必要时更换
		系统信号被干扰	检查、维护
		秤体有干涉或有外载荷牵拉	检查、维护
		秤体振动或底架变形过大	检查、维护,减少振动或加装减振器
		进料装置失控或料流波动较大	检查、维护
		称重参数设置不准确	重新设置
		软连接处积料	检查、清理
2	传感器无信号	线路故障	检查、维护
		传感器损坏	更换传感器
3	卸料速度过慢	出料阀门开度过小或出料管堵塞	检查、维护
		混合机内部压力过大	检查、维护
		秤体通风不畅	检查、清理通风帽
		物料偏细或受潮	改变物料计量顺序或加大秤体振动频次,必要时更换物料

12.7.5 搅拌系统

表 12-13 搅拌系统常见故障和排除方法

序号	故障现象	故障原因	处理方法
1	搅拌机电动机不启动	主电动机不工作	检查主电动机、控制回路有无问题
		安全开关故障	检查安全开关是否正常
		搅拌机过载或异物卡住搅拌刀片	检查配料系统及搅拌筒
2	搅拌机搅拌效果差	搅拌刀片与筒壁间隙过大或搅拌刀片磨损严重	调整间隙或更换搅拌刀片
		搅拌轴转速或搅拌时间不合适	调节控制参数
		进料口关闭不严	检查控制阀门,维修或更换
3	搅拌机运行异响	搅拌刀片与筒壁间隙不合适	调节间隙,与筒体径向间隙 8～10mm,端部最小间隙 4～5mm
		搅拌刀片与飞刀刀片间隙不合适	调节间隙,与飞刀间距 8～10mm
		桨叶与筒体的间隙不合适(双轴无重力式搅拌机)	调节间隙,桨叶与筒体径向间隙为 5mm
		搅拌刀片或搅拌臂松动或变形	拧紧相应紧固螺栓或更换相应零件
		搅拌物料超载	按要求装载物料
		润滑不及时造成的轴头异响或轴承损坏	检查、维护,必要时更换损坏的轴承
		电动机轴承异响	检查电动机轴承
		链条磨损严重	更换链条
		齿轮箱润滑油短缺、轴承异响	检查,必要时更换
		搅拌机内进入大块异物	检查、清理
4	卸料门运行不畅	气路系统压力过小	调整供气压力(正常工作时 6×10^5 Pa)
		电磁阀工作不正常	检查电磁阀、电源
		接近开关损坏	更换同型号接近开关
		卸料门气缸工作异常	检查,更换密封圈或已损坏的气缸
		电磁阀线圈损坏	更换同型号电磁阀线圈
		相关机械连接断裂	更换或补焊
		轴承损坏	更换轴承
		卸料门卡死	清洁卸料门周围积料
5	搅拌机漏料、冒灰	检修门变形或密封胶条损坏	校正检修门,更换损坏的密封条
		卸料门变形、密封胶条脱落或损坏	校正检修门,粘贴、清洁或更换密封条
		与搅拌机相连通的其他接口密封不严	检查、维护、更换
6	搅拌机内积料严重	搅拌刀片与筒壁间隙过大或拌刀磨损严重	调整间隙或更换拌刀
		卸料门未全开	检查、维护卸料门执行机构
		下部的过渡料仓压力过大或存料过多	检查、维护

续表

序号	故障现象	故障原因	处理方法
7	搅拌主轴(或飞刀单元)轴端漏料	轴端密封件损坏	更换损坏的轴端密封圈或轴套
		气密封或油密封失效	检查、更换
		飞刀气密封压力不足	检查气路(工作气压(0.3～0.5)×10^5Pa)
8	搅拌主轴(或飞刀单元)轴端温度过高	密封圈与轴间间隙过小或压紧力过大	调节
		润滑不良	检查、维护
		轴承损坏	更换
		搅拌周期太长	缩短搅拌周期
9	飞刀工具搅拌效率低	飞刀刀片磨损	更换
		飞刀刀片类型不适合	检查、更换

12.7.6 散装及包装系统

表 12-14 散装及包装系统常见故障和排除方法

序号	故障现象	故障原因	处理方法
1	散装机下料不畅或者运输车装车时间过长	料仓出料不畅或管道堵塞	检查、维护
		过渡仓下部蝶阀未全开	检查、维护
		运输车内压力过大	检查、维护
2	伸缩装置不工作	电动机、减速机故障	检查、维护,必要时更换
		伸缩钢丝绳卡阻	检查伸缩钢丝绳与各机械元件接触处是否卡阻,排除故障
3	散装机下部与运输车接触不良或钢丝绳松散	下部限位开关失灵或位置不合适	调整位置或更换限位开并
		上部限位开关失灵或位置不合适	调整位置或更换限位开并
4	气动分料阀串料	阀板与壳体间间隙过大或密封件磨损	调整间隙或更换密封件
		阀板磨损	维护或更换
		阀门未全关闭	检查气动执行元件或调整气缸行程
5	包装秤计量精度超标(低于设备参数要求)	未按规定校秤或校秤不准确	按要求重新校秤
		传感器或线路故障	检查、维护,必要时更换
		系统信号被干扰	检查、维护
		秤体有干涉或有外载荷牵扯	检查、维护
		秤体振动或机架变形过大	检查、维护,减少振动或加装减振器
		进料装置失控或料流波动较大	检查、维护
		称量系统弹簧片失效	检查、更换
		流化的气量或压力不够	调节气量、气压
		包装重量超过设备规定	改变包装量
		计量阀门故障	检查或维修更换
		计量阀门精称气缸行程不合适	检查、调节
		称重参数设置不准确	重新设置

续表

序号	故障现象	故障原因	处理方法
6	包装秤执行机构动作不到位	电磁阀故障	修复或更换
		气量或气压不足	调节气量、气压
		执行机构卡滞或损坏	修复或更换
		电路或程序故障	检查、维护
7	包装秤包装速度慢或不出料	流化气量或气压不足	调节气量、气压
		砂浆结块或管道堵塞	检查、清理
		计量阀门精称开度过小	检查、调节

12.7.7 气路系统

表 12-15 气路系统常见故障和排除方法

序号	故障现象	故障原因	处理方法
1	空气压缩机无法启动	电气或线路故障	检查、维护,必要时更换
		压力超过设定值或限压阀失效	等待压力下降或检查维护
		环境温度过高	加大通风或降温处理
2	空气压缩机出口压力过低	压力设定不合适或调压阀故障	调节或修复,必要时更换
		系统用气量过大	调节各支路,均衡用气
		管路泄漏严重	检查、维修
3	空气压缩机出气量低于正常值	管路系统堵塞	检查、维护
		空气过滤器堵塞	检查、维护,必要时更换
		空气压缩机活塞环或螺杆磨损	修复或更换
		压力设定不合适或调压阀故障	调节或修复,必要时更换
4	空气压缩机皮带打滑或磨损	空气压缩机载荷过高	减少负载
		皮带未充分张紧	检查、张紧
		皮带变形或老化	成组更换
5	油温过高(超过100℃)	环境温度过高	加大通风或降温处理
		油品或油质使用不当或油量过小	检查、维护
		油散热器散热效果差,或被异物包裹	检查、清扫
		空气过滤器堵塞	清洗或更换
		油过滤器堵塞	清洗或更换
		负载过重	调整排气压力,减少用气量
6	冷干机不能启动	电气或线路故障	检查、维护,必要时更换
		电源异常	检查、维护
7	冷干机自动排水故障	管路堵塞	检查、清洗
		排水阀损坏或未全开	维护或更换

续表

序号	故障现象	故障原因	处理方法
8	气缸不动作或动作无力	进气量不够或系统压力过低	调节气量和压力设置
		气缸内泄严重	检查、维护,必要时更换
		安装不同心或活塞杆、缸筒变形	检查、维护,必要时更换
		执行机构的门、轴被异物卡阻	检查、维护
		电磁阀故障	检查、维护
		气路中油、泥过多,阀或气缸阻力增大	检查系统清洁度,清理或维修、更换元器件
9	电磁阀通电后不工作	电磁阀或线路故障	检查、维护
		气路中油、泥过多,阀被卡、阻	维修、更换
		进、出气路连接错误	检查、维护
10	三联件油雾器的油耗过多或气路中油、水过多	给油量调节不合适或调节阀失效	检查、调节或维护、更换
		油品使用不当、黏度偏低	检查、更换
		未及时排水	专人定期排水

第13章

散装干混砂浆运输车

13.1　概述

　　散装干混砂浆运输车(以下简称干混运输车)是一种配有气力输送装置,专门运输干混砂浆及其原材料的罐式车辆。在工业、农业、商业、建筑业等方面都得到了广泛应用,它适用于砂粒径不大于 5mm 的干混砂浆及其原材料,如水泥、石灰粉、矿粉等粉粒状干燥物料的散装运输,具有工效高、防潮性、防尘飞扬、经济性好等优点。

13.1.1　干混运输车现状

　　干混砂浆的散装运输根据其卸料方式可分为两种形式:一种是采用干混运输车运输,将散装干混砂浆运输到工地,采用气力输送,将砂浆输送到移动筒仓的运输方式,常见的干混运输车有卧式干混运输车,如图 13-1 所示,

以及举升式干混运输车,如图 13-2 所示;另一种是背罐车与干混砂浆移动筒仓(以下简称移动筒仓)组合使用,将装有干混砂浆的移动筒仓运输到施工工地的运输方式,也就是我们常称的重型背罐车,如图 13-3 所示。

图 13-2　举升式干混运输车

图 13-3　重型背罐车

　　目前,国内常见的干混运输车是卧式散装水泥运输车的改进型。由于受作业场地的限制多为单车运输的形式,且有效容积在 18～

图 13-1　卧式干混运输车

$25m^3$ 之间。这类车辆由于受运输距离及干混砂浆特性等因素的影响,在运输与气力卸料过程中会产生少量离析现象。

13.1.2 干混运输车发展趋势

随着干混砂浆的广泛应用,以及施工单位和运输业主质量意识的不断提高,对干混砂浆的运输也提出了更高的要求,卸料速度快、离析程度低、环保的运输方式将成为干混砂浆运输的发展方向。目前国内以普通卧式干混运输车为主体,今后的主要车型将以"具备空气悬挂减震装置的多漏斗结构干混运输车、带举升机构的气力卸料式干混运输车"这两类车型占据散装干混砂浆运输市场。

13.2 分类

干混运输车根据罐体的结构形式分为卧式干混运输车和举升式干混运输车。

13.2.1 卧式干混运输车

卧式干混运输车是一种采用定型汽车底盘改装的密封罐式车辆,配置有进料、气力输送卸料和定量在线快速取样等装置,罐体固定在底盘上,采用气力输送的方式输送干混砂浆的车辆(见图13-3)。其优点是结构简单、使用维护方便、成本低、卸料速度可靠。其缺点是残余率稍大于举升式干混运输车,气力卸料过程中偶发结拱堵管问题。

13.2.2 举升式干混运输车

举升式干混运输车是一种自带举升机构

的气力卸料式干混运输车,如图13-2所示。其主要工作原理是利用前顶式油缸将罐体翻转到 $45°$ 以上,利用干混砂浆的自重流向出料口,采用气力输送的方式输送干混砂浆。该车型可减少物料长时间流化而产生的离析现象,并配有取样和快速排料装置,其优点是罐体在举升半倾斜状态下,由于其流化床的流化面积较小而不易导致罐内物料产生分层,减少了气力卸料时干混砂浆的离析;该种车型还具备卸料速度快、物料剩余少的优点。缺点是在气力卸料干混砂浆时,需将罐体举升一定的角度,由于大多数施工现场的局限,不能很好地为车辆提供可靠的举升气力卸料条件,且举升后整车重心位置较高,存在侧翻危险性。

13.3 组成与工作原理

13.3.1 产品组成

干混运输车主要由底盘、罐体总成、空气压缩机及传动系统、气路系统、控制系统、出料装置、在线取样装置、底盘防护装置、电气系统等组成,举升式干混运输车还有液压举升装置和调平装置。它是在通用汽车底盘的车架上加装罐式容器而成的一种干混运输车辆。整体的布置形式采用卧式罐体的布置形式,在驾驶室后布置有罐体总成、空气压缩机及传动系统、气路系统、控制系统、出料装置、底盘防护装置、电气系统等,图13-4为卧式干混运输车的结构简图。举升式干混运输车相对卧式干混运输车增加了液压举升装置。图13-5为举升式干混运输车的结构简图。

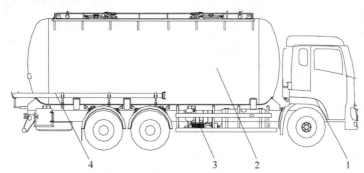

图 13-4 卧式干混运输车结构简图

1—底盘;2—罐体总成;3—空气压缩机及传动系统;4—卸料管总成

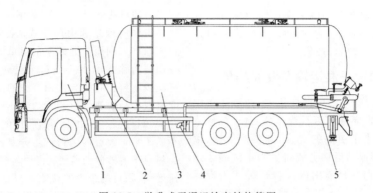

图 13-5　举升式干混运输车结构简图
1—底盘；2—液压举升装置；3—罐体总成；4—空气压缩机及传动系统；5—卸料管总成

1. 底盘

底盘一般采用国产成熟二类底盘改制而成，按照承载量的不同以 6×4 和 8×4 两类底盘为主。其动力配置按常用工况为低速行驶，发动机特性曲线应能满足经济性目标要求；变速箱按常用工况为市区道路，由于频繁换挡，为降低司机劳动强度和降低成本，尽可能避免采用多挡箱。后桥按常用工况为市区道路行驶为主，公路行驶为辅，路况较好，可适当降低通过性要求，采用单级减速桥，提高传动效率。承载系统考虑改装后的专用车为标准装载工况，车架、悬架进行轻量化设计。轮胎选用真空胎，进一步减轻自重，降低油耗。

国内干混运输车采用的底盘主要有东风、重汽、解放等品牌的载重底盘。

2. 供气系统

供气系统的作用是为卸料过程提供持续气源，流化罐体内物料并使罐体内外形成压差。其主要由动力驱动装置、传动轴、空气压缩机、排气管路、管路控制元件、压力控制元件等组成。根据工况的不同，动力可以是通过底盘变速箱取力，也可以通过置于车上的电动机驱动；空气压缩机大多采用无油摆式空气压缩机，排气量在 $8 \sim 10 \mathrm{m}^3/\mathrm{min}$ 不等。图 13-6 为采用底盘取力器驱动的结构简图，图 13-7 为采用电动机驱动的结构简图。

3. 罐体

罐体主要用于物料的装载和提供气力输送的流化气室，罐体内部通过流化床结构将其分为气室和料室两个空间，为整个卸料过程的

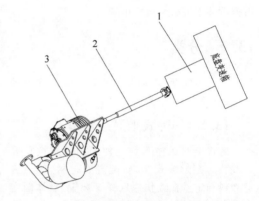

图 13-6　空气压缩机采用底盘取力器驱动结构简图
1—取力器；2—传动轴；3—空气压缩机

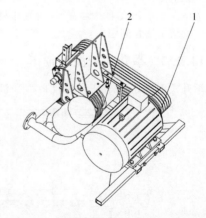

图 13-7　空气压缩机采用电动机驱动结构简图
1—电动机；2—空气压缩机

物料流化提供了封闭的空间，置于罐顶的进料口装载物料，置于罐体内部流化床上方的卸料

管出料。罐体主要由罐体外壳、流化床、人孔盖、内外爬梯等组成，其中的人孔盖和流化床根据不同车型有多种结构形式。图13-8为典型罐体的结构图。

4．卸料系统

卸料装置主要的作用是使已被流化的物

料在压差的作用下沿着卸料管进入到移动筒仓。安装于罐体与卸料管之间的蝶阀为卸料操作的控制元件，卸料胶管用于连接移动筒仓的进料管。卸料装置主要由卸料钢管、卸料蝶阀、卸料胶管组成。图13-9为卸料装置的结构简图。

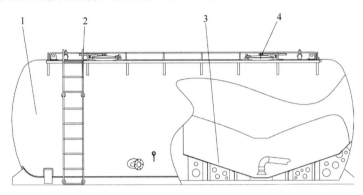

图13-8 罐体

1—罐体外壳；2—外爬梯；3—流化床；4—人孔盖

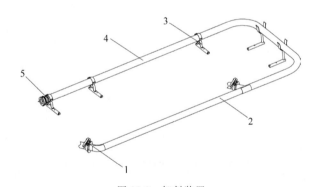

图13-9 卸料装置

1—卸料蝶阀；2—卸料钢管；3—卸料管支承；4—卸料胶管；5—快速接头

5．取样装置

取样装置主要用于卸料过程中的在线取样，方便在线抽检砂浆质量，主要由放料阀和取样器或取样管构成，根据车型不同，取样装置有开放式和密闭式两种结构。开放式结构简单，在线取样时灰尘大且不易控制，密闭式结构易控制且环保，图13-10为密闭式取样装置的结构简图。

6．液压举升装置

液压举升装置为举升式干混运输车特有

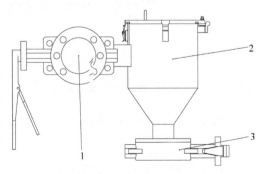

图13-10 密闭式取样装置

1—进料蝶阀；2—储料器；3—卸料蝶阀

装置,主要用于将装满物料的罐体举升转至一定角度,便于物料在罐体内流动,最终配合罐体等其他装置完成卸料作业。液压举升装置主要由举升油缸、液压控制元件(控制阀)、液压动力元件(液压泵)等组成,图 13-11 为液压举升装置的液压系统原理图。

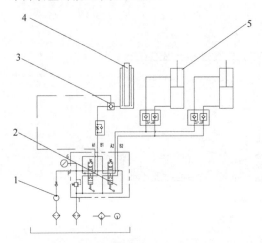

图 13-11　液压系统原理图
1—油泵;2—多路换向阀;3—液控单向阀;
4—举升油缸;5—后支腿油缸

7. 电气系统

电气系统主要用于车辆指示灯等灯具的控制以及其他改装电气元件的控制,特别是采用电动机驱动空气压缩机时用于控制电动机工作等。

8. 其他附件

其他附件主要有防护总成和调速装置。防护总成需要满足国家强制标准,调速装置主要用于通过改变底盘发动机转速实现空气压缩机转速的改变,满足不同时段的卸料需求。

13.3.2　工作原理

干混运输车主要用于将干混砂浆运送到指定地点后,将其气力输送至移动筒仓内存储,卸料方式采用通用的气力卸料。空气压缩机工作动力由汽车变速箱中引出或电动机提供,通过传动装置驱动空气压缩机,产生的压缩空气经控制管道进入密封的罐体流化床下的气化室内,使得流化床上的粉粒物料呈流态状。当罐体内压力达到规定值时,打开卸料阀,干混砂浆便被输送到移动筒仓内;同时供气管路还留有外接气源的接口,可采用外部气源卸料。图 13-12 为干混运输车卸料工作图。

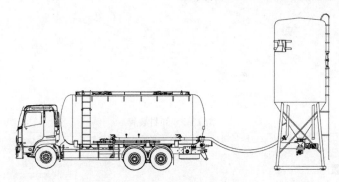

图 13-12　干混运输车卸料工作图

13.4　技术规格及主要技术参数

13.4.1　主要技术参数

干混运输车的主要技术参数包括产品型号、整备质量、轴数、最高车速、底盘排放标准、发动机型号、发动机额定功率、额定转速、罐体

有效容积、卸料速度、剩余率等。表 13-1 为干混运输车部分产品参数。

13.4.2　型号与技术规格

1. 型号

国内干混运输车代号由企业名称代号、车辆类别代号、主参数代号、产品序号、专业汽车

表 13-1　干混运输车部分产品参数

项目 \ 厂家	中联重科	北汽福田	南京天印
型号	ZLJ5252GGH	BJ5250GGH	TYK5251GGH
外形尺寸(长×宽×高)/(mm×mm×mm)	9735×2500×3815	10041×2500×3531	9700×2500×3760
整备质量/kg	14100	14750	13015
最大总质量/kg	25000	25000	25000
轴数	3	3	3
最高车速/(km/h)	90	90	90
底盘型号	DFL1350A13	1353VMPJE-S1D003	DFL1350A13
发动机型号	ISDe245 40	WP10.270	ISDe270 40
发动机功率/kW	198	199	198
排放标准	国Ⅳ	国Ⅳ	国Ⅳ
罐体有效容积/m³	25	20	20.7
卸料速度/(t/min)	≥1.2	≥1.2	≥1.2
剩余率/%	≤0.3	≤0.3	≤0.3
空气压缩机排量/(m³/min)	10	10	9

分类代号、企业自定代号等组成,其型号说明如下:

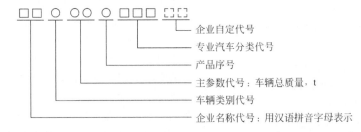

2. 技术规格

干混运输车的技术规格包含车型、最大总质量、罐体有效容量、罐体几何容量等参数,主要的车型参数如表 13-2 所示。

表 13-2　干混运输车技术规格基本参数

车　　型	最大总质量/kg	罐体有效容量/m³	罐体几何容量/m³
三轴干混运输车	25000	≤20	≤24
四轴干混运输车	31000	≤25	≤30
二轴半挂干混运输车	35000	≤28	≤34
三轴半挂干混运输车	40000	≤32	≤38

13.5　选型及应用

13.5.1　应用范围

干混运输车是粉粒物料散装运输的一种专用车辆。它在工业、农业、商业、建筑业等方面都得到广泛应用,它适用于含砂粒径不大于 5mm 的干混砂浆及干混砂浆配料(如水泥、粉石灰、矿粉等粉粒状干燥物料)的散装运输。

13.5.2　选型计算

干混运输车的配备量需根据干混砂浆生

产线的实际产量和干混运输车的装载能力进行计算。

1. 干混运输车计划生产率

每台运输车在工程计划配置阶段的生产率按下式计算：

$$\eta = TqK_1K_t / T_0\gamma \tag{13-1}$$

$$T_0 = t_1 + t_2 + t_3 + t_4 + t_5 \tag{13-2}$$

式中：η——工程计划配置阶段的生产率，m^3/阶段时间；

T——工程计划配置的阶段时间，小时生产率 $T = 60min$，台班生产率 $T = 40min$，年生产率 $T = 60h_y$（h_y 为年工作小时数）；

q——运输车的载重量，t；

K_1——吨位利用系数，应按照实际测定值来选用，K_1 一般取 0.85；

K_t——时间利用系数，K_t 一般取 0.5；

T_0——运输车运输每一工作循环的时间，min；

γ——干混砂浆的密度，t/m^3，γ 一般取 $1.5t/m^3$；

t_1——装料时间，min；

t_2——从装料地点到卸料地点的运行时间，min；

t_3——卸料时间，min；

t_4——返回装料地点的时间，min；

t_5——装料、卸料、转向、调车时的等候时间和可能的停车时间，min。

2. 运输车需求量的计算

运输车的需求数量与干混砂浆生产线的实际生产率有关，在规定时间内运输一定干混砂浆所需运输车数量按下式计算：

$$n = GT_0 / TqK_1K_t \tag{13-3}$$

式中：n——在 $T(h)$ 时间内运输重 $G(t)$ 货物所需要的运输车数量，台；

G——在 $T(h)$ 时间干混站生产干混砂浆的实际的重量，t；

K_1——吨位利用系数，应按照实际测定值来选用，K_1 一般取 0.85；

K_t——时间利用系数；

q——运输车载重量，t；

T——规定的时间，h。

13.6 使用及安全规范

13.6.1 干混运输车使用

1. 使用的一般要求

（1）设备应在满足产品使用说明书要求的条件下工作。

（2）整机工作时应放置水平，地面平整坚实，整个工作过程中地面不得下陷，避免在湿滑、大倾角、土质松散的地面上作业。

（3）严禁在斜坡上、高压电、易燃、易爆品及其他任何危险场所作业。

（4）所有电气元件、气路元件、各机械零部件及所有易损件、消耗品等，必须满足各元件相关的工作条件，严格遵守元件生产商及供应商对产品的使用要求，在确保各元件功能有效性的前提下，进行操作、使用。

2. 新车的使用

为使干混运输车达到应有的性能和延长使用寿命，新车在使用初期必须进行磨合。驾驶操作人员应仔细阅读操作手册，并掌握车辆的操作规定。

汽车底盘的磨合请用户参阅配套的汽车底盘使用说明书的规定进行磨合，并进行磨合后的保养，如清洁空气滤清器滤芯，更换发动机、变速箱、车桥的机油等。

3. 出车前检查

（1）检查轮胎螺母、各紧固螺栓及销轴是否松动；检查各锁定点是否锁紧；检查轮胎外观及气压。

（2）检查整车有无漏油、漏水、漏气现象。

（3）检查燃油、冷却水、润滑油及制动液是否正常。

（4）检查液压油油位，并检查油箱出油阀是否打开。

（5）检查卸料管等是否固定牢靠。

（6）检查各卸料阀、进气阀是否处于关闭状态。

（7）检查各电控开关、操作手柄是否置中

位或零位。

（8）启动发动机，观察其运转是否正常；查看汽车仪表、气压、灯光、行车制动、手制动等是否正常。

4．干混砂浆的装入

干混运输车行驶至干混砂浆搅拌站（楼）后，将罐体上的人孔对准干混砂浆搅拌站（楼）的卸料口：

（1）先打开泄压阀确认罐内无余压，再打开人孔盖，检查仓内是否有异物，如铁丝、石块、布、纸张等，如有需要清除，然后进行装料。

（2）满载后，扫清人孔圈上的余灰使之保持干净，关上人孔盖并关闭泄压阀。

5．干混砂浆的卸载

（1）载有干混砂浆的运输车行驶至工地后，倒车将车辆尾部靠近移动筒仓。

（2）把卸料系统的快速接头与移动筒仓的进料口接好。

（3）启动空气压缩机，打开进气管阀门，向罐体内充气。

（4）压力表读数达到规定值时，打开卸料阀门，并同时开启助吹管阀门，开始卸料。

（5）压力表读数下降到一定值时，关闭助吹管阀门，卸料管继续卸料。

（6）压力表读数下降到 0.01MPa 时，表示卸料完毕，关闭进气阀门，关闭卸料管阀门。

（7）卸料完成后将调速装置复位。

13.6.2　安全规范

1．一般安全要求

（1）操作人员必须是经过培训的熟练工人。

（2）禁止操作人员疲劳作业、酒后作业及服用可影响人精神状况的药物后作业，且体能必须能胜任操作。

（3）操作人员必须具有对应准驾车型所需要的驾驶证。

（4）操作人员须按规定穿戴安全防护装备。

（5）操作人员必须熟知设备操作安全规程，并按照安全规程作业。

（6）电气设备的检修和维护、安装及接线只能由电气专业人员进行，应做到持证上岗，遵守和执行电力部门的有关规定。

（7）在设备周围设置工作区域，非工作人员未经许可不得入内。

（8）拆开气压管接头时须将整个气压系统卸荷。

（9）预防事故装置如：指示及警告标志、栅栏、金属挡板等必须完好无损并清晰可见，不得更改或取消。

（10）加注燃油时有起火和爆炸的危险，禁止吸烟，并必须关停发动机；禁止将燃油箱加得过满。

（11）维修、保养设备时，必须有专人守护设备，防止未经安全确认（设备复原完好确认、维修保养人员人身安全确认）而启动设备造成重大人身安全事故。

2．设备的安全操作

（1）装载质量不得超过相关法律法规允许的最大装载质量。

（2）车辆行驶前要确定所有的锁紧、固定和夹紧装置都处于"锁定"位置。

（3）在满载行驶途中，不得超过规定的时速。

（4）在操作前应将功能性液体（如水、油和燃料等）加满。

（5）开启人孔盖前，必须先打开泄压阀，待余压消失后，方能打开人孔盖，以防伤人。

（6）为控制系统压力，主管路上装有弹簧式安全阀，安全阀调定压力为 0.22MPa，不得超高。安全阀铅封不得随意拆除，并且按有关规定定期检测、调试、校准后按规定进行铅封。

（7）应经常检查罐体压力表工作情况，发现失灵应及时更换，不允许无表或计量不准工作。

（8）当车辆需要牵引或被牵引时，必须使用车辆专用的牵引钩。不得使用车辆上的其他结构作为牵引点来使用。

3．干混运输车的装料

（1）开启进料口人孔盖前，必须打开泄压阀，确保罐内无压，方可开启。

（2）装料前确保罐内无异物，方可进行装料。

（3）装料结束后，要锁紧进料口人孔盖。

4. 干混砂浆的运输

行驶过程应满足机动车辆道路安全行驶标准要求。

5. 干混运输车卸料

（1）卸料前车辆应停放平稳，不能有明显倾斜。

（2）卸料压力不能超出安全阀限定压力。

（3）卸料操作应严格按照相应机型使用维护说明书的规定执行。

6. 干混运输车的转移

干混运输车的转移分为自行转移、平板拖车运输、铁路运输。在转移中应注意：

（1）采用自行转移时为自驶状态，需满足国家机动车辆道路行驶要求。

（2）卸料管应固定牢固。

（3）工具箱应上锁使之处于锁定状态。

（4）罐体上的人孔应处于关紧状态。

（5）采用平板拖车运输或铁路运输时需将整车在平板上固定牢固，固定车辆时不得将车上的管路、人梯、护栏等作为系留点。

13.6.3　维护和保养

1. 保养指南

（1）新车使用 30h 后必须更换空气压缩机润滑油，使用 150h 后必须更换空气压缩机滤芯；每使用 6 个月或行驶 15000km 时，必须更换空气压缩机润滑油，并每周保养滤清器的滤芯，必要时更换。

（2）新车使用 1～2 周，应将副车架与大梁的链接螺栓和 U 形螺栓复紧，同时检查空气压缩机安装架与底盘、传动轴与取力器、防护栏与副车架等连接螺栓是否松动，以后每月紧固一次，必要时更换。

（3）每次出车前，应检查气路系统的密封状况，保证密封良好。

（4）每次收工时，要对运输车进行清理，保证卸料管不堵料，检查空气压缩机柜体表面的整洁度，确保良好的散热效果。

（5）在传动轴、轴承以及有黄油嘴的部位每周加注一次黄油，保证正常润滑。为保证人孔盖开启、闭合操作灵活，每周在人孔盖丝杠、螺母位置涂抹润滑脂。

2. 空气压缩机双动力系统的维护保养

（1）禁止空气压缩机超速、超压运行。空气压缩机使用过程中若出现异常声音应立即停机检查，排除故障后方能使用。

（2）新机使用 30h 后，应更换空气压缩机曲轴箱的润滑油，此后每隔 6 个月应清洗空气压缩机曲轴箱和轴承、更换润滑油、检测各运动副偶件磨损情况，超过极限的必须更换和检修。清洗并检查进、排气阀片密封面是否完好，如损坏应及时修复或更换。

（3）每次开机前检查皮带的张紧情况，保证皮带一定的张紧力，每隔一个月应检查皮带磨损情况，必要时更换。

（4）每隔一个月用润滑油脂润滑各轴承。

（5）新车空气压缩机运行 150h 后应更换空气滤清器。

（6）每月检查各连接部位螺栓是否松动或损坏，必要时拧紧或更换。

3. 罐体总成的维护保养

（1）经常检查在使用过程中是否有异常响动，定期检查各连接部位螺栓是否松动或损坏，必要时拧紧或更换。

（2）使用过程中随时清理人孔盖上的散落料，避免损伤人孔盖上的密封圈，并保证人孔盖翻转灵活。

（3）压力表为灵敏元件，应注意保护，避免碰撞。

（4）如长时间停止工作，应彻底清理各阀件上的杂质，必要时加注适量润滑脂，防止堵塞和锈蚀。

（5）在卸料速度太慢或余料太多时，需对喇叭口的高度进行调整。具体操作是：卸下卸料管，把喇叭口往下或向上旋转。

（6）使用 5 个月后更换流化床透气帆布，日常定期清理卸压球阀透气布，必要时更换帆布。

4．气路与卸料系统的维护保养

（1）每天检查各阀门及管路是否有漏气现象，如漏气需及时密封漏气点。

（2）定期检查气路胶管及卸料胶管的磨损情况，如破损需及时更换。

（3）定期检查取样器内透气帆布是否破损，如破损需及时更换。

（4）定期检查进、出料蝶阀的开关是否灵活。

（5）工作过程中应检查压力表指示是否指示正常，如指示异常需立即停止工作，排除故障再进行作业。

5．底盘的维护保养

底盘的维护保养参见相应的底盘保养手册。

13.7　常见故障及排除方法

干混运输车常见故障及排除方法见表 13-3。

表 13-3　干混运输车常见故障及排除方法

故 障 现 象	故 障 原 因	排 除 方 法
压力表指数不上升	进气阀没有打开	开启进气阀
	泄压阀、人孔盖、助吹阀、蝶阀没有关闭	关闭泄压阀、人孔盖、助吹阀、蝶阀
	压力表损坏	修理或更换压力表
	进气管道堵塞或损坏	疏通或修理进气管道
压力表指数上升缓慢	空气压缩机工作气量小	拆修空气压缩机、更换阀片、清理或更换空气滤芯
	人孔盖漏气	清理结合面，或拆换密封圈
	蝶阀关闭不严	关闭蝶阀拆下清理或更换
	管道密封不良，漏气	检修管道密封
空气压缩机转速慢	传动皮带松弛（采用电动机驱动）	张紧皮带
	轴承过热或损坏	清洗轴承或更换
	调速装置损坏（采用底盘动力驱动）	检修调速器或更换
卸料时间长	出料管有附着物或杂物	清除管道杂物，在进料口设置过滤器
	空气压缩机碳刷、密封件等磨损严重	更换
	管道、阀门、罐体等漏气	调整紧固，更换相应密封
	喇叭口位置太低	调高喇叭口位置
物料卸不出	出料管或蝶阀堵塞	清理管道或蝶阀
	移动筒仓已满	停止送料
	移动筒仓透气不畅	检修移动筒仓透气口
	气室有灰、焊缝开裂、透气布开裂	清灰、补焊、更换透气布
余灰量大	透气布老化或损坏	更换透气帆布
	卸料时车辆倾斜	卸料时保持整车停靠水平
	喇叭口位置过高	适当调低喇叭口位置
	空气压缩机排气量严重下降	保养、更换密封件、检修空气压缩机
卸压球阀排气量小	罐体内部排气口透气布堵塞	清理或更换透气布

第14章

背 罐 车

14.1 概述

背罐车是一种装备有液压装卸机构,实现干混砂浆散装移动筒仓的自装、自运、自卸的专用车辆。背罐车主要应用于干混砂浆移动筒仓的装卸和运输,满足工地对干混砂浆多样化的储存和供应的需求。

在背罐车出现之前,移动筒仓的装卸和运输是分开的,采用起重机装卸,由卡车或平板车运输。背罐车的应用简化了移动筒仓的装卸过程,实现了移动筒仓的自装、自运、自卸,节约时间和劳动力,提高了装卸效率,并保障了移动筒仓在装卸过程中的安全性。背罐车主要分为轻型背罐车和重型背罐车,轻型背罐车适用于空移动筒仓的自动装卸和运输,重型背罐车适用于带干混砂浆的移动筒仓的自动装卸和运输。

14.1.1 发展历程和现状

1. 国内背罐车的发展历程和现状

国内背罐车的起步相对较晚,21世纪初,随着中国干混砂浆生产线从无到有、从小到大逐步得到发展。特别是2007年全国实施“城区禁止现场搅拌砂浆”政策以来,散装干混砂浆的使用逐步增大,背罐车也就开始在干混砂浆行业得到应用,经过近10年的发展,背罐车已初步形成了标准化产品,但品种和结构形式单

一,起吊装置为叉耳举升形式,装载和举升能力多在10t以下,主要是用于空移动筒仓的装卸和运输的轻型背罐车。

目前,国内常见的背罐车为轻型背罐车,主要用于空移动筒仓的装卸和运输,均采用汽车二类底盘改装而成,如图14-1所示。为节省制造和运营成本,大多采用4×2的底盘,其承载能力有限,只能用于空移动筒仓的运输和转场。受国内生产能力和生产制造成本、使用维护成本的影响,在国内市场上目前尚未有成熟的重型背罐车。

图 14-1 轻型背罐车

2. 国外背罐车的发展历程和现状

在国外,背罐车起源于欧洲,起步于20世纪70年代,经过40多年的发展,已经比较成熟,形成了轻型背罐车、重型背罐车以及拖挂等全系列的产品。起吊装置有叉耳举升式和吊钩式两种,可以适应不同类型移动筒仓的吊装和运

输；其装载和举升能力已达到 40t 以上。

14.1.2　发展趋势

背罐车的发展一方面依赖于设备自身的技术(性能、质量、环保等要素)发展,另一方面也需要根据移动筒仓的变化而发展,满足不同移动筒仓对背罐车的要求。

1. 重型化

随着散装干混砂浆的大量使用及施工现场对干混砂浆质量要求的提升,重型背罐车越来越受到青睐。

2. 减振技术

良好的减振技术,一方面可以提高驾驶的舒适性;另一方面,对于重型背罐车可以减小干混砂浆在运输过程中的离析,保证干混砂浆的质量。

3. 轻量化

自重的轻量化设计,可有效提高背罐车的运载能力、降低使用成本。

14.2　分类

随着干混砂浆的广泛应用,背罐车已初步形成了系列化、标准化产品,但产品种类较少,主要分为轻型背罐车和重型背罐车两类,它们都是由底盘和相对独立的装卸翻转机构两部分组成。轻型背罐车可满足空移动筒仓的自装卸和运输,而重型背罐车则可实现已装载干混砂浆移动筒仓的自装卸和运输。

14.2.1　轻型背罐车

轻型背罐车是一种将干混砂浆的移动筒仓(空载)运输至施工现场的一种物流运输车辆,是散装干混砂浆的必备设备之一。轻型背罐车,由底盘、副车架、翻转架、起升架、液压系统等组成,如图 14-2 所示。通过液压系统和装卸翻转机构协同作业,可以实现自动装卸干混砂浆移动筒仓。该车简化了干混砂浆移动筒仓的装卸过程,整个操作仅驾驶员一人即可,可实现移动筒仓自动装卸,并节约时间和劳动力,提高装卸效率和经济效益。图 14-3 为轻型背罐车带载行驶状态图。

图 14-2　轻型背罐车

图 14-3　轻型背罐车带载行驶状态图

14.2.2　重型背罐车

重型背罐车是一种将移动筒仓(满载)运输至施工现场的一种物流运输车辆,重型背罐车又分为单车式(见图 14-4 单车重型背罐车)和拖挂式(见图 14-5 拖挂式重型背罐车)两种。单车式采用三轴以上的底盘。其优点是有效解决了干混砂浆在运输途中和气卸上料时产生的离析,保障了干混砂浆的质量。此外,单个移动筒仓储量适中,移动方便,适合建设工程较大的施工现场。其缺点是不能很好地实现资源节约与低碳环保的要求。因为移动筒仓在施工现场和干混砂浆预拌现场之间需要反复置换,为不影响施工进度,必须配置大量移动筒仓才能满足施工现场的使用要求,而运输也需配备多台重型背罐车和驾驶人员,这就意味着无论干混砂浆运输方或干混砂浆预拌方,投资成本均大幅提高。由于重型背罐车整车外形尺寸超长,会给公路交通带来诸多不便;而在施工现场,因工地条件限制,干混砂浆移动筒仓平稳和牢靠地安放于工地,也会花费一定的时间而致使效率降低。

图 14-4　单车重型背罐车

图 14-5　拖挂式重型背罐车

14.3　典型背罐车的组成与工作原理

14.3.1　基本组成

背罐车是在专用底盘上通过液压系统操控装卸翻转机构的一种专用车辆，其液压系统通过底盘的取力器端口获得动力。背罐车（见图 14-6）由底盘和上装专用装置（见图 14-7）组成，而上装专用装置主要包括装卸翻转机构、副车架与支承装置、液压系统等部分。

1. 底盘

底盘一般采用二类底盘改制而成，按照承载量的不同分别选择 4×2、6×4 和 8×4 三种驱动形式的底盘。其动力按低速行驶工况配置，发动机特性曲线应能满足输出功率、扭矩的要求。变速箱按市区道路行驶工况配置并尽可能避免采用多挡箱。后桥按市区道路行驶为主、公路行驶为辅的工况配置承载系统考虑改装后的专用车为标准装载工况，车架、悬架进行轻量化设计。轮胎选用真空胎，进一步减轻自重，降低油耗。

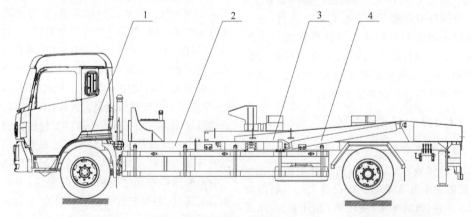

图 14-6　背罐车总体结构图
1—底盘；2—副车架与支承装置；3—装卸翻转机构；4—液压系统

目前国内背罐车采用的底盘主要有东风、重汽、解放等载重底盘。

2. 液压系统

液压系统由传动轴、液压泵、液压油箱、翻转油缸、移动油缸、支腿油缸、多路控制阀等部件组成。液压系统动力由底盘变速箱上的取力器提供。轻型背罐车的液压泵大多采用齿轮泵，重型背罐车液压泵多采用柱塞泵或叶

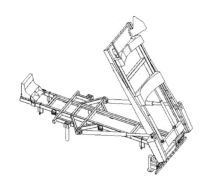

图 14-7　上装专用装置图

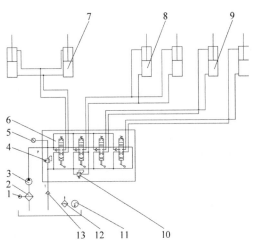

图 14-8　液压系统原理图

1—真空表；2—吸油过滤器；3—油泵；4—溢流阀；
5—压力表；6—多路阀；7—翻转油缸；8—移动油缸；
9—支腿油缸；10—过载阀；11—液位计；12—过滤器；
13—单向阀

片泵。

　　背罐车装卸翻转机构和支承装置的工作动作均由液压系统控制，液压系统原理如图 14-8 所示，液压系统能够有效地控制翻转架翻转上升和下降、移动筒仓的上升和下降、支腿的支承和回收以及保持各项动作的顺利过渡及完成。

　　溢流阀可以限制整个液压系统的压力，防止负载过大而引起的系统压力过高；过载阀可以限制移动油缸的负载能力，即限制带负荷移动筒仓的剩料装载量；单向阀可以防止检修管路时，液压油箱中液压油流出。

3．装卸翻转机构

　　装卸翻转机构采用框架结构，在翻转油缸的作用下可绕副车架上的装卸翻转机构水平轴转动，最大转动角度一般在 92°～100°之间。在装卸移动筒仓时，通过油缸推动移动滑块实现移动筒仓的装卸。

　　装卸翻转机构由翻转架和滑动总成组成，翻转架和滑动总成通过移动油缸形成柔性连接，如图 14-9 所示。

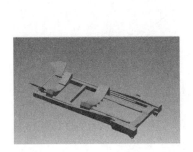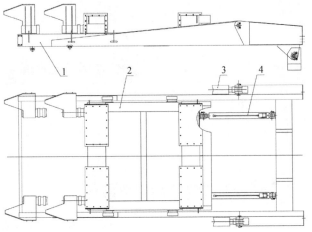

图 14-9　装卸翻转机构图

1—翻转架；2—滑动总成；3—翻转油缸；4—移动油缸

4. 副车架与支承装置

副车架与支承装置由副车架、尾架和支腿油缸组成,副车架通过 U 形螺栓、连接座与底盘大梁连接。副车架与支承装置决定了背罐车的倾覆线,其在底盘上的位置决定了背罐车的最大举升量,如图 14-10 所示。

14.3.2 工作原理

背罐车通过液压系统与装卸翻转机构的协同动作,可自动托起干混砂浆移动筒仓并将其纵卧放置在自身的车架上,如图 14-11 所示,背罐车完成装载移动筒仓的工作并进入运输状态。当背罐车装载移动筒仓到达指定地点后,又可自动将干混砂浆移动筒仓卸下安放到地面上,如图 14-12 所示。

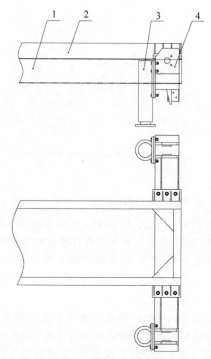

图 14-10　副车架与支承装置图
1—底盘大梁;2—副车架;3—支腿油缸;4—尾架

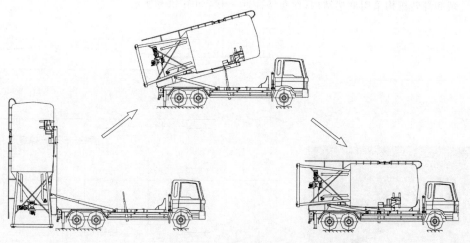

图 14-11　移动筒仓的装载

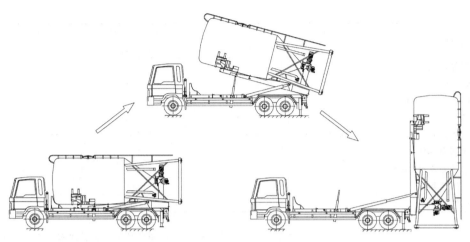

图 14-12　移动筒仓的卸载安放

14.4　技术规格及主要技术参数

14.4.1　技术规格

1. 背罐车代号

国内背罐车代号由企业名称代号、车辆类别代号、主参数代号、产品序号、专业汽车分类代号、企业自定代号等组成,其型号说明如下:

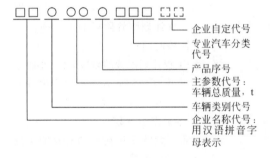

2. 背罐车技术规格

根据轻型背罐车和重型背罐车的分类和底盘类型的不同,主要的车型参数如表 14-1 所示。

表 14-1　背罐车主要车型参数

	底盘轴数		最大总质量/kg
轻型背罐车	2		16000
重型背罐车	3		25000
	4		31000
	拖车+挂车	5	43000
		6	49000

14.4.2　主要技术参数

背罐车的主要技术参数包括产品型号、整备质量、轴数、最高车速、底盘排放标准、发动机型号、发动机额定功率、额定转速、最大翻转角、装载时间、卸载时间等。表 14-2 为背罐车部分产品目录。

表 14-2　背罐车部分产品目录

企业	中联重科	三一重工	航天双龙	杭州专汽
型号	ZLJ5141ZBGE	SY5141ZBG	SLA5310ZBGDFL	HZZ5141ZBG
底盘型号	DFL5110XXYB9	DFL1110B	DFL3310A9	DFL5110XXYB1
整备质量/kg	8030	8030	17800	8805
最大总质量/kg	11495	11495	31000	11495
驱动形式	4×2	4×2	8×4	4×2
轴距/mm	5600	5000	1850+3200+1450	5600

轴荷/kg	4200（前）8295（后）	4400（前）8095（后）	6500/6500/18000（并装双轴）	4440（前）8055（后）
整车外形尺寸（长×宽×高）/（mm×mm×mm）	8910×2480×2760	9100×2390×2760	9400×2500×3030	9000×2490×2760
排放	国Ⅳ	国Ⅳ	国Ⅲ	国Ⅲ
发动机型号	ISDe180 40	ISDe180 30	dCi340-30	ISDe180 30
额定功率/kW	142	142	250	142
运送罐体直径/mm	≤2500	≤2500	≤2500	≤2500
最大翻转角/(°)	98	100	96	95
装载时间/s	110	110	110	110

14.5 选型及应用

14.5.1 应用范围

背罐车是一种运输干混砂浆移动筒仓的专用车辆，主要用于移动筒仓的自动装卸和转场。目前，背罐车分为轻型背罐车和重型背罐车两大类，轻型背罐车适用于空移动筒仓的自动装卸和运输，重型背罐车适用于带干混砂浆的移动筒仓的自动装卸和运输。

14.5.2 选型要素

背罐车类别简单，适用范围基本一致，因此，背罐车选型的要素也较简单，主要考虑如下几个方面：

（1）背罐车要与移动筒仓相配套，气力进料型移动筒仓的运输选用轻型背罐车，重力进料型移动筒仓的运输选用重型背罐车。

（2）背罐车要适合当地的物流路况，工作场地等实际情况。如果当地的物流路况良好，各使用场地管理规范，转运操作场地允许，可考虑选择重型背罐车加重力进料型移动筒仓的运输方式，否则，建议选择轻型背罐车加气力进料型移动筒仓的运输方式。

（3）背罐车的配备数量，对于轻型背罐车的配备主要与移动筒仓的数量和需要转场的频率相关，一般地，对于轻型背罐车建议每40个移动筒仓配备一台；对于重型背罐车则需要考虑重力进料型移动筒仓的装载量和干混砂浆生产线的实际产量等因素，重型背罐车的总运输能力应大于干混砂浆生产线实际产量的1.1倍。

14.5.3 选型计算

1. 重型背罐车

重型背罐车的配备需要根据重力进料型移动筒仓的装载量和干混站的实际产量计算。

1）重型背罐车计划生产率

每台重型背罐车在工程计划配置阶段的生产率按下式计算：

$$\eta = TqK_1K_t / T_0\gamma \tag{14-1}$$
$$T_0 = t_1 + t_2 + t_3 + t_4 + t_5 \tag{14-2}$$

式中：η——工程计划配置阶段的生产率，m^3/阶段时间；

T——工程计划配置的阶段时间，小时生产率 $T = 60min$，台班生产率 $T = 40min$，年生产率 $T = 60h_y$（h_y 为年工作小时数）；

q——重型背罐车运输移动筒仓的干混砂浆载重量，t；

K_1——吨位利用系数，应按照实际测定值来选用，K_1 一般取 0.85；

K_t——时间利用系数，K_t 一般取 0.5；

T_0——重型背罐车运输每一工作循环的时间，min；

γ——干混砂浆的密度，t/m^3，γ 一般取 1.5t/m^3；

t_1——装罐、装料时间，min；

t_2——从装料地点到卸罐地点的运行时

间,min;

t_3——卸罐时间,min;

t_4——卸料点装罐、返回装料地点的时间,min;

t_5——装罐、装料、卸罐、转向、调车时的等候时间和可能的停车时间,min。

2)重型背罐车需要量的计算

在规定时间内运输一定干混砂浆所需重型背罐车数量按下式计算:

$$n = GT_0/Tq\ K_1 K_t \qquad (14\text{-}3)$$

式中:n——在 T 时间内运输质量 G 货物所需要的重型背罐车数量,台;

G——在 T 时间干混站生产干混砂浆的实际的质量,t;

K_1——吨位利用系数,应按照实际测定值来选用,K_1 一般取 0.85;

K_t——时间利用系数;

q——重型背罐车运输移动筒仓的干混

砂浆载重量,t;

T——规定的时间,h。

2. 轻型背罐车

背罐车需要量计算

$$n = N_1 W T_1\ K_N/N\eta w \qquad (14\text{-}4)$$

式中:n——轻型背罐车配置数量;

N_1——单个工地平均配置移动筒仓数量;

W——干混砂浆生产线预计实际年产量,t/年;

N——移动筒仓配置总数;

w——单个工地平均使用干混砂浆量,t;

T_1——单个工地平均供货周期,年;

η——移动筒仓使用效率,即同一生产周期内移动筒仓的实际使用率;

K_N——背罐车行驶系数,该系数与干混砂浆生产线与施工工地的平均距离 t(km)呈对应关系,其对应关系见表 14-3。

表 14-3　背罐车行驶系数　　　　　　　　　　　　km

	$t \leqslant 20$	$20 < t \leqslant 40$	$40 < t \leqslant 60$	$t > 60$
K_N	0.8	1	1.2	1.5

14.6　使用及安全规范

14.6.1　背罐车使用

1. 使用的一般要求

(1)整机工作时应放置水平,地面平整坚实,整个工作过程中地面不得下陷,避免在湿滑、大倾角、土质松散的地面上施工作业。

(2)严禁在斜坡上、高压电、易燃、易爆品及其他任何危险场所作业。

(3)夜间施工现场须有足够的照明、禁止在光线较弱或黑暗的环境中作业。

(4)所有液压元件、电气元件、各机械零部件及所有易损件、消耗品等,必须满足各元件相关的工作条件,严格遵守元件生产商及供应商对产品的使用要求,在确保各元件功能的有效性前提下,进行操作、使用。

2. 新车的使用

为使背罐车达到应有的性能和延长使用寿命,新车在使用初期必须进行磨合。驾驶操作人员应仔细阅读操作手册,并掌握车辆的操作规定。

汽车底盘的磨合请用户参阅配套的汽车底盘使用说明书的规定进行磨合,并进行磨合后的保养,如清洁空气滤清器滤芯,更换发动机、变速箱、车桥的机油等。

3. 出车前检查

检查轮胎螺母、各紧固螺栓及销轴是否松动;检查各锁定点是否锁紧;检查轮胎外观及气压。

检查整车有无漏油、漏水、漏气现象。

检查燃油、冷却水、润滑油及制动液是否正常。

检查液压油油位,并检查油箱出油阀是否打开。

检查各电控开关、操作手柄是否置中位或零位。

启动发动机,观察其运转是否正常;查看汽车仪表、气压、灯光、行车制动、手制动等是否正常。

4. 移动筒仓的装载、运输、卸载

1) 移动筒仓的装载

背罐车行驶至移动筒仓存放点后,倒车使车辆尽量靠近移动筒仓,并使装卸翻转机构上的挂耳与移动筒仓上的吊耳基本对齐。

在移动筒仓装载前,应检查支腿油缸处于支承地面状态,支承支腿油缸的地面应平整坚固,将垫板垫在支腿油缸下方。

在发动机转速为油泵额定转速、电控油门处于巡航状态、变速箱档位处于取力器挡位的情况下,开启取力器,操作相应手柄打开对应油缸,调节支腿油缸顶升高度,将整机调整为水平。

将翻转架与副车架的前方连接销拔出。

操纵翻转油缸的控制手柄,翻转翻转架,使装卸翻转机构上的挂耳靠近移动筒仓上的吊耳,以挂耳能进入移动筒仓上的吊耳为限。

操纵移动油缸的控制手柄,缓慢地挪动移动架,使挂耳进入移动筒仓上的吊耳,直至将移动筒仓抬离地面,以移动筒仓随翻转架旋转不与地面相碰为限。

操纵翻转油缸的控制手柄,使移动筒仓随翻转架缓慢地回落,直至翻转架落在副车架上。

操纵移动油缸的控制手柄,使移动筒仓随移动架缓慢地向前移动,直至移动筒仓与副车架上的挡枕顶紧。

将翻转架与副车架的前方连接销插好。

操纵支腿油缸控制手柄,使对应油缸收回到顶。

将取力器开关复位,关掉电控油门巡航开关。

2) 移动筒仓的运输

移动筒仓装载结束,完成出车前检查,由专人驾驶到指定地点。

3) 移动筒仓的卸载

背罐车将移动筒仓运送到指定地点后,在移动筒仓卸载前,应检查支腿油缸处于支承地面状态,支承支腿油缸的地面应平整坚固,将垫板垫在支腿油缸下方。

在发动机转速为油泵额定转速、电控油门处于巡航状态、变速箱挡位处于取力器挡位的情况下,开启取力器,操作相应手柄打开对应油缸,调节支腿油缸顶升高度,将整机调整为水平。

将翻转架与副车架的前方联接销拔出。

操纵翻转油缸的控制手柄,翻转翻转架,翻转到90°左右时,停止翻转。

操纵移动油缸的控制手柄,使移动筒仓随移动架缓慢地向下移动,移动筒仓着地后,继续使移动架向下移动,直至移动架上的挂耳与移动筒仓上的吊耳完全分离。

操纵翻转油缸的控制手柄,使翻转架缓慢地回落,直至翻转架落在副车架上。

将翻转架与副车架的前方连接销插好。

操纵支腿油缸的控制手柄,使对应油缸收回到位。

将取力器开关复位,关掉电控油门巡航开关。

4) 车辆的牵引

当车辆需要被牵引时,必须使用车辆专用的牵引钩。不得将车辆上的其他结构作为牵引点来使用,否则该结构有被破坏的危险。

5) 车辆的运输

当车辆需要长途迁移时,需要注意以下几项:

(1) 装卸翻转机构与副车架应处于锁定状态。

(2) 工具箱应上锁使之处于锁定状态。

14.6.2 安全规范

1. 一般安全要求

(1) 操作人员必须是经过培训的熟练工人。

(2) 禁止操作人员疲劳作业、酒后作业及服用可影响人精神状况的药物后作业,且体能必须能胜任操作。

（3）操作人员必须具有对应准驾车型所需要的驾驶证。

（4）操作人员须按规定穿戴安全防护装备。

（5）操作人员必须熟知设备操作安全规程，并按照安全规程作业。

（6）电气设备的检修和维护、安装及接线只能由电气专业人员进行，应做到持证上岗，遵守和执行电力部门的有关规定。

（7）拆开气压管接头时须将整个气压系统卸荷。

（8）预防事故装置如指示及警告标志、栅栏、金属挡板等必须完好无损并清晰可见，不得更改或取消。

（9）加注燃油时有起火和爆炸的危险，禁止吸烟，并必须关停发动机；禁止将液压油箱加得过满。

（10）维修、保养设备时，必须有专人守护设备，防止未经安全确认（设备复原完好确认、维修保养人员人身安全确认）而启动设备造成重大人身安全事故。

2．设备的安全操作

1）一般操作要求

装载质量不得超过设备允许的最大装载质量。

车辆行驶前要确定所有的锁紧、固定和夹紧装置都处于"锁定"位置。

在操作前应将功能性液体（如水、油和燃料等）加满。

液压系统应使用性能参数符合推荐值的液压油，不得使用已经使用过的液压油，禁止不同牌号及不同厂家的液压油混合使用。

重要的连接件螺栓，如副车架与底盘大梁连接的U形螺栓及连接板螺栓、液压泵座的固定螺栓等，都应定期进行检查，至少每半年应检查一次，必要时拧紧或更换。新车使用1～2周后应检查拧紧。

当车辆需要牵引或被牵引时，必须使用车辆专用的牵引钩。不得将车辆上的其他结构作为牵引点来使用，否则该结构有被破坏的危险。

每次操作完毕后，应把多路阀操纵手柄置于中央"空挡"的位置。

2）移动筒仓的装载

支承支腿油缸的地面必须平整坚固，整机工作过程中地面不得下陷。

在支腿油缸没有支稳前不得操纵翻转架。

在移动筒仓随翻转架缓慢地回落过程中，尽量降低移动筒仓的重心高度。

在翻转架缓慢地回落过程中与辅助油缸的活塞杆接触时，应使辅助油缸的活塞杆头与翻转架下方的辅助油缸支座对正。

3）移动筒仓的运输

车辆启动前，应检查移动筒仓是否固定牢靠。

检查各油缸的操纵手柄是否置于中位。

背罐车的最高车速不得超过其允许车速，转弯不要太急，转弯速度不大于15km/h，否则有翻车的危险。

4）移动筒仓的卸载

移动筒仓的安放点及支承支腿油缸的地面必须平整坚固，整机工作过程中地面不得下陷。

在支腿油缸没有支稳前不得操纵翻转架。

在移动筒仓随翻转架缓慢地上升过程中，尽量降低移动筒仓的重心高度。

在翻转架缓慢地回落过程中与辅助油缸的活塞杆接触时，应使辅助油缸的活塞杆头与翻转架下方的辅助油缸支座对正。

5）背罐车的转移

背罐车的转移分为自行转移、平板拖车运输、铁路运输。在转移中应注意以下事项。

采用自行转移时为自驶状态，需满足国家机动车辆道路行驶要求。

装卸翻转机构与副车架应处于锁定状态。

工具箱应上锁使之处于锁定状态。

确保背罐车运输设备上固定牢固。

14.6.3 维护与保养

1．保养指南

（1）新车使用500h或行驶3000km时必须更换液压油和滤芯；至少每使用14个月或每

次更换液压油时,必须更换滤清器的滤芯。

(2)新车使用1~2周,应将副车架与大梁的连接螺栓和U形螺栓旋紧,同时检查尾架与副车架、传动轴与油泵和取力器、支腿油缸与尾架、防护栏与副车架等连接螺栓是否松动,以后每月紧固一次,必要时更换。

(3)每次出车前,应检查液压油箱的油位,不足应及时补充。

(4)在有黄油嘴的部位每周加注一次黄油,保证正常润滑。为保证滑动总成在翻转架滑动槽内平滑移动,在滑动槽内每周涂抹润滑脂。

(5)定期检查托枕垫和挡枕垫上橡胶板的完好性,如磨损严重应及时更换。

2.副车架的维护保养

(1)经常检查在使用过程中是否有异常响动,定期检查各连接部位螺栓是否松动或损坏,必要时拧紧或更换。

(2)挡枕上的挡枕垫属易损件,每三个月检查一次是否需要更换。

(3)经常清扫筒仓上落下的砂浆粉,避免遇水结块。

3.装卸翻转机构的维护保养

(1)每隔一个星期使用高压润滑油脂润滑翻转支座销轴、各油缸铰点。

(2)每一个月使用润滑油脂润滑翻转架滑轨,保证滑动顺畅。

(3)每隔3个月至少检查一次拖枕垫、挂耳、滑轨的磨损情况。

(4)检查各连接部位螺栓是否松动或损坏,必要时拧紧或更换。

4.液压系统的维护保养

(1)各油缸和液压件按通用液压件维护方法维护,至少每三个月进行一次维护。

(2)每天检查液压管路接口的拧紧情况,必要时拧紧或更换;定时检查液压油箱和多路控制阀安装螺栓的拧紧情况,必要时拧紧或更换。

(3)新设备在工作500h或行驶3000km时必须更换液压油和滤芯。

(4)至少每使用14个月或每次更换液压油时,必须更换吸油滤清器的滤芯。

(5)经常检查液压油箱的液压油液位,以盖满液位计为准,否则请及时加注液压油。

(6)使用性能参数符合推荐值的液压油,不得使用已经使用过的液压油,禁止不同牌号及不同厂家的液压油混合使用。

(7)换油。

① 换油前让系统开机运行一段时间。

② 换油时,打开排放螺堵,将油箱中的油及杂质尽可能放干净,然后再拧紧排放螺堵。打开空气滤清器盖,通过公称精度10μm的滤油器向油箱和系统中加油。加入新油时,系统管路及附件尽量充满新油,不要依赖油液自动充满;泵通过卸油口向壳体注油;油箱中加入尽可能多的油。

③ 换油后,应以尽可能低的转速启动发动机,短时空载运行,此时油箱油位有所下降,继续加油至盖满液位计的位置。拧紧空气滤清器盖。

④ 每次换油后,必须检查整个系统的密封性能,重新旋紧所有的螺栓、排放螺堵和软管连接。必要时更换新的密封件。

⑤ 只有当液压系统无压力时(即非工作时),才允许旋紧连接螺栓。

(8)液压系统的预热。

① 若环境温度低于液压油规定的最低温度时(约10℃),应对液压系统预热。

② 让发动机在油缸不工作的情况下,空转15min。

5.操纵系统的维护保养

(1)定期检查操作手柄是否正常、灵活,定位是否明确、可靠。

(2)定期在连杆支承点及铰接处涂适量润滑脂。

(3)定期检查操纵连杆是否有变形、锈蚀等情况并及时排除。

14.7 常见故障及排除方法

背罐车常见故障及排除方法见表14-4。

表 14-4　背罐车常见故障及排除方法

故 障 现 象		故 障 原 因	排 除 方 法
噪声	油泵吸空	吸油滤清器堵塞	清洗或更换油滤清器
	油生泡沫	油量不足	补油
		空气滤清器堵塞	清洗或更换
	油温过高	连续时间过长	停机冷却
		温控开关失灵	更换
	液压泵中有噪声	液压泵中有铁屑等杂物	清洗或检修
油路系统漏油		管路密封破损	更换
		油泵油封损坏	更换
		油路系统漏油连接螺栓或控制阀限位螺栓松动	拧紧
传动轴异响		螺栓松动或花键、万向节轴承缺黄油	拧紧或加注黄油
移动架移动阻力大		滑动槽有异物	清除异物
		滑动槽内干燥	加润滑油

第15章

干混砂浆移动筒仓

15.1 概述

15.1.1 移动筒仓概述

在欧洲,移动筒仓设备经过 60 多年的发展,已经比较成熟,根据进料方式的不同,形成了两大类型的产品系列:一类是气力进料型移动筒仓,其一般由背罐车空载运输至工地,再通过干混砂浆运输车气力输送方式进料;另一类是重力进料型移动筒仓,其通过在干混砂浆生产线重力方式进料后,由重型背罐车运输至工地。

在我国,移动筒仓的使用只有 20 多年的历史,主要以气力进料型移动筒仓为主,产品的规格比较单一,在功能和性能方面与国外产品有一定的差距。近年来,随着干混砂浆的不断推广,移动筒仓设备的使用越来越普及,使用者对移动筒仓在功能和性能方面的要求也越来越高,这促使移动筒仓在技术和制作方面都取得了长足的进步。

15.1.2 移动筒仓发展趋势

目前,移动筒仓呈现出多样化和高端化的发展趋势。

多样化表现为以下两个方面,第一是功能配置的多样化,出料口除配置传统的连续砂浆搅拌机外,还出现了配置大方量周期式搅拌机、双混泵、干混气力输送系统等设备,实现不同的搅拌、泵送等施工方式;第二是技术实现的多样化,在防离析方面,防离析装置有挡板式、集料管式、分流管式等,在称重方面,称重系统有柱式传感器式、桥式传感器式、轮辐式传感器式等。

高端化表现为以下两个方面:一是称重精度越来越高,部分制造商将称重误差控制在1%以内,达到可作为结算功能的称重精度要求;二是配置有基于 GPS 的远程控制装置,可实现对移动筒仓全面远程监控,包括储料状态、位置状态、安全状态以及正在进行的操作状态等。

15.2 分类

移动筒仓根据进料方式的不同分为气力进料型移动筒仓和重力进料型移动筒仓。气力进料型移动筒仓通过气力输送方式进料,只可空载运输,如图 15-1 所示;重力进料型移动筒仓通过重力输送方式进料,可以负载运输,如图 15-2 所示。

气力进料型移动筒仓和重力进料型移动筒仓的主要特点和适用范围如表 15-1 所示。

图 15-1 气力进料型移动筒仓

图 15-2 重力进料型移动筒仓

表 15-1 主要特点及适用范围

分 类	主要特点	适用范围
气力进料型	优点：转场方便、储料方量较大、操作安全性高 缺点：气力进料易造成物料离析	基本适用于所有工况
重力进料型	优点：节能环保、储料质量高 缺点：对场地空间要求较严格	适用于运输路况较好，使用场地较为宽阔的情况

15.3 典型干混砂浆移动筒仓组成与工作原理

15.3.1 产品组成

移动筒仓主要由仓体总成、称重系统、电气系统等部件组成，如图 15-3 所示。此外，移动筒仓一般不单独使用，供货时大多会带有连续砂浆搅拌机或干混气力输送系统（具体结构和性能参见第 16 章），连续砂浆搅拌机可以将干混砂浆加水搅拌成施工用的湿砂浆；气力输送系统可以实现干混砂浆的远程输送。

1. 仓体总成

如图 15-4 所示，仓体主要有筒仓体、人孔（或进料口）、起吊耳、支腿、底座、防离析装置、进料管和排气管等组成。其中，进料管和排气管一般只有气力进料型移动筒仓才有。仓体总成构成移动筒仓的主体部分，用来实现进料储料、转场运输功能以及作为连接其他功能部件的载体。

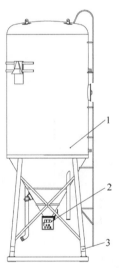

图 15-3 移动筒仓

1—仓体总成；2—电气系统；3—称重系统

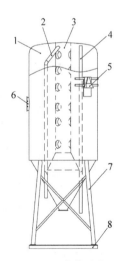

图 15-4 仓体总成

1—筒仓体；2—进料管；3—防离析装置；4—排气管；5—起吊耳；6—人孔（或进料口）；7—支腿；8—底座

2．称重系统

如图 15-5 所示，称重系统主要由称重传感器模块和显示仪表组成，称重传感器模块根据安装位置的不同分为支腿安装式和底座安装式，支腿安装式多采用柱式传感器模块，底座安装式多采用桥式或轮辐式传感器模块；显示仪表通常集成在电控柜中，可实时显示筒仓内所储存物料重量的数值，实现显示筒仓内余料的功能。

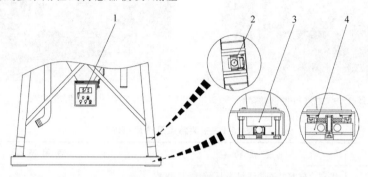

图 15-5　称重系统

1—显示仪表；2—柱式传感器模块；3—轮辐式传感器模块；4—桥式传感器模块

3．电气系统

如图 15-6 所示，电气系统元件主要集成在电控柜中，通过操作面板上的手动按钮或旋钮实现对搅拌机、水泵、振动电动机、称重系统等电控功能部件的控制。

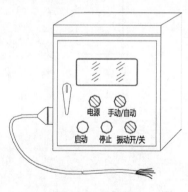

图 15-6　电控柜

15.3.2　工作原理

移动筒仓的功能主要有：进料储料、转场运输、出料、物料称重等，以下对几个功能的原理进行介绍。

1．进料储料

气力进料型移动筒仓通过气力输送的方式进料，如图 15-7 所示，散装干混砂浆运输车出料管通过快速接头与移动筒仓进料管连接，运输车内的干混砂浆物料在气压的作用下，进入移动筒仓内，移动筒仓内一般设有防离析装置，减少干混砂浆在气力输送过程中产生的离析；输送气体通过排气管排出时会携带出大量的水泥、粉煤灰、添加剂等粉尘，污染环境，因此排气管出口一般设有防尘装置，防止带尘气体直接排入大气中。

重力进料型移动筒仓通过重力输送的方式进料，如图 15-8 所示，干混砂浆物料通过散装卸料头在重力的作用下进入移动筒仓内，装满料后直接运往施工工地储存、使用。

2．转场运输

移动筒仓的转场运输通常通过专用的背罐车来实现，移动筒仓卸下过程如图 15-9 所示（反向为装载过程），移动筒仓上有专用的起吊耳配合背罐车上的翻转架使用，通过它们，背罐车能够将移动筒仓翻转背起或放下，实现转场运输。同时，移动筒仓顶部通常还设有起重机吊耳，用于移动筒仓在车间内或者在某些特殊情况下的转场运输。

3．出料方式

移动筒仓出料口通过配置连续搅拌机或者气力输送系统，可以实现湿式或者干式出

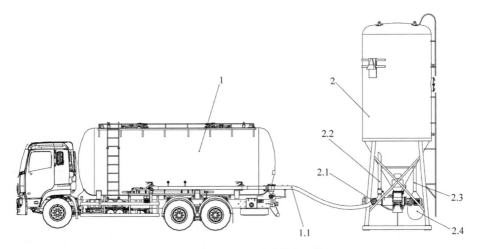

图 15-7　气力进料型移动筒仓进料

1—散装干混砂浆运输车；2—移动筒仓；1.1—卸料管；2.1—快速接头；
2.2—进料管；2.3—排气管；2.4—防尘装置

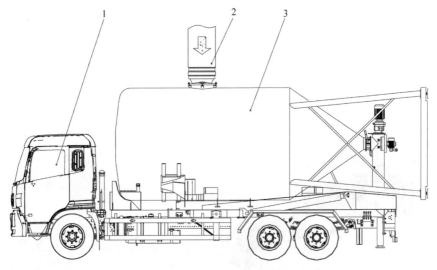

图 15-8　重力进料型移动筒仓进料

1—散装干混砂浆运输车；2—（干混砂浆生产线）散装卸料头；3—移动筒仓

料。当配置连续砂浆搅拌机时，可将干混砂浆加水搅拌成可直接使用的湿砂浆。如图 15-10 所示，干混砂浆从仓体总成通过物料控制阀落入连续砂浆搅拌机中，连续砂浆搅拌机以螺旋输送的方式将物料送入搅拌筒，同时，供水装置通过水泵将水也提供给搅拌筒，干混砂浆与水在搅拌筒中结合，经搅拌叶片搅拌成湿砂浆，从前端出料口排出。

当配置气力输送系统时，可将干砂浆以干燥状态输送至与气力输送系统出料管远端相连的储料容器或者施工设备，如双混泵、连续砂浆搅拌机等，如图 15-11 所示。干混砂浆从仓体总成通过物料控制阀落入气力输送系统的压力仓中，砂浆在压力仓中经过流化，在高压气体的作用下，沿着输送管被输送至指定位置，实现了干混砂浆的干式输送。

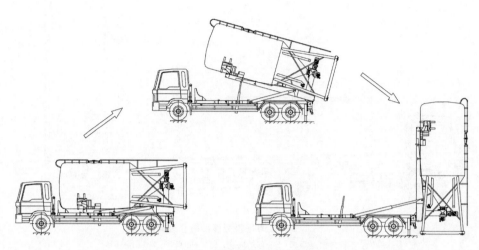

图 15-9　移动筒仓卸下示意图

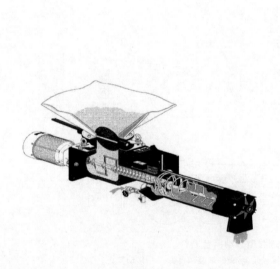

图 15-10　移动筒仓配置连续砂浆搅拌机

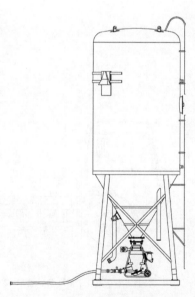

图 15-11　移动筒仓配置气力输送系统

4．物料称重

移动筒仓一般配备称重系统，可实时称重移动筒仓内所储存砂浆的重量，并通过仪表显示，如图 15-12 所示。移动筒仓内物料的重量变化会引起各个称重模块传感器应变片形变，形变产生电流模拟信号，信号通过接线盒叠加和仪表的计算处理，转化为数字信号并显示出来。

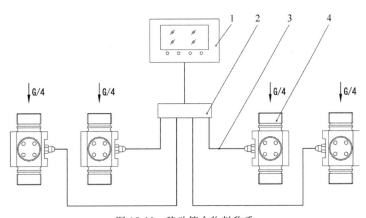

图 15-12　移动筒仓物料称重

1—称重仪表；2—接线盒；3—电缆；4—称重传感器

15.4　技术规格及主要技术参数

15.4.1　技术规格

1. 型号

移动筒仓的型号一般由组型代号，主参数代号及更新、变型代号等组成。目前没有统一的型号编制方式，不同生产企业有不同的编制方式，下面参考 m-tec 的型号，给大家提供一种型号编制方式：

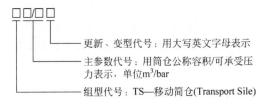

更新、变型代号：用大写英文字母表示

主参数代号：用筒仓公称容积/可承受压力表示，单位 m³/bar

组型代号：TS—移动筒仓(Transport Sile)

示例：公称容积为 22m³，可承受压力为 0，第二次改型设计的移动筒仓：TS 22/0B。

2. 规格

移动筒仓的规格用公称容积来表示，所谓公称容积，就是标称移动筒仓的几何容积。公称容积优选系列如表 15-2 所示。

15.4.2　主要技术参数

移动筒仓的主要技术参数有公称容积与称重误差，各参数的具体含义、计算公式及推荐值如表 15-3 所示。

15.4.3　性能要求

移动筒仓设备需对干混砂浆进行储存、运输以及施工等作业，应具备某些特定的性能要求，具体如表 15-4 所示。

表 15-2　移动筒仓公称容积优选系列

名　　称	单　　位	参　　数
公称容积	m³	1,2,5,12,18,20,22,24,28,32

表 15-3　移动筒仓主要技术参数

项　　目	含　　义	计　算　公　式		推　荐　值
公称容积(V)	标称移动筒仓的几何容积	$V=\dfrac{1}{4}\pi R\left(\dfrac{1}{3}h_1+h_2\right)$	(15-1)	1~32m³
称重误差(μ)	称重显示值与实际值之间的相对差异	$\mu=\dfrac{\lvert M_1-M_2\rvert}{M_2}\times100\%$	(15-2)	不大于 2%

注：1. 在式(15-1)中，R 表示筒仓直径；h_1 表示筒仓锥体高度；h_2 表示筒仓柱体高度；

2. 在式(15-2)中，M_1 表示显示值，M_2 表示实际值，推荐误差源于干混砂浆移动筒仓标准。

表 15-4　移动筒仓性能要求

性　能	要　　求
保质性	移动筒仓应具备良好的密封性,能够防水、防雨
	移动筒仓内应设防离析装置,使所储存干混砂浆物料满足:$75\mu m$ 方孔筛通过率离散系数小于等于 10%;若该离散系数大于 10%,砂浆抗压强度离散系数应小于等于 15%
环保性	气力进料型移动筒仓应配备除尘装置,使其在任何形式的工作状态下,距其中心下风口 30m,高 1.7m 处的粉尘浓度小于等于 $10mg/m^3$
	移动筒仓正常工作时,整机工作噪声不得超过 80dB(A)
安全性	气力进料型移动筒仓筒体在 1.5 倍进料气压下持续 5min,不得损坏或发生永久变形

15.5　选型及应用

15.5.1　选型原则

移动筒仓作为干混砂浆应用成套解决方案中的重要设备之一,其选型应符合以下几条基本原则:

(1)选型要与干混砂浆生产、物流设备配套,气力进料型移动筒仓的公称容积应与干混砂浆运输车相配套,一般而言,其公称容积应为干混砂浆运输车公称容积的 1~1.2 倍;重力进料型移动筒仓的公称容积所对应的总重量应与重型背罐车相配套,其公称容积所对应的总重量应不超过重型背罐车的可装载总量。

(2)选型要适合当地的物流路况,工作场地等实际情况。如果当地的物流路况良好,各使用场地管理规范,转运操作场地充足,可以考虑选择重力进料型移动筒仓,否则,建议选择气力进料型移动筒仓。

(3)选型要符合所在施工现场对工艺的需求,就称重系统而言,如果移动筒仓所储存的干混砂浆需要现场称重结算,则需配备取得计量许可证的高精度称重系统,如果称重系统不必具备结算功能,仅作为工艺秤或料位计使用的话,则要求的称重精度相对较低;就搅拌系

统而言,如果搅拌后续操作为泵送喷涂作业时,则出料流量不宜选择过大,一般为 $5\sim6m^3/h$;如果后续操作为砌筑、灌注等作业,则出料流量选择较大为好。

(4)选型要遵守当地移动筒仓设备使用的规定,在运输方面不能超宽、超载;在环保方面,排水、排气,噪声等应满足相关要求;在操作方面,不能出现重大安全事故。

另外,客户在购买移动筒仓时,一定要事前计算好使用移动筒仓的工地数量及每个工地的用料点数量,从而确定应当购买移动筒仓的数量。一般来说,移动筒仓购买的数量必须是用料点数量的 1.2~1.3 倍。

15.5.2　应用案例

案例:某中国客户新建干混砂浆生产线,配有地磅,以生产普通抹灰砂浆为主,已配置 $20m^3$ 干混砂浆运输车,投产后,预计投放至 10 个工地,平均每个工地用料点约为 5 个,现需选型采购移动筒仓设备。

根据选型原则,结合中国道路及工地的现状,选择气力进料型移动筒仓;其干混砂浆运输车公称容积为 $20m^3$,则移动筒仓公称容积推荐选用($20\times1.1=$)$22m^3$;生产线配有地磅,物料结算可以以过磅磅单为准,所选配移动筒仓称重系统仅作为料位计使用,精度要求不高,

可选配误差 2% 左右的称重系统；该生产线所生产的砂浆为普通抹灰砂浆，后续施工可能需喷涂作业，出料流量不宜过高，推荐选配出料流量为 6m³/h 的搅拌系统。

因其投产后，预计使用工地为 10 个，每个工地平均用料点约为 5 个，总共用料点约为 (10×5＝)50 个，所以推荐购买 (50×1.2＝)60 个移动筒仓。

15.6　使用及安全规范

15.6.1　干混砂浆移动筒仓使用

移动筒仓设备的使用分为开机前检查、进料操作、出料操作、转场操作、清洗操作等步骤，下面以气力进料型移动筒仓为例加以说明，具体操作过程如表 15-5 所示。

表 15-5　气力进料型移动筒仓操作说明

操作步骤	操作过程	注意事项
开机前检查	1. 检查筒仓放置是否正常 2. 检查各紧固螺栓及销轴是否松动 3. 检查防尘布袋是否破裂 4. 检查清洗门是否关闭并扣牢 5. 检查设备有无漏灰、漏水现象 6. 检查称重显示仪表显示是否正常 7. 检查各电控开关、操作手柄是否置中位或零位 8. 检查电路、水路连接是否正确 9. 检查电气系统相序保护器的指示灯是否亮起	遇到危急情况而电控系统失灵时（如接触器触头烧粘、操纵面板上的停止按钮失灵时），必须立即切断电源开关
进料操作	1. 关闭移动筒仓出料口蝶阀，在排气管末端套好防尘布袋，并用管卡紧固，防尘布袋顺着地面舒展放好 2. 接通移动筒仓控制柜电源，确保称重仪表正常显示（如果是首次使用，需按下显示仪表上的清零键，使仪表显示为"0"） 3. 将干混砂浆运输车出料管末端的快速接头与移动筒仓进料管末端相连 4. 确认各连接牢固可靠后，启动干混砂浆运输车上的气力卸料功能，向移动筒仓中输送物料	当物料输送达到移动筒仓允许的储料重量上限时，控制面板上的红色指示灯亮起，同时蜂鸣器发出报警信号，此时必须停止向移动筒仓中供料
出料操作	1. 将水泵泵体及进水管中注满水，将进水管连接水源 2. 接通电源，根据情况，将控制面板上"手动/自动"开关切换到所需位置 3. 扳动出料口控制物料阀手柄到下料位置 4. 按下控制面板上的"启动"按钮，搅拌机开始工作，同时水泵开始供水，出料开始 5. 调节物料阀及控水阀到合适的位置，至出料砂浆干湿度合适即可	手动状态下，按下停止按钮结束出料，在自动状态下，可以按下停止按钮结束出料也可以根据设定好的时间自动停止出料
转场操作	1. 卸下防尘布袋、水泵吸水软管等易脱落配件 2. 依照"背罐车操作说明书"对移动筒仓进行装载、运输、安放操作 3. 将移动筒仓放置在能承受不小于 50t 的平整基础上后，重新安装好防尘布袋、水泵吸水软管等配件	气力进料型移动筒仓中的物料尚未用完时，不得移动其位置
清洗操作	1. 用清水冲洗搅拌机搅拌筒、出料口和进水弯头，直至没残余砂浆 2. 通过拍打的方式清除尘布袋内部粉尘，尽量回收 3. 根据情况用湿布或干布擦拭干净筒仓外表面	禁止用水冲洗控制箱、控制面板及位于各处的电动机、传感器等电气设备，避免电气元器件受损

15.6.2 安全规范

移动筒仓设备的使用必须遵守如下安全规范:

(1) 操作人员要求:

① 操作人员必须熟知设备操作安全规程,受过必要的操作培训,并按照操作安全规程作业。

② 操作人员须按规定着防护装、戴安全帽等安全防护设备。

③ 称重系统的校准、维护只能由专业人员进行。

④ 电气控制箱的维修、安装及接线只能由电气专业人员进行。

(2) 移动筒仓应安装在能承受足够压强的平整基础上,底座不允许有局部下沉或倾斜,安装在边坡或坑边时,应有足够的距离。

(3) 筒仓承受的风载荷不得大于 350Pa,当风载荷大于 350Pa 时,需用桩绳拉住罐体吊耳,以防倾斜,此时影响称重精度,建议暂停使用。

(4) 筒仓在运输过程中,注意保护仓体,防止仓体磕碰变形。

(5) 室外作业时,遇到暴雨、暴雪等天气时,应对称重传感器作相应的保护措施。

(6) 筒仓用电必须设置专项电路,并做重复接地,配电箱上锁。

(7) 在建筑高空坠落半径以内安装时,应搭设防护层。

(8) 移动筒仓安装好后,必须在外围适当位置构筑防撞墙或栏杆,防撞墙或栏杆应具有较强的防撞功能。

(9) 安装移动筒仓区域内,设置明显的安全警示和操作提示等标志。

(10) 移动筒仓位置与施工现场生活区及居民居住区、主干道的距离应不小于移动筒仓高度的一倍,严禁在高压输送设备附近或高压线下安装。

(11) 移动筒仓达到报废条件,必须及时报废。

15.6.3 维护和保养

移动筒仓的维护与保养要求如下:

(1) 供水系统在寒冬季节使用完毕后,应排尽水箱、水泵及管路内的存水。

(2) 每次完工或停机超过半小时,必须对搅拌机进行彻底清洗。湿料管、出料口可用水清洗,湿料管进水口弯头内部也应清洗干净,避免下次使用时堵塞;干料出口处不可用水清洗,可用干布擦拭干净,以防止水进入干料区产生结块堵塞出口;干料输送轴与湿料搅拌轴的连接处,应每次加以清洗,避免被材料堵实而无法连接。

(3) 定期检查背罐吊耳,如果受损或变形严重,请修复。

(4) 重要的连接件螺栓,如连续式搅拌机的固定螺栓,都应定期进行检查,至少每半年应检查一次,必要时拧紧或更换。新机使用 1~2 周后应检查拧紧。

(5) 需要润滑的轴承每月注入黄油一次。

(6) 搅拌机在新机使用时,按照要求添加齿轮油,并定期更换。

15.7 常见故障及排除方法

移动筒仓常见故障与排除方法见表 15-6。

表 15-6 移动筒仓常见故障与排除方法

故 障 现 象	故 障 原 因	排 除 方 法
进料不畅	除尘布袋未及时清灰	清除除尘布袋中的灰尘颗粒
出料时干时湿	水路密封不好、漏水	紧固管卡或更换水管
	砂浆结块,下料不畅	清理结块的砂浆

续表

故 障 现 象	故 障 原 因	排 除 方 法
称重偏差较大	称重系统未校准	进行校准
	称重传感器故障	维修或更换传感器
	显示仪表故障	维修或更换
振动电动机不能工作	控制电路故障	检修电路
	电动机故障	维修或更换
搅拌机不能工作	电源开关未接通	接通电源
	控制电路故障	检修电路
	搅拌机电动机故障	维修或更换
	搅拌机搅拌轴卡阻	清理搅拌筒内阻塞物

第16章

砂浆施工设备

16.1　概述

砂浆机械化施工,是指通过机械混浆、输送和喷涂等一系列流程实现灌浆、墙面喷涂、自流平等功能的施工。砂浆施工机械是利用砂浆输送设备将砂浆沿管道输送到施工面,再用喷涂设备喷涂到作业面的施工成套设备,包括移动筒仓、搅拌设备、输送设备、喷涂设备等。管道内输送的砂浆介质状态有粉状的干混砂浆(干砂浆)和按一定比例加水搅拌后的干混砂浆(湿砂浆)之分,通常将输送干砂浆的设备称为干法输送设备,输送湿砂浆的设备称为湿法输送设备;干法输送设备及与其组合使用的搅拌、喷涂等施工设备称为干法施工设备,湿法输送设备及与其组合使用的搅拌、喷涂等施工设备称为湿法施工设备。在国内绝大多数的干混砂浆的施工设备为湿法施工设备,如 m-tec 的 PP100 砂浆泵、P50 砂浆泵、D100 连续砂浆搅拌机,德宝索的螺杆泵等;而干法施工设备在国外应用较多,其主要品牌有: m-tec 的 G140 气力输送系统、duomix 双混机、D30 连续砂浆搅拌机;德宝索的 SILOTUR 气力输送系统、GIOTTO 双混泵等。

我国砂浆施工仍以手工操作为主,生产效率低、占用劳动力多、人力成本高、工期长,机械自动化施工处在发展阶段。

在发达国家,砂浆施工机械广泛运用于地质勘探、矿山、铁道、高速公路、有色冶金、核工业、桥梁、水电建设、高层建筑、地基加固等工程项目中。主要应用有如下几方面。

1. 远距离输送

将各种砖混合砌块结构建筑中抹灰作业的抹灰砂浆或者地坪砂浆等输送至施工面,实现了砂浆输送的机械化作业,在建筑基础工程中得到广泛应用。

2. 喷涂抹灰

采用输送方法将湿砂浆沿管道输送至喷枪出口端,再利用压缩空气将砂浆喷涂至作业面上,能大大提高施工效率、节省劳动力。

3. 灌浆

直接将砂浆输送至灌注地点,满足各种施工工况;在保证砂浆质量的同时,大幅度提高施工效率,加快施工进度;减少砂浆输送设备移动频次,确保灌注施工的连续性;节省人力物力,减少材料浪费,降低工程成本,在筑路施工中有广泛应用。

16.1.1　砂浆施工机械发展历程及现状

1. 砂浆施工机械发展历程

砂浆施工机械的发展历程如表 16-1 所示。

2. 砂浆施工机械现状

我国自 20 世纪 70 年代就开始研究砂浆的机械化施工,在多个施工现场进行了试验,但当时由于现场搅拌砂浆颗粒不均匀、质量不稳

表 16-1　砂浆施工机械主要发展历程

序号	主要发展历程
1	1958 年,德国人 Karl Schlecht 发明了第一台真正意义上的砂浆喷涂机
2	20 世纪六七十年代,砂浆机械化施工在欧美等发达国家逐步推广
3	20 世纪 60 年代,中国建筑科学研究院建筑机械化研究分院开始研制各种形式的砂浆泵
4	1974 年,德国 PFT 公司制造了深受当时市场欢迎的砂浆喷涂设备。美国研发出了配合砂浆施工的施工设备及一套行之有效的施工工艺流程,逐渐形成了现代机械喷涂抹灰施工的先进技术
5	20 世纪 70 年代,Putzmeister 看到中国巨大的潜在砂浆泵市场,在中国建立合资企业进行技贸合作
6	20 世纪 80 年代中期,国内研制成功 UH4.5 型灰浆联合机,集搅拌、输送和喷涂于一体,可单独或连续完成各种浆状材料的水平和垂直输送
7	1996 年,Putzmeister 在上海松江设立分厂作为管理、生产、销售和售后服务砂浆泵的基地。参与了上海的金茂大厦、东方明珠、希尔顿宾馆等工程的施工
8	"九五"期间,在吸收国内外先进技术的基础上又成功研制了 UB 系列砂浆输送泵,可实现水平输送距离达 400m,垂直输送高度达 80m 以上,具有输送流量大,输送压力高等特点,并应用于大连填海船坞工程压力灌浆工程中
9	2012 年 11 月,中联重科推出 PP100 型柱塞式砂浆泵,垂直输送高度达 100m 以上,为超高型工程提供了砂浆输送、喷涂抹灰先进技术装备
10	2016 年 3 月,中联重科收购德国 m-tec 成为国内最大的砂浆施工机械制造厂商
11	2016 年 8 月,中联重科的干法施工设备在重庆成功完成 100m 高度的干混砂浆的输送、喷涂施工作业,标志着干法施工设备正式登上中国施工设备舞台

定等因素,没有取得良好效果。近年来,我国干混砂浆行业正在经济发达地区和一些中心城市蓬勃发展,干混砂浆的生产企业也迅速增多,因干混砂浆机械化施工工具有更高的技术含量而导致其应用较少,已经严重阻碍了干混砂浆行业的发展。干混砂浆机械化施工的应用是促进砂浆行业健康发展的推动力,具有可提高干混砂浆均匀度,保证工程施工质量,达到高质量、高效率施工,降低综合成本,做到无粉尘污染、无废弃物、降低劳动强度等优点,因此推广干混砂浆机械化施工迫在眉睫。国内干混砂浆施工机械的研制、应用与国外发达国家有着明显的差距,主要体现在:

(1)砂浆原材料地区差异性大、配方差异性大,且砂浆质量没有有效管控,砂浆的可泵性较差,砂浆质量变化范围较大,这是阻碍机械化推广的主要原因之一。

(2)国内缺乏相应的行业标准,零部件标准化程度低,通用性差,不方便配件互换,增加了客户的管理成本;同时也使易损件很难达到

商品化程度,增加了客户的使用成本。

(3)定子、转子等关键易损件的使用寿命低,国内缺少施工设备关键技术的基础性研究,这也是国内施工设备发展缓慢的主要原因之一。

目前我国干混砂浆机械化施工技术薄弱、施工工法缺乏、喷涂技术落后,机械化施工应用较少,导致国内施工机械研制进展缓慢。国内施工机械知名品牌少,市场使用率较低,缺乏干混砂浆机械化施工行业的引领者,常见品牌主要有中联重科、凯博等。但国内施工机械市场大,国外主要的施工设备厂家纷纷入驻中国,其常见品牌有:m-tec、培福德(PFT)和意大利的 MIXER 等。2016 年 3 月,中联重科收购德国 m-tec,实现了砂浆行业的强强联合。

16.1.2　砂浆施工机械发展趋势

干混砂浆的发展必然从分散的、个体的小企业发展为集团型、综合型的大企业。欧洲多

数的砂浆企业都具有类似的特点：集团化、规模化、跨地区、国际化。机械化施工的推广是砂浆行业发展的关键，未来我国砂浆施工设备将向以下几个方面发展：

1. 成套设备的智能控制研究

未来的机械化施工将是全流程机械化、自动化成套设备的施工，包括干混砂浆运输车、背罐车、移动筒仓、连续式搅拌机、砂浆输送与喷涂设备、抹灰设备等，运输、储料、输送、喷涂、抹灰收光等环节实现机械化，所有流程之间通过信息化处理实现智能控制，最大限度减少人员操作。

2. 节能环保研究

干法组合施工已成为一种新型的施工方式，即输送过程中的砂浆为干砂浆，这种施工方式的优点在于：无尘环保、最大程度降低施工余料、输送管路无须清洗，节约水资源和人力资源。

3. 砂浆配方研究

因砂浆原材料地区差异性大，导致干混砂浆配方区域性影响很大，而适合机械化施工的砂浆质量要求较高，故加大砂浆配方研究力度势在必行，从而满足机械化施工设备应用需求。

16.2 分类

干混砂浆施工机械的分类方法很多，可以根据输送介质状态、结构原理、驱动类型等来分类，具体分类如表 16-2～表 16-4 所示。

16.2.1 按输送介质状态分类

表 16-2 按输送介质状态分类

分类	代号	示 意 图	简 要 说 明
干法施工设备	气力输送系统＋双混泵	 (a)　　　　　(b)	G160(图(a))是一款通用型气力输送系统，适用于各种干混砂浆物料的输送。包括：石灰基抹灰砂浆、水泥基抹灰砂浆、砌筑砂浆等；Duomix(图(b))是一款集搅拌和喷涂功能为一体的双混泵
湿法施工设备	湿砂浆输送设备＋喷涂设备	 (a) (b)	PP100(图(a))是一款单缸柱塞式砂浆泵，适用于各种湿砂浆的输送；P50(图(b))是一款螺杆式砂浆泵，适用于各种砂浆的喷涂作业施工

16.2.2 按结构原理分类

表 16-3 按结构原理分类

分类	示 意 图	简 要 说 明
气力输送系统		通过压缩空气动力将压力仓中的干混砂浆通过软管输送到施工作业面的设备
柱塞式砂浆泵		液压油缸或机械驱动柱塞缸中的活塞往复吸排料运动,实现砂浆输送或喷涂功能的设备
螺杆式砂浆泵		由偏心螺杆转子在定子内旋转,靠相互啮合空间的容积变化实现砂浆输送或喷涂功能的设备
挤压式砂浆泵		通过导轮滚动挤压胶管使其发生容积变化而实现砂浆输送或喷涂功能的设备

16.2.3　按驱动类型分类

表 16-4　按驱动类型分类

分类	示　意　图	简　要　说　明
液压驱动		针对柱塞式砂浆泵而言,活塞由液压油缸驱动
机械驱动		针对柱塞式砂浆泵而言,活塞由凸轮连杆机构驱动

16.3　典型砂浆施工设备结构及工作原理

砂浆施工机械主要包括移动筒仓、搅拌设备、输送设备、喷涂设备。其中,移动筒仓已在第 15 章介绍。下面分别介绍一些主要砂浆施工机械的结构及工作原理,同时阐述各种砂浆施工机械的组合施工方式。

16.3.1　产品结构

1. 连续砂浆搅拌机

连续砂浆搅拌机主要由连续砂浆搅拌机、供水装置、支承装置(或连接法兰)和电控系统组成,通过电控系统控制连续砂浆搅拌机及供水装置协调工作,实现将干混砂浆连续搅拌成湿拌砂浆的功能。

如图 16-1 所示,用于移动筒仓的连续砂浆搅拌机通过法兰连接将连续砂浆搅拌机悬挂在移动筒仓下方,从而将移动筒仓内的干混砂浆连续搅拌成湿砂浆;如图 16-2 所示,可移动式连续砂浆搅拌机通过可移动支架固定连续砂浆搅拌机,从而将料斗内的干混砂浆连续搅拌成湿砂浆,主要适合散装砂浆的现场搅拌。

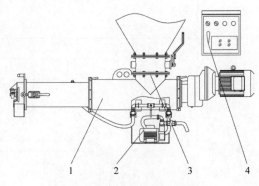

图 16-1　连续砂浆搅拌机(固定式)

1—连续砂浆搅拌机;2—供水装置;
3—连接法兰;4—电控系统

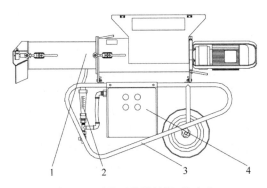

图 16-2 连续砂浆搅拌机（移动式）
1—连续砂浆搅拌机；2—供水装置；
3—支承装置；4—电控系统

在整个机械化施工过程中，连续砂浆搅拌机是保证湿砂浆质量的关键设备，主要通过搅拌时间、搅拌速度及水灰比的协调控制，连续产出高质量的湿砂浆。近几年，在 m-tec、WAM、PFD 等厂家的不断研发和改进下，连续砂浆搅拌机的性能得到了大幅提升，主要表现在以下几个方面：

（1）连续砂浆搅拌机搅拌轴形式多样化。针对不同的物料，开发了不同形式的搅拌轴，在布置方面有单轴式、双轴式等。在结构方面有十字飞刀型、搅拌锤型、螺旋型等。

（2）水灰比控制精确化。在供水方面，通过调压阀、流量控制阀、流量计等，严格控制进水的压力和流量。在物料控制方面，m-tec 开发的螺旋喂料监控系统，能准确控制喂料的速度。

（3）规格多样化。为适应不同的施工环境，开发了生产能力在 $0.6 \sim 20 m^3/h$ 的系列产品。

2．干混气力输送系统

气力式输送系统，主要包括压力仓、主空气压缩机和辅助空气压缩机，如图 16-3 所示。其中，主空气压缩机配置有用于控制整个系统的控制面板，辅助空气压缩机可选配。压力仓以批次模式进料，空气压缩机在整个输送过程中持续运行向压力容器提供压缩空气。当压力容器正在进料时，使用两个阀门将其与输送物料进行隔离，同时输送物料可通过旁路进行输送。该系统将干混物料注入一台安装有除尘罩（内带一个料位计接头）的喷涂设备或者搅拌设备。系统通过料位计监控喷浆机器料仓的料位情况。当物料达到料仓最大填充料位时，系统将会自动关闭。当物料回落至最小填充料位时，系统又会重新开启。干混气力输送系统可根据输送距离及输送量配置一或两台辅助空气压缩机，增加其输送距离及输送量，图 16-3 中配置了一台辅助空气压缩机。

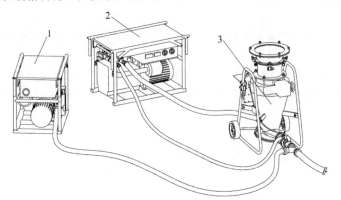

图 16-3 干混气力输送系统
1—辅助空气压缩机；2—主空气压缩机；3—压力仓

3．柱塞式砂浆泵

1）基于液压传动的柱塞式砂浆泵

柱塞式砂浆泵（见图 16-4）由气路系统、液压系统、机架、电气系统、输送单元组成。其中，输送单元主要由混凝土缸、分配阀、油缸、水箱组成。

基于液压传动的柱塞式砂浆泵，与螺杆式砂浆泵相比，具有输送距离远、使用成本低、工作稳定性好等特点。该柱塞式砂浆泵采用液压驱动技术，可提供充足的输送压力，能使砂浆水平输送达 200m，垂直输送达 100m，且液压控制可轻易达到输送方量的无级调速。同时可通过选配气路系统（见图 16-4），匹配控制输送缸的往返运动速度，也可实现砂浆喷涂作业；但与螺杆式砂浆泵喷涂相比，喷涂的连续性较差，施工面的平整度不高，增加了刮抹时间。该类型柱塞式砂浆泵主要适合湿砂浆的远距离输送，能满足小面积的喷涂施工。

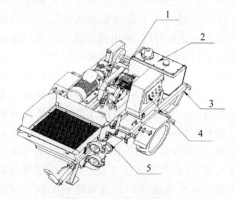

图 16-4　柱塞式砂浆泵

1—气路系统（选配）；2—液压系统；3—机架；
4—电气系统；5—输送单元

2）基于机械传动的柱塞式砂浆泵

基于机械传动的柱塞式砂浆泵由动力系统、输送系统、传动系统等组成，如图 16-5 所示。动力一般由电动机、柴油机和汽油机提供。

输送系统主要由泵体、输浆管总成和喷枪组成。

该类型柱塞式砂浆泵因采用机械传动方式驱动输送系统，驱动力矩较小，速度控制比较困难，一般常用于湿砂浆的短距离输送及喷涂作业。与螺杆式砂浆泵相比，该柱塞式砂浆泵具有易损件寿命长，使用成本低，设备稳定性好等优点；但其喷涂的连续性较差，施工面的平整度不高，增加了刮抹时间。

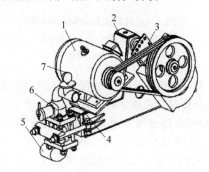

图 16-5　机械传动的柱塞式砂浆泵

1—动力系统；2—输送系统；3—传动系统；4—出浆口；5—吸浆口；6—阀室；7—压力表

4. 螺杆式砂浆泵

螺杆式砂浆泵主要由螺杆副输送机构、机架、驱动单元、气路系统（略）、输送胶管（略）、喷枪附件（略）等六个部分组成，如图 16-6 所示。驱动单元通过联轴器等传动装置驱动螺杆副输送机构工作，从而实现砂浆输送，输送管路为耐磨胶管，当末端接上喷枪附件并接通气路系统，则可实现砂浆喷涂作业（具体见 16.3.2 节）。

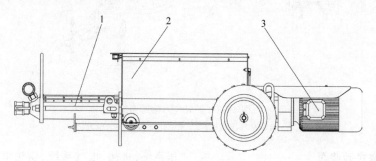

图 16-6　螺杆式砂浆泵

1—螺杆副输送机构；2—机架；3—驱动单元

5. 双混泵

双混泵主要由泵送系统、一次搅拌机构、二次搅拌机构、螺杆副输送机构、供水系统、气路系统、机架、搅拌驱动系统、电气系统、除尘装置组成,如图16-7所示。其结构特点在于:结构紧凑,部件采用模块化设计,所有部件可单独拆分,且各部件间无螺栓连接,拆装简便,方便施工后设备的清洗、维护及保养。干混砂浆经过一次搅拌机构和二次搅拌机构两次搅拌后,通过螺杆副输送机构将砂浆输送出去;当需要喷涂功能时,接上气管及喷枪等施工附件后,启动空气压缩机,可实现喷涂作业。双混泵适用于普通石膏基抹灰砂浆、薄层石膏基抹灰砂浆、普通水泥基抹灰砂浆、薄层水泥基抹灰砂浆、石膏腻子、薄层腻子等的施工。其中,除尘装置随气力输送系统同时使用,起到降低粉尘污染的作用;拆卸除尘装置,本设备可对袋装砂浆进行输送及喷涂等施工作业。

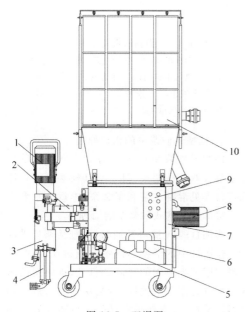

图16-7 双混泵

1—泵送系统;2—一次搅拌机构;3—二次搅拌机构;4—螺杆副输送机构;5—供水系统;6—气路系统;7—机架;8—搅拌驱动系统;9—电气系统;10—除尘装置

6. 砂浆施工机械的组合施工方式

国内不同区域,干混砂浆用的砂颗粒差异较大,再加上不同的配方,不同的施工现场环境等因素,产生多种砂浆施工机械施工工艺;不同的施工工艺需对应的砂浆施工机械组合来实现。下面介绍几种常见的砂浆施工机械组合(以中联重科产品为例),具体如下:

1) 干混气力输送系统＋连续砂浆搅拌机＋螺杆式砂浆泵——干法施工设备组合

该套设备组合可应用于干混砂浆的100m高度以内建筑的输送及喷涂施工。干混气力输送系统将干混砂浆通过胶管输送至施工作业端的连续砂浆搅拌机中,通过按一定比例加水搅拌后,进入螺杆式砂浆泵的料斗中,实现喷涂施工作业。

2) 干混气力输送系统＋双混泵——干法施工设备组合

该套设备组合多应用于干混砂浆的100m以下输送及喷涂施工。干混气力输送系统将干混砂浆通过胶管输送至施工作业端的双混泵中,双混泵集搅拌、喷涂功能于一体,最后由它来实现喷涂施工作业。

3) 基于液压传动的柱塞式砂浆泵＋螺杆式砂浆泵——湿法施工设备组合

该套设备组合多应用于湿砂浆的中高层输送及喷涂施工。柱塞式砂浆泵将湿砂浆通过砂浆输送管输送至施工作业端的螺杆式砂浆泵中,最后由它来实现喷涂施工作业;其中,可在螺杆式砂浆泵料斗内安装料位传感器控制柱塞式砂浆泵的启停,从而实现该组合设备的自动控制。

4) 连续砂浆搅拌机＋螺杆式砂浆泵——袋装砂浆施工设备组合

该套设备组合应用于袋装干混砂浆的现场机械化施工。将袋装干混砂浆倒入连续砂浆搅拌机,通过设备按砂浆水灰比自动加水搅拌后,落入螺杆式砂浆泵的料斗内,并通过实现喷涂施工作业;其中,可在螺杆式砂浆泵料斗内安装料位传感器控制连续砂浆搅拌机的启停,从而实现该组合设备的自动控制。

16.3.2　工作原理

干混砂浆施工机械产品种类、型号繁多，其主要功能分为搅拌、输送及喷涂，施工成套设备是由这些功能的有效组合形成的。下面主要从搅拌、输送及喷涂三个方面来分别叙述其工作原理。

1. 搅拌工作原理

连续砂浆搅拌机主要具有搅拌功能，可将干混砂浆加水搅拌成可直接使用的湿砂浆。干混砂浆从移动筒仓通过物料控制阀落入连续砂浆搅拌机中，连续砂浆搅拌机以螺旋输送的方式将物料送入搅拌筒，同时，供水装置通过水泵将水也提供给搅拌筒，干混砂浆与水在搅拌筒中结合，经搅拌叶片搅拌成湿砂浆，从前端出料口排出，如图 16-8 所示。

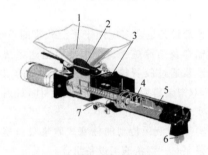

图 16-8　连续砂浆搅拌机

1—干混砂浆；2—物料控制阀；3—螺旋轴；4—搅拌轴；5—湿拌砂浆；6—出料口；7—进水口

2. 输送工作原理

1）气力输送系统的输送原理

工作原理：启动气力输送系统，主空气压缩机启动，所有阀均处于关闭状态，主空气压缩机的压缩空气通过旁通气路检测砂浆输送管路是否畅通；当压力传感器检测到压力为 p_1 时，代表管路畅通，此时，控制器控制电动蝶阀打开，压力仓进料，进料完成后，控制器控制电动蝶阀关闭，压力仓进料结束；同时，控制器控制进气电磁阀及管囊阀打开，开始输送砂浆；压力舱的料卸干净后，控制器控制进气电磁阀及管囊阀关闭，同时控制电动蝶阀开启，压力仓进料；如此循环进行砂浆输送。当在砂浆输送

过程中，压力传感器检测到砂浆输送管路压力增加到 p_2，则控制器控制旁通电磁阀打开，同时控制进气电磁阀及管囊阀关闭，开始疏通砂浆输送管路；当压力传感器检测到砂浆输送管路压力降低到 p_3（$p_2 > p_3 > p_1$），表示输送管路已经疏通，此时，控制器控制进气电磁阀及管囊阀打开，系统进入砂浆输送循环。当在砂浆输送过程中，压力传感器检测到砂浆输送管路压力增加到 p_4（$p_4 > p_2$），说明系统空气压缩机的输送能力达到极限，则控制器控制辅助空气压缩机启动，增加气力输送系统的输送能力，如图 16-9 所示。气力输送系统可以通过安装一或两台辅助空气压缩机来提高输送距离及输出量。

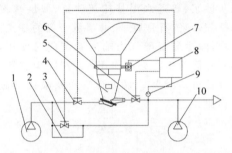

图 16-9　气力输送系统原理示意图

1—主空气压缩机；2—旁通气路；3—旁通电磁阀；4—进气电磁阀；5—压力仓；6—管囊阀；7—电动蝶阀；8—控制器；9—压力传感器；10—辅助空气压缩机

2）柱塞式砂浆泵的输送原理

柱塞式砂浆泵按照柱塞缸数分为单缸柱塞泵及双缸柱塞泵，对于双缸柱塞泵的具体原理可参见混凝土泵和车载泵，本章节主要介绍单缸球阀柱塞式砂浆泵的原理。

当油缸的 A 油口进油时，油缸活塞杆带动砂浆输送缸中的活塞向图示右侧运动，此时在吸料作用下吸料阀的球阀芯打开，排料阀的球阀芯在重力作用下关闭，砂浆从进料口进入到吸料阀及缸中，实现吸料动作。当油缸的 B 油口进油时，油缸活塞杆带动砂浆输送缸中的活塞向图示左侧运动，此时吸料阀的球阀芯在重力的作用下关闭，排料阀在排料的作用下打开，砂浆从出料口进入到输送钢管中，实现排料动作。上述动作反复进行实现砂浆的输送，如图 16-10 所示。

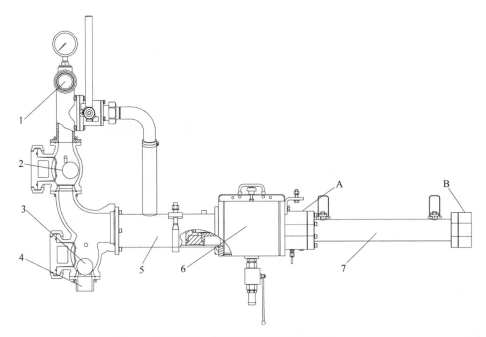

图 16-10　柱塞式砂浆泵原理示意图
1—出料口；2—排料阀；3—吸料阀；4—进料口；5—砂浆输送缸；6—水箱；7—油缸

单缸球阀柱塞式砂浆泵作为目前市场上的柱塞式砂浆泵的主流，相对于双缸柱塞式砂浆泵它的优势在于结构简单、成本较低、可靠性好。

　　3) 螺杆式砂浆泵的输送原理

螺杆式砂浆泵的核心部件为螺杆副输送机构，如图 16-11 所示，螺杆副输送机构主要由定子和转子组成，转子在定子内作旋转运动，螺杆螺旋面在定子的孔内啮合形成的螺旋槽空间能有效地将泵的排出腔和吸入腔隔开，螺杆螺旋面之间的相互啮合的接触线（即啮合线）起着隔开的作用，转子转动时，密封腔内的砂浆介质能随着密封腔沿着轴向作吸入腔到排出腔的直线运动，有效地将砂浆排出泵外。

螺杆式砂浆泵总体来说具有输送介质平稳、排出介质低紊流性、压力脉动微弱、机械振动小、噪声低、有自吸性能、吸上性能好、有较高转速的工作能力、对介质的黏度不敏感、结构简单紧凑、外形尺寸小、质量较轻、效率高、工作可靠等特点。

　　4) 挤压式砂浆泵的输送原理

挤压式砂浆泵由电动机通过变速装置、蜗

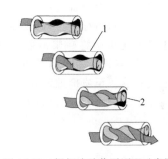

图 16-11　螺杆式砂浆泵原理示意图
1—定子；2—转子

轮蜗杆及链条传动滚轮架，使滚轮架上的挤压滚轮作行星转动挤压胶管，挤压胶管内的砂浆产生压力，沿输送管输出，挤压滚轮过后的挤压胶管则形成真空，同时吸料；通过挤压滚轮 4 循环转动实现连续挤压，即实现砂浆的吸入与输出。在输送压力作用下，砂浆通过输送管源源不断地输送到施工作业面，如图 16-12 所示。

挤压式砂浆泵具有体积小、重量轻、工效高、移动方便、操作简单、价格低廉等优点。

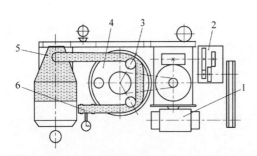

图 16-12 挤压式砂浆泵原理示意图
1—电动机；2—变速装置；3—挤压鼓筒；4—挤压滚轮；
5—料斗；6—挤压胶管

3. 喷涂工作原理

砂浆喷涂作业是通过砂浆施工机械向墙面、坡面等喷射砂浆，替代人工涂抹施工的一种作业方式。

砂浆喷涂作业（仅针对湿砂浆）是在原有的输送作业的基础上，增加空气压缩机、气管、喷枪等部件实现的。其喷涂的基本工作原理如图 16-13 所示，砂浆输送管两端分别与喷枪和砂浆输送与喷涂设备连接，气管两端分别与空气压缩机和喷枪连接，砂浆输送与喷涂设备通过输送机构将砂浆沿砂浆输送管输送至喷枪处，空气压缩机提供的压缩空气同样通过气管输送至喷枪处汇合，在压缩空气的辅助作用下，砂浆在喷枪口处呈扇形状喷射而出。

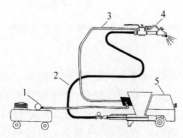

图 16-13 喷涂工作原理示意图
1—空气压缩机；2—砂浆输送管；
3—气管；4—喷枪；5—砂浆泵

喷涂作业可实现远程压力控制，当喷枪上的空气截止阀打开时设备启动，空气截止阀关闭时设备停止，其基本原理在于气路上安装有空气压力传感器，当空气压力低于某设定值时，控制设备启动，当空气压力高于某设定值时，控制设备停止。

16.4 技术规格及主要技术参数

16.4.1 技术规格

1. 砂浆泵技术规格

砂浆泵的规格用泵送排量来表示。砂浆输送量优选系列如表 16-5 所示。

表 16-5 砂浆泵砂浆输送量优选系列

L/min

名称	参数
砂浆输送量	20、30、50、80、100、150

2. 连续砂浆搅拌机技术规格

连续砂浆搅拌机的规格用搅拌输送量来表示。搅拌输送量优选系列如表 16-6 所示。

表 16-6 连续砂浆搅拌机砂浆输送量优选系列

L/min

名称	参数
砂浆输送量	20、30、50、80、100

3. 气力输送系统技术规格

气力输送系统的规格用空气压缩机排量来表示。空气压缩机排量优选系列如表 16-7 所示。

表 16-7 气力输送系统空气压缩机排量优选系列

m³/h

名称	参数
空气压缩机排量	80、100、120、140、160

16.4.2 型号代号

砂浆施工机械的型号一般由组型代号，主参数及更新、变型代号等组成。目前没有统一的型号编制方式，不同生产企业有不同的编制方式，下面参考 m-tec 的型号，给大家提供一种型号编制方式：

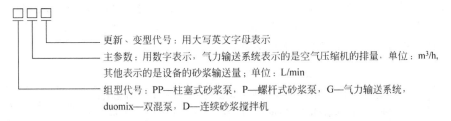

更新、变型代号：用大写英文字母表示
主参数：用数字表示，气力输送系统表示的是空气压缩机的排量，单位：m³/h，
其他表示的是设备的砂浆输送量，单位：L/min
组型代号：PP—柱塞式砂浆泵，P—螺杆式砂浆泵，G—气力输送系统，
duomix—双混泵，D—连续砂浆搅拌机

示例：泵送排量为 50L/min，第二次改型设计的螺杆式砂浆泵：P50B。

16.4.3 主要技术参数

1. 砂浆施工机械的主要技术参数

1）出料流量

出料流量是指单位时间内排出的砂浆体积，其计算公式如下（适用于连续砂浆搅拌机）：

$$Q = \frac{1}{4}\pi p(R^2 - r^2)n \qquad (16\text{-}1)$$

式中：Q——出料流量，m³/h；
  R——输送螺旋叶片直径，m；
  r——输送轴直径，m；
  p——输送螺旋导程，m；
  n——输送轴转速，r/h。

2）理论输送量

理论输送量是指单位时间内能够排送的砂浆体积，它反映的是设备的工作速度和效率，针对不同输送原理的设备理论输送量的计算方法不同。

（1）气力输送系统的理论输送量按下式计算：

$$Q = V \times n \qquad (16\text{-}2)$$

式中：Q——理论输送方量，m³/h；
  V——气力输送系统每次输送砂浆的体积，由压力仓的体积决定，m³；
  n——每小时输送的次数，次/h。

（2）柱塞式砂浆泵的理论输送量按下式计算：

$$Q = V_T \times n_R \qquad (16\text{-}3)$$

式中：Q——理论输送方量，m³/h；
  V_T——砂浆泵每一工作行程的理论容积，由砂浆输送缸直径和行程决定，m³；

  n_R——柱塞式砂浆泵每小时额定工作行程次数，次/h。

（3）螺杆式砂浆泵的理论输送方量按下式计算：

$$Q = 240eDTn \qquad (16\text{-}4)$$

式中：Q——理论输送方量，m³/h；
  e——单螺杆转子的偏心距，m；
  D——螺杆的螺距，m；
  T——螺杆的导程，m；
  n——螺杆的转速，r/min。

3）理论输送压力

理论输送压力是指砂浆输送设备所能达到的最大出口压力，对于不同输送工作原理的设备，计算方法也不同。

（1）干混气力输送系统的最大出口压力是保证砂浆介质在输送过程中不过度离析所能承受的最大压力，一般为 0.16～0.25MPa。

（2）柱塞式砂浆泵原理与混凝土泵相似，理论输送压力的计算可参见式（5-4）和式（5-5）。

（3）螺杆式砂浆泵的最大出口压力与其自身的结构及使用寿命有关，一般为 2.5～3.0MPa。

4）理论垂直输送距离

砂浆输送设备所能达到的最大垂直高度，反映了设备的输送能力及作业范围，是用户比较关注的一个性能参数。

5）最大粒径

设备所能输送的砂浆最大骨料粒径。

6）其他参数

（1）整机外形尺寸（mm）。对于砂浆施工机械，整机外形尺寸决定了是否能适应工地作业转场的要求。

（2）稠度。湿砂浆试验应按JGJ70的相关规定进行，其稠度值应符合设备的使用范围。

（3）砂浆流动性。砂浆流动性是衡量砂浆可泵性的重要指标；一般采用砂浆流动度测试仪测试，其流动度应符合设备的使用范围。

2．砂浆施工机械部分产品目录

砂浆施工机械部分产品目录见表16-8。

表16-8　砂浆施工机械部分产品目录

产品型号	空气压缩机排量/(m³/h)	最大理论输送量/(L/min)	理论输送压力/MPa	主电动机功率/kW	理论垂直输送距离/m	生产厂家	设备类型
PP100	—	100	8	11	100	m-tec	柱塞式砂浆泵
MINI AVANT	—	50	1.5	2.2	15	TURBOSOL	螺杆式砂浆泵
P50	—	50	3	7.5	40	m-tec	螺杆式砂浆泵
POLIT EV	—	45	4	5.5	—	TURBOSOL	螺杆式砂浆泵
PFT SWING L	—	20	3	5.5	—	PFT	螺杆式砂浆泵
G160	160	30	0.2	7.5	100	m-tec	气力输送系统
PFT SILOMAT	160	16	0.25	9.1	80	PFT	气力输送系统
SILOTUR 15.26C	100	20	0.26	7.5	100	TURBOSOL	气力输送系统
Duomix	—	22	3	5.5	30	m-tec	双混泵
M300		24	3	4	30	m-tec	双混泵
PFT G5 c	—	23	3	5.5		PFT	双混泵
D100		100		5.5		m-tec	连续砂浆搅拌机
D30		30		4		m-tec	连续砂浆搅拌机
HM 24		50L		3		PFT	连续砂浆搅拌机
SMJ100		100		4		山东米科思	连续砂浆搅拌机

16.5　设备选型及应用

16.5.1　设备选型

1．基本原则

（1）设备选择应根据施工要求确定，其产品质量应符合国家现行相关产品标准的规定。

（2）所选设备应技术先进，可靠性高，经济性好，工作效率高。

（3）所选设备的性能参数必须满足施工要求，如：理论输送方量、理论垂直输送距离、最大粒径、理论输送压力等。

（4）同一场地不宜选用过多型号、规格或多个生产厂家的设备，以免因零配件规格过多而增加管理成本。

（5）应满足特殊施工条件要求，如：有无符合设备使用要求的电源、是否有易爆气体等。

（6）干混砂浆的气力输送和搅拌必须配备除尘装置，符合环保要求。

（7）吸浆料斗应具备砂浆搅拌的功能。

（8）砂浆泵宜配备手动卸料装置或具备反泵功能，并应具备安全保护功能，在输送系统超压时，设备应能自动卸料减压或自动停机。

（9）对于带喷涂功能的砂浆泵，空气压缩机的额定压力不宜小于0.7MPa，其排量不宜小于300L/min。

（10）应根据装饰要求、喷涂流量、材料颗粒度选择喷枪及相匹配的喷嘴类型和口径，喷嘴口径宜为10～20mm，喷枪上应设置空气流量调节阀。

2．选型依据

1）根据施工设备参数选型

（1）柱塞式砂浆泵、螺杆式砂浆泵、挤压式砂浆泵的选型依据——输送压力。输送压力是输送距离的保证，水平输送距离越远、垂直输送距离越高，则砂浆的输送压力就越高，选择时可依据下式进行：

$$P_e \geqslant K_m(0.015L + \lambda h + 0.1NC +$$
$$0.1N_e + \Delta P) \qquad (16\text{-}5)$$

式中：P_e——砂浆泵的额定工作压力,MPa;

$\quad K_m$——压力波动系数,柱塞式可取 1.4,
挤压式可取 1.2,螺杆式可取
1.0;

$\quad L$——输送管累计长度,m;

$\quad \lambda$——砂浆拌合物重度,可取 0.02($\times 10^6$
N/m^3);

$\quad h$——垂直输送距离,m;

$\quad NC$——管道快速接头套数,尚未确定详
细布置方案时,可按 $L/10$ 圆整
估算;

$\quad N_e$——弯头个数;

$\quad \Delta P$——泵头及喷枪压力损失,MPa,一
般柱塞式可取 0.6MPa,螺杆
式、挤压式可取 0.5MPa。

(2)气力输送系统选型依据——压缩空气
流量。气力输送系统一般不根据输送压力选
型,而是根据压缩空气流量来确定型号,但没
有具体的计算公式,一般根据干混砂浆的配方
及输送高度,依据经验选择气力输送系统的压
缩空气流量。

2)根据输送介质状态选型

(1)干法组合施工。当施工对象介质为
未经加水搅拌的干混砂浆时,目前业内的主
流选择是气力输送系统,即干法组合施工,
如图 16-14 所示,以中联 m-tec 产品为例。

① 砌筑砂浆施工——干混气力输送系
统+连续砂浆搅拌机。当砌筑砂浆施工时,可
选择干混气力输送系统+连续砂浆搅拌机(进
料仓必须配有除尘罩装置)的组合,干混气力
输送系统利用气力输送将砌筑砂浆输送至连
续砂浆搅拌机的料仓中,经连续砂浆搅拌机加
水搅拌后,可直接用于砌筑施工。这套组合设
备之间可实现全自动控制,无须增加额外工作
人员进行操作。连续砂浆搅拌机的料仓中
配有料位传感器,料位传感器控制线连接到干
混气力输送系统的控制系统,当料仓中的砂浆
处于设定的某低料位时,料位传感器发出信号
控制干混气力输送系统启动并进行输送,当料

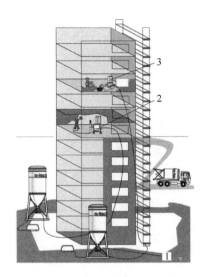

图 16-14 干混气力输送施工示意图
1—干混气力输送系统；2—双混泵；
3—连续砂浆搅拌机

仓中的砂浆处于设定的某高料位时,料位传感
器发出信号控制干混气力输送系统关闭并停
止输送。

② 喷涂抹灰施工——干混气力输送系
统+双混泵或干混气力输送系统+连续砂浆
搅拌机+螺杆式砂浆泵。当喷涂抹灰作业时,
有两种组合可供选择:一种是干混气力输送系
统+双混泵的组合;干混气力输送系统利用气
力输送将抹灰砂浆输送至双混泵的料仓中,砂
浆经双混泵二次均匀搅拌后在输送机构、空气
压缩机、喷枪等作用下实现喷涂作业,这套组
合控制原理与干混气力输送系统+连续砂浆
搅拌机相同,即在双混泵的料仓中安装料位传
感器根据料位情况实现联动控制。另一种是
干混气力输送系统+连续砂浆搅拌机+螺杆
式砂浆泵的组合;在连续砂浆搅拌机的末端增
加螺杆式砂浆泵,如图 16-15 所示,即干混气力
输送系统实现干混砂浆输送,连续砂浆搅拌机
进行加水搅拌,螺杆式砂浆泵用于喷涂。本套
组合中,螺杆式砂浆泵料斗中安装有料位传感
器,料位传感器的控制线接入连续砂浆搅拌机
的控制系统,实现螺杆式砂浆泵的料位联动控
制,原理与干混气力输送系统+连续砂浆搅拌

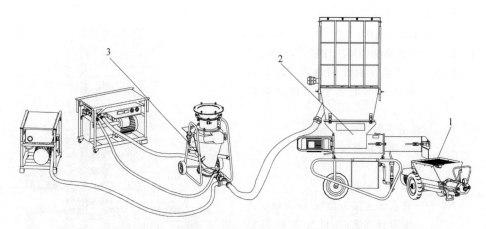

图 16-15　干混气力输送系统＋连续砂浆搅拌机＋螺杆式砂浆泵组合施工示意图
1—螺杆式砂浆泵；2—连续砂浆搅拌机；3—干混气力输送系统

机的联动控制相同,所以整套系统无须人工监控,只需末端人工操作喷涂即可。

干法组合施工的优势在于:节能环保,全过程无灰尘污染,干混气力输送系统的输送管路无须清洗,节省水和施工时间。

(2)湿法组合施工——柱塞式砂浆泵＋螺杆式砂浆泵

当施工对象为经过搅拌机拌合好的砂浆时,推荐选择是:柱塞式砂浆泵和螺杆式砂浆泵,即湿法组合施工,如图 16-16 所示,以 m-tec产品为例。

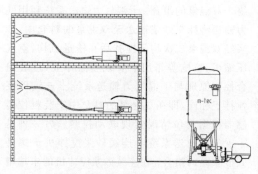

图 16-16　湿法组合施工示意图

柱塞式砂浆泵在地面将砂浆通过钢管输送到施工面的螺杆式砂浆泵的料斗中,螺杆式砂浆泵负责砂浆的喷涂施工,在柱塞式砂浆泵前端,移动筒仓和连续砂浆搅拌机将干混砂浆搅拌均匀后落到柱塞式砂浆泵的料斗中,整个

过程料位全自动控制,柱塞式砂浆泵的料斗中安装有料位传感器,料位传感器的控制线接入连续砂浆搅拌机的控制系统,当料斗中料位处于设定的某低料位时,料位传感器发出信号控制连续砂浆搅拌机启动搅拌,当料斗中料位处于设定的某高料位时,料位传感器发出信号控制连续砂浆搅拌机停止搅拌,同样在螺杆式砂浆泵的料斗中安装有料位传感器,实现柱塞式砂浆泵与螺杆式砂浆泵之间的料位控制。

湿法组合施工的优势在于:砂浆适应性好、输送量大。

3)根据砂浆供应形式选型

目前成品干混砂浆的主要供应形式有散装和袋装两种,前面主要针对的是散装干混砂浆,袋装砂浆通过包装机打包而成,多应用在半机械化施工场合。袋装砂浆直接通过人力、电梯或者塔吊等运输到施工面,袋装砂浆破袋后倒入搅拌装置中加水搅拌后直接用于施工。

散装砂浆一般采用移动筒仓为砂浆储存设备,其组合施工设备选型可根据砂浆的实际情况选择干法施工组合或湿法施工组合的设备进行。

袋装砂浆一般采用连续砂浆搅拌机＋螺杆式砂浆泵组合施工,如图 16-17 所示。当砌筑施工时,可选择连续砂浆搅拌机用来搅拌;当喷涂抹灰施工时,可选择连续砂浆搅拌机＋

螺杆式砂浆泵的组合，袋装砂浆倒入连续砂浆搅拌机的料斗中，经拌合后落入螺杆式砂浆泵的料斗中，最后通过螺杆式砂浆泵实现喷涂施工。可在螺杆式砂浆泵的料斗内安装料位传感器，控制连续砂浆搅拌机的启停，则可实现砂浆的输送过程的自动化、流程化。袋装砂浆也可采用双混泵直接施工。

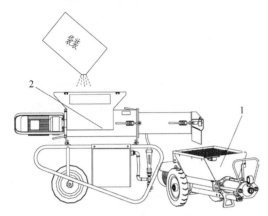

图 16-17　袋装砂浆施工示意图
1—螺杆式砂浆泵；2—连续砂浆搅拌机

袋装砂浆施工的优势在于：适应工程量小、投资有限的工程施工。

16.5.2　管路选型

干混砂浆的砂浆输送管是砂浆施工与喷涂设备的组成部分，用来作为输送砂浆的管路，主要有输送钢管和输送胶管两种。

1．砂浆管路类型

1）输送钢管按照形状分

输送钢管主要用于柱塞式砂浆泵，按照形状一般可分为：直管、弯管、过渡管等：

直管一般直径为 50mm、60mm、80mm 等几种规格，砂浆施工的输送量远小于混凝土施工，所以管径规格较小。

弯管通常用于方向需要改变的管道上，弯管的常见角度有：90°、60°、45°，因曲率半径越小，输送阻力越大，越容易堵管，所以曲率半径通常取 500mm、1000mm。

过渡管主要用于实现不同管端形式管道间的过渡连接。

2）输送胶管按照施工介质分

（1）干混砂浆输送胶管。主要用于气力输送系统，用来输送粉料状材料，管路直径一般为 50mm，要求管路耐磨性、密封性较好、可适用于长距离输送。

（2）湿砂浆输送胶管。主要用于湿砂浆的输送和喷涂，管路直径一般为：25mm、35mm、50mm 三种规格，湿砂浆与胶管内壁摩擦力较大，要求管路耐磨性好、承压性好，不建议用作长距离输送（可用输送钢管替代），主要用于螺杆式砂浆泵、挤压式砂浆泵、柱塞式砂浆泵。

2．砂浆管路选型原则

管道组件应符合下列规定：

（1）砂浆管应耐磨耐压，其额定工作压力与砂浆泵额定工作压力之比值不应小于 2。

（2）输送管接头应采用自锁快速接头，快速接头内孔与管道内孔应平滑过渡。

（3）输送管内径应根据流量和喷涂材料颗粒最大粒径确定，宜按表 16-9 执行。

表 16-9　输浆管内径与喷涂流量对照表

喷涂流量/(L/min)	输浆管内径/mm
≤20	32
20～40	32～38
40～60	38～51

3．选型及施工工法介绍

下面以高层干混砂浆的抹灰施工（抹灰施工涵盖了输送和喷涂两个环节，就不再单独介绍输送）为例，介绍抹灰施工基本流程：

基层处理→做灰饼、冲筋→搅拌砂浆→机械输送与喷涂→刮尺搓平→抹平收光。

机械施工主要施工工具包括：砂浆泵及配套砂浆管和喷枪、刮尺、抹刀。

辅助工具包括：托线板、线坠、白线、笤帚、卷尺等。

1）基层处理

基层处理是对抹灰砂浆要喷涂的墙面在施工前进行处理，包括：

（1）清除基层表面的灰尘、污垢、油渍、碱膜、铁丝、钢筋头、凸出物等。

（2）室内管道穿越的墙洞和楼板洞、凿剔

墙后安装的管道周边应用砂浆填密实。

（3）墙面上的脚手架眼应填补好。

（4）提前 1～2 天开始浇水湿润墙面。

（5）不同材料基体交接处应采取加强措施，如铺钉金属网。

（6）坚硬、光滑的混凝土表面要凿毛或使用界面处理剂。

2）做灰饼、冲筋

抹灰操作应保证抹灰层平整度和垂直度，施工中常用的手段是找规矩，即做灰饼和冲筋。

（1）测量。首先利用托线板检查墙面的垂直度和平整度来确定施工厚度，以控制抹灰层的平整度、垂直度和厚度。

（2）做灰饼。做灰饼就是在基面间隔一定距离位置上抹上大小为 50mm×50mm 左右的砂浆团，如图 16-18 所示。步骤为：

① 先做上部灰饼。在距顶棚 15～20cm 的高度和墙的两端距阴、阳角 15～20cm 处，按确定的抹灰厚度做两块灰饼。

② 以这两块灰饼为基准拉好准线，在两灰饼间每隔 1.5m 左右做灰饼。

③ 做下部灰饼。以上部灰饼为基准用线锤拉好准线并做下部灰饼，下部灰饼高度在距地面 20cm 左右。

④ 上下垂直两灰饼之间，每隔 1.5m 左右，用同样的方法做灰饼。

（3）冲筋。灰饼收水后，在上下两灰饼中间抹出一条梯形灰带。厚度与灰饼相同，作为墙面抹底子的厚度标准，如图 16-18 所示。其做法是：

① 在上、下两灰饼中间先抹一层灰浆带。

② 收水后再抹第二遍，并比灰饼厚度稍厚。

③ 用刮尺紧贴左上、右下灰饼进行搓刮，直到与灰饼搓平为止。

抹灰饼和冲筋所用的砂浆材料跟施工材料一致。做灰饼、冲筋完后，需约 2h 后才能进行抹灰。

3）搅拌砂浆

对于预拌干混抹灰砂浆进行机械施工，干混砂浆输送设备一般放在建筑物的最底层，以

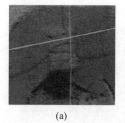

图 16-18　灰饼与冲筋示意图
(a) 灰饼；(b) 冲筋

方便砂浆的装载和卸料。

（1）砂浆泵自带搅拌桶搅拌。如果施工量不大，现场采用袋装砂浆时，用砂浆泵自带的搅拌筒或者专门的砂浆搅拌器对砂浆搅拌。搅拌顺序如下：

开启搅拌器→按比例加水→加砂浆→搅拌砂浆（3min 左右）。

现场施工为提高效率，可用固定容器来估算水和灰的用量，搅拌时间在 3min 左右。

（2）移动筒仓自带搅拌机搅拌。对施工量大的建筑工程，可使用移动筒仓来供料，移动筒仓自带砂浆搅拌器，出来的料进入到砂浆泵的料斗中，是直接可以泵送和喷涂的砂浆，每个移动筒仓的容量在 20m³ 以上，可实现持续供料。

（3）如 duomix 双混泵，集成连续砂浆搅拌装置，实现搅拌、喷涂一体。

4）机械喷涂

机械喷涂是砂浆泵把砂浆通过管道输送到一定距离或高度，并利用喷枪和空气压缩机完成砂浆的喷涂。对于中低层建筑（40m 以内）可使用螺杆泵进行喷涂施工，而高层建筑使用各种组合施工更为适宜。砂浆泵机械施工的示意图如图 16-16 所示。机械喷涂的具体操作步骤为：

喷涂准备→设备开启→喷涂操作→设备关闭→清洗。

（1）准备。将喷枪对准要喷涂的墙面，根据喷涂设备、墙体基层、砂浆材料性能和设计要求等因素，适当调整工作参数，以达到最佳的施工效果，同时打开空气压缩机的空气开关，参数如表 16-10 所示。

表 16-10　喷涂工作参数表

喷嘴与墙体距离	喷嘴气压	喷涂角度	喷涂流量
20cm 左右	0.2～0.5MPa	垂直墙体或稍微向上	≤35L/min

（2）开启。打开砂浆泵进行泵送,泵送量根据施工厚度决定,但不建议大于 35L/min,相当于 20mm 抹面厚度情况下大约 $2m^2$ 的抹面面积,以达到工人合适的劳动强度。

（3）喷涂。持续对砂浆泵料斗供料,喷涂操作员对喷枪进行操作,喷涂移动路线有由下往上 S 组巡回喷法和由上往下 S 组巡回喷法两种方式,如图 16-19 所示;当喷涂的墙面干燥、吸水性强且喷灰较厚时,喷枪移动速度宜缓慢一些,反之则喷枪移动速度应稍快一些。

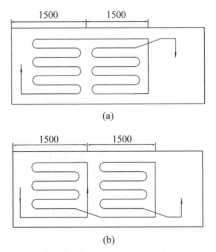

图 16-19　机械抹灰路线示意图
(a) 由下往上 S 组巡回喷法;(b) 由上往下 S 组巡回喷法

（4）关闭。墙面喷涂完毕后,先关闭空气压缩机气管,再关闭砂浆泵。

（5）清洗。如果超过 20min 不进行喷涂,应立即对砂浆泵进行清洗,以免结块堵管。

抹灰施工的厚度超过 20mm 时,施工应分两次进行。第一次抹灰打底,厚度在 10～15mm,待硬化后再进行抹灰找平施工。第一遍时力求平整,第二遍时略高于标筋。

机械喷涂应按如下顺序。

（1）整体:先室内后过道、楼梯间。

（2）室内:先顶棚,后墙面;从门口一侧开始,另一侧退出。

（3）墙体材料不同的室内:先喷涂吸水性小的墙面,后喷涂吸水性大的墙面。

（4）阴阳角:所在的两个交接面,须连续喷涂,与墙面同步完成。

（5）刮尺搓平。

当一人在进行机械喷涂时,另一人用铝合金刮尺紧贴标筋上下左右搓平,把多余砂浆刮掉,保证墙面的基本平整,如图 16-20(a) 所示。刮下的多余砂浆可回收重复使用,避免浪费。如发现喷灰量不足时应及时补灰,并搓揉压实;对墙面的阳角,应根据图纸的设计要求进行处理。

5) 抹平收光

待表面略干后,再用抹刀将表面抹平收光,如图 16-20(b) 所示。

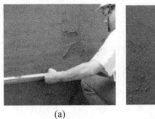

图 16-20　搓平与收光示意图
(a) 刮尺搓平;(b) 抹平收光

16.6　产品使用及安全规范

16.6.1　产品使用

1. 柱塞式砂浆泵

下面主要针对基于液压传动的柱塞式砂浆泵的使用及安全规范,而基于机械传动的柱塞式砂浆泵略去液压部分即可。

1) 工作前注意事项

（1）摆放水平,纵向和横向倾斜不得超过

5°；机器尽量放在工作地点的中心，以使设备发挥更大面积的喷涂和输送。

（2）检查输送管道布置是否正确，砂浆运输、搅拌、加料方式和能力能否保证正常。

（3）检查电源、水源，确定电源、水源能满足正常工作，并确认电气、液压、机械等系统准确无误，对于电动机泵接线后进行电动机点动，检查其转向是否正确。

（4）检查液压油箱油位，不足时应加满，加入的液压油应符合要求。

（5）启动设备前，应检查料斗筛网是否关好、水箱中有无杂物，并在水箱中加满干净水。

（6）设备空运转几分钟，检查各项参数是否正常，包括压力表显示、搅拌动作等。

2）工作中注意事项

（1）输送砂浆之前，首先泵送清水，检查各管路连接处是否密封不渗水；泵水泥混合液进行润滑，将水泥混合液若干升（50%的水＋50%的水泥或石灰）倒入料斗（具体量根据输送流量、管路长度等确定），然后开始泵送，充分润滑管路，以减少堵管的风险。

（2）泵砂浆：在前期工作做好的情况下，将搅拌机或者移动筒仓内的砂浆倒入搅拌料斗内，开始正常作业。

（3）无远程控制的设备，在开始或停止输送砂浆时应与前端软管操作人员取得联系，以免发生危险。

（4）柱塞式砂浆泵运转时，严禁把手伸入料斗、水箱。

（5）喷涂过程中严禁将喷枪对着人。

（6）工作过程中如发生堵管现象，应立即停机，打开卸压装置卸掉管路中的压力，然后进行清理，如有反泵功能直接将砂浆泵回料斗。

3）停机后注意事项

（1）拆卸砂浆输送管和喷枪之前，一定要确保管路中没有残余压力（压力表的值为"0"），操作者必须进行特别训练来执行该项操作。

（2）不能用水直接对电气部件进行清洗。

（3）停机超过0.5h应对管路及设备进行清理清洗。

2. 螺杆式砂浆泵

1）工作前注意事项

（1）摆放水平，纵向和横向倾斜不得超过5°；机器尽量放在工作地点的中心，以使设备发挥更大面积的喷涂和输送。

（2）检查输送管道布置是否正确，砂浆运输、搅拌、加料方式和能力能否保证正常。

（3）为使砂浆泵达到应有的性能和延长使用寿命，在施工现场按规定将各电路、管路、机械部件连接好后，启动前必须进行电路、管路、机械的检查工作，无误后方可启动设备试运行。

（4）启动设备前，应检查料斗筛网和搅拌桶盖是否关好。

2）工作中注意事项

（1）首次向砂浆泵料斗中加料进行泵送操作前，应先向砂浆泵料斗中加入2/3料斗体积的清水泵送，保证螺杆泵及砂浆管得以充分润滑。

（2）泵砂浆：在前期工作做好的情况下，将搅拌机或者移动筒仓内的砂浆倒入搅拌料斗内，开始正常作业。

（3）无远程控制的设备，在开始或停止输送砂浆时应与前端软管操作人员取得联系，以免发生危险。

（4）喷涂过程中严禁将喷枪对着人。

（5）工作过程中如发生堵管现象，应立即停机，打开反泵功能直接将砂浆泵回料斗。

（6）工作中出现泵送效率下降，调整套上的螺栓拧紧，增大定子与转子之间的预紧力，如图16-21所示。如果泵送效率远远达不到施工速度要求，说明螺杆定子磨损失效，需要更换整套螺杆副（定子、转子总成），目前市场上螺杆副的寿命大约在40～100m³。

3）停机后注意事项

（1）拆卸砂浆输送管和喷枪之前，一定要确保管路中没有残余压力（压力表的值为"0"）。操作者必须进行特别训练来执行该项操作。

（2）不能用水直接对电气部件进行清洗。

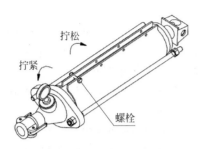

图 16-21　调整套工作原理

（3）停机超过 0.5h 应对管路及设备进行清理清洗。

3．挤压式砂浆泵

1）工作前注意事项

（1）摆放水平，纵向和横向倾斜不得超过 5°；机器尽量放在工作地点的中心，以使设备发挥更大面积的喷涂和输送。

（2）检查输送管道布置是否正确，砂浆运输、搅拌、加料方式和能力能否保证正常。

（3）为使砂浆泵达到应有的性能和延长使用寿命，在施工现场按规定将各电路、管路、机械部件连接好后，启动前必须进行电路、管路、机械的检查工作，无误后方可启动设备试运行。

2）工作中注意事项

（1）泵砂浆前，先泵水进行润管。

（2）泵砂浆：在前期工作做好的情况下，将搅拌机或者移动筒仓内的砂浆倒入搅拌料斗内，开始正常作业。

（3）无远程控制的设备，在开始或停止输送砂浆时应与前端软管操作人员取得联系，以免发生危险。

（4）喷涂过程中严禁将喷枪对着人。

（5）工作过程中如发生堵管现象，应立即停机，打开反泵功能直接将砂浆泵回料斗。

（6）挤压泵的主要易损件为泵管，当泵送效率下降严重或者失效时，需要及时更换泵管。

3）停机后注意事项

（1）拆卸砂浆输送管和喷枪之前，一定要确保管路中没有残余压力（压力表的值为"0"），操作者必须进行特别训练来执行该项操作。

（2）不能用水直接对电气部件进行清洗。

（3）停机超过 0.5h 应对管路及设备进行清理清洗。

4．气力式输送泵

1）工作前注意事项

（1）当系统稳固装配在筒仓下方时，方可进行操作。

（2）系统必须在每次启动之前检查有无明显损坏。特别注意供电线路、插头、接口以及输送和空气软管。一旦查明受损，在故障彻底排除之前不可对系统进行操作。

（3）仅可连接至经过核准的、带有通地泄漏断路器的建筑工地配电器。所用的熔断器保护和连接电缆必须符合技术要求细则。

（4）仅可由经过培训的人员启动运行及操作。

2）工作中注意事项

（1）设备运行时，输送软管摆放方式必须确保其不会弯曲或破损。

（2）将输送软管以波浪式上下起伏的方式摆放，连接至喷浆机时确保其没有扭曲。

（3）当管路出现堵塞时，不允许非工作人员接近。工作人员必须按照操作说明清除堵塞物。清除堵塞物的操作人员必须站在指定位置，以避免可能被管内带压力的料伤害。当断开系统部件连接时（例如清除堵塞物或进行清洁工作），操作人员必须佩戴护目镜，残余压力可能导致物料飞溅入眼中。将透明塑料薄板覆盖在接口上方，将脸转开，并使用特殊扳手慢慢打开接口。

3）停机后注意事项

（1）关闭感应控制器。检查管路的余料情况，如有残留，应开启空气压缩机将其吹干净。

（2）在拆卸输送管路时，应确保输送软管内的压力已完全释放。

（3）每天检查空气压缩机散热片，必要时使用压缩空气对其进行清洁。

（4）保持滤袋干燥，必要时每天在输送机停止期间敲打滤袋数次。

16.6.2 安全规范

1. 人员选择

砂浆泵的安全操作很大程度上取决于所选择的操作人员是否合适,是否能胜任工作。

(1) 雇主方应备有一份雇主责任保险单。雇主方不能选用任何因酒精、毒品等降低工作效率的人员。

(2) 砂浆泵操作人员应做到以下几点:

① 具有相关资质。

② 身体健康,特别是视力、听力和反应能力。

③ 在身体上能安全操作砂浆泵。

④ 经过充分培训并持证上岗操作砂浆泵。

⑤ 具有充分的砂浆泵及其安全装置方面的知识。

⑥ 被授权操作砂浆泵。

⑦ 证明操作人员身体健康能操作砂浆泵的文件应定期保存,文件有效期不超过 5 年。

2. 培训和合格证书

砂浆泵操作人员的培训应包括以下几方面:

(1) 安全意识。

(2) 雇方风险评定的知识。

(3) 配备的个体防护装置的知识和使用方法。

(4) 砂浆泵在现场条件下安全布置、安装和拆卸培训。

(5) 操作砂浆泵。

(6) 清洗砂浆泵。

(7) 带输送管系统施工作业培训。

(8) 干混砂浆构成成分的基础知识培训。

(9) 处理紧急情况培训。

(10) 管路堵塞清理培训。

(11) 个人健康和安全意识培训。

(12) 与工作相关的文档填写。

(13) 每一位砂浆泵操作人员应由具有相关资质的人员进行定期评估,以检验是否符合安全标准,并确定是否需要进行进一步的培训。

(14) 应对操作人员进行以上方面的指导。

3. 砂浆施工作业的管理

(1) 设备喷涂过程中,严禁将喷枪枪口对着人。

(2) 遇到危急情况而电控系统失灵时(如接触器触头烧粘、操纵面板上的停止按钮失灵时),必须立即切断电源开关。

(3) 砂浆泵在工作时,千万不要站在输送管上或坐跨在输送管上。

(4) 每次泵送砂浆结束后或异常情况造成停机时,都必须将钢管、软管、喷枪、泵送单元和料斗清洗干净,严禁里面残存砂浆。

(5) 千万不能打开有压力的输送管,泄压之后才能打开。

(6) 输送管路未固定好可能使管路滑落造成伤害,管卡、管路爆裂或堵塞冲开可能造成伤害。

(7) 泵送砂浆时,严禁在输送胶管弯曲半径过小的工况下进行泵送,以免堵塞管路造成危险事故。

(8) 其他未列的注意事项,应遵照国家和行业的相关安全运行规定。

4. 安全装置的使用

1) 安全阀

当空气压缩机产生过高压力时安全阀会自动卸压。

2) 搅拌筒上保护网格安全传感器

机器工作期间当保护网格被意外掀起时,搅拌电动机会自动停止运转,以防伤害。

3) 泵送料斗保护网格安全传感器

机器工作期间当保护网格被意外掀起时,搅拌电动机会自动停止运转,以防伤害。

4) 砂浆泵过压安全装置

如果泵出现过压情况,机械安全装置就会立刻启动,使砂浆泵停止运行。

5) 机器罩盖

覆盖所有电动机,以防止运动部件或发烫部件对人员造成伤害。

6) 压力表

观察机器工作时的压力状态,用以判断输送是否正常。

7) 蘑菇状紧急按钮

当发生紧急情况时,通过该按钮可以使机器立刻停止运转。

5.施工后清洗

（1）停机超过 30min 必须进行管路的清洗及清理。

（2）根据设备工作原理的不同,清洗管路的方式也不一样,但最终都要将管路、设备中的砂浆清理干净,如果残余有砂浆,凝固后可能导致后续施工过程中堵管并造成危险。

16.6.3　维护和保养

（1）日常间歇时,需对输送螺旋、螺杆泵、砂浆泵出料头和料斗中的砂浆残料进行清理。

（2）定期使用注油枪为各加油点注油。

（3）定期检查软管和电缆接头是否处于良好状态,需特别注意易损部件,以确保机器的工作状况良好。

（4）如用空气压缩机,必须在日常间歇时对其过滤器进行清理。当其严重堵塞时,过滤器必须进行更换。

（5）有供水系统的设备,每 4～6 周应对供水装置或水泵中的水过滤网进行清洁。当严重堵塞时,应进行更换。

（6）肉眼检查气动蝶阀的垫圈磨损及泄漏情况,至少每 6 个月检查 1 次。

（7）在气动蝶阀运行 7500～10000h 之后,最迟不超过五年,对驱动的齿轮和齿轮轴承进行彻底清洁,加满新油,并为轴承注脂。

（8）操作员必须定期检查安全阀性能是否正常。必要时请操作员务必联系售后工程师。

（9）有除尘罩的设备,定期检查除尘布袋是否存在破损,必要时请更换。

（10）每周在启动空气压缩机之前需通过油位计对空气压缩机油位进行检查,当油位下降至油位计中心以下时,必须进行加油。

（11）减速电动机自发货起可免维护运转达 8000h。其后应该使用合适的清洗用油对齿轮机构进行彻底清理并进行测试。

（12）更换减速电动机润滑油时必须使用厂家推荐的润滑油,严禁将不同种类的油混合。

16.7　常见故障及排除方法

16.7.1　螺杆式砂浆泵常见故障及排除方法

螺杆式砂浆泵常见故障及排除方法见表 16-11。

表 16-11　螺杆式砂浆泵常见故障及排除方法表

故　障	原　因	解　决　方　法
堵管	砂浆配方不合理	调整配方,并疏通管路
	停机时间过长	间隔 20min 左右启动 1 次设备,并疏通管路
	管路清洗不干净	疏通管路
水泵流量设置故障	吸水口堵塞	清理吸水过滤器
	减压阀滤网堵塞	清洗滤网
	减压阀调整不正确	按说明书要求调整减压阀
螺杆泵无法启动	电源没有接通	按说明书接好电源
远程控制无法启动泵送	空气管堵塞	清理空气管
	气压值过低	重新调整气压
远程控制无法停止泵送	空气压缩机安全阀故障	重新设置安全阀压力
	压力开关压力不足	重新调整压力开关的压力
	空气压缩机气量不足	更换空气压缩机

堵管后管路疏通操作说明：若螺杆泵有反泵功能，堵管时来回正反泵2～3次，若还是堵管则需要拆卸管路，拆卸时由喷枪开始拆起，如果砂浆堵塞在喷枪，这样就只需要清理喷枪。如果喷枪没有堵塞，用木槌敲击砂浆管找到堵塞部位（见图16-22）。再用木槌反复敲击

图 16-22　堵管清理示意图

砂浆管，将管内堵塞砂浆震碎，提起灰浆管用力抖动，把里面的碎块抖脱出。有条件时也可用水管插入砂浆管内反复冲洗。然后，重新启动机器。执行此项过程，必须保证料斗内的材料不能硬化，必要时需要清洗机器。

16.7.2　连续搅拌机常见故障及排除方法

连续搅拌机常见故障及排除方法见表16-12。

16.7.3　柱塞式砂浆泵常见故障及排除方法

柱塞式砂浆泵常见故障及排除方法见表16-13。

表 16-12　连续搅拌机常见故障及排除方法表

故　　障	原　　因	解　决　方　法
混合机电动机无法运行	无电力	检查电源连接和熔断器
	混合仓内砂浆凝固	清理混合仓
	电动机安全开关被触发	复位电动机安全开关
无水	电磁阀未开启	线圈可能损坏，替换电磁阀
砂浆过干	加水过少	将微调控制阀开大一些
	微调控制阀开度不够	将微调控制阀开大一些
	减压器或进水口中的过滤网阻塞	清洁过滤网
砂浆过稀	加水过多 微调控制阀打开过大	将微调控制阀关小一些
物料浓度变化	减压器或进水口中的过滤网阻塞	清洁过滤网
	集料罩滤网因灰尘阻塞	拍打集料罩或更换集料罩

表 16-13　柱塞式砂浆泵常见故障及排除方法表

故　　障	原　　因	解　决　方　法
无砂浆输出	输送管路堵塞	疏通管路
	泵送球阀堵塞	清理球阀
油缸不自动换向	接近开关不发信号	调整接触间隙在2～3mm
	接近开关损坏	更换接近开关

参 考 文 献

[1] 王培铭,张国防.中国干混砂浆的应用研究概况[J].硅酸盐通报,2007,26(1):106-111.

[2] 李云飞,张美琴,钱红宇.干混砂浆概述[J].吉林建材,2004,5:28-30.

[3] 毛自根,陈鑫松,李金标.我国干混砂浆的应用现状和前景分析[J].山西建筑,2009,35(20):173-175.

[4] 中国砂浆网砂浆产业研究所.中国干混砂浆市场现状与发展趋势简析[R/OL].2013.10.28.

[5] 中华人民共和国国家质量监督检验检疫总局.GB/T 25181—2010 预拌砂浆[S].北京:中国标准出版社,2010.

[6] 兰明章,刘元新,马振珠.预拌砂浆实用检测技术[M].北京:中国计量出版社,2008.

[7] 陈光.广泛应用机械化施工,加快推广干混砂浆[C].首届全国预拌砂浆产品检测与质量评定会,2012.

[8] 牛贺洋.湿拌砂浆的生产与应用技术研究[J].建筑科学,2016(8):258.

[9] 董卫良.干混砂浆生产设备浅析[J].散装水泥,2012,3:36-38.

[10] 唐敬麟.破碎与筛分机械设计选用手册[M].北京:化学工业出版社,2001.

[11] 兰明章,刘元新,马振珠.预拌砂浆实用检测技术[M].北京:中国计量出版社,2008.

[12] 全国建筑施工机械与设备标准化技术委员会.JB/T 11186—2011 建筑施工机械与设备干混砂浆生产成套设备(线)[S].北京:中华人民共和国工业和信息化部,2011.

[13] 国家建筑材料工业标准定额总站.GB 51176—2016 干混砂浆生产线设计规范[S].北京:中国计划出版社,2016.

[14] 王运峰.干混砂浆运输车的现状及发展趋势[J].商用汽车.专用汽车与配件,2011,11(11):20-22.

[15] 孔祥玉.国内干混砂浆物流设备的现状及发展[J].建筑机械,2009,09(上半月刊):66-67.

[16] 杨学.散装干混砂浆配送专用车[J].专用车,2011,10(10):30-31.

[17] 全国汽车标准化技术委员会专用汽车分技术委员会.QC/T 956—2013 散装干混砂浆运输车[S].北京:中华人民共和国工业和信息化部,2013.

[18] 全国汽车标准化技术委员会专用汽车分技术委员会.QC/T 994—2015 背罐车[S].北京:中华人民共和国工业和信息化部,2015.

[19] 孟吉昌.干混砂浆散装移动筒仓的结构设计及特点[J].专用汽车,2014(10):96-98.

[20] 孙连军,沙克,孙锡强.干混砂浆移动筒仓专用除尘器研制及其性能研究[J].散装水泥,2015(5):32-33.

[21] 全国建筑施工机械与设备标准化技术委员会.JB/T 12025—2014 建筑施工机械与设备 干混砂浆移动筒仓[S].北京:中华人民共和国工业和信息化部,2014.

[22] 张磊庆.干混砂浆及其施工设备的发展[J].建筑机械化,2016(02):11-14.

[23] 中华人民共和国建设部.JG/T 98—1999 柱塞式灰浆泵[S].北京:中国标准出版社,1999.

[24] 中华人民共和国住房和城乡建设部.JGJ/T 105—2011 机械喷涂抹灰施工规程[S].北京:中国建筑工业出版社,2011.

第3篇

管理信息系统

第17章

混凝土(砂浆)管理信息系统

17.1 概述

17.1.1 企业管理信息系统概述

企业管理信息系统已经发展多年,从最开始的简单工具应用到物质需求计划(materials requirements planning,MRP),再到 MRP Ⅱ,以及目前的企业资源计划(enterprise resource planning,ERP),经历了不断发展、不断进步的过程。现在,业界已形成了完备的 ERP 理论。

信息化是当今世界经济社会发展的必然趋势。作为促进企业各项工作全面提升的一个重要项目,商品混凝土(砂浆)企业应该把信息化作为企业长远发展的核心竞争力。挖掘先进的管理理念,借助先进的信息化手段,进一步整合企业现有管理模式,及时为企业的"三层决策"系统(战略层、决策层、执行层)提供准确而有效地数据信息。

通过先进的管理思想以及信息化工具,商品混凝土(砂浆)企业的管理者、集团的管理者只需通过浏览器就可以在任何区域、任何时间轻松实现对企业运营数据的查询、统计、监控、分析,全方位支承企业的生产经营、协同办公、实时监控与领导决策等需要。通过 ERP 系列软件,极大规范了企业的运营模式,提高了员工工作效率,降低了生产运营成本,严把质量关,提升企业自动化程度,实现数据库的网络

化管理,为企业创造效益,为供应商、客户创造便利,助力企业全面提升生产、服务质量,有效提高企业的整体管理水平。

17.1.2 管理信息系统定义

管理信息系统既是理论研究领域又是一个实用研究领域,其理论与技术都在不断地发展之中。人们常说的"管理信息系统"有两种含义:一是广义的管理信息系统,即包含各种形态、各种模式的用于各领域的计算机系统。现在人们普遍用信息系统(information system,IS)一词来称谓这一意义上的管理信息系统。另一种则是狭义的管理,即按照系统思想建立起来的以计算机为工具、为管理决策服务的信息系统。它体现了信息管理中现代管理科学、系统科学、计算机技术及通信技术,向各级管理者提供经营管理的决策支持。强调了管理信息系统的预测和决策功能,而且是一个综合的人-机系统。

综上所述,管理信息系统既能进行一般的事务处理工作,代替信息管理人员的繁杂劳动,又能为组织决策人员提供辅助决策功能,为管理决策科学化提供应用技术和基本工具。因此,管理信息系统也可以理解为一个以计算机为工具,具有数据处理、预测、控制和辅助决策功能的信息系统。

管理信息系统是一门综合性、系统性和边缘性学科,是在一些基础学科的基础上发展起来的,在反复不断的探索中,管理信息系统逐

渐形成了自己的研究方向和发展分支,建立了自己独特的理论体系和结构框架。

17.2 国内外现状与发展趋势

17.2.1 国内现状

我国目前应用的 ERP 系统软件,在高端领域基本是一些世界级的系统,比如 IBM、SAP、Oracle 等,而在低端领域,国内软件平分秋色,国外软件在总量上占了多数。从国外软件本身看,庞大的系统结构、复杂的操作流程、冗长的实施周期、刚性的紧密集成等都在一定程度上增加了实施的难度和适应性低的概率。又因国外软件的设计环境,均参考了欧美发达国家及企业的生产环境、文化环境和人文素质等,这一切均与中国企业所处环境不同,因此国内企业在应用国外 ERP 系统软件过程中难免有不同程度的冲突。

国内部分 ERP 系统开发商经常不切实际地追求系统的行业适用性,追求大而全,希望系统能适用于各个行业、不同生产方式的各类企业,这与企业所希望的个性化形成鲜明的对比。事实上,各个行业、各类企业的生产过程都各有特点,不可能有统一的模式,如此通用性强、适用面广的解决方案,必然与企业的实际应用需求产生差距。特别是商品混凝土(砂浆)行业,具有自身独有的特点,一些软件厂商试图追求系统的行业适用性,往往得不偿失。

国内混凝土(砂浆)企业虽然已有了一些生产信息管理系统,但主要功能是在局域网对单个站点实行信息化管理,而在一体化、集团化站点管理方面并没有深入的涉足,也无法实现真正意义上的远程管理。它们普遍可以完成对单个站点的销售、生产、技术、物资等内容的辅助管理工作,主要停留在如何提高员工工作效率方面,其信息量并没有上升到为企业决策者提供服务,所以软件并没有从企业的管理出发,甚至有些时候管理要为软件的使用便捷让步。

随着改革开放和国家经济的发展,各地基础设施和城市建设飞速发展,预拌混凝土和预拌砂浆生产企业数量也不断增长,混凝土市场竞争也越来越大,特别是国务院对一些产能过剩的行业出台了宏观调控措施之后,国际和国内的大中型水泥企业和建筑企业都纷纷向混凝土产业链延伸,严重加剧了本行业内部的竞争,很多中小企业面临发展的困境。企业是做强做大,还是萎缩消失,这一切都取决于企业的管理是否规范,规范化管理是混凝土企业可持续发展的重要条件。

由于互联网的普及程度不同,网络条件较好的大中型城市,商品混凝土(砂浆)企业在对信息技术普及上更具优势,众多集团、站点都采用了基于 B/S 架构(浏览器和服务器结构)的远程管理软件来进行远程管理。而一些网络条件较差的城市,则多数采用基于 C/S 架构(客户端和服务器结构)的局域网管理软件。但是随着移动高速网络的迅速崛起,一张轻便的"上网卡"就可以使得没有条件安装有线宽带的用户直接访问互联网,这也为 B/S 架构的远程管理软件实施奠定了基础。

17.2.2 国外现状

在国际上,大型商品混凝土供应商一般是水泥方面供应的巨头,比如世界 500 强企业西麦斯公司,成立于 1906 年,总部位于墨西哥的蒙特雷市。通过现代化的管理,全球性的高效信息系统,生产及管理技术的高度共享,规模经营及地域性分散经营,使西麦斯成为世界上排名第一的外向型国际大建材生产集团公司,是水泥和预拌混凝土生产和销售方面的全球主导企业,业务遍及北美洲、中美洲、南美洲、欧洲、加勒比海、亚洲和非洲等地区的 50 多个国家,是世界最大的白水泥生产商。

西麦斯公司早在 1989 年就建立起了由卫星传递,公司自己信息部门开发,将各分公司资料串联汇总的一套管理系统。经过这些年的不断完善和发展,如今这套系统可以实现全球范围内的实时数据汇总,车辆调度的合理调配、监控,大大节省了运输时间,提高了生产各个环节的效率。同时,这套管理系统带给西麦斯公司的还有一套完整的信息化管理模式,可以用于扩展而不受地域限制。在一个新的地区,只需要部署网络硬件基础设备,套用管理系统,就可以达到快速扩展的目的。

同样,在世界500强企业中的拉法基集团,也是通过ERP来进行集团信息化管理。虽然ERP在现今诸多行业都得到了普及应用,但针对于混凝土行业的专业管理软件却少之又少。拉法基集团引进了这套ERP系统后,逐步使销售、财务、物资、采购、库存和质量监控部门的数据得到了整合,并且通过核心计算可以出具数据报告,统计来自不同部门的数据。

但是,这些国际化集团所使用的信息化管理系统,在成本投资上是巨大的。由于对管理信息系统需求的不断增加和变化,西麦斯公司每年投入近2000万美元的资金用于信息化管理的建设,以满足企业内部的运行。拉法基集团也同样面临着这样巨额的投资,虽然收到的效果是显著的,但是显然不适用于我国混凝土行业。从功能上来讲,西麦斯公司的管理信息系统更加着重于卫星定位系统的车辆调度部分,怎样合理调配车辆的使用,最大程度地降低运输成本和风险是该系统为公司管理者解决的最大问题。而拉法基集团的ERP系统主要帮助集团管理者汇总多部门数据,最终出具财务报表。

17.2.3　发展趋势

1. 数字化混凝土

随着科学技术的迅猛发展,新知识、新观念、新技术层出不穷,强调人与自然、人与环境的和谐相处,全面协调可持续发展已成为人类社会的共同追求。人类对于世界的认识,不管是宏观还是微观世界,乃至人类自身都已经进入到数字化、定量化、信息化和现代化的新阶段,从过去模糊的、粗浅的认识到现在精确的、深刻的认识。

2007年在湖南长沙召开的第五届全国商品混凝土技术交流大会上,中国矿业大学王栋民教授以"纳米科技和现代水泥混凝土材料"为题进行了大会发言。在这次会议上,他首次正式提出"数字混凝土"的定义,引起与会代表和国内同行的关注。近两年混凝土技术又取得了新的进展,为数字混凝土的发展提供了更多有力的支持。

当前,数字化技术尚处于发展阶段,但越来越多的领域正将自身行业特点与数字化技术相结合,进行着历史性的变革。数字混凝土是一个全新的定义,不同研究领域的专家、学者对其定义的理解可能有所不同。作者认为数字混凝土既是对于混凝土材料科学深入、定量化和科学化的研究和把握,也是对于混凝土的生产、制造、运营等各个环节的信息化控制。对于它的理解与研究应结合数字地球、数字中国的意义,从一个更高、更广、更深入的角度进行理解。

数字混凝土不仅包括"数字混凝土配合比设计""数字复合超塑化剂配方设计""数字混凝土结构设计""数字混凝土施工技术",还应包括"数字混凝土生产控制""数字混凝土质量控制""原材料的数字化控制""混凝土数字化经营和销售""预拌混凝土的数字化运输",甚至还包括"混凝土工程事故的数字化处理"等。数字混凝土的内涵已变得更为广泛,是对整个混凝土工业所有的混凝土信息(包括上游过程,也包括下游过程)进行获取、传输、处理和应用的全过程综合信息系统。

我国作为世界第一建设大国,混凝土行业是国家经济的支柱产业之一,是关系到国计民生的重要产业。因此,必须抓住数字地球、数字中国带来的巨大良好机遇,利用信息技术,对传统的技术工艺和产业结构进行信息化改造,实施数字混凝土建设。此外,精细化管理是企业发展的必然趋势,而信息化技术则成为精细化管理的重要手段。应用信息化技术构建混凝土企业协同管理平台,可以合理降低企业运营和管理成本,实现混凝土企业精细化管理,提升企业的经济效益。

2. SaaS服务模式

SaaS是Software as a Service(软件即服务)的简称,它是一种通过Internet提供软件的模式,用户不用再购买软件,而改用向提供商租用基于万维网(WEB)的软件来管理企业经营活动,且无需对软件进行维护,服务提供商会全权管理和维护软件。

对于许多小型企业来说,SaaS是采用先进技术的最好途径，它消除了企业购买、构建和维护基础设施及软件和硬件运作平台、所有前期的实施、后期维护等一系列运营之外的工作。企业无需购买软硬件、建设机房、招聘IT人员，只需前期支付一次性的项目实施费和定期的软件租赁服务费，即可通过互联网享用信息系统。服务提供商通过有效的技术措施，可以保证每家企业数据的安全性和保密性。企业采用SaaS服务模式在效果上与企业自建信息系统基本没有区别，但节省了大量用于购买IT产品、技术和维护运行的资金，且像打开自来水龙头就能用水一样，方便地利用信息化系统，从而大幅度降低了中小企业信息化的门槛和风险。对企业来说，SaaS的优点在于：

（1）从技术方面来看：企业无需再配备IT方面的专业技术人员，同时又能得到最新的技术应用，满足企业对信息管理的需求。

（2）从投资方面来看：企业只以相对低廉的"月费"方式投资，不用一次性投资到位，不占用过多的营运资金，从而缓解企业资金不足的压力；不用考虑成本折旧问题，并能及时获得最新硬件平台及最佳解决方案。

（3）从维护和管理方面来看：由于企业采取租用的方式来进行物流业务管理，不需要专门的维护和管理人员，也不需要为维护和管理人员支付额外费用，因此很大程度上缓解了企业的人力、财力上的压力，使其能够集中资金对核心业务进行有效地运营。

从以上的发展趋势分析中不难看出：未来的企业信息管理软件通常是以Internet为依托的WEB结构软件，满足SaaS服务模式。随着混凝土（砂浆）行业高利润时代的逐步褪去，混凝土（砂浆）生产企业势必向精细化生产、精细化管理方向转变，这就使得混凝土（砂浆）企业必须借助良好的信息化管理手段，同时降低运行的投入成本。SaaS模式为混凝土（砂浆）生产企业低成本信息化解决方案提供了基础和解决方案，这使得投入成本与信息化需求之间达成了一个平衡点，并对于推进混凝土（砂浆）生产企业的信息化管理至关重要。混凝土（砂浆）生产企业的信息化管理体现在如下方面：

1）信息化系统的整合

目前商品混凝土（砂浆）企业普遍应用的信息化系统主要包含以下几类：企业管理系统、生产控制系统、卫星定位调度系统、财务系统。这些信息化系统的应用是相对独立的，这就造成了企业管理系统是从企业管理层面出发，生产控制系统则反映实际生产的情况，卫星定位调度系统则更多关注车辆的实时情况，财务系统更加偏向于人工汇总报账。这些信息化系统各自独立运行，无法站在整体的角度真实地为管理者和决策者提供信息支持。每个企业在进行信息化管理中都会经历以下步骤：

（1）单独联系各信息化系统的软硬件厂商。

（2）考核信息化系统功能是否满足站内需求。

（3）各个系统之间是否能够进行无缝衔接。

（4）协调各个系统厂家之间进行接口事宜。

其中最困难的就是在协调各个厂家之间的接口问题，基于技术保密原则及供应商的技术力量限制，这一步往往无法得以实现，或者最终接口效果不甚理想，在数据传递的实时性、准确性与操作便捷性上大打折扣。

基于以上的原因，今后的软件系统供应厂商一定会集成这几类信息化系统，为企业提供一整套管理运营方案。这样一来，将会对企业有以下好处：

从管理上来说，企业运营管理、生产质量控制、车辆调度及财务管理这四部分数据的统一结合，可以涵盖商品混凝土（砂浆）企业整体运营的方方面面，使得管理层对企业的运营管理无"死角"，便于贯穿标准化管理理念。

从使用上来说，多套软件的使用需要用户花费更多精力在熟悉各类软件系统，任何一款软件的更新升级都需要站内系统管理员单独配合完成，而各类软件系统之间接口的维护更会出现相互"扯皮"的现象。当各类软件系统整合为一套系统后，界面风格统一，操作方式一致，便于用户的学习和使用。在系统的更新和接口的维护上规避了多家厂家互相掣肘的可能性。

从成本上来说，独立的系统购买和维护成

本都较高,系统之间进行接口也都需要双向收费,价格更是参差不齐。而一套整体的系统无疑大大降低了各方面的成本。信息化系统的集成,将会给企业带来更多新颖的管理灵感,让管理者和决策者宏观了解客观的运营信息,全面提升企业的核心竞争力。

2)生产控制系统发展方向

计算机控制技术在各搅拌站或者预拌砂浆生产线已经全面普及,目前在控制硬件方面主要包含放大器搭配板卡、PLC(可编程控制器)搭配仪表两种方式;在软件开发方面主要包含Delphi、PB、VB、C++等高级开发语言,在一定程度上满足了当今混凝土(砂浆)生产的要求。但是当今控制系统软件在某种程度上受到控制系统硬件的约束,可扩展性受限,在控制灵活性、可协调性、稳定性、生产速度、计量精度、数据共享、统计分析等方面都存在较多不足。混凝土和预拌砂浆生产工艺进一步提升的同时,生产控制系统必然面临着全面的升级。

下一代生产控制系统将由网络总线控制技术取代板卡与PLC控制技术,依托于以太网络总线控制设备对搅拌站/楼进行控制。生产控制系统依托于以太网络将其控制扩展性最大化,生产控制逻辑全部由Delphi、PB、VB、C++等高级开发语言进行编写。软件系统将从灵活操控、自定义控制逻辑、计量精准、网络监控、数据共享、无缝衔接等方面着手,在网络中的任何一台计算机都可以作为辅助控制端来监视主要控制端的生产控制过程,辅助控制端可以对主要控制端出现的问题给予警示,且用户可以根据权限设定控制指标,系统对于超出指标的控制可以根据用户的需要不给予支持,或者放行后向指标建立者给予警示。系统具备屏幕自适应、自动操控、设备自检或故障分析、坍落度记忆推测、生产过程还原、原料状态监控、嵌入管理系统、远程控制等功能。新一代的混凝土(砂浆)生产控制系统的市场化将全面解决现有的各种企业管理问题,降低生产控制成本,全面提升混凝土(砂浆)的生产工艺,为生产更加优质的混凝土(砂浆)创造可靠条件。

3)智能化发展方向

随着行业的迅速发展,市场竞争进入白热化阶段,企业已经无法完全依赖原有的利润点来盈利,只能通过其他方式来创造新的利润增长点,而人力成本即将成为企业成本增长幅度最大的一部分。人力成本不是通常意义上理解的人员工资和福利待遇,而是指企业在一段时间内,在生产、经营和提供劳务活动中,因使用劳动者而支付的所有直接费用与间接费用的总和。如果企业给员工支付1000元的工资,那么人力成本绝不会是这直接的1000元,还有其他的间接费用,例如这名员工在某一岗位工作中造成了一定失误,那么就有可能涉及其他部门甚至对客户造成了间接或直接的损失,这部分损失费用也是计算在人力成本之中的。

那么,如何有效地管控人力成本,使人力资源利用更加高效、合理就成为了未来企业所要面临的最大难题。

今后,随着混凝土(砂浆)行业内信息化水平的不断提高,混凝土(砂浆)行业的信息化系统将由现在的区域化、集团化管理层面进一步发展到智能化阶段,管理系统如何针对管理要求对各个环节代替人工进行智能的选择,从而达到节省人力成本的目的,这将会是今后所有企业及软件开发所关注的重点。例如:将生产车辆调度工作按照一定的规则交由管理系统自动判断并且按需调配,出现特殊情况才进行人为干涉,把调度车辆的功能交给计算机来处理。系统通过对车辆信息、卫星定位实时路况信息、客户方实时情况、生产控制系统信息等综合数据的分析来决定分配哪辆车,在什么时间装载以及通过哪条路线向客户交付产品,这样就可以避免很多人为感性判断失误和无意识错误的产生,也可以改变原有的多人调度工作模式,节省了人力成本。

4)跨产品互联互通

随着工业4.0战略的推出,工程机械产品将与智能技术深度结合,以物联网技术为代表的新一代智能化技术将倒逼工程机械产品的变革。通过信息化实现设备与设备、人与设备、人与人之间的互联互通,最终将用户、客户、公司有机地串联在一起，真正为运营方、施工方带来便利，为公司带来新的盈利增长点。

通过互联网信息化管理系统，实现混凝土机械站、车、泵一体化调度及管理。通过搅拌车与泵送设备的数据交互与传递，可实现车、泵协同放料。搅拌站或干混砂浆站客户通过对搅拌车或者物料输送车运输状态的监控和数据分析，可更好地管理驾驶员，防止违章驾驶、偷油偷料等行为。施工方可通过手机客户端等方式，实时了解周边混凝土搅拌站日产量、经营状况、信用等级、近期排产计划等信息，有选择、有针对性地下单，实时掌控混凝土的生产、运输、泵送等全过程数据，可以更为合理地安排施工工人、动态调整施工工序并对搅拌站进行评级等。通过跨产品设备工况大数据挖掘及信息融合处理，最终实现以网控物，以物入网，网网交互的物联目标，最大限度地降低客户人力成本的输出，给客户创造更多的经济效益。

5）产业链信息系统整合

在商混企业信息系统普及后，与上游产业，如工程方，下游产业，如原材料供应商之间的信息数据联网需求就会呼之欲出。

对工程方来说，信息系统的联网整合可以快捷、准确地完成混凝土的订货。通过卫星定位实施监控发货状态，对已发量、未发量的查询，对已签收量进行电子确认等功能，大幅度减少了签收纠纷、结算纠纷的发生率，更可以及时掌握混凝土的供应间隔，更合理地安排浇筑施工工作。

对于原材料供应商来说，可以实时了解订货方原料预定情况以及原料送达情况等信息，可以实现网上订货，规范价格管理，并且过磅称重统一，避免了"扣杂"引起的纷争，更可以根据库存量和预订量合理安排发货。

对于商品混凝土（砂浆）企业来说，与上游单位和下游单位的信息数据联网整合，可以更高效率地进行运输生产，不必担心如下问题：不知道今天水泥能否送到；我们的混凝土送达后实际签收量是多少，结算时会不会有互相"扯皮"情况；近期混凝土价格有浮动，工地是否认同等问题。紧密地把客户方和供应方连接为一个利益共同体，实现多方协同运营，合理利用有效资源的目的，势必推动整个行业的长足进步与发展。

17.3　分类

17.3.1　系统架构

根据系统架构的不同，管理信息系统可以分为 C/S 架构、B/S 架构。这两者的定义以及区别如下。

1. C/S（Client/Server）架构

C/S 架构，即大家熟知的客户机和服务器结构，需要每一台客户机上安装相应的软件，和服务器进行数据传递。C/S 结构的软件需要根据不同的操作系统开发不同版本的软件，加之现在产品更新换代十分快，这种结构的软件已经很难适用于百台以上客户机的同时访问和使用，更新效率低，扩展成本高。

2. B/S（Browser/Server）架构

B/S 架构，即浏览器和服务器结构。它是随着 Internet 技术的兴起，对 C/S 结构的一种变化或者改进的结构。在这种结构下，用户工作界面是通过 www（万维网）浏览器来实现的，极少部分事务逻辑在前端实现，但是主要事务逻辑在服务器端实现，这样就大大简化了客户端电脑负载，减轻了系统维护与升级的成本和工作量，降低了用户的总体成本。

由此可见，在 Internet 环境中建立基于 B/S 架构的远程管理系统是未来科技的发展趋势，也是今后商品混凝土企业管理者实现异地同步管理的重要手段。目前国内多数制造商（如中联重科、三一重工、徐州重工等）或者软件专业商（若鼎软科技、将新软件等）所推出的混凝土搅拌车卫星定位、混凝土企业 ERP 系统都是基于 B/S 架构进行设计的。

17.3.2　业务类型

根据管理信息系统处理业务类型的不同，在混凝土（砂浆）行业中，管理信息系统大致可以分为如下几种系统：ERP 系统、卫星定位系统、生产控制系统、远程设备维护系统及其他系统。

1．ERP 系统

ERP 系统是企业资源计划的简称,它是针对企业的物资资源管理(物流)、人力资源管理(人流)、财务资源管理(财流)、信息资源管理(信息流)集成一体的综合化的企业管理软件。ERP 软件系统将企业内部所有资源科学地整合在一起,对采购、成本、生产、库存、销售、运输、财务、人力资源等进行规划,通过最佳资源组合的实现,为企业取得最大的经济利益和社会利益。

商品混凝土(砂浆)ERP 系统的功能模块及内容大致如图 17-1 所示。

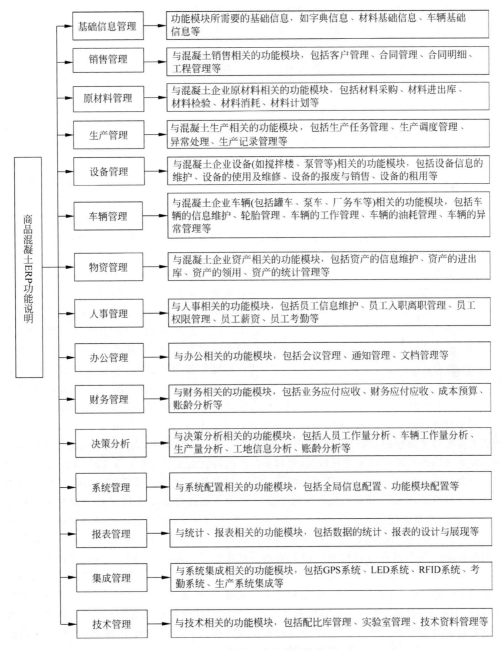

图 17-1 ERP 系统功能说明

2. 卫星定位系统

卫星定位系统是指利用卫星技术,在全球范围内随时进行定位、跟踪以及导航的系统,可以为搅拌站提供车辆调度、行驶路线监控、呼叫指挥等功能,多数卫星定位车辆管理系统属于 ERP 系统的一个子模块。

为了提高车辆的工作效率,不少预拌混凝土生产企业已安装卫星定位车辆管理系统,其原理是在每个运输车和泵车上安装卫星定位信号接收终端,从调度室计算机上可随时显示各车辆运行在城市中的位置,以及各泵机(车)的工作情况(图像可显示各工地去、返程车辆数量、位置及到达工地罐车数量),实现了车辆的合理调度和利用,使运输能力得到充分的发挥。卫星定位信号接收终端可基于全球卫星定位系统和北斗卫星定位系统进行信息传输。

通过卫星定位车辆管理系统,不仅提高了车辆的利用率,单方油耗也会有所下降,同时调度室与各泵车司机间的信息也得到了及时沟通,可以提高服务水平。

商品混凝土企业卫星定位车辆管理系统大致包括的功能如下:

(1) 实时监控。

(2) 轨迹回放。

(3) 油耗管理。

(4) 智能调度。

(5) 电子围栏。

(6) 异常监控。

对于预拌砂浆生产企业,还可通过卫星定位实时监控移动筒仓的分布及剩余物料情况,生产企业可以根据筒仓剩余物料情况,合理安排生产及运输车辆,确保分布在各工地的移动筒仓中物料数量,保证工地的按需连续施工。

3. 生产控制系统

生产控制系统指由控制主体、控制客体和控制媒体组成的具有自身目标和功能的管理系统。搅拌站生产控制系统采用工业控制计算机、I/O(输入/输出)采集以及高精度称重系统,根据混凝土(砂浆)生产工艺和质量要求,通过控制软件实现数据采集和生产全自动控制,并实时记录生产数据信息,使用数据管理可查询/打印多种生产报表。其主要功能包括如下:

(1) 生产任务管理。

(2) 生产调度管理。

(3) 实验室管理。

(4) 车辆管理。

(5) 生产管理等。

4. 远程设备维护系统

随着工程机械设备的应用越来越广泛,设备数量不断增加,地区分布不断扩展,工程机械制造商、工程机械设备租赁商对这些大型设备的管理也越来越难,成为管理盲区。另外,由于设备数量不断增加、竞争的日益升级,迫使各个机械设备制造商的服务不断升级,然而传统的人工现场维护已经远远不能满足要求,高昂的人工成本、维护成本逐步成为企业发展的压力,甚至成为企业的发展瓶颈,因此远程设备维护及管理系统成为了设备制造商及设备使用客户着力发展的信息化方向之一。

"3G/4G 远程设备维护平台"是专门针对 PLC 等工业控制器的远程综合管理系统,即通过系统让企业及设备租赁商随时了解其销售/租赁出去的设备运行状态、所处位置等实时数据。一旦设备发生故障或者即将发生故障,系统将以短信、邮件等多种方式为企业、设备租赁商提供报警或预警,从而保障设备稳定运行。系统网络拓扑图如图 17-2 所示,其具体工作原理是以云数据平台为基础构建一套计算与服务体系,提供海量的设备接入及访问机制。在具体操作中,大量混凝土设备数据通过产品内置的一个或多个以太网 PLC 相连,构成机械设备运行网络并连接 Internet,施工方的混凝土设备与混凝土机械公司监控中心前端的"VPN 防火墙"建立加密安全隧道,保证"监控中心"及"机械设备现场网络"的通信数据不被非法用户获取。同时,设备提供商维护人员可以直接访问"机械设备现场网络"中设备的实际 IP 地址,对现场设备的配置进行更改维护,随时监控运行状态,对故障设备进行远程故障排除,同时还可对设备进行远程固件升级。

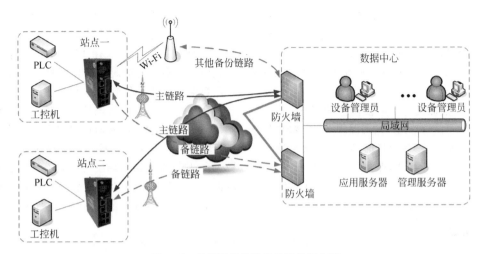

图 17-2　远程设备维护系统网络拓扑图

5. 其他系统

在预拌混凝土(砂浆)行业中,还存在其他的管理信息系统,比如质量管理系统、办公自动化系统、财务系统等。

17.3.3　企业规模

考虑到企业的规模和管理模式,混凝土企业的信息化模式分为了四大类:标准模式、企业模式、区域化模式、集团化模式,这几种模式所选择产品的类型及企业特点如表 17-1 所示。

17.3.4　企业需求

基于预拌混凝土(砂浆)行业以及预拌混凝土(砂浆)企业的需求,目前混凝土(砂浆)行业涉及到的管理信息系统主要分为如下几类。

表 17-1　企业信息化模式分类

	标准模式	企业模式	区域化模式	集团化模式
客户类型	标准客户	企业客户	区域性客户	集团客户
ERP 版本	ERP 标准版	ERP 企业版	ERP 区域版	ERP 集团版
特点	企业规模不大,管理流程较为简单,企业不希望 ERP 系统改变其现有流程,仅对网络化生产、统计有需求	企业组织架构较为完整,管理流程较为规范,人员与业务在指定的办公环境进行,企业愿意通过 ERP 系统进行企业管理	企业具有地域性特点,总公司旗下有多个分站,分布在同一城市的不同位置,总部仅对分站的运营进行监管,不参与具体业务	企业规模较大,具有集团化的特性,集团中心对分站基础数据进行管理,分站数据定期上传至集团进行集中统计

1. 混凝土(砂浆)企业资源管理系统

为了能够规范混凝土(砂浆)企业的业务流程,大部分混凝土(砂浆)企业会根据自身的企业特点和管理方式选择不同版本的 ERP 系统,即企业资源计划管理系统(图 17-3)。

ERP 可应用于一般客户、企业客户,或者是区域性客户以及集团客户的某个分站。

2. 混凝土(砂浆)集团化管理系统

为了能够将分布在各个区域、各个省份的分站进行集中管理,集团化客户会选择集团版的 ERP 系统,集团版的 ERP 系统也称为"集团化管理系统(concrete group management system,C-GMS)",以下统称为 C-GMS。

C-GMS 可应用于区域性、集团化的混凝土(砂浆)企业,如图 17-4 所示。

3. 混凝土(砂浆)质量监管系统

为了能够对搅拌站的混凝土(砂浆)质量进行实时监管,一些项目部、集团、协会会选择质量监管的 ERP 系统,即"质量监管系统(concrete quality control management system,C-QCMS)"以下统称为 C-QCMS。

C-QCMS 可应用于某些工程项目部(比如高铁项目部)、集团化模式的企业或者混凝土(砂浆)协会。如图 17-5、图 17-6 所示,目前参与铁路施工项目的混凝土搅拌站拌合产品的生产数据都必须上传到铁道部的铁路工程管理平台,管理平台实时监控拌合产品生产过程中的各物料计量精度,从而达到拌合产品质量监管的目的。若某一搅拌站计量严重超标次数过高,则该搅拌站的混凝土供应资格可能被取消。通过这种严厉的过程数据监管及后续处罚措施,约束混凝土企业按规范进行生产。

图 17-3　ERP 系统界面

图 17-4　混凝土(砂浆)集团化管理系统界面

图 17-5　混凝土质量监管系统(成昆铁路段监管系统)

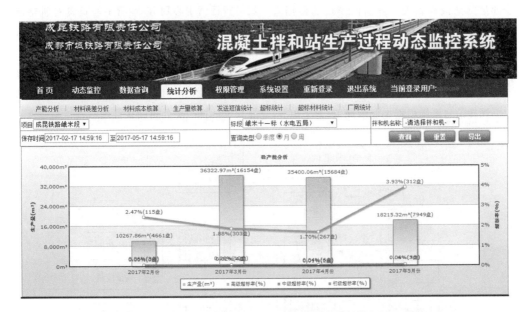

图 17-6　误差数据分析(成昆铁路段监管系统)

17.4　组成与结构

管理信息系统的结构是指管理信息系统各组成部分所构成的框架,由于对不同组成部分的不同理解,就构成了不同的结构方式,主要包括概念结构、功能结构和层次结构等。

17.4.1　概念结构

从总体概念上看,管理信息系统由四大部件组成,即信息源、信息处理器、信息用户和信息管理者。它们之间的关系如图 17-7 所示。

信息源是信息的产生地,即管理信息系统的数据来源。

信息处理器主要是进行信息的接收、传输、加工、存储、输出等任务。

信息用户是信息的使用者,包括企业内部同管理层次的管理者。

信息管理者则依据信息用户的要求,负责管理信息系统的设计开发、运行管理与维护。

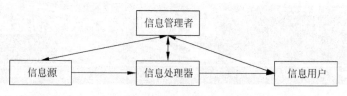

图 17-7　管理信息系统的概念结构

17.4.2　功能结构

管理信息系统常根据企业自身运营需求，划分为多个功能模块。各功能模块之间通过各种信息交互，构成了一个有机的整体，达成企业运营全流程管理。各功能模块的使用者常常涉及多个部门，不同部门参与者构成了管理信息系统不同的角色，如图 17-8 所示的系统功能及使用角色对应关系图。

17.4.3　层次结构

管理信息系统根据企业的规模，常采用分层分级的管理模式，如子公司管理、公司区域管理、公司集团管理。如图 17-9 所示分层式管理信息系统，各商品混凝土搅拌站作为子公司处于管理信息系统的最下层；集团公司按照地域进行运营中心划分，运营中心负责对所辖范围的商品混凝土搅拌站进行管理；所有的运营中心构成了集团公司的混凝土板块，而混凝土板块及其他非混凝土板块构成了集团公司整体，这样集团公司通过层级完成对末端的商品混凝土（商混）子公司间接管理。

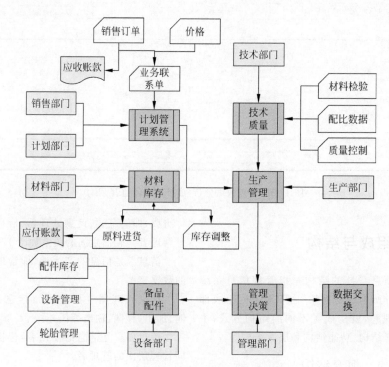

图 17-8　用户角色及功能对应关系图

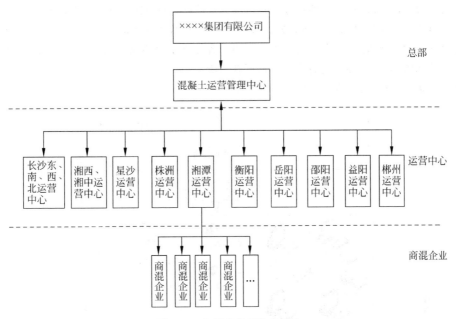

图 17-9　分层式管理信息系统

17.5　选型及应用

17.5.1　产品选型

在进行管理信息系统的选型过程中,务必基于以下几个步骤进行开展:

(1)确定系统接口人,如总经理亲自带队、授权给其他管理者负责等。

(2)确定企业类型,如标准化、企业化、区域化、集团化类型等。

(3)确定企业需求,如业务流程管控、车辆监控、地磅房监控、加油机监控等。

(4)了解调研各类厂家提供的产品功能,确定系统实施方案以及实施内容。

(5)了解各类厂家的技术研发及服务能力,为将来系统扩展升级做准备。

1. 标准化模式

适用于短期内没有扩展分站计划的企业,这种模式一般可以使用两种方案:

方案 1:通过在站内部署一台数据服务器来实现所有部门的管理,网络部署如图 17-10所示。这种方案需要企业建立一个机房,搭建服务器,安装 ERP 系统及其运行环境,机房与各职能部门之间要求连通局域网,各职能部门在搅拌站内通过局域网访问 ERP 系统,完成日常管理,而在搅拌站外的用户通过 Internet 使用自己的用户名和密码进行访问查询。

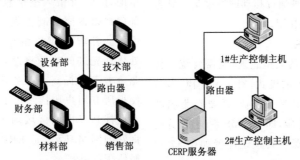

图 17-10　标准化模式局域网(方案 1)

方案2：采用SaaS(软件即服务)模式,通过租用软件供应商提供的软件和服务器,借助互联网访问来达到信息化管理的作用。网络部署方案如图17-11所示。这种方案不需要在企业建立机房,而只需要购买软件供应商所提供的软件服务即可进行企业管理。

这两种方案的差别主要在于服务器所部署的位置,工作流程基本保持一致,如图17-12所示。

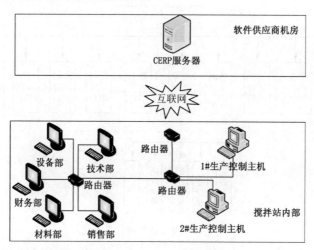

图17-11　标准化模式局域网(方案2)

2. 区域化模式

适用于在同一区域或城市内(如长沙、重庆等)统一进行销售、生产及原料采购的多个站点。这种在同一区域多站协同生产的大型商品混凝土中心,信息化难度是巨大的,由于多个站点的经营合同与结算是统一管理的,而生产调度和原材料入库等工作却是相对独立进行,所以单站点模式的管理系统显然不能满足这一要求。

对于区域化管理模式,总部需要通过各种通信方式(有线、无线)去采集分站的数据。图17-13描述了一种通过移动网络采集分站数据的区域化网络拓扑图。

3. 集团化模式

适用于跨地域的大型企业,既需要统一核算,又需要单独管理的模式,对于大规模、多站点、跨地域的集团混凝土企业,需要在集团的机房部署ERP企业版,即C-GMS系统,在分站部署ERP单站点版。其系统配置如图17-14所示。

集团化模式的实施,如图17-15所示,需要从下属的各个搅拌站逐步上线ERP系统,通过软件与自身集团化管理的理念相结合,各搅拌站形成统一的管理模式,规范的操作步骤,合理的工作流程。

以其中一个分站为例,首先在站内机房部署一台服务器,安装好ERP系统运行环境,将站内所有部门归入站内局域网,在站内的各个部门通过局域网访问ERP。经营部门将与施工方签订的混凝土供应合同逐一录入ERP软件中,并及时进行价格、产品规格的订立,价格调整信息的记录;生产调度部门严格按照混凝土供应合同进行生产、调度等。各职能部门相互协助、相互监督,处处体现先进的管理概念,使得单站点的核心竞争力迅速提高。服务器连接到互联网中,使得所有用户包括站内工作人员和集团领导在搅拌站以内的区域均可以实现办公需求。良好的网络环境,是ERP系统稳定运行、流畅使用的基础。

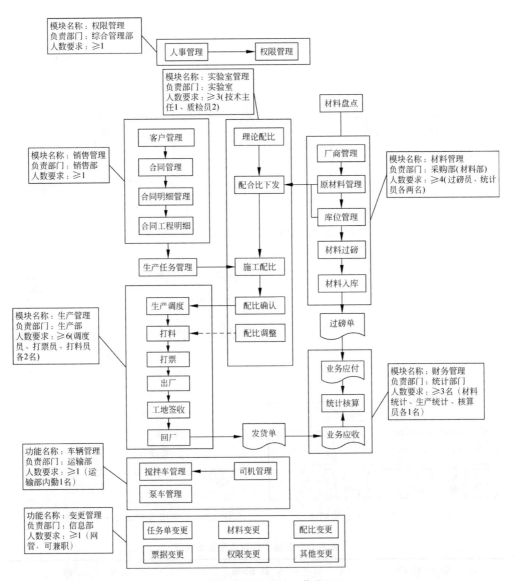

图 17-12 标准化模式工作流程

随着集团与下属站点 ERP 系统的全部上线,以及集团 C-GMS 系统软件的开发安装,使集团的查询、统计、监督工作更加方便快捷,无需通过浏览器逐步访问各个搅拌站,只需在 C-GMS 软件中单击鼠标选中想要了解的站点信息,被选中的各站的生产信息、销售信息、合同完成进度信息、原材料供应信息、库存信息、原材料消耗信息、生产质量水平统计信息、油料进销存信息、备品配件进销存信息——自动汇总,并形成统计报表,为决策者对下属搅拌站的管理,提供实时有效的依据。

17.5.2 人员配备

考虑到商品混凝土是全天候服务,因此必须采取分班作业,人员的配置要适应经营活动的需要,一般年产量 30 万 m^3 混凝土的企业,总人数约需要 100 人左右。主要职能部门和人员配置参考表 17-2。

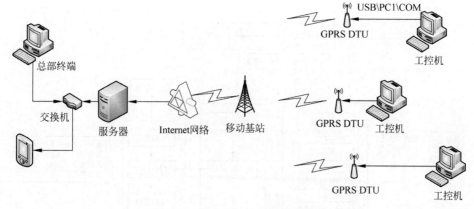

图 17-13 通过移动网络采集数据的区域化网络拓扑图

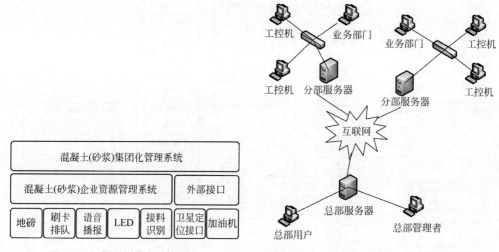

图 17-14 集团化模式系统配置 图 17-15 集团与下属站点之间的协作模式

表 17-2 混凝土企业人员基本配置

组 织 机 构	人 员 配 备	建 议 人 数
管理层	董事长	1 名
	总经理或站长	1~2 名
行政部	办公室主任	1 名
	管理员	1 名
	资料员	1 名
销售部	经营部经理	1 名
	业务员	4~6 名
	管理员	1 名
运输部	车队长	1 名
	司机	20~200 名

续表

组 织 机 构	人 员 配 备	建 议 人 数
技术部	试验室主任	1 名
	试验组成员	4～6 名
	资料室成员	2 名
	质检组成员	10 名
生产部	经理	1 名
	机修班组	2 名
	操作员	4～6 名
	调度员	2 名
材料部	经理	1 名
	材料员(含磅房计量员)	4～6 名
财务部	经理	1 名
	会计、出纳	2～3 名
	合同管理员	1 名
信息中心(可兼职)	网络管理员	1 名

注:一般年产量 30 万 m³ 混凝土企业,总人数约需要 100 人左右。

17.5.3 具体实施

ERP 是一种先进的管理思想,这种思想通过实施 ERP 系统来体现。任何先进的系统如果不能正确地实施就不能都达到预期的效果。ERP 系统实施的成功除正确选择产品外,"人"和"进程"是关键的因素。所谓"人"的问题,是因为 ERP 是一个系统工程,它涉及到组织体系及管理机制、队伍建设等,不仅企业的一把手要重视和参与,并调配相应的人力和资金,而且由于 ERP 涉及企业的方方面面,需要项目实施人员、企业经营决策人员和应用人员全员参与才能成功。所谓"进程"是指为成功实施系统所需的阶段、步骤、活动和任务。每个阶段、步骤、活动和任务都有明确的目标和结果。

一个企业成功实施 ERP 项目,必须遵循实施流程,在实施策略、参与人员、人员配置、培训等几个方面做好工作。

1. 实施流程

以标准化客户的实施为例,管理信息系统的实施流程如图 17-16 所示。

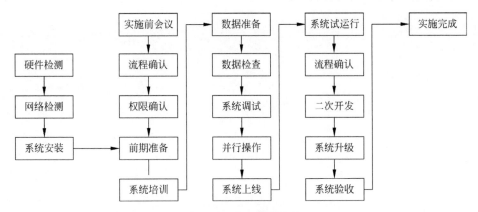

图 17-16 ERP 实施流程

2．实施策略

在项目开始实施前，首先要做好项目实施的整体计划，各分项目的实施都应在整体计划的框架内进行，以保证整个项目实施的协调一致。要在保证项目整体先进、合理的前提下，尽量利用企业现有的软、硬件资源，并充分利用现有的数据，以避免重复投资和重复劳动。

实施 ERP 这样一个大系统，涉及人力、物力的消耗都比较大，因此在遵循"满足需求、先进、科学、符合实情"原则的前提下，采用"总体规划、分步实施、重点突破、效益驱动"的实施策略是非常必要的。

ERP 系统的运行依赖数据的准确、及时和完备。可以说数据准备工作是整个系统实施过程中头绪最多、工作最大、耗时最长、涉及面最广、最容易犯错误且错误代价极大的一项工作，所以一定要提早进行并认真对待。

ERP 系统的实施是一项投入大、风险大、实施难度大的系统工程，是企业管理模式、管理思想、管理方式的一场变革，没有企业决策者对这一巨大工程的认识、支持与直接参与就没有成功的可能。高层领导的作用是企业成功实施 ERP 的关键，主宰着系统的成功与失败。

3．参与人员

实施 ERP 系统不只是单纯地使用掌握一套计算机软件系统，而是实施一个以计算机为工具的人机交互的管理系统，因此人是实施 ERP 系统项目成功很重要的因素。要使 ERP 系统真正有效地发挥作用，必须有企业、IT 高层领导的充分重视、参与以及必要的组织保证。

在整个项目的组织机构中，实施领导组、实施小组和软件公司项目组，分别负责不同的责任和扮演不同的角色。具体地说，实施领导组是以混凝土企业领导为首的决策机构，该机构应站在企业经营战略的高度，从计算机应用与企业经营管理的长远规划出发，提出企业管理信息系统的目标和要求。实施小组负责制订和下达分期项目实施计划，解决和协调实施过程中遇到的各类具体问题，定期向实施领导组汇报计划执行情况，指导各业务部门、车间的项目实施工作。软件公司项目组负责与用户实施小组共同制订项目实施的具体计划，对用户的管理人员进行培训，指导用户进行规范化的实施工作。一般人员构成情况如下：

（1）实施领导组组长：总经理；

（2）实施领导组副组长：副总经理、信息主管；

（3）实施组组长：信息主管；

（4）实施组副组长：业务部门主管；

（5）实施组成员：由技术、生产、分厂、物资、销售等部门的具有丰富工作经验、协调能力强并熟悉本部门业务的管理人员以及计算机开发、维护人员所组成。

参 考 文 献

［1］郭宁,郑小玲.管理信息系统［M］.北京：人民邮电出版社,2010.

［2］程控. MRPⅡ/ERP 实施与管理［M］.北京：清华大学出版社,2003.

［3］Alexis Leon.企业资源规划［M］.朱岩,译.北京：清华大学出版社,2002.

［4］陈鹏,薛恒新.面向中小企业信息化的 SaaS 应用研究［J］.中国制造业信息化,2008,37(01)：10-13.

［5］祖庆贺,臧军,马海平.信息化系统在混凝土企业生产管理中的应用［J］.商品混凝土,2014,12：7-8.

［6］王铁.信息化技术在混凝土生产企业精细化管理中的应用［J］.建筑技术,2012,42(12)：1121-1123.

［7］孙运波,邹勇贤.PLC 在混凝土搅拌站自动控制系统中的应用［J］.中国仪器仪表,2001,6：37-40.

［8］姚明海,何通能.混凝土生产监控和管理系统研究［J］.混凝土,2002,3：59-61.

［9］吴大刚,肖荣荣.C/S 结构与 B/S 结构的信息系统比较分析［J］.情报科学,2003,21(3)：313-315.

混凝土机械与砂浆机械典型产品

ZLJ5440THBB 56X-6RZ混凝土泵车

ZLJS130THBE-10022R混凝土车载泵

HBT90.18.186RSU混凝土拖泵

HGC29D-3R混凝土布料机

ZLJ5318GJBH混凝土搅拌车

HZS180混凝土搅拌站

资料来源：中联重科股份有限公司

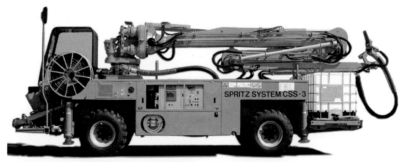

CSS3混凝土湿喷台车

MTA3000型干混站

Duomix双混泵

ZLJ5252GFLE干混砂浆运输车

ZLJ5121ZBG干混砂浆背罐车

资料来源：中联重科股份有限公司

HPS3016S混凝土喷射台车

全智能三臂凿岩台车

环保型精品机制砂成套设备

混凝土搅拌站

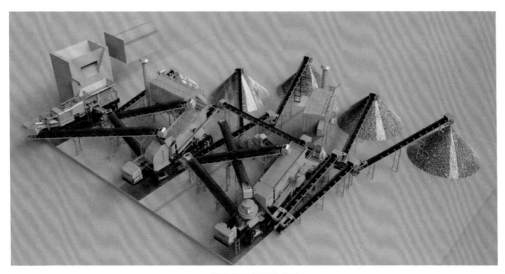

隧道洞碴加工生产线

资料来源：中国铁建重工集团有限公司

PC专用站

HZS180T

HZS120工程专用搅拌站

HZS180型免基础快装站

HZS240(环保商混站)

HLS270搅拌楼(环保商混站)

资料来源：廊坊中建机械有限公司

高铁专用搅拌站

全环保型商混站

沥青混合料搅拌站

免基础搅拌站

厂拌稳定土搅拌站

水上平台搅拌站

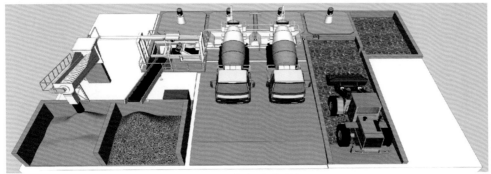

砂石及污水处理回收系统

资料来源：山推建友机械股份有限公司

HL420-2S6000L混凝土搅拌楼

2-HC180-1S3000混凝土搅拌船

HL400-4F5000L混凝土搅拌楼

2-HZ180-1S3000环保型混凝土搅拌站

HZ240-1S4000混凝土搅拌站

资料来源：杭州江河机电装备工程有限公司

湿喷机专用柴油机BF4M2012

匹配的中国铁建湿喷机

车载泵专用柴油机BF6M1013

匹配的中联重科车载泵

资料来源：北京方大恩劲柴油机技术服务有限公司

S系列混凝土搅拌车减速机(侧视图1)

S系列混凝土搅拌车减速机(侧视图2)

S 系列混凝土搅拌车减速机主要性能参数

类型	最大输出扭矩 /(N·m)	最大径向 载荷/kN	最大轴向 载荷/kN	最大输入 转速/rpm	减速比	重量 /kg	最大安装 角度/(°)	输入接口 尺寸	罐容 /m³	润滑油 /L
S6A	36000	84	33	2500	1：110	190	15		3~6	5.5
S8C	60000	112	44	2500	1：100	235	15		6~8	12
S10C	60000	140	60	2500	1：135	325	14	ANSI B92.1 16/32 Z21	9~10	12
S12C	72000	166	70	2500	1：144.3	335	12		10~12	13
S12Q	72000	170	55	2500	1：130	290	12		10~12	14
S15	78000	240	62	2500	1：137	360	11		14~16	16
S16	90000	212	74.5	2500	1：143.7	380	11		18~20	14

资料来源：山东永进传动机械有限公司

集成控制阀组及系统：

- 高低压切换阀
- 支腿平衡阀
- 臂架平衡阀（板式、铰接式）
- 回转平衡阀
- 摆缸分配阀组

- 支腿多路阀
- 支腿液压锁
- 动力单元
- 泵送主换向阀组

应用领域：

泵车，喷射机械手，车载泵，拖泵，搅拌站

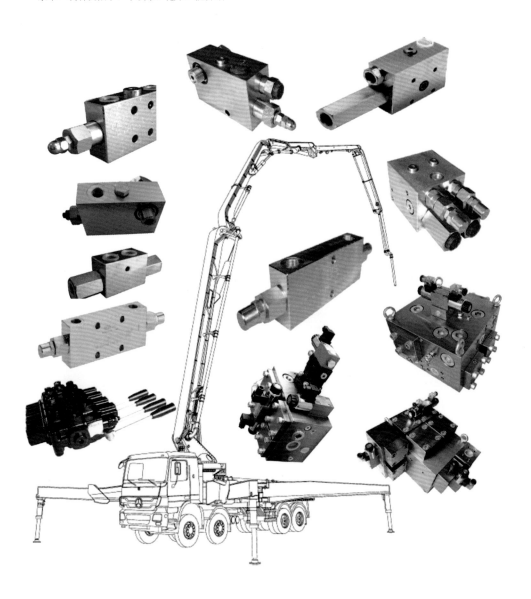

资料来源：上海伦联机电设备有限公司

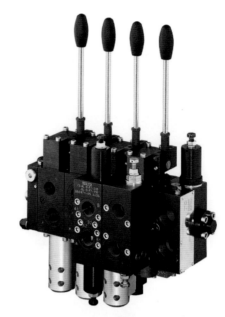

PSL型比例多路换向阀

LHDV 型平衡阀

SCP系列轴向柱塞泵

资料来源：哈威油液压技术(上海)有限公司

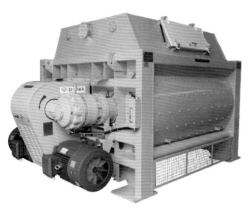

MAO标准型(MAW水工专用)双卧轴商品混凝土搅拌机　　　　MPC行星式混凝土搅拌机

AM沥青搅拌机　　　　MLO轻质混凝土搅拌机

水泥螺旋输送机　　　　滤芯式除尘机　　　　袋式除尘机

资料来源：珠海仕高玛机械设备有限公司

CTS双卧轴强制式搅拌机

CMP立轴行星式搅拌机

资料来源：青岛科尼乐机械设备有限公司

集装箱式特种混凝土搅拌站

经济型工程混凝土搅拌站

移动式混凝土搅拌站

袋装粉料拆包机

大型料仓专用分料皮带机

资料来源：长沙盛泓机械有限公司

V1/V2FT系列气动/手动粉料阀
（介质：粉煤灰、水泥）

GTD6系列高耐磨气动蝶阀
（介质：水、外加剂）

GTD6系列气动蝶阀
（介质：水、外加剂）

GTQ61系列丝扣球阀
（使用介质：水、外加剂）

GTQ6系列法兰球阀
（使用介质：水、外加剂）

GISG/GIHG/GISGH系列管道泵
（使用介质：水、外加剂）

GISW/GISHW/GISWH系列卧式泵
（使用介质：水、外加剂）

GWQ系列潜水泵
（使用介质：清水、污水）

资料来源：上海国泰阀门厂有限公司

制砂楼配套脉冲布袋除尘器

制砂线配套脉冲布袋除尘器

干混砂浆单点配套脉冲布袋除尘器

干混砂浆烘干配套脉冲布袋除尘器

粉仓仓顶配套脉冲布袋除尘器

沥青站配套脉冲布袋除尘器

资料来源：江苏宝华环保科技有限公司

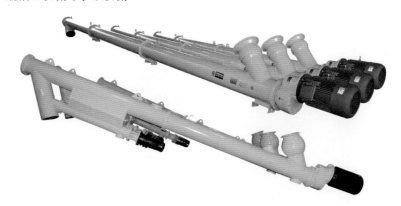

混凝土搅拌站、干混砂浆搅拌站用螺旋输送机

干混砂浆移动罐用砂浆搅拌机

混凝土搅拌站、干混砂浆搅拌站用斗式提升机

资料来源：江苏广能重工有限公司

气动蝶阀(铝合金阀板)

对夹式气动蝶阀(摆动式)

液压动力单元(卧式)

液压动力单元(立式)

润滑油泵(380V)

润滑油泵(24V)

料位指示计

压力安全阀

资料来源：中山市科利奥机械设备有限公司

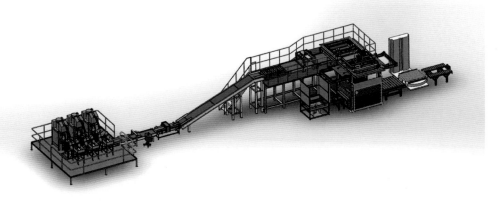

标准20t/h全自动阀口袋包装码垛系统

瓷砖胶包装

腻子粉包装

高位码垛系统

机器人码垛系统

资料来源：苏州国衡机电有限公司

混凝土泵车遥控器

无线视频遥控器

C501多功能控制器

C101可编程控制器

资料来源：北京市凯商科技发展有限责任公司

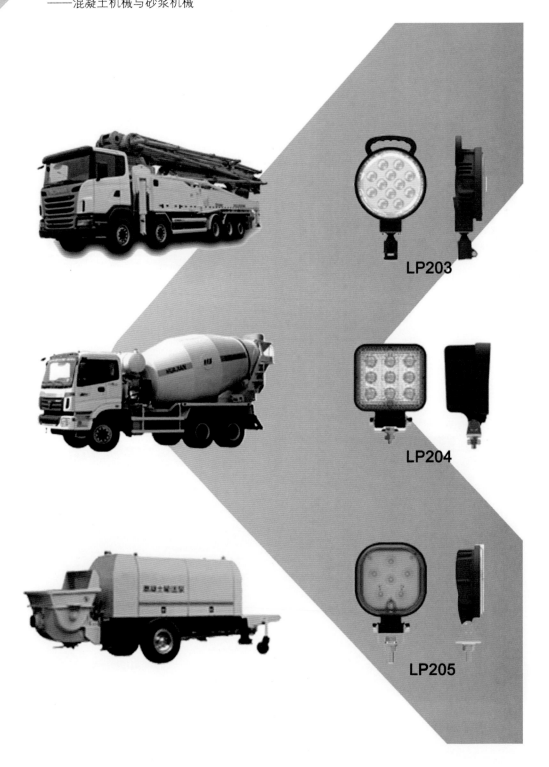

LP203

LP204

LP205

资料来源：湖南考思特电子有限公司

电位尺料位计特点：

- 安装完成后无需标定
- 测量棒挂料不影响测量结果
- 料仓内有浓粉尘时不影响测量结果
- 被测物料含水率的变化不影响测量结果
- 料仓内压力变化不影响测量结果
- 物料分层不影响测量结果

应用领域：

搅拌站/水泥厂各种化工原料、液体液位、粮油饲料、食品等测量粉体、液体料位的场合

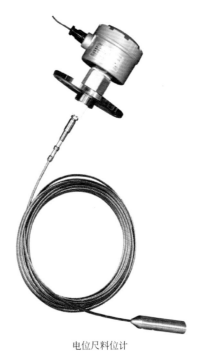

电位尺料位计

在线红外水份测量仪

在线红外水份测量仪特点：

- 在线测量沙子含水率
- 测量效率高
- 快速、精准测量值

应用领域：

冶金、煤炭、化工、食品、烟草、造纸、建材等行业

资料来源：珠海市长陆工业自动控制系统股份有限公司

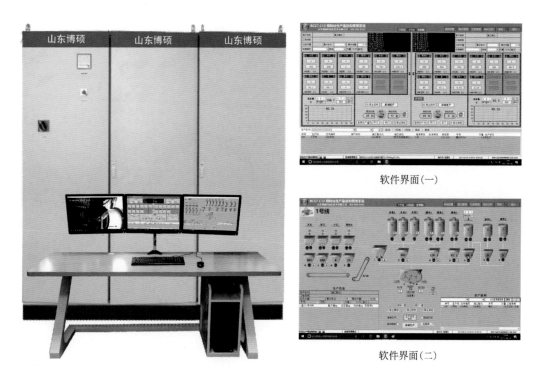

软件界面(一)

软件界面(二)

BCS7搅拌站控制系统

BCS7搅拌站控制器

资料来源：山东博硕自动化技术有限公司

MODEL: IOSP-360-H810-IMBA

搅拌站专用加固型工业电脑

搅拌站专用加固型工业电脑主要技术性能

规格	项　目	性　能
机箱	颜色	白色
	尺寸($D \times W \times H$)	435.5mm×431mm×176mm
	系统风扇	65W LGA1155/LGA1156 风扇
	机箱材质	重型金属
	SBC Form Factor	ATX
主板	CPU	双核 2.6GHz
存储	系统存储	2×240-pin DDR3 1333/1066MHz dual-channel unbuffered SDRAM DIMMs(System Max：16GB)
		预先安装 DDR3 4GB 存储
	硬盘驱动器	1×3.5″ SATAII 500GB HDD
	USB 2.0	6
I/O	以太网	双 Realtek RTL8111E PCIe GbE 控制器（LAN1 支持 ASF 2.0）
		一个 10/100M LAN Port
	RS-232	4×DB-9
	RS-422/485	1×DB-9
	显示	1×VGA；1×DVI-D；独立显卡
	分辨率	VGA：Up to 2048×1536 @ 75Hz
		DVI-D：Up to 1920×1200 @ 60Hz
	音频	1×音频输入，1×音频输出，1×麦克风
扩展	PCIe×1	3×PCIe×1
电源	电源输入	300W ATX 电源模式
环境	工作温度	0～50℃
	存储温度	−20～60℃
重量		19.3kg

资料来源：上海威强电工业电脑有限公司

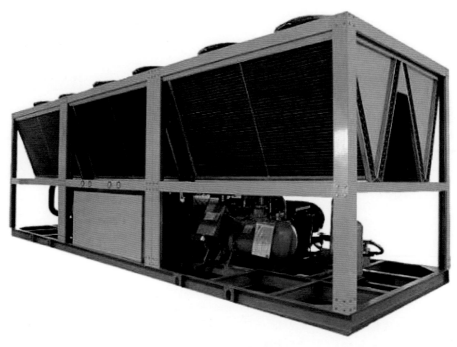

混凝土专用冷、热水机组

搅拌站骨料预冷、预热器

资料来源：襄阳邓氏电气节能科技有限公司